市政工程精细化施工手册

深圳市合创建设工程顾问有限公司　组织编写

张振兴　主编

中国建筑工业出版社

图书在版编目（CIP）数据

市政工程精细化施工与管理手册／深圳市合创建设
工程顾问有限公司组织编写；张振兴主编. — 北京：
中国建筑工业出版社，2021.9（2024.11重印）
ISBN 978-7-112-26559-6

Ⅰ. ①市… Ⅱ. ①深… ②张… Ⅲ. ①市政工程—工
程施工—施工管理—技术手册 Ⅳ. ①TU99

中国版本图书馆 CIP 数据核字（2021）第 185175 号

本书遵循图文并茂的原则，内容组织较为详尽，浅显易懂，便于查阅。以避免质
量通病为重点，强化程序、做法、验收三个环节。本书重点针对市政工程的施工工艺、
监理要点，借鉴精细化管理的要求，做了图文并茂的详细阐述。本书的编纂成册，填
补了市政工程项目管理作业指导书方面的空白。本书内容共 9 章，包括：道路工程；
桥涵工程；管廊工程；给水排水工程；电力、通信工程；交通工程；照明工程、绿化
工程和隧道工程（新奥法）。

本书可供市政工程的相关施工人员及管理人员借鉴使用，也可作为院校相关专业
师生参考用书。

责任编辑：王华月
责任校对：李欣慰

市政工程精细化施工与管理手册
深圳市合创建设工程顾问有限公司　组织编写
张振兴　主编

*

中国建筑工业出版社出版、发行（北京海淀三里河路9号）
各地新华书店、建筑书店经销
北京红光制版公司制版
建工社（河北）印刷有限公司印刷

*

开本：787毫米×1092毫米　1/16　印张：34　字数：842千字
2022年7月第一版　　2024年11月第三次印刷
定价：**158.00**元
ISBN 978-7-112-26559-6
（37744）

本 书 编 委 会

总 策 划：王玉清　常运青

主　　编：张振兴

副 主 编：李　品　陈　俭　夏　龙　刘　徐

参编人员（按姓名拼音排序）：

高　丹　管鸿东　何道华　邝海军　陆　瑞　欧国智

向　懋　易凡杰　张　强　张继光　赵　伟　钟南洋

张振兴：
  2.4　桥梁工程监理要点
  3.7　管廊防水工程
  4.3　给水排水管道不开槽施工
  4.4　给水排水管道工程的验收
  第8章　绿化工程

陈　俭、夏　龙：
  第5章　电力、通信工程
  第6章　交通工程

陈　俭、钟南洋：
  第7章　照明工程

李　品、高　丹：
  1.2　基层工程
  2.2　梁桥

李　品、刘　徐：
  3.1～3.10（3.7除外）

易凡杰、向　懋：

1.1　路基工程

李　品、张　强：

1.3　面层工程

管鸿东、刘　徐：

2.1　钢梁箱梁结构人行天桥

第9章　隧道工程（新奥法）

夏　龙、张继光：

4.1　给水排水管道工程施工前的准备

4.2　给水排水管道工程的施工

欧国智：

2.3　涵洞（箱涵）工程

陆　瑞、向　懋：

1.4　人行道工程

1.5　挡土墙

1.6　附属构筑物

何道华：

第5、6章两章的监理部分

邝海军：

第3章除3.7之外的监理部分

赵　伟：

第4章的监理部分

主　　审：薛敬泽

序　言

　　"精细化管理"是继标准化管理要求更高的管理模式，秉承着与时俱进的发展理念，在工程建设的施工工艺和管理方面，提出了更准确、更详细具体的要求。

　　深圳合创建设工程顾问集团从 20 年前初创时期十几个人的工程项目管理团队，现在发展成为专业人士 2000 多人的一家具有综合性资质的行业领先企业，一路走来坎坎坷坷，我们发现工程管理行业的痛点就是人才严重不足，特别是监理行业。特点是：一线监理人员年轻人居多、工作实践经验欠缺、难以胜任项目现场监理工作，本行业对有经验的从业人员市场需求非常大。针对这种特殊的人才供需矛盾，也为了培训年轻从业人员系统地掌握项目现场施工及其管理的要点及细节，我们集团公司组织了一批专业能力强，又有着丰富现场施工监理经验的工程师，同时联络了本行业内的翘楚精英专家，一同编纂了这部《市政工程精细化施工与管理手册》。本书重点针对市政工程的施工工艺、监理要点，借鉴精细化管理的要求，进行了详细的图文并茂式的阐述。该书的编纂成册，填补了市政工程项目管理作业指导书方面的空白。

　　"细节显示差异、细节影响品质、细节控制成本、细节决定成败"。千里之行始于足下，衷心希望本书能在工程管理类书籍市场上贡献一份民营企业的力量，得到行业内的认可！

深圳市合创建设工程顾问集团

董事长　王玉清

前　言

近几年来，随着我国国民经济持续、稳定、快速地发展，市政工程建设呈现出项目多、规模大、涉及专业多、管线管廊化等几个特点。

对于从事市政工程的工程师来说，一方面有了大展身手的舞台，另一方面市政项目急剧增加，又使得有经验的市政工程师缺口很大，甚至可以说是捉襟见肘。面对这种情况，市政工程人才市场急需年轻的工程技术人员快速顶上来。

反馈信息表明，市政工程管理方面的图书虽然众多，但有的所依据的规范过时了，有的不够全面（多数不包括管廊），有的缺乏验收内容，有的有文少图，缺少可读性。为此，我们组织了部分技术骨干，参考了近三十种规范、图书，结合我们自身的管理经验，汇编成本书，借以帮助从事市政工程年轻的技术人员快速掌握市政工程技术管理要点，从而对市政工程项目管理有所裨益。同时，也希望能够对编写施工组织设计、施工措施和方案、监理实施细则等有所帮助。

本书遵循图文并茂的原则，内容组织较为详尽，浅显易懂，便于查阅。以避免质量通病为重点，强化程序、做法、验收三个环节。

主要内容包括：道路工程；桥涵工程；管廊工程；给水排水工程；电力、通信工程；交通工程；照明工程；绿化工程和隧道工程（新奥法）9个章节。

篇幅所限，本书桥梁部分只选择了市政工程中常见的梁桥和人行天桥；软基处理部分只选择了换填和水泥搅拌桩两种方式。其他桥型和软基处理技术请参考其他专业书籍。

本书在桩基施工、混凝土施工、钢筋、模板等方面有部分重复的内容，是因为各位参编人员所参考的文献各不相同。这些内容尽管重复，但由于所在章节不同，标准要求不同，因而内容有所差别。同时为了避免读者的反复翻查之苦，编者并未删除这些重复部分，敬请谅解。

在编写过程中，参考和引用了许多专家学者的一些著作、资料，在此深表谢忱。

由于编者水平有限，书中难免有疏漏，恳望读者批评指正。

2021年8月

目　　录

第1章 道 路 工 程

1.1 路基工程

1. 路基的简介

路基是轨道或者路面的基础，是经过开挖或填筑而形成的土工构筑物。路基的主要作用是为轨道或者路面铺设及列车或行车运营提供必要条件，并承受轨道及机车车辆或者路面及交通荷载的静荷载和动荷载，同时将荷载向地基深处传递与扩散。路基应具有足够的坚固性、稳定性和耐久性。对于高速铁路，路基还应有合理的刚度，以保障列车高速行驶中的平稳性和舒适性。

图 1.1-1　路堤

2. 路基的基本形式

路基有两种基本形式：路堤和路堑，俗称填方和挖方。路堤是指全部用岩土填筑而成的路基（图 1.1-1）；路堑是指全部在原地面开挖而成的路基（图 1.1-2）。

图 1.1-2　路堑

1.1.1 填方路基施工

填方路基施工工艺流程（图 1.1-3）：

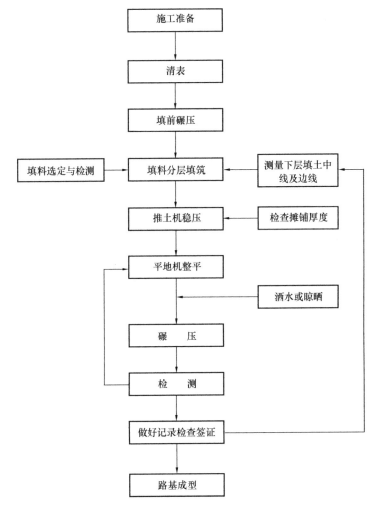

图 1.1-3 填方路基施工工艺流程图

（1）施工准备

路基开工前，全面熟悉设计文件，进行现场核对，核实工程量，按工期要求、现场情况以及人员、机械、材料准备情况编制可实施性施工方案，并编制填方路基施工计划。

施工前，应对测量仪器、设备、工具等进行检测、校准，符合要求后应做好导线点、水准点复测，并报监理，根据现场情况每隔 100～200m 增设临时水准点、导线点，并根据设计图纸，定出路线中桩、边桩、路堤坡脚桩的具体位置。

（2）清表（图 1.1-4）

填方前应将原地面积水排干，淤泥、杂物等挖除，并将原地面大致找平。清表厚度一般控制在 10～30cm，将腐殖土运至弃土场后要进行打堆、码方，将弃土场整理得整洁有序。

图 1.1-4 路基清表

（3）填前碾压（图 1.1-5）

图 1.1-5 填前碾压

清表完成后进行填前碾压，采用振动和光轮压路机进行碾压，直至达到要求的压实度为止。

对于不同地质情况出现的翻浆现象要根据其特点进行晾晒或超挖回填等处理措施，直至压实度达到规范要求后，开始进行分层填筑。对于局部出现翻浆现象的，用灰线标出，根据具体情况单独处理。

（4）填料分层填筑

填方路基施工要求："划格上土，挂线施工，平地机整平"，在上土前要求先打出方格控制卸土范围（图 1.1-6），整平时根据松铺厚度纵向边缘钉桩挂线施工。

在填筑过程中，填筑宽度应大于设计宽 30cm，以保证路基边缘的压实度。路基填筑厚度，土质路基最大的松铺厚度不得超过 30cm，压实厚度不大于 20cm，最小的松铺厚度不小于 10cm。如路基内填筑材料不同时，同一材料层总厚不得小于 50cm。

（5）推土机稳压（粗平）

根据高程控制网大致整平后，推土机进行稳压（图 1.1-7）。

图 1.1-6　化方格上土

图 1.1-7　推土机稳压（粗平）

稳压后对含水量进行检查，含水量应接近最佳含水量，含水量不合适时要洒水或翻拌晾晒。

（6）平地机整平（精平）

据设计要求的宽度、横坡、松铺厚度进行高程测设。

应提前与平地机操作手作好交底，布置好高程点位，平地机操作手根据高程控制点进行整平作业（图 1.1-8）。

（7）碾压（图 1.1-9）

1）料摊铺平整后即开始碾压，先用推土机或轻型压路机对松铺层表面进行预压，然后再用振动压路机压实。碾压前要测定土层的含水量，采用洒水或晾晒等措施调整含水量，再进行压实作业。按照试验路段确定的施工机械及压实遍数进行压实作业，通过压实遍数保证压实度。

2）压实机械要遵循合理的工作路线，一般先压路基边缘后压中间，相临两次轮迹重叠 0.4～0.5m；相临两区段纵向重叠 1～1.5m。压实作业时，压路机应先慢速行驶，最大行驶速度不超过 5km/h。压实作业做到无漏压、无死角、碾压均匀。压实完成一层后，

图 1.1-8　平地机精平

图 1.1-9　压路机碾压

经监理工程师检验认可后，再填筑上一层。填层接近路基设计标高时，加强测量工作，以保证完工后的路基顶面宽度、高程、平整度符合规范要求。如发现路基超高，则用平地机刮平至设计的路基高程，然后用压路机再压实。需补填时，如补填厚度小于 10cm 时，应将原压实层翻挖至少 10cm 深，再补填压实。

（8）质量检测

1）每次碾压完成后，首先进行自检，项目有：路槽顶检查弯沉（图 1.1-10）、压实度（图 1.1-11）、纵断高程（图 1.1-12）、中线偏差、平整度（图 1.1-13）、宽度（图 1.1-14）、横坡、边坡，自检合格后，放好路基中线及边线，标好中桩位置，采用标定合格的检测仪器进行测量交验。

图 1.1-10　弯沉检测

图 1.1-11　压实度检测

图 1.1-12　高程检测

图 1.1-13　平整度检测

图 1.1-14　宽度检测

　　2）监理抽检时，应由驻地工程师（或副驻地工程师）、总工首先组织对路基外观进行检测，应先观测三钢轮压路机碾压时有无翻浆和弹簧现象，如有翻浆和弹簧现象，应采用换填等有效措施进行处理；路基表面无起皮、松散、轮迹、翻浆等缺陷，对其外观质量认可后，方可进行其他技术指标的检测。

　　3）每层工作面进行验收时均要撒出验收界限（包括坡脚线和验收段落线），确保段落分明。监理人抽检合格之后方可进行下一层填土施工。若采用灌砂法测压实度，检测完毕后，应对试洞专门堵塞密实，试洞封堵时，要采用与周围相同性质的填料进行回填，回填时一定要分层振捣密实，以防出现质量问题。

1.1.2　挖方路基施工

挖方路基施工工艺流程：

（1）施工准备

对设计文件进行全面熟悉，并会同设计代表和监理工程师进行现场核对和施工调查，仔细探明和核对地下、地上管线及拆迁物；对图纸所示的各类植被、垃圾、有机杂物等进行现场核对和补充调查，发现与图纸不符，及时发现问题并提出修改意见，报相关单位审核批准。

根据设计图纸、设计单位提供的各导线点坐标及水准点标高进行复测，闭合后将复测资料交监理工程师审核。

（2）清表

将道路用地范围内的所有植被、垃圾、有机杂物等和原地面顶部范围内草皮和表土清除运走（图 1.1-15），符合设计图纸及规范要求。

所有清除的杂物均应放在路基用地范围以外且不妨碍施工的设计指定位置作备用或废弃，以堆放稳定、不干扰交通和污染环境、整齐美观为原则。

图 1.1-15　清表

（3）测量放样（图 1.1-16）

开挖前先对原地面进行高程复测，然后进行精确放样（中线、路基宽度、坡顶线，绘制断面图，计算土方量）。

图 1.1-16　测量放样

（4）修建临时截排水设施（图 1.1-17）

图 1.1-17　临时急流槽

在路基开挖前做好截、排水沟，临时截、排水设施与永久性排水设施相结合，流水不得排于农田、耕地，污染自然水源，也不得引起淤积和冲刷。应注意经常维修排水沟道，保证流水畅通。渗水性土质或急流冲刷地段的排水沟应予以加固，防渗防冲。水文地质不良地段，必须严格做好截、排水工作。

（5）机械分层开挖（图 1.1-18）

图 1.1-18　路堑开挖

开挖采取自上而下分层开挖，不得乱挖或超挖。开挖时如发现土层性质有变化时，应修改施工方案及挖方边坡，并及时报监理工程师批准。

根据开挖地段的路基中线、标高和横断面，精确定出开挖边线，并提前作出截、排水设施，土石方工程施工期间的临时排水设施尽量与永久性排水设施相结合。

路基开挖逐层施工，土方开挖以挖掘机配自卸式汽车进行挖运。

居民区附近的开挖应采取有效措施，以保护居民区住房及保障居民和施工人员的安全，并为附近居民的生活及交通提供临时便道或便桥。

挖方标高应按照设计标高开挖，避免超挖，挖好的土石方路基 30cm 范围内的压实度以重型击实试验标准进行检验，其压实度均不应小于设计要求，若不符合则进行翻松碾压，使压实度达到要求。若挖方路床以下土质不良时，将按图纸所示或监理工程师指示的深度和范围采取挖除、换填或其他措施进行处理并压实。

（6）土方调运

弃土应及时清运，不得乱堆乱放。

在挖方路段开工前，向监理工程师报批土石方开挖、调运施工方案，该方案包括挖方及弃方数量、调运方案，弃方位置及其堆放形式，坡脚加固处理，排水系统的布置以及有关的计划安排等。

当弃土场的位置、堆放形式或施工方案有更改时，必须提前将更改方案报监理工程师批准。

弃土场应堆置整齐、稳定、排水畅通，避免对土堆周围的建筑物、排水及其他任何设施产生干扰或损坏，避免对环境造成污染。

（7）边坡修整（图1.1-19）

图1.1-19 边坡修整

应配合挖土及时进行挖方边坡的修整与加固，机械开挖路堑时，边坡施工应配以挖掘机或人工分层修刮平整。当发现土层性质变化时，应及时修改开挖边坡，并报监理工程师审批。

（8）碾压

挖方段不得超挖，应留有碾压到设计标高的压实量。

压路机不少于12t级，碾压应自路两边向路中心进行，直至表面无明显轮迹为止。

碾压时，应根据土的干湿程度而采取洒水或者换土晾晒等措施。

（9）验收

在路基检测交验前，恢复路槽中线及边线，标好中桩位置，首先进行自检，检测项目有高程、压实度、宽度、平整度、横坡度、边坡坡度及弯沉值。

自检合格后，监理抽检时，应由驻地工程师（副驻地工程师）、总工首先组织对路基外观进行检测，应先观测三钢轮压路机碾压时有无翻浆和弹簧现象，如有翻浆和弹簧现象，应采用换填等有效措施进行处理；路基表面无起皮、松散、轮迹、翻浆等缺陷，对其外观质量认可后，方可进行其他技术指标的检测。

1.1.3 路基验收标准

土方路基验收标准：

（1）主控项目

1）压实度检测应符合以下规定：

用灌砂法检测压实度，取土样的底面位置为每一压实层底部；用环刀法试验时，环刀中部处于压实层厚的 1/2 深度；用核子仪试验时，应根据其类型，按说明书要求办理。

施工过程中，每一压实层均应检验压实度，检测频率为每 1000m² 至少检验 2 点，不足 1000m² 时检验 2 点，必要时可根据需要增加检验点。

土质路基压实度应符合表 1.1-1 的规定。

路基压实度标准　　　　　　　　　　　　　　表 1.1-1

填挖类型		路床顶面以下深度（m）	压实度（%）		
			高速公路、一级公路	二级公路	三、四级公路
填方路基	上路床	0～0.30	≥96	≥95	≥94
	下路床	0.30～0.80	≥96	≥95	≥94
	上路堤	0.80～1.50	≥94	≥94	≥93
	下路堤	＞1.50	≥93	≥92	≥90
零填及挖方路基		0～0.30	≥96	≥95	≥94
		0.30～0.80	≥96	≥95	—

2）弯沉值

弯沉值不应大于设计规定

检查数量：每车道、每 20m 测一点。

检测方法：弯沉仪检测。

（2）一般项目

土路基允许偏差应符合表 1.1-2 规定。

土路基允许偏差标准　　　　　　　　　　　　表 1.1-2

项目	允许偏差	检验频率			检验方法
		范围（m）	点数		
路床纵断高程（mm）	−20 +10	20	1		用水准仪测量
路床中线偏位（mm）	≤30	100	2		用经纬仪、钢尺量取最大值
路床平整度（mm）	≤15	20	路宽（m）	＜9　1	用 3m 直尺和塞尺连续量两尺，取较大值
				9～15　2	
				＞15　3	
路床宽度（mm）	不小于设计值+B	40	1		用钢尺量
路床横坡	±0.3% 且不反坡	20	路宽（m）	＜9　2	用水准仪测量
				9～15　4	
				＞15　6	
边坡	不陡于设计值	20	2		用坡度尺量，每侧 1 点

（3）外观质量检测

路床应平整、坚实，无显著轮迹、翻浆、波浪、起皮等现象，路堤边坡应密实、稳定、平顺等。

　　检查数量：全数检查。

　　检验方法：观察。

1.1.4　换填土处理路基施工

1. 注意事项

1）挖土作业前，主管人员必须对作业人员进行安全技术交底。

2）填方破坏原排水系统时，应在填方前修筑新的排水系统，保持通畅。

3）路基下有管线时，应先根据管线的承载能力情况对其采取必要的加固措施后按照规范规定的压实标准进行施工。

4）填土路基为土边坡时，每侧填土宽度应在设计宽度的基础上留够机械安全作业宽度。碾压高填方时，应自路基边缘向中央进行。

2. 施工做法

工艺流程：测量放线→开槽挖除→排水、碾压→分层填筑→压路机碾压→检验

（1）测量放线

施工前对现状软弱、不均匀地基地面高程进行校测，确定开挖深度及范围，并放出开槽上、下坡脚线。

（2）开槽挖除

开挖时因避免基地土层受扰动，需换填部位挖好后及时通知各相关参建单位对基地进行验收，确认达到道路承载力和压实度要求。

（3）排水、碾压

设置排水沟、集水井，及时将挖除范围内的积水排走，确保场内无积水。将地面大致找平后进行填前碾压，使基地达到规定的压实度标准。

（4）分层填筑

一般情况下，分层填铺厚度可取 20～30cm，换填垫层厚度不宜小于 0.5m，也不宜大于 3m，最佳含水率可通过击实试验确定，也可按当地经验取用。

（5）压路机碾压

对于工程量较大的换填垫层，应按所选用的施工机械、换填材料及场地的土质条件进行现场实验，以确保压实效果。

为保证分层压实质量，应控制机械碾压速度，平碾、振动碾一般不超过 2km/h。

（6）检验

对粉质黏土、灰土、粉煤灰和砂石换填的施工质量检验可用环刀法、贯入法、静力触探、轻型动力触探或标准贯入实验检验；对砂石、工业废渣换填可用重型动力触探检验。检验必须分层进行，应在每层的压实系数符合设计要求后铺填上层土。

1.1.5　水泥搅拌桩

1. 水泥搅拌桩的类型

水泥搅拌桩是一种应用较广泛的地基加固方法，根据水泥水化的化学机理，其施工工艺主要有两种：一种为：先在地面把水泥制成水泥浆，然后送至地下与地基土搅和，待其

固化后，使地基土的物理力学性能得到加强；另一种为：采用压缩空气把干燥，松散状态的水泥粉直接送入地下与地基土拌合，利用地基土中的孔隙水进行水化反应后，再行固结，达到改良地基的目的。目前我国水泥搅拌桩施工较多采用"喷浆"工艺。

2. 施工前期准备

1）清除施工场地的地上、地下障碍物，对有水的地方进行抽水和清淤，回填黏性土并予以压实。

2）进场道路畅通，将施工用水、用电接至施工现场。

3）组织材料进场，进场水泥必须具备出厂合格证，并经现场取样送试验室复检合格，存放场地要充分满足施工需要，合理布局。

4）水泥搅拌桩施工机械配备电脑打印设备，以便了解和控制水泥浆用量及喷浆均匀程度。

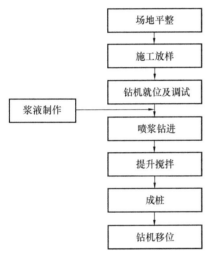

图 1.1-20　水泥搅拌桩施工工艺流程图

3. 试桩

为了确定技术参数和施工工艺，应做好实验桩。在各试验点现场，按照设计要求、复核地质实际情况，已确定桩长，试验桩不少于 5 根，在成桩 7d 后采取轻便触探法，根据触探击数判断桩身强度，并进行抽芯，观察搅拌合喷浆的均匀程度，判定各种水泥掺量及施工工艺的效果。试桩检测合格后通过对桩长、搅拌时间、下降速度、提升速度及水泥掺量比等各种重要参数进行总结，方可根据总结确定的参数进行大面积施工。

4. 水泥搅拌桩施工工艺主要流程（图 1.1-20）

5. 施工方法

（1）测量放样（图 1.1-21）

按设计图纸放线，准确定出各搅拌桩的位置，用竹签插入土层并在桩位处撒石灰做好标记，每根桩的桩位误差不得大于 5cm。同时做好复测工作，在以后的施工中经常检查桩位标记是否被移动，确保浆体喷射搅拌桩桩位的准确性。测量场地标高，以便确定钻孔深度。

（2）桩机就位（图 1.1-22）

图 1.1-21　测量放样

图 1.1-22　桩机就位

钻机安装调试，检查转速、空压设备、钻杆长度、钻头直径等，并连接好输浆管路，将钻机移到指定位置，进行桩位对中。

（3）浆液制作

根据试验室室内试验提供浆液配合比进行现场浆液配置，配置的灰浆应流动性好，不离析，便于泵送、喷搅，灰浆应搅拌均匀，加滤网过筛，现制现用。水泥浆液配置要严格控制水灰比，加入的水应有定量容器，制拌好的水泥浆不得停置时间过长，超过 2h 不得使用。浆液在灰浆搅拌机中要不断搅拌，直至送泵前。

（4）喷浆钻进

待搅拌机及相关设备运行正常后，启动搅拌电机，使搅拌机边旋转切土边下沉，同时开启送浆泵向土体喷水泥浆，两组叶片同时正反向旋转切割搅拌土体，直至达到设计深度。钻进速度≤1.0m/min，应控制在 0.4～0.7m/min。

（5）提升搅拌

关闭送浆泵，两组叶片同时正反向旋转切割搅拌土体，直至达到设计桩顶标高以上 50cm，提升速度≤0.8m/min。

（6）机具移位及清洗

钻机移位，重复以上步骤，进行下根桩的施工。当施工告一段落后，清洗全部管路中的残存水泥浆，并将粘附在搅拌头上的软土清洗干净。

（7）桩头处理

桩体强度达到设计强度后，人工对搅拌桩桩头超灌部分进行凿除，并清除现场多余土层，待各项检测满足设计要求后，填筑粒径不大于 10cm、含泥量小于 10% 的清宕渣。

6. 水泥搅拌桩质量验收标准

水泥搅拌桩质量验收标准见表 1.1-3。

水泥搅拌桩质量验收标准　　　　　　　　　　　　表 1.1-3

项	序	检查项目	允许偏差或允许值		检查方法
			单位	数值	
主控项目	1	水泥及外掺剂质量	设计要求		查产品合格证书或抽样送检
	2	水泥用量	参数指标		查看流量计
	3	桩体强度	设计要求		按规定办法
	4	地基承载力	设计要求		按规定办法
一般项目	1	机头提升速度	m/min	≤0.5	量机头上升距离及时间
	2	桩底标高	mm	±200	测机头深度
	3	桩顶标高	mm	+100 −50	水准仪（最上部 500mm 不计入）
	4	桩位偏差	mm	<50	用钢尺量
	5	桩径		<0.04D	用钢尺量，D 为桩径
	6	垂直度	%	≤1.5	经纬仪
	7	搭接	mm	>200	用钢尺量

1.1.6 路基工程监理要点

（1）路基挖方

1）路基挖土的开挖程序（方法）、挖至路基顶面时的预留碾压沉降高度、超挖或土质松软路段的处理、压实度及外观质量。

2）路基填土的基底处理要求、用土质量（控制最佳含水量、最大干密度）、填土松厚度、压实度及外观质量。

3）不填不挖路基在遇有地下水位较高或土质湿软情况下，应控制处理措施（可采用晾晒、换土、石灰处理、设置砂垫层、砂桩等措施）。

4）挖方路基的弃土，若设计中无明确规定，承包人不得随意动用，应按监理工程师指令处理。

5）挖方路基应按设计的横断面边坡坡度要求，自上而下逐层开挖，不可乱挖，更不可因开挖方式不当而引起边坡失稳或坍塌。

（2）路基填方

1）路基填筑必须在监理工程师已验收过的地面上进行。

2）填方路基开始施工前宜做 50～100m 试验段以确定在所用土质条件下机具设备的合理组合和最佳碾压遍数。

3）路基填挖土方在接近设计标高时，监理人员应按设计要求及时检测路基宽度、标高和平整度，对有缺陷的，应指示承包人进行整修。

4）碾压（夯击）完成以后，现场监理人员应立即测定其含水量和湿密度，计算干密度和压实度，并按重型击实标准，判断是否达到压实度标准。合格予以书面认可；不合格，通知承包人返工，待合格后，再给予书面认可。

5）每两段路基新、老填土的结合部和构造物台背填土的结合部均是路基填土中的薄弱环节，填土时应在原填土的端部挖出台阶并检验其密实度已达到设计要求时，方可填筑。不可将薄层新填土粘贴在原有土层上。

6）确保路基基底在填筑前达到压实标准。

7）审批碾压方案。

8）对施工单位的压实资料进行抽检。

9）摊铺的松土在未经碾压前切忌被雨水淋湿。对未及时碾压而被雨水淋湿的土在雨后必须翻晒晾干后才能重新摊铺碾压，若雨水过大时，监理工程师应视具体情况决定是否要对下层土重新检测压实度。

（3）路基修整

1）路基完工后，监理人员应对道路中线、横断面、高程进行复测。

2）检查路基是否存在松散、弹簧、翻浆及表面不平整现象。

3）检查路基边坡路肩修整后是否满足设计要求。

路基达到顶面标高后，应按规范要求对路线中心线、高程、纵坡、横坡度、平整度、弯沉、宽度及边坡、进行一次验收（或会同路面施工单位联合验收效果更好）。检验合格后，允许进行下道工序施工。若检验不合格，则应由原施工单位负责修整直到合格为止。

1.2　基层工程

1.2.1　水泥石粉渣稳定层

1. 水泥石粉渣稳定层施工工艺流程图

路拌法施工工艺流程见图 1.2-1。

2. 施工准备

（1）技术准备及要求

1）编制施工方案，对项目部所有人员进行技术交底及安全培训。

2）准备下承层：对土基不论路堤或路堑，必须进行碾压检验（压 3～4 遍）。在碾压过程中，如发现土过干、表层松散，则适当洒水；如土过湿，发现"弹簧"现象，则采用挖干晾晒、换土、掺石灰或粒料等措施进行处理。刮除搓板和辙槽，松散处应耙松、洒水并重新碾压达到平整密实和规定的路拱。

3）施工放样：在土基层或老路面或土基上恢复中线，直线段每 15～20m 设一桩，平面曲线每 10～15m 设一桩，并在两侧路肩边缘外指示桩上用明显标记标出水泥稳定层边缘的设计高程。

（2）材料准备及要求

1）石粉渣集料要求颗粒坚硬，不含土块等杂质。一般松干容重为 1500～1600kg/m²，细度模量 3.3～3.5。

2）石粉渣材料应粗细掺配，一般其粒径组成应控制为：粒径 2.5mm 以上的粗颗粒及粒径 2.5mm 以下的细颗粒各占一半为宜；粒径大于 40mm 的粗粒及粒径小于 0.7mm 的粉料不超过 10%。

3）水泥应选用终凝时间长的品种，而且以较低强度等级（如 325 号）为宜。

4）拌合混合料和养护的用水，一般采用清洁的饮用水。

5）雨期施工所需护坡材料（如塑料布、钢丝网等）。

（3）主要机具

1）水泥石粉稳定料拌合机；

2）水稳摊铺机（厂拌）；

3）挖掘机（路拌）；

4）平地机；

5）压路机；

6）洒水车；

7）配套小工具（如铁锹、铁耙、手推车、平整尺、钢尺、坡度线、小线等）。

（4）作业条件（作业环境、工序交接要求等）

1）土路基已全部完成，并验收合格，符合基层摊铺条件。

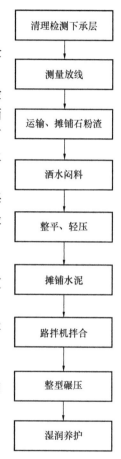

清理检测下承层

↓

测量放线

↓

运输、摊铺石粉渣

↓

洒水闷料

↓

整平、轻压

↓

摊铺水泥

↓

路拌机拌合

↓

整型碾压

↓

湿润养护

图 1.2-1　路拌法施工
工艺流程

2）现场施工运输，机械施工作业方便，各种测桩齐备、牢固，试验路段已完成。

3. 施工工艺

1）路拌法施工：

① 施工前对下承路基层设计高程及路中线、路边线和横坡进行复核测量，并清理表面，使表面平整、坚实、清洁无杂物。

② 进行水泥石粉渣稳定层水平测量。在两侧指示桩上用明显标记标出水泥石粉渣稳定层的设计标高。

③ 采用符合级配的石粉渣材料，应从现场抽样送检，合格后才能使用。

④ 根据各路段基层的宽度、厚度及压实干容重，分别计算各路段所需的各种材料用量，通过计算确定材料堆放的距离。

⑤ 施工前，先进行试验段施工，取得混合料拌合遍数、达到设计密实度需要的碾压遍数，以及松铺系数（松铺厚度与压实厚度的比值）等经验数据，以指导正式的施工。

⑥ 按松铺厚度摊铺石粉渣集料，用洒水车洒足水分，拌合均匀，没有粗细颗粒离析现象。

⑦ 按每5m为一断面划分计算每块石粉渣的水泥用量，纵横间距摆放水泥，打开水泥，将水泥倒在集料上，并用刮板将水泥均匀摊开。应注意使每袋水泥摊铺的面积相等。水泥摊铺后表面应没有空白位置，也没有水泥过分集中的地点。

⑧ 用稳定土路拌机进行现场拌合，拌合深度应达到稳定层底部。应设专人跟踪拌合机，随时检查拌合深度并配合拌合机操作手调整拌合深度。严禁在拌合层底部出现"素料"夹层。转角处路拌机拌合不到之处，应用人工进行翻拌，确保整体均匀。

⑨ 在拌合过程中及时检查混合料的含水量，混合料的含水量宜略大于最佳含水量。混合料拌合均匀后应色泽一致，没有粗细颗粒窝，且水分均匀。

⑩ 混合料拌合均匀后，立即用平地机初步整平和整形。直线段平地机由两侧向路中刮平，曲线段则由内侧向外侧刮平。在整形过程中严禁任何车辆通行，并配以人工进行局部精平，并消除粗细集料窝。测量人员跟踪测量，保证标高、路拱、厚度及宽度达到设计要求。

⑪ 混合料整平后，用6～8t压路机自两侧向中间慢速碾压1～2遍，使水泥石粉渣稳定层表面齐整，初步形成平面。稳压后再用平地机再精平一次，使其纵向顺畅，路拱和超高部位符合设计要求。

⑫ 根据路宽和压路机的型号制定碾压方案，以求各部分的碾压达到密实度的偏数相同。

⑬ 当混合料达到最佳含水量时，采用12～15t振动压路机由两侧向路中碾压，先压路边2～3遍后逐渐移向中心，弯道超高和纵坡较大的路段，应由低处向高处碾压。碾压时应重叠1/2轮宽，应在规定的时间内碾压到要求的密实度，同时没有明显的轮迹。一般需要碾压6～8遍，压路机的碾压速度，前两遍的碾压速度在1.5～1.7km/h为宜，以后用2.0～2.5km/h的速度碾压。

⑭ 碾压过程中水泥石粉渣稳定层的表面应始终保持潮湿，如表面水分蒸发过快，应及时补洒适量的水分。

⑮ 碾压过程中，如有"弹簧"、松散、起皮等现象，应及时翻开重新拌合或用其他的方法处理，使其达到质量要求。

⑯ 接缝和调头处的处理：每天施工的两段衔接处应搭接拌合，第一段拌合后留 5～8m 不进行碾压，第二段施工时，前段未压部分要再加部分水泥重新拌合后与第二段一起碾压。工作缝处理，在预定长度工作缝处，挖一条宽 30cm 横贯全宽的槽，深度至下承层顶面，槽内放两根与压实厚度等厚的方木，方木另一侧用素土回填稳定，回填长度 3～5m，然后进行整形碾压。第二天邻接作业段拌合结束后，除去方木，用混合料回填，靠近接缝处一小段应酌情加水泥进行人工补充拌合，然后整形压实。如果拌合机和其他机械必须在已碾压成型的水泥石粉渣稳定层上"调头"，应采取保护措施，在准备用于调头处 8～10m 长的稳定层上覆盖厚塑料布，然后在其上覆盖约 10cm 厚的素土或细砂进行保护。

⑰ 保湿养护，养护期不少于 7d。养护应及时，在碾压结束密实度检查合格后立即开始养护。

2）集中拌合（厂拌）施工：

高等级道路的基层不宜用路拌法施工，应采用厂拌法施工。厂拌法在集料拌合和集料摊铺时，工艺上与路拌法有所不同。其他工艺与路拌法基本相同。厂拌法的优点是混合料配料较为精确，拌合较为均匀。

① 厂拌法首先要选择集中拌合设备，根据拌合方式不同，分别有强制式、双转轴浆叶式以及自落式拌合设备。

② 在正式拌制水泥石粉渣稳定层混合料之前，必须进行调试，使拌制的混合料的颗粒组成、含水量、试件的干容重和强度等都达到设计规定的要求。

3）应配备足够的运输车辆，维修好运输道路，尽快将拌好的混合料运送到摊铺现场。在运输过程中，要注意防止混合料的水分过分损失。

4）在摊铺时，如果下承层为稳定层，应适当湿润，再摊铺混合料（图 1.2-2）。摊铺的松厚度同路拌法一样，要考虑松铺系数，按松厚度摊铺均匀。

5）铺筑时，应组织好施工，各工序间紧密衔接，作业段的长度不宜太长，尽量缩短从拌合到完成碾压之间的时间，作业段施工时间不得超过 6h。

6）其他工艺：施工放样（图 1.2-3）、整形、碾压（图 1.2-4、图 1.2-5）、接缝和调头处的处理、养护（图 1.2-6）等同路拌法施工。

图 1.2-2　摊铺过程

图 1.2-3　线性控制

图 1.2-4　碾压过程（一）　　　　　　图 1.2-5　碾压过程（二）

图 1.2-6　养护

4. 质量标准

（1）主控项目

原材料质量检验应符合下列要求：

1）水泥应符合下列要求：

① 应选用初凝时间大于 3h、终凝时间不小于 6h 的 32.5 级、42.5 级普通硅酸盐水泥、矿渣硅酸盐、火山灰硅酸盐水泥。水泥应有出厂合格证与生产日期，复验合格方可使用。

② 水泥贮存期超过 3 个月或受潮，应进行性能试验，合格后方可使用。

2）粒料应符合下列要求：

① 碎石场的细筛余料可作为粒料原材。

② 集料中有机质含量不得超过 2%。

③ 集料中硫酸盐含量不得超过 0.25%。

3）水应符合国家现行标准《混凝土用水标准》JGJ 63 的规定。使用饮用水及不含油类等杂质的清洁中性水，pH 值宜为 6~8。

① 检查数量：按不同材料进厂批次，每批检查 1 次。

② 检验方法：查检验报告、复检。

4）基层、底基层的压实度应符合下列要求：

① 城市快速路、主干道基层大于等于 97％；底基层大于等于 95％。

② 其他等级道路基层大于等于 95％；底基层大于等于 93％。

③ 检查数量：每 1000m²，每压实层抽检 1 点。

④ 检验方法：灌砂法或灌水法。

5) 基层、底基层 7d 无侧限抗压强度应符合设计要求。

① 检查数量：每 2000m² 抽检 1 组（6 块）。

② 检验方法：现场取样试验。

（2）一般项目

表面应平整、坚实、接缝平顺、无明显粗、细骨料集中现象，无推移、裂缝、贴皮、松散、浮料。基层及底基层的偏差应符合表 1.2-1。

石灰稳定土类基层及底基层允许偏差　　　　　　　　　　　　表 1.2-1

项目		允许偏差	检验频率			检验方法
			范围	点数		
中线偏位（mm）		≤20	100m	1		用经纬仪测量
纵断高程（mm）	基层	±15	20m	1		用水准仪测量
	底基层	±20				
平整度（mm）	基层	≤10	20m	路宽（m）	<9	1	用 3m 直尺和塞尺连续量两尺，取较大值
	底基层	≤15			9～15	2	
					>15	3	
宽度（mm）		不小于设计规定	40m	1		用钢尺量
横坡		±0.3％且不反坡	20m	路宽（m）	<9	2	用水准仪测量
					9～15	4	
					>15	6	
厚度（mm）		±10	1000m²	1		用钢尺量

5. 质量要求

（1）水泥稳定石粉渣路面基层的施工，必须按照表 1.2-2 项目进行检查。每道工序结束，均需经检验合格后，才能进行下一道工序。凡不合格项目均需作处理。

（2）水泥稳定石粉渣路面基层质量验收标准及允许误差，应符合表 1.2-2 规定。

水泥稳定石粉渣路面基层质量验收标准及允许误差　　　　　　　　表 1.2-2

编号	项目	质量验收标准及允许误差	检查要求
1	水泥剂量	±1％	每天一次，每次不少于 6 个样品
2	抗压强度	应符合设计要求	每个作业段并不大于 1000m²，应作 3 个试件
3	弯沉值	应符合设计要求	养护 7d 后现场做试验
4	混合料含水量	根据检验值或 7％～9％	随时检查
5	拌合均匀性	颜色均匀一致，无夹层	随时检查

续表

编号	项目	质量验收标准及允许误差	检查要求
6	压实度	大于98%，无明显轮迹	每碾压作业段并不大于1000m²检查不少于3处
7	厚度	±10%	每作业段并不大于50m不少于1处
8	宽度	不小于设计规定	每作业段并不大于50m不少于1处
9	平整度	不大于1cm	用3m尺量，着地空隙不大于1cm，平顺无波浪，每20m检查1处
10	纵横高程	±1cm	用水准仪测量，每20m测一点

6. 成品保护

（1）压实成型后，必须及时洒水养护，禁止用水管冲洒，一般养护期不少于7d，养护结束应立即施工面层。

（2）干旱季节应覆盖薄膜进行湿润养护，每天洒水次数，以保持表面湿润为宜。

（3）雨期施工要注意做好预防措施。根据天气情况，采取分段施工，保证雨前压实。如未经压实，被雨水冲刷，雨后凉至最佳含水量后，再加水泥拌合压实。

（4）施工期内整个路段封闭交通，严禁机动车等在上面掉头、转弯、刹车等以防止表面松动。

1.2.2 水泥级配碎石稳定层

1. 水泥级配碎石稳定层施工工艺流程图（图1.2-7）

2. 施工准备

（1）技术准备及要求

1）编制施工方案，对项目部所有人员进行技术交底及安全培训。

2）准备下承层：对土基，不论路堤或路堑，必须进行碾压检验（压3～4遍）。在碾压过程中，如发现土过干、表层松散，则适当洒水；如土过湿，发现"弹簧"现象，则采用挖干晾晒、换土、掺石灰或粒料等措施进行处理。刮除搓板和辙槽，松散处应耙松、洒水并重新碾压达到平整密实和规定的路拱。

3）施工放样：在土基层或老路面或土基上恢复中线，直线段每15～20m设一桩，平面曲线每10～15m设一桩，并在两侧路肩边缘外指示桩上用明显标记标出水泥级配碎石稳定层边缘的设计高程。

（2）材料准备及要求

1）级配碎石：级配碎石可用未筛分碎石和石屑组配而成，未筛分碎石的最大粒径不大于40mm，并且有较好的级配。石屑指碎石场孔径小于5mm的石料，并具有良好的级配。级配碎石也可以用筛分不同孔径的碎石组配而成。道路级别不同，对级配碎石颗粒组成有不同的要求。级配碎石及级配碎砾石颗粒范围和技术指标应符合表1.2-3规定。

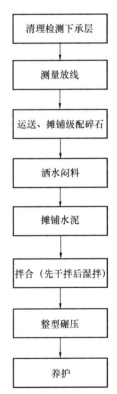

图1.2-7 水泥级配碎石稳定层施工工艺流程

级配碎石及级配碎砾石颗粒范围及技术指标　　　表 1.2-3

项目		通过质量百分率（%）			
		基层		底基层	
		次干路及以下道路	城市快速路、主干路	次干路及以下道路	城市快速路、主干路
筛孔尺寸（mm）	53	—	—	100	
	37.5	100	—	85～100	100
	31.5	90～100	100	69～88	83～100
	19.0	73～88	85～100	40～65	54～84
	9.5	49～69	52～74	19～43	29～59
	4.75	29～54	29～54	10～30	17～45
	2.36	17～37	17～37	8～25	11～35
	0.6	8～20	8～20	6～18	6～21
	0.075	0～7	0～7	0～10	0～10
液限（%）		<28	<28	<28	<28
塑性指数		<6（或9）	<6（或9）	<6（或9）	<6（或9）

2）水泥：普通硅酸盐水泥、矿渣硅酸盐水泥和火山灰质硅酸盐水泥都可用于稳定土，但应选用凝结时间较长（宜在 6h）的水泥。快硬水泥、早强水泥以及易受潮变质的水泥不应使用。宜采用强度等级较低的水泥。在施工中可根据设计要求选择恰当的水泥。

3）水：饮用水均可用于水泥级配碎石稳定层施工。

（3）主要机具

1）水泥石粉稳定料拌合机；

2）水稳摊铺机（厂拌）；

3）挖掘机（路拌）；

4）平地机；

5）压路机；

6）洒水车；

7）配套小工具（如铁锹、铁耙、手推车、平整尺、钢尺、坡度线、小线等）。

（4）作业条件（作业环境、工序交接要求等）

1）土路基已全部完成，并验收合格。

2）现场施工运输、机械调转作业方便，各种测桩齐备、牢固。

3. 施工工艺

1）路拌法施工

① 对下承层设计高程及路中线、路边线进行复核测量，并清理表面，使表面平整、坚实、清洁无杂物。

进行水平测量。在两侧指示桩上用明显标记标出水泥级配碎石稳定层的设计标高。

采用未筛分碎石和石屑组配时，按级配要求计算两者的配合比，采用不同粒级的单一尺寸碎石和石屑组配时，同样按级配要求计算各粒径碎石和石屑的比例。

② 根据各路段基层的宽度、厚度及压实干容重，分别计算各路段所需的各种材料用量，以及材料堆放的距离。

③ 施工前，先进行实验段施工，取得混合料拌合遍数、达到设计密实度需要的碾压遍数，以及松铺系数（松铺厚度与压实厚度的比值）等经验数据，以指导正式的施工。

④ 按松铺厚度摊铺级配碎石集料，每层松铺厚度不大于30cm。采用稳定土拌合机拌合级配碎石，用洒水车洒足水分，拌合均匀，没有粗细颗粒离析现象。

⑤ 采用平地机配以人工将集料均匀摊铺在预定的宽度上，表面力求平整，并有规定的路拱。测量人员跟踪测量，保证标高、厚度及宽度达到设计要求。

⑥ 集料层整平后，用6～8t压路机自两侧向中间慢速碾压1～2遍，使级配碎石稳定，表面齐整，初步形成平面。

⑦ 按计算的每袋水泥的纵横间距摆放水泥，打开水泥，将水泥倒在集料上，并用刮板将水泥均匀摊开。应注意使每袋水泥摊铺的面积相等。水泥摊铺后表面应没有空白位置，也没有水泥过分集中的地点。

⑧ 用稳定土拌合机进行拌合，拌合深度应达到稳定层底。应设专人跟随拌合机，随时检查拌合深度并配合拌合机操作手调整拌合深度。严禁在拌合层底部留有"素土"夹层。应略破坏下承层，以利上下层粘结。

⑨ 在拌合过程中及时检查混合料的含水量，混合料的含水量宜略大于最佳含水量。混合料拌合均匀后应色泽一致，没有粗细颗粒窝，且水分均匀。

⑩ 混合料拌合均匀后，立即用平地机初步整平和整形。直线段平地机由两侧向路中刮平，曲线段则由内侧向外侧刮平。在整形过程中严禁任何车辆通行，并配以人工消除粗细集料窝。

⑪ 根据路宽和压路机的型号制定碾压方案，以求各部分的碾压到的次数相同。

⑫ 当混合料达到最佳含水量时，采用12～15t压路机由两侧向路中碾压，先压路边2～3遍后逐渐移向中心，弯道超高和纵坡较大的路段，应由低处向高处碾压。碾压时应重叠1/2轮宽，应在规定的时间内碾压到要求的密实度，同时没有明显的轮迹。一般需要碾压6～8遍，压路机的碾压速度，头两遍的碾压速度在1.5～1.7km/h为宜，以后用2.0～2.5km/h的速度碾压。

⑬ 碾压过程中水泥级配碎石稳定层的表面应始终保持潮湿，如表面水分蒸发过快，应及时补洒适量的水分。

⑭ 碾压过程中，如有"弹簧"、松散、起皮等现象，应及时翻开重新拌合或用其他的方法处理，使其达到质量要求。

⑮ 碾压结束时，用平地机再精平一次，使其纵向顺畅，路拱和超高部位符合设计要求。

⑯ 接缝和调头处的处理：同日施工的两段衔接处应搭接拌合，第一段拌合后留5～8m不进行碾压，第二段施工时，前段未压部分要再加部分水泥重新拌合后与第二段一起碾压。工作缝处理，在预定长度工作缝处，挖一条宽30cm横贯全宽的槽，深度至下承层顶面，槽内放两根与压实厚度等厚的方木，方木另一侧用素土回填稳定，回填长度3～5m，然后进行整形碾压。第二天邻接作业段拌合结束后，除去方木，用混合料回填，靠近接缝处一小段应酌情加水泥进行人工补充拌合，然后整形压实。如果拌合机和其他机械

必须在已碾压成型的水泥级配碎石稳定层上"调头"，应采取保护措施，在准备用于调头处 8~10m 长的稳定层上覆盖厚塑料布，然后在其上覆盖约 10cm 厚的素土或细砂进行保护。

⑰ 保湿养护，养护期不少于 7d。养护应及时，在碾压结束密实度检查合格后立即开始养护。水泥级配碎石稳定层分层施工时，下层碾压过 1d 即可继续铺筑上层，不需经过 7d 的养护期。

2）集中拌合（厂拌）施工

① 厂拌法首先要选择集中拌合设备，根据拌合方式不同，分别有强制式、双转轴浆叶式以及自落式拌合设备。其中自落式拌合机拌合的条件是塑性指数小、含土少的集料。

② 在正式拌制水泥级配碎石混合料之前，必须进行调试，使拌制的混合料的颗粒组成、含水量、试件的干容重和强度等都达到规定的要求。

③ 应配备足够的运输车辆，维修好运输道路，尽快将拌成的混合料运送到铺筑的现场。在运输过程中，应加盖篷布覆盖混合料，防止混合料的水分过分损失。

④ 在摊铺时，如果下承层未稳定细粒土，应先将下承层表面拉毛，再摊铺混合料。摊铺的松厚度同路拌法一样，要考虑松铺系数，按松厚度摊铺均匀（图 1.2-8）。

图 1.2-8　摊铺过程

⑤ 铺筑时，应组织好施工，各工序间紧密衔接，作业段的长度不宜太长，尽量缩短从拌合到完成碾压之间的时间，作业段施工时间不得超过 6h。

⑥ 其他工艺：施工放样、整形、碾压（图 1.2-9）、接缝和调头处的处理、养护（图 1.2-10）等同路拌法施工。

4. 质量标准

（1）主控项目

原材料质量检验应符合下列要求：

1）水泥应符合下列要求：

① 应选用初凝时间大于 3h、终凝时间不小于 6h 的 32.5 级、42.5 级普通硅酸盐水泥、矿渣硅酸盐、火山灰硅酸盐水泥。水泥应有出厂合格证与生产日期，复验合格方可使用。

图 1.2-9　碾压过程

图 1.2-10　养护

② 水泥贮存期超过 3 个月或受潮，应进行性能试验，合格后方可使用。

2）土应符合下列要求：

① 土的均匀系数不得小于 5，宜大于 10，塑性指数宜为 10～17。

② 土中小于 0.6mm 颗粒的含量应小于 30%。

③ 宜选用粗粒土、中粒土。

3）粒料应符合下列要求：

① 级配碎石做粒料原材。

② 当作基层时，粒料最大粒径不宜超过 37.5mm。

③ 当作底基层时，粒料最大粒径：对城市快速路、主干路不得超过 37.5mm；对次

干路及以下道路不得超过 53mm。

④ 碎石的压碎值：对城市快速路、主干路基层与底基层不得大于 30％；对其他道路基层不得大于 30％，对底基层不得大于 35％。

⑤ 集料中有机质含量不得超过 2％。

⑥ 集料中硫酸盐含量不得超过 0.25％。

4）水应符合现行国家标准《混凝土用水标准》JGJ 63 的规定。宜使用饮用水及不含油类等杂质的清洁中性水，pH 值宜为 6～8。

检查数量：按不同材料进厂批次，每批检查 1 次。

检验方法：查检验报告、复检。

5）基层、底基层的压实度应符合下列要求：

城市快速路、主干道基层大于等于 97％；底基层大于等于 95％。

其他等级道路基层大于等于 95％；底基层大于等于 93％。

检查数量：每 1000m² ，每压实层抽检 1 点。

检验方法：灌砂法或灌水法。

6）基层、底基层 7d 无侧限抗压强度应符合设计要求。

检查数量：每 2000m² 抽检 1 组（6 块）。

检验方法：现场取样试验。

（2）一般项目

表面应平整、坚实、接缝平顺、无明显粗、细骨料集中现象，无推移、裂缝、贴皮、松散、浮料。

质量要求：

① 表面应坚实、平整，不得有梅花、砂窝现象。

② 配料必须准确，拌合必须均匀。

③ 应严格掌握稳定层厚度和高程，路拱横坡符合设计规范要求。

④ 压实密实度达到设计规范要求。

⑤ 水泥级配碎石稳定层允许偏差应符合表 1.2-4 的规定。

水泥级配碎石稳定层允许偏差　　　　　　　表 1.2-4

序号	项目	压实度（％）允许偏差（mm）	检查频率			检查方法
			范围	点数		
1	厚度	+20 −10	1000m²	1		用尺量
2	平整度	10	20m	1		用 3m 直尺量取最大值
3	宽度	不小于设计规定	40m	1		用尺量
4	中线高程	±20mm	20m	1		用水准仪具测量
5	横坡	±20mm 且不大于±0.3％	20m	路宽（m）	<9	2	用水准仪具测量
					9～15	4	
					>15	6	
6	压实度	重型击实 95 轻型击实 98	1000m²	1		灌砂法

5. 成品保护

（1）水泥级配碎石稳定层成活后须在湿润状态下养护，表面过于干燥时要及时洒水养护。

（2）整个路段中断交通，严禁机动车等在上面掉头、转弯、刹车等以防止表面松动。

1.2.3 道路基层监理要点及其措施

1. 水泥石粉渣稳定层监理质量预控要点

（1）熟悉设计图纸和相关技术规范。

（2）组织或参与设计交底。

（3）施工方案审查：施工前监理工程师必须要求施工单位编制详细的施工方案报监理工程师审查，需要重点审查下述内容：

1）人员资质审查：审查其施工管理人员、技术人员是否具备相应资质，机班长是否具有类似工作经验；

2）施工工艺审查：审查其施工方法、施工顺序是否合理；

3）质量、安全保证措施审查：审查其质量、安全保证措施是否可靠。

（4）材料质量预控：施工前监理工程师必须对材料（水泥、石粉渣）进行见证取样检查，合格后才允许使用。

（5）人员、机械、设备审查：施工前监理工程师必须审查施工单位的相关施工管理人员和技术人员是否具备相应资质和相关工作经验，进场的机械设备的性能与质量是否满足施工工艺要求。

2. 施工过程中的质量控制要点及其措施

（1）洒水、拌合必须均匀，摊铺后碾压时应控制混合料的含水量略大于最佳值。路拌深度应达到层底，不得留有"素土"夹层。

（2）必须严密组织，采用分段流水作业法施工，从加水拌合到碾压终了的延迟时间不应超过 3～4h，并应短于水泥的终凝时间。采用集中厂拌法施工时，延迟时间不应超过 2～3h。

（3）碾压完成后必须保湿养护，不使稳定料层表面干燥，也不应忽干忽湿。

（4）水泥稳定石粉渣基层上未铺封层或面层时，除施工车辆外，禁止一切机动车辆通行。

（5）严禁用薄层贴补的办法进行找平。

（6）在铺筑底基层或基层之前，应从填好的路床或底基层上把所有浮土、杂物全部清除，并整形和压实。

（7）路床或底基层上的车辙、松软部分和压实不足的地方，以及任何不符合规定要求的部分都应翻挖、填筑新料，重新碾压整形。

（8）采用路拌法施工时，应选用合适的机械将材料按要求的松铺厚度均匀地摊铺在预定的宽度上进行拌合。

（9）水泥稳定石粉渣应用 14t 以上压路机械碾压，碾压的压实厚度根据碾压机械种类通过试验确定。结构层各层的压实厚度，一般不应超过 20cm，超过上述规定时，应分层铺筑，每层的最小压实厚度为 10cm，下层宜稍厚。分层铺筑时，每层都要进行密实度检验，并应达到规定要求。

（10）碾压检验合格后，应立即覆盖或洒水养护，养护期一般不宜少于7d。

3. 施工质量的事后控制要点及措施

（1）水泥、石粉渣混合料分布不均匀：

选用合适的机具进行拌合，洒水、拌合均匀，加强拌合深度和遍数。

（2）压实后，压实度达不到要求：

控制混合料从加水拌合到碾压终了的延迟时间不得超过3～4h，并应短于水泥的终凝时间。采用集中厂拌法施工时，延迟时间不应超过2～3h。控制碾压机具和碾压遍数，压实厚度在15～20cm时，可选用18～30t三轮压路机碾压。若超出20cm应分层碾压，碾压应先轻后重。碾压检验合格后必须保湿养护，不使稳定料层表面干燥，也不应忽干忽湿。

（3）碾压过程中，出现弹簧、龟裂：

施工前，监理人员应对基底进行检查，压实度等各项检测内容必须符合要求，路床或底基层上的车辙、松软部分和压实不足的地方，以及任何不符合规定要求的部分都应翻挖、填筑新料，重新碾压整形。混合料不得含有土块等杂质，摊铺后表面应平整，严禁用薄层贴补的办法进行找平。碾压过程中出现弹簧、龟裂，应及时翻开重新拌合碾压。

（4）结构层出现横向裂缝：

施工中要控制混合料的配合比，用水量不宜过大，防止干缩而引起开裂。碾压后，要及时洒水养护，保持一定的温度，养护期一般不应少于7d。在没有铺筑上层前，严禁车辆通行。施工中禁止薄层贴补，发现有低洼处应在铺上层时解决。严禁在雨天、气温很低的条件下施工。

（5）压实后，混合料强度不合格：

严格控制混合料配合比，检查水泥、石粉渣的质量是否符合施工要求，如不符合要求，严禁使用，需重新换料。加强对混合料的翻拌，按规范要求进行压实，达到要求的压实度，加强洒水养护。

（6）竣工验收：

竣工验收工程完工后，监理工程师要督促施工单位整理竣工验收资料，报监理机构组织竣工验收。

1.2.4　碎石基层施工质量监理要点

（1）监理要审核开工报告、施工工艺、施工质量标准、碎石材料的质量合格单、试验报告单及其开工机具等。

1）施工准备阶段：

① 监理工程师应根据设计文件和图纸，技术规范、规程，制定适合的砂石基层质量的监理工作细则，补充必要的技术标准及措施。审核承包人开工报告、施工方案、工艺流程及施工质量控制标准等。

② 监理人员应检测路基的施工放样。检查到场的砂石材料的规格、级配、含泥量及翻斗车、洒水车、压路机等施工机具设备等，是否与承包合同相符一致。

2）施工阶段：

① 监理审核施工放样报验单，查验中线、高程、宽度。

② 查验合格后，准许摊铺砂砾石，在摊铺过程中要控制摊铺松厚、高程、宽度，并

检查粒径均匀分布情况及质量规格。

③ 要控制洒水量，监测稳压遍数，检查平整度、横断面及其含水量。

④ 监理按规定频率随机抽样检测压实度及其外形尺寸。

3）完工后

碎石基层施工完成后，应指示承包人设专人对碎（砾）石基层进行养护，禁止车辆通行，特别是履带车辆。

（2）监理人员应检查施工放样、路基表面清洁状况。

（3）检查所使用碎石、嵌缝料材料的技术指标、规格和颗粒形状，是否与承包合同相符。

（4）检测摊铺的均匀度、虚厚度、纵、横坡度。

（5）监测稳压顺序，稳压两遍后的洒水量、铺撒嵌缝料均匀度等。

（6）检测碾压原则、速度及遍数、压实密度。

（7）现场监理人员应按规定频率随机抽检碎石基层的压实密度、厚度、平整度、中线高程及纵横坡度，并进行外观检查，合格后给予签字认可。

（8）禁止机动车及履带车辆通行。

1.3 面层工程

1.3.1 水泥混凝土路面施工

1. 水泥混凝土路面（图 1.3-1）施工工艺流程（图 1.3-2）

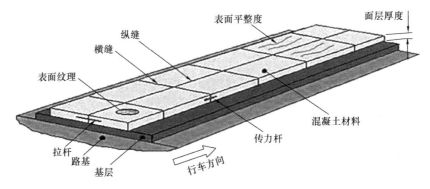

图 1.3-1 水泥混凝土路面构造

2. 施工准备

（1）施工单位应根据设计文件及施工条件，确定施工方案，编制施工组织计划。

（2）施工前，应按设计规定划分混凝土板块，板块划分应从路口开始，必须避免出现锐角。曲线段分块，应使横向分块线与该点法线方向一致。直线段分块线应与面层胀、缩缝结合，分块距离宜均匀。分块线距检查井盖的边缘宜大于 1m。

（3）混凝土施工配合比已获监理工程师批准，搅拌站经试运转，确认合格。

（4）各种施工机械设备、机具应该配齐到位，检查设备的品种、规格是否符合施工技术要求，保证各种设备、机具处于良好的技术状态。

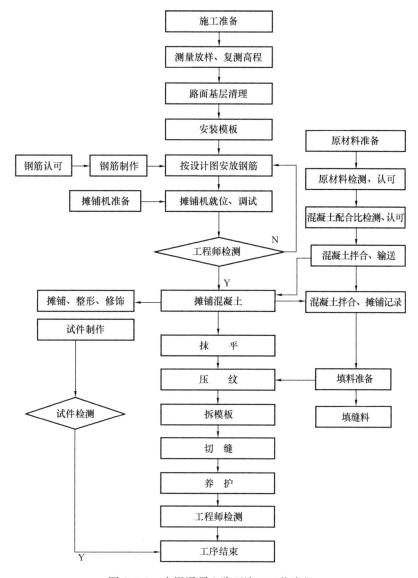

图 1.3-2 水泥混凝土路面施工工艺流程

（5）施工前应解决水电供应、交通道路、搅拌和堆料场地、办公生活用房、工棚仓库和消防等设施。

3. 测量放样（图 1.3-3）、复测高程

（1）测量仪器、设备、工具等使用前应进行符合性检查，确认符合要求。严禁使用未经计量检定、校准及超过检定有效期或检定不合格的仪器、设备、工具。

（2）每隔 100～200m，应在路线两旁测设临时水准点。

（3）对施工图规定的基准点、基准线

图 1.3-3 现场放线

和高程测量控制资料进行内业及外业复核（图 1.3-4、图 1.3-5）。施工测量应作好起点、终点、转折点、道路相交点及其他重要设施的位置、方向的控制及校核。

图 1.3-4　测量仪测量　　　　　　　　图 1.3-5　全站仪测量

（4）施工测量的记录及成果均应在正式记录本上填写，并按规定整理测量资料。

4. 路面基层检查与整修

检查基层的宽度、路拱标高、表面平整度和压实度是否符合要求。在混凝土摊铺施工前，应清理基层表面，并充分洒水湿润（图 1.3-6），以防混凝土底部水分被干基层吸食，影响成型质量。有时可也在基层和混凝土之间铺设塑料薄膜。

5. 模板安装（图 1.3-7）

图 1.3-6　洒水湿润　　　　　　　　　图 1.3-7　钢模板安装

（1）模板应与混凝土的摊铺机械相匹配。模板高度应为混凝土板设计厚度。

（2）钢模板应直顺、平整，每 1m 设置 1 处支撑装置。

（3）木模板直线部分板厚不宜小于 5cm，每 0.8～1m 设 1 处支撑装置；弯道部分板厚宜为 1.5～3cm，每 0.5～0.8m 设 1 处支撑装置，模板与混凝土接触面及模板顶面应抛光。

（4）支模前应核对路面标高、面板分块、胀缝和构造物位置。模板应安装稳固、顺直、平整、无扭曲，相邻模板连接应紧密平顺，不应错位。

（5）严禁在基层上挖槽嵌入模板。

（6）模板安装完毕，应进行检验，合格后方可使用。

6. 钢筋制作及安装

（1）钢筋安装前应检查其原材料品种、规格与加工质量，确认符合设计规定。

（2）钢筋网、角隅钢筋等安装应牢固、位置准确。钢筋安装后应进行检查，合格后方可使用。

（3）传力杆安装应牢固、位置准确，其间距一般为 100~200cm。胀缝传力杆应与胀缝板、提缝板一起安装，传力杆一般采用圆钢筋，长度一半以上应涂沥青，还应在涂沥青的端部加一套子，内留空隙，套子端应在相邻板中交错布置。最外边的传力杆距接缝或自由边距离不应小于 15cm。

（4）拉杆（图 1.3-8）和传力杆（图 1.3-9）钢筋应顺直，无裂纹、断伤、刻痕、表面油污和锈蚀情况，加工时应锯断，端口垂直、光圆，用砂轮打磨掉毛刺并加工成 2~3mm 的圆倒角，不得挤压切断。

图 1.3-8　拉杆

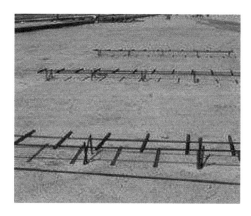

图 1.3-9　传力杆

7. 混凝土运输（图 1.3-10）

（1）车辆选择：通常选用 10~15t 的自卸卡车，根据施工进度、运量、运距及路况，确定车型及车辆总数。

图 1.3-10　搅拌运输车

（2）运输时间：保证混凝土运到现场后适宜摊铺，混凝土拌合物从搅拌机出料后，运至铺筑地点进行摊铺、振捣、做面，直至浇筑完毕的允许最长时间，由试验室根据水泥初凝时间及施工气温确定，见表 1.3-1。

混凝土从搅拌机出料至浇筑完毕的允许最长时间　　　　　　　表 1.3-1

施工气温（℃）	允许最长时间（h）	施工气温（℃）	允许最长时间（h）
5～10	2	20～30	1
10～20	1.5	30～35	0.75

（3）运输技术要求：运送混凝土的车辆，在装卸料时防止混凝土离析。出料及铺筑时的卸料高度，不应超过 1.5m。驾驶员要了解混凝土的运输、摊铺、振实、成型完成的允许最长时间。运输过程中要防止漏浆、漏料，避免污染路面，为避免水分散失应遮盖混合物表面。装车前，要冲洗干净车厢并洒水湿润，但不允许积水。自卸卡车运输的最大距离为 20km，超过时要采用混凝土搅拌运输车。

8. 混凝土摊铺（图 1.3-11）

（1）混凝土铺筑前：基层或砂垫层表面、模板位置、高程等符合设计要求。模板支撑接缝严密、模内洁净、隔离剂涂刷均匀。钢筋、预埋胀缝板的位置正确，传力杆等安装符合要求。混凝土搅拌、运输与摊铺设备，状况良好。

图 1.3-11　机具摊铺

（2）卸料及布料：必须有专人指挥车辆均匀卸料（图 1.3-12）；在摊铺宽度范围内，宜分多堆卸料。可用人工进行布料，在有条件情况下可配备机具布料（图 1.3-13）。采用

图 1.3-12　自卸车加挖机布料　　　　　　图 1.3-13　人工卸料摊铺

人工布料时，尽量防止布料整平过的混凝土表面留下踩踏脚印，还要防止将泥土踩踏入路面中。布料速度与摊铺速度相适应，并不宜低于 30～40m/h。

（3）板厚大于 22cm，分二次摊铺，下部厚度宜为板厚 3/5。双层式路面施工，摊铺上层混合料应在下层混凝土初凝前完成（一般 10℃时 90min、15℃时 60min、20℃时 45min）。

（4）因故停工时应特殊处理。停工在 0.5h 之内时，可将混合料表面用湿麻布盖上，恢复工作时把此处混凝土耙松，再继续摊铺。停工 0.5h 以上时，可根据气温和混合料的初凝时间作施工缝处理。初凝时间见表 1.3-2。

水泥混凝土初凝时间 表 1.3-2

施工温度（℃）	20	15	10
初凝时间（min）	45	60	90

（5）平板振捣器振捣：混合料分条、分层随摊铺、随平整即使用平板振捣器振捣。一般先由混凝土板块的边缘开始摊铺，振捣时按垂直方向顺行行驶振捣，每一行重叠 15～20cm，初振找平后沿板四周振捣一遍，然后再纵向压槎振捣（顺路方向）。

（6）振捣器：采用插入密排振捣棒组时，间歇插入振捣，每次移动距离不宜超过振捣棒有效作用半径的 1.5 倍，并不得大于 0.5m，振捣时间宜为 15～30s。排式振捣机连续施行振捣时，作业速度宜控制在 4m/min 以内，振捣速度匀速缓慢，振捣连续不间断地进行，其作业速度以拌合物表面不露粗集料，液化表面不再冒气泡，并泛出水泥浆为准。

9. 修整、抹面

（1）清理表面浮浆，抹面拉毛等应在跳板上进行，抹面时严禁在板面上洒水、撒水泥粉。凝土抹面不宜少于 4 次，先找平抹平，待混凝土表面无泌水时再抹面，并依据水泥品种与气温控制抹面间隔时间（图 1.3-14）。

（2）采用机械抹面时，真空吸水完成后即可进行。先用带有浮动圆盘的重型抹面机粗抹，再用带有振动圆盘的轻型抹面机或人工细抹一遍。

（3）混凝土面层应拉毛、压痕或刻痕（图 1.3-15），其平均纹理深度应为 1.2mm。成活后应及时用苫布、塑料薄膜等覆盖。

图 1.3-14　抹面

图 1.3-15　路面拉毛

10. 切缝施工

横向缩缝、纵向缩缝、施工缝上部的槽口均采用切缝法施工（图 1.3-16）。锯缝要及时，不能过早也不能过晚。要根据水泥的凝结时间、外加剂类型和气候条件等因素通过实践来确定合适的锯缝时间。经养护达到设计强度的 20%～30%，以上时，横向缩缝最长不能超过 24h，纵向缩缝不能超过 48h，切缝宽度为 3～8mm，深度为 1/5～1/4 板厚。横向缩缝间距按设计要求或 5m，要求与中线垂直，若一次摊铺过长，每隔 10～20m 跳切，之后再按 5m 切，以减少断板率。纵缝切缝尺寸与横缝相同，要求与路线平行，且线形顺直、圆滑。切缝完成后，立即用高压水枪将残余砂浆冲洗干净。

图 1.3-16　切缝机切缝

11. 养护

（1）养护方式选择：混凝土路面铺筑完成，如是采用软拉抗滑构造，制作完毕后立即进行养护。三辊轴摊铺水泥混凝土路面宜采用喷洒养护剂加覆盖的方式养护，在雨期或养护用水充足的情况下，也可覆盖保湿膜（图 1.3-17）、土工布、麻袋等洒水湿养护方式。

（2）混凝土应连续养护，养护期内始终保持混凝土处于湿润状态，一般普通硅酸盐水泥不得少于 7d，对渗用缓凝外加剂或有抗渗要求的不得少于 14d，当日均气温低于 5℃ 是不得用浇水方法养护，养护期内严禁开放交通。

图 1.3-17　覆盖保湿膜，洒水湿养

12. 拆模（表 1.3-3）

当混凝土抗压强度不小于 8.0MPa 时方可拆模；拆模时不允许采用大锤强击拆模，可使用专用的工具，不能损坏板边、板角和传力杆、拉杆周围的混凝土，同时不能损坏模板；拆下的模板及时清除砂浆等物，并矫正变形和修护局部损坏。

侧模允许最早拆模时间符合下表的规定　　　　　　　表 1.3-3

昼夜平均气温	−5℃	0℃	5℃	10℃	15℃	20℃	25℃	≥30℃
硅酸盐水泥、R 型水泥	240	120	60	36	34	28	24	18
道路、普通硅酸盐水泥	360	168	72	48	36	30	24	18
矿渣硅酸盐水泥			120	60	50	45	36	24

注：允许最早拆侧模时间从混凝土面板经整成形后开始计算。

13. 水泥混凝土路面验收标准

（1）面层工程检验应具备下列资料：

1）原材料、成品、半成品出厂质量证明文件和复试报告。

2）面层压实度试验报告和强度试验报告。

3）隐蔽工程验收记录。

4）施工记录。

（2）主控项目：

1）抗拉强度：在浇筑地点随机抽取，从同一盘或同一车混凝土中取样，制作 150mm×150mm×150mm 试件，每组 3 个（图 1.3-18）。标养试块制作后应在温度为 20±5℃ 的环境下静置一昼夜至二昼夜，然后编号、拆模。拆模后立即进行标准养护（工地无条件的可送至试验室）。

抗压试块

图 1.3-18　试块制作

同条件养护试块的拆模时间可与实际构件拆模时间相同，拆模后，试块仍需同条件养护。

2）抗折强度：标准试件尺寸 150mm×150mm×600mm 或 550mm 的棱柱体混凝土标准试件，每 100m³ 的同配合比混凝土，取样 1 次，不足 100m³ 按 1 次计。每次取样应至少留置 1 组标养试件，同条件养护试件的留置组数应根据实际需要确定，最少 1 组。试件在长向中部 1/3 区段内不得有表面直径超过 5mm，深度超过 2mm 的孔洞。

图 1.3-19　钻芯取样

3）厚度：按路面结构层厚度评定标准检查，混凝土面层厚度应符合设计规定，允许误差为 ±5mm。每 1000m² 抽测 1 点。方法为钻芯用尺量（图 1.3-19）。

（3）一般项目：

1）模板表面光滑平整，隔离剂的涂刷应均匀一致。

检查数量：全数检查。

检验方法：观察检查。

2）模板拼缝的具体要求，应按照《市政基础设施工程施工质量验收通用规程》DB13（J）54—2005 第 6.2.3 条的规定执行。

3）水泥混凝土（钢筋水泥混凝土）板面边角应整齐，无裂缝，且不得有石子外露和浮浆、脱皮、印痕、积水等现象；混凝土表面拉毛应均匀，深度一致。

检查数量：全数检查。

检验方法：观察检查。

4）缝内不得有杂物，胀缝必须全部贯通；传力杆必须与缝面垂直。

检查数量：全数检查。

检验方法：观察检查。

5）表面线格应整齐、清晰；缩缝应及时切割。切缝直线段应直顺，曲线段圆顺，不得有瞎缝、跑锯。保证设计的缝深。

检查数量：每40m抽查1点。

检验方法：观察、拉20m小线量取最大值。

6）填缝料材质应符合设计要求，嵌缝料灌缝应饱满、密实、缝面整齐，不得漏灌，不得污染面层。

检查数量：每100m² 抽查1点。

检验方法：观察、钢尺量。

1.3.2 沥青混合料路面施工

沥青混合料路面剖面效果图如图1.3-20所示。

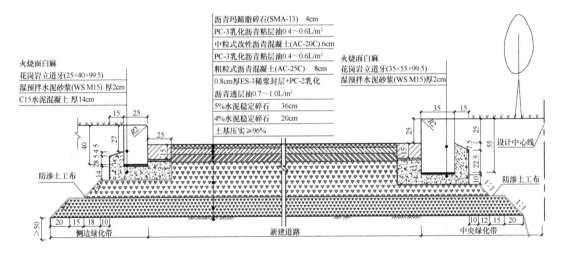

图1.3-20 沥青混凝土路面剖面效果图

1. 沥青路面工艺流程（图1.3-21）

2. 施工准备

沥青路面施工前应将水泥稳定层的杂物清理干净，稳定层破损，坑洞等应及时修补平整，检查路平石、缘石、检查井、进水井盖及其他构筑物是否安装稳固，若存在问题，局部予以处理。

测量放样：

（1）沥青路面的高程可在已砌筑的路平石或缘石标明沥青碎石层和沥青混凝土面层的高程，交叉路口或喇叭口应设指示桩来控制高程。

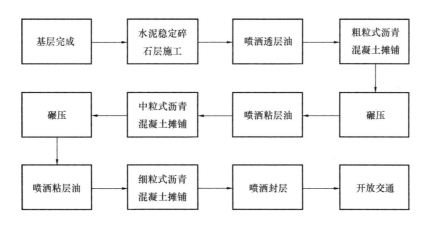

图 1.3-21　沥青路面工艺流程

（2）对底基层进行检验，复核控制桩高程。

3. 水泥稳定碎石层（图 1.3-22）

（1）水泥稳定碎石摊铺前底基层清扫干净、整洁，并适量洒水保持湿润。

（2）搅拌采用集中厂拌法，摊铺、碾压时，摊铺系数为 3～5，先进行试验段施工，取得最佳数据，并按试验段数据施工，施工中必须贯彻"宁高勿低、宁刮勿补"的原则，全部施工工程力争在水泥终凝时间前完成。碾压完毕立即做密实度试验，若试验结果达不到标准重新进行碾压，达到水泥稳定碎石表面平整密实、无坑洼，施工接槎平整、稳定。

图 1.3-22　水稳层施工

（3）一般情况下水泥稳定碎石作业完成24h 后才可以砌沿石。其与砌沿石的时间间隔也不宜太久，否则混合料形成板体后，板体坚硬，增加施工难度，敲凿板体也极易破坏板体整体性。

（4）养护时间不少于 7d，这期间禁止车辆通行，每日洒水车洒水养护 2～4 遍，保持湿润。

（5）养护完成后进行压实度、平整度、纵断面高程、宽度检测，合格后方可进行下一段施工。

4. 喷洒透层油

（1）验收基层合格后，放出喷洒边缘线，洒过透层油后，严禁车辆通行。

（2）如果基层已完工较长时间，表面过分干燥时应对基层进行清扫，在基层表面洒少量的水润湿，等表面稍干后喷洒透层油。

（3）紧接基层施工后喷洒透层油施工，只需基层满足验收条件，并表面稍干后，即可喷洒透层油（图 1.3-23）。

图 1.3-23 喷洒透层油

（4）对路缘石及人工结构物作适当保护，以防污染。

（5）起点处铺盖 1～2m 油毛毡，以保证喷洒整齐均匀，不得重叠多洒沥青。终点准备接油槽，待喷洒结束时，接喷管道的油，不得污染基层。

（6）洒油汽车从洒油起点处启动加速到喷洒油速度后，匀速沿导向标指引方向前进，确保喷油量均匀准确。

（7）洒过透层油后，严禁车辆通行。

5. 喷射粘层油

（1）粘层乳化沥青应均匀洒布或涂刷，不要过量浇洒。

（2）路面若油赃物或尘土时应及时清理干净，当粘有土块时，要用水冲刷干净，待表面干燥后再浇洒粘层乳化沥青。

（3）喷洒的粘层油必须成均匀雾状，在路面全宽度内均匀分布成一薄层，不得有洒花漏空或成条状，也不得有堆积。喷洒不足的要补洒，喷洒过量处应予刮除。

（4）喷洒粘层油后，严禁除沥青混合料运输车外得其他车辆、行人通过。

（5）当气温低于 10℃ 或正在下雨时，不得浇洒粘层乳化沥青。

（6）粘层乳化沥青宜在当天洒布，应待乳液破乳、水分蒸发完后，紧跟着铺筑上层沥青层，确保粘层不受污染。

6. 封层

（1）上封层的适用场合：在空隙较大的沥青面层上，以防止地表水透入路面；旧沥青路面强度足够，但有裂缝，或为改善外观。下封层的适用场合：潮湿多雨地区沥青碎石面层或拌合法沥青表处的基层上，为防止地表水渗入基层；基层铺筑后，推迟面层施工又需维持交通（2～3 个月）时。

（2）稀浆封层施工时应用稀浆封层铺筑机，其工作速度应匀速铺筑，应达到厚度均匀，稀浆封层的厚度宜为 3～6mm。

（3）封层施工的最低温度不低于 10℃，严禁在雨天施工，摊铺后尚未成型的混合料遇雨时要予以铲除。

（4）封层两幅纵缝搭接的宽度不能超过 80mm，横向接缝做成对接缝。

（5）封层摊铺后的表面不能有超粒径拖拉的严重划痕，横向及纵向接缝处不得出现余料堆积或缺料现象，用 3m 直尺测量接缝处的平整度不能大于 6mm。

（6）稀浆封层铺筑后，必须待乳液破乳，水分蒸发，干燥成型后方可开放交通。

7. 沥青混合料的拌制和运输

（1）沥青混合料应按设计沥青量进行试拌，取样后进行马歇尔稳定度试验，并将各试验值与室内配合比试验结果进行比较，验证沥青用量是否合适，必要时可作适当调整。

（2）确定适当的拌合时间，拌合后的沥青混合料均匀一致，无花白，无粗细料分离和结团成块等现象。

（3）确定适宜的加热和出厂温度，混合料出厂温度为：石油沥青混合料130～160℃。

（4）沥青混合料采用自卸卡车运至工地，车厢底板及周壁应涂一薄层油水（柴油：水为1：3混合液），运输车辆上应有覆盖设施。

（5）运至摊铺地点的温度，石油沥青混合料不低于130℃。

8. 沥青混合料的摊铺

沥青混合料摊铺工艺流程如图1.3-24所示。

（1）工程采用机械、人工进行摊铺，在机械无法摊铺到的或已摊铺到的地方，如构筑物边缘局部缺料、局部混合料明显离析、基层表面有明显不平整，沿线单位小型路口采用人工摊铺(图1.3-25)。

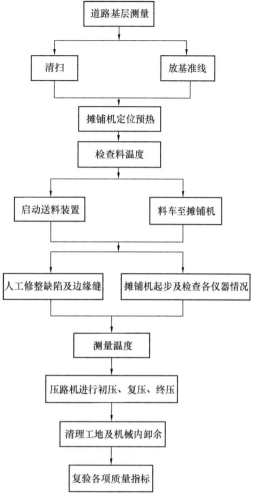

图1.3-24 沥青混合料摊铺工艺流程

图1.3-25 沥青混合料的摊铺

（2）施工时采用分路幅摊铺，接缝应紧密、拉直，并设置样桩控制厚度。控制摊铺温度，摊铺温度一般正常施工时不低于 110～130℃，但不得高于 165℃，温度不合格时，必须退料。

（3）机械摊铺的松铺系数为 1.15～1.35，相邻两幅摊铺带搭接 10cm，并派专人用热料填补纵缝空隙，整平接槎，使接槎处的混合料饱满，防止纵缝开裂。当摊铺工作中断，已铺好的沥青混合料降至大气温度时，如继续铺筑，采取"直槎热接"方法，认真细致处理。

9. 碾压（图 1.3-26）

（1）控制好开始碾压时沥青混合料的温度以及压路机碾压速度（表 1.3-4）。

图 1.3-26　沥青混合料碾压

（2）压路机从外侧向中心碾压。相邻碾压带重叠 1/3～1/2 轮宽，最后碾压路中心部分，压完全幅为一遍，当边缘有挡板，路缘石、路肩等支挡时，紧靠支挡碾压。

（3）初压时用 6～8t 双轮压路机或 6～10t 振动压路机（关闭振动装置）初压 2 遍，初压后检查平整度，路拱，必要时予以修整。复压时用 10～12t 三轮压路机 10t 振动压路机或相应的轮胎压路机进行，碾压 4～6 遍至稳定和无明显轮迹。终压时用 6～8t 双轮压路机或用 6～8t 振动压路机（关闭振动装置）碾压 2～4 遍。

（4）压路机碾压过程中有沥青混合料粘轮现象时，向碾压轮洒少量水，严禁洒柴油。

（5）压路机在未碾压成型并冷却的路段转向，调头或停车等候。振动压路机在已成型的路面上行驶时应关闭振动。

碾压温度及速度表　　　　　　　　　　　　　　　　　　表 1.3-4

	初压	复压	终压
静止压路机	1.5～2km/h	2.5～3.5km/h	2.5～3.5km/h
	125℃	100℃	70℃
振动压路机	1.5～2km/h	3～5km/h	4～5km/h
	125℃	100℃	70℃

10. 标线施工（图 1.3-27）

图 1.3-27　标线施工

（1）路面清扫：涂料与路面必须保持接触面干净，不仅是路面上的灰尘要清除，而且还要注意到是否有水存在，或者路面潮湿，必要时，应用燃气火焰加热干燥后再施工，以确保附着效果和标线的平整度和反光效果。

（2）测量放样：按设计图的位置和图形用测量工具和白粉在路面作出标记。放样完成后，应对标线图案所包含的管制意义能否正确表达，司机能否准确辨认，司机能否准确辨认进行核实。

（3）涂敷：涂敷前应对工具、材料进行检查，预先用油布和白铁皮进行实地试画，检查色泽、厚度、宽度、玻璃珠撒布（为保证夜间得识别性，在标线涂敷同时要撒布玻璃珠）量等，必要时还要进行参数调整。合格后，按照设计要求进行标线涂敷。

（4）修整：画标线结束后，应根据实际完成情况，计测工作量，对不符合要求的标线进行修整，去除溢出和垂落的涂抹，检查厚度、尺寸、玻璃珠的撒布情况及划线形状等，要剔除不合格的标线。

11. 开放交通

热拌沥青混凝土路面碾压成活后，热拌沥青混合料路面应待摊铺层自然降温至表面温度低于50℃后，方可开放交通。

冷拌沥青混合料路面施工结束后宜封闭交通2～6h，并应做好早期养护。开放交通初期车速不得超过20km/h，不得在其上刹车或掉头。

12. 沥青混凝土路面验收标准

（1）热拌沥青混合料面层质量检验

1）主控项目：

① 沥青混合料面层压实度，对城市快速路、主干路不应小于96%；对次干路及以下道路不应小于95%。

检查数量：每1000m²测1点。

检验方法：查试验记录（马歇尔击实试件密度，见图1.3-28，试验室标准密度）。

② 面层厚度应符合设计规定，允许偏差为+10～-5mm。

检查数量：每1000m²测1点。

检验方法：钻孔或开挖，用钢尺量（图1.3-29）。

图1.3-28　马歇尔试验测压密度

图1.3-29　钻孔取样测量厚度

图 1.3-30　弯沉值检验

③ 弯沉值，不应大于设计规定。

检查数量：每车道、每 20m，测 1 点。

检验方法：弯沉仪检测（图 1.3-30）。

2）一般项目：

① 表面应平整、坚实，接缝紧密，无枯焦；不应有明显轮迹、推挤裂缝、脱落、烂边、油斑、掉渣等现象，不得污染其他构筑物。面层与路缘石、平石及其他构筑物应接顺，不得有积水现象。

② 面层偏差符合规范要求（表 1.3-5）。

沥青面层允许偏差　　表 1.3-5

项　目			允许偏差	检验频率			检验方法
				范围	点数		
纵断高程（mm）			±15	20m	1		用水准仪测量
中线偏位（mm）			≤20	100m	1		用经纬仪测量
平整度（mm）	标准差 σ 值	快速路、主干路	≤1.5	100m	路宽（m）	<9	1	用测平仪检测
						9～15	2	
		次干路、支路	≤2.4			>15	3	
	最大间隙	次干路、支路	≤5	20m	路宽（m）	<9	1	用 3m 直尺和塞尺连续量取两尺，取最大值
						9～15	2	
						>15	3	
宽度（mm）			不小于设计值	40m	1		用钢尺量
横坡			±0.3% 且不反坡	20m	路宽（m）	<9	2	用水准仪测量
						9～15	4	
						>15	6	
井框与路面高度（mm）			≤5	每座	1		十字法，用直尺、塞尺量取最大值
抗滑	摩擦系数		符合设计要求	200m	1		摆式仪
				全线连续			横向力系数车
	构造深度		符合设计要求	200m	1		砂铺法
							激光构造深度仪

（2）冷拌沥青混合料面层质量检验

1）主控项目：

① 面层所用乳化沥青的品种、性能和集料的规格、质量应符合规范要求。

检查数量：按产品进场批次和产品抽样检验方案确定。

检验方法：查进场复查报告。

② 冷拌沥青混合料的压实度不应小于 95%。

检查数量：每 1000m^2 测 1 点。

检验方法：检查配合比设计资料、复测。

③ 面层厚度应符合设计规定，允许偏差为+15～-5mm。

检查数量：每1000m²测1点。

检验方法：钻孔或刨挖，用钢尺量。

2）一般项目：

① 表面应平整、坚实，接缝紧密，不应有明显轮迹、粗细骨料集中、推挤、裂缝、脱落等现象。

② 面层偏差符合规范要求，见表1.3-6。

冷拌沥青混合料允许偏差　　　　　　　　　　　表 1.3-6

项目		允许偏差	检验频率			检验方法
			范围	点数		
纵断高程（mm）		±20	20m	1		用水准仪测量
中线偏位（mm）		≤20	100m	1		用经纬仪测量
平整度（mm）		≤10	20m	路宽 （m）	<9	1	用3m直尺、塞尺连续量两尺，取最大值
					9～15	2	
					>15	3	
宽度（mm）		不小于设计值	40m	1		用钢尺量
横坡		±0.3%且不反坡	20m	路宽 （m）	<9	2	用水准仪测量
					9～15	4	
					>15	6	
井框与路面高差（mm）		≤5	每座	1		十字法，用直尺、塞尺量，取最大值
抗滑	摩擦系数	符合设计要求	200m	1		摆式仪
				全线连接		横向力系数车
	构造深度	符合设计要求	200m	1		砂铺法
						激光构造深度仪

1.3.3 道路面层监理要点

1. 水泥混凝土面层施工质量监理要点

（1）原材料检验

开工前承包人在选定的料场中，取有代表性的样品进行试验，确定材料是否满足施工技术规范要求，并将试验结果和产品质量合格证书报监理审查，监理可进行抽检试验认证，合格后批准使用。

（2）水泥混凝土混合料检查

经监理工程师批准使用的原材料，承包人应对其进行水泥混凝土配合比试验，确定是满足水泥混凝土抗折、抗压强度要求的配合比，并报监理工程师审批，经审核并通过试拌认证合格后，可批准使用。

（3）机械设备检查，监理工程师应按承包商报检的设备清单及质量自检结果进行检查，检查内容如下：

1）水泥混凝土混合料拌合设备。

2）小型机具摊铺与振实设备。

3）轨道式摊铺机摊铺和振实。

4）滑模式摊铺机摊铺和振实。

监理工程师对施工机械设备进行检查合格后，予以批准。

（4）模板、传力杆拉杆检查。

在水泥混凝土路面浇筑前，应对模板、传力杆、拉杆的加工制作质量进行检查。要求模板应具有足够的刚度，并检查模板的高度、顶面平整度、顺直度是否符合以下要求：

模板高度±5mm；

模板顶面平整度1～2mm/3m直尺；

模板顺直度5mm/10m。

经监理工程师检查，质量不合格的模板不得使用。

（5）路基修整放样

水泥混凝土面层施工，必须在承包人对下承层修整好，并且经过精心放样，且全部工作都得到监理工程师审查批准的下承层上进行。

（6）配合比设计检查

承包人至少在开工前28d，将配合比设计和样品送交监理工程师。监理工程师根据承包人推荐的配合比进行复核试验，证明承包人推荐的混凝土配合比强度比设计要求能提高10%～15%，方可用于试验路段上。混凝土中水泥用量不应小于300kg/m³；水灰比不大于0.46～0.50；坍落度宜为1～2.5cm，水泥混凝土拌制配合比允许误差见表1.3-7。

水泥混凝土拌制允许误差 表 1.3-7

项目	允许偏差	项目	允许偏差
水泥	±1%	水	±1%
粗、细骨料	±3%	外加剂	±2%

（7）钢筋设置控制

1）安放单层钢筋网片时，应在底部先摊铺一层混凝土拌合物；安放双层钢筋网片时，对厚度小于250mm的板，上下两层钢筋网片可先用架立钢筋扎成骨架后一次安放就位；厚度大于250mm的板，上下两层钢筋网片应分两次安放。

2）安放角隅钢筋时，应先在安放钢筋的角隅处摊铺一层混凝土拌合物。钢筋就位后，用混凝土拌合物压住。

3）安放边缘钢筋时，应先沿边缘铺筑一条混凝土拌合物，拍实至钢筋设置高度，然后安放钢筋，在两端弯起处，用混凝土拌合物压住钢筋网片架立后，任何人不得踩踏网片。

（8）摊铺过程控制

1）钢模板高度与混凝土板厚度一致，木模板应是质地坚实、变形小及无腐朽、扭曲、裂纹的木材制成。高度允许误差为±2mm。企口舌部或凹槽的长度允许误差：钢模板为

±1mm，木模板为±2mm。

2）混凝土板厚度在22cm以下可一次摊铺，在22cm以上时应分两次摊铺。下层厚度宜为总厚度的3/5。振捣必须密实，先用插入式振捣器振捣，后用平板式振捣器振捣。振捣时应辅以人工找平（禁止用砂浆补平），振捣时防止模板变形、位移，随时检查随时纠正。

3）真空吸水控制要求，混凝土拌合物按设计配合比适当增大用水量，水灰比可为0.48～0.55之间，其他材料用量不变。

4）混凝土拌合物经振实平整后进行真空吸水的时间（min）宜为板厚（cm）的1.0～1.5倍，并应以剩余水灰比来检验真空吸水的效果，真空吸水的作业深度不宜超过30cm。

5）开机后真空度应逐渐增加，当达到要求的真空度66.66～79.93kPa（500～600mmHg）开始正常出水后，真空度要保持均匀。结束吸水前，真空度应逐渐减弱，防止在混凝土内部留下出水通道，影响混凝土密实度混凝土板完成真空吸水作业后，用抹光机抹面，并进行拉毛或压槽等工序。

（9）抹面控制

1）当有烈日曝晒或干旱风吹时，宜快速抹面。

2）抹面前应做好清边整缝，清除粘浆，修补掉边、缺角。

3）严禁在混凝土面板上洒水或撒干水泥。

4）做面宜二次进行。先找平抹平，待水泥表面已泌水时，再作第二次抹平。要求板面平整密实，为保证平整度，可随时用3m直尺边量边抹平。

5）抹面后沿着横板方向拉毛或采用机具压槽，压槽深度一般为1～2mm。

（10）接缝控制

1）胀缝必须与路中心线垂直，缝壁自身应垂直，缝宽必须一致，传力杆必须平行于板面及路面中心线，其误差≤5mm。

2）采用切缝法施工时，混凝土的强度必须达到30%以上时，方能进行切割或锯切。

3）必须设施工缝时，应尽可能将施工缝设在胀缝或缩缝处。缝的位置应与路中心线垂直。

4）平面纵缝对已浇混凝土板的缝壁应涂沥青，刷涂时应避免涂在拉杆上。浇筑相邻板时，缝的上部应压成规则深度的缝槽，企口板等施工也应注意沥青涂刷的有关规定。

（11）养护

1）混凝土浇筑后应适时养护。对昼夜温差大的地区，3d内应采用保温措施。养护期间禁止通车。

2）混凝土养护方法应视具体情况选择而定。

3）过氯乙烯树脂喷洒要求：喷洒机具采用小型空压机和喷漆枪，先在混凝土板外试喷，待均匀后再进入混凝土板喷洒，喷液的压力宜为0.5MPa。

4）氯偏乳液喷洒要求：喷嘴距混凝土板面的距离宜在300～600mm，第一次喷洒成无色透明后，应再喷一次，两次的喷洒移动方向应保持垂直，两次喷洒用量宜在10kg/m²（按一份乳液掺一份水计算）。储存温度不宜低于0℃。

2. 沥青表面处治监理要点

（1）施工准备阶段

1）根据设计文件、技术规范及工程实际情况编制沥青表面处治路面的质量监理细则，补充必要的技术标准，审核承包人的开工报告，施工方案、工艺流程的质量标准。

2）检验所用材料规格及技术指标，并对沥青的针入度、延度、软化点等技术指标进行试验。

3）检查施工机械设备。

（2）施工过程

1）检查基层整修是否平整完好，杂物浮土是否清除干净。当有路缘石时，应在安装好路缘石后施工。

2）检查对下承层洒布透层或粘层的质量。因沥青表面处治层较薄，不能单独承受汽车荷载作用，要求其下承层有完好的整体性并与之相互粘结良好、共同受力，所以应视下承层的不同类型洒透层沥青或粘层沥青。

3）严格控制洒油、撒料、碾压各工序紧密衔接，不能中断。每个作业段长度应根据压路机数量、沥青洒布车、集料撒布机能力等确定，当天施工路段必须当天完成。

4）控制气温在15℃以上施工较为理想。

5）洒油时，控制沥青用量及喷洒均匀，不得有油包、油丁、波浪、泛油现象，不得污染其他构筑物。

6）碾压时控制压路机的重量，一般以8～10t中型压路机碾压为宜，压至表面平整、稳定、无明显轮迹为度，防止过碾。

（3）初期养护

沥青表面处治成形后，及时对外观及外形各部尺寸进行检查，合格签字认可，并指示承包人做好初期养护工作。

3. 沥青贯入式面层监理要点

（1）施工准备阶段

1）根据设计文件、技术规范及工程实际情况编制沥青贯入式路面质量监理细则，补充必要的技术标准和施工中的防水、排水措施，审核承包人的开工报告。

2）检查集料：

① 集料应选择有棱角、嵌挤性好的坚硬石料。

② 沥青贯入层主层集料中大于粒径范围中值的数量应不少于50%。

③ 沥青贯入层主层集料最大粒径宜与贯入层厚度相同。当采用乳化沥青时，主层集料最大粒径可采用厚度的80%～85%。

④ 细粒料含量偏多时，嵌缝料用量应采用低限。

3）检验所用沥青材料的规格、用量和有关性能试验报告。

4）检查施工机械设备规格、型号及数量是否与施工合同中清单相符。

（2）施工阶段

1）检查已验收合格的基层是否清扫干净，如有缺陷应认真处理。铺筑的侧、平石、窨井等各种盖座及其他附属构筑物是否符合要求。

2）检测面层的施工放样、边线及中线的控制高程。

3）随机抽查石料、嵌缝料的规格，严格控制施工程序。

4）在主层集料撒布时，监理工程师应检查其松铺厚度、平整度及均匀度，一般松铺系数为 1.25～1.30。

5）监理工程师应检查浇洒透层油的用量、厚度及均匀度，检查沥青洒布时的温度。

6）控制初碾压遍数，防止碾压过量使大块碎石被压碎，造成石粉出现，影响喷油。

7）控制撒布嵌缝料的均匀度，使之随喷洒沥青油，随撒布嵌缝料，随整扫均匀，不得有重叠现象，个别有不均匀之处，应及时找补。

8）控制碾压要及时，使嵌缝料均匀嵌牢，并检查碾压遍数，碾压成形后，及时对外观及外形尺寸进行检查。

4. 沥青碎石面层监理要点

（1）监理应审核施工单位的开工报告、施工工艺及有关施工质量检验标准。对承包人的施工放样自检报告进行复核、审批。

（2）检测原材料的质量：

1）检测碎石的规格、强度及含泥量。

2）沥青的软化点、针入度和其他有关技术指标。

3）检测混合料的级配、颗粒情况及拌制温度。

（3）检查沥青石屑或沥青砂的规格：

1）检查摊铺机、压路机等有关机具性能、规格及运转情况。

2）检查已验收合格的基层及侧石、平石、雨水井、各种盖座等附属构筑物是否符合设计及规范要求。

3）检测施工放样的测桩是否完备，边线及中线高程是否符合设计要求。

4）监理工程师要检查运到现场沥青混合料的温度、摊铺厚度是否符合设计要求。

5）检查碾压时混合料的强度、碾压遍数及轮迹状况。

6）监理工程师在混合料碾压成形后要检查路面的平整度、坡度及抗滑性。

5. 沥青混凝土面层监理要点

（1）审阅承包人申报的施工工艺流程、各种混合料配合比，并做对比（平行）试验。检查承包人进场人员、机具设备和试验设备的安装校验情况，以及水泥混凝土和沥青混凝土拌合机械的试拌是否达到标准要求。

（2）检查复核承包人放样资料和桩志是否符合要求。检查已验收合格的基层及侧石、路缘石、雨水井、窨井等附属构筑物的安砌是否符合要求。

（3）检查施工机械，如喷布机、摊铺机、压路机及压边机等有关机具性能、规格及试运转情况。

（4）检查面层施工作业条件，是否已全部具备和落实。

（5）到场的沥青材料必须有出厂检验合格证和承包人自检证明，并经监理工程师抽样试验合格；不合格的材料必须清理出现场。

（6）试验路段的施工，监理工程师要进行旁站监督，检查承包商的施工工艺、技术措施是否符合技术规范要求，测温、观色、取样并记录试验结果；检查技术指标完成的结果，施工组织机械设备是否合理，并提出改进意见。

当正式开工报告批准后，沥青路面铺筑开始，监理人员要坚持全过程的旁站，同时应加强对沥青混合料拌合场的旁站和巡视。在旁站中要密切注意混合料的变化，检查承包商施工机械设备、施工组织、施工工艺等是否与所批开工报告中一致；监督承包商按技术规范要求的试验项目和试验频率进行试验，施工中发现原材料或混合料变化或不合适时应停止使用。同时监理工程师要按照规范要求的项目进行抽检，抽检次数不小于规范要求频率。

混合料拌合中若发现质量问题，应及时向承包商指出，若问题得不到解决，应采取停工措施。

（7）摊铺现场及拌合场的旁站监理：旁站拌合场的监理人员要随时观察出料温度和颜色的变化。通过试验（平行试验）及时掌握混合料的质量情况，一旦发现混合料质量变化应及时调整，对已生产的不合格的料要禁止上路，如已上路，则要立即通知现场监理人员拒收。

摊铺现场的监理人员要检查控制卸料、摊铺及压实的初压、复压和终压等各阶段的混合料的温度，一旦发现温度过低，则要及时停工处理。发现混合料质量有问题时，立即通知拌合场进行检查、校验。

（8）抓好接缝质量的监理：为提高路面平整度，就必须提高接缝质量。监理除了要求承包商认真做好接缝施工外，还要尽量减少接缝。

检查接槎、夯边施工质量。

道路面层成形后，应及时对面层外观及外形各部尺寸进行检查，发现问题，及时进行修补，使成形符合设计规定，合格签字认可。

6. 沥青透层、粘层与封层监理要点

（1）透层施工质量监理要点

1）浇洒透层前，对路缘石及人工构造物等应适当防护，以防污染。

2）透层沥青洒布后应不致流淌，要渗透入基层一定深度，并不得在表面形成油膜。在铺筑沥青面层前，若局部地方有多余的透层沥青未渗入基层时，应予以清除，对遗漏处应人工补洒。

3）透层沥青的浇洒要求按设计用量一次均匀洒布。

4）透层洒布后，应尽早铺筑沥青面层。当用乳化沥青作透层时，应待其充分渗透、水分蒸发后方可铺筑沥青面层，等待时间不宜少于24h。

5）如遇大风或即将降雨时，不得浇洒透层沥青。气温低于10℃，不宜浇洒透层沥青。

（2）粘层施工质量监理要点

1）粘层沥青应均匀洒布或涂刷，浇洒过量处应予刮除。

2）路面有脏物尘土时应清除干净。必要时应用水冲刷，待表面干燥后浇洒。

3）当气温低于10℃或路面潮湿时不得浇洒粘层沥青。

4）浇洒粘层沥青后，严禁车辆、行人通过。

5）粘层沥青洒布后应紧接铺筑沥青层，但乳化沥青应待破乳、水分蒸发完后铺筑。

（3）封层施工质量监理要点

1）稀浆封层的厚度宜为3～6mm。

2）稀浆封层可采用慢裂或中裂的拌合型乳化沥青铺筑。当需要减缓破乳速度时，可掺加适量的氯化钙作外加剂。当需要加快破乳速度时，可采用一定数量的水泥或消石灰粉作填料。

3）稀浆封层混合料中沥青乳液的合理用量宜按表1.3-8的规定范围并通过试验确定。要求混合料的湿轮磨耗试验的磨耗损失不宜大于800g/m²；轮荷压砂试验的砂吸收量不宜大于600g/m²。稀浆封层的加水量应根据施工摊铺和易性的程度由稠度试验确定，要求稠度为 2～3cm。

乳化沥青稀浆封层的矿料级配及沥青用量范围　　　　表 1.3-8

	筛孔（mm）		级配类型		
	方孔筛	圆孔筛	ES～1	ES～2	ES～3
通过筛孔的质量百分率（%）	9.5	10	100	100	100
	4.75	5	90～100	90～100	70～90
	2.36	2.5	65～90	65～90	45～70
	1.18	1.2	40～60	45～70	28～50
	0.6		25～42	30～50	19～34
	0.3		15～30	18～30	12～25
	0.15		10～20	10～21	7～18
	0.075			5～15	5～15
沥青用量（油石比）（%）			10～16	7.5～13.5	6.5～12
适宜的稀浆封层厚度（mm）			2～3	3～5	4～6
稀浆混合料用量（kg/m²）			3～5.5	5.5～8	＞8

注：表中沥青用量指乳化沥青中水分蒸发后的沥青数量，乳化沥青用量可按其浓度计算。

ES-1 型适用于较大裂缝的封缝或中、轻交通道路的薄层罩面处理；

ES-2 型是铺筑中等粗糙度磨耗层最常用的级配，也可适用于旧路修复罩面；

ES-3 型适用于高速公路、一级公路和城市快速路、主干路的表层抗滑处理，铺筑高粗糙度的磨耗层。

4）稀浆封层施工应在干燥情况下进行，用稀浆封层铺筑机施工。铺筑机应具有储料、送料、拌合、摊铺和计量控制等功能。摊铺时应控制好集料、填料、水、乳液的配合比例。铺筑时应匀速前进，达到厚度均匀、表面平整的要求。

5）稀浆封层铺筑后，必须待乳液破乳、水分蒸发、干燥成形后，方可开放交通。

6）稀浆封层的施工气温不得低于 10℃。

7. 改性沥青混凝土路面监理要点

改性沥青混合料试拌与试验路段施工监理：

1）试验路施工前，承包人应提交试验路施工方案，经监理工程师批准后实施。试验路段施工过程中，监理工程师应抽测混合料配合比，旁站摊铺、碾压工序，并对平整度、压实比、软化点、针入度等指标进行检测，以确定混合料施工配合比及施工参数，试验路段完成后，承包人应提交试验路总结报告及沥青混凝土路面施工技术方案，报监理工程师批准后，沥青混凝土路面的施工方可全面开工。

2）改性沥青生产的监理。

① 保证配料准确，必须按试验并获得批准的配合比配料生产。

② 保证按正确的施工工艺生产，如搅拌温度、时间、遍数等。抽样检查改性沥青质量。

3）改性沥青混合料摊铺和碾压。

① 除了温度控制要求之外，施工要求与普通沥青路面相同，监理的工作方式和内容也一样。

② 改性沥青应随配随用，储存的改性沥青必须保温并用泵送循环搅拌，以免沉淀分

离，降低沥青的质量。

③ 改性沥青混合料的正常施工温度范围见表 1.3-9。

改性沥青混合料的正常施工温度范围（℃）　　　　　　　表 1.3-9

工序	SBS 类	SBR 乳胶类	EVA、PE 类	测量部位
沥青加热温度	160～165	160～165	150～160	沥青加热罐
改性沥青现场制作温度	165～170	—	160～165	改性沥青车
改性沥青加工最高温度	175	—	175	改性沥青车
集料加热温度	190～200	200～210	180～190	热料提升斗
混合料出厂温度	175～185	175～185	170～190	运料车
混合料最高温度（废弃温度）	不高于 195			运料车
混合料储存温度	降低不超过 10			储存罐及运料车
摊铺温度	不低于 160			摊铺机
初压开始温度	不低于 150			摊铺层内部
复压最低温度	不低于 130			碾压层内部
碾压终了温度	不低于 120			碾压层内部
开放交通温度	不高于 60			路面内部或路表

8. SMA 路面监理要点

（1）结合料

1）沥青宜储存在可加热与保温的储藏罐中，根据不同沥青类型和等级采用不同的贮存温度，使用前应加热到适宜的加工温度。

2）改性沥青应按规定的技术要求进行生产，宜随配随用，不符合要求的不得使用。

3）对购置的成品改性沥青，在使用前应按相关的技术要求进行质量检验，不符合要求的不得使用。

4）混合料应重点检查以下几项内容：

① 拌合温度：改性沥青的原材料和成品的温度、集料烘干加热温度、混合料拌合温度及混合料出厂温度，应严格按照施工技术规范的有关规定，及时检查，并做好记录。

② 矿料级配：应随施工阶段随机计算出矿料级配与标准配合比进行比较对照。

③ 沥青用石（油石比）：要求每天每一台拌合机取混合料进行抽检试验及筛分试验，不少于一次。要求油石比的误差不能超过±0.3％。

④ 抽样进行马歇尔试验：其目的是检测混合料试件的密度、空隙率、VMA、VCA、VFA 等五个体积指标。同时检查马歇尔稳定度和流值。

（2）试验路段

1）确定拌合温度、拌合时间，验证矿料级配和沥青用量。

2）确定摊铺温度、摊铺速度。

3）确定压实温度、压路机类型、压实工艺及压实遍数。

4）检测试验路段施工质量，不符合要求时应找出原因，采取纠正措施，重新铺筑试验路，直到满足要求为止。

（3）施工温度控制

施工温度根据改性剂的不同类型、改性沥青的黏稠情况，按《公路改性沥青路面施工技术规范》DB14/T 160—2015 确定；通常宜在现行规范规定的普通沥青混合料施工温度的基础上提高 10～20℃，特殊情况由试验另行确定。当气温低于 10℃时，不得进行改性沥青混合料路面施工。

1.4　人行道工程

1.4.1　人行道铺砌面层

1. 人行道铺砌面层施工工艺流程及材料简介

铺砌式面层施工工艺流程：

准备工作→测量放线→铺垫层→试排→铺砌块层→嵌缝压实

（1）测量放样：按设计图样复核放线，用测量仪器打方格，并以对角线检验方正，定出基准线。每方格应根据路面预制块块型尺寸及道路宽度确定，一般以 5m 左右为宜。然后在桩橛上标注设计高程，如有路缘石应先砌筑路缘石并在路缘石边设定铺设路面砖基准点（起始铺筑点），根据铺砖的方向通过基准点设置两条互相垂直的基准线。顺路缘石铺砖时，路缘石即为一条基准线；当人字形铺砖时，基准线与路缘石夹角为 45°。需设两个及以上路面砖基准点同时铺筑路面砖时，根据形状尺寸计算好两基准点之间的距离，两基准点的距离不宜过大，不宜超过 10m，如距离较大，应根据工程规模及块型尺寸宜加设间距为 5～10m 的纵、横平行路面砖的基准线，以控制铺筑精度。

如人行道内侧设有侧石，则路缘石应与侧石平行，距离应以整数花砖尺寸（含缝宽，砖间缝宽为 2mm）为宜。

（2）垫层施工：一般人行道采用 1∶3 的石灰砂浆垫层；偶尔有过车的路段及水毁路段，可设 1∶2.5～1∶3 水泥砂浆（体积比）垫层；连锁砌块使用厚度为（2.5～3）cm ±5mm 的砂垫层。

砂垫层用砂的质量：要求通过 5mm 筛孔的累计筛余量不大于 5%，且含泥量＜5%，泥块含量＜2%。砂垫层虚铺系数一般为 1.1～1.2，大面积施工虚铺厚度应由试验确定，摊铺砂垫层可用刮板法；已摊铺的砂垫层不得扰动，也不应站在砂垫层上作业，否则会影响路面质量。

（3）铺筑路面砖（图 1.4-1）

（4）普通路面砖：按放线高程在方格内按线和标准缝宽砌第一行样板砖，然后以此挂纵、横线，纵线不动，横线平移，以此按线及样板砖砌筑。直线段纵线应向远处延伸，以

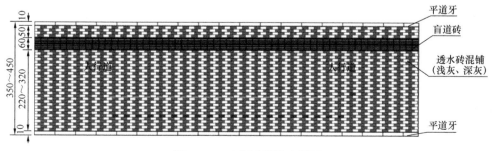

图 1.4-1　人行道铺装大样图

保持纵缝直顺。曲线段可砌筑成扇形，空隙部分用切割砖或细石混凝土填筑，并刻缝与花砖相仿以保美观，也可按直线顺延铺筑，然后填补边缘处空隙（图1.4-2）。铺筑时，砖要轻放，并用木槌或胶槌轻击砖的中心，不得向砖底塞灰或支垫硬料，必须使砖平铺在满实的砂浆上稳定，无任何空隙；应随时用直尺检验平整度，出现问题及时修整；应避免与侧石出现空隙，如有空隙应调整均分缝宽，或移在构筑物一侧，当构筑物一侧及井边出现空隙可用切割砖填平，必要时也可用细石混凝土补齐并刻缝与花砖相仿，以保持美观。

（5）连锁路面砖：从基准点开始沿基准线铺筑，基准线可视为路面砖的接缝边线，也可视为面砖相互垂直的顶角连线。这样，两条基准线又适合任何形状的路面砖铺筑，铺筑顺序应按路面砖基准线为准进行铺筑。连锁路面砖只将砖准确平放在砂垫层上即可，当路面砖接触到砂垫层时，不宜横向移动，铺筑后砖之间应能相互咬合，形成拱壳以增加路面强度及整体性（图1.4-3）。多个基准点同时铺筑时，应把握好个基准点向外延伸的路面砖组合，避免产生面砖不能交汇的情况。

图1.4-2 普通砖面砖　　　　　　图1.4-3 连锁路面砖

（6）盲道：盲道砖应在人行道路中间设置，必须避开树池、检查井、杆线等障碍物，设置宽度应大于50cm。铺砌方法与普通路面砖相同，铺筑时应注意行进盲道砌块与提示盲道砌块不得混用。路口处盲道应铺设为无障碍形式（图1.4-4）。

（7）彩色花砖：应注意图案排列要整齐，颜色要一致，与附近建筑物及环境相协调。

（8）花岗岩板材：花岗岩板材规格应按设计图纸中要求的规格，采用天然矿脉加工而成，对初磨面进行火焰喷烧脱落$0.5\sim2mm$的表面，要求颜色、花纹基本一致，不允许出现缺棱、缺角、裂纹、色斑等缺陷。

图1.4-4 盲道

加工质量要求：尺寸允许偏差在$0\sim-1.0mm$之间，厚度允许偏差在$+1.0\sim-2.0mm$之间，表面平整度公差在$1.2mm$以内，角度公差$\leqslant0.4mm$。

2. 人行道铺砌面层施工细部做法

（1）人行道步砖

1）平整度、接缝

人行道步砖在同一个坡向（横坡或纵坡）路段内不得出现反坡、凹槽现象，避免积水。高程误差应小于3mm（采用3m直尺量测最大高程差值）。

人行道步砖应根据设计确定的尺寸大小和拼装图案进行拼接，接缝宽度应不大于

3mm，接缝处相邻两块步砖高差应不大于 2mm，接缝采用水泥砂浆扫缝（图 1.4-5）。待步砖碾压成型后，将其表面清扫干净。

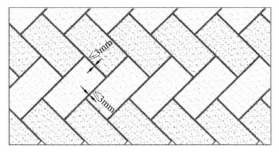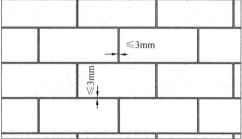

图 1.4-5　人行道步砖接缝要求

2）到边倒角

道路红线外为建筑物时，考虑道路景观及避免局部积水，应将道路红线至路侧建筑物之间的区域铺筑人行道步砖、接上建筑物墙角。如路侧为现状（或建）绿化带时，在路侧接绿化带处设置一排路缘石或砌筑花坛与人行道内的构筑物（树池、花池），原则上宜达到无缝衔接（≤3mm）。衔接时，可能不是整块尺寸铺砌，此时应按照构筑物的走向（弧线或折线）在花岗岩板材上绘制线形，然后采用切割机严格按照绘制线进行切割，切割时首次应在线外 3mm 切割（少切），安装不下时再进行切割，以满足无缝衔接的要求（图 1.4-6）。

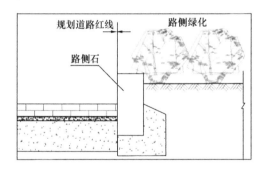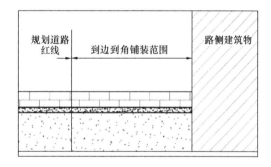

图 1.4-6　接绿化带时处理

3）检查井处铺装（图 1.4-7）

人行道上如遇电力、电信检查井或电缆沟等，应在检查井或电缆沟上先设置钢底座，其上再盖带凹槽式钢盖板。在钢盖板凹槽中，应按照与其相接处人行道图案和纹理安装、拼接步砖，使人行道铺装外观上保持其整体性和连续性。井盖、井座及与相接人行道步砖之间的接缝宽度不大于 3mm，接缝处高差不大于 2mm（图 1.4-8）。

检查井盖井座应在周边 30～50cm 外人

图 1.4-7　现场施工控制图

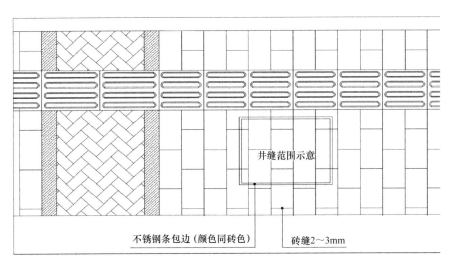

图 1.4-8　人行道上检查井处铺装方式

行道铺砌完成时安装，沿周边人行道高程带平线安装井盖、井座，然后将周边 30～50cm 按下述方法补齐。

人行道上检查井周边也需切割火烧板，火烧板与检查井缝隙应≤3mm，铺装前应先用加工与检查井井框相同直径的圆弧磨具；测量到井框的直线长度，确定弧度的起点，在火烧板上的画圆弧线；然后对其进行切割。

将切割好的火烧板铺装置检查井处，检查井周围应采用含水量较高的砂浆（适当加重水泥比例）铺砌，使火烧板与检查井接触牢固，美观、协调。

4）配套设施立柱处理

人行道上布置交通标志牌或路灯时，其立柱在道路横断面上的位置应与行道树保持一致，在纵向上基本处于一条直线上，立柱位置横向误差应不大于 5cm。在平面布置上，应将人行道步砖铺筑与交通标志牌等立柱相接，相接处步砖按照立柱外形进行切割，保证相接处接缝宽度不大于 3mm（图 1.4-9）。

考虑道路景观及行人通行安全，要求立柱基座埋入路面以下。基座连接螺栓及加强钢板（肋板）顶面应埋入人行道结构基础顶面以下，保证人行道步砖及水泥砂浆胶结层的铺筑厚度（图 1.4-10）。

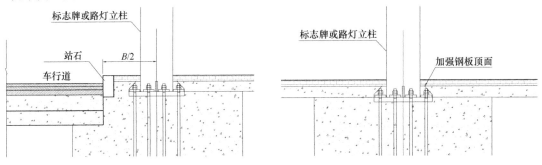

图 1.4-9　杆线立柱横向位置要求　　　　图 1.4-10　杆线立柱埋深要求

由于其他原因，立柱基座没有埋入地下时，其底部法兰盘顶面应与人行道齐平，同时要求增设基座外罩、以利美观及保障行人通行安全。

5）车挡柱

在路口、单位出入口及人行横道处设置无障碍坡道时，为防止机动车违规驶入人行道或非机动车道，要求在坡道底部设置车挡柱。车挡柱的安装间距控制在 1.8～2.0m，其高度以 30cm 为宜（图 1.4-11）。车挡柱直径及采用的材质以设计为准。

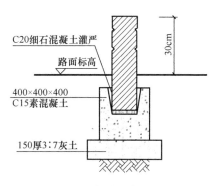

图 1.4-11　车挡柱布置示意图

（2）站、卧石

1）站石标准尺寸规格及接缝

站石标准件长度一般为 $L=100cm$，当采用石材站石且宽度较大、单块站石较重不易搬运时，标准间长度可缩减为 $L=80cm$。站石间接缝宽度应不大于 3mm，相邻两块站石顶面高差应不大于 2mm。当使用混凝土站石时，采用水泥砂浆填、勾缝。当使用石材站石时，应先采用水泥砂浆填缝，再用石材胶勾缝；勾缝时，应将接缝两侧站石表面贴上美纹纸，以免石材胶污染站石表面。石材胶颜色应与石材一致。

2）道口转角圆弧处站石尺寸规格

由于平交道口处转弯圆弧半径一般不小于 10m，100cm 或 80cm 长度的割线与相应圆弧的偏距较小，转角处可以采用直线形标准件。拼接处按照径向方向切割成梯形，保证接缝处缝宽相等，接缝宽度不大于 3mm。切割后的梯形下底边长度为直线形标准件长度 L（图 1.4-12）。

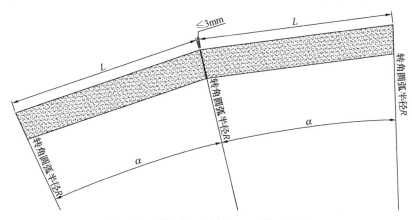

图 1.4-12　道口转角处站石规格及拼接要求

3）渠化岛、分隔带端部及单位出入口转角圆弧处站石尺寸规格渠化岛及分隔带端部等圆弧半径较小，站石采用弧形标准件进行拼装。每处转角范围按照标准件长度的模数安装站石后，剩余弧形长度大于弧形标准件长度 L 的一半时，可采用弧形标准件切割后安装到剩余弧线段上；否则，应连同剩余弧线段及其相接的直线段定制长 L 的弧形非标准件进行安装（图 1.4-13）。弧形标准件外弧长度 $L=100cm$；如站石为石材、重量大不易搬运时，可适当减小其长度，取 $L=80cm$。

4）两个方向站石相交（接）时拼接方式两个方向站石相接时，应沿其交角的等分线切割站石后进行拼装（图 1.4-14）。如交角为锐角时，将拼接后的锐角采用半径不小于 10cm 的圆弧圆角，以利于行人通行安全（图 1.4-15）。

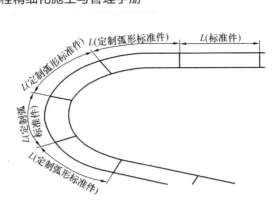

图 1.4-13　渠化岛等端部定制弧形站石规格

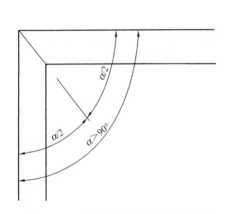

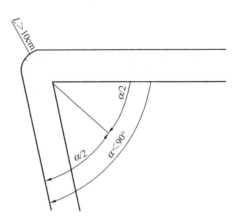

图 1.4-14　交角非锐角式拼接方式图　　　图 1.4-15　交角为锐角式拼接方式图

5）卧石：

卧石在道口及渠化岛等处的标准构件型式、安装方法及接缝宽度、高差要求与站石相同。

6）平交口弧线施工放线：

曲线段花岗岩铺设，要想做到美观，放线精准十分重要。放线方法：以交叉路边线找到交点和起弧点（图 1.4-16）作为控制点，测出圆曲线半径，利用切线支距法 $y = R - (R2 - X2)/2$ 进行放线；或在 CAD 绘制（图 1.4-17）出同现场尺寸角度相同的电子图，找出圆曲线半径，并标注出控制点的距离，在施工现场按电子图中标注的控制点的距离找到对应的点，可放出完美曲线；或在电子图上找出对应点坐标值，利用全站仪定位出。

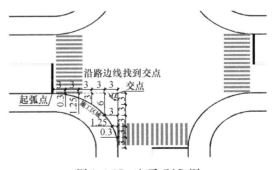

图 1.4-16　绘线定交点　　　　　　　图 1.4-17　电子 CAD 图

铺设方法：

① 准扇形铺装形式

曲线段花岗岩最完美的铺设方法是标准扇形铺装方式。根据现场测得的圆曲线半径，在石材加工厂加工不同尺寸的板块，并编排序号铺装。该铺装方法优点十分突出，缺点也很明显：材料加工费用昂贵、成本较高、耗时较长、施工不易操作。

② 对称折线铺装形式

由于标准扇形铺装的形式存在诸多缺点，一般情况下，根据施工现场条件，可实施性很小。为此也可以采用简化版的标准扇形铺装形式——对称折线铺装形式（图 1.4-18）。之所以说该铺砌方法是简化版的标准扇形，是由于，无限缩短折线长度至一块板材宽度（无限增加对称线数量），则就成了标准扇形铺砌方法，如图 1.4-19 所示。

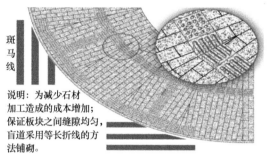

说明：为减少石材加工造成的成本增加；保证板块之间缝隙均匀，盲道采用等长折线的方法铺砌。

图 1.4-18　对称形折线铺砌法

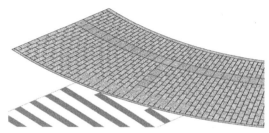

图 1.4-19　标准扇形铺装形式

该方法可以大幅减少材料加工费用，施工容易操作，也很美观，但易出现尖角小块板材。为避免出现较小板块，可缩短折线长度，增加对称部分的数量。

对称线的放线仍参照上述放线方法。

③ 转型铺砌法

另外一种简化版的标准扇形铺砌方法是旋转型铺砌法。旋转铺砌法是类似于按照固定的角度（一条原板块和一条加工的板块）沿圆心旋转铺砌而成，如图 1.4-20（旋转型铺砌法）中画线区域即为固定的角度。为避免出现小角块，可缩小旋转角度，角度缩小到一定程度，便是标准扇形的铺砌法。

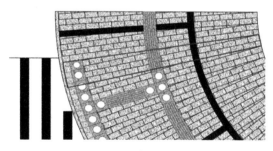

图 1.4-20　旋转型铺砌法

（3）树穴

1）树穴缘石型式

树穴缘石型式通常有三边缘石和四边缘石型式，三边缘石树穴为结合、利用路侧站石设置的树穴型式，四边缘石为独立设置的树穴型式，当树穴缘石材质、色彩等与站石有明显差别时，紧邻站石设置的树穴也可设置为四边缘石型式。如图 1.4-21 所示。

2）缘石规格及衔接方式

每条边上的树穴缘石应采用整块预制构件，不得细分节段拼接。两条边上缘石应沿对角线斜切、以 45°角相接。如图 1.4-22、图 1.4-23 所示。

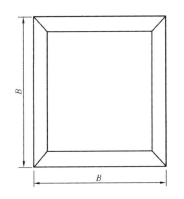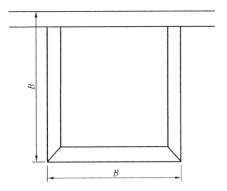

图 1.4-21　四边（左）缘石、三边（右）缘石树穴

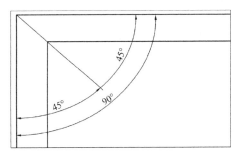

图 1.4-22　树穴缘石拼接方式

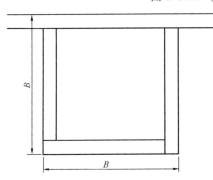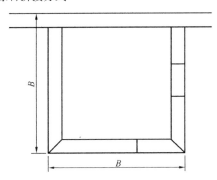

图 1.4-23　不合要求的拼接方式

3）树穴箅子、缘石高度及行道树栽种位置

为不裸露黄土，要求设置树穴箅子并在其缝隙间撒布碎、砾石。树穴箅子、树穴缘石顶面应与人行道齐平，相接处安装高程误差不大于 2mm。为保证树穴箅子顺利安装及美观协调性，行道树应尽量栽种在树穴中央，沿纵向保持在一条直线上，在道路横断面方向栽种误差不大于 5cm（图 1.4-24）。

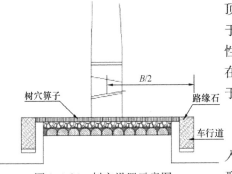

图 1.4-24　树穴设置示意图

（4）无障碍坡道

为保障残疾人士的通行权，在路口、单位出入口及路段人行横道线处设置无障碍坡道，常用型式有单面缘石坡道、三面缘石坡道及扇形缘石

坡道，见图 1.4-25～图 1.4-27。

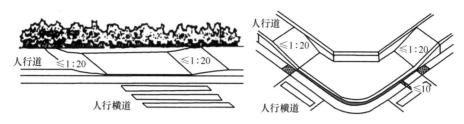

图 1.4-25　单面缘石坡道示意图

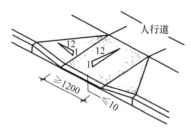

图 1.4-26　三面缘石坡道示意图

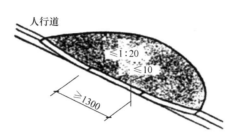

图 1.4-27　扇形缘石坡道示意图

一般路段卧石向站石侧下倾 4cm，考虑无障碍通行的安全及舒适度，在无障碍坡道处，将卧石调整为平缘石，站石降低与卧石、车行道齐平。安装时站石高出车行道路面的误差小于 1cm，同时不得低于车行道及卧石。见图 1.4-28、图 1.4-29。

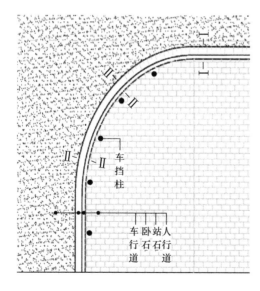

图 1.4-28　坡道处平面图

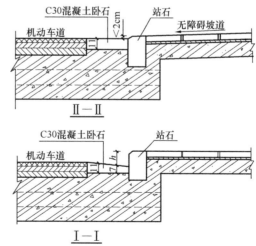

图 1.4-29　坡道处剖面图

（5）绿化带

为防止绿化带中种植土被水流冲出、污染路面，在绿化带两侧各撒布 20～30cm 宽的卵、碎石，起深度以 15～20cm 为宜。见图 1.4-30。

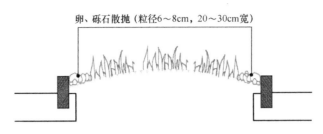

卵、砾石散抛（粒径6～8cm，20～30cm宽）

图 1.4-30　绿化带两侧铺设卵碎石示意图

（6）道路无障碍设计

本工程无障碍设计需在道路人行道、道路交叉口、人行横道、公交车站等设施处满足视力残疾者与肢体残疾者以及体弱老人、儿童等利用道路交通设施出行的需要。对此我国已有国家标准《无障碍设计规范》GB 50763—2012 予以了明确规定。

3. 质量标准

（1）一般规定

铺砌人行道面层：铺砌应稳固、无翘动，表面平整、缝线直顺、缝宽均匀、灌缝饱满，无翘边、翘角、反坡、积水现象。

沥青混合料和混凝土铺筑人行道面层，应符合下列要求：

1）沥青混合料压实度不应小于 95%。

检查数量：每 100m 检查 2 点。

检验方法：检查试验记录（马歇尔击实试件密度，试验室标准密度）。

2）表面应平整、密实、无裂缝、烂边、掉渣、堆挤现象，接槎应平顺，烫边无枯焦现象，与构筑物衔接平顺、无反坡积水。

料石面砖铺砌允许偏差应符合表 1.4-1 的规定。

料石面砖铺砌允许偏差　　　　　　　　　　　表 1.4-1

项目	允许偏差	检验频率		检验方法
		范围	点数	
平整度（mm）	≤3	20m	1	用 3m 直尺和塞尺连续量两尺，取最大值
横坡	±0.3% 且不反坡	20m	1	用水准仪测量
井框与面层高差（mm）	≤3	每座	1	十字法，用直尺和塞尺测量，取最大值
相邻块高差（mm）	≤2	20m	1	用钢卷尺测量 3 点
纵缝直顺度（mm）	≤10	40m	1	用 20m 线和钢卷尺测量
横缝直顺度（mm）	≤10	20m	1	沿路宽用线和钢卷尺测量
缝宽（mm）	+3 -2	20m	1	用钢卷尺测量 3 点

预制砌块铺砌允许偏差应符合表 1.4-2 的规定。

预制砌块铺砌允许偏差　　　　表 1.4-2

项目	允许偏差	检验频率		检验方法
		范围	点数	
平整度（mm）	≤5	20m	1	用 3m 直尺和塞尺连续量两尺，取最大值
横坡	±0.3%且不反坡	20m	1	用水准仪测量
井框与面层高差（mm）	≤4	每座	1	十字法，用直尺和塞尺测量，取最大值
相邻块高差（mm）	≤3	20m	1	用钢卷尺测量
纵缝直顺度（mm）	≤10	40m	1	用 20m 线和钢卷尺测量
横缝直顺度（mm）	≤10	20m	1	沿路宽用线和钢卷尺测量
缝宽（mm）	+3 −2	20m	1	用钢卷尺测量 3 点

沥青混合料铺筑人行道面层允许偏差应符合表 1.4-3 的规定。

沥青混合料铺筑人行道面层允许偏差　　　　表 1.4-3

项目	允许偏差	检验频率		检验方法
		范围	点数	
平整度（mm）	≤5	20m	1	用 3m 直尺和塞尺连续量两尺，取最大值
横坡	±0.3%且不反坡	20m	1	用水准仪测量
井框与面层高差（mm）	≤5	每座	1	十字法，用直尺和塞尺测量，取最大值
厚度	±5	20m	1	用钢卷尺测量

混凝土铺筑人行道面层允许偏差应符合表 1.4-4 的规定。

混凝土铺筑人行道面层允许偏差　　　　表 1.4-4

项目	允许偏差	检验频率		检验方法
		范围	点数	
平整度（mm）	≤7	20m	1	用 3m 直尺和塞尺连续量两尺，取最大值
横坡	±0.3%且不反坡	20m	1	用水准仪测量
井框与面层高差（mm）	≤5	每座	1	十字法，用直尺和塞尺测量，取最大值
厚度	±5	20m	1	用钢卷尺测量

（2）主控项目

1）路床与基层压实密度应大于或等于 90%。

检查数量：每 100m 检查 2 点。

检验方法：环刀法、灌砂法、灌水法。

2）砂浆强度应符合设计要求。

检查数量：统一配合比，每 1000m^2 1 组（6 块），不足 1000m^2 取 1 组。

检查方法：检查试验报告。

3）石材面砖强度、外观尺寸应符合设计规定。

检查数量：每检验批，抽样检查。

检验方法：检查出厂检验报告或复验。

4）混凝土预制砌块（含盲道砌块）强度应符合设计规定。

检查数量：同一品种、规格、每检验批 1 组。

检验方法：检查抗压强度试验报告。

5）面层的沥青混合料品质应符合马歇尔试验配合比技术要求。

检查数量：每日、每品种检查一次。

检验方法：现场取样试验。

6）铺筑面层的混凝土弯拉强度应符合设计规定。

检查数量：每 100m³ 同配合比的混凝土，取样 1 次；不足 1000m³ 按 1 次计。每次取样应至少留置 1 组标准养护试块。同条件养护试件的留置组数应根据实际需要确定，最少一组。

检查方法：检查试件强度试验报告。

7）盲道铺砌应正确。

检查数量：全数检查。

检验方法：观察。

1.4.2 人行步道监理要点

（1）检查混凝土预制砖块生产厂家的质量保证单，砖块的强度及试验报告单，检查砖块的外观质量及外形尺寸。

（2）检查施工放样、高程、基底的平整度、基层的密实度，检查砂浆的配合比状态。

（3）检查现浇水泥混凝土人行道所用原材料及掺和料的规格及用量。

（4）检查彩色预制人行道板铺筑时所用的水泥砂浆级配。

（5）检查现浇混凝土人行道所用水泥、粗、细骨料及掺和料的规格及用量。

（6）检查人行道与相邻构筑物的衔接高差。

（7）检查人行道外观、勾缝、平整度及其外观线形。

（8）对上述检查，若不合格，监理应及时通知施工单位人员进行修整。

1.5 挡土墙

1.5.1 现浇钢筋混凝土挡墙施工工艺流程

现浇钢筋混凝土挡墙施工工艺流程如图 1.5-1 所示。

1.5.2 施工准备

（1）所有进场材料经试验室检测均满足设计、规范要求，施工设备完好。

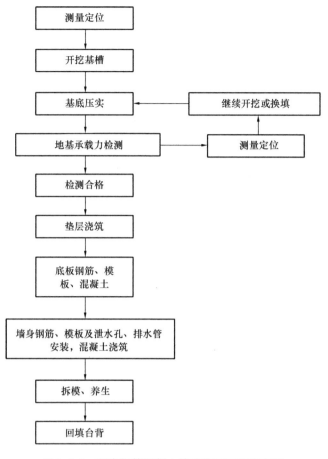

图 1.5-1　现浇钢筋混凝土挡墙施工工艺流程图

（2）在开工前组织技术人员认真学习挡土墙施工方案，阅读、审核施工图纸，澄清有关技术问题，熟悉规范和技术标准。制定施工安全保证措施，提出应急预案。对施工人员进行技术交底（图 1.5-2），对参加施工人员进行岗前技术培训，考核合格后持证上岗。

（3）现场施工机械、人员配置满足施工需要及工期要求。

（4）施工前清除表面浮土和障碍物，开挖至设计标高，平整施工场地，并对现场地形地质进行核验。

（5）施工场地设置临时排水沟，做好防水、排水系统。

（6）合理堆放材料和机具。

（7）根据施工坐标及设计提供的导线点，用全站仪对挡土墙基坑进行定位放线，将测量资料提交监理工程师审查。

1.5.3　测量放样

施工前，根据施工图纸，放出边线桩及挡墙基槽开挖范围，在开挖边界外 0.5m 处设保护桩，便于施工中随时检查（图 1.5-3）。

图 1.5-2 对施工人员进行技术交底　　　　　图 1.5-3 测量放样

1.5.4　基坑开挖

挡墙开挖采用液压反铲挖机配合人工进行分段开挖，结合本段路基施工实际情况，在挡土墙施工前，沿挡土墙边线位置拉槽跳槽分段开挖墙背临时边坡至墙趾高程，车辆行驶距基坑开挖线边缘应大于 3m 以上。挡土墙开挖施工应做好以下细节工作：

（1）挡土墙开挖前做好场地截、排水工作。

（2）需要进行地基处理的严格按照设计图纸进行开挖并换填，换填压实后，进行地基承载力试验，若承载力不满足设计要求，及时提出地基处理方案或加固措施，报设计及监理工程师批准并加以实施。施工基础前做好基础排水、夯实工作，保证基础干燥、平整、坚实。

图 1.5-4 基坑承载力检测

（3）挡土墙基坑应分段开挖，并及时施工墙身，墙身不应有水平通缝，斜基底不得改缓或改陡。沉降缝按照图纸设计要求分段设置，宽度 2cm，挡土墙施工时，按沉降缝位置分段施工，挡土墙施工完成后，沉降缝用沥青麻絮沿内、外、顶三方填塞，深度不小于 15cm。

（4）基坑检查验收：基坑底在挖至近设计标高时，按设计和规范要求，请监理工程师初验，检查基底地质情况和基底承载力是否满足设计规定（图 1.5-4）；检查基坑的平面位置、断面尺寸、高程、倒坡等是否与设计相符合；检查基底处理和排水情况是否符合规范要求。只有各项技术指标均满足设计、规范要求及监理工程师认可后，方可进行施工。

1.5.5　钢筋绑扎

1. 钢筋制作

钢筋采用集中加工成型，施工现场绑扎焊接的方法进行作业。钢筋在制作前进行调直和除锈，钢筋调直及除锈均保证钢筋无损伤。

2. 钢筋绑扎（图 1.5-5）

钢筋采用集中加工成型，施工现场绑扎焊接的方法进行作业。

（1）底板钢筋

根据设计在垫层面测量放样，布设 C35 混凝土垫块（保护层）。在垫块上铺设横向钢筋，铺设纵向钢筋及时绑扎，以凳筋为马凳，按设计位置布设并绑扎上层钢筋，穿上层纵向钢筋，在交叉点处与上层横向钢筋焊接。底板钢筋安装绑扎焊接成形后，墙身处平行推进安装，绑扎钢筋。

图 1.5-5　钢筋绑扎

（2）墙体钢筋

立设侧墙模板前开始拼接侧墙部位钢筋，步骤：首先焊接竖向钢筋，再焊接定位钢筋；焊接采用单面焊接或双面焊接。其次绑扎横钢筋并在绑扎处点焊，连接牢固，最后穿纵向钢筋定位后绑扎，确保钢筋间距和保护层的厚度。

（3）自检要求及规定

1）侧墙受压区钢筋接头采用双面焊时，焊接长度不小于 $5d$。

2）无论任何情况下，同截面内的接头数量与钢筋总截面面积的百分比不超过如下规定：

① 绑扎接头：受压区不超过 50%，受拉区不超过 25%。

② 焊接和套筒挤压接头：受压区不限制，受拉区不超过 50%。

3）钢筋安装及钢筋保护层厚度允许偏差和检查方法见表 1.5-1。

钢筋安装及钢筋保护层厚度允许偏差　　　　　　　　　　表 1.5-1

序号	名　　称		允许偏差（mm）	检验方法
1	受力钢筋排距		±5	尺量，两端、中间各一处
2	同一排中受力钢筋间距	基础、板、墙	±20	
		柱、梁	±10	
3	分布钢筋间距		±20	尺量，连续 3 处
4	箍筋间距		±10	尺量，连续 3 处
5	弯起点位置（加工偏差 20mm 包括在内）		30	尺量
6	钢筋保护层厚度 c（mm）	$c \geqslant 30$	+10, 0	尺量，两端、中间各 2 处
		$c < 30$	+5, 0	

1.5.6　泄水孔施工

沿墙面长方向每隔横竖 2.5m 交错设置向墙外排水坡度为 5% 的泄水孔，泄水孔为直径 100mm 的 PVC 管。PVC 管在预埋前将进水口（长度 10～20cm）处切成斜面并打磨圆滑（斜角 40°）贴紧模板，土方回填时采用一层透水土工布进行包裹反滤层，底排泄水孔应高出地面 30cm。

1.5.7 模板制作与安装

1. 模板制作

模板制作一般采用通用组合钢模板（局部使用木模板），以保证混凝土表面平整光滑为原则。模板制作质量要求见表 1.5-2。

模板制作允许偏差　　　　　　　　　　　　表 1.5-2

项　目			允许偏差（mm）
钢模板制作	外形尺寸	长和高	0，−1
		肋高	±5
	面板端偏斜		≤0.5
	连接配件（螺栓、卡子等）的孔眼位置	孔中心与板面的间距	±0.3
		板端中心与板端的间距	0，−0.5
		沿板长、宽方向的孔	±0.6
	板面局部不平		1.0
	板面和板侧挠度		±1.0

墙身模板一般 1～1.5m 高一模，墙顶不足 1m 的与下面层一起支模。

2. 模板安装（图 1.5-6）

墙体模板一般由侧板、立挡、横挡、斜撑、内拉杆和水平管组成。斜撑的下端固定在开挖边土体上；墙模施工时，先弹出中心线和两边线，选择一边先装竖立挡、横挡及斜撑并安装侧板，在顶部用线锤吊直，拉线找平，撑牢钉实，待基面清理干净，再竖另一端模板。两边模板安装完成后加 ø12 钢筋内支撑拉杆。为便于拆模和混凝土表面整洁光滑，均在模板上涂刷隔离剂，施工中搭设的脚手架与模板不应发生联系。模板制作质量要求见表 1.5-3。

图 1.5-6　挡墙模板

模板安装检验标准表　　表 1.5-3

检查项目	允许偏差（mm）
模内尺寸	−10，+10
轴线偏位	15
模板相邻两板表面高差	2
模板表面平整	3

3. 模板的拆除

不承重的侧模，可在混凝土强度能保证其表面及棱角不因拆模损坏（一般抗压强度达到 2.5MPa）时拆除。现场实际操作时，拆模时间一般在混凝土浇筑完毕 24h 以上。

当达到拆模条件时需及时安排拆模施工，及时对模板进行调整、保养。拆模施工时不允许硬撬，以防损伤混凝土和模板。

1.5.8　混凝土浇筑（图 1.5-7）

混凝土浇筑采用翻模法施工。每次翻模 1.2m。

浇筑混凝土前，全面地进行复查，检查模板标高、截面尺寸、接缝、支撑等是否符合设计要求。挡墙混凝土采用自卸加溜槽及溜筒的方式进行，为防止离析，从高处向模板内倾卸混凝土时，均符合以下几个要求：

图 1.5-7　挡墙混凝土浇筑

（1）自由倾落高度一般不宜超过 2.0m，超过 2.0m 时，使用多节导管或串筒引至 2m 以下。

（2）在串筒出料口下面，混凝土的堆积高度不宜超过 1.0m。

（3）浇筑混凝土一般均采用插入式振捣器捣实，振捣时，均按下列方法进行：

1）使用插入式振动器时，移动间距不超过作用半径的 1.5 倍，插入下层混凝土 5～10cm，并离模板边缘 5～10cm；

2）振捣时间不宜过长，但也不能过短，一般的标志是混凝土达到不再下沉，无显著气泡上升，顶面平坦一致，并开始浮现水泥浆为止。

（4）混凝土的浇筑：

施工时严格按实验确定的配合比计量拌合混凝土；施工时应严格控制模板变形，准确控制外形尺寸，并派专人在四周巡查，防止跑浆，爆模，以保持线形顺适。浇筑时采用分层浇筑，混凝土铺料每层厚度不超过 40cm。混凝土分层大致水平，分层振捣密实。混凝土浇筑工作宜连续进行，一次浇完，并均在前层所浇的混凝土尚未初凝以前，即将此层混凝土浇筑捣实完毕。

施工缝处理方法如下：

1）待前层混凝土具有一定强度后，一般达到 2.5MPa 时方可进行。

2）凿除混凝土表面的水泥砂浆和松弱层，并凿毛后用水冲洗干净。

3）打完混凝土并振捣后及时在混凝土面埋 30～60cm 间距的连接石。

4）预埋 30～50cm 长的 $\phi16$ 钢筋头做下一次立模的拉杆焊接点。

5）对垂直施工缝应刷一层水泥净浆，水平缝铺一层厚 1～2cm 的 1∶2 砂浆。

混凝土浇筑完成收浆后，应及时覆盖一层土工布，并洒水养护，养护时间最少不得小于 7d（图 1.5-8）。在常温下一般 24h 即可拆除墙身模板（抗压强度达到 2.5MPa），拆模时，必须特别小心，不能损坏墙面。

图 1.5-8　混凝土养护

1.5.9　墙背回填

路肩墙强度达到设计强度的 75% 以上，进行墙背回填。回填厚度为 30cm 的碎砾反滤层；透水性良好的砂性土、碎石土、砂砾、矿渣等材料。在回填压实过程中，在距墙背 0.5~1m 范围内不能采用重型压路机碾压，应采用振动打夯机夯实，以确保路肩墙完好无损。填料回填时，其松铺厚度不大于 15cm，压实度要达到规范要求。

1.5.10　栏杆施工

（1）栏杆与挡墙通过预埋钢筋和法兰螺栓连接，栏杆立柱和长条形花池采用钢筋混凝土结构。

（2）立柱主筋埋入人行道支墩并与支墩钢筋搭接牢靠，钢筋与钢板之间采用双面满焊，焊脚高度不小于 6mm。

（3）钢结构饰面石材采用干挂做法：L50×5 热镀锌钢龙骨、间隔式固定柱锥式锚栓 FZP/6-kt；混凝土饰面石材采用湿挂做法：φ5 钢钉固定，30 厚 1:1 水泥砂浆灌浆。

（4）栏杆饰面采用黄金麻花岗岩，亚光面与蘑菇面结合；栏杆顶部设置球形和长条形花池，池内种植时花，花钵采用花岗岩整体雕刻而成，长条形花池为混凝土池身，花岗岩贴面。

1.5.11　悬臂式混凝土挡墙监理要点

1. 基本要求项目

（1）检查混凝土的水泥、砂、石、水、外加剂质量和规格是否符合有关规范要求，是否按规定的配合比施工。

（2）检查地基强度是否满足设计要求。

（3）检查是否存在露筋和空洞现象。

（4）检查沉降缝、泄水孔的设置位置、质量、数量是否符合设计要求。

2. 允许偏差项目（表 1.5-4）

悬臂式混凝土挡墙允许偏差项目检查表　　　　　　　　　　　表 1.5-4

序号	检查项目	规定值或允许偏差	检查方法和频率
1	混凝土强度	在合格标准内	按《公路工程质量检验评定标准》JTG E80/1—2012
2	平面位置	30mm	全站仪，每 20m 抽查 3 点
3	顶面高程	±20mm	水准仪，每 20m 抽查 1 点
4	竖直度或坡度	0.3%	吊锤线，每 20m 抽查 2 点
5	断面尺寸	不小于设计值	尺量，每 20m 抽查 2 个断面、抽查两个扶臂
6	底面底程	±30mm	水准仪，每 20m 抽查 1 点
7	表面平整度	5mm	2m 直尺，竖直与墙长方向各量一次，每 20m 抽查 2 处

3. 外观项目

（1）检查混凝土施工缝是否平顺。

（2）蜂窝、麻面面积不得超过该面面积的 0.5％，深度超过 10mm 的必须处理。

（3）当混凝土表面裂缝宽度超过设计规定或设计无规定时超过 0.15mm 必须处理。

（4）检查泄水孔坡度是否向外，是否有堵塞现象。

（5）检查沉降缝是否整齐直顺、上下贯通。

1.6　附属构筑物

1.6.1　排（截）水沟

1. 确定排水沟开挖的顺序和坡度及位置

基坑顶的排水沟设置在冠梁边侧或放坡开挖基坑顶边缘 1m 位置设置，沿基坑顶部一圈布置，坡顶排水沟两侧 50cm 范围内需用 10cm 厚 C15 细石混凝土护面，沿排水沟横向设置 3％的坡度向远离基坑侧排水，依据现况市政排水系统设置三级沉淀池，基坑内水经三级沉淀后方可排入市政排水系统；坑内的排水沟沿基坑两侧布置，坑底在拐角处设集水井，集水井内径 100cm×80cm×80cm（深×长×宽），其他位置按每隔 30m 设置集水井，排水沟的坡度 0.3％。

2. 基坑顶面管道、排水沟、沉淀（砂）池施工

（1）基坑顶面排水沟：

基坑顶的排水沟一般设计为 300mm×300mm 的砖砌排水沟，垫层为 120mm 的 C15 素混凝土，壁厚为 120mm 砖砌体，排水沟内采用 2cm 厚 1：2.5 水泥砂浆抹面。

（2）基坑内排水沟、集水井施工基坑内排水沟和集水井要随着土方分层开挖而进行修筑。集水井中下泵架水管及接线，抽水坑顶排水沟，经三级沉淀后排入市政排水管网。

排水沟、集水井的设置深度应满足基坑内排水的要求。基坑内所设置的抽、排水系统随同基坑开挖深度而逐步降低。

根据现场条件设置，一般在转角处、水量较集中位置设置。

（3）基坑成型后的排水施工：

基坑开挖施工到设计标高时，在基底下开挖排水沟，按设计要求结合现场实际，在基坑支护边沿设置 300mm×300mm 的砖砌排水沟（图 1.6-1）。排水沟采用

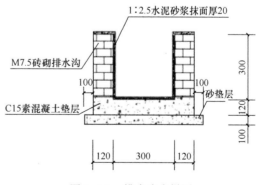

图 1.6-1　排水沟大样图

M7.5 水泥砂浆砌筑，并进行 1：2.5 水泥砂浆抹灰 20mm 厚，排水沟的坡度（3％）斜向集水井；集水井采用砖砌筑，内径尺寸 0.8m×0.8m×1.0m（长×宽×高），内壁采用 1：2.5 水泥砂浆抹灰 20mm 厚，基坑开挖时进行放坡，其坡向应为中间高逐步向两侧排水沟倾斜的均匀坡度，集水井内的积水采用潜水泵抽排入基坑顶排水沟经沉淀（砂）池后统一排入市政排水管网。

排水沟或截水沟质量检验应符合表 1.6-1 规定。

截水沟质量允许偏差表　　　　　　　　　　　　表 1.6-1

序号	实测项目	规定值或允许偏差	实测方法和频率
1	平面位置（mm）	±50	用经纬仪测，每长 20m 测 3 点，且不少于 3 点
2	长度（mm）	−500	用尺量，全部
3	断面尺寸（mm）	±30	用尺量，每长 10m 量 1 点，且不少于 3 点
4	沟底纵坡度（%）	±1	用水准仪测，每长 10m 测 1 点，且不少于 3 点
5	沟底高程（mm）	±50	用经验仪测，每长 10m 测 1 点，且不少于 3 点
6	表面平整度（mm）	±20	用尺量，每长 20m 量 3 点，且不少于 3 点

1.6.2　路缘石

1. 路缘石检查

对运到施工现场的路缘石再次进行检查，色泽不一致、外观尺寸误差 5mm、存在明显的表观缺陷（指有缺棱、角、坑窝、裂纹、颜色不一致等现象）的不使用。

2. 测量放样

上基层施工完并经监理工程师验收合格后，路缘石安装前，应恢复道路中线，测设路缘石安装控制桩，单幅每 10m 设 1 处。按照设计高程进行放样测量。

图 1.6-2　路缘石

3. 路缘石安装（图 1.6-2）

（1）砂浆垫层和勾缝砂浆严格按试验室给的配比进行拌合，砂浆采用细砂。垫层采用 C15 水泥混凝土；湿预拌水泥砂浆卧底，配比控制，现场设磅秤，按每袋水泥重量，称砂、石、水的重量，砂、石、水各设标准桶计量。

（2）统一采用坐浆法施工，垫层砂浆厚 2cm，不允许污染路缘石和路面。人工按放线位置安装路缘石。安装前，基础要先清理干净，并保持湿润。安装时，先用线绳控制路缘石的直顺度，再用水平尺进行检查，安装合格后及时采用素混凝土进行后背浇筑和水泥砂浆勾缝。路缘石砌筑应平顺，相邻路缘石的缝隙应均匀一致，路缘石与路面无缝隙、不漏水。

（3）事先计算好每段路口路缘石块数，路缘石调整块应用机械切割成型。路缘石安装时要与开口、结构物圆滑地相接，线条直顺，曲线圆滑美观。

（4）路缘石的安装速度应能满足现场施工的需要，必须在下面层施工之前安装好。

（5）路缘石安装完后，及时回填夯打密实路肩或中央带后背的回填土。

（6）路缘石安装后，必须再挂线，调整侧石至顺直、圆滑、平整，对侧石进行平面及高程检测，每 20m 检测一点，当平面及高程超过标准时应进行调整。

（7）场地清理：路缘石安装完毕后，及时对有污染的场地和路面进行清理。

（8）已完工的路缘石用塑料薄膜覆盖，进行成品保护，防止损害及表面污染。

4. 勾缝

（1）路缘石的直顺度合格后采用 M15 砂浆进行勾缝，使相邻路缘石的缝隙应均匀密实，路缘石与路面无缝隙、不漏水。

（2）勾缝前先将路缘石缝内的土及杂物剔除干净，并用水润湿，然后用符合设计要求的水泥砂浆灌缝填充密实后勾平，用弯面压子压成凹型。用软扫帚扫除多余灰浆，并应适当洒水养护。

（3）侧石背后宜用素土或石灰土夯实。

5. 检测及养护

施工中采用水平尺进行控制，砌筑应稳固，顶面平整，线条直顺，曲线圆顺，缝宽均匀，勾缝密实，无杂物污染，然后采用塑料薄膜覆盖进行成品保护。检测的实测项目见表 1.6-2。

路缘石安装质量允许偏差　　　　　表 1.6-2

项次	检查项目		允许偏差	检查方法和频率
1	直顺度（mm）		10	20m 拉线：每 200m 测 4 处
2	预制铺设	相邻两块高差（mm）	3	水平尺：每 200m 测 4 处
		相邻两块缝宽（mm）	±3	尺量：每 200m 测 4 处
3	顶面高程（mm）		±10	水准仪：每 200m 测 4 处

1.6.3　侧石和缘石监理要点

（1）检测侧石、缘石等预制件的半成品规格及外观质量。

（2）检查施工放样及高程。

（3）检验基底的平整度、整体均匀密实度。

（4）检查预制件安砌的水泥砂浆规格。

（5）检查现浇水泥混凝土所用水泥、集料、砂的规格及用量，并对现场浇筑的水泥混凝土或沥青混合料的强度、配合比等进行试验。

（6）安砌（或铺筑）完成后，应及时对侧石、缘石外观、外形尺寸等进行检测，发现缺陷，及时通知承包人进行修整完善。

第 2 章 桥 涵 工 程

2.1 钢梁箱梁结构人行天桥

2.1.1 钢箱梁结构人行天桥的发展趋势

现代城市逐渐发展，在交通繁忙的城区路口，封闭的快速路两侧，建立越来越多的人行天桥（图 2.1-1），已经成为解决行人过街安全、缓解交通拥堵的有效措施。但以往的钢筋混凝土结构人行天桥，无论在桥梁造型美化城市方面，还是在施工环境、环保、影响市容周期等方面，钢结构人行天桥都略显优势。

钢结构以其在造型美观、施工方便、环保等优势越来越多地被应用到城市桥梁与房屋建造上，桥梁结构轻巧化将成为目前的发展趋势。

《城市人行天桥与人行地道技术规范》CJJ 69—1995 规定："为避免共振，减少行人不安全感，天桥上部结构竖向自振频率≥3Hz"。大城市的主干道路一般为双向 6～10 车道，宽度在 30～60m。为减少对交通干扰，人行桥结构形式多为简支单跨钢箱梁，30～60m 跨度的天桥经验梁高为 1.2～2.4m，竖向自振频率在 1.8～2.8Hz 之间。正常情况下若不额外增加梁高或材料，跨度 30m 以上人行天桥的自振频率很难达到 3Hz。参考上述规范对人行桥舒适性的规定，我国规范关于人行舒适性的规定存在以下几方面问题需探讨。

图 2.1-1　城市人行天桥效果图

（1）只考虑竖向刚度限制，没有考虑侧向刚度限制。人群在行走时，竖向振动及纵向振动的敏感频率范围为 1.60～2.40Hz，侧向振动的敏感频率范围为 0.50～1.20Hz。当人行梁的宽跨比较少，即跨度大而桥梁较窄时，桥梁侧向振动较大，会引起行人不适。

（2）仅有频率值要求，没有加速度值要求。在一般条件下，常规人行桥通过保证结构刚度满足人行舒适性。

我国现行天桥规范对人行舒适性的规定过于简单，无法适应当前工程实际需要，尽快研究修编适合我国人行天桥舒适性设计规范也成为目前业内人士的呼声。

（3）常见桥梁按截面形式划分见表 2.1-1。

桥梁截面形式划分　　　　　　　　　　　　　　　　　　　表 2.1-1

桥型	简　图	桥型	简　图
整体式板桥		工字梁桥	
铰接实心板桥		槽型梁桥	
铰接空心板桥		箱梁桥	
T梁桥			

（4）桥梁结构划分：为下部结构及上部结构

1）下部结构：地基与基础—墩台—盖梁—支座

2）上部结构：梁体—梯道—护栏—雨篷

2.1.2　钢桥梁下部结构桩基工程

1. 桩基成桩工艺的选择

桩型与成桩工艺应根据建筑结构类型、荷载性质、桩的使用功能，穿越地层、桩端持力层性质，地下水位，工程环境、施工设备、施工经验、制桩材料供应条件等，按安全适用、经济合理的原则选择，施工时可参考表 2.1-2 选用。

桩型成桩工艺选择表　　　　　　　　　　　　　　　　　　表 2.1-2

桩类		桩径	桩长	穿越地层				桩端进入持力层			
				一般黏性土及填土	淤泥和淤泥质土	粉土	砂土	硬黏性土	密实砂土	碎石土	软质、风化岩石
干作业法	长螺旋钻孔灌注桩	0.3～0.8	28	○	×	○	△	○	○	△	△
	短螺旋钻孔灌注桩	0.3～0.8	20	○	×	○	△	○	△	×	×
	钻孔扩底灌注桩	0.3～0.8	30	○	×	○	△	○	△	△	△
	机动洛阳铲成孔灌注桩	0.3～0.8	20	○	×	△	×	△	×	×	×
	人工挖孔扩底灌注桩	0.8～2.0	30	○	×	△	△	△	△	△	○

续表

桩类		桩径	桩长	穿越地层				桩端进入持力层			
				一般黏性土及填土	淤泥和淤泥质土	粉土	砂土	硬黏性土	密实砂土	碎石土	软质、风化岩石
泥浆护臂法	潜水钻成孔灌注桩	0.5～1.0	50	○	○	○	△	○	○	△	×
	反循环钻成孔灌注桩	0.6～1.2	80	○	○	○	△	○	○	△	○
	正循环钻成孔灌注桩	0.6～1.2	80	○	○	○	△	○	○	△	○
	旋挖成孔灌注桩	0.6～1.2	60	○	○	○	△	○	○	△	○
	钻孔扩底灌注桩	0.6～1.2	30	○	○	○	○	○	△	△	△
套管护壁法	贝诺托全套管成孔灌注桩	0.8～1.8	30	○	○	○	○	○	○	○	○
	短螺旋钻孔灌注桩	0.3～0.8	20	○	○	○	○	○	○	○	○
灌注桩法	冲击成孔灌注桩	0.6～1.2	50	○	○	○	○	○	○	○	○
	长螺旋钻孔压灌桩	0.3～0.8	25	○	○	○	○	○	○	△	○
	静压桩	1.0	60	○	○	×	△	○	○	△	×

注：○表示比较合适；△有可能采用；×不宜采用。

2. 施工准备

（1）应有建筑场地岩土工程勘察报告。

（2）应成对桩基工程施工图进行设计交底及图纸会审，设计交底及图纸会审记录连同施工图等应作为施工依据，并应列入工程档案。

（3）应对建筑场地和临近区域内的地下管线，地下构筑物，地面建筑物等进行调查。

（4）应有主要施工机械及其配套设备的技术性能资料：成桩机械必须经鉴定合格，不得使用不合格机械。

（5）应有桩基工程的施工组织设计（或施工方案）和保证工程质量、安全和季节性施工的技术措施。

（6）应有水泥、砂、石、钢筋等原材料及其制品的质检报告。

（7）应有有关试桩或桩试验的参考资料。

（8）桩基施工用的供水、供电、道路、排水、临时房屋等临时设施，必须在开工前准备就绪施工场地应进行平整处理，保证施工机械正常作业。

（9）基桩轴线的控制点和水准点应设在不受施工影响的地方。开工前，经复核后应妥善保护，施工中应经常复测。

（10）用于施工质量检验的仪表、器具的性能指标，应符合现行国家相关标准的规定。

3. 常用机械设备（图 2.1-2）

常用灌注桩钻孔机械按成孔方法不同分为正反循

图 2.1-2 步履式多功能工程钻机

环钻机，旋挖钻机、冲（抓）式钻机、长螺旋钻机，锤击、振动等。

4. 泥浆护壁成孔灌注桩（图 2.1-3）

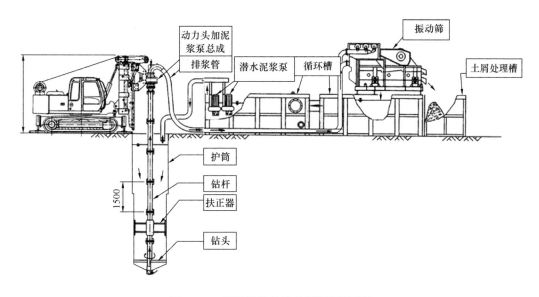

图 2.1-3　钻孔灌注桩护壁泥浆循环系统

（1）护壁泥浆

泥浆的功能

1）泥浆有防止孔壁坍塌的功能：

在天然状态下，若竖直向下挖掘处于稳定状态的地基土，就会破坏土体的平衡状态，孔壁往往有发生坍塌的危险，泥浆则有防止发生这种坍塌的作用。主要表现在：

① 泥浆的静侧压力可抵抗作用在壁上的土压力和水压力，并防止地下水的渗入。

② 泥浆在孔壁上形成不透水的泥皮，从而使泥浆的静压力有效地作用在孔壁上，同时防止孔壁的剥落。

③ 泥浆从孔壁表面向地层内渗透到一定的范围就粘附在土颗粒上，通过这种粘附作用可降低孔壁坍塌性和透水性。

2）泥浆有悬浮排出土渣的功能：

在成孔过程中，土渣混在泥浆中，合理的泥浆密度能够将悬浮于泥浆当中的土渣，通过泥浆循环排出至泥浆池沉淀。

3）泥浆有冷却施工机械的功能：

潜水钻进成孔时，回转动力头、潜水泵动力及钻具会同地基土作用产生很大热量，泥浆循环能够携带排出热量，延长施工机具的寿命。

（2）泥浆的制备和处理

除能自行造浆的黏性土层外，均应制备泥浆。泥浆制备应选用高塑性黏土或膨润土。泥浆应根据施工机械、工艺及穿越土层情况，进行配合比设计施工期间护筒内的泥浆面应高出地下水位 1.0m 以上，在受水位涨落影响时，泥浆面应高出最高水位 1.5m 以上；在清孔过程中，应不断置换泥浆，直至灌注水下混凝土。

（3）泥浆试验

在灌注桩工程中所使用的泥浆，必须经常保持地层和施工条件等所要求的性质。为此施工中不仅在制备泥浆时，而且在施工的各个阶段都必须测定泥浆的性质并进行质量管理。灌注混凝土前，应对泥浆相对密度、含砂率、黏度等进行测定。孔底 500mm 以内的泥浆比重应小于 1.25，含砂率不得大于 8%，黏度不得大于 28sL，这里也仅对一些常用的测定试验作一介绍。

1）密度测定

密度测定可用下面两种方法的任一种方法进行密度测定，取值为小数点后 2 位数。

① 泥浆比重计。

② 把泥浆放入已知容积的容器内测定泥浆的质量。泥浆相对密度计由台座上的泥浆杯和样杆组成泥浆杯内装满要测定的泥浆，盖上杯盖，刮去由盖上的小孔溢出的泥浆，把刀口支撑放在台座上。移动游码秤杆为水平状态时的刻度读数表示泥浆密度。泥浆相对密度计必须经常用测定清水的方法进行校正。校正的办法是增减秤杆端部的砝码。

2）含砂率测定

测定混浆的含砂量时，可用含砂量测定器。

其方法如下：

① 量筒内装入泥浆 75ml；然后加入水至 250ml，堵住量筒口，仔细晃动量筒使泥浆混合均匀。

② 量筒内的泥浆倒在筛网上，并用清水洗净量筒内的泥浆残渣。全部倒在筛网上，然后按压筛网上面的残渣，不能硬性地使其通过筛网。

③ 将斗倒过来挡在筛网上，斗出口插入量筒口内。将整体慢慢地转动，然后用少量的水冲刷筛网内侧，使筛网上的土砂全部冲洗到量筒内，在这种状态下，使砂在量筒沉淀。

④ 量筒里的沉淀物为土砂，量筒上的刻度为土砂容积，用% 表示出来，作为含砂率。

3）黏度测定

漏斗黏度计主要用于现场测定泥浆的黏度。

将斗放在试检架子上，用手指堵住下面的出口，将一定量的泥浆从上面注入漏斗黏度计内，这时泥浆先通过 0.25mm 金属丝网，除去大的固体隙粒，然后移开堵住下口的手指，用秒表测定泥浆全部流出的时间。

（4）钻孔灌注桩护壁泥浆性能指标（表 2.1-3）

泥浆性能指标　　　　　　　　　　　　　　表 2.1-3

钻孔方法	地层情况	泥浆性能指标							
		相对密度	黏度 (s)	含砂率 (%)	胶体率 (%)	失水量 (mL/min)	泥皮厚 (mm/30min)	静切力 (Pa)	酸碱度 (pH)
正循环	一般地层	1.05～1.20	16～22	≤4	≥96	≤25	≤2	1.0～2.5	8～10
	易坍地层	1.20～1.45	19～28	≤4	≥96	≤15	≤2	3～5	8～10

续表

钻孔方法	地层情况	泥浆性能指标							
		相对密度	黏度 (s)	含砂率 (%)	胶体率 (%)	失水量 (mL/min)	泥皮厚 (mm/30min)	静切力 (Pa)	酸碱度 (pH)
反循环	一般地层	1.02～1.06	16～20	≤4	≥95	≤20	≤3	1～2.5	8～10
	易坍地层	1.06～1.10	18～28	≤4	≥95	≤20	≤3	1～2.5	8～10
	卵石土	1.10～1.15	20～35	≤4	≥95	≤20	≤3	1～2.5	8～10
推钻冲抓冲击	一般地层	1.10～1.20	18～24		≥95	≤20	≤3	1～2.5	8～11
	易坍地层	1.20～1.40	22～30		≥95	≤20	≤3	3～5	8～11

（5）正、反循环钻孔灌注桩的适用范围

正、反循环钻孔灌注桩宜用于地下水位以下的黏性土、粉土、砂土、填土、碎石土及风化岩层；对孔深较大的端承型桩和粗粒土层中的摩擦型桩，宜采用反循环工艺成孔或清孔，也可根据土层情况采用正循环钻进，反循环清孔。

（6）正、反循环钻孔灌注桩的工艺原理

使用钻头或切削刀具成孔采用泥浆循环方式，在孔内充满泥浆的同时，用泵使泥浆在孔底与地面之间进行循环，把土清排出地面，即泥浆除了起稳定孔壁的作用之外，还被用作排渣的手段。通过管道把泥浆压送到孔底，泥浆在管道的外面上升，把土渣携出地面，为正循环方式。泥浆从管道的外面自然流入或泵入孔内，然后和土渣一起被抽吸到地面上来，即为反循环成孔方式。

其余下部结构同桥梁工程。

2.1.3 钢结构箱梁上部结构

1. 施工总体流程图（图 2.1-4）

2. 施工准备工作（事前）监理控制要点

（1）施工单位资质审查，钢结构制造、施工单位应具有钢结构生产安装一级资质，焊工必须具有相应资质持证上岗。施工单位不仅要取得计量认证，而且还要取得建设主管部门颁发的资质证书。焊工必须经考试合格并取得合格证书，持证焊工必须在其考试合格项目及其认可范围施焊。

（2）施工技术标准、质量保证体系、质量控制及检验制度是否满足工程设计技术指标要求。钢结构制作和安装应符合《钢结构工程施工质量验收规范》GB 50205—2020、《公路桥涵施工技术规范》JTG/T 3650—2020 的有关规定。

（3）考察施工企业生产能力是否满足工程进度要求。

（4）图纸会审及技术准备，召集并主持设计、业主、监理和施工单位专业技术人员进行图纸会审，依据设计文件及其相关资料和规范，把施工图中错漏、不合理、不符合规范和国家建设文件规定之处解决在施工前。

协调业主、设计和施工单位针对图纸问题，确定具体的处理措施或设计优化。

（5）施工组织设计（方案）审查，督促施工单位按施工合同编制专项施工组织设计（方案）。经其上级单位批准后，再报监理。经审查后的施工组织设计（方案），如施工中

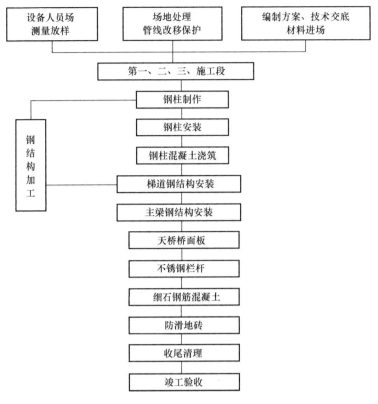

图 2.1-4　施工总体流程图

需要变更施工方案（方法）时，必须将变更原因、内容报监理和建设单位审查同意后方可变动。

3. 钢结构工程事中监理工作控制要点

（1）原材料及成品进场验收监理工作控制要点

1）钢材

钢梁所用材料均采用 Q345QD 桥梁专用钢材。应符合设计文件要求和现行标准的规定，除必须有出厂合格证外，还应进行复试，复试合格后方可投入使用。

材料进厂后应检查钢材质量。钢材表面的锈蚀、麻点或划痕深度不得大于该钢材厚度负偏差值的一半。钢材表面不应有裂纹、气泡、结疤、折叠、分层、夹渣等缺陷，如有上述表面缺陷允许清理，清理深度从实际尺寸算起，不应大于钢材厚度公差之半，并保证最小厚度，清理处应平滑无棱角。

原材料入库，仓库管理应做好入库签收工作，严格核对牌号、规格、批号、数量，确认与质量保证书相符合后方可入库，并用红色油漆做出标记。

制作方将对入库材料按板厚、规格、炉号数的一定百分比进行复验，并积极配合监理做好原材料抽检。

材料的发放和回收均由专人负责，剩余材料做好规格、材质移植标记，并按规格、种类、材质分类堆放，记入台账，妥善保管，工程结束后纳入材料结算工作。

原材料工作边缘及切割断口处如发现分层、夹渣等缺陷，应会同有关人员研究解决并积极采取必要的措施进行防范并停止制作流转。

制作过程中如发现排版图用料与实际供料不符时,车间施工人员不得私自串用或挪用,及时向相关人员提出并与有关部门联系解决。

① 钢材质量主控项目:

钢材、钢铸件的品种、规格、性能等应符合现行国家产品标准和设计要求。进口钢材产品的质量应符合设计和合同规定标准的要求。

检查数量:全数检查

检验方法:检查质量合格证明文件、中文标志及检验报告等。

对属于下列情况之一的钢材,应进行抽样复验,其复验结果应符合现行国家产品标准和设计要求。

a. 国外进口钢材;

b. 钢材混批;

c. 板厚等于或大于 40mm,且设计有 Z 向性能要求的厚板;

d. 建筑结构安全等级为一级,大跨度钢结构中主要受力构件所采用的钢材;

e. 设计有复验要求的钢材;

f. 对质量有疑义的钢材。

检查数量:全数检查。

检验方法:检查复验报告。

在工程实际中,对于哪些钢材需要复验,本条规定了 6 种情况应进行复验,且应是见证取样、送样的试验项目。

对国外进口的钢材,应进行抽样复验;当具有国家进出口质量检验部门的复验商检报告时,可以不再进行复验。

由于钢材经过转运、调剂等方式供应到用户后容易产生混炉号,而钢材是按炉号和批号发材质合格证,因此对于混批的钢材应进行复验。

厚钢板存在各向异性(X、Y、Z 三个方向的屈服点、抗拉强度、伸长率、冷弯、冲击值等各指标,以 Z 向试验最差,尤其是塑料和冲击功值),因此当板厚等于或大于 40mm,且主受沿板厚方向拉力时,应进行复验。

对大跨度钢结构来说,弦杆或梁用钢板为主要受力构件,应进行复验。

当设计提出对钢材的复验要求时,应进行复验。

② 对质量有疑义主要是指:

a. 对质量证明文件有疑义时的钢材;

b. 质量证明文件不全的钢材;

c. 质量证明书中的项目少于设计要求的钢材。

③ 一般项目:

钢板厚度及允许偏差应符合其产品标准的要求。

检查数量:每一品种、规格的钢板抽查 5 处。

检验方法:用游标卡尺量测。

型钢的规格尺寸及允许偏差应符合其产品标准的要求。

检查数量:每一品种、规格的型钢抽查 5 处。

检验方法：用钢尺和游标卡尺量测。

④ 钢材的表面外观质量除应符合国家现有关标准的规定外，尚应符合下列规定：

a. 当钢材的表面有锈蚀、麻点或划痕等缺陷时，其深度不得大于该钢材厚度负允许偏差值的 1/2。

b. 钢材表面的锈蚀等级应符合现行国家标准《涂覆涂料前钢材表面处理 表面清洁度的目视评定》GB/T 8923 规定的 C 级及 C 级以上。

c. 钢材端边或断口处不应有分层、夹渣等缺陷。

检查数量：全数检查。

检验方法：观察检查。

2）焊接材料

① 焊材入厂应具有质量证明书，焊接材料的品种、规格、性能等应符合现行国家产品标准和设计要求。监理应要求钢结构承包商将质量合格证明文件、中文标志及检验报告等向监理报审，监理工程师全部进行检查。对重要钢结构采用的焊接材料进行抽样复检。监理工程师应检查复检报告。监理工程师应检查质量证明的有效性和焊材烘焙记录。检查焊工合格证书，包括考试合格项目是否能覆盖实际焊接内容、合格证是否在有效期内。检查焊接工艺评定报告项目是否覆盖工程的所有接头。对于一级、二级焊缝必须进行超声波探伤。对于需进行焊前预热或焊后热处理的焊缝，在整个焊接过程中焊道间的温度不得低于预热温度，预热宽度在焊缝两侧不小于焊件厚度的 1.5 倍。且不应小于 100mm。

② 焊材仓库应具有良好的通风环境，焊材应按种类、规格、牌号、入库时间分类堆放，并作好明显标记，不得混放。

③ 焊材不得沾染灰尘、油污，焊剂、药芯焊丝使用前不得开包。

④ 妥善保管焊丝、焊条，防止受潮。焊剂在施焊前需经 1～2h 烘焙，然后在 100～150℃ 恒温箱中存放，随用随取，防止受潮。

⑤ 焊条领用时，一次领用量应以四小时用完为限，以防受潮；否则必须重新把焊条交回仓库烘焙。若被水、油玷污和药粉脱落的焊条，应从现场收走，作报废处理。

⑥ 焊接材料对焊丝、焊条、按批量进行抽样复检化学成分，涂装材料进行常规性复检。

⑦ 主控项目：

焊接材料的品种、规格、性能等应符合现行国家产品标准和设计要求。

检查数量：全数检查。

检验方法：检查焊接材料的质量合格证明文件、中文标志及检验报告等。

重要钢结构采用的焊接材料应进行抽样复验，复验结果应符合现行国家产品标准和设计要求。

检查数量：全数检查。

检验方法：检查复验报告。

说明：由于不同生产批号的质量往往存在一定的差异，本条对用于重要的钢结构工程的焊接材料的复验作出了明确规定。该复验应为见证取样、送样检验项目。本条中"重要"是指：

a. 建筑结构安全等级为一级的一、二级焊缝。

b. 建筑结构安全等级为二级的一级焊缝。

c. 大跨度结构中一级焊缝。

d. 重级工作制吊车梁结构中一级焊缝。

e. 设计要求。

⑧ 一般项目：

焊钉及焊接瓷环的规格、尺寸及偏差应符合现行国家标准《电弧螺柱焊用圆柱头焊钉》GB/T 10433 中的规定。

检查数量：按量抽查 1%，且不应少于 10 套。

检验方法：用钢尺和游标卡尺量测。

焊条外观不应有药皮脱落、焊芯生锈等缺陷；焊剂不应受潮结块。

检查数量：按量抽查 1%，且不应少于 10 包。

检验方法：观察检查。

焊条、焊剂保管不当，容易受潮，不仅影响操作的工艺性能，而且会对接头的理化性能造成不利影响。对于外观不符合要求的焊接材料，不应在工程中采用。

3）连接用紧固件标准件

钢结构工程常用的紧固件有高强度螺栓（分为大六角型和扭剪型）、普通螺栓、地脚螺栓、锚栓等紧固标准件，其品种、规格、性能等应符合现行国家产品标准和设计要求。监理应要求钢结构承包商将产品质量合格证明文件、中文标志及检验报告等向监理报审，监理工程师全部进行检查。

4）涂装材料

监理应要求承包商提供材料的产品质量合格证明文件、中文标志及检验报告。钢结构防腐涂装用材料和防火涂料的品种和技术性能应符合设计要求，防火涂料应经过具有资质的检验机构检测符合国家现行有关标准的规定，并经当地消防管理部门确认。

（2）放样、下料、切割质量控制要点

1）放样

① 放样是钢结构制作工艺的第一道工序，只有放样尺寸精确，方可避免以后各加工工序的累计误差，才能保证整个工程的质量。

② 放样前必须熟悉图纸，并核对图纸各部尺寸和有无不符合之处，与土建及其他安装有无矛盾，核对无误后方可按施工图纸上的几何尺寸，技术要求，按照 1：1 的比例画出构件相互之间的尺寸及真实图形。

③ 样板制出后，必须在上面画上图号、零件名称、件数、位置、材料牌号、规格及加工符号等内容，以便下料工作不致发生混乱，同时必须妥善保管样板防止折叠和锈蚀，以便进行校核。

④ 放样、测量交验的量具，用计量部门检定的统一钢卷尺。

⑤ 钢结构放样是保证产品精度和制作质量的关键。桥面板、主梁腹板采用样板划线下料，翼板切割全部采用数控多头方法切割，保证零件尺寸的一致性。

2）下料

下料是根据图纸的几何尺寸、开始制成样板，利用样板计算出下料的尺寸，直接在板料上画出零构件相关的加工界线，采用剪切、冲裁、锯切、气割等工作的过程（图 2.1-5）。

图 2.1-5　按照 1∶1 的比例画出构件相互之间的尺寸及真实图形

① 检查对照样板及计算好的尺寸是否符合图纸要求。

② 检查所用钢材是否符合设计要求。

③ 下料及加工时如发现钢材有异常，应立即反馈给技术部门，技术部门应立即进行研究，对有异常的该批钢材进行隔离处理。

④ 钢梁在制造及验收中，必须使用计量验收核校过的计量器具，按规定的操作程序进行测量。

⑤ 技术部门应对设计图进行工艺审查，当需要修改设计时，必须取得原设计单位同意，并由原设计单位出具设计变更文件，设计变更文件应留存归档。

（3）钢板除锈

1）钢结构表面在涂底漆之前，应彻底清除铁锈、焊渣、毛刺、油污、漆层、积水、积雪及泥土等。

2）钢结构表面粗糙度小于 $40\sim70\mu m$。同时还须满足涂装材料本身的除锈等级要求，并符合现行国家标准《涂覆涂料前钢材表面处理　表面清洁度的目视评定》GB/T 8923 的规定。钢结构表面处理主要方法：

喷砂或抛丸方法：Sa2.5 级（防锈底漆为有机富锌漆时），Sa3.0 级（防锈底漆为无机锌漆时）；动力除锈方法：St3.0 级。

3）钢表面清理用磨料应使用符合《铸钢丸》YB/T 5149—1993 和《铸钢砂》YB/T 5150—1993 规定的钢丸、钢砂或应使用无盐分和无污染的石英砂，磨料未经处理合格后不得重复使用。

4）钢结构涂装应满足按《公路桥梁钢结构防腐涂装技术条件》JT/T 722—2008 的规定，防腐年限大于等于 20 年。

5）钢梁和其构件在出厂前应完成全部底漆（中间漆）和至少第一道面漆的涂装，最终面漆的涂装由施工单位根据施工工艺要求决定涂装时间。现场拼焊部位的涂装施工单位应专门制定施工工艺。

（4）构件组装制作（图 2.1-6、图 2.1-7）

图 2.1-6　整片分段焊接箱梁

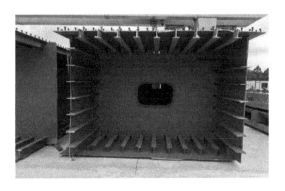

图 2.1-7　分片分段焊接的箱梁

1）钢梁腹板、横隔板等主要受力构件不得采用钢板水平分块拼装。主要杆件不允许剪切，只可采用精密切割下料。手工切割仅适用于特定工艺及切割后仍需进行边缘加工的构件。

2）钢结构施工单位应针对钢梁的不同构件、不同焊缝要求、不同焊接条件和不同焊接部位，进行相关的焊接试验，并进行焊接工艺评定和编制焊接工艺，构件加工时必须采取必要的反焊接变形措施，焊接变形必须矫正。应根据评定报告确定焊接工艺，并得到监理单位认可后方可施工。

3）主梁的制作要求腹板放样前先拼板整体划线放样，并划出检验校核直线，切割好坡口再与上下翼缘板拼装。焊后探伤合格，装焊垂直加筋，并校正腹板平整度及主梁整体拱值。

4）横梁制作时先将腹板、翼板直线度矫好，再组装工字梁，焊后再校正。

5）平面板架分段（桥面、平台等）拼板校正平整度→上胎架定位安装横梁及纵梁→焊后放松胎架→检查并校正整体平整度

6）零部件在加工过程中如发现原材料有缺陷，必须会同监理提出处理意见。

7）钢板不平及焊后变形，随时进行校正。

8）定位焊所用焊接材料型号，应与正式焊接材料相同，定位焊焊脚高度不超过焊脚高度2/3。且不大于8mm，焊缝长度不大于80mm，并应由有焊工证的焊工施焊。对采用埋弧焊、CO_2气体保护焊及低氢型焊条手工焊等方法焊接的接头，在组装前应将待焊区域的铁锈、氧化皮、污垢、水分等有害物清除干净，使其表面露出金属光泽。清除范围应符合图 2.1-8 的规定。

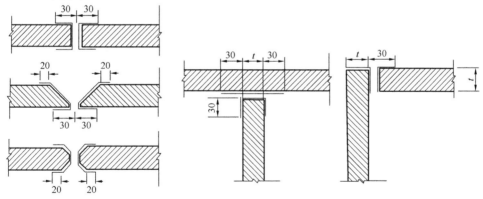

图 2.1-8　对接接头（左）T 形接头（右）

9）钢构件焊接加工中应严格控制各种接头（对接、角接、衬垫对接）的组装精度。

10）主梁整体预制，对主梁系的尺寸精度要求较高，因此在钢梁预制完成后，均应对主体尺寸严格校验。在出厂前必须进行预拼装和试吊。

11）组装允许偏差见表 2.1-4。

12）凡参加焊缝的焊工应持证上岗进行施焊，为控制焊接变形，严格按焊接工艺顺序施焊。对一些无工艺评定的焊接工艺，编制工艺评定大纲，按规范要求进行焊接工艺评定。

试装基本尺寸允许偏差（mm）   表 2.1-4

项　目	允许偏差（mm）	附　注
梁高（H）	±3.0	
全长（L）	±15.0	
梁宽（B）	±4.0	
横隔板间距	±2.0	
纵向间距	±1.0	
旁弯	＜5.0	
预拱度	＋10　　－5	检验时钢梁在满支点无外力的状态下测量
支点高低差	≤3.0	
横断面对角线差	＜4.0	
扭曲	每米不超过1，且每段＜10	以每跨纵梁端隔板为准

13）环境温度低于5℃时，用氧乙炔火焰或电热板加热至表面温度80～100℃进行施焊，相对湿度大于90%时，不得施焊。

14）施焊时，检查定位焊是否有裂缝，在清除缺陷后方可施焊。

15）坡口焊缝采用分层多道焊，分层多道焊起点与终点相互叉开，不允许用阔道焊的方式。

16）焊接时采用双数焊工由中向四周对称进行，以保证构件的自由均匀收缩。

17）焊后检验：

① 焊缝焊后检验外表质量，不允许有裂纹、气孔、夹渣、焊瘤等缺陷，并清除焊渣及飞溅物。

② 焊缝出现裂纹时，焊工不得擅自处理，应申报技术人员负责查清原因，订出修补措施后方可处理，在同一处的返修不得超过两次，作好返修记录。

18）工艺评定试验：

① 对钢结构焊缝的无损检查，按焊缝的类别参照《钢结构工程施工及验收规范》GB 50205—2020进行射线、超声波检查。如实际操作中碰到困难，则会同建设单位、监理单位、设计单位共同协商解决。

② 探伤过程中如发现较大缺陷，必须向外伸长探伤，必要时直至全长。对超声波探伤有疑问，部分作X射线复查。

③ 对于无损探伤人员，必须持证上岗。

④ 超声波探伤（UT）分类见表2.1-5。

超声波探伤（UT）分类   表 2.1-5

焊接类型	适用范围	探伤范围
Ⅰ	主体桥梁上、下面板、腹板的横向对接焊缝为Ⅰ类焊缝	100%
Ⅱ	主梁上下翼板的纵向对接焊缝为Ⅱ类焊缝	50%

⑤ 对接焊缝内部质量超声波探伤（UT）质量要求（表2.1-6）。

超声波探伤（UT）质量要求　　　　　　表 2.1-6

试块类型	板厚（mm）	测线长	定量线	制度线	缺陷最大指示长度（mm）	
CSX-ⅡB	10～40	$\phi 2X$ 40mm−18dB	$\phi 2X$ 40mm−12dB	$\phi 2X$ 40mm−4dB	6	$T/3$ 最小可为 9
	10−16	$\phi 1X$ 6mm−12dB	$\phi 2X$ 6mm−6dB	$\phi 1X$ 6mm+2dB		
	>16−25	$\phi 1X$ 6mm−9dB	$\phi 2X$ 6mm−3dB	$\phi 1X$ 6mm+5dB		

⑥ 对接接头焊缝内部质量应按表 2.1-6 规定进行射线探伤检验，焊缝接头应按其数量的 10％（焊缝长度大于 300mm），并不得少于一个接头，符合下列要求：不计点数的气孔尺寸为 0.5mm，但在视场内任意 10～20mm² 范围内不计点数的气孔数不允许存在 10个以上。

⑦ 根据结构的承载情况不同，现行国家标准《钢结构设计规范》GB 50017 中将焊缝的质量为分三个质量等级。内部缺陷的检测一般可用超声波探伤和射线探伤。射线探伤具有直观性、一致性好的优点，过去人们觉得射线探伤可靠、客观。但是射线探伤成本高、操作程序复杂、检测周期长，尤其是钢结构中大多为 T 形接头和角接头，射线检测的效果差，且射线探伤对裂纹、未熔合等危害性缺陷的检出率低。超声波探伤则正好相反，操作程序简单、快速，对各种接头形式的适应性好，对裂纹、未熔合的检测灵敏度高，因此世界上很多国家对钢结构内部质量的控制采用超声波探伤，一般已不采用射线探伤。

⑧ 一、二级焊缝质量等级及缺陷分级见表 2.1-7。

焊缝质量等级及缺陷分级　　　　　　表 2.1-7

焊缝质量等级		一级	二级
内部缺陷超声波探伤	评定等级	Ⅱ	Ⅲ
	检验等级	B 级	B 级
	探伤比例	100％	20％
内部缺陷射线探伤	评定等级	Ⅱ	Ⅲ
	检验等级	AB 级	AB 级
	探伤比例	100％	20％

注：探伤比例的计数方法应按以下原则确定：
1. 对工厂制作焊缝，应按每条焊缝计算百分比，且探伤长度应不小于 200mm，当焊缝长度不足 200mm 时，应对整条焊缝进行探伤；
2. 对现场安装焊缝，应按同一类型、同一施焊条件的焊缝条数计算百分比，探伤长度应不小于 200mm，并应不少于 1 条焊缝。

⑨ 焊缝内部质量射线探伤（RT）要求见表 2.1-8。

焊缝内部质量射线探伤（RT）要求　　　　　　表 2.1-8

焊缝类别	适用范围	探伤范围 (mm)	板厚 (mm)	范围 (mm)	质量要求			
					气孔允许点数	裂纹、未焊透	单个条状夹渣长度 (mm)	条状夹渣总长
Ⅰ	牛腿上、下面板的对接焊缝、主梁、横梁下翼板有横向对接焊缝	两端头各 250～300	10～25	10×10	2	不允许		
				10×50	3～5			
Ⅱ	主梁、横梁上翼板的横向对接焊缝，主梁厚板高度方向的对接	两端头各 250～300	10～25	10×10	2	不允许	最小可为3 最大 T/4	在任意 2T 范围内不超过单个条状夹渣长度，且在任意 12T 范围内不大于 T
				10×50	3～5			

⑩ 焊缝内部质量超声波探伤质量要求见表 2.1-9。

焊缝内部质量超声波探伤质量要求　　　　　　表 2.1-9

焊缝类别	适用范围	探伤范围 (mm)	腹板板厚 (mm)	质量要求		
				单个缺陷当量	缺陷指标长度 (mm)	缺陷最小间距 (mm)
Ⅱ	主梁腹板与牛腿侧板的角度焊缝，主梁腹板与下翼板角焊接	全部焊件工地孔部位并外延 500mm 主梁、横梁跨中 4m 范围加探 1m	12～16	<φ1×2mm	<φ1×2 >φ1×2－6dB <9	<φ1×2 >φ1×2－6dB >20
Ⅲ	主梁腹板与上下翼板的角焊接，牛腿与主梁间的角焊接，牛腿上下面板与竖向腹板的角焊接			<φ1×2mm ＋3dB	<φ1×2＋3dB <φ1×2－3dB <12	<φ1×2＋3dB <φ1×2－3dB >10

（5）试拼装

钢桥应按试装图进行厂内试拼装，未经试拼装检验合格，不得成批生产。试拼装应符合下列规定：

1）试拼装应在胎架上进行，胎架应有足够的刚度，其基础应有足够的承载力。胎架顶面（梁段底）纵、横向线形应与设计要求的梁底线形相吻合。杆件和梁段应解除与胎架间的临时连接，处于自由状态。

2）板梁应整孔试拼装；连续梁试拼装应包括所有变化节点；对大跨径桥的钢梁，每批梁段制造完成后，应进行连续匹配试拼装，每批试拼装的梁段数不应少于 3 段，试拼装检查合格后，应留下最后一个梁段并前移参与下一批次试拼装。

3）试拼装时应使板层密贴，冲钉不宜少于孔眼总数的 10%，螺栓不宜少于螺栓孔总数的 20%；有磨光顶紧要求的杆件，应有 75% 以上的面积密贴，采用 0.2mm 的塞尺检查时，其塞入面积不应超过 25%。试拼装时，应采用试孔器检查所有螺栓孔，桁梁主桁的螺栓孔应能 100% 自由通过较设计孔径小 0.75mm 的试孔器，桥面系和连接系的螺栓孔应 100% 自由通过较设计孔径小 1.0mm 的试孔器，板梁和箱梁的螺栓孔应 100% 自由通过较设计孔径小 1.5mm 的试孔器，方可认为合格。

4）试拼装检验应在无日照影响的条件下进行，并应有详细的检查记录。

（6）钢结构的运输

1）熟悉运输线路，交通繁忙地段应在夜间进行，大型钢梁运输应征得交警部门许可及协助。

2）分块运输的构件，要策划安装顺序再确定运输顺序，并采取措施防止其变形和捆绑钢绳时勒伤构件，确保钢结构不受损伤。

3）钢梁在工厂和现场施工时严禁在钢构件和钢结构上堆放重物，必须保证表面清洁，严禁油污、废弃物和腐蚀性化学品的污染。

（7）钢结构梁的吊装架设（图 2.1-9、图 2.1-10）

图 2.1-9　分片吊装　　　　　　　　　图 2.1-10　分段吊装

1）吊装前期准备工作

① 熟悉图纸，尽量在安装前发现问题和差错，以便能及时处理。通过熟悉、掌握图纸内容，做到准确按图施工。图纸会审可以对专业工程之间相关工序、尺寸预先结合，消除矛盾和隐患，并且安装、制造及设计单位之间的图纸会审可使三方面互相沟通和了解，从而使问题得到协调解决。

② 技术交底到施工负责人员及主要操作工人。交底内容为工程任务、施工进度、技术要点、工艺方法、质量安全措施等。

③ 根据施工场地及地面交通、运输要求及接点处理等情况，确定合理的分段及组装划分制作工艺、吊装时间、封闭交通方法、现场施工安全防护及作业计划方案。

④ 踏勘施工现场，安排吊装机械进场及出场和运输进出路线。

⑤ 安排钢构件进场计划。

⑥ 吊装前应对基础轴线、标高及地脚螺栓进行复查，做好复查记录，发现问题及时与土建施工人员或监理工程师联系，提出处理方法和建议，吊装、加工钢梁前应复查支

座、抗震设施的位置。

2）吊装作业及交通维护

① 吊装顺序：

a. 整个钢桥吊装总的顺序为：桥墩柱→主梁→梯道

b. 主梁吊装顺序为：中间主单元→两边辅单元

c. 梯道吊装顺序为：按顺时针方向进行，从下往上吊装梯道构件，每节梯道构件间必须设置临时支撑设施。

② 主梁吊装时需占用主车道，故在吊装时需将一边主车道全部封住，禁止车辆通行，车辆临时由另一边主车道通行。

③ 吊装梯道及墩柱时，吊车靠近路边，需占用主车道一部分，吊装时应在吊车前方及侧面设置路障，吊装时间应尽量选择在中午或晚上进行，避开上、下班高峰时间。

④ 结构吊装时，测量人员要配合施工，采用两台经纬仪从不同方位对吊装构件进行检查，同时施工人员采用吊线坠的方法进行检查，发现安装偏差过大，立即进行校正，主梁安装要按设计要求起拱和预留伸缩缝。

⑤ 钢梁架设过程中应进行过程监测，监测内容应包括桥面高程、桥梁纵横向曲线和支架沉降，并应编制检测报告和检测记录，将监测结果分阶段及时送达设计和监理单位。

⑥ 构件安装完毕后，应将预留的未涂漆部分或运输安装中碰坏的涂漆部分补涂底漆，最后再涂刷中间漆和面漆，钢梁尽量整体施工，如现场或运输条件限制，需分段施工时，拼接处应位于1/4～1/3跨径处，拼接接头顶、腹、底板不应设在同一截面上，应尽量错开并应大于等于200m，并采取补强措施。

3）吊装安全措施

① 参加现场工作的人员，根据各工种进行安全教育。

② 健全安全制度，现场配备专职安全员，各工种各自遵守安全操作规程，定期进行安全检查。

③ 为保证各起重设备的安全行驶和工具的使用，使用前应做好全套检查。所有吊重索具应满足规定要求的安全系数。

④ 根据钢结构特点，认真做好各项准备工作。掌握物体形状、结构、重量、重心、角度、刚性及外形尺寸，选择和配备好各类吊具及捆扎专用绳索，并根据理论计算出起吊重心位置，以防变形。

⑤ 遇六级大风、大雨及大雾天，能见度不够，不得进行吊装工作。

⑥ 持证上岗，专人指挥，统一信号。

⑦ 指派有实际经验的专职安全员，负责安全教育、安全监督、安全检查。

⑧ 严格执行焊割工种的安全技术操作规程。无证人员不得操作；未穿戴防护用品者不得操作；严禁擅自动火；施工场地周围应清除易燃物品；气割用的压力表、表管、焊割矩、接头应按规定检查，阀门及紧固件应可靠，不能有松阀漏气；利用氧乙炔矫正构件时，皮管接头处必须扎紧，无漏气现象，并配备氧乙炔回火防止器，严格做到"三不烘"。

⑨ 在计划布置、检查、总结和评比生产同时，做好检查总结和评比安全工作，保证在安全的前提下组织生产、吊装。

（8）除锈涂装工艺

1）涂装的表面，在每次涂装时，必须对所有手工焊及 "R" 孔，钢板反面以及无气喷深和不能保证膜厚的部位进行手工预涂。

2）涂装方案：

① 涂装方法采用高压无气喷涂，手涂和滚涂，大面积和面漆必须用无气喷涂。

② 焊缝处涂装要求

焊缝两侧 50mm 范围内，底漆厚度不超过 25μm，便于保证焊缝质量，且在焊缝两侧 100mm 范围内粘贴胶带，不做过渡漆及中间漆。待焊缝全部施焊完毕，焊缝表面处理结束，并经检测合格后再对焊缝进行底漆、过渡漆、中间漆和一道面漆的修补工作，最后留一道面漆。

③ 涂装施工注意事项

a. 除锈等级需达标。

b. 在涂装过程中，必须根据涂装的种类、遍数及膜厚进行施工。

c. 涂装时，当湿度大于 85％，或者钢板表面温度低于露点温度 3℃时涂装工作应停止。

d. 涂层厚度的测定应在涂装工作全部完工后进行整修涂层应在 85％以上的测定点达到规定膜厚，其余 15％的测定点达到膜厚的 85％。

e. 在施工中应注意保护，避免损坏涂层。

f. 涂膜不应存在龟裂、流挂、鱼眼、漏涂、片落和其他弊病。

3）质量保证项目：

① 涂料、稀释剂和固化剂等品种、型号和质量，应符合设计要求和国家现行有关标准的规定。

检验方法：检查质量证明书或复验报告。

② 涂装前钢材表面除锈应符合设计要求和国家现行有关标准的规定：经化学除锈的钢材表面应露出金属色泽。处理后的钢材表面应无焊渣、焊疤、灰尘、油污、水和毛刺等。

检验方法：用铲刀检查和用现行国家标准《涂覆涂料前钢材表面处理　表面清洁度的目视评定》GB/T 8923 规定的图片对照观察检查。

③ 不得误涂、漏涂，涂层应无脱皮和返锈。

检验方法：观察检查。

4）基本项目：

① 涂装工程的外观质量：

合格：涂刷应均匀，无明显皱皮、气泡，附着良好。

优良：涂刷应均匀，色泽一致，无皱皮、流坠和气泡，附着良好，分色线清楚、整齐。

检验方法：观察检查。

② 构件补刷漆的质量：

合格：补刷漆漆膜应完整。

优良：按涂装工艺分层补刷，漆膜完整，附着良好。

检查数量：按每类构件数抽查 10％，但均不应少于 3 件。

检验方法：观察检查。

③ 涂装工程的干漆膜厚度的允许偏差项目和检验方法应符合规定。干漆膜要求厚度值和允许偏差值应符合《钢结构工程施工质量验收标准》GB 50205—2020 的规定。

检查数量：按同类构件数抽查 10％，但均不应少于 3 件，每件测 5 处，每处的数值为 3 个相距约 50mm 的测点干漆膜厚度的平均值。

（9）钢栏杆及雨棚加工、安装（图 2.1-11、图 2.1-12）

图 2.1-11　天桥栏杆效果图　　　　　　　图 2.1-12　天桥雨棚效果图

1）不锈钢栏杆在工厂进行加工制作，运至现场安装，材料进场时必须出具出厂合格证，监理工程师到场检验认可，下料前应对部分变形的材料进行校正，下料后的材料应编号后分类放置。

2）放样前选择桥梁伸缩缝或胀缝附近的端部立柱作为控制点，并在控制点之间测距定位。

3）不锈钢栏杆安装应在天桥主桥梁安装完以后即可进行安装采取分片安装，事先放线定位各立杆位置，定位要准确，偏差控制在 ±10mm，接缝应满焊，焊缝高度应高出不锈钢管，焊完后再打磨光滑。

4）安装不锈钢栏杆时设专人负责检查安装质量，对安装时有弯曲或偏位的杆件应即时调整，焊缝不饱满的要立即补缝，焊缝打磨后应光亮平滑。施工完毕后要将杆栏表面污物清理干净。

5）组装：钢构件组装之前，必须认真熟悉施工详图，了解该种结构形式并考虑拼装方向和步骤。

① 组装图必须经技术部门与放样图核对后方可组装。

② 组装的零件必须经过矫正，其边接表面及沿焊缝边缘处，每边 30～50mm 范围的铁锈、毛刺、油污等脏物必须清除干净。

③ 组装应根据结构形式，制作必需的工作平台，模台其表面平度公差 ±2mm 以内，立体形台架应相当坚固、平稳，保证拼装质量。

（10）桥面系防水排水及滑地砖铺贴

1）桥面防水与排水

① 桥面防水层的层数和采用的材料应符合设计要求，材料的性能和质量应符合相应

标准的规定。

② 铺设桥面防水层时应符合下列规定：

a. 防水层材料应在进场时进行检测，在符合产品的相应标准后方可使用。

b. 铺设防水材料前应清除桥面的各类杂物。

c. 防水层在横桥向应闭合铺设，底层表面应平顺、干燥、干净。防水层不宜在雨天和低温下铺设。

d. 防水层通过伸缩缝或沉降缝时，应按设计规定铺设。

e. 水泥混凝土桥面铺装层当采用织物与沥青粘合的防水层时，应设置隔断缝。

f. 防水层施工完成后，在未达到规定的时间内，不得开放交通。

③ 泄水管的施工应符合设计规定。泄水孔的顶面不应高于水泥混凝土铺装层的顶面。

2）沥青混凝土桥面铺装的施工

① 铺装的层数和厚度应符合设计规定，铺装前应对桥面进行检查，桥面应平整、干燥、整洁。铺筑前应洒布粘层沥青。

② 当采用刻槽方式增加沥青混凝土铺装层与混凝土桥面的啮合，提高其抗滑性能时，刻槽的宽度宜为 20mm，槽间距宜为 20mm，槽深宜为 3～5mm。

③ 沥青混凝土的配合比设计、铺筑及碾压等施工，应符合现行行业标准《公路沥青路面施工技术规范》JTG F 40 的有关规定。

3）防滑地砖铺装

天桥主桥面和梯道踏步铺装层均采用防滑地砖，材料进场时须出具材质合格证，进场检验认可。桥面铺装前将桥面清理干净，铺贴时从桥面中向两端进行，施工时在对接缝和转角处要进行处理，铺贴时禁止行人在桥面行走，以免踏坏踩污桥面。

① 工艺流程

放线→放样→铺设

保证施工质量的措施：

为确保地砖铺设施工质量，对原材料（地砖）规格、几何尺寸、材料品牌以严格把关。做到：质量好、产品美观的材料才能进入现场，对无产品合格证的不予接受。对铺贴质量做到：严格按工程质量规范严格把关。

② 原材料

合格标准：各种面层所用板块的品种、质量必须符合设计要求和有关标准规定。

检验方法：检查出厂合格证和检验报告。

面层与基层结合：

合格标准：面层与基层的结合（粘贴）必须牢固，无空鼓（脱胶）

检验方法：用小锤轻击和观察检查。

③ 饰面要求

a. 板块面层表面：

合格标准：表面洁净，图案清晰，色泽一致，接缝均匀，周边顺直，板块无裂纹、掉角和缺楞等现象。

检验方法：观察检查。

b. 3E、楼梯踏步和台阶：

合格标准：缝隙宽度基本一致，相邻两步高差不超过 10mm，防滑条顺直。

检验方法：观察或尺量检查。

2.2 梁桥

2.2.1 钻孔灌注桩

1. 钻孔灌注桩施工工艺流程图（图 2.2-1）

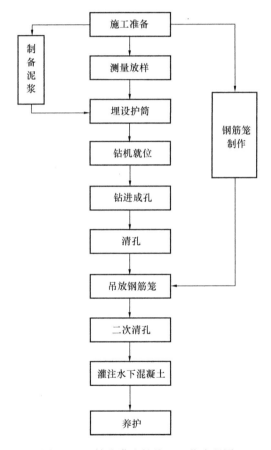

图 2.2-1 钻孔灌注桩施工工艺流程图

2. 施工准备

在桩基施工前，清除桩位位置上的杂物、换填软土、平整夯实，场地位于陡坡时，可以采用枕木、型钢等搭设平台。

3. 桩位放样（图 2.2-2）

采用全站仪测定桩位位置，并埋设桩位护桩，采用"十"字定位法，设置定位桩，随时校核桩位坐标。

4. 埋设护筒（图 2.2-3）

图 2.2-2　桩位放样

图 2.2-3　护筒埋设

（1）在测设的中心点人工或机械挖土，将钢护筒埋入土中，挖土时，不要碰动中心点。

（2）护筒直径比桩径大 20cm，每节长 1.5m，根据地质情况及地下水位下 1～3 节，护筒口高出施工地面或水面 0.3m 以上。埋设护筒后，检验其平面位置偏差及倾斜偏差。

（3）护筒埋设时，必须确保护筒的垂直度，同时桩中心位于护筒中心。

（4）护筒埋设好后，用水准仪将护筒顶标高施测出。

5. 泥浆池配置

（1）在规划的地方挖泥浆池，泥浆池的大小根据施工需要而定。

（2）准备黏土与水，配备池浆，泥浆比重为 1.1～1.3。

6. 钻机安装及钻孔

（1）安装钻机前，底架应垫平，保持稳定，不得产生位移和沉陷。钻头或钻杆中心与桩位中心偏差不得大于 5cm。

（2）开孔孔位必须准确，应使初成孔壁、竖直、圆顺、坚实。

（3）钻孔时，孔内水位宜高于护筒底脚 0.5m 以上或地下水位以上 1.5～2.0m。

（4）钻孔时，起落钻头速度宜均匀，不得过猛或骤然变速。

（5）钻孔时，时刻关注钻孔深度，接近孔深时，需利用测绳测量孔深，并掌握回淤情况。

（6）钻孔作业应连续进行，因故停钻时，钻头提离孔底 5m 以上，钻孔过程中应经常检查并记录土层变化情况，并与地质剖面图核对。钻孔达到设计深度后，对孔位、孔径、孔深和孔形进行检验，并填写钻孔记录表。

（7）钻孔采用跳桩的形式进行，以同一轴为例，桥梁桩基础跳桩施工顺序一般为至少隔一个桩进行施工。

7. 钢筋笼制作及安装（图 2.2-4）

（1）钢筋笼的材料、加工、接头和安装严格按设计和规范要求制作。钢筋应调直后下料，下料时，切口断面应与钢筋轴线垂直，不得有挠曲。钢筋制作时应进行除锈处理，整直后的主筋中心线与直线的偏差不大于长度的 1%，并不得有局部弯曲。

（2）主筋间距均匀准确、顺直、相互平行，并且与加强筋垂直。

（3）钢筋笼主筋采用直螺纹套筒连接，遇有两段钢筋笼连接时采取直螺纹连接，但接头数按50%错开，且相邻两主筋接头位置错开1m以上，确保钢筋位置正确，保护层厚度符合要求。箍筋采用点焊方式固定，梅花形布置，首尾各个端头分别闭合。焊接过程中，焊缝饱满、不得伤其主筋、禁止将焊钳在主筋上打火，钢筋笼每一截面上接头数量不超过50%。

（4）钢筋骨架的保护层控制，通过制作"凸"字形定位钢筋，定位钢筋高度比保护层厚度小2～3mm焊接在主筋上，隔4m均布4道（在同一个面，呈90°角）。

（5）钢筋笼使用汽车吊吊装（图2.2-5）：

图2.2-4　钢筋笼制作　　　　　图2.2-5　钢筋笼使用汽车吊吊装

采用6点吊，第1、2点设在骨架的上部，第3、4点设在骨架中部；第5、6点设在骨架的下部。第1、2、3、4吊点挂于吊车的主吊钩上，第5、6点挂于吊车的副吊钩上，第1、2、3、4吊点间钢丝绳通过滑轮组联动。

起吊时，先将钢筋笼水平提起一定高度，然后提升主吊钩，停止副吊钩，通过滑轮组的联动，使钢筋笼始终处于直线状态，各吊点受力均匀。随着主吊钩的不断上升，慢慢放松副吊钩，直到骨架同地面垂直，停止起吊，检查骨架是否顺直，如有弯曲及时调直。当骨架进入孔口后，将其扶正徐徐下降，严禁摆动碰撞孔壁。当骨架顶端附近的加强箍筋接近孔口时，用型钢等穿过加劲箍的下方，将骨架临时支承于孔口。

图2.2-6　混凝土导管安装

骨架上端定位，必须由测定的护筒标高来计算吊筋的长度，并反复核对无误后再定位，然后在钢筋骨架顶端的吊筋内下面插入两根平行的工字钢或槽钢，将整个定位骨架支托于护筒顶端，不得压在护筒顶，其后撤下吊绳。

8. 导管安装和清孔（图2.2-6）

导管用φ200～350mm的钢管，壁厚3mm，每节长3.0m，配1～2节长0.5～

1.0m 短管，由管端丝扣连接，接头处用橡胶圈密封防水，并对导管作水压和接头抗拉试验，并保证不漏水。混凝土浇筑架用型钢制作，用于支撑悬吊导管，吊挂钢筋笼，上部放置混凝土漏斗。

在安放钢筋笼及导管就绪后，再利用导管采取泵吸反循环法进行清孔。清孔标准是孔深达到设计要求，嵌岩桩沉渣厚度在 5cm 以内，摩擦桩沉渣厚度控制在 10cm 以内，导管底部至孔底应保持 40cm，待监理检查符合设计要求后，准备下道工序施工即灌注混凝土。

9. 灌注水下混凝土（图 2.2-7）

（1）水下混凝土导管应符合下列规定：

1）钢导管内壁应光滑、圆顺，内径一致，接口严密。导管管节长度，中间节宜为 3m 等长，底节可为 4m，漏斗下宜用 1m 长导管。

2）导管使用前应进行试拼和试压，按自下而上顺序编号和标示尺度。导管组装后轴线偏差，不宜超过钻孔深的 0.5% 并不宜大于 10cm，试压压力宜为孔底静水压力的 1.5 倍。

3）导管应位于钻孔中央，在灌注混凝土前，应测试升降设备能力，应与全部导管充满混凝土后的总重量和摩擦阻力相适应，并应有一定的安全储备。

（2）水下混凝土灌注应符合下列规定：

1）混凝土的初存量应满足首批混凝土入孔后，导管埋入混凝土的深度不得小于 1m。当桩

图 2.2-7　混凝土浇筑

身较长时，导管埋入混凝土中的深度可适当加大。漏斗底口处必须设置严密、可靠的隔水装置，该装置必须有良好的隔水性能并能顺利排出。

2）在灌注混凝土过程中，应测量孔内混凝土顶面位置，保持导管埋深度 2~6m。灌注混凝土实际高度应高出桩顶标高 0.5~1m。

3）在灌注水下混凝土过程中，应填写"水下混凝土灌注记录"。

4）混凝土灌注完毕，位于地面以下及桩顶以下的孔口护筒应在混凝土初凝前拔出。

10. 混凝土养护

混凝土浇筑完成，由于桩一般埋入地下，桩顶均有泥浆或水存在，故混凝土养护采取自养即可，但如果有外露混凝土，必须覆盖养护。

11. 质量控制标准

（1）主控项目

1）成孔达到设计深度后，必须核实地质情况，确认符合设计要求。

检查数量：全数检查。

检验方法：观察、检查施工记录。

2）孔径、孔深应符合设计要求。

检查数量：全数检查。

检验方法：观察、检查施工记录。

3）混凝土抗压强度应符合设计要求。

检查数量：每根桩在浇筑地点制作混凝土试件不得少于2组。

检验方法：检查试验报告。

4）桩身不得出现断桩、缩径。

检查数量：全数检查。

检验方法：检查桩基无损检测报告。

（2）一般项目

1）钢筋笼制作和安装质量检验应符合规定，且钢筋笼底端高程偏差不得大于±50mm。

检查数量：全数检查。

检验方法：用水准仪测量。

2）混凝土灌注桩允许偏差应符合表2.2-1规定。

混凝土灌注桩允许偏差 表2.2-1

项目		允许偏差（mm）	检验频率		检验方法
			范围	点数	
桩位	群桩	100	每根桩	1	用全站仪检查
	排架桩	50		1	
沉渣厚度	摩擦桩	符合设计要求		1	沉淀盒或标准测锤，查灌注前记录
	支承桩	不大于设计要求		1	
垂直度	钻孔桩	≤1%桩长，且不大于500		1	用侧壁仪或钻杆垂线和钢尺量
	挖孔桩	≤0.5%桩长，且不大于200		1	用垂线和钢尺量

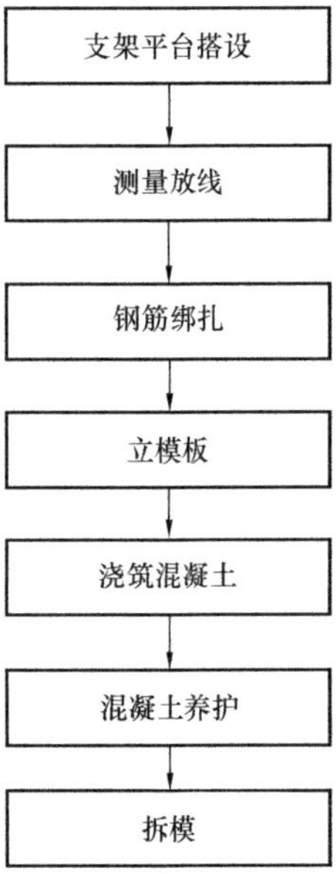

图2.2-8 钢筋混凝土墩柱流程图

2.2.2 钢筋混凝土墩柱

1. 钢筋混凝土墩柱流程图（图2.2-8）

2. 支架平台搭设

（1）如桥墩高于地面，则施工帽梁时，必须搭设支架平台，支架平台搭设前，必须根据现有设备、支架确定支架搭设方案。

（2）地基处理。支架搭设前必须对现有地基进行计算，如地基承载能力能满足支架等荷载要求，则地基找平则可，如不能满足承载力要求，则必须进行处理。

（3）如支架平台采用拱架平台或其他形式平台，则根据设计方案进行施工。

3. 测量放线（图2.2-9）

（1）用全站仪将结构物边线及中心线施测出。

（2）测量完成后及时复测，进行精度计算，以确保测量误差在允许范围内。

（3）定位完成后，将各个角点标高测量出来，以确定立模高度。

（4）测量完成后及时将成果资料报验

4. 钢筋加工（图 2.2-10）

图 2.2-9　测量放线

图 2.2-10　钢筋加工

（1）进场钢筋必须分类堆放，并有防锈措施，按照 ISO 9000 标准要求设置标识牌。

（2）钢筋进场后及时取样送检，待符合要求后才可进行钢筋加工。

（3）钢筋加工前必须放大样，检查是否有互相矛盾的地方，如有问题，及时提出改进方案，只有当所有问题全部解决后才可大批量加工钢筋。

（4）加工好的钢筋必须分类堆放，并设标识牌，以免混乱。

（5）钢筋加工前，如有生锈的，必须先除锈，后加工。

5. 钢筋绑扎

（1）对于大于 22 号的钢筋接头，必须采用焊接，不可采用搭接绑扎方案。

（2）钢筋绑扎时，选用 22 号双股扎丝绑扎，绑扎呈梅花形，绑扎要牢固。

（3）受力钢筋接头应尽量设置在内力较小处，并错开布置，接头的截面面积占总截面面积的百分率应符合表 2.2-2 的要求（对于绑扎接头区段内指两接头间距不小于 1.3 倍搭接长度，对于焊接接头区段内指 35 倍钢筋直径长度范围）。

接头长度区段内受力钢筋接头面积的最大百分率　　　　表 2.2-2

接头型式	接头面积最大百分率（%）	
	受拉区	受压区
主钢筋绑扎接头	25	50
主钢筋焊接接头	50	不限制

（4）受拉钢筋如采用绑扎时，其搭接长度见表 2.2-3 所示，对于受压钢筋搭接长度取表 2.2-3 的 0.7 倍。

受拉钢筋绑扎接头的搭接长度　　　　表 2.2-3

钢筋类型		混凝土强度等级		
		C20	C25	高于 C25
Ⅰ级钢筋		$35d$	$30d$	$25d$
螺纹	HRB335 钢筋	$45d$	$40d$	$35d$
	HRB400 钢筋	$55d$	$50d$	$45d$

图 2.2-11　混凝土浇筑

6. 混凝土浇筑（图 2.2-11）

（1）混凝土浇筑前检查各项准备工作是否充分，浇筑前再次检查模板加固是否牢固。

（2）当混凝土浇筑高度大于 2m 时，采用串筒或溜槽以不发生混凝土离析为度。

（3）混凝土浇筑前根据桥台高度确定浇筑方案，浇筑时，按一定的厚度、顺序和方向分层浇筑，上层浇筑时，下层混凝土应确保未初凝。

（4）混凝土振捣采用插入式振动棒振捣，在表面层振捣后初凝前用抹子抹平。

（5）振动棒的操作，要做到"快插慢拔"，快插是为了防止先将表面混凝土振实，而与下面混凝土发生分层、离析现象；慢拔是为了使混凝土能填满振动棒抽出时所造成的空洞。在振动过程中，宜将振动棒上下略有抽动，以便上下振动均匀。

（6）每一插点要掌握好振捣时间，过短不易捣实，过长可能引起混凝土产生离析现象，一般每点振捣时间为 20～30s。

（7）在混凝土振捣过程中，注意保护预埋件与孔洞，如预埋件发生偏移，及时纠正，如孔洞填埋混凝土，及时组织人力将其铲走，并封堵漏浆点。

（8）在混凝土振捣过程中，派专人检查模板是否有变形，如有变形，及时组织人员抢修纠正。

（9）由于立柱混凝土施工量一般不大，故混凝土浇筑一气呵成，如因故必须间断时，其间断时间应小于前层混凝土的初凝时间。

7. 混凝土养护（图 2.2-12）

（1）混凝土浇筑完成后，及时覆盖养护，覆盖物如麻袋等，同时确保覆盖物湿润。

（2）当气温低于 5℃时，覆盖后，不要浇水。

（3）洒水养护时间不少于 7d。

8. 质量控制标准

（1）主控项目

1）模板

模板应能保证足够刚度与强度；模板安装应符合设计要求，如无设计要求应按表 2.2-4 的规定。

2）钢筋

钢筋加工：钢筋加工偏差不得超过表 2.2-5 规定。

图 2.2-12　混凝土养护

模板安装允许偏差   表 2.2-4

项 目	允许偏差（mm）	项 目	允许偏差（mm）
模板标高	±15	模板表面平整度	5
模板内部尺寸	±20	预埋件中心线位置	3
轴线偏位	10	预留孔洞中心线位置	10
模板相邻两板表面高低差	2	预留孔洞截面内部尺寸	+10，0

钢筋加工的允许偏差   表 2.2-5

项 目	允许偏差（mm）
受力钢筋顺长度方向加工后的全长	±10
弯起钢筋各部分尺寸	±20
箍筋、螺旋筋各部分尺寸	±5

3）焊接钢筋

焊缝表面要平整，不得有较大的凹陷、焊瘤。

接头处不得有裂纹。

焊接钢筋网和骨架的偏差要求见表 2.2-6。

焊接钢筋网及骨架的允许偏差   表 2.2-6

项 目	允许偏差（mm）	项 目	允许偏差（mm）
网的长和宽	±10	骨架的宽及高	±5
网眼的尺寸	±10	骨架的长	±10
网眼的对角线差	10	箍筋间距	0，−20

4）钢筋安装

钢筋安装时钢筋的级别、直径、根数和间距要符合要求。

绑扎或焊接的钢筋和骨架不得有变形、松脱和开焊。

安装允许偏差见表 2.2-7。

钢筋安装允许偏差表   表 2.2-7

检查项目		允许偏差（mm）
受力钢筋间距	两排以上排距	±5
	同排钢筋间距	±10
箍筋、横向水平钢筋、螺旋筋间距		0，−20
钢筋骨架尺寸	长	±10
	宽、高或直径	±5
弯起钢筋位置		±20
保护层厚度		±10

5）混凝土

① 混凝土浇筑前的检查

a. 原材料是否能满足要求，数量是否足够。

b. 浇筑前对砂石含水量进行抽查，以调整施工配合比。

c. 钢筋等预埋件位置是否正确。

d. 模板及加固支架稳固性检查。

② 混凝土浇筑中的检查

a. 混凝土外观与配料检查，和易性是否好。

b. 自拌混凝土定时对计量情况进行校核。

c. 商品混凝土对于每一运输车混凝土都必须进行混凝土坍落度检查。

d. 每一个工作班组或每 $80\sim200\mathrm{m}^3$ 时，均做 2 组混凝土试件。

③ 混凝土浇筑后的检验

a. 模板拆除后的表面蜂窝麻面控制在设计要求范围内，如无设计要求控制在 1‰ 以内。

b. 覆盖养护到位，确保表面无龟裂。

c. 根据要求确定拆模时间，对于承重模板，待混凝土达到 100% 后才拆模，非承重模板，混凝土施工后第二到三天可拆模板。

（2）一般项目

预制混凝土柱允许偏差应符合表 2.2-8 规定。

预制混凝土允许偏差   表 2.2-8

项目		允许偏差（mm）	检验频率		检验方法
			范围	点数	
断面尺寸	长、宽（直径）	±5	每根桩	2	用钢尺量，长、宽各1点，圆柱量2点
顶面高程		±10		1	用水准仪测量
垂直度		$\leqslant0.2\%H$，且不大于 15		2	用经纬仪测量或垂线和钢尺量
轴线偏位		8		2	用经纬仪测量
平整度		5		2	用 2m 直尺、塞尺量
节段间错台		3		4	用钢板尺和塞尺量

2.2.3　盖梁

1. 盖梁施工流程图（图 2.2-13）

2. 测量放样

（1）如采用满堂支架形式，确定地基处理范围，撒白灰线表示。

（2）如采用抱箍形式，测量柱顶标高，根据抱箍尺寸，确定抱箍位置。

（3）采用坐标法放出墩顶中心点。

3. 地基处理

（1）采用满堂支架形式时，对盖梁下施工范围内基底进行处理。

（2）对软弱地基换填、碾压、硬化。

（3）经处理后的施工区域应平整、密实，并且有相应承载力，无下沉。

4. 支架搭设

（1）在处理后的地基上铺设混凝土垫块或枕木，枕木上搭设支架。支架搭设完成后，仔细检查各承重部位是否垫实、牢固。

（2）对于抱箍支架，在使用前应对抱箍螺扣的收紧力及相应的承载能力进行验算后，放置工字钢或其他横梁。

5. 安装底模

（1）盖梁底模和侧模均宜采用定型钢模，钢模板制作全部采用指定厂家加工。模板的强度和刚度满足规范要求。模板挠度不超过模板跨度的 1/400，钢模板面板变形不超过 1.5mm。

（2）模板安装前必须打磨干净，并使用符合要求的隔离剂，涂抹均匀，以利于拆模。

（3）为防止模板与钢筋笼碰撞、摆动等，在吊装模板时应设缆风绳，保持模板在吊装过程中稳定性。

（4）在工字钢顶部铺设两层方木，用顶托和木楔调整盖梁底模标高。盖梁悬梁部分用方木调整标高。底模与墩柱结合处粘贴海绵条，并根据测量标高对墩顶进行凿毛处理。

（5）根据测量放样的墩柱中心点放出钢筋骨架位置和盖梁端头模板的底部位置。

6. 钢筋绑扎安装（图 2.2-14）

（1）钢筋骨架的制作：钢筋采用集中下料，在施工现场整体绑扎钢筋骨架。

（2）对于低墩盖梁可以在横梁及托架安装完毕后，在已经铺设好的底模上绑扎焊接成型；对于高墩盖梁，绑扎成型后，用两根槽钢作为吊装钢筋骨架的横梁，待盖梁底模铺好后，用吊车整体吊装就位。

（3）钢筋加工及安装具体要求参照《钢筋加工及安装施工作业指导书》。

7. 安装侧模和端模（图 2.2-15）

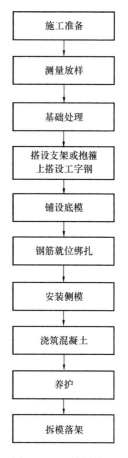

施工准备

测量放样

基础处理

搭设支架或抱箍
上搭设工字钢

铺设底模

钢筋就位绑扎

安装侧模

浇筑混凝土

养护

拆模落架

图 2.2-13　盖梁施工
流程图

图 2.2-14　钢筋绑扎安装

图 2.2-15　模板安装

（1）钢筋骨架就位后，拼装侧模，整体吊装。在侧模接缝处和侧模与底模接缝处粘双面胶条。

（2）采用对拉螺杆使模板就位，对拉螺杆和模内支撑应设置在同一平面，通过内外支撑对模板进行调整、加固，使其稳固。

（3）端头模板要和侧面模板采取对拉"螺杆＋木楔"支撑、加固。

（4）模板支好后，测量模板控制点标高，确定混凝土浇筑位置。

（5）模板的安装与拆除具体参照《模板工程作业指导书》。

图 2.2-16　混凝土浇筑

8. 混凝土浇筑（图 2.2-16）

（1）混凝土浇筑前，应将模板内杂物、已浇墩柱顶面清理干净，应对支架、模板、钢筋和预埋件进行检查并作好记录，符合要求后方可浇筑。

（2）混凝土按工地试验室提供的混凝土施工配合比配制。采用拌合站集中拌合，混凝土罐车或小车运输，混凝土泵车泵送或吊车吊装入模浇筑混凝土。

（3）混凝土运至现场后，检测混凝土的坍落度和温度。混凝土入模坍落度控制在 70～90mm 之间，入模温度不低于 5℃ 也不高于 32℃。

（4）混凝土浇筑应对称、分层、连续浇筑，每层宜控制在 250～300mm。混凝土振捣采用插入式振动器振捣，振点间距宜控制在 150～250mm 之间，振捣时"快插慢拔"至混凝土面不再下沉、不再溢出气泡、表面充分泛浆为准。

（5）按设计要求布设垫石和挡块的预埋件，保证尺寸和位置准确无误。

（6）混凝土浇筑完成后盖梁顶面按控制标高准确抹平，盖梁顶面应做二次压平收光处理，整个浇筑完成后迅速覆盖、养护。

（7）在浇筑过程中，派专人检查模板、支架。时刻检查模板的稳固性，注意是否出现跑模、胀模、漏浆等现象，及时发现及时采取措施纠正。

9. 混凝土养护（图 2.2-17）

侧模拆除前，顶面用浸水土工布覆盖养护；侧模拆除后，采用养护布包裹覆盖，洒水养护，养护时间为 7d。

图 2.2-17　混凝土养护

10. 拆除模板

（1）在盖梁混凝土浇筑完成后，混凝土强度达到 2.5MPa 以上，并能保证其表面及棱角不因拆除模板而受损后，方能拆除盖梁侧模板。

（2）在混凝土强度大于设计强度 75% 后拆除支架和盖梁底模。

（3）模板的拆除顺序和方法遵循先支后拆、后支先拆；先拆不承重的模板，后拆承重部分的模板，自上而下。

11. 质量控制标准

（1）主控项目

现浇混凝土盖梁不得出现超过设计规定的受力裂缝。

检查数量：全数检查。

检验方法：观察。

（2）一般项目

1）现浇混凝土盖梁允许偏差应符合表 2.2-9 规定。

浇混凝土盖梁允许偏差表　　　　　　　　　　　表 2.2-9

项目		许偏差（mm）	检验频率		检验方法
			范围	点数	
盖梁尺寸	长	+20 −10	每个盖梁	2	用钢尺量，两侧各 1 点
	宽	+10 0		3	用钢尺量，两端及中间各 1 点
	高	±5		3	
盖梁轴线偏位		8		4	用经纬仪测量，纵横各 2 点
盖梁顶面高程		0 −5		3	用水准仪测量，两端及中间各 1 点
平整度		5		2	用 2m 直尺、塞尺量
支座垫石预留位置		10	每个	4	用钢尺量，纵横各 2 点
预埋件位置	高程	±2	每件	1	用水准仪测量
	轴线	5		1	经纬仪放线，用钢尺量

2）盖梁表面应无空洞、露筋、蜂窝、麻面。

检查数量：全数检查。

检验方法：观察。

2.2.4 支座

1. 支座施工流程图（图 2.2-18）

2. 测量放线

（1）用全站仪将支座中心点及中心线（顺桥向及垂直桥向中心线）施测出，为了施工方便，将线引出支座外便于观测的地方。

（2）用水准仪将支座中心点标高施测出，并检查与设计标高误差，确保在误差范围内。

（3）有水平尺检查支座垫石水平情况，确保垫石角点水平误差

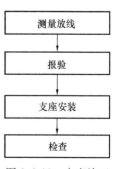

图 2.2-18　支座施工流程图

103

在设计要求范围内。

（4）将支座底板边线弹好。

3. 预制梁支座安装

（1）先将墩台顶面及垫石顶面浮砂除去，确保表面干燥、平整、无油污。

（2）检查测设的中心线及边线是否清晰可见。

（3）将支座安装在预制底面上，并固定好（一般为与梁底预埋钢板焊接）。

（4）梁体安装时，将支座就位后，再行固定底座板。

4. 质量控制标准

（1）主控项目：

1）支座进行进场检验。

检查数量：全数检查。

检验方法：检查合格证、出厂性能试验报告。

2）支座安装前，应检查跨距、支座栓孔位置和支座垫石顶面高程、平整度、坡度、坡向，确认符合设计要求。

检查数量：全数检查。

检验方法：用经纬仪和水准仪与钢尺量测。

3）支座与梁底及垫石之间必须密贴，间隙不得大于 0.3mm。垫层材料和强度应符合设计要求。

检查数量：全数检查。

检验方法：观察或用塞尺检查、检查垫层材料产品合格证。

4）支座锚栓的埋深和外漏长度应符合设计要求。支座锚栓应在其位置调整准确后固结，锚栓与孔之间间隙必须填捣密实。

检查数量：全数检查。

检验方法：检查粘结灌浆材料的配合比通知单、检查润滑材料的产品合格证、进场验收记录。

（2）一般项目见表 2.2-10：

支座安装规定值或允许偏差　　　　　　　　　　　　　表 2. 2-10

项　　目		规定值或允许偏差
支座中心与主梁中心（mm）		应重合，最大偏差<2
高程		符合设计要求
支座四角高差（mm）	承压力≤5000kN	<1
	承压力>5000kN	<2
支座上下各种部件纵轴线		必须对正
活动支座	顺桥向最大位移（mm）	±250
	双向活动支座横桥向最大位移（mm）	计算确定
	横轴线昏位距离（mm）	+10，0
	支座上下挡块最大偏差的交叉角	必须平行<5′

2.2.5 装配式梁施工技术

1. 预制箱梁流程图 (图 2.2-19)

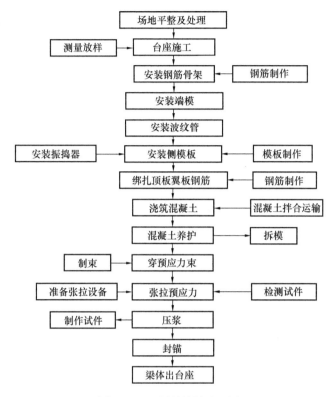

图 2.2-19 预制箱梁流程图

2. 台座施工

（1）施工准备：

座底施工前工作包括场地平整，用压路机碾压密实，初步平面大样测设，端头处扩大式基础处理，铺筑调平层混凝土。

（2）测量控制：

先用全站仪定位好底座的中线、两条边线的端部的两个点，以控制平面位置，并定位每条边线上的标高控制点（标高控制点处已经预埋竖向钢筋）的高程。

（3）预拱度的控制：

利用水准仪，分别以每边预拱度计算值对应的点作为控制点控制预拱度，控制值按照预制场预制梁底台座方案图提供值控制，控制反拱的角钢每 2m 内有焊固点，保证角铁不能上浮变位；焊接过程中水准仪跟踪测控，保证每个焊固点按两次抛物线控制拱度满足设计要求；对角钢接头部位在对接焊时，用直尺靠量其平整度，如不平整则用砂轮机打磨直到能满足设计要求为止。

（4）钢筋加工及安装：

1）先铺设底层钢筋和箍筋，再利用在每一个控制点埋置的竖向钢筋，根据各个预拱度标高位置点焊接角钢，必须焊接牢固，将角钢定位好后，铺设上层钢筋，钢筋网与角钢搭接处用点焊固定。

2）底座架模应支撑牢固（采用底座旁边预埋的竖向钢筋作为受力支撑点，利用方木支撑模板），防止施工过程中振捣等作用引起其变位，浇筑混凝土时要捣实并且严禁施工人员在钢筋网上行走等。

（5）面层混凝土浇筑（图 2.2-20）：

浇筑完 30cm 厚面层后对梁底座抹面压光，横向用铝合金直尺反复刮平，对高低不平处用抹灰铲把高处进行擀压碾平至底处，反复用直尺进行刮、靠、量测，直到满足设计要求为止。施工时要注意底座抹面提浆，面部只有提出一定厚度的浆才好抹平、抹光。收浆后复测，对不符合处进行处理。

（6）浇筑完后采用洒水养护不小于 7d。

（7）底座钢板铺设（图 2.2-21）：

图 2.2-20　面层混凝土浇筑　　　　　　图 2.2-21　底座钢板铺设

底座面层混凝土浇筑并达到一定强度（75％以上）后，铺设底座钢板，底座钢板采用不锈钢钢板，完工后通知监理对底座进行验收。

在浇筑前预埋钢板锚固钢筋，底座钢板铺设前按预埋尺寸要求先开孔，混凝土面先铺洒水泥净浆后再铺钢板。钢板与预埋锚固钢筋采用焊接。预留孔满焊后打磨平整。钢板边与槽钢每 20cm 焊接 5cm 长焊缝。

3. 箱梁模板（图 2.2-22）

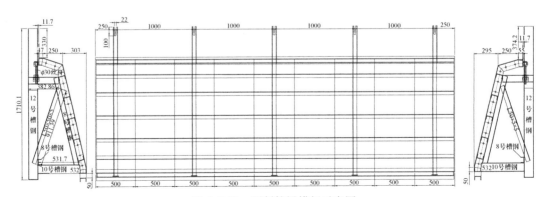

图 2.2-22　预制箱梁模板示意图

箱梁模板采用定型钢模板，在生产厂家加工制作完成；钢模板背肋采用［8 槽钢，面板采用 5mm 厚钢板。模板的强度、整体刚度、面板及接缝平整度满足施工规范要求。

（1）模板安装（图 2.2-23、图 2.2-24）

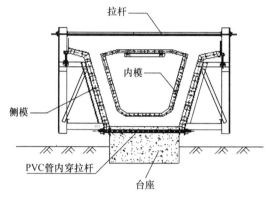

图 2.2-23　箱梁模板安装完成示意图（一）　　　图 2.2-24　箱梁模板安装完成示意图（二）

采用预制场内的龙门桁车安装就位，底面采用对口楔支垫以便更好的控制模板的标高和位置。模板上下口采用 φ16 拉杆螺栓对穿夹紧固定，模板接缝处粘贴海绵条以防止漏浆。模板拼装时各模板面要齐顺，连接螺栓不能一次紧到位，要整体检查模板的线形，发现偏差要予以调整后再拧紧螺栓，并固定好支撑杆件。

模板的重复使用采用以下处理工序：用刮刀刮除模板表面余浆，再用电动除锈钢刷磨去表面余浆及其他杂物直至可见钢模板表面的金属光泽，用棉纱均匀地涂抹机油作隔离剂。

（2）模板拆除

混凝土浇筑完成后根据气温情况确定内模拆除时间（一般在 6～8h 后进行拆除），外模 20h 后便可以进行模板的拆除工作。采用龙门桁车拆除模板，各工序谨慎操作，以免将模板碰撞产生变形。首先松动、拆除各拉杆和对楔，让模板由自重自由的离开梁体，并随时注意观察各点自由脱离情况；若发现有局部相抵触等情况要加以处理或给予外力让其脱落。模板与梁体分离过程的顺利与否，直接影响到梁体的外观质量，因此应特别加以注意，小心操作。

4. 箱梁钢筋骨架制作与安装

（1）进场钢筋必须使用经过总监审批同意使用厂家的钢材。钢材供应商要提供质量证明书或试验报告单。进场后的钢筋每批（同品种、同等级、同一截面尺寸、同炉号、同厂家生产的每 60t 为一批）内任选三根钢筋，各截取一组试样，每组 3 个试件，一个试件用于拉伸试验，一个试件用于冷弯试验，一个试件用于可焊性试验。同时报监理工程师抽检试验，若不合格不得使用。使用中若发生脆断、焊接不良或机械性能不良等异常情况，还应补充做化学成分分析试验。钢筋焊接使用焊条、焊剂的品牌、性能，以及接头中使用的钢板和型钢均必须符合设计要求和有关规定，图纸未示，则搭接焊使用 J502 或 J506 焊条两种焊条。接头以 300 个同类型接头为 1 批，不足 300 个时仍作为一批。从成品中每批切取 3 个接头进行检验。

（2）钢筋制作

钢筋焊接热轧圆钢筋和螺纹钢筋均应采用电弧焊。接头应焊接良好，完全焊透，且不得有钢筋烧烤伤及裂缝等现象，双面焊缝不应小于 $5d$，单面焊缝不应小于 $10d$（d 为钢筋直径）。焊接后应经过接头冷弯和抗拉强度试验。

钢筋焊接质量标准应符合表 2.2-11。

钢筋焊接质量标准表　　　　　　　　　　　　　　表 2.2-11

序号	检验项目	允许偏差
1	骨架的宽及高	±5mm
2	骨架长度	±10mm
3	箍筋间距	±10mm
4	网的长、宽	±10mm
5	网眼的尺寸	±10mm
6	网眼的对角线差	15mm

（3）钢筋冷拉调直

冷拉伸长率应控制在如下范围内：HRB335 级、HRB400 级钢筋的冷拉率不宜大于 1%；HPB235 级钢筋的冷拉率不宜大于 2%，钢筋拉伸调直后不得有弯。在拉伸过程中如发现对焊接头有裂纹、拉断等，应加强检查焊接质量，如发现脆断、劈裂拉不直等异常现象应及时对材质复查。

（4）钢筋下料

钢筋下料时应去掉外观有缺陷的部分，钢筋的表面应洁净、无损伤，使用前应将表面的油渍、漆皮、鳞锈等清除干净，带有颗粒状或片状老锈的钢筋不得使用；当除锈后钢筋表面有严重的麻坑、斑点，已伤蚀截面时，应降级使用或剔除不用。严格按照设计图纸尺寸下料。

（5）钢筋成型

钢筋的形状、尺寸应按照设计的规定进行加工，钢筋弯制过程中，如发现钢材脆断、太硬或对焊接处开裂等现象应及时报告，找出原因正确处理。加工后的钢筋，其表面不应有削弱钢筋截面的伤痕。

（6）钢筋骨架绑扎

钢筋骨架绑扎必须严格按照图纸尺寸进行，钢筋的绑扎接头应符合下列规定：

1）绑扎接头的末端距钢筋弯折处的距离，不应小于钢筋直径的 10 倍，接头不宜位于构件的最大弯矩处。

2）受压区钢筋绑扎接头的搭接长度，应取受拉钢筋绑扎接头搭接长度的 0.7 倍；受压区钢筋绑扎接头的搭接长度应符合表 2.2-12 的要求。

受拉钢筋绑扎接头的搭接长度　　　　　　　　　　表 2.2-12

钢筋类型	混凝土强度等级		
	C20	C25	>C25
HPB235	35d	30d	25d
HRB335	45d	40d	35d
HRB400、RRB400	—	50d	45d

（7）钢筋骨架的安装就位

1）钢筋间距控制

钢筋在专用胎膜上绑扎制作成整体骨架后，进行整体起吊安装。胎膜保证了钢筋的间距。

2）保护层厚度控制

保护层垫块采用定制的梅花形混凝土垫块，腹板内外钢筋处将垫块呈梅花形均匀排布，底部的混凝土垫块设置合理、捆扎牢固。调平块位置垫块间距小于1m。

3）其他

根据不同类型的箱梁，在施工过程中，要及时准确做好预埋、预留工作，具体要求如下：

① 伸缩缝预埋钢筋：预埋在边跨梁的端横梁位置，每一片梁在浇筑混凝土前，均要安装好预留槽内筋，保证其与伸缩缝垂直。

② 防撞护栏钢筋预留在内外边梁的顶板，具体尺寸和要求按设计施工。

③ 每片边梁翼缘板端部在与制梁台座预留孔相对应的位置，预留出吊装孔，外边梁按设计要求预留出泄水孔的位置。

（8）箱梁钢筋加工安装质量标准（表2.2-13）

箱梁钢筋加工安装质量标准　　　　　表2.2-13

检查项目		允许偏差（mm）
受力钢筋间距	两排以上排距	±5
	同排	±10
箍筋横向水平筋螺旋筋间距		±10
钢筋骨架尺寸	长	±10
	宽和高	±5
弯起钢筋位置		±20
保护层厚度		±5

5. 预应力钢绞线施工（图2.2-25）

（1）进场和存放

1）《预应力混凝土用钢绞线》GB/T 5224—2014标准的低松弛高强度钢绞线，其抗拉强度标准值$f_{pk} = 1860MPa$，公称直径15.2mm，弹性模量$E_y = （195 \pm 10）GPa$。钢绞线生产厂家必须为经过总监批复的厂家。进场后及时通知监理工程师进行抽检试验。钢绞线进场时应分批验收，验收时除合同要求对其质量证明书、包装、标志和规格等进行检查，分批检验时每批重量应不大于60t，检验时应从每批钢绞线中任取3盘，并从每盘所选的钢绞线端部正常部位截取一组试样进行表面质量、直径偏差和力学性能

图2.2-25　箱梁预应力钢绞线

试验。

2）钢绞线在存放和搬运过程中应避免使其产生机械损伤和有害的锈蚀。进场后存放的时间不宜超过 6 个月，且宜存放在干燥、防潮、通风良好、无腐蚀气体和介质的仓库内。

（2）制束

钢束下料：制作钢绞线盘的固定支架，将钢绞线盘固定其中，然后抽出内圈头，用人力或小卷扬机牵引至规定长度，用切断机或砂轮锯切断。钢绞线下料长度应考虑结构的孔道长度或台座长度、锚夹具厚度、千斤顶长度、镦头预留量、冷拉伸长值、弹性回缩值、张拉伸长量和张拉工作长度等因素。同时要注意外观检查劈裂、死弯、锈蚀、油污、电接头等，不能补救的不得使用。

（3）编束

预应力筋穿入孔道前应预先编束，编束时应将钢绞线逐根理顺编号，防止缠绕，并每隔 1~1.5m 采用 18 号铁丝捆绑一次，使其绑扎牢固、顺直。

（4）疏束

利用锚具对钢绞线进行梳理，每梳理钢绞线长度约 1m 时，用扎丝将钢绞线扎紧，逐段绑扎直至将钢绞线梳理完毕。

（5）穿束

1）穿束前应清除管道内的水分及其他污物。

2）钢绞线束在运输过程中，应采用多支点支承，支点距不得大于 3m，端部悬出长度不得大于 1.5m。

3）将全部钢绞线编束后整体穿入孔道中，整体穿束时，束的前端宜设置穿束网套或特制的牵引头，应保持钢绞线顺直，且仅应前后拖动，不得扭转。

4）钢绞线安装在管道中后，应将管道端部开口密封防止湿气进入。

5）在任何情况下，当在安装有钢绞线的结构或构件附近进行电焊时，均应对全部钢绞线、管道和附属构件进行保护，防止溅上焊渣或造成其他损坏。

6. 混凝土浇筑

（1）混凝土运输

我国目前工程所用混凝土大多数为商品混凝土，混凝土运输路线应保持畅通，浇筑混凝土时应提前与搅拌站沟通，保证混凝土供应。

（2）混凝土浇筑

1）梁体混凝土横断面浇筑顺序（图 2.2-26）

混凝土浇筑采用水平分层的方式连续浇筑，先从箱梁两侧腹板同步对称均匀进行。从

图 2.2-26　混凝土浇筑顺序示意图

两腹板及中腹板下浇筑腹板与底板结合处的混凝土(图 2.2-26 中 1 区域)，该区的混凝土浇筑应连续、对称地进行，这一区域的高度不得超过 1.2m，振捣主要是以振动棒为主，附着式振动器辅助，使混凝土向底板流动；附着式振动器每次侧振时间不得超过 10s，混凝土浇筑纵向每 3m 一段。然后打开内模顶板上布置的天窗，通过天窗浇筑底板混凝土(图 2.2-26 中 3 区域)，并及时摊平、补足、振捣，控制好标高，达到设计要求。底板浇筑完成后浇筑两个腹板(图 2.2-26 中 2 和 4 区域)，浇筑到与顶部面结合部位。最后浇筑顶板(图 2.2-26 中 5 区域)。浇筑两侧腹板混凝土时，采用同步对称浇筑，每层厚度以不超过 30cm 为宜，防止两边混凝土面高低悬殊，造成内模偏移或其他后果。当腹板浇筑平后，开始浇筑桥面板混凝土，桥面混凝土采用从一端向另一端一次浇筑成型，便于表面收浆抹平。

2）梁体混凝土浇筑平面顺序

混凝土浇筑采用水平分层、纵向分段的方式连续浇筑，从梁体梁端对称向跨中进行。

3）混凝土浇筑注意事项 (图 2.2-27)

图 2.2-27　箱梁混凝土浇筑

① 混凝土浇筑采用纵向分段、水平分层连续浇筑，由一端向另一端循序渐进的施工方法。浇筑厚度不得大于 30cm。从箱梁腹板同步对称均匀进行，先浇筑腹板与底板结合处，然后将底板尚有空隙的部分补齐并及时抹平，再浇筑腹板，最后方浇筑顶板。

② 底腹板混凝土浇筑时，两台混凝土泵车分别从梁的一端腹板沿梁长方向，边移动边浇筑混凝土。当混凝土浇筑到高于底板混凝土时，改用从内模顶的浇筑混凝土孔浇筑底板混凝土，振捣采用插入式振动棒和附着式振动器振捣。

③ 梁端腹板混凝土浇筑时，采用同步对称浇筑腹板混凝土，防止两边混凝土面高低悬殊，造成内模偏移或其他后果。

④ 当两腹板槽灌平后，开始浇筑桥面板混凝土。桥面混凝土也从一端开始，分段浇筑，每段 2m，向另一端连续浇筑。

⑤ 浇筑两腹板梗斜处，为保证底板与腹板交接部位及其附近区域混凝土密实，应将振动棒插入两层混凝土交界处以下 5～10cm，沿周围振捣。

⑥ 浇筑过程中，设专人检查模板、附着式振动器和钢筋，发现螺栓、支撑等松动应及时拧紧和打牢。发现漏浆应及时堵严，钢筋和预埋件如有移位，及时调整保证位置正确。

⑦ 混凝土浇筑入模时下料要均匀，注意与振捣相配合，混凝土的振捣与下料交错进行，每次振捣按混凝土所浇筑的部位使用相应区段上的振动器。

⑧ 梁体混凝土浇筑采用振动棒振捣为主并辅以高频附着式振动器振捣成型，一般是梁体腹板、底板宜采用侧振和插入式振动，桥面混凝土用插入式振动进行振捣。混凝土振动密实应以混凝土表面不再下沉、没有气泡逸出和混凝土表面开始泛浆为度，施工过程中

注意总结经验，掌握最佳的振动时间。

⑨ 操作插入式振动棒时宜快插慢拔，垂直点振，不得平拉，不得漏振，谨防过振；振动棒移动距离应不超过振动棒作用半径的 1.5 倍（约 40cm），每点振动时间约 20～30s，振动时振动棒上下略为抽动，振动棒插入深度以进入前次浇筑的混凝土面层下 50～100mm 为宜。浇筑过程中注意加强倒角、交界面以及钢筋密集部位的振捣。为达到混凝土外观质量要求，在侧模和底模上安装有高频振动器，间距 2m，当混凝土振捣密实后才开启，以保证脱模后梁体表面光滑平整。

⑩ 桥面板混凝土浇筑到设计标高后用整平机及时赶压、抹平，保证排水坡度和平整度。收浆抹平执行两次，以防裂纹和不平整。

⑪ 选择模板温度在 5～35℃ 的时段浇筑预制梁混凝土。在炎热气候下浇筑混凝土时，应避免模板和新浇混凝土受阳光直射，入模前的模板与钢筋温度以及附近的局部气温不应超过 35℃。应尽可能安排傍晚浇筑而避开炎热的白天，也不宜在早上浇筑以免气温升到最高时加速混凝土的内部温升。在相对湿度较小、风速较大的环境下，宜采取喷雾、挡风等措施或在此时避免浇筑有较大面积混凝土暴露的桥面板。

⑫ 当室外昼夜温度平均超过 30℃ 时，应按夏期施工办理，例如改变混凝土浇筑时间，尽量安排在上午 11：00 以前浇筑完或下午 16：00 以后开盘浇筑。

⑬ 浇筑前检查钢筋保护层垫块的位置、数量及其紧固程度；检查所有模板紧固件是否拧紧、完好；模板接口是否有缝隙；所有振动器是否完好，附着式振动器安装螺栓是否已拧紧。

7. 预应力张拉施工（图 2.2-28）

（1）张拉机具

1）锚具——锚具、夹具按厂家合格证保证书核查性能、类别型号、规格数量等，锚具夹具≤1000 套为一个检验批，并检查外观有无裂纹，尺寸大小偏差，同时按 5% 测试硬度和规定频率测试静载锚固性能。

2）智能张拉系统

预应力智能张拉控制系统由 2 台千斤顶，2 台电动液压站、2 个高精度压力传感器、2 个高精度位移传感器、变频器、PLC 控制器、主机、无线数据传输系统等组成，

图 2.2-28　箱梁预应力钢绞线张拉

可同时控制 2 台千斤顶同步工作，构成平衡的张拉。由计算机预设张力工艺，一键操作实现张拉过程的自动化控制，伸长值显示，张拉数据实时曲线采集及校核报警，张拉结果记录存储、无线数据传输以及网络传输，信息化管理。

（2）预应力钢绞线后张法张拉程序

张拉程序：$0 \rightarrow 10\%$ 初应力（作伸长值标记）$\rightarrow 100\% \delta_k$（持荷 5min 锚固）。

（3）张拉前的准备工作

1）梁端部锚垫板上的灰渣必须清除干净，防止锚圈底面不能与锚垫板全面接触。避免预留孔道压浆时漏浆，且保证千斤顶安装时，千斤顶锚圈内孔、预留孔道三轴线同心。

2）检查孔道口的内径，并检查孔道轴线与锚垫板平面基本垂直，否则应修整。

3）工具锚与前端的工作锚对正，工具锚和工作锚之间的各根预应力筋不得错位、扭绞。

（4）张拉施工控制

1）钢绞线伸长量控制

钢绞线实际伸长值与理论伸长值的差值应符合设计要求，设计无规定时，实际伸长值与理论伸长值的差值应控制在±6％以内，否则应暂停张拉，待查明原因并采取措施予以调整后，方可继续张拉。

钢绞线预应力筋在张拉前应进行初张拉，初应力宜采用张拉控制应力 σcon 的 10％。

预应力筋的理论伸长值 ΔL（mm）可按下式计算：

$$\Delta L = \frac{P_{\mathrm{p}} L}{A_{\mathrm{p}} E_{\mathrm{p}}}$$

式中：P_{p}——预应力筋的平均张拉力（N），直线筋取张拉端的拉力，两端张拉的曲线筋计算方法见《公路桥涵施工技术规范》JTG/T 3650—2020；

　　L——预应力筋的长度（mm）；

　　A_{p}——预应力筋的截面面积（mm²）；

　　E_{p}——预应力筋的弹性模量（N/mm²）。

预应力筋张拉的实际伸长值 ΔL（mm），可按下式计算：

$$\Delta L = \Delta L_1 + \Delta L_2$$

式中：ΔL_1——从初应力至最大张拉应力间的实测伸长值（mm）；

　　ΔL_2——初应力以下的推算伸长值（mm），采用初应力至最大张拉力间的实测伸长值量按比例推算。

2）持荷时间控制

持荷时间为油泵开启、油压表读数稳定后的稳压时间，最短不得少于 5min。

3）张拉同步性控制

采用预应力张拉智能控制系统进行张拉，以保证预应力筋张拉同步性控制（单束钢绞线两端张拉同步性、张拉过程同步性、张拉停顿点同步性）。切实控制有效预应力大小和同断面不均匀度，可以排除人为、环境因素影响，实现张拉停顿点、停顿时间、加速速率的完全同步性。由计算机完成张拉、停顿、持荷等命令的下达。

（5）注意事项

1）预制箱梁张拉必须在拆模以后进行。张拉之前，宜对不同类型的孔道进行至少一个孔道的摩阻测试，通过测试所确定的钢绞线与孔道壁的摩阻系数 μ 和孔道每米局部偏差对摩擦的影响系数 κ，宜用于对设计张拉控制应力的修正。

2）预制箱梁如出现严重蜂窝、孔洞或其他严重缺陷，经修补后其混凝土尚未达到张拉规定强度者，不允许进行张拉。

3）预制箱梁张拉时，梁体混凝土强度不得低于设计强度的 90％且龄期不小于 5d，张拉时混凝土弹性模量不低于 28d 弹性模量的 90％。

4）张拉区应有明显标志，非工作人员禁止入内，两端要设置挡板，在千斤顶后部不得站人。操作千斤顶和测量伸长值的人，必须站在千斤顶侧面工作，防止钢绞线拉断或锚具破坏而飞出伤人，出现事故。施工中所有人员必须严格遵守操作规程。

5）钢绞线的张拉顺序应符合设计规定；设计未规定时，可采取分批、分阶段的方式整束对称张拉，以油表读数和钢绞线伸长值双控制。若延伸量与设计伸长量误差大于±6％时，应停止张拉，分析检查原因并处理完成后方可继续张拉。

6）预施应力时，每片梁出现断丝，滑丝根数不大于1根且不得大于钢绞线总根数的1％，并不得在同一束内，否则更换刮伤严重钢丝重穿或更换锚具，重新张拉。

7）钢绞线在张拉控制应力达到稳定后方可锚固。对于夹片式锚具，锚固后夹片顶面应平齐，其相互间的错位不宜大于2mm，且露出锚具外的高度不应大于4mm。锚固完毕并经检验确认后方可切割端头多余的钢绞线，切割时应采用砂轮锯，严禁采用电弧进行切割，同时不得损伤锚具。

8）锚圈定位：

将锚圈套在钢丝束上，靠紧支承板，用手托住锚圈，使锚圈孔轴线与预留孔道轴线基本同心在支承板上沿锚圈外径用石笔或磨尖的粉笔划线，作为锚圈安放正确位置的标记，在以后的张拉过程中，注意锚圈位置不得偏离划线位置。

9）千斤顶定位：

张拉正常的关键之一，在于"三轴线"同心，即锚圈内孔、预留孔道和千斤顶三者轴线保持同心，这样才能减少钢丝的滑丝和断丝。

（6）智能张拉系统的优点：

一台控制器控制两台液压泵站，同一束预应力筋两端的千斤顶自动同步、平衡张拉技术，张拉力自动跟随，位移辅助检测的张拉模式。

1）可移动式单泵单顶结构：

两套液压站驱动的两台千斤顶自动同步、平衡张拉技术，张拉力自动跟随，位移传感器辅助检测伸长值的张拉模式。

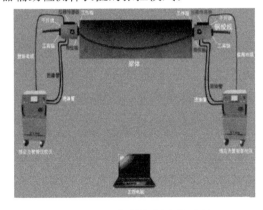

图2.2-29　智能控制张拉过程

2）智能控制张拉过程（图2.2-29）

可设定张拉目标拉力值、位移校核目标值、持荷时间等参数由系统自动控制张拉过程，同步自动平衡张拉。

3）直接显示拉力值及自动测量张拉伸长值：

由液压传感器测量油压转换并直接显示张拉力值，由位移传感器测钢绞线伸长量，直接在触摸屏上显示。

4）方便的输入功能：

现场微机控制站采用笔记本，可输入箱梁编号、型号、张拉力目标值及伸长量校核值、持荷时间等。汉字图文操作界面，简单明了。

5）无线数据传输功能：

系统各液压站以及微机控制站之间采用无线数据传输。可实时把预应力梁张拉信息通过无线数据传输系统实时传输控制站数据服务器。

（7）检查监督工作要求：

预应力张拉工序属关键工序，也属重要隐蔽工程，要建立作业指导书指导。除施工人员自检、互检外，专职检查部门应对其张拉程序、张拉顺序、张拉力量、静停、伸长值、断丝滑丝等进行监督性的旁站检查。

8. 预应力孔道压浆（图 2.2-30）

（1）孔道压浆必须在钢绞线正式张拉全部完毕后 48h 内完成，否则应采取避免钢绞线锈蚀的措施。

（2）压浆前需经检查无滑丝，失锚及其他异常情况，确认合格后才允许进行压浆。

（3）压浆以前的 48h 内，首先用切割机切除多余的预应力钢丝，切除后钢绞线的外露长度不应小于 30mm，且不应小于 1.5 倍钢绞线直径。在切割过程中应向锚具上浇水降温，防止锚具受热滑丝。

（4）钢绞线切割后，堵塞钢丝间的缝隙，堵缝材料系用 42.5 号普通硅酸盐水泥加粒径小于 0.3mm 的细砂，按 1∶1.5 的

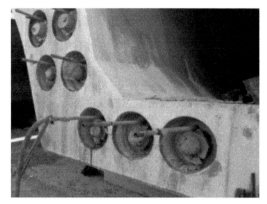

图 2.2-30　孔道压浆

配合比适当加水拌匀，宜稠不宜稀。堵缝要耐心细致，主要是手工操作。

（5）压浆前应对孔道进行清洁处理，清理时采用中性洗涤剂或皂液对管道进行冲洗，然后用高压风吹出积水。

（6）采用真空辅助压浆工艺进行压浆。真空泵应能达到 0.1MPa 的负压力，浆液搅拌机转速应不低于 1000r/min，搅拌叶的线速度不宜小于 10m/s，最高线速度宜限制在 20m/s 以内，且应能满足在规定的时间内搅拌均匀的要求，压浆机应采用活塞式可连续作业的压浆泵，其压力表的最小分度值应不大于 0.1MPa，最大量程应使实际工作压力在其 25%～75% 的量程范围内。

（7）水泥浆采用 42.5 号普通硅酸盐水泥内加膨胀剂制成，合格水质的水，按 0.26～0.28 的水胶比，视季节气候情况，由试验室进行调整确定，尽量采用较小水胶比，水泥采用袋装，注意不受潮、不结块，使用前对水泥进行过筛。水泥浆中不得掺入氯化物或其他对预应力钢绞线有腐蚀作用的外加剂。

（8）水泥砂浆 28d 标准养护强度，不得低于梁体混凝土设计程度的 70%，应大于 35MPa。

（9）孔道压浆采用一次性压浆法。从甲端压入水泥浆，乙端喷出浓水泥浆后。封闭乙端，待压力升至 0.6～0.7MPa 时，再封闭甲端。压浆顺序根据孔道分布情况，自下而上逐根进行，为保证两端孔道内水泥浆压满压实，压浆封闭后的短管必须尾端朝上，固定悬挂在特制的钢筋架上。水泥浆从搅拌至压入孔道的间隔时间不得超过 40min。

（10）拆卸压浆管道时间宁晚勿早，不同季节，夏期约 30min 左右酌情掌握，待孔道内水泥浆压力消失后才准许拆卸。首先应试拆一个查看，若水泥浆不返溢方可拆卸，否则必须推迟。

（11）压入孔道的水泥浆应饱满密实，密实程度应经常抽查，对孔道压浆怀疑不满时，可进行打眼探查。

（12）漏浆处理，压浆过程中如发现孔道局部漏浆处用毡片杂物盖好、贴严、顶紧堵漏。如堵漏无效，则应用清水压入孔道，将已压入的水泥浆冲洗出来，漏浆处修补完整后，重新压浆。

（13）孔道压装作业必须在环境温度高于5℃的条件下进行，否则应采取保温措施或按冬期施工方法办理。

（14）操作人员必须按规定佩戴防护用品。

（15）孔道压浆浆液性能指标，见表 2.2-14。

后张预应力孔道压浆浆液性能指标   表 2.2-14

项目		性能指标	检验试验方法标准
水胶比		0.26～0.28	《水泥标准稠度用水量、凝结时间、安定性检验方法》GB/T 1346
凝结时间（h）	初凝	≥5	
	终凝	≤24	
流动度（25℃）（s）	初始流动度	10～17	附录 C3
	30min 流动度	10～20	
	60min 流动度	10～25	
泌水率（%）	24 小时自由泌水率	0	附录 C4
	3h 钢丝间泌水率	0	附录 C5
压力泌水率（%）	0.22MPa（孔道垂直高度≤1.8m 时）	≤2.0	附录 C6
	0.36MPa（孔道垂直高度>1.8m 时）		
自由膨胀率（%）	3h	0～2	附录 C4
	24h	0～3	
充盈度		合格	附录 C7
抗压强度（MPa）	3d	≥20	《水泥胶砂浆强度检验方法(ISO 法)》(GB/T 17671)
	7d	≥40	
	28d	≥50	
	3d	≥5	
	7d	≥6	
	28d	≥10	
对钢筋的锈蚀作用		无锈蚀	《混凝土外加剂》(GB 8076)

9. 封锚（图 2.2-31）

封端前应对梁端混凝土凿毛，检查确认无漏压的管道，铲除锚垫板表面的粘浆和锚具外部的灰浆，对锚具进行防锈处理，然后设置钢筋网浇注封端混凝土。封端混凝土应采用无收缩混凝土，强度不低于 50MPa。必须严格控制浇筑混凝土后的梁体长度。封端前锚圈与锚垫板之间的交接缝用聚氨酯防水涂料进行防水处理。封端后的混凝土应加强养护措施。封端混凝土养护结束后应采用聚氨酯防水涂料对封端新老混凝土之间的交接缝进行防水处理。

10. 起吊移梁

预制箱梁底座两端吊点处活动底模抽出，将吊梁用兜底安装铁包角穿吊带从预制箱梁活动底模吊点处穿入，钢丝绳从箱梁翼板预留的吊装孔穿入并加保险。起吊箱梁脱离底座，运送到存梁区存放或直接吊至拖车上运走。

图 2.2-31 封锚

起吊移梁应注意以下事项：

起吊运送箱梁过程中应严格按操作步骤进行。

每片箱梁必须做好编号、排好运梁顺序，底部放好枕木并确保不污染梁底。

11. 质量控制标准

（1）预制安装梁质量检验标准

1）主控项目：

① 结构表面不得出现超过设计规定的受力裂缝。

检查数量：全数检查。

检验方法：观察或用读数放大镜观测。

② 安装时结构强度及预应力孔道砂浆强度必须符合设计要求，设计未要求时，必须达到设计强度的 75%。

检查数量：全数检查。

检验方法：检查试件强度试验报告。

2）一般项目：

① 预制梁、板允许偏差应符合表 2.2-15 规定。

预制梁、板允许偏差表 表 2.2-15

项目		允许偏差（mm）		检验频率		检验方法
		梁	板	范围	点数	
断面尺寸	宽	0 −10	0 −10	每个构件	5	用钢尺量，端部、$L/4$ 处和中间各 1 点
	高	±5	—		5	
	顶、底、腹板厚	±5	±5		5	
长度		0 −10	0 −10		4	用钢尺量，两侧上、下各 1 点
侧向弯曲		$L/1000$ 且不大于 10	$L/1000$ 且不大于 10		2	沿构件全长拉线，用钢尺量，左右各 1 点
对角线长度差		15	15		1	用钢尺量
平整度		8			2	用 2m 直尺、塞尺量

② 梁板安装允许偏差应符合表 2.2-16 规定。

梁板安装允许偏差表 　　　　　　　　　　　表 2.2-16

项目		允许偏差（mm）	检验频率		检验方法
			范围	点数	
平面位置	顺桥纵轴线方向	10	每个构件	1	用经纬仪测量
	垂直桥纵轴线方向	5		1	
	焊接横隔梁相对位置	10	每处	1	用钢尺量
	湿接横隔梁相对位置	20		1	
	伸缩缝宽度	+10 −5	每个构件	1	
支座板	每块位置	5		2	用钢尺量，纵横各1点
	每块边缘高差	1		2	用钢尺量，纵横各1点
	焊缝长度	不小于设计要求	每处	1	抽查焊缝的10%
	相邻两构件支点处顶面高差	10		2	
	块体拼装立缝宽度	+10 −5	每个构件	1	用钢尺量
	垂直度	1.2%	每孔2片梁	2	用垂直线和钢尺量

③ 混凝土表面应无孔洞、露筋、蜂窝、麻面和宽度超过 0.15mm 的收缩裂缝。

检查数量：全数检查。

检验方法：观察、读数放大镜观测。

（2）预制安装梁模板、支架质量检验标准（表 2.2-17）

1）主控项目：

模板、支架和拱架制作及安装应符合施工设计图（施工方案）的规定，且稳固牢靠、接缝严密，立柱基础有足够的支撑面和排水、防冻融措施。

检查数量：全数检查。

检验方法：观察和用钢尺量。

2）一般项目：

模板制作允许偏差表 　　　　　　　　　　　表 2.2-17

项　　目		允许偏差（mm）	检验频率		检验方法
			范围	点数	
木模板	模板的长度和宽度	±5	每个构筑物或每个构件	4	用钢尺量
	不刨光模板相邻两板表面高低差	3			用钢板尺和塞尺量
	刨光模板和相邻两板表面高低差	1			
	平板模板表面最大的局部不平（不刨光模板）	3			用2m直尺和塞尺量
	平板模板表面最大的局部不平（刨光模板）	5			
	榫槽嵌接紧密度	2		2	用钢尺量

续表

项　目		允许偏差（mm）	检验频率		检验方法
			范围	点数	
钢模板	模板的长度和宽度	0 −1	每个构筑物或每个构件	4	用钢尺量
	肋高	±5		2	
	面板端偏斜	0.5		2	用水平尺量
	连接配件（螺栓、卡子等）的孔眼位置　孔中心与板面的间距	±0.3		4	用钢尺量
	连接配件（螺栓、卡子等）的孔眼位置　板端孔中心与板端的间距	0 −0.5			
	连接配件（螺栓、卡子等）的孔眼位置　沿板长宽方向的孔	±0.6			
	板面局部不平	1.0			用 2m 直尺和塞尺量
	板面和板侧挠度	±1.0		1	用水准仪和拉线量

（3）预应力工程质量检验标准

1）主控项目：

① 预应力筋进场检验应符合设计及城市桥梁工程施工与质量验收规范有关规定。

检查数量：按进场的批次抽样检验。

检验方法：检查产品合格证、出厂检验报告和进场试验报告。

② 预应力筋用锚具、夹具和连接器进场检验应符合本规范规定。

检查数量：按进场的批次抽样检验。

检验方法：检查产品合格证、出厂检验报告和进场试验报告。

③ 预应力筋的品种、规格、数量必须符合设计要求。

检查数量：全数检查。

检验方法：观察或用钢尺量、检查施工记录。

④ 预应力筋张拉和放张时，混凝土强度必须符合设计规定；设计无规定时，不得低于设计强度的 75%。

检查数量：全数检查。

检验方法：检查同条件养护试件试验报告。

⑤ 预应力筋张拉允许偏差应符合表 2.2-18～表 2.2-20 规定

钢丝、钢绞线先张法允许偏差　　　　　　表 2.2-18

项目		允许偏差（mm）	检验频率	检验方法
镦头钢丝同束长度相对差	束长＞20m	$L/5000$，且不大于 5	每批抽查 2 束	用钢尺量
	束长 6～20m	$L/3000$，且不大于 4		
	束长＜6m	2		
张拉应力值		符合设计要求	全数	查张拉记录
张拉伸长率		±6%		
断丝数		不超过总数的 1%		

注：L 为束长。

钢筋先张法允许偏差　　　　　　　　　　表 2.2-19

项目	允许偏差（mm）	检验频率	检验方法
接头在同一平面内的轴线偏位	2，且不大于 1/10 直径	抽查 30％	用钢尺量
中心偏位	4％短边，且不大于 5		
张拉应力值	符合设计要求	全数	查张拉记录
张拉伸长率	±6％		

钢筋后张法允许偏差　　　　　　　　　　表 2.2-20

项目		允许偏差（mm）	检验频率	检验方法
管道坐标	梁长方向	30	抽查 30％，每根抽查 10 个点	用钢尺量
	梁高方向	10		
管道间距	同排	10	抽查 30％，每根抽查 5 个点	用钢尺量
	上下排	10		
张拉应力值		符合设计要求	全数	查张拉记录
断丝滑丝数	钢束	每束一丝，且每断面不超过钢丝总数的 1％		
	钢筋	不允许		

⑥ 孔道压浆的水泥浆强度必须符合设计规定，压浆时排气孔、排水孔应有水泥浆溢出。

检查方法：全数检查。

检验方法：观察、检查压浆记录和水泥浆试件强度试验报告。

⑦ 锚具的封闭保护应符合本规范的规定。

检查数量：全数检查。

检验方法：观察、用钢尺量、检查施工记录。

2）一般项目：

① 预应力筋使用前应进行外观质量检查，不得有弯折，表面不得有裂纹、毛刺、机械损伤、氧化铁锈、油污等。

检查数量：全数检查。

检验方法：观察。

② 预应力筋用锚具、夹具和连接器使用前应进行外观质量检查，表面不得有裂纹、机械损伤、锈蚀、油污等。

检查数量：全数检查。

检验方法：观察。

③ 预应力混凝土用金属螺旋管使用前应按现行行业标准《预应力混凝土用金属波纹管》JG/T 225 的规定进行检验。

检查数量：按进场的批次抽样复验。

检验方法：检查产品合格证、出厂检验报告和进场复验报告。

④ 锚固阶段张拉端预应力筋的内缩量，应符合规定。

检查数量：每工作日抽查预应力筋总数的 3％，且不少于 3 束。

检验方法：用钢尺量、检查施工记录。

2.2.6　现浇预应力（钢筋）混凝土连续梁施工技术

1. 支（模）架法

（1）支架法现浇预应力混凝土连续梁

1）支架的地基承载力应符合要求，必要时，应采取加强处理或其他措施。

2）应有简便可行的落架拆模措施。

3）各种支架和模板安装后，宜采取措施消除拼装间隙和地基沉降等非弹性变形。

4）安装支架时，应根据梁体和支架的弹性、非弹性变形，设置预拱度。

5）支架基础周围应有良好的排水措施，不得被水浸泡。

6）浇筑混凝土时应采取措施，避免支架产生不均匀沉降。

（2）移动模架上浇筑预应力混凝土连续梁。

1）模架长度必须满足施工要求。

2）模架应利用专用设备组装，在施工时能确保质量和安全。

3）浇筑分段工作缝，必须设在弯矩零点附近。

4）箱梁内、外模板在滑动就位时，模板平面尺寸、高程、预拱度的误差必须控制在容许范围内。

5）混凝土内预应力筋管道、钢筋、预埋件设置应符合规范规定和设计要求。

2. 悬臂浇筑法

悬臂浇筑的主要设备是一对能行走的挂篮。挂篮在已经张拉锚固并与墩身连成整体的梁段上移动。绑扎钢筋、立模、浇筑混凝土、施加预应力都在其上进行。完成本段施工后，挂篮对称向前各移动一节段，进行下一梁段施工，循序渐进，直至悬臂梁段浇筑完成。

（1）挂篮设计与组装

1）挂篮结构主要设计参数应符合下列规定：

① 挂篮质量与梁段混凝土的质量比值控制在 0.3～0.5、特殊情况下不得超过 0.7。

② 允许最大变形（包括吊带变形的总和）为 20mm。

③ 施工、行走时的抗倾覆安全系数不得小于 2。

④ 自锚固系统的安全系数不得小于 2。

⑤ 斜拉水平限位系统和上水平限位安全系数不得小于 2。

2）挂篮组装后，应全面检查安装质量，并应按设计荷载做载重试验，以消除非弹性变形。

（2）浇筑段落

悬浇梁体一般应分四大部分浇筑：

1）墩顶梁段（0 号块）。

2）墩顶梁段（0 号块）两侧对称悬浇梁段。

3）边孔支架现浇梁段。

4）主梁跨中合龙段。

（3）悬浇及要求

1）在墩顶托架或膺架上浇筑 0 号段并实施墩梁临时固结。

2）在0号块段上安装悬臂挂篮，向两侧依次对称分段浇筑主梁至合龙前段。

3）在支架上浇筑边跨主梁合龙段。

4）最后浇筑中跨合龙段形成连续梁体系。

托架、膺架应经过设计，计算其弹性及非弹性变形。

在梁段混凝土浇筑前，应对挂篮（托架或膺架）、模板、预应力筋管道、钢筋、预埋件、混凝土材料、配合比、机械设备、混凝土接缝处理等情况进行全面检查，经有关方签认后方准浇筑。

悬臂浇筑混凝土时，宜从悬臂前端开始，最后与前段混凝土连接。桥墩两侧梁段悬臂施工应对称、平衡，平衡偏差不得大于设计要求。

（4）张拉及合龙

1）预应力混凝土连续梁悬臂浇筑施工中，顶板、腹板纵向预应力筋的张拉顺序一般为上下、左右对称张拉，设计有要求时按设计要求施做。

2）预应力混凝土连续梁合龙顺序一般是先边跨、后次跨、最后中跨。

3）连续梁（T构）的合龙、体系转换和支座反力调整应符合下列规定：

① 合龙段的长度宜为2m。

② 合龙前应观测气温变化与梁端高程及悬臂端间距的关系。

③ 合龙前应按设计规定，将两悬臂端合龙口予以临时连接，并将合龙跨一侧墩的临时锚固放松或改成活动支座。

④ 合龙前，在两端悬臂预加压重，并于浇筑混凝土过程中逐步撤除，以使悬臂端挠度保持稳定。

⑤ 合龙宜在一天中气温最低时进行。

⑥ 合龙段的混凝土强度宜提高一级，以尽早施加预应力。

⑦ 连续梁的梁跨体系转换，应在合龙段及全部纵向连续预应力筋张拉、压浆完成，并解除各墩临时固结后进行。

⑧ 梁跨体系转换时，支座反力的调整应以高程控制为主，反力作为校核。

（5）高程控制

预应力混凝土连续梁，悬臂浇筑段前端底板和桥面标高的确定是连续梁施工的关键问题之一，确定悬臂浇筑段前端标高时应考虑：

1）挂篮前端的垂直变形值。

2）预拱度设置。

3）施工中已浇段的实际标高。

4）温度影响。

因此施工过程中的监测项目为前三项；必要时结构物的变形值、应力也应进行监测，保持结构的强度和稳定。

2.2.7 钢梁制作与安装要求

1. 钢梁制造

（1）钢梁应由具有相应资质的企业制造，并应符合现行国家标准《钢结构工程施工质量验收标准》GB 50205—2020的有关规定。

（2）钢梁制作基本要求：

1）钢梁制作的工艺流程：包括钢材矫正，放样画线，加工切割，再矫正、制孔，边缘加工、组装、焊接，构件变形矫正，摩擦面加工，试拼装、工厂涂装、发送出厂等。

2）钢梁制造焊接环境相对湿度不宜高于 80%。

3）焊接环境温度：低合金高强度结构钢不得低于 5℃，普通碳素结构钢不得低于 0℃。

4）主要杆件应在组装后 24h 内焊接。

5）钢梁出厂前必须进行试拼装，并应按设计和有关规范的要求验收。

6）钢梁出厂前，安装企业应对钢梁质量和应交付的文件进行验收，确认合格。

（3）钢梁制造企业应向安装企业提供下列文件：

1）产品合格证。

2）钢材和其他材料质量证明书和检验报告。

3）施工图，拼装简图。

4）工厂高强度螺栓摩擦面抗滑移系数试验报告。

5）焊缝无损检验报告和焊缝重大修补记录。

6）产品试件的试验报告。

7）工厂试拼装记录。

8）杆件发运和包装清单。

2. 钢梁安装

（1）安装方法选择

1）城区内常用安装方法：自行式吊机整孔架设法、门架吊机整孔架设法、支架架设法、缆索吊机拼装架设法、悬臂拼装架设法、拖拉架设法等。

2）钢梁工地安装，应根据跨径大小、河流情况、交通情况和起吊能力等条件选择安装方法。

（2）安装前检查

1）钢梁安装前应对临时支架、支承、吊机等临时结构和钢梁结构本身在不同受力状态下的强度、刚度及稳定性进行验算。

2）应对桥台、墩顶顶面高程、中线及各孔跨径进行复测，误差在允许偏差范围内方可安装。

3）应按照构件明细表，核对进场的构件、零件，查验产品出厂合格证及钢材的质量证明书。

4）对杆件进行全面质量检查，对装运过程中产生缺陷和变形的杆件，应进行矫正。

（3）安装要点

1）钢梁安装前应清除杆件上的附着物。摩擦面应保持干燥、清洁安装中应采取措施防止杆件产生变形。

2）在满布支架上安装钢梁时，冲钉和粗制螺栓总数不得少于孔眼总数的 1/3，其中冲钉不得多于 2/3。孔眼较少的部位，冲钉和粗制螺栓不得少于 6 个或将全部孔眼插入冲钉和粗制螺栓。

3）用悬臂和半悬臂法安装钢梁时，连接处所需冲钉数量应按所承受荷载计算确定，且不得少于孔眼总数的 1/2，其余孔眼布置精制螺栓。冲钉和精制螺栓应均匀安放。

4）高强度螺栓栓合梁安装时，冲钉数量应符合上述规定，其余孔眼布置高强度螺栓。

5）安装用的冲钉直径宜小于设计孔径 0.3mm，冲钉圆柱部分的长度应大于板束厚度；安装用的精制螺栓直径宜小于设计孔径 0.4mm；安装用的粗制螺栓直径宜小于设计孔径 1.0mm。冲钉和螺栓宜选用 Q345 碳素结构钢制造。

6）吊装杆件时，必须等杆件完全固定后方可摘除吊钩。

7）钢梁安装过程中，每完成一节段应测量其位置、标高和预拱度，不符合要求应及时校正。

8）钢梁杆件工地焊缝连接，应按设计的顺序进行。无设计顺序时，焊接顺序宜为纵向从跨中向两端、横向从中线向两侧对称进行，且须符合现行行业标准《城市桥梁工程施工与质量规范》CJJ 2 第 14.2.5 条规定。

9）钢梁采用高强度螺栓连接前，应复验摩擦面的抗滑移系数。高强度螺栓连接前，应按出厂批号，每批抽验不小于 8 套扭矩系数。高强度螺栓穿入孔内应顺畅，不得强行敲入。穿入方向应全桥一致。施拧顺序为从板束刚度大、缝隙大处开始，由中央向外拧紧，并应在当天终拧完毕。施拧时，不得采用冲击拧紧和间断拧紧。

10）高强度螺栓终拧完毕必须当班检查。每栓群应抽查总数的 5%，且不得少于 2 套。抽查合格率不得小于 80%，否则应继续抽查，直至合格率达到 80% 以上。对螺栓拧紧度不足者应补拧，对超拧者应更换、重新施拧并检查。

（4）落梁就位要点

1）钢梁就位前应清理支座垫石，其标高及平面位置应符合设计要求。

2）固定支座与活动支座的精确位置应按设计图并考虑安装温度、施工误差等因素确定。

3）落梁前后应检查其建筑拱度和平面尺寸、校正支座位置。

4）连续梁落梁步骤应符合设计要求。

（5）现场涂装施工规定

现场涂装应符合下列规定：

1）防腐涂料应有良好的附着性、耐蚀性，其底漆应具有良好的封孔性能。

2）上翼缘板顶面和剪力连接器均不得涂装，在安装前应进行除锈、防腐蚀处理。

3）涂装前应先进行除锈处理。首层底漆于除锈后 4h 内开始，8h 内完成。涂装时的环境温度和相对湿度应符合涂料说明书的规定。当产品说明书无规定时，环境温度宜在 5~38℃，相对湿度不得大于 85%；当相对湿度大于 75% 时应在 4h 内涂完。

4）涂料、涂装层数和涂层厚度应符合设计要求；涂层干漆膜总厚度应符合设计要求。当规定层数达不到最小干漆膜总厚度时，应增加涂层层数。

5）涂装应在天气晴期、4 级（不含）以下风力时进行，夏季应避免阳光直射。涂装时构件表面不应有结露，涂装后 4h 内应采取防护措施。

3. 制作安装质量验收主控项目

钢材、焊接材料、涂装材料应符合国家现行标准规定和设计要求。

1）高强度螺栓连接副等紧固件及其连接应符合国家现行标准规定和设计要求。

2）高强度螺栓的栓接板面（摩擦面）除锈处理后的抗滑移系数应符合设计要求。

3）焊缝探伤检验应符合设计要求和《城市桥梁工程施工与质量验收规范》CJJ 2—2008 的有关规定。

4）涂装检验应符合《城市桥梁工程施工与质量验收规范》CJJ 2—2008 第 14.3.1 条规定。

2.2.8 钢—混凝土结合梁施工技术

1. 钢—混凝土结合梁的构成与适用条件

（1）钢—混凝土结合梁一般由钢梁和钢筋混凝土桥面板两部分组成：

1）钢梁由工字形截面或槽形截面构成，钢梁之间设横梁（横隔梁），有时在横梁之间还设小纵梁。

2）钢梁上浇筑预应力钢筋混凝土，形成钢筋混凝土桥面板。

3）在钢梁与钢筋混凝土板之间设传剪器，二者共同工作。对于连续梁，可在负弯矩区施加预应力或通过"强迫位移法"调整负弯矩区内力。

（2）钢—混凝土结（组）合梁结构适用于城市大跨径或较大跨径的桥梁工程，目的是减轻桥梁结构自重，尽量减少施工对现况交通与周边环境的影响。

2. 钢—混凝土结合梁施工

（1）基本工艺流程

钢梁预制并焊接传剪器→架设钢梁→安装横梁（横隔梁）及小纵梁（有时不设小纵梁）→安装预制混凝土板并浇筑接缝混凝土或支搭现浇混凝土桥面板的模板并铺设钢筋→现浇混凝土→养护→张拉预应力束→拆除临时支架或设施

（2）施工技术要点

1）钢梁制作、安装应符合设计及相关规范、标准的有关规定。

2）钢主梁架设和混凝土浇筑前，应按设计要求或施工方案设置施工支架。施工支架设计验算除应考虑钢梁拼接荷载外，应同时计入混凝土结构和施工荷载。

3）混凝土浇筑前，应对钢主梁的安装位置、高程、纵横向连接及施工支架进行检查验收，各项均应达到设计要求或施工方案要求。钢梁顶面传剪器焊接经检验合格后，方可浇筑混凝土。

4）现浇混凝土结构宜采用缓凝、早强、补偿收缩性混凝土。

5）混凝土桥面结构应全断面连续浇筑，浇筑顺序：顺桥向应自跨中开始向支点处交汇，或由一端开始浇筑；横桥向应先由中间开始向两侧扩展。

6）桥面混凝土表面应符合纵横坡度要求，表面光滑、平整，应采用原浆抹面成型，并在其上直接做防水层。不宜在桥面板上另做砂浆找平层。

7）施工中，应随时监测主梁和施工支架的变形及稳定，确认符合设计要求；当发现异常应立即停止施工并启动应急预案。

8）设有施工支架时，必须待混凝土强度达到设计要求且预应力张拉完成后，方可卸落施工支架。

2.2.9 桥面系

1. 桥面铺装层

（1）桥面铺装流程图（图 2.2-32）

（2）施工工艺

1）桥面铺装施工前，将梁板面预埋钢筋调整规范，对梁面进行全面测量，以确保铺装层的设计厚度，凿除浮渣、浮浆，清除泥土、石粉等杂物，并用高压水冲洗干净，检查合格后，进行桥面的钢筋绑扎作业（图 2.2-33）。

2）精确放样与高程控制：

对所使用的高程控制点与附近的高程点进行联测，以保证桥面标高的准确性。为了施工方便，用四等水准测量在桥面引出 4 个高程控制点。用全站仪每 30m 定一个里程控制点。曲线每 10m 定一个里程控制点。

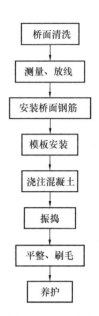

图 2.2-32　桥面铺装流程图

3）按照设计图纸要求进行钢筋绑扎作业，根据里程控制点确定钢筋的位置，并保证钢筋的间距，保证钢筋网的牢固性和保护层厚度。

4）桥面标高的控制。采用角钢控制，角钢为 4cm×4cm 的型号，角钢设在两侧护栏内边缘内 15cm 处，根据里程控制点，每 5m 测量一点，测出各点梁面的标高，计算铺装层厚度，交底给角钢安装工人，角钢安装后，精确测量各点角钢标高，并调整角钢标高至设计标高，各点间的角钢，拉线调平，调平后，每 2m 检测 1 点标高，并检查角钢的稳定性及角钢接头的高差。

5）角钢调整并检查合格后，调整钢筋网的上下保护层，使上下保护层不至于过大或过小，保护层调整后，将梁面上的勾筋勾到桥面钢筋上。

图 2.2-33　桥面钢筋绑扎

6）混凝土施工：

运输：混凝土在互通拌合站集中搅拌，混凝土罐车运输至现场。

混凝土的摊铺工序为：混凝土人工摊铺→振动梁摊铺平整→滚筒滚压提浆→铝合金直尺刮平→人工木模精平（图 2.2-34）→拉毛（图 2.2-35）

在浇筑前，桥面先用水湿润，若接缝或桥面有残渣，则用高压水冲洗干净，人工摊铺时，要比角钢高度略高。振捣时首先采用振动棒与平板振动器共同将混凝土摊铺平整，然后采用振动梁振捣密实并初平，滚筒顺桥向滚压混凝土面，并时时注意，混凝土面是否与滚筒严密接触，然后用铝合金直尺横桥向，拉动混凝土面，并均匀的向前滑移尺杆，并有专人检查尺杆与面层的接触情况，有熟练工人在其后做精平及检查混凝土质量，精平后，待混凝土稍硬，可用手指感觉，进行面层的拉毛工作，拉毛采用塑料丝扫把顺横桥向拉毛，

图 2.2-34　桥面混凝土人工木模精平

图 2.2-35　桥面混凝土拉毛

往返各一次，深度控制在 1～2mm，拉毛后用手指感觉，混凝土面硬结后，用土工布覆盖洒水，养护不少于 10d。另外为了保证先施工的半幅桥面的整洁度和平整度。派专人清除接槎处的浆液。

7）刷毛：

混凝土收浆前，用无齿把将其表面的浮浆清除；初凝后（以不沾刷为最好）用钢丝刷对其表面刷毛处理，第一遍纵向刷，第二遍横向刷，深度为露出石子 2～3mm，刷后立即把粉末清扫出桥面范围，然后用水清洗。保证水泥混凝土桥面铺装表面清洁，并具有一定粗糙度。

8）养护：

刷毛后，用土工布覆盖洒水，派专人养护不少于 7d。

2. 桥面防水层

（1）桥面防水施工流程图

清理基层→吹风除尘→重点部位处理→多遍防水层喷涂

（2）施工工艺（图 2.2-36）

首先清扫混凝土桥面铺装，并用吹风机吹净铺装混凝土表面尘土，必要时使用高压水枪对混凝土桥面铺装冲洗，确保混凝土表面清洁。待混凝土桥面风干后进行防水涂料施工。对于局部潮湿的桥面用喷灯烘干后涂刷。

桥面防水层应覆盖整个混凝土桥面，桥面防水层施工必须采用机械喷涂方法，防水涂层厚度不小于 3mm。防水层抗渗要求应在 0.3MPa 以上。涂刷防水涂料时应

图 2.2-36　桥面防水层施工

仔细认真，无缺陷、无贯通气眼、无脱离起皮，表面平整，具有一定粗糙度。

防水层通过伸缩缝或沉降缝重点部位时，应按设计规定铺设。

注意事项：在使用前应将涂料充分搅拌均匀。施工基层必须清理干净、符合设计要求。气温低于 5℃或高于 35℃不得施工（应避免高、低温施工）。贮运温度 5～35℃为宜；大风、浓雾或大雨不得施工。涂膜未干燥或未铺装沥青混凝土前，严防踩踏或汽车行驶；

防水层必须实干以后，方可进行摊铺沥青，一般 72h 为佳；施工完毕后，应严加保护。24h 内禁止车辆行人通行，不得堆放杂物，以防防水层破裂。一旦发现有破损，立即修补。

3. 质量控制标准

（1）桥面铺装层质量检验标准

1）主控项目：

① 桥面铺装层材料的品种、规格、性能、质量应符合设计要求和相关标准规定。

检查数量：全数检查。

检验方法：检查材料合格证、进场验收记录和质量检验报告。

② 混凝土桥面铺装层的强度和沥青混凝土桥面铺装层的压实度应符合设计要求。

检查数量和检验方法应符合现行行业标准《城镇道路工程施工与质量验收规范》CJJ 1 的有关规定。

2）一般项目：

① 桥面铺装面层允许偏差应符合表 2.2-21、表 2.2-22 规定。

水泥混凝土桥面铺装面层允许偏差   表 2.2-21

项目	允许偏差	检验频率		检验方法
		范围	点数	
厚度	±5mm	每 20 延米	3	用水准仪对比浇筑前后标高
横坡	±0.15%		1	用水准仪测量 1 个断面
平整度	符合城市道路面层标准	按城市道路工程检查规定执行		
抗滑构造深度	符合设计要求	每 200m	3	铺砂法

沥青混凝土桥面铺装面层允许偏差   表 2.2-22

项目	允许偏差	检验频率		检验方法
		范围	点数	
厚度	±5mm	每 20 延米	3	用水准仪对比浇筑前后标高
横坡	±0.3%		1	用水准仪测量 1 个断面
平整度	符合城市道路面层标准	按城市道路工程检查规定执行		
抗滑构造深度	符合设计要求	每 200m	3	铺砂法

注：跨度小于 20m 时，检验频率按 20m 计算。

② 外观检查应符合下列要求：

a. 水泥混凝土桥面铺装面层应坚实、平整，无裂缝，并应有足够的粗糙度；面层伸缩缝应直顺，灌缝应密实。

b. 沥青混凝土桥面铺装层表面应坚实、平整，无裂纹、松散、油包、麻面。

c. 桥面铺装层与桥头路接槎应紧密、平顺。

检查数量：全数检查。

检验方法：观察。

（2）桥面防水层质量质量检验标准

1）主控项目：

① 防水材料的品种、规格、性能、质量应符合设计要求和相关标准规定。

检查数量：全数检查。

检验标准：检查材料合格证、进场验收记录和质量检验报告。

② 防水层、粘结层与基层之间应密贴，结合牢固。

检查数量：全数检查。

检验标准：观察、检查施工记录。

2）一般项目：

混凝土桥面防水层粘结质量和施工允许偏差应符合表 2.2-23 规定。

混凝土桥面防水层粘结质量和施工允许偏差　　　　表 2.2-23

项目	允许偏差	检验频率		检验方法
		范围	点数	
卷材接槎搭接宽度	不小于规定	每 20 延米	1	用钢尺量
防水涂膜厚度	符合设计要求；设计未规定时±0.1	每 200m²	4	用测厚仪检测
粘结强度（MPa）	不小于设计要求，且≥0.3（常温），≥0.2（气温≥35℃）	每 200m²	4	拉拔仪（拉拔速度：10mm/min）
抗剪强度（MPa）	不小于设计要求，且≥0.4（常温），≥0.3（气温≥35℃）	1组	3个	剪切仪（剪切速度：10mm/min）
剥离强度（N/mm）	不小于设计要求，且≥0.3（常温），≥0.2（气温≥35℃）	1组	3个	90°剥离仪（剪切速度：100mm/min）

2.2.10　桥面附属结构

1. 桥头搭板

（1）桥头搭板施工流程图（图 2.2-37）

（2）施工工艺

1）桥头搭板下台后填土的填料宜透水性材料为主，并应分层填筑、压实；密实度应保证 96％以上。

2）施工前，组织测量放样，复测中线、高程，准确放出搭板位置，并在施工中及时复核。按照设计图纸测量搭板的方向、长度、宽度、纵坡、横坡。

3）钢筋在加工场集中加工，依据图纸下料，现场绑扎成型（图 2.2-38）。钢筋焊接时，单面焊焊缝长度不得小于 10d，双面焊焊缝长度不得小于 5d，且随焊随敲打药皮，使焊接后的焊缝成鱼鳞状，不咬边，不夹渣，无气泡。钢筋安装完毕经监理工程师检验合格后及时进行模板安装。

4）模板采用钢模板拼装，安装前对模板表面清理干

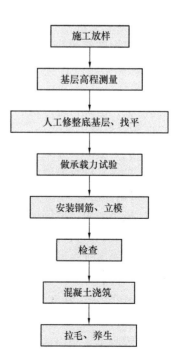

图 2.2-37　桥头搭板施工流程图

施工放样

基层高程测量

人工修整底基层、找平

做承载力试验

安装钢筋、立模

检查

混凝土浇筑

拉毛、养生

净并涂刷隔离剂。先由测量班每隔 5m 分别测设出模板的边线点，再由安装模板的技术工人弹出模板内侧的边线。模板的内外边线必须顺直支撑牢固，接缝拼接密实。严格按设计高程进行施工，严格控制保护层厚度，严禁漏筋和保护层厚度过大情况出现。

5）混凝土罐车将混凝土运至现场后，使用加长流槽倾倒混凝土，人工进行摊铺，混凝土采用 50 型插入式振捣棒振捣，分层振捣密实，直到表面无气泡排出。收面时压面不少于 2 遍，搭板混凝土顶面应平整、密实，并有适当的拉毛，以利于与沥青铺装层的接合（图 2.2-39）。

图 2.2-38　桥头搭板钢筋施工

图 2.2-39　桥头搭板混凝土浇筑

6）混凝土初凝后及时用土工布覆盖并适时浇水养护，使混凝土表面始终保持湿润，养护时间不少于 7d。

2. 防撞护栏

（1）防撞护栏施工流程图

测量放样——→护栏基础施工——→护栏基础施工——→立柱安装——→横梁安装

（2）施工工艺

1）根据图纸坐标用全站仪测量间距直线上 6m 曲线上 1.5m 放出防撞护栏模板边线，标注出底座位置，并用水准仪测量其高程。报监理工程师检验合格后方可进入下道工序。

2）护栏基础在进行钢筋绑扎前先用高压水将其底部冲洗干净，接触面应凿毛洗净，以保证新老混凝土的结合。

3）护栏基础及底座预埋件的施工严格按照设计图纸要求施工。

4）护栏基础钢筋提前在施做边梁的时预埋。护栏基础在路灯基座中心 1m 范围配筋加强。特别注意桥上照明、防抛落网等附属工程预埋件的埋设，避免遗漏和错误。

5）模板采用定型钢模拼装，施工时注意模板表面的打磨清理，并涂刷专业隔离剂，严禁用废机油等材料代替，模板安装要保证牢固，接缝密实。

6）护栏基础在中墩中心线处及每跨为单位，设置 2cm 断缝一道，断缝内嵌硬质泡沫塑料板，每隔 4~5m 左右设假缝，缝宽 2cm，深 2.5cm 的凹槽一道。断缝及假缝外周嵌弹性防水密封膏，深度 2cm。并每隔 10~15m 距离再设置一道真缝，缝宽 10mm，水平筋在断缝处可截断。

7）混凝土采用坍落度较小的干硬性 C30 混凝土，浇筑时应分层进行，分层厚度不宜超过 20cm，采用 50 型插入式振捣棒人工振捣，掌握好振捣时间，以混凝土表面平坦泛浆，不出现气泡为准。

8）混凝土浇筑完后，拆模并及时采用覆盖土工布洒水，养护龄期不少于7d。

9）底座施工完了后接着安装立柱和横梁，注意曲线段线形的控制。

3. 质量控制标准

（1）防护设施质量检验标准：

1）主控项目：

① 混凝土栏杆、防撞护栏、防撞墩的强度应符合设计要求，安装必须牢固、稳定。

检查数量：全数检查。

检验方法：观察、检查混凝土试件强度试验报告。

② 金属栏杆、防护网的品种、规格应符合设计要求，安装必须牢固。

检查数量：全数检查。

检验方法：观察、用钢尺量、检查产品合格证、检查进场检验记录、用焊缝量规检查。

2）一般项目：

① 预制混凝土栏杆，栏杆安装允许偏差应符合表2.2-24、表2.2-25规定。

预制混凝土栏杆允许偏差　　　　　　　　　　表2.2-24

项目		允许偏差（mm）	检验频率		检验方法
			范围	点数	
断面尺寸	宽	±4	每件（抽查10%，且不少于5件）	1	用钢尺量
	高			1	
长度		0 −10		1	用钢尺量
侧向弯曲		L/750		1	沿构件全长拉线，用钢尺量（L为构件长度）

栏杆安装允许偏差　　　　　　　　　　表2.2-25

项目		允许偏差（mm）	检验频率		检验方法
			范围	点数	
直顺度	扶手	4	每跨侧	1	用10m线和钢尺量
垂直度	栏杆柱	3	每柱（抽查10%）	2	用垂线和钢尺量，顺、横桥轴方向各1点
栏杆间距		±3	每柱（抽查10%）		用钢尺量
相邻栏杆扶手高差	有柱	4	每柱（抽查10%）	1	
	无柱	2			
栏杆平面偏位		4	每30m	1	用经纬仪和钢尺量

注：现场浇筑的栏杆、扶手和钢结构栏杆、扶手的允许偏差可按本表执行。

② 金属栏杆、防护网必须按设计要求作防护处理，不得漏涂、剥落。

检查数量：抽查5%。

检验方法：观察、用涂层测厚检查。

③ 防撞护栏、防撞墩、隔离墩允许偏差应符合表 2.2-26 的规定。

防撞护栏、防撞墩、隔离墩允许偏差　　　　　　　表 2.2-26

项目	允许偏差（mm）	检验频率		检验方法
		范围	点数	
直顺度	5	每 20m	1	用 20m 线和钢尺量
平面偏位	4	每 20m	1	经纬仪防线，用钢尺量
预埋件位置	5	每件	1	经纬仪防线，用钢尺量
断面尺寸	±5	每 20m	1	用钢尺量
相邻高差	3	抽查 20%	1	用钢尺板和钢尺量
顶面高程	±10	每 20m	1	用水准仪测量

（2）桥头搭板质量检验标准：

一般项目：

桥头搭板允许偏差应符合表 2.2-27 规定。

混凝土桥头搭板（预制或现浇）允许偏差　　　　　　　表 2.2-27

项目	允许偏差（mm）	检验频率		检验方法
		范围	点数	
宽度	±10	每块	2	用钢尺量
厚度	±5		2	
长度	±10		2	
顶面高程	±2		3	用水准仪测量，每端 3 点
轴线偏位	10		2	用经纬仪测量
板顶纵坡	±0.3%		3	用水准仪测量，每端 3 点

（3）混凝土搭板、枕梁不得有蜂窝、露筋，板的表面应平整，板边缘应直顺。

检查数量：全数检查。

检验方法：观察。

（4）搭板、枕梁支承处接触严密、稳固，相邻板之间的缝隙应嵌填密实。

检查数量：全数检查。

检验方法：观察。

2.3　涵洞（箱涵）工程

箱涵是涵洞的一种，涵洞可以分盖板涵、圆管涵、拱涵和箱涵。箱涵不是盖板明渠，箱涵的盖板及涵身、基础是用钢筋混凝土浇筑起来的一个整体，可用来排水、过人及车辆通过。箱涵就是箱式涵洞，指跨距在 5m 以下的跨河（水）涵洞的施工，洞身以钢筋混凝土箱形管节修建的涵洞，箱涵适用于软土地基，但造价就会高些。箱涵由一个或多个方形或矩形断面组成，一般由钢筋混凝土或圬工制成，但钢筋混凝土应用较广，当跨径小于 4m 时，采用箱涵，对于管涵，钢筋混凝土箱涵是一个便宜的替代品，墩台、上下板都全部一致浇筑。

2.3.1　施工工序

施工工序如图 2.3-1 所示。

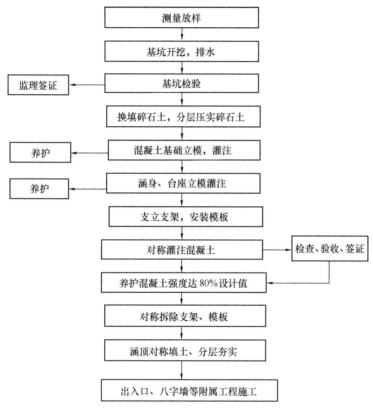

图 2.3-1　施工工序流程图

2.3.2　施工准备

涵洞基础施工前施工单位应按图纸确定的构造物的位置和标高进行施工放样测量，对连接的水沟、道路进行复测，核对涵洞的交角、涵底高程、孔径是否与实际水文或地方小路顺接，并经工程师核准。

（1）对于涵洞基础在路堤填方处，应对路堤填筑质量进行验收，对于特殊处理（软件处理、钻孔灌注桩基础等）的地基应有相应的验收过程。

（2）测量放样，确定基础范围和基础顶面高程（图 2.3-2）。

（3）所有施工设备和机具均应处于良好状态，并全部就位。

（4）所有原材料检验合格，数量满足施工要求。

（5）对所有相关人员进行充分的安全、技术交底。

2.3.3　基坑开挖施工

（1）测量校核平面和高程控制桩，恢复路面中心、边缘等全部基本标桩，测量精度满足设计规范的规定，施工前插打定位桩。

（2）基槽开挖采用机械开挖配合人工清底的方式进行（图 2.3-3）。现场具备放坡开

图 2.3-2　测量放样

挖条件时，对于深度小于 3m 的基坑，为防止扰动原土层，机械一次开挖到距基坑底高程 30cm，然后采用人工清土的方式进行开挖，基坑开挖采用 1∶1.5 放坡（图 2.3-4）。对于基坑开挖深度超过 3m 时，应编制专项施工方案，及时对坑壁进行支挡加固；首先进行降方处理，降方要求采用 1∶1.5 放坡开挖，坡脚宽出方涵基槽坡顶 1m。

图 2.3-3　基坑开挖

图 2.3-4　基坑放坡

（3）在开挖过程中，随时检查开挖尺寸、位置，并严密注意地质情况变化，随时修正基坑尺寸和开挖坡度。开挖时应勤测量、勤检查，严禁基坑超挖，造成不必要的回填方量。

（4）基坑顶有动载时，坑顶边缘与动载间应留有大于 1m 的护道，如地质、水文条件不良或动载过大，应采用增宽护道或其他加固措施。

（5）弃土不得妨碍施工。弃土堆坡脚距坑顶边缘的距离不得小于基坑的深度，按要求堆放了指定位置并裸露上方必须采用密布网进行覆盖。

（6）基底避免超挖，松动部分应清除。使用机械开挖时，不得破坏基底土的结构，在基底设计高程以上 30cm 以内由人工清理。基坑开挖至设计高程，地基承载力应满足要求，基坑四周设置截水沟，坑底设集水井。

（7）基坑宜在枯水或少雨期开挖。基坑开挖不宜间断，达到设计高程经检验合格后，应立即浇筑基础。如基底暴露过久，则应重新检验。

2.3.4　涵洞基础施工

（1）涵洞地基要按设计要求进行处理，并组织验收合格，确保承载力应满足设计规范要求（图 2.3-5）：

应及时浇筑混凝土垫层，垫层宽度应超出涵洞基础外边线不少于 50cm，垫层厚度不宜小于 10cm。

（2）钢筋加工：钢筋必须有质量证明报告，钢筋必须作物理性检查，集中储存，集中加工，并采取有效的措施，防止锈蚀和污染。在现场集中、分不同型号加工，钢筋表面要求洁净，先清除表面的污渍及锈蚀。

1）钢筋施工（图 2.3-6）：在垫层上测量放线并画出钢筋布置大样及立模边线，然后按照设计要求绑扎底板及侧墙钢筋，绑扎侧墙钢筋时在外侧用钢管搭设临时支架以防钢筋笼变形。为保证混凝土保护层厚度，在钢筋与模板之间设垫 C30 的混凝土预制小块，尺寸为 50×50 各不同部位的保护层厚度，垫块预埋铁丝，与钢筋网扎紧，垫块梅花形布置，两排钢筋之间用短网筋支撑以保证位置精确。钢筋的交叉点用铁丝绑扎。钢筋主筋保护层为 3cm（墙身钢筋靠内模侧绑双峰式垫块），底板下层筋保护层为 4cm，钢筋锚固长度为 $35d$，钢筋的接头要保证足够的搭接长度，一般为 $30d$ 左右。接头采用闪光对头焊接，钢筋搭接接头百分率不大于 25%。架立完毕后的钢筋网要保证不变形、稳定性好。

图 2.3-5　地基承载力检测　　　　图 2.3-6　涵洞钢筋绑扎

2）钢筋施工质量控制：钢筋、机械连接器、焊条等品种、规格和技术性能应符合国家现行标准规定和设计要求。冷拉钢筋的钢筋机械性能必须符合规范要求，钢筋平直，表面不应有裂皮和油污。受力钢筋同一截面的接头数量、搭接长度、焊接和机械接头质量应符合施工技术规范要求。钢筋安装时，必须保证设计要求的钢筋根数。受力钢筋应平直，表面不得有裂纹及其他损伤。

（3）模板安装：采用全站仪进行精确的放样，根据放样点用墨线弹出立模内边线，钢筋绑扎符合相关设计要求，钢筋报验合格后可以组织立模施工。

1）为了保证表面平整光滑密实颜色一致，采用单块面积大于 $2m^2$ 的整体钢模板，模板面板厚 6mm。模板进行试拼，检验合格后方可使用于工程。

2）对拉螺栓位置应进行设计，保证纵横向在一条线上。螺栓采用 $\phi16$ 的光圆钢筋制作，基础截面范围内采用塑料套管，套管伸出模板并封堵严密，严防漏浆。

3）隔离剂的选用：隔离剂采用未用混凝土脱模隔离剂，涂刷必须均匀。为防止涂油后的尘土污染和曝晒，刷隔离剂后的模板应用塑料薄膜覆盖，立模后长时间未浇筑混凝土，模板应遮盖。

4）为防止模板底部漏浆出现烂根现象，采用模板支立后底部缝隙用油枪打入膨胀胶，也可采用基础底部切 5cm 缝，缝内插入薄 PVC 板。模板支立严格控制其平面位置，竖直度。按模板安装检查项目分别查验，保证各允许偏差在规范允许之内。

5）在混凝土浇筑时必须有模板工跟班作业，设置检查观测点，发现问题及时处理。混凝土强度达到 2.5MPa 后方可拆模。

图 2.3-7　坍落度试验

（4）混凝土浇筑：混凝土宜采用商品混凝土严格控制水灰比和混凝土的坍落度（图 2.3-7），混凝土的坍落度控制在设计范围内。在材料和浇筑方法允许的条件下，应采用尽可能低的坍落度和水灰比，以减少泌水的可能性。同时控制混凝土含气量不超过 1.7%，初凝时间为 6～8h。

1）混凝土采用吊车、漏斗和串筒等入模。严格控制每次下料的高度和厚度，保证分层厚度不超过 30cm。振捣不得漏振和过振。可采用二次振捣工艺，以减少表面起泡。即第一次在混凝土浇筑时振捣，第二次待混凝土静置一段时间再振捣，而顶层一般在 0.5h 后进行第二次振捣。严格控制振捣时间和振捣棒插入下一层混凝土的深度，保证插入下层深度在 5～10cm，振捣时间以混凝土翻浆，不再下沉和表面无起泡泛起为止，一般为 15s 左右。

2）要求混凝土浇筑现场由试验员、施工员或技术员全过程值班，试验人员每车检测混凝土坍落度。施工员督促班组人员检查模板的情况，随时紧固拉杆。每段的基础混凝土均要求分层对称浇筑，防止不对称浇筑混凝土造成偏压，把基础模板挤偏向一侧。施工中避免施工人员踏踩拉杆，保证拉杆的直顺。

3）基础混凝土浇筑要选择适宜的时间浇筑，避免高温和低温点。浇筑必须连续进行，不得停顿，一次备足砂石料水泥，防止中途换料影响混凝土的颜色。

4）混凝土拆模后要立即覆盖养护，推荐采用新型混凝土节水保湿养护膜进行全覆盖养护，养护时间不少于 7d，采用双面胶贴到养护膜内侧进行养护膜的固定，养护膜外沿要贴满双面胶，确保养护膜覆盖严密。

2.3.5　涵身分节施工

（1）钢筋、混凝土等原材料必须经检验合格，钢筋、模板及混凝土施工必须满足《公路桥涵施工技术规范》JTG/T 3650—2020 所述要求；

（2）钢筋施工（图 2.3-8）：钢筋进入加工场后先进行除锈、调直，然后按设计下料长度切断，加工成型。加工成型的钢筋分类堆放整齐，搬运时轻拿轻放，避免扭曲变形。焊接和绑扎时应先按纵向钢筋，然后绑扎水平筋，最后绑扎箍筋，内外钢筋网体之间的拉筋。钢筋安装时严格控制钢筋保护层厚度，钢筋交叉点绑扎时绑扎方向成梅花形布置，箍筋与主筋相垂直，主筋间距偏差不大于5mm，箍筋间距偏差不大于10mm。钢筋绑扎完成后，经质检员自检合格后，报监理工程师检验，合格后方可进行下一道工序。

图 2.3-8　顶板钢筋施工

（3）模板施工：待底板混凝土达到一定强度时，技术员重新测放涵洞轴线。人工绑扎边墙钢筋，清除施工缝位置混凝土浮渣，自检合格后报监理检查，合格后，再安装边墙与顶板模板，顶板支撑采用钢管排架（80×100cm）用调节托盘控制箱身净空和顶板水平。

（4）为避免漏浆，模板接缝处，用玻璃胶纸密贴或用胶条密封。安装墙身模板时，用ϕ14mm拉杆连接，ϕ100mm圆木作模板内支撑，钢管排架横撑作模板外支撑。模板安装稳固后，清除模板内杂物，密封模板缝隙。检查模板平整度、各部尺寸、顶部高程，满足设计要求后，绑扎顶板钢筋。检查合格后，进行下道工序施工。

（5）涵身浇筑（图 2.3-9）：混凝土宜采用搅拌站集中供给，罐车运输。混凝土运至浇筑地点时重新检测拌合物和易性和坍落度，合格后方可使用。根据涵洞工程的具体情况，现场采用搭设溜槽的方法，或汽车泵方法进行混凝土浇筑。

图 2.3-9　涵洞身混凝土浇筑

（6）涵洞底板混凝土浇筑完成后，与墙身的搭接范围，强度达到 2.5MPa 后采用人工凿毛，或强度达到 10MPa 后机械凿毛；浇筑墙身混凝土前，凿毛处洒水润湿，并先浇筑一层同等强度的水泥砂浆；混凝土要按一定的厚度，水平分层浇筑，边墙要分层对称进行浇筑。分层厚度控制在 30cm 以内，应在下层混凝土初凝或能重塑前浇筑完上层混凝土。

（7）分层浇筑的混凝土，应用插入式电动振捣棒振捣。振捣时，要做到"快插慢拔"，移动间距不宜大于振捣器作用半径的 1.5 倍，且插入下层混凝土内的深度宜为 5～10cm；与侧模保持 50～100mm 的距离。分层浇筑时，振捣棒插入下层混凝土内深度宜为50～100mm，且避免振动棒碰撞模板。每一振点的振捣延续时间宜为 20～30s，以混凝土不再沉落，不再出现气泡，表面呈现平坦，泛浆为止。

（8）混凝土浇筑应连续进行。若因故必须间断时，其间断时间应小于前层混凝土初凝时间或能重塑时间。若时间过长，要预留施工缝。施工缝的平面应与结构的轴线相垂直，施工缝处应埋入适量的接槎钢筋或型钢，并使其体积露出前层混凝土外一半左右。

（9）对于有特殊防水要求的涵洞，钢筋绑扎时，按设计要求固定涵身施工缝的止水带安装，沉降缝材料规格、性能满足设计要求。

（10）混凝土强度达到设计强度的85%时，方可拆除临时支架，混凝土强度达到设计强度的100%后，方可进行土方回填施工。

（11）对于工程数量较大，结构形式较单一的箱涵，也可采用模板台车进行施工。

（12）涵洞两侧对称分层回填，涵洞顶1m范围内用小型夯机薄层碾压，且不得通行重型车辆。

2.3.6　防水施工

（1）箱涵的每节涵身设一道沉降缝，沉降缝封闭成环并贯穿整个断面，基础、边墙沉降缝和盖顶板缝同在一个垂直面上，沉降缝施工时要注意宽度均匀一致，并按照设计要求填充密封料（图2.3-10）。

（2）沉降缝内设被贴式橡胶止水带，止水带伸入两端的涵身混凝土内，止水带搭接采用顺接，搭接宽度不小于10cm。

（3）防水层及保护层选在晴天敷设，并确保与圬工粘结良好，常见形式为"沥青防水卷材（图2.3-11）＋纤维混凝土防水"的结构。

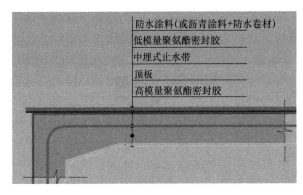

| 图2.3-10　防水施工 | 图2.3-11　防水卷材 |

（4）防水层施工前将涵身上的尖凸处打磨平整，将泥土、杂物等清除干净，保持涵身表面干燥，以保证防水材料与涵身的粘结。

（5）防水层及包缝敷设时要使沥青涂刷均匀，麻布平顺，并按照从排水的下游往上游方向依次顺坡施工。

（6）纤维混凝土土层浇筑后及时磨平，并及时洒水覆盖养护，防止开裂。

2.3.7　基坑回填

（1）回填应满足条件后才能进行施工：涵洞八字墙、盖板安装、铺底及支撑梁已施工完成；涵洞回填时，砌体砂浆和混凝土强度须达到85%；盖板涵沉降缝、盖板缝和墙身侧面应均匀涂刷沥青或防水材料进行防水处理后方可回填。防水处理须符合设计和规范要求。涵洞基坑若有积水，应该开挖排水槽将水排出，并将基地被水浸泡过的软土清除，并进行填前碾压，压实度达到96%（图2.3-12）。

（2）基坑回填前，清除基坑底杂物和浮土，按设计要求回填材料采用合格天然砂砾等透水性材料。采用人工配合小型夯机夯实（图2.3-13），台背回填按分层对称填筑、分层压实，当采用小型夯实机具时，松铺厚度不宜超过 200mm，压（夯）实厚度不宜大于150mm。

（3）为准确控制回填层厚度，在涵洞墙身上用红油漆标识出每层的填筑位置，并写上层数。路基压实度检测实行"一层一检制"，每填筑一层后及时进行检测回填料的压实度等物

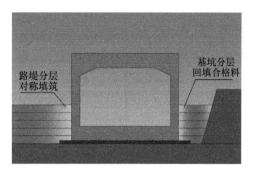

图 2.3-12 涵洞基坑回填

理参数。压实度采用环刀法或灌砂法检测，（图 2.3-14）压实度从基底至路床顶面台背回填应不小于 96％，经自检合格后报监理工程师检查合格后方可进入下层填筑。

图 2.3-13 涵洞基坑回填夯实

图 2.3-14 涵洞基坑回填压实度检测

（4）采用机械辅以人工进行摊铺，不平的部位人工进行找平，个别粗粒料集中处要人工加铺细料拌合均匀。整平过程中露出的超粒径石块要及时挖除，大石块挖除后留下的坑洞，要填补至略高于整平层的表面。使用压路机进行碾压，碾压顺序由两侧向中间碾压，然后再由中间向两侧碾压，且每次要求错轮 1/3 轮宽。尽量采用多遍静压至碾压密实，特殊情况或者距台背结构物较远的部位可采用微震碾压，严禁使用强震碾压。碾压过程中出现的空洞、孔隙部位人工配合机械补充细料，再进行碾压，如仍有松动的石块，用合适粒径的小石块换填嵌实并填补至略高于压平层的表面。

（5）台背结构物 1m 范围内应使用小型夯实机具进行夯实，严禁使用压路机压实，避免对结构物造成影响。施工时应注意，涵台结构物周边范围应首先进行小型机具的夯实，然后方可进行大面积机械压实施工。使用小型夯机夯实时，其压实厚度应小于 15cm，以确保其压实度符合设计及规范要求。使用小型机具夯实时注意要夯实均匀、密实，避免出现死角。

（6）基坑两侧应同步回填，确保涵洞两侧土压力基本一致；填土的具体方法应按照现行规范《公路路基施工技术规范》JTG/T 3601）相关规定施工。

（7）其他附属结构施工：其他附属结构的原材料、结构尺寸要符合施工规范，并满足设计的功能要求。

2.3.8 八字口施工

（1）采用全站仪进行精确的放样，根据放样点用墨线弹出立模内边线，钢筋绑扎符合相关设计要求，钢筋报验合格后可以组织立模施工。

（2）为了保证涵洞通道八字墙表面平整光滑密实颜色一致，采用单块面积大于 $2m^2$ 的整体钢模板，模板面板厚 6mm。模板进行试拼，检验合格后方可使用于工程（图 2.3-15）。

图 2.3-15　涵洞八字口模板安装

（3）对拉螺栓位置应进行设计，保证纵横向在一条线上。螺栓采用 $\phi16$ 的光圆钢筋制作，八字墙截面范围内采用塑料套管，套管伸出模板并封堵严密，严防漏浆。

（4）隔离剂的选用：隔离剂采用专用混凝土脱模隔离剂，涂刷必须均匀。为防止涂油后的尘土污染和曝晒，刷隔离剂后的模板应用塑料薄膜覆盖，立模后长时间未浇筑混凝土，模板应遮盖。

（5）为防止模板底部漏浆出现烂根现象，采用模板支立后底部缝隙用油枪打入膨胀胶，也可采用基础底部切 5cm 缝，缝内插入薄 PVC 板。模板支立严格控制其平面位置，竖直度。按模板安装检查项目分别查验，保证各允许偏差在规范允许之内。

（6）在混凝土浇筑时必须有模板工跟班作业，设置检查观测点，发现问题及时处理。混凝土强度达到 2.5MPa 后方可拆模。拆除对拉螺杆，松开内撑钢管，滑动装置处用钢管垫起，滑移到下阶段。

2.3.9 施工安全、环保要点

1. 基坑开挖

（1）基坑开挖的坡比要符合规范要求，基坑深度超过 3m 时，应进行基坑稳定性验算，并按要求编制专项方案。

（2）配备专职安全人员，落实安全管理制度。

（3）四周排水沟配备沉淀池，严禁随意排放。

（4）采用符合要求的机械设备，减少废气排放，合理安排作业时间，减少噪声对周围居民的影响。

2. 涵洞地基处理

涵洞基础有软基处理或桩基础施工时，严格执行相关专项方案所述内容实施。

3. 涵身分节施工

（1）混凝土、钢筋等原材料和临时结构采用集中加工，标准化作业，减少安全和环保风险。

（2）起吊作业、高空作业等，需由专人实施，落实"三级"交底。

4. 防水施工

（1）使用符合设计要求和环保标准的防水材料，使用过程中不随意丢弃边角料。

（2）使用热帖工艺时，注意用火安全，必须使用合格的设备。

5. 基坑回填

参考"路基施工标准化"相关内容。

2.3.10　质量通病及原因

1. 混凝土表面蜂窝麻面、掉块（图 2.3-16）

（1）模板表面粗糙或清理不干净，粘有干硬水泥砂浆等杂物，拆模时混凝土表面被粘换。

图 2.3-16　蜂窝麻面

（2）木模板在浇筑混凝土前没有浇水润湿或润湿不够，浇筑混凝土时，与模板接触部分的混凝土水分被模板吸去，致使混凝土表面失水过多。

（3）模板接缝拼装不严密，浇筑混凝土时缝隙漏浆，混凝土表面沿模板位置表面出现麻面。

（4）混凝土振捣不密实，混凝土中的气泡未排出，一部分气泡停留在模板表面形成麻点。

（5）混凝土配合比不准确或砂、石、水泥材料计量错误或加水量不准确，造成砂浆少、石子多。

（6）混凝土搅拌时间短，没有拌合均匀，混凝土和易性差，振捣不密实。

（7）未按操作规程浇筑混凝土，下料不当，使石子集中，振不出水泥浆，造成混凝土离析。

（8）混凝土一次下料过多，没分段分层，振捣不实或下料与振捣配合不好。

（9）拆模时间过早，或拆模过程中对混凝土造成撞击形成掉块缺陷。

2. 钢筋外露（图 2.3-17）

（1）混凝土浇筑振捣时钢筋垫块移位或垫块太少甚至漏放，钢筋紧贴模板致使拆模后露筋。

（2）钢筋混凝土结构断面较小，钢筋过密，如遇大石子卡在钢筋上，混凝土水泥浆不能充满钢筋周围，使钢筋密集处产生露筋。

（3）因配合比不当混凝土产生离析，浇捣部位或模板严重漏浆造成露筋。

图 2.3-17　钢筋外露

（4）混凝土振捣时，振捣棒撞击钢筋，使钢筋移位造成露筋。

（5）混凝土保护层振捣不密实，或木模板润湿不够，混凝土表面失水过多或拆模过早等，拆模时混凝土缺棱掉角，造成露筋。

3. 渗水

（1）地基不均匀沉降，导致涵洞在伸缩缝开裂。

（2）施工缝处理不符合要求，新旧混凝土间粘结不密实，导致渗水。

（3）止水带安装、搭接不规范，甚至破损，导致后期出现渗漏。

（4）混凝土养护不足，导致出现干缩裂缝，影响混凝土的结构防水能力。

（5）涵洞外侧防水卷材铺设不规范。

2.3.11　不均匀沉降导致的病害影响及预防

涵洞的不均匀沉降主要在软基、地层不均匀、起伏较大等地质条件下发生，不均匀沉降对（特）长涵洞引起的弯拉应力不容忽视。在易发生地基不均匀沉降的位置，涵洞混凝土结构易产生平行于结构断面的横向裂缝。最典型的情况就是软基下伏"凹凸"状的基岩或硬质土层时，涵洞易产生不均匀沉降（图 2.3-18）。

施工前，应做好地质条件勘察，根据设计要求做好地基承载力试验和地基处理。当软基厚度不深时，可采用挖除换填碎石土等低压缩土，并碾压密实；当软基厚度较深时，应根据设计要求，采用碎石桩、CFG 桩、砂土挤密桩等工艺加固地基。

图 2.3-18　不均匀沉降

对于已经发生不均匀沉降并产生裂纹的涵洞，可根据实际情况对基础进行加固，加固措施主要有：钻孔注浆加固、无砂混凝土小桩＋注浆法加固等。

2.3.12　验收

1. 涵洞基本要求：

各类涵洞（铁路、公路、市政、水利等工程）的验收应符合各相关规范的有关条款规定要求。

（1）市政工程涵洞验收一般规定如下：

1）每道涵洞为一个分部工程，包含洞身各部分构件和洞口、填土等分项工程。

2）带有急流槽的涵洞，急流槽作为涵洞的一个分项工程。

3）钢筋混凝土涵洞，还应包括钢筋加工及安装分项工程。

4）涵洞总体基本要求：

① 涵洞施工应严格按照设计图纸、施工规范和有关技术操作规程要求进行。

② 各接缝、沉降缝位置正确，填缝无空鼓，裂缝、漏水现象：若有预制构件其接缝须与沉降缝吻合。

③ 涵洞内不得遗留建筑垃圾等杂物。

（2）实测项目见表 2.3-1。

涵洞总体实测项目　　　　　　　　　　　　　　　　　表 2.3-1

项次	检查项目	规定值或允许偏差	检查方法和频率	权值
1	轴线偏位（mm）	明涵 20，暗涵 50	经纬仪：检查 2 处	2
2△	流水面高程（mm）	±20	水准仪、尺量：检查洞口 2 处，拉线检查中间 1～2 处	3
3	涵底铺砌厚度（mm）	+40，−10	尺量：检查 3～5 处	1
4	长度（mm）	+100，−50	尺量：检查中心线	1
5△	孔径（mm）	±20	尺量：检查 3～5 处	3
6	净高（mm）	明涵 20，暗涵 50	尺量：检查 3～5 处	1

注：实际工程无项次 3 时，该项不参与评定。

（3）外观鉴定：

1）洞身顺直，进出口、洞身、沟槽等衔接平顺，无阻水现象。不符合要求时减 1～3 分。

2）帽石、一字墙或八字墙等应平直，与路线边坡、线形匹配，棱角分明。不符合要求时减 1～3 分。

3）涵洞处路面平顺，无跳车现象。不符合要求时减 2～4 分。

4）外露混凝土表面平整，色泽一致。不符合要求时减 1～3 分。

2. 涵台基本要求：

1）所用的水泥、砂、石、水、外掺剂、混合材料及石料的强度、质量和规格必须符合有关技术规范的要求，按规定的配合比施工。

2）地基承载力及基础埋置深度须满足设计要求。

3）混凝土不得出现露筋和空洞现象。

4）砌块应错缝、坐浆挤紧，嵌缝料和砂浆饱满，无空洞、宽缝、大堆砂浆填隙和假缝。

（1）实测项目见表 2.3-2。

涵台实测项目 表 2.3-2

项次	检查项目		规定值或允许偏差	方法和频率	权值
1△	混凝土或砂浆强度（MPa）		在合格标准内		3
2	涵台断面尺寸 （mm）	片石砌体	＋30，－10	尺量：检查 3～5 处	1
		混凝土	＋20，－10		

（2）外观鉴定：

① 涵台线条顺直，表面平整。不符合要求时减 1～3 分。

② 蜂窝、麻面面积不得超过该面面积的 0.5％，不符合要求时，每超过 0.5％ 减 3 分；深度超过 1cm 者必须处理。

③ 砌缝匀称，勾缝平顺，无开裂和脱落现象。不符合要求时减 1～3 分。

3. 管座及涵管安装：

（1）基本要求：

1）涵管必须检验合格方可安装。

2）地基承载力须满足设计要求，涵管与管座、垫层或地基紧密贴合，垫稳坐实。

3）接缝填料嵌填密实，接缝表面平整，无间断、裂缝、空鼓现象。

4）每节管底坡度均不得出现反坡。

5）管座沉降缝应与涵管接头平齐，无错位现象。

6）要求防渗漏的倒虹吸涵管须做渗漏试验，渗漏量应满足要求。

（2）实测项目见表 2.3-3。

管座及涵管安装实测项目 表 2.3-3

项次	检查项目		规定值或允许偏差	检查方法和频率	权值
1△	管座或垫层混凝土强度		在合格标准内		3
2	管座或垫层宽度、厚度		≥设计值	尺量：抽查 3 个断面	2
3	相邻管节底 面错台（mm）	管径≤ 1m	3	尺量：检查 3～5 个接头	2
		管径＞1m	5		

（3）外观鉴定：管壁顺直，接缝平整，填缝饱满，不符合要求时减 1～3 分。

4. 盖板制作：

（1）基本要求：

1）混凝土所用的水泥、砂、石、水、外掺剂及混合料的质量和规格必须符合有关技术规范要求，按规定的配合比施工。

2）分块施工时接缝应与沉降缝吻合。

3）板体不得出现露筋和空洞现象。

（2）实测项目见表 2.3-4。

盖板制作实测项目 表 2.3-4

项次	检查项目		规定值或允许偏差	检查方法和频率	权值
1△	混凝土强度（MPa）		在合格标准内		3
2△	高度（mm）	明涵	+10，−0	尺量：抽查30%的板，每板检查3个断面	2
		暗涵	不小于设计值		
3	宽度（mm）	现浇	±20		1
		预制	±10		
4	长度（mm）		+20，−10	尺量：抽查30%的板，每板检查两侧	1

（3）外观鉴定：

1）混凝土表面平整，棱线顺直，无严重啃边、掉角。不符合要求时每次减 0.5～2 分。

2）蜂窝、麻面面积不得超过该面面积的 0.5%，不符合要求时，每超过 0.5% 减 3 分，深度超过 1cm 者必须处理。

3）混凝土表面出现非受力裂缝，减 1～3 分，裂缝宽度超过设计规定或设计未规定时超过 0.15mm 必须处理。

5. 盖板安装：

（1）基本要求：

1）安装前，盖板、涵台、墩及支承面检验必须合格。

2）盖板就位后，板与支承面须密合，否则应重新安装。

3）板与板之间接缝填充材料的规格和强度应符合设计要求，并与沉降缝吻合。

（2）实测项目见表 2.3-5。

盖板安装实测项目 表 2.3-5

项次	检查项目	规定值或允许偏差	检查方法和频率	权值
1	支承面中心偏位（mm）	10	尺量：每孔抽查4～6个	2
2	相邻板最大高差（mm）	10	尺量抽查20%	1

（3）外观鉴定：

板的填缝应平整密实，不符合要求时减 1～2 分。

箱涵浇筑基本要求：

1）混凝土所用的水泥、砂、石、水、外掺剂及混合材料的质量规格必须符合有关技术规范的要求，按规范的配合比施工。

2）地基承载力及基础埋置深度须满足设计要求。

3）箱体不得出现露筋和空洞现象。

（4）实测项目见表 2.3-6。

箱涵浇筑实测项目 表 2.3-6

项次	检查项目		规定值或允许偏差	检查方法和频率	权值
1	混凝土强度（MPa）		在合格标准内		3
2	高度（mm）		+5，－10	尺量：检查 3 个断面	1
3	宽度（mm）		±30	尺量：检查 3 个断面	1
4	顶板厚（mm）	明涵	+10，－0	尺量：检查 3～5 处	2
		暗涵	不小于设计值		
5	侧墙和底板厚（mm）		不小于设计值	尺量检查 3～5 处	1
6	平整度（mm）		5	2m 直尺每 10m 查 2 处×3 尺	

6. 拱涵浇（砌）筑：

（1）实测项目见表 2.3-7。

拱涵浇筑实测项目 表 2.3-7

项次	检查项目		规定值或允许偏差	检查方法和频率	权值
1	混凝土或砂浆强度（MPa）		在合格标准内		3
2	拱圈厚度（mm）	砌体	±20	尺量：检查拱顶、拱脚 3 处	2
		混凝土	±15		
3	内弧线偏离设计弧线（mm）		±20	样板：检查拱顶、1/4 跨 3 处	1

（2）外观鉴定：

1）线形圆顺，表面平整，不符合要求时减 1～3 分。

2）混凝土蜂窝、麻面面积不得超过该面面积的 0.5%，不符合要求时，每超过 0.5% 减 3 分；深度超过 1cm 者必须处理。

3）砌缝匀称，勾缝平顺，无开裂和脱落现象，不符合要求时减 1～3 分。

7. 倒虹吸竖井、集水井砌筑：

（1）基本要求：

1）砌块的质量和规格符合设计要求，砌筑砂浆所用材料符合规范要求。

2）井基符合设计要求后方可砌筑井体。

3）应分层错缝砌筑，砌缝砂浆应饱满。抹面时应压光，不得有空鼓现象。

4）接头填缝平整密实、不漏水。

5）井内不得遗留建筑垃圾等杂物。

6）按设计规定做灌水试验，试验结果应满足要求。

（2）实测项目见表 2.3-8。

倒虹吸竖井砌筑实测项目 表 2.3-8

项次	检查项目	规定值或允许偏差	检查方法和频率	权值
1	砂浆强度（MPa）	在合格标准内	按附录 F 检查	3
2	井底高程（mm）	±15	水准仪：测 4 点	2
3	井口高程（mm）	±20		1
4	圆井直径或方井边长（mm）	±20	尺量：2～3 个断面	1
5	井壁、井底厚（mm）	+20，－5	尺量：井壁 4～8 点，井底 3 点	1

（3）外观鉴定：

井壁平整、圆滑，抹面无麻面、裂缝。不符合要求时减 1～3 分。

8. 一字墙和八字墙：

（1）基本要求：

1）砂浆所用的水泥砂、水的质量应符合有关规范的要求，按规定的配合比施工。

2）砌块的强度、规格和质量应符合有关规定。

3）地基承载力及基础埋置深度必须满足设计要求。

4）砌块应分层错缝砌筑，坐浆挤紧，嵌填饱满密实，不得有空洞。

5）抹面应压光、无空鼓现象。

（2）实测项目见表 2.3-9。

一字墙和八字墙实测项目　　　　　　　　　　　　　表 2.3-9

项次	检查项目	规定值或允许偏差	检查方法和频率	权值
1	砂浆强度（MPa）	在合格标准内		4
2	平面位置（mm）	15	经纬仪：检查墙两端	1
3	顶面高程（mm）	±20	水准仪：检查墙两端	1
4	底面高程（mm）	±20	水准仪：检查墙两端	1
5	竖直度或坡度（mm）	0.5	吊垂线：每墙检查 2 处	1
6	断面尺寸（mm）	不小于设计	尺量：各墙两端断面	1

（3）外观鉴定：

1）砌缝完好，无开裂现象，勾缝平顺，无脱落现象。不符合要求时减 1～3 分。

2）砂浆抹面平整、顺直，无麻面、裂缝，色泽均匀。不符合要求时减 1～2 分。

9. 锥坡：

（1）顶入法施工的桥、涵基本要求：

1）桥涵主体结构的强度符合设计规定后方可进行顶进施工。

2）基底应密实，并具有足够承载力。

3）工作坑的后背墙承载力符合要求，顶力轴线必须与桥涵中心线一致。

4）节间接缝应按设计要求进行防水处理。

5）严禁带水作业。

（2）实测项目：

见表 2.3-10 桥涵各部分的制作、安装按本标准相关章节评定。

顶入法施工的桥、涵实测项目　　　　　　　　　　　　表 2.3-10

项次	检查项目		规定值或允许偏差	检查方法和频率	权值
1	轴线偏位（mm）	涵（桥）长＜15m	箱 100	经纬仪：每段检查 2 点	2
			管 50		
		涵（桥）长 15～30m	箱 150		
			管 100		
		涵（桥）长＞30m	箱 300		
			管 200		

项次	检查项目		规定值或允许偏差	检查方法和频率	权值
2	高程 （mm）	涵（桥）长<15m	箱+30，-100	水准仪：每段检查 涵底2～4处	3
			管±20		
		涵（桥）长15～30m	箱+40，-150		
			管±40		
		涵（桥）长>30m	箱+50，-200		
			管+50，-100		
3	相邻两节高差（mm）		箱30	尺量：每接缝2～4处	1
			管20		

（3）外观鉴定：

1）顶入的桥，涵身直顺，表面平整，无翘曲现象。不符合要求时减1～3分。

2）进出口与上下游沟槽或引道连接顺直平整，水流或车流畅通。不符合要求时减1～3分。

2.4 桥梁工程监理要点

2.4.1 桥梁基础监理要点

1. 明挖地基监理要点

1）认真审阅基坑开挖、基坑围护、围堰施工方案，并明确审批意见。

2）监理工程师应认真复核施工单位提交的放样复核单的各类数据并到现场进行复核、签署复核意见。

3）对基坑轴线、围堰轴线进行复核，并复核标高控制点。

4）审核施工单位提供的回填土最佳含水量、最大干密度前，监理应按要求取样做好平行试验，确认施工单位提供的数据。基坑回填前确认构筑物的混凝土强度报告，重要构筑物应旁站混凝土试压试块过程。

5）监理工程师应对施工前准备工作情况进行认真检查，检查所有人、机、物是否都按方案要求进行准备。

6）检查基坑内有无积水、杂物、淤泥。

7）回填时是否同步对称进行，分层填筑。

8）桥台回填宜在架梁完成后进行，如确需架梁前填土，则应有专项施工组织设计，经批准后施工。

9）加强现场巡视，检查打入桩的长度和成桩深度，对搅拌桩和树根桩要注意水泥用量和混凝土的质量，并做好记录，确保成桩质量和计量支付。

10）对支撑设置进行检查，要确保基坑支撑牢固。

11）如坑边有房屋等结构物，应及时观察记录地下水位和地面下沉数据，审核施工单位的沉降记录和沉降曲线，发现问题暂停施工，及时上报建设单位，要求施工单位提出可行的技术措施，并审批后报建设单位批示。

12）审查公用事业管线和保护措施，必要时报请建设单位组织召开协调会，以确保措施可靠、可行。

2. 沉入桩监理要点

1）审批预制桩开工报告：若预制桩是由承包商购进的成品桩，则监理工程师应对生产厂家作实地考察，必须在生产厂家的生产设备、施工工艺、质量管理等能保证成品的质量要求时，方可同意预订该厂成品。成品桩进场后须抽样检查，必要时应做荷载试验。

若预制桩由承包商自己预制加工，承包商应提出开工申请。经监理工程师审查确认承包商已具备预制生产条件时方可批准开工预制。

2）审批试桩方案：在沉桩施工之前，承包人应提交试桩方案及沉桩意外处理预案。试桩期间，监理人员及监理试验室人员应参加现场的观测和记录。

3）试桩须检测，并核对地基的地质情况，选定桩锤、桩垫及其参数以及检验桩的实际承载力，确定施工工艺和停止沉桩的控制标准。

4）审批试桩报告和沉桩开工报告：试桩结束后，由承包人提出试验报告，监理工程师审查并由总监审批。

试验检测和分析评价应按技术规范、设计要求和试桩方案实行若试桩的各项指标都能满足设计和规范要求，可以按试桩方案推荐的施工方案和工艺，正式开始沉桩施工。

5）沉桩前检查桩位、桩架的垂直度、桩锤的中心轴线。

6）沉桩结束后，监理工程师应检查和记录贯入度和桩尖标高。贯入度和桩尖标高应符合设计的规定，同时不应低于试桩核定的标准。

7）沉入桩检查验收：在沉桩完成后，承台施工前，应按设计要求的频率和规定项目检测，并提供检测报告。

3. 钻孔灌注桩监理要点

1）测量定位检查（可参见桥梁施工测量质量监理）并复核。

2）审批开工报告。在灌注桩开工前，承包人应提交开工申请报告。

3）检查护筒中心位置，允许偏差为 5cm。

4）检查护筒顶标高，筒顶标高以满足施工的需要为准。

5）成孔过程中，监理工程师对泥浆比重、钻杆垂直度、进尺情况随时进行巡视检查，发现问题，及时纠偏，督促做好成孔钻进记录，检查成孔记录。

6）成孔后，监理工程师应对以下项目重点检查：

① 检查孔深（桩长）。在钻进过程中应注意地层变化，在地层发生变化时，应测孔深和推算地层界面的标高。在终孔后，应测孔深推算桩长。桩长应不小于设计要求。

② 检查孔径。终孔后，监理工程师应用孔规检查孔径。孔规为一用钢筋制作的圆柱体，长度为 4～6 倍孔径，检查时若能把孔规沉到孔底，即可认为孔径合格。

③ 检查孔位偏差。孔位的准确位置应标在护筒周边上，并用十字线交点显示孔的中心位置，检孔器的中心点与十字线的交点的偏差即为孔位偏差。群桩孔位偏差：不大于 10cm；单排桩孔位偏差：不大于 5cm。

④ 检查孔底沉淀层厚度。终孔后，每个灌注桩在灌注前都必须检查沉淀层厚度，一般用测绳拴上测锤量测，其允许偏差：摩擦桩不大于 0.4～0.6d（d 为设计桩径）；端承

桩不大于设计规定。

⑤ 检查泥浆比重。在钻孔的过程中和终孔后，均应检查泥浆比重：相对密度 $1.05\sim$ 1.20；黏度 $17\sim20$；含砂率小于 4%。

7) 检查钢筋笼的制作过程，对钢筋的规格、数量、间距、电焊及钢筋笼的几何尺寸进行检查，督促施工单位填写钢筋质量检验单和隐蔽工程验收单，监理工程师按要求做好检查资料。

8) 对钢筋笼的焊接过程加强巡视抽检，发现问题，及时纠正。

9) 旁站检查水下混凝土浇筑时，应注意以下几点：

① 按常规检查灌注桩用混凝土的材料计量、拌合和运输。

② 导管检查。接头不许漏水，导管的孔底悬高应以 $25\sim40cm$ 为宜，首盘混凝土浇筑，导管的埋深不应小于 $1m$。

③ 在浇筑过程中要记录浇筑的混凝土方量和混凝土顶面标高，浇筑过程中导管埋深宜在 $2\sim6m$ 之间。

④ 记录浇筑过程中有无故障。若出现卡管、坍孔等情况时，应及时采取措施防止断桩。一旦发生断桩，应及时报告，同时做好记录。

⑤ 浇筑结束时混凝土顶面应高出设计标高至少 $50\sim100cm$。

⑥ 浇筑中随时检查钢筋笼是否上浮或偏移。如有，应采取措施予以控制和纠正。

10) 测桩验收时，应注意以下几点：

① 测桩前，监理工程师应检查所有桩头，然后按设计要求频率指定测桩位置。

② 测试应分批进行。测试时混凝土龄期应在 $14d$ 以上。

③ 若无破损及检测不合格情况，应进一步作钻芯取样，检查桩身混凝土质量。

④ 若浇筑的混凝土试件强度不够，亦可钻芯取样，再做抗压试验；试验强度合乎设计要求，应认为桩身混凝土强度合格。

11) 监理工程师除对成桩平面位置用经纬仪复查外，其余根据灌注混凝土前的施工记录，进行复查，当对全部检查及试验结果认为满意时，即对每桩作出书面批准。

2.4.2 桥梁墩、台监理要点

1. 预制钢筋混凝土桥墩安装监理要点

1) 监理工程师应认真审阅图纸和地质资料，仔细查阅已审批的施工单位上报的施工组织设计或施工方案（包括相应的管线、管道防护、监测方案）。

2) 对黄砂、石料、水泥、水、钢筋等原材料进行抽检试验。

3) 检查施工现场的设备和场地布置是否按要求准备就绪，满意后签署意见。

4) 施工单位放样复核工作完成后，监理工程师应进行复核并签署放样复核单，监理工程师复核检查合格后方可同意开始施工。

5) 复核杯口尺寸、标高，并督促承包商修整以达到设计要求。同时复核杯口预埋件位置。

6) 对预制墩柱进行外观检查，并复核墩柱尺寸及中线、标高控制线。

7) 旁站预制墩柱吊装校正，控制墩柱下落速度，保证墩柱垂直度。

8) 审核承包商提交的墩柱吊装校正记录。复核墩柱标高、就位偏差及垂直度。

9）旁站杯口混凝土浇筑，复检混凝土配合比。

10）待杯口混凝土强度达到设计强度 75％后，检查拆除斜撑工作。

2. 钢筋混凝土墩台监理要点

1）复核施工测量放样数据，必要时抽测，审批承包商报送的开工申请单。

2）对进场钢筋、水泥焊条等材料复验，并检查进场验收记录。

3）检查垫层标高、厚度、尺寸是否符合设计要求，做好检验单的意见签署和按频率填写检验单，复核垫层面的墩台中心线及边线，合格后方可实施墩台钢筋、模板工序。

4）按照设计图纸及施工组织设计，验收钢筋加工及安装，模板加工及支撑，合格后方可允许实施混凝土浇筑工序。监理工程师应在施工单位的钢筋检验单和隐蔽工程验收单上签署意见，并按频率填写检验单。

5）检查混凝土拌制、运送设备是否满足施工要求，如是大体积混凝土浇筑，要检查采取的降低水化热措施是否落实到位，检查合格后方可开拌，混凝土必须采用强制式拌合机拌合。

6）对混凝土灌注进行旁站监理，及时检查混凝土拌合、振捣情况，检查施工单位的混凝土浇筑记录，做好混凝土试块的抽检工作，并做好钢筋、混凝土内业抽检。

7）检查混凝土养护情况，达到强度后做好各类测试工作，并填写混凝土工序检验单、隐蔽工程检验单签署意见并按规定频率填写监理检验单。

2.4.3　混凝土梁、板监理要点

1. 钢筋混凝土梁监理要点

1）监理工程师应严格按技术规范要求抽取各项材料和混凝土配合比进行平行试验，试验合格后方可同意施工单位使用，张拉设备必须到规定计量部门校验合格、出具计量证书后方可投入使用。

2）对支架基础处理、搭设按规范要求和施工方案进行检查验收，合格后方可同意实施底模铺设。

3）钢筋安装和模板安装工序完成后，浇筑混凝土前，应对支架、模板、钢筋、预留管道和预埋件进行全面的检查，验收合格后方可同意进行混凝土施工。监理工程师应按规定频率填写检验单。

4）在混凝土施工过程中，监理工程师应严格检查混凝土供料、拌合、运输、浇筑、振捣等各项工作，特别注意混凝土浇筑的分层厚度、浇筑的顺序、施工接缝的预留等细节，做好混凝土试块的抽检工作。

5）张拉、拆模、落架等工序必须有混凝土抗压强度试验报告，满足设计和规范要求，方可同意实施。

6）对预应力张拉、压浆进行旁站监理，及时检查张拉和水泥浆拌合情况，做好水泥浆试块的抽检工作。

2. 预制钢筋混凝土梁监理要点

1）监理工程师应认真审阅图纸和资料，仔细审查施工单位上报的施工组织设计或施工方案。

2）检查施工现场的材料、设备，场地布置是否按要求准备就绪，监理工程师检查合

格后，方可同意开始施工。

3）底模检查：

① 梁长大于 20m 的薄腹工字梁和 T 形梁的梁底须用附着式振动器助振，底模应能引起共振以保证梁底混凝土密实。

② 底模的尺寸必须准确，误差在允许范围内。

③ 注意检查梁底端部，横向要保持水平，避免梁体两端支座发生扭曲，影响安装质量。

4）对混凝土浇筑进行旁站监理，及时检查混凝土拌合、振捣情况，做好混凝土试块的抽检工作。

5）达到强度后做好各类测试工作，并填写工序检验单，检查施工单位的资料收集和填写是否齐全和真实。

3. 先张法预应力混凝土预制梁、板监理要点

1）检查预制场地布置和张拉台座浇筑是否按施工方案实施，现场排水系统是否符合要求，验收合格后方可投入使用。

2）监理工程师必须严格按技术规范要求抽取各项材料进行平行试验，试验合格后方可同意使用，张拉设备必须经规定的计量部门校验合格、出具计量证书后方可投入使用。

3）张拉过程检查：

① 张拉全过程应由监理监督检查。

② 检查张拉应力（油压表读数）。

③ 用钢尺量测伸长量。应量测 $\sigma_0 \sim \sigma_k$ 之间的伸长量，并与理论计算值对比，差值应小于理论伸长量的 6%，超过限值应暂停张拉，分析原因。

④ 要严格按施工方案的应力程序和钢绞线的次序张拉。

⑤ 控制断丝和锚头滑丝。断丝的钢绞线应更换，滑移的钢绞线要重新张拉，并调换锚具。

⑥ 张拉后，须静置 4h 方可进行绑扎钢筋等其他施工操作。若是预应力钢筋张拉，应力应退到 $90\%\sigma_k$ 时方可进行绑扎钢筋等操作。

4）钢筋按常规检查。

5）模板的外模按常规检查。底模应注意是否变形、翘曲。检查气囊内模是否漏气，固定是否牢靠，应防止在浇筑混凝土时气囊上浮。

6）混凝土浇筑，应进行旁站监理。

7）松张检查。松张须待混凝土达到设计要求强度后方可进行。

4. 后张法预应力混凝土预制梁监理要点

1）监理工程师应认真审阅图纸和有关资料，仔细审查施工单位上报的施工组织设计方案。

2）检查预制场地布置是否按施工方案实施，现场排水系统是否符合要求，留出的通道是否满足起吊构件起重设备必需的工作面与空间。

3）监理工程师应严格按技术规范要求抽取各项材料进行平行试验，试验合格后方可同意使用，张拉设备必须到规定计量部门校验合格、出具计量证书后，方允许投入使用。

4）钢筋检查项目：

① 按常规检查钢筋。逐根检查预埋管及其井字架，保证定位准确，无漏孔。

② 预埋锚件、垫板、支座等须定位准确、焊点牢固。

5）钢筋加工安装、模板支撑完成后，须认真检查预应力孔道坐标位置、钢筋保护层、锚固钢筋的布置等项目，检查合格后方可同意浇筑混凝土。

6）对混凝土浇筑和预应力张拉、压浆进行旁站监理，及时检查张拉和混凝土拌合、振捣情况，做好混凝土、水泥浆试块的抽检工作。

7）张拉检查：

① 混凝土强度达到设计要求后方可张拉。

② 严格按施工方案的张拉应力程序和钢丝束的前后次序张拉。

③ 检查和记录张力和伸长量。

④ 控制断丝，只允许一根钢丝拉断，且断丝面积须小于截面钢丝总面积的 10%。

8）灌浆检查：

① 水泥强度不低于设计要求，水灰比为 0.4～0.45，泌水率小于 4%，稠度为 14～18s，可适当加减水剂和膨胀剂。加减水剂时，水灰比可相应调整，减至 0.35。

② 灌浆前冲洗孔道，但孔内不可留有积水。

③ 灌浆应从最低点进入，最高点排出空气和泌水。孔道应两端各灌一次水泥浆，灌浆应连续进行，一次完成。

④ 灌浆开始 48h 内，混凝土温度不可低于 5℃，气温不宜高于 30℃。

⑤ 最大灌浆压力控制在 0.5～0.7MPa。

9）封堵检查：

① 封堵混凝土的强度等级应符合设计规定，不宜低于构件混凝土强度等级的 80%，且不低于 30MPa。

② 封堵前，先将锚固件周围冲洗干净并凿毛。

③ 封堵时，应严格控制梁体长度。

④ 长期外露的金属锚具应采取防锈措施。

10）吊运检查。灌浆水泥强度必须达到设计规定的要求后方可吊运。若设计无规定，应不低于梁体混凝土设计强度的 55%，且不低于 20MPa。

2.4.4　桥梁支座安装监理要点

（1）安装前应对墩、台支座垫层表面及梁底面清理干净，支座垫石应用水灰比不大于0.5、不低于 20 级的水泥砂浆抹平，使其顶面标高符合图纸规定，水泥砂浆在预制构件安装前，必须进行养护，并保持清洁。

（2）板式橡胶支座上的构件安装温度，应符合图纸规定。活动支座上的构件安装温度及相应的支座上、下部分的纵向错位（如有必要），应符合图纸规定。对于非桥面连续简支梁，当图纸未规定安装温度时，一般在 5～20℃的温度范围内安装。

（3）预制梁就位后，应妥善支承和支撑，直到就地浇筑或焊接的横隔梁强度足以承受荷载。支承系统图纸应在架梁开始之前报请监理工程师批准。

（4）简支架、板的桥面连续设置，应符合图纸要求。

（5）预制板的安装直至形成结构整体，各个阶段都不允许板式支座出现脱空现象，并应逐个进行检查。

2.4.5 水泥混凝土构件安装监理要点

1. 预制梁、板安装监理要点

1）检查梁、板的起拱值、起吊运输中是否损伤以及梁的长度等。

2）预制梁、板的安装应确保安全、准确。开工前，承包人应递交附有详尽吊装方案的开工报告，经监理工程师审查批准后方能开工。监理工程师审批安装施工前，应先检查支座及垫石的质量及吊装设备的安全情况。检查合格后，方可同意吊装。

3）梁、板就位前，应在支座处划十字线标明支座中心位置，就位时应对齐落梁。

4）落梁后，用水平尺检查梁体的垂直度，检查合格后再用横撑固定。

5）吊装就位时，注意不要移动板式橡胶支座的位置。

2. 悬臂拼装块件施工监理要点

1）监理工程师应审阅设计图纸，了解现场情况和施工条件，审核起吊安装方案。

2）监理工程师应对到场的块件质量、拼装情况进行检查，符合施工要求，方可允许投入使用。

3）审查安装的指挥人员、机械操作手的上岗证书。

4）施工前，监理工程师对施工有关人员进行安全技术交底，监理工程师做好交底记录。

5）对起吊过程进行检查，督促安全施工，检查安装质量，检验合格后方可同意进入下道工序。

6）在块体逐个拼装过程中，应以每个块体作为一检验单位，逐个检查；当块体全部拼装完毕，则应以每个梁端为单位进行检验。

3. 拱肋及拱上建筑安装监理要点

1）拱肋移运、装卸、安装等的施工细节，承包人应至少在施工前28d报送监理工程师批准。

2）拱肋的移运应按图纸要求或监理工程师指示。

3）严格检验其安装后的平面位置及各部位的高程。

4）检查各种拱形构件的拱脚与拱座之间的接触情况，二者间必须接触严密、稳固，最后须用铁楔、砂浆或混凝土将其嵌填饱满密实，牢固连接。

5）承包人须在卸架前取得监理工程师的书面批准后，方可进行卸架。

2.4.6 钢箱梁制作与安装监理要点

1. 钢箱梁制作监理要点

（1）材料监理内容如下：

1）审批材料报审表。

2）核查材料质量证明书，其订货技术条件要求的检测数据必须齐全，性能指标必须符合相应标准规定。

3）对材料外观质量、标志及包装进行抽查。

4）审查施工单位材料入库、保管、发放等管理制度，并对材料仓库进行检查，使每个环节得到有效控制。

5）审查施工单位对钢材炉罐号及焊接材料批号跟踪的方法及管理制度，抽查其执行情况，以排料图为控制依据，跟踪零部件炉罐号，移植应准确和齐全，并有详细记录。

6）材料复验。

7）平行抽检（仅限于合同有要求的、交通行业的项目）。

① 监理抽检比例不得少于施工单位检验数量的 10%。

② 监理单位见证员资格必须符合相应要求。

③ 对于试验不合格材料及制作过程中发现的材料缺陷应及时处理，并应扩大检查，若存在数量较多的严重缺陷，必须及时通知建设单位处理。

（2）钢构件工厂加工前，监理工程师应会同承包人对工厂进行考察，证明生产厂家的加工工艺和生产能力符合工程要求才能同意委托加工。若有不足之处，应提出改换生产厂家或要求生产厂家改进工艺或增加设备。

（3）审查放样、号料和切割施工工艺方案。

（4）检查施工单位的计量工作任务及职责、计量检定手段、计量器具流转控制，核查计量器具、仪器、仪表鉴定合格证书，并在有效期内。

（5）对钢材的要求必须符合设计要求或规范的规定。承包人驻厂工作人员必须监督加工厂按图下料，按工艺要求加工并保证生产进度。

（6）检查放样平台、组装工作平台、组装胎模等应符合技术要求，并对实物进行抽测。

（7）检查施工单位设备数量和技术性能应满足生产需求，并应有设备的操作规程和对设备的选用、保管、使用、维护、检修等重要过程的管理制度。

（8）对杆板和样板的放样精度、切割面质量、矫正和热加工的加热温度控制、边缘加工、制孔、弯曲加工、组装质量、预拼装质量、涂装质量等进行检查，并作详细记录，验收合格后签署合格证书。

（9）审查焊接施工方案，重点审查施工单位的焊接管理措施，包括焊接材料、焊接设备、焊接工具、焊接工艺、焊接环境、技术文件、特殊工种人员资格、焊接施工等管理措施，以实现对焊接质量、安全、进度的控制。

（10）参与焊接工艺评定试验。

2. 钢箱梁安装监理要点

（1）钢桥所有构件运往工地时，必须妥善包装并编号，先用先运，避免堆压翻乱。运输时要防止损伤涂层或杆件扭曲弯形，防止紧固件丢失。

（2）监理工程师对运到工地的杆件进行目测鉴定，对外观有损伤不符合质量要求者，应立即退回原生产厂或由厂派员到工地修整。

（3）钢梁在发运装车时，应采取可靠措施防止构件在运输途中变形或损坏漆面。严禁在工地安装具有变形构件的钢梁。

（4）所使用的焊接材料和紧固件必须符合设计要求和现行标准的规定。焊缝不得有裂纹、未熔合、夹渣和未填满弧坑等缺陷。高强螺栓施拧前，必须进行试装，求得参数，作为施拧依据。扭矩扳手应校正。

（5）钢杆件表面必须除锈清洁，符合规范规定和设计要求的清洁度后才能涂装。

（6）防护涂料的质量与性能应符合规范规定和设计要求。

2.4.7 桥面系施工监理要点

1. 桥面铺装监理要点

（1）桥面铺装前，承包人应进行认真放样，报监理工程师复样，以保证铺装的厚度、平整度、横坡度及纵坡度。

（2）监理工程师应认真推测铺装层的厚度、钢筋网铺设的高度及钢筋的数量、间距等指标。

（3）铺装前，应检查装配式梁（板）的横向联结钢筋是否已按设计或规范要求焊接，焊接长度是否满足要求。铺装前，应将桥面清扫干净，浇筑混凝土前应洒水湿润。

（4）桥面铺装应用插入式振捣棒和平板式（附着式）振捣器配合使用，以求平整密实。其外观应美观，无麻面、掉皮等现象。平整度、横坡度、纵坡度必须符合设计要求。

2. 桥面伸缩装置监理要点

（1）对到场的伸缩装置进行检验，必要时应送到专门试验室进行检验，以确认材料是否符合规范。

（2）安装前，应检查安装伸缩装置的两孔梁之间的间隙宽度和梁面标高是否符合设计；伸缩缝内是否清扫干净；伸缩缝内安装木屑板或其他弹性材料，是否按设计要求备料。

（3）预埋或焊接的连接钢筋必须牢固，数量符合设计规定，焊接钢筋时应防止已浇混凝土被烧伤。

（4）在清理干净伸缩缝处的杂物后，按设计规定的混凝土强度等级，精心浇筑伸缩缝周围的混凝土，沿顺桥方向以 3m 直尺严格控制伸缩缝周围的标高与附近沥青混凝土顶面标高一致。并注意振捣密实，及时抹压平整并养护。

（5）待后浇混凝土达到强度后，再仔细安装伸缩装置。

3. 人行道、栏杆及护栏监理要点

（1）对原材料和半成品构件进行试验验证及对供应单位资质检查。

（2）对施工单位放样的人行道中线、边线及相应的标高进行复测。

（3）对人行道钢筋绑扎和模板安装进行验收。

（4）对施工单位放样的护栏或栏杆内外边线及相应的标高进行复测。

（5）对护栏或栏杆钢筋绑扎和模板安装进行验收。

（6）构件在横向与主梁牢固连接或拱上建筑完成后才能进行。锚固点焊接必须达到强度要求。

（7）栏杆、护栏不得有断裂或弯曲现象，栏杆必须在人行道板铺完后才可安装。栏杆和扶手接缝处的填缝料必须饱满平整。护栏的外露钢件应按设计要求进行防腐处理。整个栏杆、护栏的外观要求线形流畅美观。

（8）与预制栏杆柱相连接的就地浇筑栏杆帽及护栏帽，在浇筑并整修混凝土时，应防止栏杆及护栏沾污和变形。

第3章 管 廊 工 程

3.1 导槽

3.1.1 导槽施工工艺流程

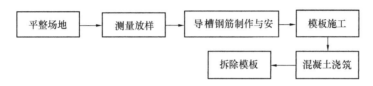

图 3.1-1 导槽施工工艺流程图

3.1.2 平整场地

清除地表杂物，填平碾压地凹面，使整个场地达到平整状态。

3.1.3 测放桩位

根据设计图纸提供的坐标计算排桩中心线坐标，（外放是为了抵消基坑开挖时外侧土因压力向内位移和变形造成的基坑结构净空间减小变化）采用全站仪根据地面导线控制点进行实地放样，并作好护桩，且报监理复核（图 3.1-2）。

3.1.4 导槽钢筋制作与安装

导槽开挖一段后，绑扎钢筋骨架，骨架结构按照设计要求布置，经"三检"合格后并且报监理工程师检查通过后方可进行下一步工序施工（图 3.1-3）。

图 3.1-2 桩位测量

图 3.1-3 导槽钢筋制作与安装

3.1.5 支设模板

内模采用自制整体钢模，导槽预留定位孔模板直径比桩径放大 30mm，模板纵向加固依靠钢管支撑，支撑间距不大于1m，确保加固牢靠严防跑模，并保证轴线和净空的准确性，混凝土浇筑前必须要先检查模板的垂直度、中线以及净距是否符合要求。

3.1.6 浇筑混凝土

混凝土浇筑采用C25商品混凝土，混凝土浇筑时两边对称交替进行，严防跑模。如发生跑模现象，应立即停止混凝土的浇注，将模板纠正到设计位置，重新加固模板之后方可继续进行浇筑。振捣采用插入式 B50 振捣器，振捣间距为 600mm 左右，防止振捣不均，同时也要防止在一处过振而发生跑模现象。

3.1.7 质量控制标准

导槽质量允许偏差 表 3.1-1

项目	序号	检查项目	允许值或允许偏差		检查方法
			单位	数值	
主控项目	1	导槽定位孔孔径	mm	±10	用钢尺量
	2	导槽定位孔孔口定位	mm	≤10	用钢尺量
一般项目	1	导槽面平整度	mm	±5	用钢尺量
	2	导槽平面位置	mm	≤20	用钢尺量
	3	导槽顶面标高	mm	±20	水准测量
	4	桩位	mm	≤20	全站仪或用钢尺量

3.1.8 导槽监理控制要点

1. 测量复核

导槽是咬合桩在地表面的基准物，导槽的平面、高程位置决定了咬合桩的平面、高程位置，因而，导槽施工放样必须准确无误。

平面测量控制：在对提供的平面控制点复核的基础上，对导线、轴线基准控制点定期进行复核，必须根据原点坐标对外围闭合导线、轴线基准控制点进行复核、调整。需要指出的是，导槽施工时宜适当外放，进行导线、轴线复核时应考虑外放量。

高程测量控制：对施工单位布设的围墙下闭合水准控制点通过已知高程点进行联测复核，复核要求后通过该水准点对导槽的高程进行测量，并与施工单位测量结果进行对比，对偏差超过规范要求的点位重新进行测量。

2. 导槽土体开挖

导槽开挖施工时必须严格注意地下管线保护，挖掘机作业时必须有专人旁站监督施工，碰到地下管线时须用人工将其小心挖出，并做好标志。对于已废弃的雨、污水等管道，在铺设混凝土垫层前必须将其所有出口封堵严实，避免咬合桩施工时大量泥浆从下水管道渗漏，造成环境污染和咬合桩施工土体坍塌的质量事故。

3. 钢筋施工

现浇导槽分段施工时，水平钢筋应预留连接钢筋与邻接段导槽的水平钢筋相连接，且将接头凿毛冲刷。

4. 立模及混凝土浇筑

导槽外边以土代模，内边立钢模。模板施工过程中监理应重点控制模板垂直度、平整度、拼缝间隙，尤其是应检查转角处模板拼缝处理措施是否到位。本工程导槽宽度较设计宽度外放 5cm，在模板验收中应分段多次测量导槽两个内模净宽，确保两侧导槽间距符合设计及方案要求。

混凝土浇筑前做好混凝土原材料控制，重点对混凝土强度等级、配合比、方量进行核查，对坍落度及时进行现场测试，并对现场试件留置进行见证并配合施工单位及时完成相关试件送检工作。

5. 拆模及养护

导槽混凝土拆除内模板之后，应督促施工单位在导槽沟内立即设置方木支撑，方木水平间距 2m，上下间距为 0.7m，如果导槽深度超过 2m，木枋支撑将视情况增加至 3～4 道。同时向导槽沟内回填土方，并进行地面硬化，确保导槽不移位和变形。

导槽混凝土自然养护到设计强度时，方可进行成槽作业。在此之前禁止车辆和起重机等重型机械靠近导槽。

3.2　咬合桩

3.2.1　咬合桩施工工艺流程

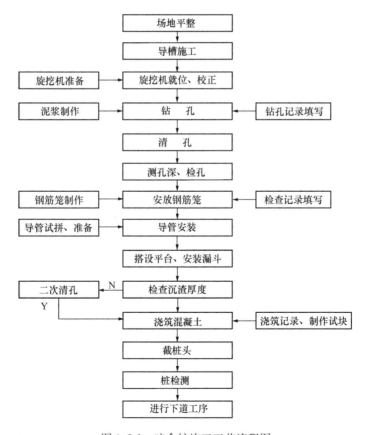

图 3.2-1　咬合桩施工工艺流程图

3.2.2 咬合桩监理控制要点

钻孔灌注桩施工前施工单位必须将专项施工方案报项目监理部审批,总监理工程师签认后方可进行施工。

(1) 场地平整:要求施工单位对钻孔作业面事先进行平整,清除地上、地下及水中一切障碍物,包括大块石、树根、生活垃圾及淤泥。场地低洼处可用黏性土料进行回填。

(2) 测量放线:在对整个工程的平面控制、高程控制网进行复核的基础上,检查施工单位的桩位放样,要求施工单位对每个桩位用 20mm×300mm 的木桩或 φ18 钢筋进行定位,定位偏差不得大于 20mm。

(3) 护筒埋设:

1) 检查护筒中心位置,在护筒钉拉十字线定出桩位中心。允许偏差≤5cm。

2) 检查护筒垂直度,允许偏差≤1%。

3) 护筒顶标高及护筒埋置深度满足施工需要,护筒埋设应牢固,不漏水。

(4) 钻孔、清孔:

1) 开钻前对主杆、钻杆、钻头长度及钻头直径进行核查并记录,要求钻杆、钻头专机专用;检查测锤、检孔器是否齐备并符合要求;检查导管的密闭性能及安装后的垂直度等。

2) 钻机就位后,复核钻杆位置。钻杆要求垂直,其中心应与桩位重合,允许偏差 5cm 以内。现场监理应要求质检员用水平尺检查转盘水平度,底盘应稳固。

3) 钻孔过程中应注意地层变化,要求按不同地质情况,严格控制钻孔进尺速度,及时调整泥浆性能,如实填写钻孔原始记录。

(5) 终孔验收:

1) 孔深进入持力层,深度符合设计要求后,进行清孔,清孔时应保持孔内水头,防止坍孔。清孔合格后施工单位应对孔深、孔径、泥浆性能等进行自检。

2) 监理工程师对终孔进行检查验收,桩长验收以钻具长度计算为准,并采用测绳复合桩长的准确性,桩长不小于设计要求。

3) 用检孔器检查孔径,检孔器为一钢筋制作的圆柱体,长度为孔径的 4~6 倍,检孔器加强筋直径同设计孔径相同,主要置于加强筋内侧。检孔器应能顺利沉到孔底,方可认为该孔径合格。

4) 桩位的准确位置应标在护筒周边上,并用十字线的交点显示桩的中心位置,由检孔器的中心位置与十字线的偏差推算倾斜度偏差。

(6) 钢筋笼的制作、安装:

1) 按常规检查钢筋笼的规格(包括各钢筋规格、间距、长度、直径等)、焊接、定位混凝土块以及制作、堆放场地等。检查一般应在施工单位专职质检员自检合格后进行。

2) 钢筋笼下放,两节钢筋笼焊接后,现场监理员应对焊接长度、焊缝质量、接头位置进行检查。单面焊缝长度≥10d (d 为钢筋直径),同一截面接头面积占总面积应不大于 50%,且相邻接头应错开 35d。

3) 钢筋笼下沉完毕后,要检查钢筋笼的顶面高程和中心位置。位置调整好后应固定好,现场监理人员签证隐检记录。

（7）导管下放：

1）导管长度应能满足水下混凝土的灌注，导管接头不能漏水，导管下放后，下口距离孔底悬高 25～40cm 为宜。

2）检测孔底沉淀厚度，及孔中不同位置的泥浆性能，检测指标值不能满足设计要求时须进行第二次清孔，待重新检测后满足要求，方可进行下道工序施工。

（8）水下混凝土灌注全过程旁站：

1）检查相关的原材料质量保证资料及混凝土搅拌质量。

2）检测初灌混凝土储料斗容量，保证首批混凝土数量能埋管不少于 1.0m 高度。

3）在灌注过程中要记录灌注混凝土的数量和混凝土顶面标高。导管埋深保证 2～6m 间，检查钢筋笼是否上浮，采取措施防止上浮。

4）混凝土坍落度宜为 18～22cm，每台班检查混凝土坍落度至少二次。

5）灌注混凝土末期，保证漏斗底口高出水面 4～6m。混凝土灌注应规范要求桩顶超灌 0.8～1.0m。

6）旁站试块制作过程并进行标识，每根桩不少于 2 组。

3.2.3　测量放线

当导槽强度达到 100% 后，重新定位桩中心位置，将点位返到导槽顶面上，作为钻机定位控制点。移动套管钻机至正确位置，使套管钻机抱管器中心对应定位在导槽孔设计桩位中心。

3.2.4　设备安装调试

（1）安装钻机前，底架应垫平，保持稳定，不得产生位移和沉陷。钻头或钻杆中心与桩位中心偏差不得大于 5cm。

（2）开孔孔位必须准确，应使初成孔壁、竖直、圆顺、坚实。

3.2.5　埋设护筒

（1）钢护筒埋置高出施工地面 0.3m。

（2）埋设护筒采用挖坑法，用吊车安放。

（3）测量对要埋设护筒的桩位进行放样，现场技术人员复核，所挖坑直径为护筒直径加 40cm，深度为护筒长度。

（4）在孔内回填 30～50cm 黏土，并夯击密实。

（5）利用护桩拉线绳定出桩位中心，再用线锤将桩位中心点引至孔底。

（6）用吊车吊放护筒至坑内，用线绳连接护筒顶部，吊垂线，用吊车挪动护筒，使护筒中心基本与桩位中心重合，其偏差不大于 3cm。

（7）护筒护筒位置确定后，吊垂线，用钢卷尺量测护筒顶部、中部、底部距离垂直的距离，检查护筒的竖直度。护筒斜度不大于 1%。

（8）符合要求后在护筒周围对称填土，对称夯实。

（9）四周夯实填完成后，再次检测护筒的中心位置和竖直度。

（10）测量护筒顶高程，根据桩顶设计高，计算桩孔需挖的深度。

3.2.6 泥浆池

为贯彻落实环境保护要求，泥浆的制备采用原土造浆，泥浆池在桩位附近就近开挖，需远离河道位置，并做好防护工作，避免泥浆直接流入河道污染水源，废弃泥浆用泥浆车运弃至业主单位指定地点（图 3.2-2）。

图 3.2-2　泥浆池

泥浆性能指标：
黏土层 16" ～17"；
砂层 17" ～19"；
含砂率不超过 8%；
胶体率应在 90% 以上；
比重 1.2～1.4 左右。

泥浆槽应挖成深 20cm，宽 30cm，长度不少于 5m，泥浆流速不大于 10cm/s，槽的纵坡不大于 1‰。每 100cm 挖一宽、深各 50cm 的沉淀井。泥浆池、沉淀池的池壁均应采取防渗漏的措施。施工过程中，经常注意泥浆指标变化情况，并注意调整冲孔内泥浆面高度。

用原浆换浆法清孔，即将冲锤用小冲程冲击孔底，以使孔内泥浆比重与含砂率不断降低，清孔后泥浆应达到下列指标：

比　重：1.03～1.10；
含砂量：≤2%；
黏　度：17～20。

3.2.7 钻孔施工

（1）钻孔时，孔内水位宜高于护筒底脚 0.5m 以上或地下水位以上 1.5～2.0m（图 3.2-3）。

（2）钻孔时，起落钻头速度宜均匀，不得过猛或骤然变速。

（3）钻孔时，时刻关注钻孔深度，接近孔深时，需利用测绳测量孔深，并掌握回淤情况。

（4）钻孔作业应连续进行，因故停钻时，钻头提离孔底 5m 以上，钻孔过程中应经常检查并记录土层变化情况，并与地质剖面图核对。钻孔达到设计深度后，对孔位、孔径、孔深和孔形进行检验，并填写钻孔记录表。

图 3.2-3　旋挖钻机成孔

（5）钻孔采用跳桩的形式进行，以同一轴为例，桥梁桩基础跳桩施工顺序一般为至少隔一桩进行施工。

3.2.8　清孔

清孔标准是孔深达到设计要求，沉渣厚度控制在 20cm 以内，导管底部至孔底应保持 40cm，待监理检查符合设计要求后，准备下道工序施工即灌注混凝土。

3.2.9　安放钢筋笼

采用 6 点吊，第 1、2 点设在骨架的上部，第 3、4 点设在骨架中部；第 5、6 点设在骨架的下部。第 1、2、3、4 吊点挂于吊车的主吊钩上，第 5、6 点挂于吊车的副吊钩上，第 1、2、3、4 吊点间钢丝绳通过滑轮组联动。

起吊时，先将钢筋笼水平提起一定高度，然后提升主吊钩，停止副吊钩，通过滑轮组的联动，使钢筋笼始终处于直线状态，各吊点受力均匀。随着主吊钩的不断上升，慢慢放松副吊钩，直到骨架同地面垂直，停止起吊，检查骨架是否顺直，如有弯曲及时调直。当骨架进入孔口后，将其扶正徐徐下降，严禁摆动碰撞孔壁。当骨架顶端附近的加强箍筋接近孔口时，用型钢等穿过加劲箍的下方，将骨架临时支承于孔口。

骨架上端定位，必须由测定的护筒标高来计算吊筋的长度，并反复核对无误后再定位，然后在钢筋骨架顶端的吊筋内下面插入两根平行的工字钢或槽钢，将整个定位骨架支托于护筒顶端，不得压在护筒顶，其后撤下吊绳（图 3.2-4）。

图 3.2-4　安放钢筋笼

3.2.10　导管法混凝土浇筑

（1）水下混凝土导管应符合下列规定：

1）钢导管内壁应光滑、圆顺，内径一致，接口严密。导管管节长度，中间节宜为 3m 等长，底节可为 4m，漏斗下宜用 1m 长导管。

2）导管使用前应进行试拼和试压，按自下而上顺序编号和标示尺度。导管组装后轴线偏差，不宜超过钻孔深的 0.5% 并不宜大于 10cm，试压压力宜为孔底静水压力的 1.5 倍。

图 3.2-5　混凝土浇筑

3）导管应位于钻孔中央，在灌注混凝土前，应测试升降设备能力，应与全部导管充满混凝土后的总重量和摩擦阻力相适应，并应有一定的安全储备（图 3.2-5）。

（2）水下混凝土灌注应符合下列规定：

1）混凝土的初存量应满足首批混凝土入孔后，导管埋入混凝土的深度不得小于 1m。当桩身较长时，导管埋入混凝土中的深度可适当加大。漏斗底口处必须设置严密、可靠的隔水装置，该装置必须有良好的隔水性能并能顺利排出。

2）在灌注混凝土过程中，应测量孔内混凝土顶面位置，保持导管埋深度 2～6m。灌注混凝土实际高度应高出桩顶标高 0.5～1m。

3）灌注水下混凝土过程中，应填写"水下混凝土灌注记录"。

4）凝土灌注完毕，位于地面以下及桩顶以下的孔口护筒应在混凝土初凝前拔出。

3.2.11 质量控制标准

钻孔桩质量控制标准　　　　　　　　表 3.2-1

项目	序号	检查项目		允许值或允许偏差		检查方法
				单位	数值	
主控项目	1	孔深		不小于设计值		测钻杆长度或用测绳
	2	桩身完整性		设计要求		
	3	混凝土强度		不小于设计值		28d 试块强度或钻芯法
	4	嵌岩强度		不小于设计值		取岩样或超前钻孔取样
	5	钢筋笼主筋间距		mm	±10	用钢尺量
一般项目	1	垂直度		≤1/100（≤1/200）		测钻杆、用超声波或井径仪测量
	2	孔径		不小于设计值		测钻头直径
	3	桩位		mm	≤50	开挖前量护筒，开挖后量桩中心
	4	泥浆指标		本标准第 5.6 节		泥浆试验
	5	钢筋笼质量	长度	mm	±100	用钢尺量
			钢筋连接质量	设计要求		实验室试验
			箍筋间距	mm	±20	用钢尺量
			笼直径	mm	±10	用钢尺量
	6	沉渣厚度		mm	≤220	用沉渣仪或重锤测
	7	混凝土坍落度		mm	180～220	坍落度仪
	8	钢筋笼安装深度		mm	±100	用钢尺量
	9	混凝土充盈系数		≥1.0		实际灌注量与理论灌注量的比
	10	桩顶标高		mm	±50	水准测量，需扣除桩顶浮浆层及劣质桩体

3.3 土方开挖

3.3.1 土方开挖流程

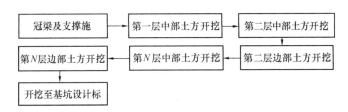

图 3.3-1　土方开挖流程图

土方开挖遵循"开槽支撑、先撑后挖、分层开挖、严禁超挖"的原则。分层纵向开挖，分块挖土，严格控制放坡开挖的坡度，不得超挖。做到随挖随防护，对新暴露出的坡面挂网喷混凝土护坡。为避免对坑底土的较大扰动，挖至距基坑底 20～30cm 位置，剩余土体采用人工挖除。基坑开挖到底后立即施工混凝土垫层，严禁长时间暴露。

3.3.2　土方开挖监理要点

（1）基坑开挖的轴线、长度、边坡坡率及基底标高应符合规范要求。

（2）当基坑用机械开挖至基底时，要预留 0.3～0.5m 厚土层用人工开挖以控制基底超挖，并不可扰动基底土，如发生超挖，应按设计规定处理。

（3）基坑开挖完成后，应由监理会同勘察、设计部门、建设单位及施工单位进行基底验槽，并做好验槽记录，当基底土质与设计不符时，要根据设计部门意见进行基底处理。

3.3.3　开挖前施工准备

交通条件：场地交通较为畅通。

水、电条件：按业主指定临时用水、用电接口，驳接后即可满足施工要求。

现场准备：场地控制网的测量，建立控制基准点，测放基坑开挖边线。将高程控制点引至基坑附近，以方便随时控制清土标高。施工机械设备进场。根据施工机具的需用量计划，按施工平面分区图的要求，组织施工机械设备进场，机械设备进场后按规定地点和方式布置，并进行相应的保养和试运转等项工作。施工队伍进场。根据施工劳动力计划，各专业施工队伍按分项工程施工顺序，分批提前进场，接受质量安全和技术交底。下达工程施工任务单，使班组明确有关任务、质量、技术、安全、进度等要求。监测和检测设备的进场。必须进行周边管线、地面、路面的沉降、位移以及水文等各方面的施工监测。根据设计要求，所有监测设备均需在施工前准备好并预埋在平面图中相应位置，施工期间按各施工阶段的不同要求分别进行监测，每次监测均需向监理工程师提交监测报告。

施工协调配合工作。提前办好施工许可证、夜间施工许可证、淤泥排放证、质量安全监督备案、消防许可证等的申请申报手续，加强与有关部门及各主办单位的联系，为工程的顺利进行创造有利的条件。在施工场地的大门出入口设置冲洗池和沉淀池，对土方车辆冲洗后方能进入市政道路，场内道路做地面硬化。开工前完成坡顶护栏及临时排水系统的砌筑。基坑场地安装照明灯具，做好夜间赶工的照明准备工作。每日提前完成，标识土方开挖线，并随时跟进测量，保证开挖线尺寸与标高。

3.3.4　分层分段开挖

挖掘机挖土自卸车配合运输，个别地方推土机和装载机相配合，实行分层分段（纵向分段不超过 25m，水平分层不超过 2m）放坡开挖到位的方法施工，每层开挖两侧临时排水沟始终领先于开挖土层，保证土方开挖旱地施工。开挖料运至指定弃土位置，整齐堆放。开挖时要经常检查中线和标高，以保证开挖边坡符合设计和规范要求（图 3.3-2）。

支护结构应满足喷射混凝土应养护 48h、支撑结构混凝土达到 80% 强度以上（养护14d 以上）后方可开挖下层土，基坑开挖至坑底后，应尽快施工地下结构，减少坑底暴露时间。

图 3.3-2　分层分段开挖

3.3.5　边坡开挖

开挖自上而下分层分段依次进行，施工中随时作成一定的坡势，以利排水，开挖过程中避免边坡稳定范围形成积水。坡面上要预留适当厚度的保护层，最后进行刷坡处理。

3.3.6　修坡

使用机械开挖土方时，实际施工边坡坡度要适当留有修坡余量，最后人工进行修整，使边坡满足设计要求（图 3.3-3）。

图 3.3-3　修坡

3.3.7　土方开挖工程质量控制标准

土方开挖工程的质量检验标准　　　　　　　　　　　　　　　　　表 3.3-1

项目	序号	项目	允许值或允许偏差		检查方法
			单位	数值	
主控项目	1	标高	mm	0 −50	水准测量
	2	长度、宽度（由设计中心线向两边量）	mm	+200 −50	全站仪或用钢尺量
	3	坡率	设计值		目测法或用坡度尺检查
一般项目	1	表面平整度	mm	±20	用 2m 靠尺

3.4　边坡防护

3.4.1　边坡防护施工流程

图 3.4-1　边坡防护施工流程图

3.4.2　边坡防护监理要点

（1）锚杆应嵌入稳固基岩内，锚固深度根据设计要求结合岩体性质确定。锚杆孔深应大于锚固长度 200mm。

（2）钢筋保护层厚度不宜小于 20mm。

（3）固定锚杆的砂浆应捣固密实，钢筋网应与锚杆连接牢固。

（4）铺设钢筋网前宜在岩面喷射一层混凝土，钢筋网与岩面的间隙宜为 30mm，然后再喷射混凝土至设计厚度。

（5）喷射混凝土的厚度要均匀，钢筋网及锚杆不得外露。

（6）做好泄、排水孔和伸缩缝。

3.4.3　施工准备

（1）在正式施工前，先做 3 根土钉做基本试验，确定土钉抗拔力能否达到设计抗拔力。

（2）进场土钉材料及注浆材料，必须具有出厂合格证及检验合格证明书。

（3）其他辅材：焊条、防锈油漆、黄油等。应有出厂合格证及检验合格证明书。

（4）注浆设备有：高压注浆泵、搅浆泵、储浆泵等。

3.4.4　钢筋土钉施工

（1）钢筋施工前应对坡面进行人工修坡平整，清除坡面松散的岩土体。

（2）钢筋制作时应先除锈，在锚杆端头 2m 长度范围内表面涂防锈环氧保护漆。采用沥青纤玻布缠裹不小于 2 层。

（3）钢筋按设计长度切割成段，需要焊接的，可采用双面搭接，焊接长度不少于 8d。

（4）钢筋放入锚孔前应检查钢筋质量与长度，钢筋长必须与孔深相符。安放时要防止杆体弯曲、扭压，不得损坏注浆管和对中支架。钢筋插入深度不少于锚杆设计长度的95％，钢筋外露孔口长度控制在15～30cm。锚固时应注意锚杆清洁。

（5）钢筋采用风动潜孔钻机械成孔，高压风洗孔。孔位和孔深允许偏差±50mm，成孔倾斜度允许偏差±5％，钢筋土钉成孔时孔深比设计孔深不小于50cm。水泥浆保护层厚度不小于25mm。

（6）钢筋注浆材料为水泥净浆，所用水泥为P·C.32.5R普通硅酸盐水泥，水灰比0.45～0.50，浆体材料28d的无侧限抗压强度不应低于25MPa。必要时可适量加入速凝剂、膨胀剂等添加剂。

（7）钢筋土钉注浆采用孔底返浆法，注浆管应插至距孔底200mm处。注浆压力为常压注浆，压力宜为0.5～0.8MPa，注浆必须密实饱满，水泥浆凝固后要及时二次孔口补浆。浆液应搅拌均匀，并做到随搅随用，且必须在初凝前用完。

3.4.5 挂网喷混凝土施工

1. 开挖工作面

（1）开挖工作面按设计规定的分层开挖深度按作业顺序施工，在完成上层作业面的土钉与喷混凝土以前，不得进行下一层深度的开挖。

（2）支护分层开挖，并及时设置土钉、喷射混凝土作业，以确保坡面的稳定。

（3）对于场地内自稳能力差的土体做到尽量减少暴露时间，立即施工土钉，跟进喷射混凝土。

2. 修坡

（1）工作面机械开挖后，辅以人工修整坡面。

（2）修坡严格按设计的图纸坡率比进行。

3. 制作与安设

（1）土钉钢筋使用前，调直、除锈、除油。

（2）钢筋土钉直接打入。

4. 绑扎钢筋网

（1）钢筋使用前进行调直并清除锈污。

（2）钢筋网在喷射一层混凝土后铺设，钢筋与坡面的间隙不小于25mm。

（3）钢筋网与土钉连续牢固，喷射混凝土时钢筋不晃动。

（4）钢筋网片可用焊接或绑扎而成，钢筋网铺设时每边的搭接长度不小于一个网格边长或200mm。

（5）钢筋保护层厚度不宜小于25mm。

5. 喷射混凝土（图3.4-2）

（1）作业开始时，先送风，后开机，再给料；结束时，待料喷完后，再关风。

图3.4-2 挂网喷混凝土施工

（2）喷射混凝土混合料的与拌制符合下

列规定：

1）水泥与砂、石之重量比为1：2：2.5，原材料称量允许偏差。

2）混合料拌合均匀，搅拌机拌合时间不少于2min。

3）料随拌随用，不掺速凝剂时，存放时间不超过2h；掺速凝剂时，存放时间不超过20min。

（3）施工前，对操作手进行技术考核，保证喷射混凝土的水灰比和质量能达到要求。喷射混凝土前，对机械设备、风、水管路和电路进行全面检查及试运转，清理受喷面，埋设好控制喷射混凝土厚度的标志。

（4）喷射作业、分段分片依次进行，同一分段内喷射顺序自而上；向喷射机供料连续均匀，机器正常运转时，料斗内保持足够的存料。

（5）喷射时，保持0.6～1.0m的距离；喷射手控制好水灰比，保持混凝土平整、呈湿润光泽、无干斑或滑移流淌现象。

（6）喷射混凝土的回弹率，边墙不大于15%，拱部不大于25%。

（7）为保证施工时的喷射混凝土厚度达到规定值，可在边壁面上垂直打入短的钢筋段作为标志。

（8）在继续进行下步喷射混凝土作业时，仔细清除预留施工缝接合面上的浮浆层和松散碎屑，并喷水使之潮湿。

6. 坡面混凝土养护

（1）喷射混凝土终凝后2h，根据气温环境等条件，采取连续喷水养护。

（2）养护时间一般为7～14d。

7. 检查验收

（1）土钉墙支护工程施工前应熟悉地质资料、设计图纸及周围环境，降水系统应确保正常工作，必须的施工设备如挖掘机、钻机、压浆泵等应能正常工作。

（2）一般情况下，应遵循分段开挖、分段支护的原则，不宜按一次挖就再行支护的方式施工。

（3）施工中应对土钉位置，钻孔直径、深度及角度，土钉插入长度，注浆配比、压力及注浆量，喷锚墙面厚度及强度、土钉应力等进行检查。

（4）每段支护体施工完后，应检查坡顶或坡面位移，坡顶沉降及周围环境变化，如有异常情况应采取措施，恢复正常后方可继续施工。

3.4.6 土钉墙支护工程质量控制标准

土钉墙支护工程质量检验表 表 3.4-1

项目	序号	检查项目	允许偏差或允许值		检查方法
			单位	数值	
主控项目	1	锚杆土钉长度	mm	±30	用钢尺量
	2	锚杆锁定力	设计要求		现场实测
一般项目	1	锚杆或土钉位置	mm	±100	用钢尺量
	2	钻孔倾斜度	±1		测钻机倾角
	3	浆体强度	设计要求		试样送检
	4	注浆量	大于理论计算浆量		检查计量数据
	5	土钉墙面厚度	mm	±10	用钢尺量
	6	墙体强度	设计要求		试样送检

3.5 基坑监测

3.5.1 基坑监测目的

（1）使参建各方面能够完全客观真实的把握工程质量，掌握工程各部分的关键性指标，确保工程安全。

（2）施工过程中通过实测数据检验工程设计所采取的各种假设和参数的正确性，及时改进施工技术或调整设计参数以取得良好的工程效果。

（3）对可能发生危及基坑工程本体和周围环境安全的隐患进行及时、准确的预报，确保基坑结构和相邻环境安全。

（4）积累工程经验，为提高基坑工程的设计和施工整体水平提供基础数据支持。

3.5.2 基坑监测原则

基坑工程监测是一项涉及多门学科的工作，其技术要求较高，基本要求如下：

（1）监测数据必须是可靠真实的，数据的可靠性由测试元件安装和埋设的可靠性、监测仪器的精度以及监测人员的素质来保证。监测数据真实性要求所有数据必须以原始记录为依据，任何人不得篡改、删除原纪录。

（2）监测数据必须是及时的，监测数据须在现场及时计算处理，发现有问题可及时复测，做到当天测、当天反馈。

（3）埋设于土层或结构中的监测原件应尽量减少对结构正常受力的影响，埋设监测原件时应注意与岩土介质匹配。

（4）对所有监测项目，应按照工程具体情况预先设定预警值和报警制度，预警体系包括变形或内力累计值及其变化速率。

（5）监测应整理完整监测记录表、数据报表、形象的图表和曲线，监测结束后整理监测报告。

（6）应在施工过程中聘请第三方单位编制详细监控量测方案，建立严格的监测网络，实现信息化施工。

3.5.3 主要监测内容

主要检测内容均由第三方监测单位完成，项目部配合第三方相关工作并跟踪落实各监测内容，确保数据有效和及时上报。咬合桩顶的水平位移、垂直沉降、桩身的侧向变形；支撑轴力和挠度；基坑外地表沉降及裂缝情况；深层水平位移；坑底隆起；坑内、坑外地下水位；地面超载状况；基坑渗、漏水状况；重要地下管线；可根据相关规范和工程实际情况酌情增减。

3.5.4 监测频率

监测周期从土方开挖时开始到施工完成并回填后结束。变形观测点应在布点开始读取初始值，在基坑开挖当日起实施。基坑开挖前，应测得初始值，平行观测且不应少于 3

次，取其平均值作为初值。

开挖支护过程中监测频率参考设计要求，每 2d 测量 1 次，挖至坑底后每天测量一次，如位移趋于稳定则 7d 测量一次。当遇以下情况时应加密观测次数至每天数次：

(1) 监测数据达到预警值。

(2) 监测数据变化较大或者速率加快。

(3) 存在勘察未发现的不良地质。

(4) 超深、超长开挖等违反按设计工况施工。

(5) 基坑及周边大量积水、长时间连续降雨、市政管道出现泄漏。

(6) 基坑附近地面荷载突然增大或超过设计限值。

(7) 支护结构出现开裂。

(8) 周边地面突发较大沉降或出现严重开裂。

(9) 邻近建筑突发较大沉降、不均匀沉降或出现严重开裂。

(10) 基坑底部、侧壁出现管涌、渗漏或流沙等现象。

(11) 出现其他影响基坑及周边环境安全的异常情况。

大雨时必须 24h 不间隔观察，大雨后 3d 必须临时增加观测次数，每天加测不少于 2 次。

对于变形持续发展的测点，必须 24h 不间断地用仪器观测。

对于出现异常坡顶堆载、异常超挖、支护结构质量异常的情况，必须对异常部位临时增设测点，24h 不间断观察和观测。

当出现以下情况之一时，应及时与甲方、设计和监理单位及时联系并采取相应措施，同时加密观测次数：桩顶位移及沉降超过警戒值；坡顶位移不稳定、不收敛且超过规范要求；坡顶地面或周边管线出现异常或出现较大裂缝。

监测项目的监测指标、频率等应分段考虑基坑工程等级、基坑及地下工程的不同施工阶段以及周边环境、自然条件的变化。当监测值相对稳定时，可适当降低监测频率。对于应测项目，在无数据异常和事故征兆的情况下，开挖后仪器监测频率的确定按表 3.5-1 执行。

基坑支护监测频率　　　　　　　　　　　　　　　表 3.5-1

基坑工程等级	施工进程		基坑设计深度	
			8~12m	>12m
一级	开挖深度 (m)	≤8	1次/2d	1次 2d
		8~12	1次/1d	1次/1d
		>12		2次/1d
	开挖停止连续 3d 监测变形趋于稳定后 1次/7d			
	底板浇筑后 时间 (d)	≤7	1次/1d	2次/1d
		7~14	1次/2d	1次/1d
		14~28	1次/3d	1次/2d
		>28	1次/5d	1次/3d
	施工停止变形趋于稳定后 1次/7d			

续表

基坑工程等级	施工进程		基坑设计深度	
			8~12m	>12m
二级	开挖深度（m）	≤8	1次/2d	
		8~12	1次/1d	
		开挖停止连续3d监测变形趋于稳定后1次/7d		
	底板浇筑后时间（d）	≤7	1次/2d	
		7~14	1次/3d	
		14~28	1次/5d	
		>28	1次/7d	

3.5.5 监测控制标准

基坑变形监测项目控制值见表3.5-2。

基坑支护监测控制表 表3.5-2

监测项目		速率（mm/d）	累计值
桩撑段桩顶水平位移	一级	3mm/d	$0.002H$ 且不大于30mm
	二级	4mm/d	$0.004H$ 且不大于50mm
支护桩桩顶沉降		±3mm	10mm
桩体变形		2mm/d	$0.002H$ 且不大于30mm
内支撑轴力		—	(60%~70%) f
深层水平位移监测		3mm	55mm
周边地面沉降	一级	3mm/d	$0.002H$ 且不大于30mm
	二级	4mm/d	$0.005H$ 且不大于60mm
地下水位变化		500mm	6000mm
坑底隆起		5mm/d	60mm

注：1. H—基坑设计开挖深度；f—设计极限值；

2. 累计值取绝对值和相对基坑深度（h）控制值两者的小值；

3. 当监测项目的变化速率连续3天超过预警值的80%，应报警。

（1）预警值可取控制值的80%，监测过程中若发现观测值累计超过预警值，即最大控制值的80%时，应立即停止施工，并及时通知业主和设计人员，分析原因并研究对策。

（2）监测数据须真实有效，遇有特殊情况，如连降暴雨、地下水管破裂等，应加密监控量测频率，必要时增加量测内容。

（3）现状监测应在基坑围护工程施工后开始，在地面道路施工完毕并竣工通车后结束。基坑开挖及使用期间应每天巡视、监视裂缝的形成与发展情况，若有异常问题应及时上报，使基坑处于受控状态。

（4）基坑的设计和施工是一个信息化的过程，而基坑相关的监测是信息化的基础。此项工程应由有丰富经验的专业人员承担，并据设计和有关的规范要求制定详细的监测方案，协同设计、施工人员对监测结果进行有效的评价和反馈，进一步指导下一步的施工。

3.5.6　监测方法

基坑监测具体应在工程施工前由业主委托具有相应资质的第三方监测单位编制详细的监测方案，地下管线监测应根据实际情况确定，监测项目基于周围建筑物已拆迁完毕而定，若存在周围建筑物须对其进行相应监测。

1. 前期准备阶段

根据测试项目订购沉降（水平位移）标志点以及辅助材料，并完成资料计算工作；制作水平位移及垂直沉降观测点的标记和基准测量标石。

2. 测试仪器、设备的现场埋设、安装阶段和监测点保护

在支护结构施工时埋设好水平位移测量标志点，同时埋设好邻近建筑物、道路的沉降测量标志点，各监测点用红漆涂抹，设置明显的提醒标志，提醒现场各方注意保护，必要时用钢管脚手架或专用护栏设置保护围栏。

3. 初始数据采集阶段

在基坑开挖前一周，对各测试项目进行至少 3 次初始数据的采集，保证初始数据准确，连续，可靠。同时用数码摄像机将基坑邻近建筑物、道路等摄像，以备后用。

4. 深基坑施工的安全监测阶段

（1）在开挖和支护结构施工期间，每隔 2d 对周边建筑物、道路的沉降变形监测一次。

（2）在基坑开挖深度小于 5.0m 时，每 2d 对所有监测项目监测一次。如出现渗漏水等现象，则加密监测。

（3）基坑开挖深度超过 5.0m 时，每 2d 对所有监测项目监测一次。如出现异常或险情，甚至一天 24h 连续监测，以确保基坑开挖的安全。

（4）基坑开挖到底部及基础底板施工期间，每天监测一次，如出现异常或险情，一天 24h 连续监测，以确保基坑开挖的安全。

（5）开挖停止连续 3d 监测变形趋于稳定后，则每 7d 监测一次。

5. 监测的成果资料及提交

对各项测试数据用微机进行计算分析，及时将测试结果打印成表格送交项目部工程部、总工室和安环部分析使用。

（1）提交的成果资料有：

1）支护桩顶的水平位移监测成果表；

2）地表的沉降监测成果表；

3）地下水位监测成果表；

4）基坑土体水平位移监测成果表；

（2）监测成果资料的提交：

1）基坑开挖初期（挖深在 5.0m 以内时），监测的打印资料在下次监测时送至相关部门；出现异常或险情时，将异常或险情地段的资料现场算出，正式的打印报表送至相关部门。

2）挖深大于 5.0m 时，监测的打印资料在当天送至相关部门；出现异常或险情时，将异常或险情地段的资料现场算出，正式的打印报表送至相关部门。

（3）基坑开挖到底部期间，监测当天在现场将危险地段的监测成果算出提交给相关部门，全部正式的打印报表当天送至相关部门。

3.5.7 监测预警

（1）监测预警：当监测项目的变化速率连续 3d 超过预警值的 80%，应报警。

（2）当出现下列情况之一时，应提高监测频率：

1）监测数据达到报警值。

2）监测数据变化较大或者速率加快。

3）存在勘察未发现的不良地质。

4）超深、超长开挖或未及时加撑等违反设计工况施工。

5）基坑及周边大量积水、长时间连续降雨、市政管道出现泄漏。

6）基坑附近地面荷载突然增大或超过设计限值。

7）支护结构出现开裂。

8）周边地面突发较大沉降或出现开裂。

9）邻近建筑突发较大沉降、不均匀沉降或出现严重开裂。

10）基坑底部、侧壁出现管涌渗漏或流沙等现象。

11）基坑发生事故后重新组织施工。

12）出现其他影响基坑及周边环境安全的异常情况。

3.5.8 基坑监测监理要点

（1）基坑监测应由委托方委托具备相应资质的第三方承担。

（2）基坑围护设计单位及相关单位应提出监测技术要求。

（3）监测单位监测前应在现场踏勘和收集相关资料基础上，依据委托方和相关单位提出的监测要求和规范、规程规定编制详细的基坑监测方案，监测方案须在本单位审批的基础上报委托方及相关单位认可后方可实施。

（4）基坑工程在开挖和支撑施工过程中的力学效应是从各个侧面同时展现出来的，在诸如围护结构变形和内力、地层移动和地表沉降等物理量之间存在着内在的紧密联系，因此监测方案设计时应充分考虑各项监测内容间监测结果的互相印证、互相检验，从而对监测结果有全面正确的把握。

（5）监测数据必须是可靠真实的，数据的可靠性由测试元件安装或埋设的可靠性、监测仪器的精度、可靠性以及监测人员的素质来保证。监测数据真实性要求所有数据必须以原始记录为依据，原始记录任何人不得更改、删除。

（6）监测数据必须是及时的，监测数据需在现场及时计算处理，计算有问题可及时复测，尽量做到当天报表当天出。因为基坑开挖是一个动态的施工过程，只有保证及时监测，才能有利于及时发现隐患，及时采取措施。

（7）埋设于结构中的监测元件应尽量减少对结构的正常受力的影响，埋设水土压力监测元件、测斜管和分层沉降管时的回填土应注意与土介质的匹配。

（8）对重要的监测项目，应按照工程具体情况预先设定预警值和报警制度，预警值应包括变形或内力量值及其变化速率。但目前对警戒值的确定还缺乏统一的定量化指标和判别准则，这在一定程度上限制和削弱了报警的有效性。

（9）基坑监测应整理完整的监测记录表、数据报表、形象的图表和曲线，监测结束后整理出监测报告。

3.5.9 巡视检查

（1）在对基坑进行变形监测的同时，基坑巡视是基坑安全必不可少的辅助手段。通过巡视，可以及时、直观地观察到地表裂缝、塌陷等表象，对基坑的局部稳定性的判断起着不可替代的作用。因此在基坑开挖及维护期间，应安排专职安全员对基坑周边进行巡视，并对巡视结果进行记录，一旦发现地表有裂缝或漏水等异常应作好记录，严密观察其变化情况，同时及时向项目部汇报。项目部接到报告后应立即作出反应，分析其原因，并根据对基坑安全的影响程度制定有效控制措施，以防止形势恶化，危及基坑的安全。

（2）注意事项：

1）每次观测应用相同的观测方法和观测线路。

2）观测期间使用同一种仪器，同一个人操作，不能更换。

3）加强对基坑各侧沉降、变形观测，特别对有地下管线的各边坡要进行重点观测。

（3）基坑工程施工和使用期内，每天均应由专人进行巡视检查。

（4）基坑工程巡视检查宜包括以下内容：

1）支护结构：

支护结构成型质量；坡面支护结构有无裂缝出现；墙后土体有无裂缝、沉陷及滑移；基坑有无涌土、流砂、管涌；基坑有无漏水。

2）施工工况：

开挖后暴露的土质情况与岩土勘察报告有无差异；基坑开挖分段长度、分层厚度及支锚设置是否与设计要求一致；基坑周边地面有无超载、超载是否按照设计要求进行。

3）周边环境：

周边管道有无破损、泄漏情况；周边建筑有无新增裂缝出现、裂缝是否发展；周边道路（地面）有无裂缝、沉陷、变形是否发展；邻近基坑及建筑的施工变化情况。

4）监测设施：

基准点、监测点完好状况；监测元件的完好及保护情况；有无影响观测工作的障碍物。

5）地下水位的监测：

地下水位下降是否过快；桩孔内是否大量涌水。

（5）根据设计要求或当地经验确定的其他巡视检查内容。

巡视检查宜以目测为主，可辅以锤、钎、量尺、放大镜等工器具以及摄像、摄影等设备进行。巡视检查如发现异常和危险情况，应及时通知建设方及其他相关单位。

3.6 管廊基础垫层

3.6.1 垫层施工流程

图 3.6-1　垫层施工流程图

3.6.2 垫层施工

基坑开挖至坑底后，应立即组织相关单位进行验槽，验槽合格后尽快进行垫层浇筑。垫层施工可采用方木作为模板，方木外用木桩做支撑，同时在木桩上将混凝土垫层标高的标记刻在木桩上拉线控制（图3.6-2）。

混凝土采用商品混凝土，人工整平和抹面，由于预制综合管沟对垫层要求较高，所以对垫层混凝土面的标高和表面平整度

图3.6-2 垫层浇筑

的要求也大大提高，平整度控制在5mm以内。采用铝合金直尺找平，然后进行收光、养护。

3.6.3 管廊基础垫层监理要点

（1）基底表面清理：基底表面的浮土、杂物均应清理干净，表面不得留有积水。

（2）按规定制作试块。

（3）浇注混凝土要求从一端开始，并应连续浇筑，混凝土浇筑后，应及时用平板振动器振捣。

（4）混凝土振捣密实后，按标杆检查一下上平，然后用振动扫平器扫平。垫层混凝土浇筑厚度为10cm，必须严格控制摊铺厚度。

3.6.4 质量控制标准

垫层表面允许偏差表

表 3.6-1

检查项目		允许偏差（mm）	检查数量		检验方法
			范围	点数	
1	平整度	10	每10m	1	2m靠尺和楔形塞尺测量
2	标高	±10	每10m	1	水准仪测量

3.7 管廊防水工程

3.7.1 地下工程防水知识

地下防水工程是指对工业与民用建筑地下工程、防护工程、隧道、管廊及地下铁道等建（构）筑物，进行防水设计、防水施工和维护管理等各项技术工件的工程实体。

国家标准《地下防水工程质量验收规范》GB 50208、《地下工程防水技术规范》GB 50108是随着建筑业的发展多年来对地下防水工程设计与施工实践成功经验的总结，《地下工程防水技术规范》GB 50108将混凝土结构自防水和外包防水层统称为主体防水、规

定地下防水工程设计与施工应遵循"防、排、截、堵相结合，刚柔相济，因地制宜，综合治理"的原则。从防水耐久性出发把防水混凝土作为防水第一道防线，并根据建筑工程的重要程度和使用功能对防水的要求，确定防水等级和设防构造，地下工程的变形缝、施工缝、后浇带、穿墙管、预埋件、预留通道接头、桩头等细部构造的防水采取有效地加强措施。

地下工程混凝土结构主体防水应采取混凝土自防水，外包卷材或涂膜等柔性材料防水相结合，设计为多道设防的防水构造组合成为刚柔相济、优势互补的防水系统。

3.7.2 地下防水漏水原因

（1）成品保护不善。购置的地下堵漏材料或已完工的地下堵漏层，由于保管不善，施工不慎造成破坏且未及时修补而造成渗漏。

（2）对混凝土围护结构不采用地下防水混凝土，而只做柔性地下堵漏层。

（3）不重视细部的构造处理，对变形缝、施工缝、后浇带、预留接口、混凝土主体结构等部位采取的地下堵漏措施不当。

（4）地下堵漏混凝土配合比在现场施工时配制不准确，特别是水灰比增大，使混凝土收缩大，出现裂缝引起渗漏。

（5）混凝土养护不良造成早期失水严重，形成渗漏。

3.7.3 防水基本要求

1. 设计基本要求

（1）地下工程防水方案根据工程规划、结构设计、材料选择，结构耐久性和施工工艺等确定，地下工程防水设计应做到定级准确、方案可靠、施工简便、耐久适用、经济合理，并根据地表水、地下水、毛细管水等的作用，以及由于人为因素引起的附近水文地质改变的影响确定。

（2）单建式的地下工程，宜采用全封闭、部分封闭的防排水设计；附建式的全地下或半地下工程的防水设防高度，应高出室外地坪高程 500mm 以上，地下工程防水设计，应包括防水等级和设防要求；防水混凝土的抗渗等级和其他技术指标、质量保证措施；其他防水层选用的材料及其技术指标、质量保证措施；工程细部构造的防水措施，选用的材料及其技术指标、质量保证措施；工程的防排水系统、地面挡水、截水系统及工程各种洞口的防倒灌措施等内容。地下工程迎水面主体结构应采用防水混凝土，并应根据防水等级的要求采取其他防水措施，地下工程的变形缝（诱导缝）、施工缝、后浇带，穿墙管（盒）、预埋件、预留通道接头、桩头等细部结构，应加强防水措施。地下工程的排水管沟、地漏、出入口、窗井、风井等，应采取防倒灌措施；寒冷及严寒地区的排水沟应采取防冻措施。

（3）确立钢筋混凝土结构自防水体系，并以此作为系统工程对待，即以结构自防水为根本，加强钢筋混凝土结构的抗裂、防渗能力，改善钢筋混凝土结构的工作环境，进一步提高其耐久性；同时以施工缝、变形缝等接缝防水为重点，辅以附加防水层加强防水。

（4）选用的防水材料应具有环保性能、无毒、对地下水无污染；经济、适用；施工简便、对土建工法的适应性较好；适应本地的天气、环境条件；成品保护简单等优势。

（5）地下防水工程防水等级标准及适用范围：

1）一级：

防水标准：不允许渗水，结构表面无湿渍。

适用范围：人员长期停留的场所；因有少量湿渍会使物品变质、失效的贮物场所及严重影响设备正常运转和危及工程安全运营的部位；极重要的战备工程。

2）二级：

防水标准：不允许漏水，结构表面可有少量湿渍。

总湿渍面积不应大于总防水面积的1/1000；任意100m防水面积上的湿渍不超过2处，单个湿渍上的最大面积不大于0.1m²；平均渗水量不大于0.05L/（m·d）任意100m防水面积的渗水量不大于0.15L/（m·d）。

适用范围：人员经常活动的场所；在有少量湿渍的情况下不会使物品变质、失效的贮物场所及基本不影响设备正常运转和工程安全运营的部位；重要的战备工程，地铁车站。

3）三级：

防水标准：有少量漏水点，不得有线流和漏泥沙；单个湿渍面积不大于0.3m²，单个漏水点的漏水量不大于2.5L/d，任意100m²防水面积不超过7处，人员临时活动的场所；一般战备工程。

适用范围：人员临时活动的场所；一般战备工程。

4）四级：

防水标准：有漏水点，不得有线流和漏泥沙；整个工程平均漏水量不大于2L/m²·d，任意100m²防水面积的平均漏水量不大于4L/m²·d。

适用范围：对渗漏水无严格要求的工程

根据《地下工程防水技术规范》GB 50108—2008，综合管廊主体不允许漏水，管廊及分控室地下结构为二级防水标准。

（6）明挖法地下工程防水设防要求见表3.7-1。

明挖法地下工程防水设防要求　　　　　　　　　　表3.7-1

工程部位		主体结构						施工缝						后浇带				变形缝（诱导缝）				
防水措施		防水混凝土	防水卷材	防水涂料	塑料防水板	膨润土防水材料	防水砂浆	金属防水板	遇水膨胀止水条（胶）	外贴式止水带	中埋式止水带	外抹防水砂浆	外涂防水涂料	渗透结晶型防水材料	预埋注浆管	补偿收缩混凝土	外贴式止水带	预埋注浆管	遇水膨胀止水条（胶）	防水密封材料	中埋式止水带	外贴式止水带	可卸式止水带	防水密封材料	外贴防水卷材	外涂防水涂料
防水等级	一级	应选	应选1～2种						应选2种							应选	应选2种				应选	应选1～2种				
	二级	应选	应选1种						应选1～2种							应选	应选1～2种				应选	应选1～2种				
	三级	应选	宜选1种						宜选1～2种							宜选	宜选1～2种				应选	宜选1～2种				
	四级	宜选	宜选1种						宜选1种							应选	宜选1种				应选	宜选1种				

2. 防水工程监理控制要点

（1）地下防水工程施工前。应进行图纸会审，掌握工程主体及细部构造的防水技术要求。地下防水工程必须由相应资质的专业防水伍进行施工；主要施工人员应持有建设行政主管部门或其指定单位颁发的执业资格证书。

（2）防水施工必须遵守国家现行的有关安全防火、环保规定。

（3）地下防水工程所使用的防水材料，应有产品的合格证书和性能检测报告，材料的品种、规格、性能等应符合现行国家产品标准和设计要求。

（4）防水混凝土的配合比应按设计抗渗等级提高 0.2MPa 并由试验室试配确定。地下防水工程施工应按各道工序进行验收，合格后方可进行下道工序施工。

（5）地下防水工程施工期间，明挖法的基坑以及暗挖法的竖井、洞口，必须保持地下水位稳定在基底 0.5m 以下，必要时应采取降水措施。地下防水工程的防水层。严禁在雨天、雪天和五级风及其以上时施工，施工环境气温条件；高聚物改性沥青防水卷材及合成高分子防水卷材冷粘法不低于 50℃，热熔法不低于－10℃；有机防水涂料溶剂型－5～35℃，水溶性 5～35℃；无机防水涂料、防水混凝土及水泥砂浆，5～35℃。

3. 地下防水作业条件及施工注意事项

（1）基层 15～20mm 厚的 1:3 水泥砂浆找平层应具有足够的强度。找平层应抹平压光、坚实、牢固、不起砂，不得有凹凸、松动、鼓包、裂缝、麻面等现象。其平整度应用 2m 长直尺检查，找平层与直尺间的空隙不得超过 5mm。

（2）找平层表面必须干净、干燥，其含水率不大于 9%。

（3）底板找平层与立墙交接处，找平层与积水坑，凹坑等交接处的阴阳角均应作成圆弧。圆弧半径应根据卷材材种类选用。

（4）找平层的坡度应符合设计及有关规定要求，不得局部积水。

（5）注意事项：

1）施工材料和辅助材料多属易燃品，存放材料的仓库及施工现场必须符合国家有关防火规定。使用二甲苯等溶剂应有相应的防毒措施。

2）地下防水工程部位作业时，操作人员必须戴安全帽。

3）高聚物改性沥青防水卷材热熔法施工环境温度不低于－10℃；合成高分子防水卷材现场施工不低于－5℃；合成高分子防水涂料一般不宜冬期施工，如确实急需施工时，环境温度应大于 0℃。雨天、雪天、五级风以上均不得施工。

4）注意成品保护。防水施工要与有关工序作业配合协调，防水专业队与有关施工操作人员共同保护防水层不遭破坏。不穿带钉的鞋上防水层。

5）劳动力组织可根据施工作业面变化进行调整，一般每组为 5～8 人。

3.7.4　地下工程混凝土结构主体防水控制要点

1. 防水混凝土的种类、特点及适用范围

钢筋混凝土在保证浇筑及养护质量的前提下能达到 100 年左右的寿命，其本身具有承重及防水双重功能，便于施工，耐久性好，渗漏水易于检查、修补简便等优点，是防水混凝土做为防水第一道防线。混凝土结构自防水不适用于允许裂缝开展宽度大于 0.2mm 的结构、遭受剧烈振动或冲击的结构、环境温度高于 80℃的结构，以及可致耐蚀系数小于

0.8 的侵蚀性介质中使用的结构。防水混凝土的抗渗等级应不小于 P6，分为普通防水混凝土，掺外加剂防水混凝土，新型防水混凝土。

（1）普通防水混凝土

调整和控制混凝土配合比，以此来提高混凝土的抗渗性。采用普通防水混凝土时，对材料要求比较高，水泥强度等级不应低于 32.5 级；宜采用中砂，含泥量不得大于 3.0%，泥块含量不得大于 1.0%；粉煤灰的级别不应低于二级，掺量不宜大于 20%。普通防水混凝土在工程中应用广泛，价格便宜，但对于受地下水影响较大的地下结构来说，使用时应该谨慎。

（2）外加剂防水混凝土

不同的外加剂，其性能、作用各异，应根据工程结构和施工工艺等对防水混凝土的具体要求，选择合适的外加剂。常用的类型有：

1）引气剂防水混凝土。在混凝土拌合物中掺入适量的引气剂，减小混凝土的孔陈率，增加密实度，以达到防水的目的。

2）减水剂防水混凝土。掺入适量的减水剂，减小混凝土的孔隙率，增加密实度，以达到防水的目的。

3）三乙醇胺防水混凝土。随拌合水掺入定量的三乙醇胺防水剂，加快水泥的水化作用，使水化生成物增多，水泥石结晶变细，结构密实，因此提高了混凝土的抗渗性。

（3）新型防水混凝土

地下结构的混凝土的抗裂性尤显重要。近年，纤维抗裂防水混凝土、高性能防水混凝土、聚合物水泥防水混凝土分别以其各自的特性，显著提高混凝土的密实性和抗裂性，成为新型的防水混凝土，在特种结构中应用广泛。

2. 防水混凝土施工

（1）施工准备

编制先进、合理的"防水混凝土施工方案"做好方案交底工作，落实施工所用机械、工具、设备。施工现场消防、环保、文明工地等准备工作已完成，临时用水用电到位。做好基坑的降水、排水工作，使地下水位稳定保持在基底最低标高 0.5m 以下，直至施工完毕，基坑上部采取措施，防止地面水流入基坑内。

（2）钢筋工程

钢筋应绑扎牢固，避免因碰撞、振动使绑扣松散、钢筋移位，造成露筋。钢筋及绑扎钢丝均不得接触模板。墙体采用顶模杆或梯格筋代替顶模杆时，应在顶模杆上加焊止水环，马凳应置于底铁上部，不得直接接触模板。

钢筋保护层应符合设计规定，并且迎水面钢筋保护层厚度不应小于 50mm。应以相同配合比的细石混凝土或水泥砂浆制成垫块，将钢筋垫起，以保证保护层厚度，严禁以垫铁或钢筋头垫钢筋，或将钢筋用铁钉及钢丝直接固定在模板上。在钢筋密集的情况下，更应注意绑扎或焊接质量，并用自密实高性能混餐土浇筑。

（3）模板工程

模板吸水性要小并具有足够的刚度、强度，如钢模、木模、木（竹）胶合板等材料。

模板支装应平整，拼缝严密、不漏浆，模板构造及支撑体系：应牢固、稳定，能承受混凝土的侧压力及施工荷载，并应装拆方便。固定模板防水措施使用的螺栓可采用工具三段式螺栓，螺栓焊止水环，预埋钢套管加焊止水环、对拉螺栓穿塑料管堵孔等做法。止水环尺寸及环数，应符合设计规定；如设计无明确规定，止水环应为 100mm×100mm 的方形止水环。模板拆除应符合现行国家标准《混凝土结构工程施工质量验收规范》GB 50204 规定，并注意防水混凝土结构成品保护。

工具式螺栓分为螺栓内置节及外置节，内置节上焊止水环。拆模时，将工具式螺栓外置节取下，再以嵌缝材料及聚合物水泥砂浆将螺栓凹槽封堵严密，工具式螺栓的防水做法见图 3.7-1。

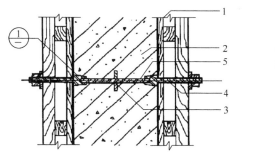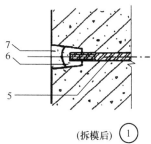

图 3.7-1　工具式螺栓防水施工

1—模板；2—结构混凝土；3—止水环；4—工具式螺栓；5—固定模板用螺栓；6—密封材料；

7——聚合物水泥砂浆

（注：固定模板用工具三段式螺栓的防水构造）

三段式止水螺杆，结构三段，其中间部分是内杆，留在墙体，根据工程墙体的厚度定制生产螺杆的长度（图 3.7-2）。两端螺杆通过连接螺母与中间螺杆连接，内杆加密封材料的长度就是墙厚，外杆可再次配套使用，三段式止水螺杆中间的止水片应采用二氧化碳保护焊的工艺加焊止水环，止水环与螺栓必须满焊严密。拆模后取出密封材料或垫木块形成凹槽，将螺栓拆除、再用防水或微胀聚合物水泥砂浆将凹槽封堵。

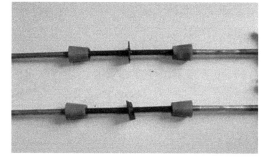

图 3.7-2　三段式螺栓实物

（4）混凝土工程

保证自防水混凝土质量应从控制混凝土裂缝的产生和提高混凝土密实性入手，同时对变形缝，后浇缝的局部处理采取有效措施，以提高抗渗性能。

1）为保证防水混凝土质量，混凝土外加剂和水的计量误差应小于 1％，混凝土应满足泵送要求，严禁随意加水。若坍落度不能满足施工要求时，可配制高效减水剂过饱和溶液，现场调整坍落度。

2）混凝土浇筑前，模板和钢筋间的杂物必须清理干净，在后浇带的位置设钢板孔网，施工缝处混凝土要加强振捣，防止造成渗水通道。板面混凝土浇筑成型后，待表面收干时用木抹搓压至少三遍，最后一遍用手按压有手印但又不下陷为准，抹压完后及时覆盖塑料薄膜保水养护，养护期不少于 14d。

防水混凝土验收标准：

防水混凝土分项工程检验批的抽样检验数量，应按混凝土外露面积每 100m²
抽查 1 处，每处 10m²，且不得少于 3 处。

① 主控项目：

a. 防水混凝土的原材料、配合比及坍落度必须符合设计要求。

检验方法：检查产品合格证，产品性能检测报告、计量措施和材料进场检验报告。

b. 防水混凝土的抗压强度和抗渗性能必须符合设计要求。

检验方法：检查混凝土抗压强度、抗渗性能检验报告。

防水混凝土结构的变形缝、施工缝、后浇带、穿墙管、埋设件等设置和构造必须符合
设计要求。

检验方法：观察检查和检查隐蔽工程验收记录。

② 一般项目：

a. 防水混凝土结构表面应坚实、平整，不得有露筋、蜂窝等缺陷，埋设件位置应
准确。

检验方法：观察检查。

b. 防水混凝土结构表面的裂缝宽度不应大于 0.2mm，且不得贯通。

检验方法：用刻度放大镜检查。

c. 防水混凝土结构厚度不应小于 250mm，其允许偏差应为 +8mm，−5mm；主体结
构迎水面钢筋保护层厚度不应小于 50mm，其允许偏差为 ±5mm。

构验方法：尺量检查和检查隐蔽工程验收记录。

（5）穿墙管安装工程

穿墙管（盒）的防水施工：穿墙管防水施工时金属止水环应与主管或套管满焊密实。
采用套管式穿墙防水构造时，翼环应满焊密实，并应在施工前将套管内表面清理干净。相
邻穿墙管的间距应大于 300mm。采用遇水膨胀止水圈的穿墙管，管径宜小于 50mm，止
水圈应采用胶粘剂满粘固定于管上，并应涂缓涨剂或采用缓涨型遇水膨胀止水条。

1）单管穿墙预埋穿墙管必须加焊防水圈，具体做法见图 3.7-3。

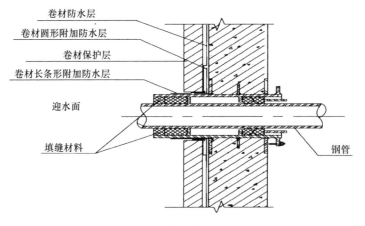

图 3.7-3　管道穿墙管做法

2）多管穿墙穿墙盒处应从钢板上的预留浇筑孔注入柔性密封材料或细石混凝土处理。
柔性防水层在穿墙管部位的收头应采用管箍或钢丝紧固，并用密封材料封严。防水附加层

及收头涂膜材料，应选择与防水卷材相容的材料，涂膜附加层内加无纺布或玻纤胎体材料，其剪裁方法与防水卷材相同。柔性防水层在穿墙盆部位的四周，用螺栓、金属压条固定在封口钢板上，并用密封材料封严（图 3.7-4），当工程有防护要求时，穿墙管除应采取防水措施外，尚应采取满足防护要求的措施。穿墙管伸出外墙的部位，应采取防止回填时将管体损坏的措施。

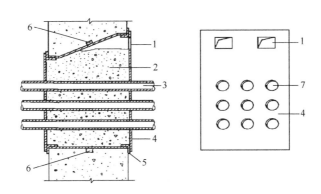

图 3.7-4　多管穿墙防水构造

1—浇筑孔；2—柔性材料或细石混凝土；3—穿墙管；4—封口钢板；
5—固定角钢；6—遇水膨胀止水条；7—预留孔

3.7.5　主体结构接缝（变形缝、施工缝等）控制要点

（1）变形缝或横向垂直施工缝：

1）用于伸缩的变形缝宜少设，可根据不同的工程结构类别、工程地质情况采用后浇带、加强带、诱导缝等替代措施。

2）变形缝处混凝土结构的厚度不应小于 300mm。

3）变形缝嵌缝材料施工前，应对变形缝进行检查，使其符合图纸要求，变形缝所用产品都应严格按照生产厂家推荐的方法装卸、放置、装配和安装。

4）止水带宽度和材质的物理性能应符合设计要求，且无裂缝和气泡；接头应采用热接，不得重叠，接缝应平整、牢固。

5）止水带在施工过程中严禁在阳光下曝晒，露在外面的止水带应采用草袋覆盖，避免紫外线辐射引起橡胶老化。

6）固定止水带时，可在止水带的允许部位处穿孔打洞，不得损坏本体部分。

7）中埋式止水带：必须按设计位置准确埋设，止水带中心线与变形缝及结构厚度中线重合。中埋式止水带钢边止水带的长度需要焊接时，应采用现场热硫化对接，对接接头宜为一处。

8）变形缝处混凝土必须捣固密实，止水带下部不应产生空洞、气孔等隐患。

9）填缝板应在工厂中加工成需要的尺寸，现场拼接时宜采用粘接。

10）变形缝两侧的混凝土宜分为先后浇筑，填缝板应在先浇筑的混凝土浇筑前安装并固定在模板内侧，不得在浇注混凝土后粘贴在混凝土上（图 3.7-5）。

（2）纵向水平施工缝：

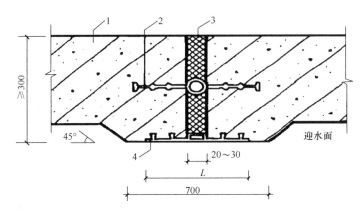

图 3.7-5　变形缝：中埋式止水带与外贴防水层复合使用
1—混凝土结构；2—中埋式止水带；3—填缝材料；4—外贴止水带

　　纵向水平施工缝尽可能减少设置的数量，采用钢板止水带和腻子型遇水膨胀止水条复合止水，水平施工缝距离底板底 300～500mm。水平施工缝浇筑混凝土前，应将其表面浮浆和杂物清除，然后敷设净浆或涂刷混凝土界面处理剂。再铺 30～50mm 厚的 1：1 水泥浆，并应及时浇筑混凝土（图 3.7-6）。

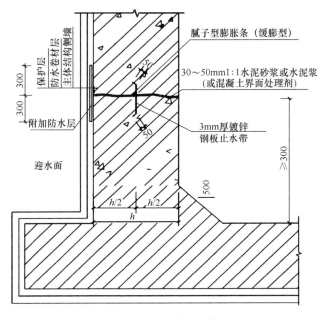

图 3.7-6　水平施工缝防水

　　附加防水层可选择水泥基渗透结晶型防水涂料，性能指标见表 3.7-2。

水泥基渗透结晶型防水涂料的性能指标　　　　　　　　表 3.7-2

涂料种类	抗折强度（MPa）	粘结强度（MPa）	一次抗渗性（MPa）	二次抗渗性（MPa）	冻融循环（次）
水泥基渗透结晶型防水涂料	≥4	≥1.0	>1.0	>0.8	>50

（3）综合管廊及其附属工程中的变形缝，间距约为 30m，位置为纵向刚度突变以及上覆荷载变化处或下卧土层突变处，变形缝的缝宽为 30mm。变形缝处混凝土结构的厚度不应小于 300mm。混凝土断面不满足要求时应局部加厚。

1）变形缝所用的材料应符合现行标准《给水排水工程混凝土构筑物变形缝设计规范》T/CECS 117—2017、《地下工程防水技术规范》GB 50108 和《高分子防水材料 第 2 部分：止水带》GB 18173.2 的要求。

2）变形缝衬垫板采用聚乙烯泡沫塑料板，其物理性能应符合表 3.7-3 要求。

聚乙烯泡沫塑料板的物理性能　　　　　表 3.7-3

项目	单位	指标	项目	单位	指标
表现密度	g/cm²	0.05~0.14	吸水率	g/cm³	≥0.005
抗拉强度	MPa	≥0.15	延伸率	%	≥100
抗压强度	MPa	≥0.15	硬度	邵尔硬度	40~60
撕裂强度	N/m	≥4.0	压缩永久变形	%	≤3.0
加热变形	%（70℃）	≤2.0			

3）密封膏采用聚硫密封膏，其物理力学性能应符合表 3.7-4 要求。

聚硫密封膏性能要求　　　　　表 3.7-4

项目	指标	项目		指标
密度（g/cm）	1.6	低温柔性（℃）		−30
适用期（h）	2~6	拉伸粘结性	最大拉伸强度（MPa）	≥0.2
			最大伸长率（%）	≥200
表干时间（h）（不大于）	24	恢复率（%）（不大于）		80
渗出指数（不大于）	4	拉伸—压缩循环性能、粘结破坏面积（%）（不大于）		25
流变性、下垂度（mm）（不大于）	3	加热失重（%）（不大于）		10

4）橡胶止水带（包括钢边橡胶止水带、外贴式橡胶止水带）物理力学性能指标应满足《高分子防水材料 第 2 部分：止水带》GB 18173.2—2014 中的要求（图 3.7-7）。

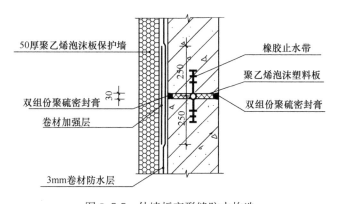

图 3.7-7　外墙板变形缝防水构造

185

（4）施工缝验收标准：

1）主控项目：

① 施工缝用止水带、遇水膨胀止水条或止水胶、水泥基渗透结晶型防水涂料和预埋注浆管必须符合设计要求。

检验方法：检查产品合格证、产品性能检测报告和材料进场检验报告。

② 施工缝防水构造必须符合设计要求。

检验方法：观察检查和检查隐蔽工程验收记录。

2）一般项目：

① 墙体水平施工缝应留设在高出底板表面不小于 300mm 的墙体上。拱、板与墙结合的水平施工缝，宜留在拱、板和墙交接处以下 150～300mm 处；垂直施工缝应避开地下水和裂隙水较多的地段，并宜与变形缝相结合。

检验方法：观察检查和检查隐蔽工程验收记录。

② 在施工缝处继续烧筑混凝土时，已浇筑的理混凝土抗压度不应小于 1.2MPa。

检验方法：观率检查和检查隐蔽工程验收记录。

③ 水平施工缝浇筑混凝土前，应将其表面浮浆和杂物清除，然后铺设净浆、涂刷混凝土界面处理剂或水泥基渗透结晶型防水涂料，再铺 30～50mm 厚的 1：1 水泥砂浆，并及时浇筑混凝土。

检验方法：观察检查和检查隐蔽工程验收记录。

3.7.6 地下工程卷材防水监理控制要点

近年来，柔性防水材料从普通纸胎沥青油毡向聚酯胎、玻纤胎高聚物改性沥青以及合成高分子片材方同发展。防水卷材具备水密性，抗渗能力强，吸水率低，浸泡后防水效果基本不变，抗阳光、紫外线、臭氧破坏作用稳定性较好，适应温度变化能力强，高温不流淌，不变形，低品不脆断；在一定温度条件下保持性能良好、能很好地承受施工及合理变形条件下产生的荷载，具有一定的强度和伸长率。施工可行性高，易于施工，操作工艺简单。从目前科学所能了解的范围来讲，对人体和环境没有任河污染或危害。

综合管廊的柔性防水材料选用卷材防水系统，产品性能要求达到《弹性体改性沥青防水卷材》GB 18242—2008 的要求。卷材防水层的搭接宽度、敷设方法、基层处理、保护层的设置施工需满足《地下工程防水技术规范》GB 50108 和《地下防水工程质量验收规范》GB 50208—2011 所有卷材的施工要求。

1. 地下工程的防水卷材及配套材料的品种、主要物理性能

（1）地下工程的防水卷材品种、主要物理性能

新型卷材防水层为改善油毡卷材防水屋面低温脆裂、高温流淌、抗老化性能差的缺点，提高防水工程的质量，近几年，出现了一些新型防水卷材。用于地下工程的防水卷材有以聚酯毡、玻纤毡或聚乙烯膜为胎基的高聚物改性沥青防水卷材和三元乙丙橡胶防水卷材，聚氨乙烯（PVC）、聚乙烯丙纶复合防水卷材，高分子自粘胶膜等合成高分子防水卷材，聚氨酯涂料、渗透结晶涂料等。

1）SBS 改性沥青防水卷材，这种卷材具有很好的耐高温性能，可以在 −25 到 +100℃ 的温度范围内使用，有较高的弹性和耐疲劳性，以及高达 1500% 的伸长率和较强的耐穿刺

能力、耐撕裂能力。适合于寒冷地区，以及变形和振动较大的工业与民用建筑的防水工程。

2）自粘防水卷材是一种以 SBS 等合成橡胶、增粘剂及优质道路石油沥青等配制成的自粘橡胶沥青为基料，强韧的高密度聚乙烯膜或铝箔作为上表面材料，可剥离的涂硅隔离膜或涂硅隔离纸为下表面防粘隔离材料制成的防水材料。它是一种极具发展前景的新型防水材料，具有低温柔性、自愈性及粘结性能好的特点，可常温施工、施工速度快、符合环保要求。

3）高分子丙纶属于合高分子防水卷材系列，它除了完全具有合成高分子卷材的全部优点外，其自身最突出的特点，在于其表面的网状结构，使其具有了自己独特的使用性能水泥粘接。

（2）地下工程的防水卷材配套材料的品种、主要物理性能

1）基层处理剂：为了增强防水材料与基层之间的粘结力，在防水层施工前，预先喷、涂在基层上的稀质涂料。常用的基层处理剂有冷底子油及高聚物改性沥青卷材和合成高分子卷材配套的底胶。它与卷材的材性应相容：以免与卷材发生腐蚀或粘结不良。冷底子油多采用厂家生产的配套专用成品，直接使用。

2）胶粘剂：用于粘贴高分子卷材的胶粘剂，可分为卷材与基层粘贴的胶粘剂及卷材与卷材搭接的胶粘剂。胶粘剂均由卷材生产厂家配套供应。聚乙烯丙纶复合防水卷材粘贴采用聚合物水泥防水粘结材料。

粘贴各类防水卷材，应采用与卷材性能相容的胶粘材料，粘结密封胶带用于合成高分子卷材与卷材间搭接粘结和封口粘结，分为双面胶带和单面胶带。高聚物改性沥青防水卷材之间的粘结剥离强度不应小于 8N/10mm；合成高分子防水卷材配套胶粘剂的粘结剥离强度不应小于 15N/10mm，浸水 168h 后的粘结剥离强度保持率不应小于 70%。

2. 卷材防水设置做法

外防水是把卷材防水层设置在建筑结构的外侧迎水面，是建筑结构的第一道防水层。受外界压力水的作用防水层紧压于结构上，防水效果好，地下工程的柔性防水层应采用外防水，而不采用内防水做法。混凝土外墙防水有"外防外贴法"和"外防内贴法"两种。

（1）外防外贴法施工顺序

外防外贴法是墙体混凝土浇筑完毕、模板拆除后将立面卷材防水层直接铺设在需防水结构的外墙外表面（图 3.7-8）。

图 3.7-8　外防外贴防水卷材

刮外墙腻子两道，打磨平整，平涂外墙（防霉）涂料，一底两面，5＋15厚1∶3水泥砂浆抹灰，防水钢筋混凝土外墙（补平修整），3m厚自粘型防水卷材一道，50mm厚聚苯乙烯泡沫塑料板，素土（灰土）分层夯实。

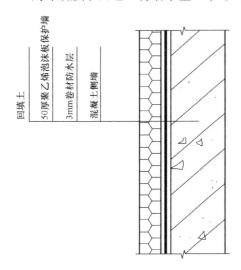

图3.7-9　侧墙卷材防水层构造

混凝土外墙浇筑完成后，应将穿墙螺栓眼进行封堵处理，对不平整的接槎处进行打磨处理。铺贴立面卷材，应先将接槎部位的各层卷材揭开，并将其表面清理干净；如卷材有局部损伤，应及时进行修补；卷材接槎的搭接长度，高聚物改性沥青卷材为150mm，合成高分子类卷材为100mm；当使用两层卷材时，卷材应错槎接缝，上层卷材应盖过下层卷材。

墙体卷材防水层施工完毕，经过检查验收合格后，应及时做好保护层。侧墙卷材防水层采用50mm厚聚乙烯泡沫软质保护墙。

侧墙卷材防水层构造（图3.7-9），侧墙底板防水层构造（图3.7-10），卷材防水层甩槎、接槎构造做法如下：

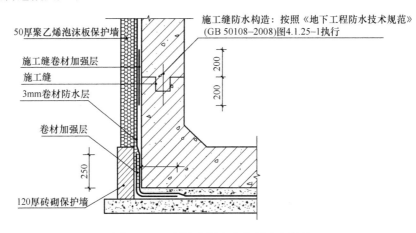

图3.7-10　侧墙底板交角卷材防水层构

顶板外防水构造施工顺序：防水钢筋混凝土顶板－20厚1∶2.5水泥砂浆找平层，－3mm厚自粘型防水卷材一道，－4mm厚高聚物改性沥青耐根穿刺防水卷材一道，－0.4mm厚聚乙烯薄膜层（隔离层），－70厚C20细石混凝土保护层，内配双向钢筋，顶板交角防水构造和施工缝防水构造如图3.7-11、图3.7-12所示。

（2）外防内贴法施工顺序外防内贴法是混凝土垫层砌筑永久保护墙，

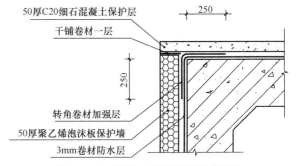

图3.7-11　顶板、外墙交角防水构造

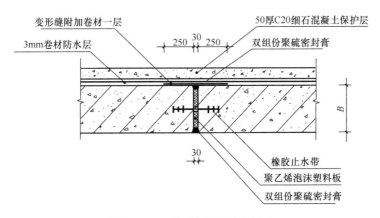

图 3.7-12　顶板变形缝防水构造

将卷才防水层粘贴在底板垫层和永久保护墙上，再浇筑混凝土外墙（图 3.7-13）。

图 3.7-13　外防内贴法

（3）底板外防水构造施工顺序浇筑混凝土垫层，在垫层上用，在内表面抹厚度为 20mm 的 1∶2.5 水泥砂浆找平层。找平层干燥后铺贴 3mm 厚自粘型聚合物改性沥青防水卷材一道，0.4m 厚聚乙烯薄膜层（隔离层），50mm 厚细石混凝土保护层，防水钢筋混凝土底板，防水层：1.5 厚高分子自粘性防水卷材，100 厚 C30 细石混凝土找平层，原浆机械收光，内配单层双向钢筋 Φ4@150。

在全部转角处均应铺贴卷材附加层，附加层应粘贴紧密。铺贴卷材应先铺立面，后铺平面；先铺转角，后铺大面。卷材防水层经验收合格后，应及时做保护层，底板防水构造和底板变形缝构造如图 3.7-14、图 3.7-15 所示。

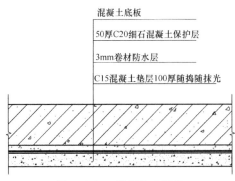

图 3.7-14　底板防水构造

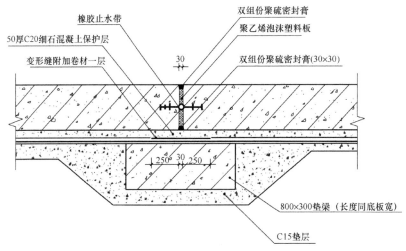

图 3.7-15　底板变形缝防水构造

（4）外壁侧墙外防水构造施工顺序：侧墙卷材防水层宜在围护桩挂网喷浆和批挡 1：2.5 水泥砂浆找平层，3mm 卷材防水层，卷材防水反贴施工完毕后，再施工浇筑混凝土底板及墙体（图 3.7-16）。

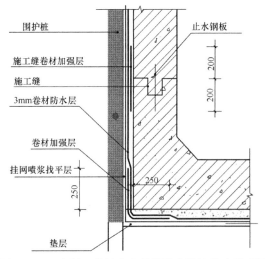

图 3.7-16　底板、外墙交角处外防水贴法防水示意图

（5）"外防外贴法"和"外防内贴法"两种设置方式的优点、缺点比较，见表 3.7-5。

"外防外贴法"和"外防内贴法"优缺点　　　　　　　　　　　　　　　　表 3.7-5

名称	优　点	缺　点
外防外贴法	便于检查混凝土结构及卷材防水层的质量，且容易修补 卷材防水层直接贴在结构外表面，防水层较少受结构沉降变形影响	工序多、工期长 作业面大、土方量大 外墙模板需用量大 底板与墙体留槎部位预留的卷材接头不易保护好
外防内贴法	工序简便、工期短 无需作业面、土方量较小 节约外墙外侧模板 卷材防水层无需临时固定留槎，可连续铺贴，质量容易保证	卷材防水层及混凝土结构的抗渗质量不易检查，修补困难 受结构沉降变形影响，容易断裂，产生漏水 墙体单侧支模质量控制较难 浇捣结构混凝土时，可能会损坏防水层

（6）卷材防水层验收标准：

卷材防水层分项工程检验批的抽检数量，应按铺贴面积每 $100m^2$ 抽查 1 处每处 $10m^2$，且不得少于 3 处。

1）主控项目：

① 卷材防水层所用卷材及其配套材料必须符合设计要求。

检验方法：检查产品合格证、产品性能检测报告和材料进场检验报告。

② 卷材防水层在转角处，变形缝、施工缝、穿墙管等部位做法必需符合设计要求。

检验方法：观察检查和检查隐蔽工程验收记录。

2）一般项目：

① 卷材防水层的塔接缝应粘贴或焊接牢固，密封严密，不得有扭曲、皱折、翘边和起泡等缺陷。

检验方法：观察检查。

② 采用外防外贴法铺贴卷材防水层时，立面卷材接槎的搭接宽度，高聚物改性沥青类卷材应为 150mm，合成高分子类卷材应为 80mm，且上层卷材应盖过下层卷材。

检验方法：观察和尺量检查。

③ 侧墙卷材防水层的保护层与防水层应结合紧密、保护层厚度应符合设计要求。

检验方法：观察和尺量检查。

④ 卷材搭接宽度的允许偏差应为 -10mm。

检验方法：观察和尺量检查。

3. 桩头防水

（1）桩头所用防水材料应具有良好的粘结性、湿固化性。

（2）桩头防水材料应与垫层防水层连为一体。

（3）桩头防水施工应符合下列规定：

1）应按设计要求将桩顶剔凿至混凝土密实处，并应清洗干净。

2）破桩后如发现渗漏水，应及时采取堵漏措施。

3）涂刷水泥基渗透结晶型防水涂料时，应连续、均匀，不得少涂或漏涂，并应及时进行养护。

4）采用其他防水材料时，基面应符合施工要求；

5）应对遇水膨胀止水条（胶）进行保护。

6）桩头防水构造形式如图 3.7-17 所示。

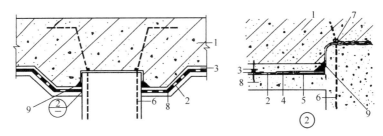

图 3.7-17　桩头防水构造形式

1—结构底板；2—底板防水层；3—细石混凝土保护层；4—聚合物水泥防水砂浆；5—水泥基渗透
结晶型防水涂料；6—桩基受力筋；7—遇水膨胀止水条；8—混凝土垫层；9—密封材料

（4）桩头防水验收标准：

1）主控项目：

① 柱头用聚合物水泥防水砂浆、水泥基渗透结晶型防水涂料、遇水膨胀止水条或止水胶和密封材料必须符合设计要求。

检验方法：检查产品合格证、产品性能检测报告和材料进场检验报告。

② 桩头防水构造必须符合设计要求。

检验方法：观察检查和检查隐蔽工程验收记录。

③ 桩头混凝土应密实，如发现渗漏水应及时采取封堵措施。

检验方法：观察检查和检查隐蔽工程验收记录。

2）一般项目：

① 桩头顶面和侧面裸露处应涂刷水泥基渗透结晶型防水涂料，并延伸至结构底板垫层 150mm 处；桩头周围 300mm 范围内应抹聚合物水泥防水砂浆过渡层。

检验方法：观察检查和检查隐蔽工程验收记录。

② 结构底板防水层应做在聚合物水泥防水砂浆过渡层上并延伸至桩头侧壁，其与桩头侧壁接缝处应采用密封材料嵌填。

检验方法：观察检查和检查隐蔽工程验收记录。

③ 柱头的受力钢筋根部应采用遇水膨胀止水条或止水胶，并应采取保护措施。

检验方法：观察检查和检查隐蔽工程验收记录。

遇水膨胀止水条的施工应符合规范《地下防水工程质量验收规范》GB 50208—2011 第 5.1.3 条的规定；遇水膨胀止水胶的施工应符合规范第 5.1.9 条的规定。

3.8　管廊主体结构

3.8.1　钢筋工程施工工艺

1. 钢筋加工

钢筋在钢筋加工棚加工，现场只堆放钢筋成品和半成品。

（1）钢筋加工要求

1）正式加工钢筋前，施工班组需向项目部上报钢筋配料单，且经项目部钢筋工长审批后方可加工钢筋，加工前先根据设计图纸和施工规范要求放出大样。对钢筋较复杂、较密集处实地放样，找到与相邻钢筋的关系后，再确定钢筋加工尺寸，保证加工准确。

2）施工班组严格按配料单尺寸、形状进行加工，对钢筋加工进行技术交底，并在钢筋加工过程中必须进行指导和抽查，每加工一批必须经质检员验收后，才能进入施工现场。

3）钢筋加工的形状、尺寸必须符合设计要求，钢筋的表面必须洁净无损伤，油渍、漆污和铁锈等在使用前要清除干净，钢筋平直无局部曲折。

4）钢筋进场时材质证明必须齐全，并按试验规定取样进行力学性能试验，复试合格方可加工使用。

5）切割后的钢筋断口不得有马蹄形或起弯等现象。

6）钢筋弯曲点处不能有裂缝，为此，对Ⅲ级钢筋不能反复弯曲。

7）纵向钢筋弯折时弯曲直径：当纵向钢筋直径 $d \leqslant 25$ 时 $D=4d$（$6d$），当纵向钢筋直径 $d > 25$ 时 $D=6d$（$8d$），括号内为顶层框架梁边节点要求。

8）直螺纹、顶模棍、模板支撑卡、梯子筋材料的截断采用无齿锯进行下料。结构钢筋严禁采用气焊切割。

9）钢筋加工过程中的废料按划定的区域堆放，不得乱扔（现场设有钢筋废料堆放池）。长度超过 1m 的料头按规格码放整齐，码放时一头对齐，以备二次利用，最大限度地节约材料。

10）钢筋加工要有专人负责，每加工一种规格的钢筋，都要先仔细量其尺寸批量加工。有偏差必须及时调整。

钢筋弯曲成型后的允许偏差（表 3.8-1）合格后方可施工。

钢筋弯曲成型后的允许偏差

表 3.8-1

序号	项目	允许偏差
1	全长	±10mm
2	外包长度	±5mm
3	弯起点位移	±20mm
4	弯起高度	±3mm
5	箍筋边长	±2mm

（2）钢筋半成品堆放

加工好的半成品钢筋按规格码放，挂好标牌，以防混淆。采用脚手架钢管搭设钢筋存放钢管支架。

每一型号加工完成的钢筋上不得少于两个标识，手工填写，标识卡可重复使用。

每一批原材钢筋存放支架上设标识牌，标识采用塑料板，塑料板可重复使用（图 3.8-1）。

（3）钢筋抽样

钢筋抽样由专业人员进行，抽样前仔细阅读有关图纸、设计变更、洽商、相关规范、

图 3.8-1　钢筋存放

规程、标准、图集，熟悉钢筋构造要求，详细读懂图纸中的各个细节，并以此画出结构配筋详图。

钢筋抽样中结合现场实际情况，考虑搭接、锚固等规范要求，进行放样下料，下料时必须兼顾钢筋长短搭配，最大限度地节约钢筋。

料单在该批钢筋加工使用前编制完毕，并经项目部有关工程师审批后，方可下料加工。

下料前应依据料单查看现场钢筋的规格及原材料复试是否合格，用量情况。原材料各种规格是否齐全，如需钢筋代换时，应与技术部会同设计人员协商，办理设计变更文件，方可进行钢筋代换施工。

2. 钢筋连接

直径≥18mm 的钢筋采用直螺纹连接，直径≤16mm 的钢筋优先采用搭接接头（表 3.8-2）。直螺纹连接应用在基础底板、基础主梁、混凝土墙、暗柱和楼板，搭接主要应用在混凝土墙和部分楼板。

钢筋连接位置表　　　　　　　　　　　　　　　　　表 3.8-2

结构部位		跨中 1/3 范围内	支承点处 1/3 范围内	备注
底板	下铁	√	/	1. 设置在同一构件内机械接头应相互错开，在任一机械接头中心至长度为钢筋直径 d 的 35 倍且不小于 500mm 的区段内。 2. 采用机械连接时当接头为二级时，接头百分率不大于 50% 时位置可不受限制
底板	上铁	/	√	
顶板	下铁	/	√	
顶板	上铁	√	/	
框架梁	下铁	/	√	
框架梁	上铁	√	/	
框架柱主筋		钢筋接头位置必须错开，第一排接头位置距离板面不小于 500mm 且不小于 $H_n/6$，第二排位置距第一个接头不小于 35d 且不小于 500mm		
墙体	竖向筋	搭接长度 1.2L_{aE}，且相邻接头错开不小于 35d 且不小于 500mm，根部加筋长度 1100mm		墙体的搭接百分率≤25，纵向受拉钢筋的搭接长度修正系数 ξ 取 1.2
墙体	水平筋	墙体水平钢筋搭接长度 1.2L_{aE}，且相邻接头错开不小于 35d 且不小于 500mm		

（1）连接套筒的要求

连接套筒材料其材质符合《钢筋机械连接技术规程》JGJ 107—2016 规定。钢筋切口端面及丝头锥度、牙形、螺距等应符合质量标准，并与连接套筒螺纹规格相匹配。连接套表面无裂纹，螺牙饱满，无其他缺陷。各种型号和规格的连接套外表面，必须有明显的钢筋级别及规格标记。连接套两端的孔必须用塑料盖封上，以保护内部清净，干燥防锈

（图 3.8-2）。

（2）剥肋滚轧直螺纹连接

1）钢筋直螺纹加工

凡是从事直螺纹加工的工人要经过培训并持证上岗。

加工钢筋螺纹的丝头、牙形、螺距等必须与连接套牙形、螺距一致，且经配套的量规检验合格。

图 3.8-2　连接套筒

钢筋下料时不宜用热加工方法切断；钢筋端面宜平整并与钢筋轴线垂直；不得有马蹄形或扭曲；钢筋端部不得有弯曲；出现弯曲时应调直。

加工钢筋螺丝，采用水溶性切削润滑液，气温低于 0℃时，掺入 15％～20％亚硝酸钠，不准用机油作润滑液或不加润滑液套丝。

操作人员应逐个检查钢筋丝头的外观质量并做出操作者标记。

经逐个自检合格的钢筋丝头，质量检查员应对每种规格加工批量随机抽检 10％，且不少于 10 个，并填写钢筋螺纹加工检验记录，如有一个丝头不合格，即应对该加工批全数检查，不合格丝头应重加工，经再次检验合格方可使用。

2）钢筋丝头加工程序

钢筋端面平头——剥肋滚轧螺纹——丝头质量检验——带帽保护——丝头质量抽检——存放待用

钢筋丝头加工操作要点：

① 钢筋端面平头：平头的目的是让钢筋端面与母材轴线方向垂直，采用砂轮切割机进行端面平头施工，严禁气割（图 3.8-3）。

图 3.8-3　连接套筒加工

② 剥肋滚轧螺纹：使用钢筋剥肋滚轧直螺纹机将待连接的钢筋的端头加工成螺纹。

③ 带帽保护：用专用的钢筋丝头保护帽对钢筋丝头进行保护，防止螺纹被磕碰或被污物污染。按规格型号及类型进行分类码放。

3）接头连接程序

钢筋就位——拧下钢筋丝头保护帽——接头拧紧——作标记——施工检验

操作要点：

① 钢筋就位：将丝头检验合格的钢筋搬运至待连接处。

② 接头拧紧：用扳手和管钳将连接接头拧紧。

③ 作标记：对已经拧紧的接头作标记，与未拧紧的接头区分开。

钢筋接头连接方法如图 3.8-4 所示。

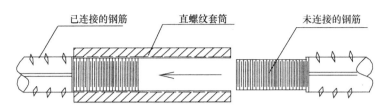

图 3.8-4 连接套筒加工示意图

（3）钢筋连接

在进行钢筋连接时，钢筋规格应与连接套筒规格一致，并保证丝头和连接套筒内螺纹干净、完好无损。

连接钢筋时对准轴线将钢筋拧入相应的连接套筒。

接头拼接完成后，使两个丝头在套筒中央位置互相顶紧，套筒每端不得有一扣以上的完整丝扣外露，加长型接头的外露丝扣数不受限制，但有明显标记，以检查进入套筒的丝头长度是否满足要求。

钢筋接头拧紧后应用力矩扳手按不小于表 3.8-3 中的拧紧力矩值检查，并加以标记。

直螺纹钢筋接头最小拧紧力矩值 表 3.8-3

钢筋直径 mm	≤16	18～20	22～25	28～32
拧紧扭 N·m	100	200	260	320

3. 钢筋接头检验

（1）工艺检验：在正式施工前，按同批钢筋、同种机械连接形式的接头形式的接头试件不少于 3 根，同时对应截取接头试件的母材，进行抗拉强度试验。

（2）现场检验：按检验批进行同一施工条件下采用同一批材料的同等级、同形式、同规格的接头每 500 个为一验收批，不足 500 个接头的也按一个验收批，取样后的钢筋用电弧焊焊接。

（3）对接头的每一验收批，必须在工程结构中随机截取 3 个试件做抗拉强度试验，当 3 个接头试件的抗拉强度符合表 3.8-4 中相应等级的要求时，该验收批评为合格。

钢筋接头检验抗拉强度 表 3.8-4

接头等级	Ⅰ级	Ⅱ级	Ⅲ级
抗拉试验	$f_{mst}^0 \geqslant f_{st}^0$ 或 $1.10 \geqslant f_{uk}$	$f_{mst}^0 \geqslant f_{uk}$	$f_{mst}^0 1.35 \geqslant f_{yk}$

注：f_{mst}^0——接头试件实际抗拉强度；

　　f_{st}^0——接头试件中钢筋抗拉强度实测值；

　　f_{yk}——钢筋屈服强度标准值；

　　f_{uk}——钢筋抗拉强度标准值。

现场连续检验 10 个验收批抽样试件抗拉强度试验 1 次合格率为 100% 时，验收批接头数量可以扩大 1 倍。

4. 钢筋搭接

钢筋绑扎接头设置在受力较小处。同一纵向受力钢筋不设置两个或两个以上接头，接头末端距钢筋弯起点的距离不小于钢筋直径的 10 倍。

同一构件中相邻纵向受力钢筋的绑扎搭接头宜相互错开。绑扎搭接接头中钢筋的横向净距不小于钢筋直径,且不应小于 25mm。

同一连接区段内,纵向受力钢筋的接头面积百分率应符合设计要求。当设计无具体要求时,应符合《混凝土结构工程施工质量验收规范》GB 50204—2015 中的下列规定:

(1) 对梁类、板类及墙类构件,不宜大于 25%;

(2) 对柱类构件,不宜大于 50%;

受力钢筋锚固长度为 46d(d 为受力钢筋直径)。

5. 钢筋焊接

采用帮条焊或搭接焊。在正式焊接之前,先进行现场条件下的焊接工艺试验,并经试验合格后,方可正式焊接。每 300 个接头为一个检验批。

HPB300 钢筋采用 E43 系列,HRB400 采用 E55 系列,钢筋与型钢焊接随钢筋定焊条。

单面焊接长度 10d,双面焊接长度 5d。

6. 钢筋的绑扎

(1) 底板钢筋

将基础防水保护层清理干净,用墨斗将基础梁钢筋、底板双层双向钢筋、柱钢筋、墙钢筋、集水坑等构件钢筋位置线弹出。

将基础底板下部钢筋用吊车运至事先划分好的区域,按照图纸要求间距开始摆放,拉筋间距 450mm 梅花型布置隔一布一,拉筋在腋角处 1m 范围内加密为 150mm×150mm。

在底层钢筋的交叉点的下部垫水泥砂浆垫块间距 600mm,呈梅花状布置,板上下部钢筋的端头为 90°弯钩,平直段长度为 15d。

(2) 墙体钢筋

墙体水平筋在内,竖筋在外,双排筋之间,梅花布置拉筋采用 ϕ12@450mm×450mm,钩紧两根水平筋同时绑扎。

墙柱位置线:墙体施工时应弹出轴线控制线、墙体边线、50cm 墙体控制线,暗柱边线应一并弹出。

绑扎墙体钢筋:先绑 2~4 根竖筋,并画好分档标志,然后于下部及齐胸处绑两根横筋定位,并在横筋上画好分档标志,然后绑其余竖筋,最后绑其余横筋。

墙筋应逐点绑扎,其搭接长度及位置要符合设计和规范要求。搭接钢筋在搭接长度内,应分别在两端和中点各绑一点。钢筋绑扎时,火烧丝尾段应甩进墙体钢筋内侧。在绑扎洞口梁时,搭接长度范围内,当搭接钢筋为受拉时,其箍筋间距不大于 5d,且不大于 100mm;当搭接钢筋为受压时,箍筋间距不应大于 10d,且不大于 200mm。各处箍筋的开口都应相互错开,箍筋依据受力钢筋直径确定弯钩的半径,并且要绑扎到位,双肢必须平行。搭接长度的末端与钢筋弯曲处的距离,不得小于钢筋直径的 10 倍。接头不宜位于构件最大弯矩处。

双排钢筋之间应绑梯形支撑,间距 2000mm,用 Φ12 钢筋加工,以保证双排钢筋之间距离。合模后还应在模板上口加水平向定距框保证钢筋不位移。

侧墙开孔洞,钢筋可在洞口处切断。当 300mm<D<1000mm 时,钢筋切断后应在洞口每侧配置附加钢筋,每侧附加钢筋面积不应小于孔洞宽度范围内被切断的受力钢筋面积

的 0.75 倍，附加钢筋放置在被切断钢筋同一平面内；当 $D>1000$mm 时，洞口上下和两侧设置暗梁暗柱。

（3）顶板钢筋绑扎

工艺流程：画位置线——绑下铁钢筋——架设马凳——绑上铁钢筋

清扫模板上丝头、电线管头等杂物。

用墨线在模板弹出主筋、分布筋位置。按画好的位置，先摆下铁短向钢筋，后放下铁长向筋，核对无误后用绑丝逐点绑牢。绑好后，在下铁上放置马凳，马凳必须架设在下铁上层钢筋上，起到支撑作用，马凳间距 1.5m，梅花型布置。

顶板下皮保护层使用垫块，间距 600m，梅花型布置。马凳安置完成后，铺上铁长向钢筋，再铺上铁短向钢筋，核对无误后用绑丝逐点绑牢。

钢筋在搭接长度内，应分别在两端合中点各绑一点。顶板上铁搭接在跨中，下铁搭接在支承点，钢筋搭接长度、接头错开应符合设计和规范要求。

（4）梁钢筋绑扎

工艺流程：

画主次梁箍筋间距→放主梁次梁箍筋→穿主梁底层纵筋及弯起筋→穿次梁底层纵筋并与箍筋固定→穿主梁上层纵向加立筋→按箍筋间距绑扎→穿次梁上层纵向钢筋→按箍筋间距绑扎

梁主筋直径≥18 时采用剥肋滚轧直螺纹连接，连接接头避开箍筋加密区，相邻接头间距大于 500mm。连接接头位置：上铁在净跨跨中 1/3 范围内，避开箍筋加密区，腰筋采用绑扎搭接。

框架梁箍筋加密：支承边大于 2 倍的梁高范围内，或者大于 500mm，两者取大值。

梁端纵筋需进行弯锚，垂直段弯锚不小于 $15d$。框架梁非贯通筋第一排伸出净跨 1/3，第二排伸出净跨 1/4，双排纵筋间需间隔一钢筋直径。梁箍筋从梁端 50mm 内开始绑扎，箍筋开口端交错布置。

在梁端、梁与梁等交接处设置箍筋加密区，加密区长度与箍筋间距符合设计要求。

梁上部纵向钢筋贯穿中间节点，下部钢筋伸入中间节点的锚固长度≥l_{aE}，且伸过中心线不小于 $5d$。且水平段≥$0.4l_{aE}$，弯折后垂直段要>$15d$，且同一截面接头率不大于总钢筋面积的 50%。

框架梁纵向钢筋接头，梁上部水平钢筋接头在跨中，下部钢筋接头在支承点。

梁的主筋按图纸位置施工，将梁的上下主筋穿入梁箍筋，先绑上部纵筋，再绑下部纵筋。

梁板钢筋如有弯钩时，原则是上层钢筋弯钩朝下，下层钢筋弯钩朝上。当梁上铁在墙内锚固向下锚固无法满足锚固长度时，允许向上弯折锚固。

画箍筋间距线：伸入柱主筋内 50mm 为第一根箍筋，柱外 50mm 为第二根箍筋，根据箍筋构造要求依次画出箍筋间距线。

根据梁型号放置主筋箍筋，按画好的箍筋间距线发布箍筋，套箍筋时，箍筋结扣错开梁主筋接头位置。箍筋绑扎时，主筋必须到位，箍筋要垂直。

对于直螺纹接头，按规范要求在任一接头中心至长度为钢筋直径的 35 倍区段内，有接头的受力钢筋截面面积占受力钢筋总截面面积的百分率为不超过 50%。

对于绑扎接头受拉区不超过 25％，受压区不超过 50％，且接头应避开梁端箍筋加密区。

纵向受力钢筋出现双层或多层排列时，两排钢筋垫以较大直径钢筋或大于 Φ25 的短钢筋。板、次梁与主梁交叉处，板的钢筋在上，次梁的钢筋在中层，主梁钢筋在下。框架梁节点处钢筋穿插十分稠密，注意梁顶面主筋间的净间距要留有 25mm，以利灌筑混凝土。

钢筋的铺放层次：板、次梁、主梁的铺放次序从上到下依次为：板的上筋，次梁上筋，主梁上筋；主梁下筋在次梁下筋之下。主次梁相同时，次梁底钢筋应置于主梁钢筋之上。

梁跨度大于 4m 时，模板按跨度 2‰ 起拱，悬臂构件按跨度的 5‰ 起拱。

（5）板钢筋绑扎

采用全现浇钢筋混凝土板。板内上皮钢筋不得在支承点 1/3 范围内搭接，其锚入梁内长度不得小于 L_a；板内下皮钢筋不得在跨中 1/3 范围内搭接，应延伸至梁中心线，且锚固长度不小于 5d，详见图集 16G101-1。

工艺流程：

施工缝的处理验收→弹好钢筋线→将成型的钢筋运至工作面→按线绑下铁→水电做管线→绑上铁钢筋→放垫块→调整钢筋→放板筋支撑→卡顶板施工缝→隐蔽验收→进行下道工序

预留的小于等于 300×300 的洞口和小于 ϕ300 的管洞，钢筋不切断，将受力钢筋绕过孔洞边。当洞口大于 300mm 小于 1000mm 时，钢筋可在洞口处切断，应在洞口每侧配置附加钢筋，每侧附加钢筋面积不应小于孔洞范围内被切断的受力钢筋面积的 0.75 倍，且不小于 2ϕ12，附加钢筋放置在被切断钢筋的同一面。

板钢筋采用搭接绑扎方式进行连接，钢筋搭接长度要符合要求，搭接接头错开，错开率为 25％。

绑扎下铁钢筋网片：绑扎时要按模板上弹好的间距线理顺调直，再绑扎，钢筋为双向受力，不可有漏绑的现象发生，绑扣成八字扣，绑扎完毕后，绑丝朝板内甩头。

搭接处在中心和两端用铁丝绑扎，钢筋交叉点均用铁丝绑扎，绑扣方向需相互错开，成"八"字型。

搭接长度末端与钢筋弯曲处的距离不得小于钢筋直径的 10d。

板筋接头位置：上铁在跨中 1/3 范围内，下铁在支承点。

板钢筋必须排放均匀，受力钢筋间距允许偏差为 ±10mm，排距允许偏差为 ±5mm 钢筋必须顺直，局部每米长度的弯曲度必须小于 4mm。

绑扎板筋时，用八字扣，钢筋相交点均要绑扎。板筋为双层双向钢筋，为确保上部钢筋的位置，在两层钢筋间加设工字钢筋马凳，马凳拟用 ϕ14、ϕ12 钢筋加工，间距 1000mm。见图 3.8-5。

摆放钢筋时，预埋、预留管线、箱盒等要及时配合安装。预留埋管固定需另加钢筋，

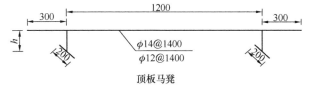

图 3.8-5　顶板马凳结构图

不允许焊在板筋上。

板负弯矩筋弯钩垂直向下，为防止跑位，在弯钩下方绑扎 $\phi6$ 钢筋一根。见图 3.8-6。

板面上铁锚入尺寸为墙边或梁边至上铁端部的距离。板面上铁端部直钩尺寸为板厚减上、下板面保护层各 20mm。

相邻单元交界处两侧板配筋不一致时，板配筋按大规格选用。

板与梁整体连接或连续板下部纵向受力钢筋深入支承点内的锚固长度 L_a 必须伸至墙或梁中心线且不小于 $5d$（d 为受力钢筋直径）。

板筋为短向钢筋包长向钢筋，即：板下铁短跨在下，长跨在上；板上铁短跨在上，长跨在下。下铁钢筋弯钩朝上，上铁钢筋弯钩朝下。

板筋保护层偏差控制在 $\pm3mm$ 之内。

当板为双向配筋时，短向钢筋置于外侧，长向钢筋置于内侧，边跨板上铁在墙或梁内的锚固长度必须满足要求。

顶板下部钢筋接头在支承点 1/3 范围处，绑扎接头位置错开，按规范从任一绑扎接头中心至搭接长度 1.3 倍区段范围内下铁绑扎接头数量不超过截面钢筋数量的 25%，上铁不超过 25%。

下层钢筋绑塑料垫块，布置间距取 1m。上下层钢筋之间垫马凳，并教育操作人员进行保护，施工时应在上层钢筋表面铺脚手板，防止踩弯和位移（图 3.8-6）。

图 3.8-6　钢筋绑扎

7. 质量控制标准

钢筋绑扎允许偏差见表 3.8-5。

钢筋绑扎允许偏差　　　　　　　　　　　　　　　　表 3.8-5

项目		允许偏差（mm）	检验方法
绑扎钢筋网	长、宽	±10	尺量
	网眼尺寸	±20	尺量连续三档，取最大偏差值
绑扎钢筋骨架	长	±10	尺量
	宽、高	±5	尺量
纵向受力钢筋	锚固长度	-20	尺量
	间距	±10	尺量两端、中间各一点，取最大偏差值
	排距	±5	

续表

项目		允许偏差（mm）	检验方法
纵向受力钢筋、箍筋的混凝土保护层厚度	基础	±10	尺量
	柱、梁	±5	尺量
	板、墙、壳	±3	尺量
绑扎箍筋、横向钢筋间距		±20	尺量连续三档，取最大偏差值
钢筋弯起点位置		20	尺量
预埋件	中心线位置	5	尺量
	水平高差	+3.0	塞尺量测

注：检查中心线位置时，沿纵横两个方向量测，并取其中偏差的最大值。

3.8.2　钢筋工程监理要点

（1）首先要检查所用各类钢筋是否送检，检测结果是否符合要求；焊接接头、机械连接接头抽检结果是否符合要求，检查接头送检组数是否符合要求，要检查焊接接头作业工人是否有电焊工特种作业证、机械连接接头制作操作工人是否有机械操作证。

（2）要按照设计图纸来检查现场的钢筋品种、级别、规格、数量、间距、尺寸是否符合要求。

（3）要检查搭接长度、抗震构造要求的配筋、锚固长度，弯钩形式、接头位置、接头区域、接头型式、各种接头面积百分率是否满足设计要求或规范要求。

（4）要检查钢筋的保护层厚度、垫块间距，钢筋骨架的轴线位移是否符合要求。

（5）要检查的钢筋绑扎方法、工艺是否牢固、是否符合要求。

（6）要检查钢筋表面是否存在锈蚀、损伤、污染、变形等影响正常使用的情况。

（7）要检查预埋件位置、数量、间距是否符合要求；锚固钢筋的直径、品种、规格、数量是否符合要求，钢板品种、规格是否符合要求。

（8）要检查拉结筋的直径、品种、数量、间距是否符合要求。

（9）要检查弯折钢筋的弯折位置是否符合要求；要检查箍筋直径、品种、规格、数量、间距、加密区范围是否符合要求。

（10）各项指标符合要求，经项目专业监理工程师、项目总监在相应的加工、安装检验批质量验收记录表、钢筋隐蔽工程质量验收记录表上签字认可后方可进行钢筋隐蔽。

3.8.3　模板工程

模板工程是保证混凝土施工质量，加快工程施工进度的关键环节之一，因此，结合工程特点、规模，选择适宜的模板及支撑体系，是模板工程施工必须考虑的主要因素。模板及其支撑体系必须具有一定的强度、刚度和稳定性，能可靠承受新浇筑混凝土的自重，侧压力及施工过程中所产生的荷载。

1. 模板选择

顶模采用65mm厚塑料复合材料组后模板进行拼装，拼装时注意模板之间的补缝。管廊内模板支架采用钢管搭设满堂支架，顶板板面铺完后，对细部的节点进行修补处理，要保证平整、严密、牢固，特别是接头部位板周边。在接缝处必须附加一根 5cm×10cm 木枋。

管廊壁模采用 65mm 厚塑料模板，地面以下壁模均使用一次性三段式止水拉杆，布置间距为 60cm，呈井字型布置，拉杆长度 35cm＋50cm＋35cm＝120cm，强度为 M14。

当混凝土强度达到规范要求强度后方可拆除模板及支撑。

2. 模板施工要点

（1）所有的构件模板支设前，由施工工长和班组长进行配板设计，画出配板放样图并编号，余留量由缝模调节。

（2）模板必须拼缝严密，严格控制垂直度、平整度、轴线位置和截面尺寸等；对拉片必须按要求设置，严禁漏设或不设；模脚部周围采用低强度等级砂浆封闭或夹泡沫纸，防止混凝土浆流失过多而造成烂根。

（3）模板必须拼缝严密，严格控制其中心线、几何尺寸、平整度、标高和起拱高度等；墙模对拉拉片必须按要求设置，严禁漏设或不设。

（4）支撑体系必须按要求进行搭设，保证立杆间距、横杆步距、严禁漏设或不设竖向斜杆等，必要时设置水平斜杆；模板及其支撑体系均应落到实处，不得有"虚脚"。

（5）混凝土浇筑前要保证模板内洁净，混凝土浇筑过程中要经常检查模板及其支撑体系，有无变形、松动等情况应及时修补加固。

（6）模板因周转多次而易变形、损坏，必须强调文明施工，加强管理，合理操作，保持模板完好。

3. 模板安装的技术要求

（1）操作人员在作业前必须充分熟悉图纸，了解设计意图，严格按施工规范、操作规程进行作业，并掌握基础和结构的轴线、标高、各部位尺寸和技术要求等，根据工程结构特点和施工条件，尚应熟悉模板工程的施工方案及模板配制图等。

（2）模板安装前应仔细检查各类模板配置是否完好、齐备、是否已刷隔离剂。

（3）模板安装前应根据图纸仔细检查作业部位的位置尺寸、规格、标高和上道工序质量以及钢筋放置是否正确。

（4）模板安装完毕后，应进行全面检查模板的各种尺寸数据是否符合图纸要求以及模板的支撑情况是否牢固，不松动，符合质量要求，以保证在混凝土浇筑过程中模板有足够的刚度和稳定性。

（5）安装模板中应采取有效措施，防止出现模板使用中常发生的位移、跑模、模板间隙大等质量通病。

（6）模板工长在作业过程中，应经常组织有针对性自检自查，防止发生质量问题，对有不符合质量要求的应立即采取纠正措施。

（7）模板安装时还将注意选用合理的隔离剂，隔离剂的选用应考虑脱模容易，不污染构件表面，对混凝土及钢筋无损害。

4. 模板拆除的技术要求

（1）采取先支的后拆、后支的先拆，先拆非承重模、后拆承重模，先拆侧模、后拆底模和自上而下的拆除顺序。

（2）墙模和侧模等非承重模板在混凝土强度达到能保证其表面及楞角不因拆除模板而

受损坏时方可拆除。

（3）墙、板底模及其支撑体系在其混凝土达到强度的 80％以上后才能拆除。

（4）在模板拆除前，应先拆支模紧固件和连接件再拆模板。在拆墙、板底模时，应先将支撑体系降下来，待底模拆除后方可将支撑体系拆除。

（5）在拆模过程中，发现有影响结构安全的质量问题时，不得再继续拆除，应经研究处理后方可再拆。

5. 质量检验标准

（1）主控项目：

模板、支架和拱架制作及安装应符合施工设计图（施工方案）的规定，且稳固牢靠，接缝严密，立柱基础有足够的支撑面和排水、防冻融措施。

检查数量：全数检查。

检验方法：观察和用钢尺量。

（2）一般项目：

模板制作允许偏差应符合表 3.8-6 规定。

模板制作允许偏差表　　　　　　　　　　表 3.8-6

项目		允许偏差（mm）	检验频率		检验方法
			范围	点数	
木模板	模板的长度和宽度	±5	每个构筑物或每个构件	4	用钢尺量
	不刨光模板相邻两板表面高低差	3			用钢板尺和塞尺量
	刨光模板和相邻两板表面高低差	1			
	平板模板表面最大的局部不平（不刨光模板）	3			用 2m 直尺和塞尺量
	平板模板表面最大的局部不平（刨光模板）	5			
	榫槽嵌接紧密度	2		2	
钢模板	模板的长度和宽度	0 −1		4	用钢尺量
	肋高	±5		2	
	面板端偏斜	0.5		2	用水平尺量
	连接配件（螺栓、卡子等）的孔眼位置	孔中心与板面的间距	±0.3		4	用钢尺量
		板端孔中心与板端的间距	0 −0.5			
		沿板长宽方向的孔	±0.6			
	板面局部不平	1.0			用 2m 直尺和塞尺量
	板面和板侧挠度	±1.0		1	用水准仪和拉线量

3.8.4　模板安装监理要点

（1）模板施工前由模板施工技术员缩绘出结构平面布置图及施工点剖面图、结点大样图分发给各班组。

（2）施工技术交底，并在施工过程中随时监督检查。

（3）设置专人控制轴线、标高。

（4）模板完工后要实行自检、互检和专检，先由班组自检，修理后由模板技术负责人检查，消除因操作不当和加固不牢而可能发生的隐患。最后由监理工程师验收合格后方可进入下一道工序施工。

（5）加强对重点部位的检查，如结构变形部位、预埋件、预留孔洞的模板要进行重点、单位检查（图 3.8-7）。

图 3.8-7　模板安装

（6）模板块在装、拆、运时，要轻拿轻放，严禁摔、扔、敲、砸。每次拆下的模板，应对板面认真清理。

（7）模板的胶合板面、边缘孔眼，均应涂刷防水涂料，使用前认真涂刷隔离剂。

（8）每次施工完成都要将模板表面清理干净，满刷隔离剂。

（9）各种连接件、支承件、加固配件必须安装牢固，无松动现象。模板拼缝严密。各种预埋件、预留孔洞位置要准确，固定要牢固。

3.8.5　满堂支撑架搭设

1. 支撑架搭设方法

扣件式钢管脚手架从中间向两边分层、分段纵向搭设，搭设顺序为：测量放线→安放立杆底座并固定、→安放立杆→安装底层（第一层）横杆→接头销紧→安装扫地杆→安装上层立杆→紧立杆连接销→安装横杆→直到达到设计高度→安装剪力撑→安装顶杆→安装可调托撑

2. 安装立杆底座

立杆底座安放前，应通过测量放线，在地底板上弹线，并标记出立杆安放的具体位置。因通道仰面拱呈弧形，立杆安放前必须设垫座（图 3.8-8），以确保立杆稳

图 3.8-8　安装立杆底座

定。脚手架立杆底端设圆形底托，铺放平稳，安放时按规定间距尺寸摆放后加以固定即可。

3. 安放立杆、扫地杆

脚手架立杆选用 1.2m、2.4m、3.0m 三种，不同长度的立杆互相交错布置，使相邻两根立杆的接头相互错开。

在树立杆时，应及时设置扫地杆，将所树立杆连成一整体，以保证架子整体的稳定。纵向扫地杆采用直角扣件固定在距底板不大于 200mm 处的立杆上。横向扫地杆采用直角扣件固定在紧靠纵向扫地杆下方的立杆上。

4. 安装横杆

将横杆接头插入立杆的下碗扣内，然后将上碗扣沿限位销扣下，并顺时针旋转，靠上碗扣螺栓旋面使之限位销顶紧，将横杆与立杆牢固的连在一起，形成框架结构。碗扣式钢管脚手架底层的第一步搭设十分关键，因此要严格控制搭设质量，当组装完第一步横杆后，应进行全面检查。

5. 安放可调托撑

可调底座及可调托撑丝杆与调节螺母齿合长度不得少于 6 扣，插入立杆的长度不得少于 150mm。

6. 剪力撑设置

剪刀撑沿满堂支撑架纵向、横向每 4.8m 设置一道，在两端头各加设一道。剪刀撑的斜杆与地面夹角应在 45°～60° 之间，斜杆应每步与立杆扣接。

剪刀撑的搭设是将两根斜杆都紧扣在立杆上。在相交部位，一根扣于立杆，另一根扣于横杆，这样可以避免两根斜杆相交时把钢管别弯。剪刀撑斜杆扣件与立杆节点的距离小于 20cm，最下面的斜杆与立杆的连接点离地面小于 50cm，以保证架子的稳定性。

7. 搭设注意事项

（1）架子必须由专业人员搭设，并应持证上岗，搭设前由项目部安监站对作业人员进行全面安全教育，在实施过程严格按专项安全方案监督落实到位。

（2）当底板混凝土强度达到 2.5MPa 后，方可开始脚手架搭设。

（3）立杆的垂直度应严格加以控制，控制标准为 2m 高度偏差不大于 1cm。

（4）架体拼装到 3 层高度时，使用经纬仪检查横杆的水平度和立杆的垂直度，并在无荷载情况下逐个地检查立杆底座有否松动或空浮情况。

（5）剪刀撑斜杆用旋转扣件固定在与之相交的横向水平杆的伸出端或立杆上，旋转扣件中心线至主节点的距离不宜大于 150mm。

（6）有变形杆件和不合格的扣件（有裂纹、尺寸不合适、扣接不紧等）不能使用。

（7）满堂支撑架搭设完成后（图 3.8-9），由工程部和安监站负责组织检查，自检合格后通知监理单位验收，并应签字确认，未经验收的模板支撑架，严禁投入使用。

图 3.8-9 满堂支撑架

3.8.6 满堂支撑架监理要点

（1）立杆是主要的垂直受力杆件，立杆顶部应采用可调托撑将上部施工荷载垂直传递于立杆轴线上，严禁承受偏心荷载。

（2）立杆间距设置应按批准的方案，但最大间距不应超过 1.2m；立杆接长必须采用对接连接，不能采用搭接；立杆底部支承在地面上应设置底座或垫板，垫板厚度不应小于 50mm，宽度不小于 200mm，长度不少于 2 跨。立杆底部应设置纵横两个方向的扫地杆（扫地杆设置应纵上横下），扫地杆距立杆底端不大于 200mm。立杆伸出顶层水平杆中心线至支撑点的长度（含可调托撑伸出立杆顶端的长度）不得超过 0.5m；立杆接头扣件应交错布置，两根相邻立杆的接头不能设置在同一步距内，在同一步距内隔一根，立杆的两个接头在高度方错开的距离不应小于 500mm，且接头距离主节点的距离不应大于步距 1/3（应在 1/3 内）；立杆垂直度允许偏差为高度的 3‰。如果模板支架在阶地上搭设（阶地高差不应超过 1m）应将高处扫地杆向低处延伸两跨与低处立杆固定，靠边坡高处立杆到边坡边的距离不应小于 500mm。

（3）水平杆的步距设置应按批准的方案，但最大步距不应超过 1.8m，单根水平杆的长度不应小于 3 跨，一根水平杆两端高差允许偏差 ±20mm，同跨之内两根纵向水平杆高差允许偏差 ±10mm。水平杆的接长应采用对接或搭接（搭接长度不少于 1m，搭接处应用 3 个扣件等距离固定，扣件距杆端不应小于 100mm）。两根相邻水平杆的接头不得设置在同步、同跨之内；不同步不同跨两个接头在水平方向错开的距离不得小于 500mm，且接头中心点距最近主节点的距离不应大于立杆间距的 1/3。水平杆应在纵、横方向全部通长设置。

（4）剪刀撑的设置：

是保证架体稳定、增加架体刚度、提高架体承载力、防止支撑系统产生局部失稳和整体失稳的主要构造措施。一般混凝土现浇模板支撑架应按普通型满堂支撑架的构造规定执行。

1）应在架体外侧周边及内部纵、横方向每 5～8m 由底到顶设置连续竖向剪刀撑；剪刀撑宽度应为 5～8m。

2）在竖向：剪刀撑顶部交点平面还应设置一道连续水平剪刀撑。当支撑架高度超过 8m 或施工总荷载大于 15kN/m²，或集中线荷载超过 20kN/m² 时还须在扫地杆层设置连续水平剪刀撑。水平剪刀撑在支架高度方向的间距不应超过 8m。

3）剪刀撑斜杆与地面的夹角为 45°～60° 之间，斜杆的接长应采用对接或搭接，其搭接长度不应小于 1m，用两个扣件固定，扣件距杆端应不小于 100mm。剪刀撑斜杆应与立杆或横向水平杆伸出杆端固定。

（5）可调托撑：

1）可调托撑螺杆外径不得小于 36mm，螺杆与螺母的旋合长度不得少于 5 扣，螺母厚度不得小于 30mm，支托板厚不小于 5mm。支托板变形允许偏差为 1mm。

2）可调托撑插入立杆的长度不应小于 150mm，伸出立杆顶部长度不得超过 200mm。螺杆外径与立杆钢管内径间隙不得大于 3mm（采用 $\phi 48.3 \times 3.6$ 的钢管是相匹配的）。

3）立杆伸出顶层水平杆中心线长度 + 可调托撑伸出立杆顶部的长度在任何情况下均不得大于 0.5m。

（6）扣件：

1）扣件在使用前应按强制条文规定逐个挑选，有裂纹、变形、螺栓出现滑丝的严禁使用。

2）扣件螺栓拧紧扭力矩不应小于 40N・m，且不应大于 65N・m。扣件开口应朝上，扣件距各杆件端头的长度不应小于 100mm。

3）安装后扣件拧紧扭力矩的检查应随机抽样，按扣件安装总数 5%，采用扭力扳手检查。

3.8.7 满堂支撑架质量标准

满堂支撑架质量标准　　　　表 3.8-7

项次	项目		技术要求	允许偏差（mm）	检查方法
1	地基基础	表面	坚实平整		观察
		排水	不积水		
		垫板	不晃动		
		底座	不滑动		
			不沉降	−10	
2	满堂支撑架立杆垂直度	最后验收垂直度 30m	—	±90mm	用经纬仪或吊线和卷尺
		下列满堂脚支撑架允许水平偏差(mm)			
		搭设中检查偏差的高度	总高度		
		（m）	30m		
		H=2	±7		
		H=10	±30		
		H=20	±60		
		H=30	±90		
		中间档次用插入法			
3	满堂支撑架间距	步距	—	±20	钢板尺
		立杆间距	—	±30	
4	纵向水平杆高差	一根杆的两端	—	±20	水平仪或水平尺
		同跨内两根纵向水平杆高差	—	±10	
5		剪刀撑斜杆与地面的倾角	45°~60°	—	角尺
6	脚手板外伸长度	对接	$a=(130\sim150)$mm $l\leqslant300$mm	—	卷尺
		搭接	$a\geqslant100$mm $l\geqslant200$mm	—	卷尺
7	扣件安装	主节点处各扣件中心点相互距离	$a\leqslant150$mm		钢板尺
		同步立杆上两个相隔对接扣件的高差	$a\leqslant300$mm		钢卷尺
		立杆止的对接扣件至主节点的距离	$a\leqslant h/3$		
		纵向水平杆上的对接扣件至主节点的距离	$a\leqslant la/3$		钢卷尺
		扣件螺栓拧紧扭力矩	$(40\sim65)$N・m	—	扭力扳手

207

3.8.8 混凝土工程

1. 混凝土施工工艺流程

图 3.8-10　混凝土施工工艺流程图

2. 混凝土泵送

主体结构均采用混凝土泵车泵送混凝土，配置 1 台汽车泵。汽车泵支腿处应场地平整、坚实，道路畅通，供料方便。

混凝土搅拌运输车给汽车泵放料前，应中、高速旋转拌筒 20～30s，使混凝土拌合物均匀，当拌筒停稳后，方可反转卸料。

卸料应配合泵送均匀进行，且应使拌筒保持慢速拌合混凝土。

汽车泵启动后，先泵送约 10L 水以湿润混凝土泵的料斗、活塞及输送管的内壁等直接与混凝土接触部位，经泵送水检查，保证密封不漏水，并确认混凝土泵和输送管中无杂物后，采用混凝土内除粗骨料外的其他成分相同配合比的水泥砂浆润滑混凝土泵和输送管内壁。

泵送的速度应先慢，后加速，同时观察混凝土泵的压力和各系统的工作情况，待各系统运转顺利，方可正常速度进行泵送，混凝土泵送应连续进行。如必须中断时，其中断时间不得超过搅拌至浇筑完毕所允许的延续时间。

废弃的混凝土和泵送终止时多余的混凝土，应在预先确定的场所及时进行妥善处理。

3. 混凝土浇筑技术要求

（1）一般要求

混凝土浇筑前，应完成隐蔽工程验收，并检查模板拼缝是否严密，平整度是否达到要求，同时应清理干净模板内部杂物。还应检查预埋件、孔洞位置、保护层厚度及定位钢筋是否准确、预埋钢板、橡胶止水带、预埋螺栓、套管等预埋件安装检查正确无遗漏。

劳务分包方对已完成施工段内工序首先进行自检，然后报项目质检部门检查，质检部门检查质量符合要求，则填写混凝土浇灌申请单报监理，经监理同意后则进行下道工序浇筑混凝土。

（2）配合比要求

1）胶凝材料用量应根据混凝土的抗渗等级和强度等级选用，总用量不宜小于 320kg/m。

2）控制最大水胶比不大于 0.4，在满足混凝土抗渗等级、强度等级和耐久性条件下，单方水泥用量不宜小于 260kg。混凝土中的总碱量不得大于 3kg/m，氯离子含量不应超过胶凝材料总量的 0.06%。

3）防水混凝土的施工配合比应通过试验确定。

4. 管廊标准段混凝土浇筑施工

（1）底板施工

底板混凝土浇筑前，注意将止水钢板预埋在施工缝中央位置，止水钢板和侧墙钢筋焊接固定牢靠，钢板开口处朝向迎水面，钢板间搭接采用为双面焊搭接，搭接长度不小于50mm，侧墙模板与地面如有缝隙需采取薄木条封堵或水泥砂浆封堵防止混凝土浇筑过程中根脚发生漏浆。

混凝土浇筑采用溜槽方式输送，由中隔板处放料，采用插入式振捣，使混凝土向底板两侧流动，混凝土顶面较高，需分三次分段浇筑，每次浇筑高度不大于50cm。

横向垂直施工缝和纵向施工缝尽可能减少设置的数量，采用钢板止水带和腻子型遇水膨胀止水条复合止水，水平施工缝距离底板底300~500mm，水平施工缝进行浇筑前，应将其表面浮浆和杂物清除，然后敷设净浆或涂刷混凝土界面处理剂。再铺30~50mm厚的1:1水泥浆，并应及时浇筑混凝土。垂直施工缝浇筑前，应将其表面清理干净，再涂刷混凝土界面处理剂，并及时浇筑混凝土。

附加防水层采用水泥基渗透结晶型防水涂料（表3.8-8）。

水泥基渗透结晶防水涂料基本指标 表3.8-8

涂料种类	抗折强度（MPa）	粘结强度（MPa）	一次抗渗性（MPa）	二次抗渗性（MPa）	冻融循环（次）
水泥基渗透结晶防水涂料	≥4	≥1.0	>1.0	>0.8	>50

混凝土浇筑到底板倒角位置高度时可适当加强对倒角位置的振捣防止倒角出现空洞漏筋，为避免底板翻浆可适当间隔一段时间，等倒角成型后再浇筑侧墙混凝土，快浇筑到顶面时，适当减慢放料速度，以免混凝土溢出浪费。

（2）侧墙施工

侧墙混凝土浇筑时，由于侧墙浇筑高度在3m以上，竖向分6层进行浇筑，为保证浇筑过程有序进行，确保上下层混凝土搭接施工均匀，横向按照一边侧墙到中隔墙再到另一边侧墙的顺序浇筑，管廊纵向按30m一个节段浇筑，如天气炎热或混凝土坍落度较小时，纵向浇筑需按每15m一个节段进行。

（3）顶板施工

考虑顶板面积较大，混凝土灌筑速度快，应加强顶板的振捣，根据顶面做好的标高标示，控制顶面标高，及时收光、铺设薄膜养护。

5. 梁板混凝土施工

浇筑板混凝土时，混凝土的虚铺厚度略大于板厚。振捣时采用插入式振捣棒，每个泵应配3个以上振捣棒，在混凝土下灰口配1~2个振捣棒，在混凝土流淌端头配1~2个振捣棒。振捣时，要快插慢拔。振捣完后先用长刮尺刮平，待表面收浆后，用木抹刀搓压表面，在终凝前再进行搓压，要求搓压三遍，最后一遍抹压要掌握好时间，以终凝前为准，终凝时间可用手压法把握。

梁板混凝土浇筑应同时进行，先将梁的混凝土分层进行浇筑，用"赶浆法"，由梁的一端向另一端作阶梯形推进，当起始点的混凝土达到板底时，在与板混凝土同时浇筑。当存在高低跨梁时，应先浇筑低跨梁，从大跨度梁的两端向中间浇筑。浇筑与振捣应紧密配合，第一层下料宜慢，使梁底充分振实后再下第二层料。

在混凝土施工前，应对其标高进行控制，在四周模板或钢筋上明显位置做好标志，以便随时可测其标高和混凝土的平整度，施工过程中，混凝土施工人员必须配合测量人员工作，发现标高、平整度不好时，在混凝土初凝前进行处理。

浇筑柱梁交叉部位的混凝土时，宜采用小直径的振捣棒从梁的上部钢筋较稀处插入梁端振捣。

浇筑混凝土时应经常观察模板、钢筋、预埋孔洞、预埋件和插筋等有无移动、变形或堵塞情况，发现问题应立即停止浇灌，并应在已浇筑的混凝土凝结前修正完好。

6. 施工缝处混凝土浇筑

施工缝处必须待已浇筑混凝土的抗压强度不小于 1.2MPa，且不少于留置施工缝后 48h，才允许继续浇筑。

部位：顶板和侧墙施工缝。

处理方法：旧混凝土接触处，彻底清除施工缝处残渣，并用压力水冲洗干净，充分湿润，残留在混凝土表面的积水予以清除；钢筋上的油污、水泥砂浆及浮锈等清除；在浇筑混凝土前，先在施工缝面涂刷专用混凝土界面剂。施工缝设置于位于施工缝距离底板底 300～500mm，在施工缝处增设 300mm×3mm 厚止水钢板。

留置施工缝处的混凝土必须振捣密实，其表面不磨光，并一直保持湿润状态。在继续浇筑混凝土前，施工缝混凝土表面必须进行凿毛处理，剔除浮动石子，并彻底清除施工缝处的松散游离的部分，然后用压力水冲洗干净，充分湿润后，刷 1∶1 水泥砂浆一道，再进行上层混凝土浇筑，混凝土下料时要避免靠近缝边，机械振捣点距缝边 30cm，缝边人工插捣，使新旧混凝土结合密实。

7. 其他注意事项

泵车及作业应有足够的场地，泵车应靠近浇筑区并应有两台罐车能同时就位卸混凝土的条件。

混凝土的自由落距不得大于 2m。

送到现场混凝土的坍落度应随时检验，每工作班至少检查四次。混凝土实测的坍落度与要求坍落度之间的偏差不大于±20mm。需调整或分次加入减水剂均应由搅拌站派驻现场专业技术人员执行。

(1) 混凝土振捣：

1) 插入式振动器

使用前，检查各部件是否完好，电动机绝缘是否可靠，并进行试运转。作业时，使振动棒自然沉入混凝土，不得用力猛插，宜垂直插入，并插到尚未初凝的下层混凝土中 50～100mm，以使上下层相互结合。振动棒各插点间距应均匀，插点间距不应超过振动棒有效作用半径的 1.25 倍，最大不超过 500mm。振捣时，应快插慢拔，插点要均匀排列，逐点移动，顺序进行，不得遗漏，做到均匀振实。振动器插点可采用"行列式"或"交错式"的次序移动，但不能混用。

振动棒在混凝土内振捣时间，每插点约 20～30s，见到混凝土不再显著下沉，不出现气泡，表面泛出的水泥浆和外观均匀为止，振捣时应将振动棒上下抽动 50～100mm，使混凝土振实均匀。

作业中避免将振动棒触及钢筋、预埋件等，振动棒插入混凝土中的深度不应超过棒长的 2/3～3/4。

2）平板振动器

平板振动器振捣混凝土，应使平板底面与混凝土全面接触，每一处振到混凝土表面泛浆，不再下沉后，即可缓慢向前移动，移动速度以能保证每一处混凝土振实泛浆为准，移动时应保证振动器的平板覆盖已振实部分边缘。在振的振动器不得放在已初凝的混凝土上。

（2）注意事项：

管廊施工采用插入式振捣器分层振捣，每层浇筑高度不大于 0.5m，每次振捣延续时间以使混凝土而不再沉落，表而呈现浮浆为止，以保证混凝土质量。

插点要求均匀，每次移动的距离不大于振捣棒作用半径 R 的 1.25 倍。避免振捣对模板和钢筋产生影响。

振捣要在下层混凝土初凝前进行，并要求振捣棒插入下层混凝土约 5cm，以保证上下层混凝土结合紧密。

每一插点要掌握好振捣时间。时间过短不易振实，过长则会引起离析。以混凝土表面呈水平、不大量泛气泡、不再显著下沉、不再浮出灰浆为准。边角处应多加注意。

振捣时应尽量避免碰撞钢筋、芯管、线盒、预埋件等（图 3.8-11）。

浇筑完后应随时将伸出的钢筋整理到位，并用木抹子按标高线将混凝土表面的混凝土找平。

8. 混凝土养护

养护应在浇筑完毕后 12h 内对混凝土加以覆盖和浇水，混凝土硬化后，采用蓄水养护或用湿麻袋覆盖，保持混凝土表面潮湿，养护时间不应小于 15d；对于墙体等不易保水的结构，宜从顶部设水管喷淋，应在混凝土强度能保证其表面及棱角不因拆除模板而受损，一般强度达到 1.0MPa 左右方可拆除，拆模后宜用湿麻紧贴墙体覆盖，并浇水养护，保持混凝土表面潮湿，养护时间不宜少于 15d。

当日平均气温低于 5℃ 时，不得浇水，可用塑料布覆盖，塑料薄膜布养护采用薄膜布把混凝土表面敞露的部分全部严密地覆盖起来（图 3.8-12），保证混凝土在不失水的情况下得到充足的养护，应保持薄膜布内有凝结水，在已浇混凝土强度未达到 1.2MPa 以前，不得踩踏或安装模板及支架。

图 3.8-11　管廊底板浇筑

图 3.8-12　混凝土养护

墙、柱、梁板拆模后喷养护液，板上皮覆盖麻袋片洒水养护，以保混凝土质量要求。梁板增加一组同条件混凝土试块，为模板拆除提供强度报告。

3.8.9　混凝土浇筑监理要点

（1）混凝土浇筑前检查支架、模板、钢筋及预埋件是否符合设计及规范要求，若符合时，签署混凝土浇筑令。

（2）检查用电及照明安全。

（3）检查机具设备是否到位，关键机具要有备用。

（4）督促施工员、质检员、试验人员到位并开展工作。

（5）根据已审定的配合比，到后仓检查原材料是否符合要求，是否严格执行配合比，必要时随机进行符合性抽样。

（6）登记到达混凝土罐车的混凝土编号，检查小票的混凝土强度及配合比是否与本工号对号。

（7）浇筑前混凝土罐车要高速旋转 2min。

（8）随机检测混凝土坍落度，如达不到要求，立即督促施工检验人员处理，同时检查外加剂是否对号，直至坍落度达到要求。如仍不合格者，坚决退货。

（9）测混凝土入模温度，应控制在 32℃ 内。

（10）混凝土自由倾落高度不大于 2m，否则应设串筒，超过 10m 时应有减速装置。

（11）混凝土堆筑高度不大于 1m，不得用振动棒拖移混凝土，必须采用插入式振捣。

（12）混凝土分层厚度，当采用插入式振动棒时不超过 30cm。混凝土布料点间距不宜大于 3m，上下层间距应保持 1.5m 推进。

（13）混凝土振捣插点应均匀，直上直下、快插慢拔，振捣至混凝土不再下沉、不冒气泡、表面平整、泛浆，即为振捣密实。

（14）随机按规定频率取样，分别作标准养护和同条件养护，作为评定混凝土质量和判定混凝土拆模时间、承重时间、张拉时间等的依据。

（15）在混凝土浇筑过程中或浇筑完成时，如果发现混凝土表面泌水较多，须查明原因，并在不扰动已经浇筑混凝土的前提下，采取措施将水排出。

（16）当混凝土浇筑完成后，对混凝土裸露面应该及时进行修整、抹平。

（17）混凝土浇筑完成后，及时挂牌注明养护时间和覆盖保湿（气温低时要保温）养护，养护时间不少于 14d。

（18）按规定填写施工记录和旁站记录。

3.9　附属设施

3.9.1　管廊内各类管路敷设

1. 管路敷设

锯管时，人必须站稳，手腕不颤动，出现马蹄口时，可用板锉锉平，然后再用圆锉将管口锉成喇叭口。套丝时应先检查板牙是否符合规格、标准、应加润滑油。管口入箱盒时可在外部加锁母，吊顶配管时必须在箱（盒）内外用锁母锁定，配电箱入管较多时，可在箱内设置一块平挡板，将入箱的管子顶住，待管路固定后，拆去此板确保管口入箱一致（图 3.9-1）。管子煨弯时应用定型的弯管器，随着煨弯随着向后移动煨弯器，使煨出的弯平滑，敷设管路时，保护层一定要大于 2cm 以上，这样才能避免出现裂缝现煨弯及焊接处刷防腐漆有遗漏。

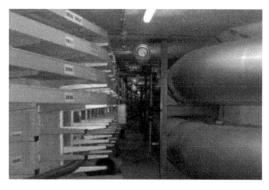

图 3.9-1　入廊管道

金属管线接头处，用 $\phi6$ 以上的钢筋焊接，双面满焊，焊接长度要求达到跨接地线直径的 6 倍以上。金属管线刷防腐漆除了直接埋设在混凝土中可免刷外，其他部位均应进行防腐处理，另外防雷接地线的各焊接处，扁钢与扁钢≥2D 三面施焊。清除皮后，刷防锈漆。

2. 线缆敷设（图 3.9-2）

沿支架或桥架敷设电缆时，应防止电缆排列不整齐，交叉严重。电缆施工前须将电缆事先排列好，画出排列图表，按图表进行施工。电缆敷设时，应敷设一根整理一根，卡固一根。

图 3.9-2　入廊线缆敷设

沿桥架或托盘敷设的电缆应防止弯曲半径不够。在桥架或托盘施工时，施工人员应考虑满足该桥架或托盘上敷设的最大截面电缆的弯曲半径的要求。

防止电缆标志牌挂装不整齐，或有遗漏。应由专人复查。

应急照明线路在每个防火分区有独立的应急照明回路，穿越不同防火分区的线路有防火隔堵措施。

疏散照明线路采用耐火电线、电缆，穿管明敷或在非燃烧体内刚性导管暗敷，暗敷保护层厚度不小于 30mm。电线采用额定电压不低于 750V 的铜芯绝缘电线。

穿线之前应严格戴好护口，管口无丝扣的可戴塑料内护口，放线时应用放线车，将整盘导线放在盘上，并在线轴上做出记录，自然转动线轴放出导线，就不会出现螺圈，可以防止背扣和电线拖地弄脏。为做到相线、零线、地线不混淆，可采用不同颜色的导线，一般穿入管内的干线可不分色，为保证安全和施工方便，按要求分色为 L1 相线黄色，L2 相线绿色，L3 相线红色，N（中性线）为浅蓝色，PE（保护线）为黄绿双色线。

剥切导线塑料绝缘层时，应用专用剥线钳，剥切橡皮绝缘层时，刀刃禁止直角切割，要以斜角剥切；多股导线与设备、器具连接时，必须压接线鼻子，而且压接丝必须加弹簧垫，所有电气用的连接螺栓、弹簧垫圈必须镀锌处理，不允许将多股线自身缠圈压接。

3. 线缆敷设监理要点

（1）线缆敷设时环境温度不应低于－7℃。

（2）多芯电缆的弯曲半径不应小于其外径的 6 倍，同轴电缆的弯曲半径不应小于其外径的 10 倍。

（3）线缆穿管敷设截面利用率不应大于（等于）40％，线缆敷设截面利用率不应大于（等于）60％。

（4）信号电缆（线）与电力电缆（线）交叉敷设时，宜成直角，平行敷设时，其间距应符合设计规定。

（5）信号线路、供电线路、连锁控制线路及有特殊要求的仪表信号线路，应分别采用各自的保护管。

（6）每一个接线端上最多允许接两根芯线。

4. 配电箱安装

混凝土墙或砖墙上固定明装配电箱（盘），采用暗配管及暗分线盒和明配管两种方式。如有分线盒，先将盒内杂物清理干净，然后将导线理顺，分清支路和相序，按支路绑扎成束。待箱（盘）找准位置后，将导线端头引至箱内或盘上，逐个剥削导线端头，并压接在器具上，同时将保护地线压在明显的地方，并将箱（盘）调整平直后进行固定。在电具、仪表较多的盘面板安装完毕后，应先用仪表校对有无差错，调整无误后送电，并将卡片框内的卡片填写好部位、编上号。

电箱（盘）全部电器安装完毕后，用 500V 兆欧表对线路进行绝缘摇测。摇测项目包括相线与相线之间，相线与零线之间，相线与地线之间，零线与地线之间。两人进行摇测，同时做好记录，作为技术资料存档。

稳定箱、盒找标高时，可以参照土建装修统一预放的水平线（水平的 50cm 装饰线），在混凝土、柱内稳箱盒时，除参照钢筋上的标高点外，还应与土建技术人员联系定位，用经纬仪测定出标高，以确定室内各点地平线。安装现浇混凝土墙内的箱盒时，应与钢筋网先连接牢固，并在后面加撑子，使之能被模板顶牢，不易移位。箱盒开眼孔，必须用专用的开孔工具，保持箱盒眼孔整齐；穿线前应先清除箱、盒内灰渣，再刷道防锈漆；穿线后，用接线盒的盖板将盒子临时盖好，盒盖周边要小于圆木或插座的开关面板，但应大于盒子，待土建装修喷浆完成后，再拆除盒子盖，安装电器，灯具，这样可以保持盒内干净。

5. 配电箱安装监理要点

（1）配电箱内的开关电器、插座应坚固，不松动、歪斜。

（2）配电箱的工作零线与保护地线不得混接。

（3）配电箱、开关箱内的连接线应采用绝缘线，接头不得松动，不得有外露带电部分。

（4）配电箱的金属箱体、金属电器安装以及箱内电器的不应带电金属底座、外壳等必须作保护接地。保护零线应通过接线端子连接。

6. 设备安装

在安装开关、插座时，应先扫净盒内灰渣脏土，铁盒应先焊好接地线，然后全部进行防腐处理，如出现锈蚀，应补刷一次防锈漆。各种箱盒的口边用高强度等级水泥泵浆抹口，如箱盒进墙过深可在箱口和贴脸之间抹水泥砂浆补齐。对于暗装开关、插座盒子较深于墙面内的应采取其他补救措施，土建装修进行到墙面，顶板喷完浆活时，才能安装电气设备。要求工序绝对不能颠倒，开关插座导线压接必须做扣、压紧，相线、零线、接地一定按规范做：左零，右火，上接地。

箱体在搬运过程中不能对角搬运或就地拖拉，入室贮存再分层摆放，上方不能负重，箱盘面要装接地，保护箱体的保护接地线可以做在盘后，但盘面的接地线必须做在盘面的明显处，以便于检查测试，不准将接地线压在配电箱的固定螺丝上。

换用符合要求的吊筋，凡超重的灯具均用专用吊筋，按要求分色，按图纸要求查清后再接线。

7. 设备安装监理要点

（1）设备安装位置应符合工程设计平面图要求。如有设备的安装位置需要变更，承包单位必须填写监理工作联系单，报送监理。按工程变更程序出具工程变更单。

（2）安装设备机架应垂直，允许垂直偏差小于等于 1.0‰。

（3）同一列机架的设备面板应成一直线，相邻机架的缝隙应小于等于 3mm。

（4）设备上的各种零件、部件及有关标志正确、清晰、齐全。

（5）移动交换子系统设备的安装机房应采取防静电措施，设备安装排放位置应符合工程设计要求。

3.9.2　监测视频报警系统安装工程

1. 环境与设备监控系统、防火门监控系统、自动报警系统的施工

（1）现场进场计划

在进行监控中心施工时，应根据现场施工的施工安装进度，提出工程流程中每一步完成时间、完成人、负责人。

检查安装现场环境硬件准备情况。检查安装现场硬件环境，准备情况是在监控中心设备到位前对安放现场的装修、安放设备硬件的支撑物、供电电源的准备情况进行检查。

（2）对界面进行评判及调整

在进行了软件预配置后，对界面的色调、布局等进行的一次全面测试及评判，应尽量避免安装试运行后对界面再进行大的调整。

（3）变送器的安装：监控系统中采用的变送器一般分为两类：一类为动力部分变送器，另一类为环境部分变送器。

动力部分变送器的安装：动力部分变送器的底座均有一个宽度为 35mm 的导轨条，且在一个对角端有两个 $\phi6$ 的安装孔。变送器应安装在设备屏内，每个变送器的固定方法一样，均采用 DIN 导轨条安装。

环境部分变送器包括：温、湿度变送器，积水变送器（变送部分），它们一般安装在机房的墙壁上。

（4）安装要求：变送器应尽量靠近模块安装，以减少走线长度温、湿度变送器应安装在能感测到机房内平均温、湿度的地方，勿装在空气对流区、阳光照射区、设备的热辐射区，应按要求将温度变送器的探头处于变送器的下方，且装于模块的下端。变送器应避开潮湿和振动的位置，安装应牢固。

（5）供电与接地：模块、变送器的供电宜采用集中供电方式，应设置电源开关、熔断器、稳压等保护装置。每个监控模块、变送器应有独立的电源开关（或插座）便于自身断电维护。接地线的连接应保证接触可靠，应对接地点的接地电阻进行测量，接地电阻应达到要求。系统的工程防雷接地安装，应严格按设计要求施工。系统中所有 RVVP 的屏蔽层应接机壳。

（6）系统网络的安装：系统网络设备有：服务器、前置机、集线器、路由器、多用户卡、MODEM、E1 时隙插入器等，这些设备因连续工作，在安装时应考虑其工作环境，必要时应采取通风散热措施。设备的机架应平稳牢靠，接入设备的电缆应从机架的底部引入。多束电缆进出，应按顺序进行捆扎，同时应顺直无扭绞。显示器的屏幕应不受外来光直射，设备之间的连线、插头应保证接触良好稳固。

焊接工艺：工程安装过程中，经常遇到现场手工焊接的情况，每个焊接点的质量，直接影响整个监控系统的可靠性。为提高焊接质量，焊接时应按以下步骤进行：

1）去除被焊金属表面的氧化物及油污，粉尘。

2）烙铁加热到足够的温度后，放置在被焊件的焊接点上，使焊点升温到一定温度后，用焊锡丝触到焊接处，熔化适量的焊料之后迅速拿开焊锡和铬铁。

3）焊接后的被焊件需要有一定的机械强度、焊点表面应有良好光泽，不应有毛刺、空隙，应及时清除焊点表面的有害残留物。

4）套热缩管，并且加热缩好。

（7）导线连接工艺：导线是监控系统中模块与模块之间、模块与设备之间相互传递信号必不可少的线材。导线连接质量的好坏直接影响监控系统的稳定性。

（8）监控模块、被监控设备及线缆的标记方法：

1）模块标记：为了在日后维护时能在现场方便地找到监控模块，安装时应在模块的外壳上或模块的安装位置处做出明显标记，指明被该模块监控的设备。

2）设备标记：为了在现场能根据监控模块找到相应的被监控设备，应对未做出标记的被监控设备做出相应标记。标记由设备的名称、序号、组成，并遵照设计的原有定义。该标记应贴在设备的外壳上易于找到的地方，标记应与上述模块上的标记名称一致，此标记不应影响设备的美观且不应覆盖设备的其他标记。

3）监控系统中缆线、线号的标记原则：监控系统中的每根缆线必须作标记。

（9）监控系统的现场调试：在系统安装后需要进行现场调试，以便测试监控系统能否正常运行，其技术指标是否符合规范的要求，具体规定如下：调试是一项技术性较强的工作，调试人员应熟悉系统，掌握调试技术，并能合理地使用仪器仪表。在现场发现问题时，应该多分析、找出故障点，如属模块本身故障，应及时更换模块。所有测试指标应遵循合同技术指标要求。部分监控量的精度指标是判断一个通道是否合格的依据之一：

1）遥测反应时间：在现场某一时刻的遥测量值传输到监控中心所用最长时间；

2）遥信反应时间：在现场改变遥信量的状态反应到监控中心的时间；

3）遥控反应时间：监控中心下达控制动作后到现场反应的时间；

4）"三遥"反应时间应排除 PSTN 的连接时间。

2. 视频监控系统的施工

（1）施工程序：线缆敷设→设备安装→设备调试→投入试运行→竣工资料整理→验收交付使用

（2）主要施工方法：

按照施工技术图的要求，明确安防系统中各种设备与摄像机的安装位置，明确各位置的设备型号和安装尺寸，根据供应商提供的产品样本确定安装要求。

1）安防系统安装：

按系统设备供应商提供的技术参数，配合土建做好各设备安装所需的预埋和预留位置。

根据安防系统设备供应商提供的技术参数和施工设计图纸的要求。配置供电线路和接地装置。

摄像机应安装在监视目标附近，不易受外界损伤的地方。其安装位置不宜影响现场设备和工作人员的正常活动。通常最低安装高度室内为 2.50m，室外 3.50m。

摄像机的镜头应从光源方向对准监视目标，镜头应避免受强光直射。

摄像机采用 75Ω-5 同轴视频电缆，云台控制箱与视频矩阵主机之间连线采用 2 芯屏蔽通讯线缆（RVVP）或 3 类双绞线。

必须在土建工程结束后，各专业设备安装基本完毕，在整洁的环境中安装摄像机。

从摄像机引出的电缆留有 1m 的余量，以便不影响摄像机的转动。

摄像机安装在监视目标附近不易受到外界损伤的地方，而且不影响附近人员正常活动。安装高度：室内 2～2.5m，室外 3.5～10m。摄像机避免逆光安装。

云台安装时按摄像监视范围决定云台的旋转方位，其旋转死角处在支、吊架和引线电缆一侧。

电动云台重量大，支持其的支、吊架安装牢固可靠，并考虑其的转动惯性，在它旋转时不发生抖动现象。

安装球形摄像机、隐蔽式防护罩、半球形防护罩，由于占用天花板上方空间，因此必须确认该安装位置吊顶内无管道等阻挡物。

解码器安装在离摄像机不远的现场，安装不要明显；若安装在吊顶内，吊顶要有足够的承载能力，并在附近有检修孔。

在监控室内的终端设备（图 3.9-3），在人力允许的情况下，可与摄像机的安装同时进行。监控室装修完成且电源线、接地线、各视频电缆、控制电缆敷设完毕后，将机柜及控制台运入安装。

机架底座与地面固定，安装竖直平稳，

图 3.9-3　监控室

垂直偏差不超过 3‰；几个机柜并排在一起，面板应在同一平面上并与基准线平行，前后偏差不大于 3mm，两个机柜中间缝隙不大于 3mm。控制台正面与墙之间的净距不小于 1.2m，侧面与墙或其他设备的净距不小于 0.8m。

监控室内电缆理直后从地槽或墙槽引入机架、控制台底部，再引到各设备处。所有电缆成捆绑扎，在电缆两端留适当余量。并标示明显的永久性标记。

2）系统的调试：

检查本系统接线、电源、设备就位、接地、测试表格等。

用对线工具检查各种设备、器件之间线路连接正确性，并做好测试记录。

单体调试：检查摄像机开通、关断动作，云台操作和防护罩动作的正确性，检查画面分割器切换动作正确性。能够进行独立单项调试的设备、部件的调试、测试在设备安装前进行。如：摄像机的电气性能调试、配合镜头的调整、终端解码器的自检、云台转角限位的测定和调试、放大器的调试等。开启主机系统，运行系统软件，打印系统运行时各种信息，确认总控室和各分控机房中央设备运行正常。各智能控制键盘操作正确。

系统调试：按调试设备的功能或作用和所在部位或区域划分。传输系统的每条线路都进行通、断、短路测试并做标记。遇到 50Hz 工频干扰，采用在传输线上输入"纵向扼流圈"来消除；当传输本身的质量原因与传输线两端相连的设备输入输出阻抗非 75Ω 的传输线特性阻抗不匹配时，会产生高频振荡而严重影响图像质量，需在摄像机的输出端串联几十欧的电阻，或在控制台或监视器上并联 75Ω 电阻。

系统联调：首先检查供电电源的正确性，然后检查信号线路的连接正确性、极性正确性、对应关系正确性。系统进入工作状态后，把全部摄像机的图像浏览一遍，再逐台对摄像机的上下左右角度、镜头聚焦和光圈仔细调整，若是带云台和变焦镜头的摄像机，还要摇动操作杆，使云台对应地转动，再调节镜头。把摄像机的图像显示在各监视器上，检查监视器的工作状态。把全部摄像机分组显示在所有监视器上，观察图像切换情况。检查录像机时，自动倒带后对操作多画面处理器或控制台自动录像，放像后实现录像带的重放。

图 3.9-4　系统试运行

3）系统试运行：根据系统软件功能逐项进行功能和系统参数测定，以确认系统运行正确性和可靠性，并做好测试记录（图 3.9-4）。

3. 监测视频报警系统监理要点

安装与调试：保安监控的各种设备的系统调试，由局部到系统进行。在调试过程中应遵照公安部颁发的《中华人民共和国公共安全行业标准》，深入检查各部件和设备安装是否符合规范要求。在各种设备系统连接与试运转过程中，应按照设计要求和厂家的技术说明书进行。

4. 监测视频报警系统质量标准

（1）布线标准：

系统建筑物内垂直干线应采用金属管、封闭式金属线槽等保护方式布线；与裸放的电力电缆的最小净距 800mm；与放在有接地的金属线槽或钢管中的电力电缆最小净距 150mm。

（2）水平子系统应穿钢管埋于墙内，禁止与电力电缆穿同一管内。顶篷内施工时，须穿于 PVC 管或蛇皮软管内；安装设备处须放过线盒，PVC 管或蛇皮软管进过线盒，线缆禁止暴露在外。穿管绝缘导线或电缆的总截面积不应超过管内截面积的 40%。敷设于封闭线槽内的绝缘导线或电缆的总截面积不应大于线槽净截面积的 50%。

（3）摄像机安装前的准备工作应满足下列标准：

1）摄像机应逐台通电进行检测和粗调。

2）应检查确认云台的水平、垂直转动角度满足设计要求，并根据设计要求定准云台转动起点方向。

3）应检查确认摄像机在防护罩内紧固。

4）应检查确认摄像机底座与支架或云台的安装尺寸满足设计要求。

3.9.3　强电系统工程

1. 强电系统监理要点

（1）现场的材料、设备等，其型号、规格、技术要求是否与设计相符，进场时间与进度计划是否相符。

（2）设备、材料外观是否完好无损（如易耗品：高、低压瓷瓶，绝缘套管有无明显裂纹），主要材料的一些常规性检查，如铜导线、电缆的截面、绝缘是否满足设计与产品要求，钢材、管材的壁厚、镀锌外观、弯曲变形、裂缝、砂眼等是否符合要求。重要电气材料需作电气性能（耐压、绝缘等）测试。

（3）辅助设备、附件是否与开箱单相符。

（4）特定的专业产品是否有该部门认可的许可证。（如：电力计量产品等）。

（5）配电箱内应设漏电断路器，漏电动作电流应不大于 30mA，有过负荷、过电压保护功能，并分数路出线，分别控制照明、空调、插座等，其回路应确保负荷正常使用。箱体的底面离地面高度变宽宜 1.8m。原配电箱位置一般不可移位，若需移位要加过渡盒，并与设计，监理确定方案，在监理指导下方能进行施工。

（6）两路线的零线，地线不能共用，两路线不能穿同一管内。

2. 高低压箱、盘、柜安装

（1）配电屏（柜）安装

安装条件：电气设备安装应在土建墙面、楼板、室内地沟和地面等项工作完成后进行，应对预埋件、预留孔进行检查并符合设计要求。

1）设备开箱检查：

设备和器材到达现场后，与监理单位应在规定期限内，共同进行开箱验收检查，包装及密封应良好，制造厂的技术文件应齐全，型号、规格应符合设计要求，附件备件齐全。

屏（柜）本体外观应无损伤及变形，油漆完整无损，屏（柜）内部电器装置及文件，绝缘瓷件齐全，无损伤及裂纹等缺陷。

2）屏（柜）二次搬运：

屏（柜）垂直吊装方案需符合规定要求。

屏（柜）的水平运输，应根据设备重量及形体尺寸，结合作业场地的实际情况，正确选择搬运方法，所用起吊器具必须检验合格后方可使用。水平运输时，可用硬杂木跳板和滚杆（加厚钢管，直径≥ϕ50）铺设成滚筒，将设备起吊平稳地坐落在滚筒上，然后用 3t 倒链及导向滑轮牵引，地锚应牢固，设备牵引速度宜控制在 2m/min。

设备在搬运时，应采取防倾斜，防振、防框架变形以及漆面损伤的安全技术措施。

3）压配电屏组立：

设备就位前，先确定好屏（柜）底座尺寸，将调直好的 10 号槽钢制作后再与预埋件进行焊接固定。槽钢安装完毕，应用－40×4 的镀锌扁钢按规定点在与槽钢和接地引出端子可靠焊接，配电屏按图纸布置排列，依次将屏体就位，找平找正后，再将屏体与基础槽钢间用镀锌螺栓固定。

压配电屏安装后垂直度、水平度偏差以及屏面偏差应满足要求。

屏（柜）安装完毕，应按规范要求作好屏（柜）的接地连接。

屏（柜）二次回路结线的技术要求：

① 按设计及产品技术文件要求，接线正确。

② 屏（柜）内的导线芯线应无损伤，导线中间不应有接头，控制电缆芯线及所配导线的端部均应标明其回路编号，编号应正确，字迹清晰，不易脱色。

③ 每个接线端子的每侧接线不得超过两根导线接头，插接式端子上不应有不同规格的导线并接在同一端子上，当接有两根导线时，中间应加平垫片。

④ 导线与电器元件间采用螺栓连接，插接，焊接或压接时，均应牢固可靠。

⑤ 导线应按接线位置有规律地排列，并用尼龙带扣绑扎固定；分支线从线束引出时，应依次弯成慢弯，当导线需穿金属板时，应加绝缘保护管。

⑥ 引入屏（柜）内的电缆应排列整齐，编号清晰，避免交叉，并应固定牢固，不得使端子排受力。

（2）动力配电箱（盘）安装

明装配电箱应在土建抹面工作结束后进行，暗装配电箱应配合土建墙体施工进行箱体预埋，箱体是否突出墙面，应根据面板安装方式及墙面抹灰厚度来确定，配电箱安装高度应符合设计要求。

配电箱安装时均应找平找正，并安装固定，配电箱其垂直度偏差不应大于 3mm。暗设的配电箱，其箱体四周应用水泥砂浆填满，四周应无空隙，因箱体预埋和进行箱内盘面安装接线的间隔周期较长，箱体和箱盖（门）及盘面在解体后须作好标记和妥善保管，待后期安装时对号入座。

管路与配电箱连接：箱体顶（底）板开孔时，应按配管管径及管路数，并考虑安装管口锁母间的间隙或明管管卡间距。采用金属开孔器进行开孔。箱体严禁开长孔和用电气焊割孔。管子顺直进入箱内，钢管与配电箱进行丝扣连接时，应先将管口套丝，拧入锁紧螺母，然后垂直进入箱体内，再拧上锁紧螺母，并露出 2～4 扣。管路与配电箱连接完毕，应按规范要求做好管与管、管与箱体的接地连接。箱（盘）内布线及连接：

1）盘面布线应在盘面上电器元件安装后进行，特别是预埋的箱体应先清除箱内杂物，布线时应根据电气回路上电器元件的位置，理顺引入箱内的导线，排列应整齐，回路编号齐全，正确。并用尼龙带扣扎卡固定。

2）导线与器具或端子相连接，同一端子上导线不应超过两根，截面超过 2.4mm² 的多股铜芯线应焊接或压接端子后再与电气器具的端子连接，接零及保护接地线不得混接，箱内总开关电源进线端多根导线并压（接）不能满足安装要求时，应采取过渡接线等方式。

3）当截面为 10mm² 及以下的单铜芯线可直接与设备，器具的端子连接。

电缆桥架安装：电缆桥架、各类弯头、三通、四通，支架及附件规格应结合工程布置条件进行现场测绘后制作并全部配套供应。桥架垂直敷设时，固定点间距不宜大于 2m，水平敷设时，固定点间距为 1.5～3m，在始、末端 0.2m 处及走向改变或转变处，应加装固定点。垂直处从最下端逐渐向上，水平处从起端到终端逐渐沿支架固定走向依次将桥架组对安装，并校平校直固定。桥架安装完毕，应使每个自然段桥架至少有一点与接地干线可靠连接，桥架与接地干线用 6mm² 黄绿双色接地铜芯软线与接地干线可靠连接。

（3）配管敷设

钢管敷设：暗配管应符合规范要求，弯曲倍数及埋设深度应作重点保证，在现浇混凝土结构，与土建配合敷设管路时，必须将管路设置于结构保护钢筋内侧间。埋设在混凝土梁内或穿墙引上的管路（端）必须与上、下层建筑隔墙相对应，并保证将管路敷设在墙体内。按施工图完整无误配合，不得有遗漏，埋设完成后工长及监理现场代表核对无误后办理隐蔽记录，经各有关方签字认可，方行使浇筑隐蔽工作，以确保工程质量。暗配管采用套管连接时，套管长度宜为管外径的 1.5～3 倍，管与管的对口处应位于套管的中心，套管焊接连接时，焊缝应牢固严密。明配管采用螺纹连接时，管端螺纹长度不应小于管接头长度的 1/2，其螺纹宜外露 2～3 扣，螺纹表面应光滑，无缺损。明配或暗配的镀锌钢管与盒（箱）连接应采用锁紧螺母或护圈帽固定，用锁紧螺母固定的管端螺纹宜外露锁紧螺母 2～3 扣。管路进入盒体必须垂直入盒，不得斜插。钢管明配时，弯曲半径不宜小于管外径的 6 倍。钢管暗配时，弯曲半径不应小于管外径的 6 倍，当埋设于地下或混凝土内时，其弯曲半径不应小于管外径的 10 倍。进入落地式配电箱的电线保护管，排列应整齐，管口宜高出配电箱基础面 50～80mm。管路应作接地跨接，暗配管采用导管焊接连接，明配管采用卡箍用黄绿双色接地铜芯软线跨接。外电缆进户套管在防火结构中预埋时，应加焊防火钢板，钢管两端应做成喇叭口，电缆敷设完毕将套管内用油浸黄麻填实。

（4）防爆金属软管敷设

松散，中间不应有接头，与设备器具连接时，应采用专用接头，连接件应密封可靠。金属软管长度应控制在 1m 内，长度大于 1m 加管卡固定。金属软管应可靠接地，且不得作为电气设备的接地导体。

（5）电缆敷设

按图纸设计绘制电缆敷设排列图表，再按电缆实际路径计算每根电缆的长度，合理安排每盘电缆，减少电缆接头。电缆敷设前，应核对电缆型号、电压、规格是否符合设计要求，1kV 以下的电缆应用 500V 兆欧表进行绝缘电阻测试，其电阻值应在 10MΩ 以上，并做好记录。电缆敷设时，应检查电缆不得有压扁，电缆绞拧，护层折裂等未清除的机械损伤，根据现场条件，合理采用人力传放或机械牵引拖放等敷设方式，当采用机械牵引时，其牵引速度不宜超过 15m/min。电缆敷设最小弯曲半径应为电缆外径的 10 倍。电缆沿桥架敷设时，应单层敷设，且敷设一根整理和卡固一根，垂直敷设的电缆，每隔 1.5～2.5m 处应加以固定，水平敷设的电缆，在电缆首末两端及转弯，电缆接头两端处，每隔 5～10m 处加以固定。电缆在桥架内应排列整齐，不应交叉和扭曲，拐弯处的电缆其弯曲半径以最大截面电缆允许半径为准。电缆穿保护管敷设，管道内应无积水，且无杂物堵塞，穿电缆时，不应损伤电缆护层。电缆在终端头和接头附件应留有备用长度。在电缆终端头、接头、拐弯处、夹层内两端等地方，应设置回路标志牌，标志牌上有注明线路编号，当无编号时，应写明电缆型号，规格及起讫地点，字迹清晰，不易脱落。电缆进入电缆沟、建筑物、盘（柜）以及穿管子时，出入口应用防火材料密实封堵。电缆终端头制作，应由经过培训的熟悉工艺的人员进行，严格遵照制作工艺规程。

3.9.4　防雷接地系统安装工程

1. 防雷接地系统监理要点

（1）防雷接地焊接始终伴随着施工的全过程，焊接质量决定着工程质量。防雷接地系统所有连接均为焊接，搭焊长度不小于 100mm。不同的结构金属体之间的跨接均采用 2Φ12 钢筋。系统所有外露器件均须作热镀并做防腐处理，外露的结构金属体跨接件及其焊口须按钢结构防腐标准做防腐处理。

（2）焊缝要求：焊缝应饱满并有足够的机械强度，不得有夹渣、咬肉、裂纹、虚焊、气孔等缺陷，焊接处的药皮敲净后，刷沥青做防腐处理。

（3）地基接地焊接是接地施工中的第一环节。对于基础圈梁焊接或桩基钢筋与基础钢筋的焊接、基础钢筋与柱筋的焊接，都要严格按基础图和接地点逐一进行检查，尤其要对伸缩缝处基础钢筋是否跨接连通进行确认。当整个接地网焊接完成后，马上用电阻仪进行接地电阻值测试，确认是否符合设计要求。

（4）当电阻值不满足设计要求时，再次检验焊接质量或按设计要求补做人工接地装置。

2. 防雷接地系统安装施工工艺

防雷接地防雷及静电接地至关重要，必须严格按施工图进行，不得有任何遗漏。

（1）作为接地极的基础钢筋作好标记，柱与梁作为接地用交叉钢筋应可靠焊接，钢筋不得有错位，防止断点。

（2）所有金属件之间的连接均应采用搭接焊接，其焊接长度应满足以下要求：扁钢应为其宽度的两倍（至少三个边焊接）；圆钢为其直径的 6 倍（保证两面焊接）；圆钢与扁钢连接时，其焊接长度应不小于圆钢直径的 6 倍。扁钢与钢管、扁钢与角钢焊接时，除应在其接触面部位两侧焊接外，应焊由扁钢围成的弧形（或直角形）卡子，直接由扁钢本身弯成的弧形与钢管焊接。

（3）所有进入建筑的金属管线均应与接地体可靠连接。

（4）在接地检测点施工完毕后测试一次，并作好记录工作，电阻值应满足设计要求，不能满足时应采取处理措施。

3. 防雷接地系统质量标准（表 3.9-1）

防雷接地系统质量标准　　　　　　　　　　　　　　表 3.9-1

主控项目	质量标准
接地装置测试点的设置	人工接地装置或利用建筑物基础钢筋的接地装置必须在地面以上按设计要求位置设测试点
接地电阻值测试	测试接地装置的接地电阻值必须符合设计要求
防雷接地的人工接地装置的接地干线埋设	防雷接地的人工接地装置的接地干线埋设，经人行通道处埋地深度不应小于 1m，且应采用均压措施或在其上方铺设卵石或沥青地面
接地模块的埋设深度、间距和基坑尺寸	接地模块顶面埋深不应小于 0.6m，接地模块间距不应小于模块长度的 3～5 倍。接地模块埋设基坑，一般为模块外形尺寸的 1.2～1.4 倍，且在开挖深度内详细记录地层情况
接地模块设置应垂直或水平就位	接地模块应垂直或水平就位，不应倾斜设置，保持与原土层接触良好
一般项目	质量标准
接地装置埋设深度、间距和错槎长度	当设计无要求时，接地装置顶面埋设深度不应小于 0.6m 圆钢、角钢及钢管接地极应垂直埋入地下，间距不应小于 5a 接地装置的焊接应采用搭接焊，搭接长度应符合下列规定： （1）扁钢与扁钢搭接为扁钢宽度的 2 倍，不少于三面施焊； （2）圆钢与圆钢搭接为圆钢直径的 6 倍，双面施焊； （3）圆钢与扁钢搭接为圆钢直径的 6 倍，双面施焊； （4）扁钢与钢管，扁钢与角钢焊接，紧贴角钢外侧两面，或紧贴 3/4 钢管表面，上下两侧施焊； （5）除埋设在混凝土中的焊接接头外，有防腐措施
接地装置的材质和最小允许规格	当设计无要求时，接地装置的材料采用为钢材，热浸镀锌处理。最小允许规格、尺寸应符合规范要求
接地模块与干线的连接和干线材质选用	接地模块应集中引线，用干线把接地模块并联焊接成一个环路，干线的材质与接地模块焊接点的材质应相同，钢制的采用热浸镀锌扁钢，引出线不少于 2 处

3.9.5　通风系统工程

（1）施工技术人员要认真审图，分清不同用途管径采用不同壁厚的镀锌钢板制作风管，用料规格符合施工规范及设计要求。

（2）通风工程制作工艺流程：领料→下料→剪切→咬角制作→风管拆方→成型→法兰下料→打铆钉孔→焊接→打螺栓孔→刷漆→铆法兰→翻边→检验→安装

（3）法兰制作：630mm 以上的风管采用角钢法兰连接方式，630mm 以下放管采用插条连接方式，插条四周要求打高分子密封胶。

（4）通风管道及加工和连接：法兰焊接要求平整，不大于 1mm，边长不大于 3mm，铝铆钉孔应不大于 130mm，螺栓空应不大于 150mm，以上数据都在允许偏差范围内，焊完法兰后先除去焊药再刷防锈漆。风管交工板材剪切必须进行下料的复核，以免有误，而后按画线形状用机械剪和手工剪进行剪切，下料时应注意留出翻边量。板材采取咬角方式有：联合咬口、立式咬口、咬口后要求平整，在咬口后的板按画好的线在拆方机上进行拆方、合缝。矩形风管的弯头采用内外弧制作，当边长大于 500mm 时，应在管内设置导流片，导流片的迎风侧边缘应圆滑，其两端与管壁的固定应牢固，同一弯管内导流片的弧长应一致。风管与法兰连接翻边量应控制 6～8mm，风管需要铆法兰时，先用固定画尺把翻边线画出，然后法兰套在画出的线位进行钻空铆接，在铆接前要注意风管及法兰的方正及角度。风管大边长大于或等于 630mm 和保温风管边长大于或等于 800mm 时，其管段长于 1.2mm 以上均采取加固措施，一般可以采用角钢或角钢框加固，加固部位应取风管长度的中心位置为加固位置。

（5）风管加工质量要求：风管加工即用板材必须符合规范及设计要求，风管的规格尺寸必须符合设计要求，风管咬缝必须紧密，宽度均匀，无孔洞、半咬口和胀裂等缺陷。风管外观平直，表面凹凸不大于 5mm，风管与法兰连接牢固，翻边平整。成品保护：风管法兰加工好后应按分类码放整齐，露天放置应采取防雨雪措施，注意法兰的防腐，保护好风管的镀锌层。

（6）风管及部件安装风管及部件分系统逐层安装，支架采用吊杆支架，标高必须根据图纸要求和土建基准线而确定，吊架安装时，先按风管的中心线找出吊杆敷设位置，做上记号，再将加工好的吊杆固定上去，吊杆与横担用螺母拧上，以便日后调整。当风管较长时，需要安装一排支架时，可先将两端吊杆固定好，然后接线法找出中间吊架的位置，最后依次安装。为了保证法兰处的严密性，法兰之间垫料采用 8501 密封胶做密封料，螺栓穿行方向要求一致，拧紧时应注意松紧不均造成风管的扭曲。根据现场情况可以在地面连成一定长度，再整体吊装，或将风管放在支架台上逐节连接，安装时一般按先安干关，后安支管的顺序。需要防火阀或消声器安装时，各大边如超过 500mm 时，应单设吊架。

（7）风管及部件保温：粘贴保温钉前应将风管壁上尘土、油污清除，将粘接剂分别涂抹在风管和保温钉上，稍干后再将其粘上，保温钉粘贴密度 12 只/m。保温板下料及铺设：下料要准确，切割要平齐，搭接要严密、平整，散材不可外露，板材纵横缝错开。

（8）风机盘管安装：工艺流程：施工准备→打压试验→单机试运→转吊杆制作→风机盘管安装→配管连接→接电源→单调试。风机盘管整体向凝结水出口倾斜度为 3～5℃，使水盘无积水现象，风机盘管两端与风管配管连接处加复合铝箔保温型软管，根据型号不同，口径不一情况下各种型号需加软管长度 200mm，风机盘管、新风机组的送、回风管均加软管接头。

3.9.6 通风系统监理要点

1. 风管连接要点

（1）法兰螺栓穿接方向应与风管内空气的流动方向相同，且螺丝长度应长短一致。

（2）风管法兰垫料的厚度宜为 3～5mm，洁净系统不得小于 5mm。垫料与法兰平齐，不得挤入管内。

（3）安装风管时，不得拖、拉风管，以免造成划伤，影响风管的美观，甚至造成风管的损坏。

（4）玻璃钢风管连接法兰螺栓两侧应加镀锌垫圈。

（5）保温风管的支吊架宜设在保温层外部，不得坏保温层。

（6）洁净风管安装时，风管、静压箱、风口及设备安装在或穿过围护结构时，其接缝应采取密封措施，做到清洁、严密。

（7）洁净风管安装时，法兰垫片应减少接头，接头必须采用梯形或椎形，垫片应清洁，并涂密封胶粘牢。

（8）风管穿伸缩缝处应采用软连接，软管长度为伸缩缝宽度加 100mm。

2. 风口安装要点

（1）风口安装时，确保风口处于板中，所有风口横平竖直，处于一条直线，且确保风口与顶棚板结合紧密。

（2）风管与风口连接宜采用法兰连接，风口不应直接安装在主风管上，风口与主风管之间应通过短管连接。

（3）风口的转动、调节部分应灵活、可靠，定位后无松动现象。风口与风管连接应严密、牢固。风口水平度 3‰，垂直度 2‰。风口应转动灵活，不得有明显划痕与板面接触严密。

3. 管道保温要点

（1）管道保温层与管道应紧贴、密实，不得有空隙和间断，表面平整、圆弧均匀。管道穿墙、穿楼板处保温层应同时过墙过板，保温层与支架处接缝应严密，不应将支架包成半明半暗状态。管道保温用金属壳作保护层，其搭口应顺水，咬缝应严密、平整。

（2）保温材料厚度大于 80mm 时，应采用分层施工，同层的拼缝应错开，且层间的拼缝应相压，搭接长度不应小于 130mm。

（3）保温风管在支吊架处所垫木方厚度应与保温层厚度一致，并采取相应防腐措施。

（4）保温时，所用工具应足够锋利，下料应准确合理，胶和保温钉的分布应均匀。在设备上粘结固定保温钉时，底面每平方米不应少于 16 个，侧面每平方米不应少于 10 个，顶面每平方米不应少于 8 个，首行保温钉据材料边沿不应大于 120mm。

（5）法兰处保温必须单独下料粘接，保温层厚度必须与风管相同。

（6）如设计和业主无要求，明装风管保温层外应进行通长铁皮包角，外缠压沿膜，压沿膜不得松动，缠绕时相互搭接，使保温材料外表面形成两层压沿膜缠绕，甩头要用胶粘牢，以保证平整美观。

（7）风管保温外如需采用钢板或铝板等进行外保护时，要求板材搭接缝应顺水，且连接严密。闭合所用自攻螺丝应采用短型，避免破坏保温层。

（8）当采用玻璃丝布作绝热保护层时，搭接的宽度应均匀，宜为 30～50mm，且松紧适度。

3.10 基坑土方回填

3.10.1 基坑土方回填施工

综合管廊在回填时应两侧对称同时回填，其标高应基本相等且同处在一个水平面上，回填顺序应按基底排水方向由高至低分层进行，回填材料分层摊铺，每层压实后厚度不超过 300mm。回填土一般选用黏质粉土、砂质粉土等土料回填，回填密实度不小于 0.97。

综合管廊顶部回填应根据路基及绿化要求进行。

（1）回填土采用机械结合人工回填的方式，土方回填前坑内所有建筑垃圾与积水必须清理干净，并在对基础工程进行各项检查，监理验收合格。并作好隐蔽工程记录后方能进行。

（2）回填采取两侧同时、分层进行，回填时两侧高差不大于50cm，砂的松铺厚度机夯时不大于25cm，人工打夯时不大于20cm；夯击遍数机夯为6~8次，人工打夯为8~10次。

（3）基坑回填夯实时要按照一定方向进行，夯夯相接，行行相连，每遍纵横交叉。

（4）分层回填、分层夯实、分层做压实度，待当层回填的压实度合格后，方可开始上一层的回填施工。回填好的石灰土用彩条布覆盖及挖出排水沟，避免雨水浸泡。

3.10.2 基坑土方回填监理要点

（1）回填土的含水率应控制在8％~15％之间，若含水率过低，应事先洒水润湿，过高应晾晒。

（2）回填土应分层回填夯实，每层厚度为20~30cm，下层经检验合格后方可铺设上层。打夯时，应一夯压半夯，夯夯相连，行行相连，纵横交叉，严禁使用水沉法。

（3）上下两层接合前，应将下层表面拉毛，并洒水湿润，以保证结合部位良好；深浅两基坑相连时，应先夯深基坑，必须分段夯时，交接处成阶梯形，梯形的高宽比为1：2，上下层错缝距离不小于1m。

图 3.10-1 基坑回填

（4）回填土应在相对两侧或四周同时进行。

（5）回填土每层填土夯实后，应按规定进行环刀取样。

（6）修整找平：填土全部完成后，应进行表面拉线找平，凡超过标准高程的地方，及时以线铲平；凡低于标准高程的地方，应补土夯实。

（7）每层回填完毕后应报监理、质检员进行验收（图 3.10-1），下层经检验合格后方可铺设上层。

3.10.3 基坑土方回填质量控制标准

1. 主控项目

（1）回填材料应符合设计要求；回填土中不应含有淤泥、腐殖土、有机物、砖、石、木块等杂物。

检查数量：每10m不应少于1个点。

检验方法：观察；检查施工记录。

（2）基坑不得带水回填，回填应密实。

检查数量：每10m不应少于1个点。

检验方法：观察；检查施工记录。

（3）基坑回填标高允许偏差应符合表 3.10-1 规定。

基坑回填标高允许偏差　　　　表 3.10-1

检查项目		允许偏差（mm）	检查数量		检验方法
			范围	点数	
1	基坑	−50	每 10m	1	水准仪测量
2	场地平整　人工	±30	每 10m	1	水准仪测量
3	场地平整　机械	±50	每 10m	1	水准仪测量
4	管沟	−50	每 10m	1	水准仪测量

2. 一般项目

基坑回填土表面平整度允许偏差应符合表 3.10-2 规定。

基坑回填土表面平整度允许偏差　　　　表 3.10-2

检查项目		允许偏差（mm）	检查数量		检验方法
			范围	点数	
1	基坑	20	每 10m	1	靠尺或水准仪测量
2	场地平整　人工	20	每 10m	1	靠尺或水准仪测量
3	场地平整　机械	30	每 10m	1	靠尺或水准仪测量
4	管沟	20	每 10m	1	靠尺或水准仪测量

第4章 给水排水工程

4.1 给水排水管道工程施工前的准备

在城镇基础建设中，包含大量的给水排水管道工程，目前国内管道工程使用的管材种类比较多，主要有金属管和非金属管两大类：金属管材有铸铁管、铜管；非属材有预应力钢筋混凝土管、自应力钢筋混凝土管、塑料管、混凝土管、钢筋混凝土管等。对于大型排水干管，还有采用现场浇筑或砌筑的管渠。由于管道的工艺特性不同，其所用管材、接口形式、基础类型以及施工方法各不相同，开槽施工是给水排水管道工程施工的常用工艺之一，本章重点介绍了 HDPE 中空壁塑钢缠绕聚乙烯管道开槽施工、球墨铸铁管给水管道迁改施工、钢筋混凝土排水管道开槽施工、顶管施工、拖拉管施工等施工工艺及质量控制标准。

4.1.1 工程交底

施工单位应认真学习、研究施工图及所有施工文件，了解设计意图和要求，并进现场踏勘，重点检查环境保护、建筑设施、公用管线、交通配合、地区排水以及工程施工等情况，考虑必要的技术措施和要求，在图纸会审时提出意见，建设单位发送的《图纸会审纪要》，是编制施工组织设计的必要依据。

1. 图纸种类及内容

室外给水排水工程图主要有平面图、断面图和节点图等三种图样。

（1）给水排水管道平面图：室外给水排水管道平面图表示室外给水排水管道的平面布置情况。

（2）给水排水管道纵断面图：主要反映室外给水排水平面图中某条管道在沿线方向的标高变化、地面起伏、坡度、坡向、管径和管基等情况，识读步骤分为三步：

1）首先看是哪种管道的纵断面图，然后看该管进纵断面图形中有哪些节点。

2）在相应的室外给水排水平面图中查找该管道及其相应的各节点。

3）在该管道纵断面图的数据表格内查找其管道纵断面图形中各节点的有关数据。

（3）给水排水管道沟槽开挖断面图：反映了管道开挖断面、基础处理及土方回填等要求。

（4）给水排水节点详图：在室外给水排水平面图中，对检查井、消火栓井和阀门井以及其内的附件、管件等均不作详细表示，为此，应绘制相应的节点图，以反映本节点的详细情况。

2. 工程图纸识读

4.1.2　其他准备工作

1. 施工排水

在管道工程施工时，要重视地面水的侵入和地下水的排除，特别是在多雨时、汛期，必须提出有效防止雨水侵入和排除的措施，确保施工范围内建（构）筑物的安全和施工的顺利进行。

2. 封拆管道头子

封堵和拆除管道头子，是城市排水工程施工时的一项关键性工作，它是保证分段施工，施工排水、截流、改道、连通等必需的技术措施，也是质量检测、闭水试验的必要手段，特别是对原有管道衔接、交汇等。封拆头子对安全威胁很大，必须认真采取有效措施。

4.1.3　现场核查

1. 资料分析及现场核查

分析建设单位提供的地质勘探报告中的工程地质、水文地质资料和工程范围内现有地下构筑物和管线的详细资料。对于所给资料应进行现场核查，经过现场核查后的资料才能作为编制施工组织设计的依据。

现场核查的主要内容有：

（1）摸清原有的地下管线系统，如管道长度、管径、标高、渗漏情况、排水管道的排水方向、检查井的完好状况以及河流位置，地貌变化等情况，并摸清以往暴雨后的积水情况，以便考虑施工期间的排水措施。

（2）调查工程范围内的建筑物，包括结构特征，基础做法、建筑年代等，估计施工期间的影响程度。

（3）核实地下构筑物的位置、深度，施工范围内树木，坟墓，临时堆物，堆土等的数量，联系建设单位和有关单位于以清除、迁移、砍伐，对于施工现场的养殖用地、养殖物、种植用地、种植物，联系建设单位落实征地及养殖物、种植物补偿等手续。

（4）核对各种公用事业地下管线的位置、数量、口径、深度，接头形式，核对各种空线的杆位、高度（地面至架空线的净高、数量及电压等）。

（5）了解工程用地情况、施工期间现场交通状况、交通运输条件以及对施工的影响程度。

（6）在水体中或岸边施工时，应掌握水体的水位、流量、流速、潮汐、浪高、冲刷、淤积、漂浮物、冰凌和航运等状况以及有关管理部门的法规和对施工的要求。

（7）配合建设单位召开有关单位的配合会议，落实施工期间的协调和配合，核实施工现场附近的测量标志。

2. 施工执照办理

在工程开工前，必须办理好施工执照（包括掘路执照、施工许可证和临时占用道路许可证等），并与工程所在地有关单位、部门取得联系，召开施工配合会议取得支持，搞好协调配合工作。

3. 施工方案编制及材料配备

接受施工任务后，在深入调查研究和现场核实的基础上，根据工程性质、特点、地质环境和施工条件，提出施工方案，编制施工组织设计和施工图预算，安排劳动力、材料供应和施工机具的配备，有效地指导和组织施工。

4.1.4 施工测量

1. 施工准备

在工程施工测量放线之前，除了检查好所有使用的测量仪器及工具外，还应做好以下准备工作。

（1）熟悉和核对设计图中的各部位尺寸关系。

（2）制定各细部的放样方案。

（3）准备好放样数据。

2. 测量方法

测量前必须将施工图纸与现场进行仔细检查核对，如发现图纸上的线位、点位不清楚或数据不全、字迹模糊等情况，必须与设计有关人员联系核对，直至全部清楚为止。

在现场施测前，应先核对原始测量控制点位和观察现场地貌，确定施测方法。测量结果必须经监理及设计院认可。

测量手簿采用规定格式，测得的数据必须清楚，记录不得随意涂改，并有测量员签名；手簿各页不得撕毁，以便随时检查核对。施测前应先检查核对仪器，仪器必须经过标定且符合要求后才能使用。测点采用木桩加小钉作标记，木桩周围用混凝土做保护。

采用测量记录表格，保证资料的完整性以及内业、外业资料齐全。施工中认真注意收集整理资料，确保竣工后交工资料准确无误。

3. 质量保证措施

（1）用于测量的 RTK 测量系统、全站仪、水准仪及 50m 钢卷尺等主要测量工具必须按期经过县级以上计量检测中心检测合格后，方可使用。

（2）在用钢尺量距时，两端保持水平，拉力在 30m 保持 10kg。温度改正视当时施测时温差变化的大小而定，应适当考虑。

（3）每次点位测量应有另一人进行复核，并认真记录。施工测量的允许偏差见表 4.1-1。

施工测量的允许偏差表　　　　表 4.1-1

项目	允许偏差		项目	允许偏差
水准测量高程闭合差	平地	±20(mm)	导线测量相对闭合差	开槽施工管道	1/1000
	山地	±6(mm)		其他方法施工管道	1/3000
导线测量方位闭合差	40(″)		直接丈量测距的两次较差	1/5000

注：l 为水准测量闭合线路的长度（km）。

4. 测量放线的质量控制要点

（1）常见质量问题测量差错或意外地避让原有构筑物，使管道在平面上产生位置偏移，在立面上坡度不顺。

（2）质量控制措施：

1）对放线要进行复测。测量员定出管道中心线及检查井位置后，要进行复测，其误差符合规范要求后才能允许进行下步施工。

2）多沟通联系。施工中如意外遇到构筑物须避让时，应要求监理单位和设计单位协商，在适当的位置增设连接井，其间以直线连通，连接井转角应大于 135°。

4.1.5　施工交底

施工交底是实施全员参加施工管理的重要环节，应予以足够的重视。交底时，必须讲清工程意义、设计要求、工程地质、环境条件、施工进度、操作方法、质量目标、技术要点、环保要求、安全措施及主要经济技术指标等，技术关键部位应组织专题交底，使每位施工人员都明确自己的任务和目标。

4.1.6　管道工程的施工组织设计

大型管道工程施工应编制施工组织设计，一般的管道工程施工应编制施工方案。施工组织设计应在充分调查研究的基础上，根据工程性质、特点，地质环境和施工条件编制，有效地指导施工。

　　1. 管道工程施工设计的内容

　　1）施工平面及剖面布置图。

　　2）确定分段施工顺序。

　　3）降水、支撑及地基处理措施。

　　4）现浇及装配管道等的施工方法设计。

　　5）安全施工及保证质量的措施。

　　2. 施工设计图

　　（1）施工总平面图

　　1）工程分段、施工程序及流水作业运行方向。

　　2）施工机械、材料、成品、土方堆放及临时设施便道等分布情况。

　　3）变压器的位置、接水、接电及其用量。

　　（2）施工断面图

　　施工断面图包括沟坑、便道、交通隔离、施工排水、支撑、地基加固等横断面布置形式。

　　（3）施工工艺图

　　1）原有管道封塞位置和采取木塞、橡皮塞、砖砌等方法以及铺设临时管道的走向和接通方位等。

　　2）现场交通和运输路线等安排。

　　3）根据施工作业需要的井点布置形式和周转程序。

　　4）现场施工沉降的影响范围、地面构筑物和地下管线的拆迁范围或加固措施、绿化树木需迁移部分的长度和要求。

　　5）公用事业管线的拆迁长度和要求，以及采取加固措施的断面示意图。

4.2　给水排水管道工程的施工

4.2.1　地下管线保护措施

　　1. 现场调查

根据有关规定及施工需要，宜采用现场踏勘调查和人工探挖等方法，进行以下调查工作，并收集资料：

1）现场地形、地貌及现有建筑物、构筑物的情况，对明挖基坑开挖范围内的各种管线施工前必须调查清楚，经有关单位同意后确定拆迁、改移或采取悬吊加固措施。对需要保留的地下管线应暴露并加以保护。具体悬吊措施及现状管线悬吊保护见图 4.2.1～图 4.2-4。

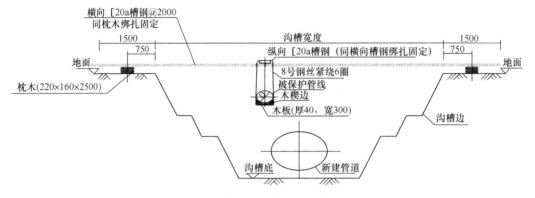

图 4.2-1　沟槽内裸露管线保护图（A 类）

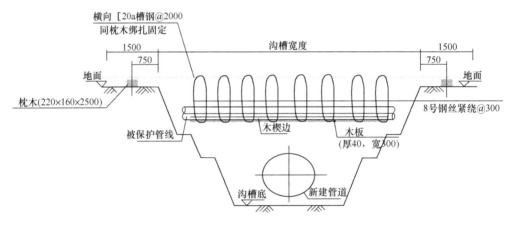

图 4.2-2　沟槽内裸露管线图（B 类）

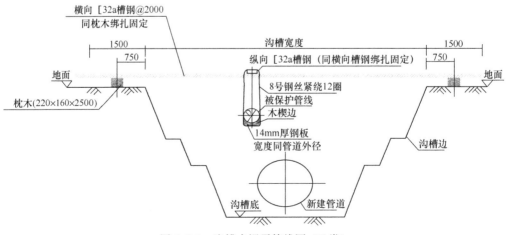

图 4.2-3　沟槽内裸露管线图（C 类）

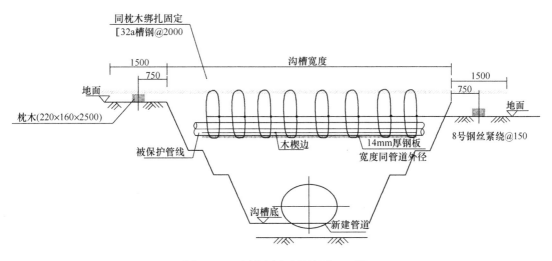

图 4.2-4 沟槽内裸露管线图（D 类）

核对物探资料，调查沿线施工影响范围内地下管线、构筑物及地面建筑物基础等，预测基坑、结构施工对地表和地下已设构筑物的影响。

2）核对工程地质和水文地质资料，制定降排水方案、地层加固方案。

3）调查交通运输条件，对施工运输便道进行方案补选。

4）调查施工用水、供电、排水及环境条件，定现场用水，临时用电机环境保护方案。

5）调查当地气象、水文资料及居民点的社会状况和风俗习惯。

6）调查建筑物、道路工程、电信、电力线等设施的拆迁情况及数量，并核实管沟（沟槽）与上述地上、地下构筑物、现状管线的关系。

7）现场地上、地下构筑物、管线必须标注在总平面图中，作为施工方案保护措施制定、现场对各种构筑物实施保护的依据。

8）为保障基坑施工过程中地下管线安全，施工前必须对地质条件与管线现状进行详查，据此制定安全措施与应急预案，防止开挖过程中损伤地下管线。

2. 工程地质条件及现状管线调查

为有效地防止管沟（基坑）开挖过程损伤地下管线，必须对工程地质条件及现状管线进行仔细和认真的调查。根据调查情况制定有效的施工保护措施。

（1）必须先对工程地质进行勘察，由相关单位出具相应的工程地质勘查报告，作为基坑设计和施工的依据。

（2）基坑开挖范围内及影响范围内的各种管线、地面构筑物，施工前必须调查清楚。现状各种管线，建设单位必须提供有关资料，必要时向规划、管线管理单位查询，查阅有关专业技术资料，掌握管线的施工年限、使用状况、位置、埋深等，并请相关管理单位现场交底，必要时在管理单位的现场监护下进行坑探。

（3）对于资料反映不详，与实际不符或在资料中未反映管线必须采用雷达探测，坑探的方法进行查明，确定管线的位置、埋深和结构形式，查明管线的使用状况。

（4）基坑影响范围内的地面、地下构筑物必须查阅有关资料并现场调查，掌握结构的基础、结构形式等情况。

（5）将调查的管线、地面地下构筑物的位置埋深等实际情况按照比例标注在施工平面图上，作为制定地下管线保护方案的依据。

3. 现状管线施工监测

加强管沟开挖过程中现状管线施工监测，发现问题及早提出应对措施。

4.2.2 拆除旧路面

1. 施工准备

为保证工程顺利进行和各项目标的实现，项目经理部应对项目进行科学、合理的组织管理，对工程的进度、质量、安全做好各种的技术保证措施，对施工材料的使用，施工机具的安排进行良好的部署和协调。

路面凿除是为新建污水管道施工的前导工序，在施工前必须做好施工场地的围栏工作，为了安全生产和文明施工，施工场地的围栏应采用设置安全带和安全标志的围护，围护分各个施工工段进行。

对与不需要凿除的路面的界线必须先经过准确测量后，在路面界线上弹出墨线，用切割机切缝后方能进行施工。

对地下的专业管线应有采取相应的措施进行保护（详细方案参照保证各地下专业管线施工安全的技术措施）。

2. 施工方法

在施工围护等准备工作落实后，可进行路面的凿除，为了降低噪声和减少粉尘，宜采用风机配合人工施工的方法进行。

施工采用锯缝机对水泥砼路面进行锯缝，分离单边分段施工的方法进行，采用风机配合人工进行击碎旧路面时，应从道路一侧循序渐进地进行，破碎路面可以大些，只满足人工或小型挖掘机能正常挖除则可。凿除后的渣土随后装车运走。

冬期施工空气干燥，混凝土路面和施工工点应经常喷水湿润，以防粉尘飞扬污染周围环境。

凿除路面施工计划尽量安排在日间施工，以免夜间噪声太大影响附近居民。

4.2.3 沟槽钢板桩支护

1. 钢板桩支护施工

钢板桩的支护、支撑结构

（1）基坑支护设计原则

基坑支护形式的选择根据基坑开挖深度、宽度、地质条件、场地条件、地下水情况、边坡稳定条件及周边建（构）筑物变形控制、环境保护、水土保持等要求，遵循"安全、环保、适用、经济"原则，通过多方案比选确定。

根据现有道路初勘资料，具体方案的提出结合基坑深度、基坑软弱土层总厚度、基坑边缘与邻近建构筑物的净距，综合考虑技术、经济等，通过比较分析、归纳，提出相应的基坑支护方案：

1）基坑支护安全等级：三级。

2）距离周边建筑物较远，地层为强、中、微风化花岗岩，开挖深度小于 8m 的基坑采用放坡开挖。

3）距离周边建筑物较近不具备放坡开挖的管道基坑，横跨现状道路受现状道路限制的管道与涵洞基坑采用拉森Ⅲ型钢板桩支护。

（2）基坑支护设计方案示例

依据基坑开挖深度及周边环境，基坑围护设计主要分为两区段围护：

1）放坡段采用放坡开挖，具体放坡坡率由基坑侧壁地质情况决定。周边具备开挖条件，根据管道基坑的深度、基坑周边环境及地质情况采用1∶1放坡开挖。

2）钢板桩支护段采用双侧壁拉森Ⅲ型钢板桩支护形式，桩顶根据实际情况适当放坡开挖，开挖深度0.5～1.5m，放坡坡度为1∶1，放坡面采用喷混处理。钢板桩支护数量级为0.5m，支护等级为三级。基坑支护深度小于5m采用一道内支撑，内支撑为Φ219@250cm，支撑位置为基坑顶部下0.8m处，详见基坑支护设计图，基坑深度大于5m采用两道内支撑。支撑间距根据实际施工情况选定，间距不小于3m。

（3）基坑支护施工方案

钢板桩支护段采用分段开挖分段支护方式施工，根据基坑开挖深度、周边环境及基坑侧壁地质情况分段开挖未支护长度不得大于3m，应及时支护。管道基坑支护横断面示意图如图4.2-5所示。

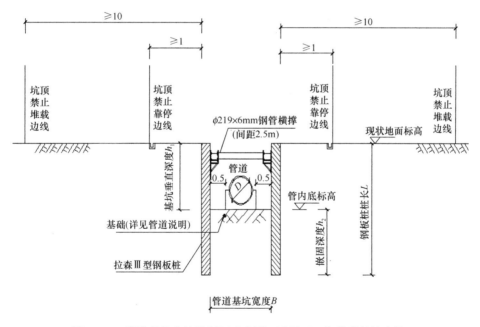

图 4.2-5　管道基坑支护横断面示意图（适用于一般管道基坑支护）

2. 钢板桩的施工工序

钢板桩的施工顺序如下所示：

定位放线→安装导向梁→沉打钢板桩→拆除导向梁→挖第一层土→安装第一层支撑及围檩→挖第二层土→安装第二层支撑及围檩→挖第三层土→管道施工→回填→拔除钢板桩→钢板桩孔处理。管道基坑支护横断面示意如图4.2-6所示。

（1）安装导向梁

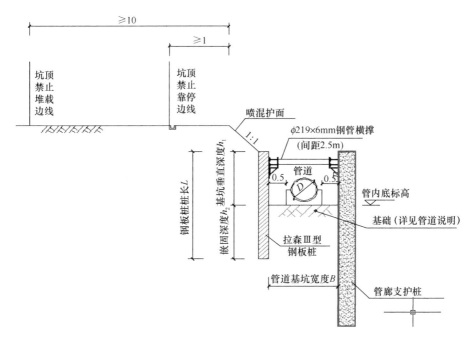

图 4.2-6　管道基坑支护横断面示意图（适用于临近管廊支护桩管道基坑支护）

为保证钢板桩沉桩的垂直度及施打板桩墙墙面的平整度，在钢板桩打入时应设置打桩导向梁，导向梁由围檩及围檩桩组成。如图 4.2-7 所示。围檩采用 28a 槽钢制作，双面布置形式，双面围檩之间的净距应比插入板桩宽度放大 10mm。

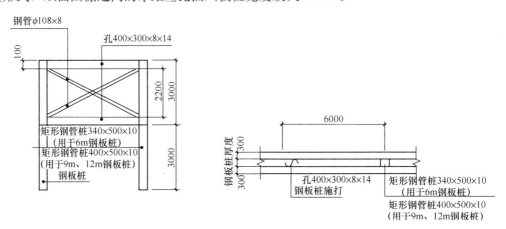

图 4.2-7　钢板桩支护导向架立面、平面图

（2）钢板桩的打设

1）钢板桩用振动打拔桩机施打，施打前一定要熟悉地下管线、构筑物的情况，认真放出准确的支护桩中线。

2）打桩前，对板桩逐根检查，剔除连接锁口锈蚀、变形严重的普通板桩，不合格者待修整后才可使用。

3）打桩前，在钢板桩的锁口内涂油脂，以方便打入拔出。

4）在插打过程中随时测量监控每块桩的垂直度不超过 2.5%，当偏斜过大不能用拉齐方法调正时，拔起重打。

5）钢板桩施打采用屏风式打入法施工。屏风式打入法不易使板桩发生屈曲、扭转、倾斜和墙面凹凸，打入精度高，易于实现封闭合拢。施工时，将 10～20 根钢板桩成排插入导架内，使它呈屏风状，然后再施打。通常将屏风墙两端的一组钢板桩打至设计标高或一定深度，并严格控制垂直度，用电焊固定在围檩上，然后在中间按顺序分 1/3 或 1/2 板桩高度打入。

屏风式打入法的施工顺序有正向顺序、逆向顺序、往复顺序、中分顺序、中和顺序和复合顺序。施打顺序对钢板桩垂直度、位移、轴线方向的伸缩、板钢桩墙的凹凸及打桩效率有直接影响。因此，施打顺序是钢板桩施工工艺的关键之一。其选择原则是：当屏风墙两端已打设的钢板桩呈逆向倾斜时，应采用正向顺序施打；反之，用逆向顺序施打；当屏风墙两端钢板桩保持垂直状况时，可采用往复顺序施打；当钢板桩墙长度很长时，可用复合顺序施打。

钢板桩打设的公差标准见表 4.2-1。

钢板桩打设的公差标准表

表 4. 2-1

项目	允许公差
板桩轴线偏差	±10cm
桩顶标高	±10cm
板桩垂直度	2.50%

6）密扣且保证开挖后入土不小于 2m，保证板桩顺利合龙；针对转角板桩，若没有此类板桩，则用旧轮胎或烂布塞缝等辅助措施密封。

7）开挖后，及时进行桩体的闭水性检查，对漏水处进行焊接修补，每天派专人进行检查桩体。

8）钢板桩的转角和封闭合龙。由于板桩墙的设计长度有时不是钢板桩标准宽度的整数倍，或板桩墙的轴线较复杂，或钢板桩打入时的倾斜且锁口部有空隙，这些都会给板桩墙的最终封闭合龙带来困难，往往要采用轴线修整的方法来解决。

轴线调整的具体做法如下：

① 沿长边方向打至离转角桩尚有约 8 块钢板桩时暂时停止，量出至转角桩的总长度和增加的长度；

② 在短边方向也照上述办法进行；

③ 根据长、短两边水平方向增加的长度和转角桩的尺寸，将短边方向的围檩与围檩桩分开，用千斤顶向外顶出，进行轴线外移，经核对无误后再将围檩和围檩桩重新焊接固定；

④ 在长边方向的围檩内插桩，继续打设，插打到转角桩后，再转过来接着沿短边方向插打两块钢板桩；

⑤ 根据修正后的轴线沿短边方向继续向前插打，最后一块封闭合拢的钢板桩，设在短边方向从端部算起的第三块板桩的位置处。

（3）钢板桩拔桩

基坑回填后，要拔除板桩，以便重复使用。拔除板桩前，应仔细研究拔桩方法、顺序和拔桩时间及土孔处理。否则，由于拔桩的振动影响，以及拔桩带土过多会引起地面沉降和位移，会给已施工的地下结构带来危害，并影响临近原有建筑物、构筑物或地下管线的安全。

拔桩采用振动拔桩机，利用振动产生的强迫振动，扰动土质，破坏钢板桩周围土的黏聚力以克服拔桩阻力，依靠附加起吊力的作用将桩拔除。

1）拔桩起点和顺序：对封闭式板桩墙，拔桩起点应离开角桩 5 根以上。可根据沉桩时的情况确定拔桩起点，必要时也可用跳拔的方法。拔桩的顺序最好与打桩时相反。

2）振打与振拔：拔桩时，可先振动将板桩锁口振活以减小土的粘附，然后边振边拔。

3）对引拔阻力较大的板桩，采用间歇振动的方法，每次振动 15min，振动连续不超过 1.5h。

4）拔桩后土孔的处理：

钢板桩拔除后留下的土孔应及时回填处理，土孔回填材料以砂子为主。

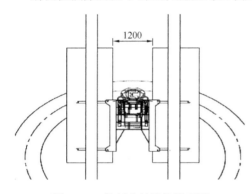

图 4.2-8　静压力植桩机平面图

3. 静压力植入钢板桩的施工工序

静压力植入钢板桩适用于在学校、医院、养老院附近、6 层以上住宅区且距离在 3.0m 以内。

导沟开挖→测量放样、定位→辅助钢板就位→桩机就位→配重钢板桩就位→静压力植桩机压桩→配重取消→桩机骑桩→桩机继续压桩→其余工序施工→钢板桩拔除→灌砂回填土孔。静压力植桩机平面如图 4.2-8 所示。

（1）导沟开挖

导沟开挖宽度 1.2m，深度 0.5m，由于静压力植桩机施工时要保证两侧 45cm 范围内没有土体，所以开挖前要对钢板桩中心线放样，并保证两侧 45cm 范围内土体清理干净。

（2）施工放样

为保证钢板桩施打位置准确无误，沟槽开挖后底部须大致平整，技术人员定位后，撒白灰线，为防止白灰线受施工过程中浇水冲洗影响，需要在中心线上每 2m 插一个钢筋头，保证位置准确。

（3）铺设钢板

静压力植桩机施工前，必须放置在钢板上并保证水平，钢板厚度为 30mm，宽 2m，长 4～5m，两块钢板分两侧放置，中间空出 1.2m 的一条缝，作为压桩的起点。

（4）桩机就位

钢板铺放完成后，将静压力植桩机吊放到钢板上，四条支腿分两侧跨在钢板之上，并调整机器，保证水平气泡居中。如图 4.2-9 所示。

（5）桩机配重

图 4.2-9　打设钢板桩

桩机摆放好后，需要对其配重，因为桩机自身较轻，自身重力无法克服施加的压力，就无法把钢板桩压入土体里，配重使用现场的钢板桩，沿边均匀且对称放置 6 块钢板桩。

（6）压桩

压桩前，首先将机器的液压油管、电缆线与机器连接，并对机器做细致检查，一切正常后，开始压桩作业。

压桩采用 25t 汽车吊配合进行，吊车起吊钢板桩喂桩，操作人员按照放样的中心线，开始压桩操作，施工过程中，使用全站仪配合检查压入过程中钢板桩垂直度。压入过程中应注意压力的大小，并边压边浇水润滑钢板桩，减小摩擦阻力，压入时可适当提拔，反复压入，以保证钢板桩卡口闭合和垂直度，做到万无一失。

（7）桩机骑桩

打完 3 根钢板桩后，就可以取消配重，骑桩作业了。吊车将配重用的钢板桩移开，将桩机放置于插好的钢板桩上，桩机利用咬齿咬住钢板桩，与之形成一个整体，借助桩的抗拔力以抵抗摩擦阻力，达到将桩压入土体的效果。

（8）拔桩

管道回填施工完成后，静压植桩机开始拔桩。拔桩时注意控制拔桩速率及拔后回填工作，防止不均匀沉降而影响周边建筑物，对桩缝做灌砂处理，拔后钢板桩及时清理运至下一施工作业面。

（9）土孔处理

钢板桩拔除后留下的土孔应及时回填处理，特别是周围有建筑物、构筑物或地下管线的地方，尤其应注意及时回填，否则往往会引起周围土体位移及沉降，并由此造成邻近建筑物等的破坏。土孔回填采用灌砂回填处理。

在支护施工中，当无法打入槽钢或钢板桩时，采用钻机引孔施工，再进行支护施工。

钻机设备采用高压旋喷桩机（钻头直径 150mm、长 350mm，单根 50mm 钻杆长 2000mm）及泥浆泵、50kW 柴油发电机，引孔中心线与槽钢或钢板桩轮廓的中心线一致，相邻两孔的中心间距为 400mm，引孔深度比槽钢或钢板桩底部高 200～400mm，预留深度利用振动打拔桩机打设，确保槽钢或钢板桩底部与岩层等硬质地层紧密结合，提高整体的稳定性和钢板桩的止水效果。

根据围檩截面大小而定，围檩之间用连接板焊接。

4. 钢板桩的打设方式

（1）钢板桩的打设方式可根据板桩与板桩之间的锁扣方式，或选择大锁扣扣打施工法及不锁扣扣打施工法。如图 4.2-9 所示。大锁扣扣打施工法是从板桩墙的一角开始，逐块打设，每块之间的锁扣并没有扣死。大锁扣扣打施工法设简便迅速，但板桩有一定的倾斜度、不止水、整体性较差、钢板桩用量较大，仅适用于强度较好透水性差、对围护系统要求精度低的工程；小锁扣扣打施工法也是从板桩墙的一角开始，逐块打设，且每块之间的锁扣要求锁好。能保证施工质量，止水较好，支护效果较佳，钢板桩用量亦较少。但打设速度较缓慢。

（2）钢板桩的打设方法还可以分为单独打入法和屏风式打入法两种。

单独打入法是从板桩墙的一角开始，逐块打设，直到工程结束。这种打入方法简便迅速不需辅助支架，但易使板桩间一侧倾斜，误差积累后不易纠正。适用于要求不高，板桩长度较小的情况。

屏风式打入法是将 10～20 根钢板桩成排插入导架内，呈屏风状，然后再分批施打。这种打入方法可减少误差积累和倾斜，易于实现封闭合龙，保证施工质量。但插桩的自立高度较大，必须注意插桩的稳定和施工安全，较单独打入法施工速度较慢。目前多采用这种打入方法。

（3）钢板桩的打设：

1）选用吊车将钢板桩吊至插桩点处进行插桩，插桩时锁口要对准，每插一块即套上桩帽，并轻轻地加以锤击。在打桩过程中，为保证钢板桩的垂直度，用两台经纬仪在两个方向加以控制。为防止锁口中心线平面位移，同是在围檩上预先计算出每一块板桩的位置，以但随时检查校正。

2）钢板桩应分几次打入，一般分三次打至导梁高度，待导架拆除后再打至设计标高。开始打设的第一、第二块钢板桩的打入位置和方向要确保精度，它可以起样板导向的作用，一般每打入 1m 就应测量一次。

（4）钢板桩的转角和封闭：

钢板桩墙的设计水平总长度，有时并不是钢板桩的标准宽度的整数倍，或者板桩墙的轴线较复杂、钢板桩的制作和打设有误差等，均会给钢板桩墙的最终封闭合拢施工带来困难，这时候可采用：异型板桩法、连接件法、骑缝搭接法、轴线调整法等方法进行调整。

（5）拔桩方法：

1）静力拔桩法：

静力拔桩一般可采用独脚把杆或大字把杆，并设置缆风绳以稳定把杆。把杆顶端固定滑轮组，下端设导向滑轮，钢丝绳通过导向滑轮引至卷扬机，也可采用倒链用人工进行拔出。把杆常采用钢管或格构式钢结构，对较小、较短的板桩也可采用大把杆。

2）振动拔杆法：

振动拔桩是利用振动锤对板桩施加振动力，扰动土体，破坏其与板桩间的摩阻力和吸附力并施加升力将桩拔出。这种方法效率高、操作简便，操作简便，是广泛采用的一种拔桩方法。振动拔桩主要选择拔桩振动锤，一般拔桩振动锤均可作打、拔桩之用。

（6）拔桩顺序：

对于封闭式钢板桩墙，拔桩的开始点离开桩角 5 根以上，必要时还可间隔拔除。拔桩顺序一般与打桩顺序相反。

（7）拔桩要点：

1）拔桩时，可先用振动锤将板桩锁口振活以减少土的阻力，然后边振边拔。对较难拔出的板桩可先用柴油锤将桩振打下 100～300mm，再与振动锤交替振打、振拔。有时，为及时回填拔桩后的土孔，在把板桩拔至此基础底板略高时（如 500mm）暂停引拔，用振动锤振动几分钟，尽量让土孔填实一部分。

2）起重机应随振动锤的起动而逐渐加荷，起吊力一般小于减振器弹簧的压缩极限。

3）供振动锤使用的电源应为振动锤本身电动机额定功率的 1.2～2.0 倍。

4）对引拔阻力较大的钢板桩，采用间歇振动的方法，每次振动 15min，振动锤连续工作不超过 1.5h。

（8）桩孔处理：

1）钢板桩拔除后留下的土孔应及时回填处理，特别是周围有建筑物、构筑物或地下管线的场合，尤其应注意及时回填，否则往往会引起周围土体位移及沉降，并由此造成邻近建筑物等的破坏。土孔回填材料常用砂子，也有采用双液注浆（水泥与水玻璃）或注入水泥砂浆。回填方法可采用振动法、挤密法填入法及注入法等，回填时应做到密实并无漏填之处。

2）支撑与钢板桩连接：

$\phi219 \times 6$ 支撑钢管两端部顶紧在工字钢腰梁上，工字钢腰梁放置在钢板桩上内撑托架上。

3）钢板桩施工注意事项：

在软土中打板桩时，在施工过程中应用仪器随时检查、控制、纠正板桩向前进方向的倾斜。如果发生倾斜时，用钢丝绳拉住桩身，边拉边打，逐步纠正。

在软土中打桩，当遇到不明障碍物或者钢板桩本身倾斜弯曲时，板桩阻力增加，会把相邻板桩一起带着下沉。可以将发生共连的桩焊在围檩上，也可以将发生共连的桩和其他已打好的桩用角钢电焊临时固定来解决。为减少阻力，也可将黄油等油脂涂在锁口上。

在打桩过程中桩身发生扭转，可以用下列措施解决：

① 在打桩行进方向用卡板锁住板桩的前锁口。

② 在钢板桩与围檩之间的两边空隙内，设一只定榫滑轮支架，制止板桩下沉中的转动。

③ 在两块板桩锁口扣搭处的两边，用垫铁和木榫填实。

5. 质量标准

（1）重复使用的钢板桩检验标准备（表 4.2-2）

重复使用的钢板桩检验标准备　　　　表 4.2-2

序号	检查项目	允许偏差或允许值		检查方法
		单位	数值	
1	桩垂直度	%	<1	用钢尺量
2	桩身弯曲度		$<2\%L$	用钢尺量，L 为桩长
3	齿槽平直光滑度	无电焊渣或毛刺		用 1m 长的桩段做通过试验
4	桩长度	不小于设计长度		用钢尺量

（2）特殊工艺、关键控制点等的控制方法（表 4.2-3）

特殊工艺关键控制点控制表　　　　表 4.2-3

序号	关键控制点	控制措施
1	材料	桩源材料质量应满足设计和规范要求
2	标高	桩顶标高应满足设计标高的要求
3	嵌固	悬臂桩其嵌固长度必须满足设计要求

6. 钢板桩施工的质量控制要点

钢板桩施工常遇问题的分析及处理见表 4.2-4。

钢板桩施工常遇到问题的分析及处理　　　　　　表 4. 2-4

常遇问题	原因分析	防止措施及处理方法
倾斜(板桩头部向打桩行进方向倾斜)	打桩行进方向板桩贯入阻力小	① 施工过程中用仪器随时检查、控制、纠正。 ② 发生倾斜时，用钢丝绳拉住桩身，边拉边打，逐步纠正
扭转	锁口是铰式连接	① 在打桩行进方向用卡板锁住板桩的前锁口。 ② 在钢板桩与围檩之间的两边空隙内，设一只定榫滑轮支架，制止板桩下沉中的转动。 ③ 在两块板桩锁口扣搭处的两边，用垫铁和木棒填实
共边(打板桩时和已打入的邻桩一起下沉)	钢板桩倾斜弯曲，使槽口阻力增加	发生板桩倾斜及时纠正。 把发生共连的桩和其他已打好的桩一块或数块用角铁电焊临时定
水平伸长(沿打桩行进方向长度增加)	钢板桩锁口扣搭处有 1cm 空隙	属正常现象。对四角要求封闭的挡墙，设计时要考虑水平伸长值，可在轴线修正时纠正

4.2.4　沟槽土方人工开挖

在遇到地下管线纵横交错地段，土方施工机械设备无法进入小巷道，化粪池连接支管等施工部位均需要采用人工进行沟槽开挖。

1. 施工准备

（1）土方开挖前，应摸清地下管线等障碍物，并应根据施工方案的要求，将施工区域内的地上、地下障碍物清除和处理完毕。

（2）沟槽（管沟）的定位控制线（桩），标准水平桩及基槽的灰线尺寸，必须经过检验合格，并办完预检手续。

（3）夜间施工时，应合理安排工序，防止错挖或超挖。施工场地应根据需要安装照明设施，在危险地段应设置明显标志。

（4）开挖低于地下水位的基坑（槽）、管沟时，应根据当地工程地质资料，采取措施降低地下水位，一般要降至低于开挖底面的 50cm，然后再开挖。

2. 操作工艺

（1）土方开挖：

工艺流程：

确定开挖的顺序和坡度→沿灰线切出沟槽轮廓线→分层开挖→修整槽边清底

（2）坡度的确定：

1）在天然湿度的土中，开挖基坑（槽）和管沟时，当挖土深度不超过下列数值的规定，可不放坡，不加支撑。

密实、中密的砂土和碎石类土（充填物为砂土）——1.0m；

硬塑、可塑的黏质粉土及粉质黏土——1.25m；

硬塑、可塑的黏土和碎石类土（充填物为黏性土）——1.5m；

坚硬的黏土——2.0m。

2）超过上述规定深度，在 5m 以内时，当土具有天然湿度，构造均匀，水文地质条件好，且无地下水，不加支撑的基坑（槽）和管沟，必须放坡。边坡最陡坡度应符合表 4.2-5 的规定。

各类土的边坡坡度　　　　　　　　　　　　　　　　　　　　　表 4.2-5

项次	土的类别	边坡坡度（高：宽）		
		坡顶无荷载	坡质有静载	坡顶有动载
1	中密的砂土	1：1.00	1：1.25	1：1.50
2	中密的碎石类土（充填物为砂土）	1：0.75	1：1.00	1：1.25
3	硬塑的轻亚黏土	1：0.67	1：0.75	1：1.00
4	中密的碎石类土（充填物为黏性土）	1：0.50	1：0.67	1：0.75
5	硬塑的亚黏土、黏土	1：0.33	1：0.50	1：0.67
6	老黄土	1：0.10	1：0.25	1：0.33
7	软土（经井点降水后）	1：1.00		

（3）根据基础和土质以及现场出土等条件，要合理确定开挖顺序，然后再分段分层平均下挖。

1）开挖各种浅基础，如不放坡时，应先沿灰线直边切出槽边的轮廓线。

2）开挖各种槽坑。

浅条形基础。一般黏性土可自上而下分层开挖，每层深度以 60cm 为宜，从开挖端部逆向倒退按踏步型挖掘。碎石类土先用镐翻松，正向挖掘，每层深度，视翻土厚度而定，每层应清底和出土，然后逐步挖掘。

浅管沟。与浅的条形基础开挖基本相同，仅沟帮不需切直修平。标高按龙门板上平往下返出沟底尺寸，当挖土接近设计标高时，再从两端龙门板下面的沟底高上返 50cm 为基准点，拉小线用尺检查沟底标高，最后修整沟底。

开挖放坡的坑（槽）和管沟时，应先按施工方案规定的坡度，粗略开挖，再分层按坡度要求做出坡度线，每隔 3m 左右做出一条，以此线为准进行铲坡。深管沟挖土时，应在沟帮中间留出宽度 80cm 左右的倒土台。

开挖大面积浅基坑时，沿坑三面同时开挖，挖出的土方装入手推车或翻斗车，由未开挖的一面运至弃土地点。

（4）开挖基坑（槽）或管沟，当接近地下水位时，应先完成标高最低处的挖方，以便在该处集中排水。开挖后，在挖到距槽底 50cm 以内时，测量放线人员应配合抄出距槽底 50cm 平线；自每条槽端部 20cm 处每隔 2～3m，在槽帮上钉水平标高小木橛。在挖至接近槽底标高时，用尺或事先量好的 50cm 标准尺杆，随时以小木橛上平，校核槽底标高。最后由两端轴线（中心线）引桩拉通线，检查距槽边尺寸，确定槽宽标准，据此修整槽帮，最后清除槽底土方，修底铲平。

（5）基坑（槽）管沟的直立帮和坡度，在开挖过程和敞露期间应防止塌方，必要时应加以保护。

在开挖槽边弃土时，应保证边坡和直立帮的稳定。当土质良好时，抛于槽边的土方（或材料）应距槽（沟）边缘 1.0m 以外，高度不宜超过 1.5m。

（6）开挖基坑（槽）的土方，在场地有条件堆放时，一定留足回填需用的好土，多余的土方应一次运至弃土处，避免二次搬运。

（7）土方开挖一般不宜在雨期进行。否则工作面不宜过大。应分段、逐片的分期完成。

雨期开挖基坑（槽）或管沟时，应注意边坡稳定。必要时可适当放缓边坡或设置支撑。同时应在坑（槽）外侧围以土堤或开挖水沟，防止地面水流入。施工时，应加强对边坡、支撑、土堤等的检查。

3. 沟槽开挖的质量控制要点

（1）常见质量问题在沟槽开挖过程中经常会出现边坡塌方、槽底泡水、槽底超挖、沟槽断面不符合要求等一些质量问题。

（2）质量控制措施：

1）防止边坡塌方：根据土壤类别、土的力学性质确定适当的槽帮坡度。实施支撑的直槽槽帮坡度一般采用 1：0.05。对于较深的沟槽，宜分层开挖。挖槽土方应妥善安排堆放位置，一般情况堆在沟槽两侧。堆土下坡脚与槽边的距离根据槽深、土质、槽边坡来确定，其最小距离应为 1.0m。

2）沟槽断面的控制：确定合理的开槽断面和槽底宽度。开槽断面由槽底宽、挖深、槽底、各层边坡坡度以及层间留台宽度等因素确定。槽底宽度，应为管道结构宽度加两侧工作宽度。因此，确定开挖断面时，要考虑生产安全和工程质量，做到开槽断面合理。

3）防止槽底泡水：雨期施工时，应在沟槽四周叠筑闭合的土埂，必要时要在埂外开挖排水沟，防止雨水流入槽内。在地下水位以下或有浅层滞水地段挖槽，应要求施工单位设排水沟、集水井，用水泵进行抽水。沟槽见底后应随即进行下一道工序，否则，槽底应留 20cm 土层不挖作为保护层。

4）防止槽底超挖：在挖槽时应跟踪并对槽底高程进行测量检验。使用机械挖槽时，在设计槽底高程以上预留 20cm 土层，待人工清挖。如遇超挖，应采取以下措施：用碎石（或卵石）填到设计高程，或填土夯实，其密实度不低于原天然地基密实度。

4.2.5 沟槽土方机械开挖

1. 沟槽土方开挖

（1）测量放样定出中心桩、槽边线及堆土、堆料界线，界线至开挖线的距离应根据开挖深度确定，并不小于 5m。

（2）开挖前，先查明段地下管线及其他地下构筑物情况，会同有关部门做出妥善处理，确保施工安全。并提前打设井点降水，在地下水位稳定在槽底以下 1.0m 时才进行土方开挖。

（3）采用机械开挖方式为主，如图 4.2-10 所示，人工开挖方式为辅的挖土方式。开挖应分层、分段依次进行，形成一定坡度，以利排水。开挖时不允许破坏沟底原状土，若不可避免沟底原状土被破坏时，必须用原土夯实平整。基底设计标高以上 0.2~0.3m 的原状土，应在铺管前人工清理至设计标高。

图 4.2-10　沟槽机械开挖

（4）采用放坡开挖，基底宽度为管径加上工作宽度和临时排水沟的宽度。放坡的坡度采用 1∶1，排水沟的截面尺寸为 200mm×300mm，沿着临时排水沟每隔 20m 设置 600mm×600mm×800mm 的集水井，采用潜水泵把集水井的水抽出沟槽外。开挖时应保护坡脚，边坡应严格按图纸施工，不允许欠挖和超挖，边坡应用人工修整。

（5）开挖后的土方如达到回填质量要求并经监理确认后应用于填筑材料，不适用于回填的土料弃于业主、监理指定地点。

（6）沟槽开挖时其断面尺寸必须准确，沟底平直，沟内无塌方，无积水，无各种油类及杂物，转角符合设计要求。

（7）开挖沟槽达设计标高时，应立即报监理验收并做土工试验，检查合格后应尽快进行基底垫层施工，以防渗水浸透基底。

（8）基底土质与设计不符时，应报监理、业主研究讨论，由业主、监理、设计和施工单位共同商讨加固措施。

（9）开挖完成后，应及时做好防护措施，尽量防止基底土的扰动，并应尽快组织进行基底垫层施工。

（10）夜间开挖时，应有足够的照明设施，并要合理安排开挖顺序，防止错挖或超挖。

2. 沟槽开挖的质量通病及防治

（1）边坡塌方

1）现象：在挖槽过程中或挖槽之后，边坡土方局部或大部分坍塌或滑坡。

2）原因分析：

为了节省土方，边坡坡率过陡或没有根据槽深和土质特性建成相应坡率的边坡，致使槽帮失去稳定而造成塌方。

在有地下水作用的土层或有地面水冲刷槽帮时，没有预先采取有效的排、降水措施，土层浸湿，土的抗剪强度指标凝聚力 c 和内摩擦角 β 降低，在重力作用下，失去稳定而塌方。

槽边堆积物过高，负重过大，或受外力震动影响，使坡体内剪切力增大，土体失去稳定而塌方。土质松软，挖槽方法不当而造成塌方。

3）危害：

由于塌方易使地基受到扰动，使下道工序难以进行。严重的会影响槽边以外建筑物的稳定和安全，易造成人财物的损失。

4）预防措施：

根据土壤类别，土的力学性质确定适当的槽帮坡度。实施支撑的直槽槽帮坡度一般采用 1∶0.05。大开槽的槽帮坡度可参照表 4.2-6 的规定。

大开槽坡度表

表 4.2-6

土壤类别	槽深 3m	槽深 3～5m
砂土	1∶0.75	1∶1.00
亚砂土	1∶0.50	1∶0.67
亚黏土	1∶0.33	1∶0.5
黏土	1∶0.25	1∶0.33
干黄土	1∶0.20	1∶0.25

注：较深的沟槽，宜分层开挖。人工开挖多层槽的中槽和下槽，机械开挖直槽时，均需按规定进行支撑以加固槽帮。其支撑形式、方法和适用范围可参照下表确定支撑方法和适用范围。

支撑方法和适用范围可参照表 4.2-7 的规定。

支撑方法和适用范围表 表 4.2-7

支撑名称	支撑方法	适用范围
坡脚短桩	打入小短木桩，一半外露，一半在地下，外露部分背面钉上横木板，然后填土	部分地段下部放坡不足，为保护坡脚，防止坍塌
断续式水平支撑	3~5 块横板水平放置，紧贴槽帮，方木立靠在横板上，再用圆木或工具式横撑顶紧方木	湿度较小的黏性类土、槽深小于 3m
连续式水平支撑	横板水平密排，紧贴槽帮，方木立靠在横板上，两侧同时设置，用方木或工具式横撑顶紧方木	轻易坍塌，但容许支撑的砂性土、槽深在 3~5m 时
连续式垂直支撑	木板密排垂直放置，紧贴两侧槽帮，用方木水平靠在立板上，以撑木顶紧方木，并用木楔	轻易坍塌，并需要随挖随支撑的砂性土
企口板桩支撑	挖直槽深 50~100cm，将板桩插入导架，沿底槽边密排，人工用锤打入土内随打随挖。用方木紧贴板桩，横撑顶紧方木。挖槽见底后需调整横撑位置	地下水比较严重，有流砂现象，不能排板，只能随打板桩随挖土时
钻孔埋钢梁式支撑	用 D400 螺旋钻钻孔，伸入槽底 1~1.5m，在孔内下工字钢，随挖土随固定横工字钢和横撑，并下立挡土板，横方木放在工字钢之间，别住挡土板	槽深大于 4m，有可能坍塌的直槽时

把握天然排水系统和现状排水管道情况，做好地面排水和导流措施。当沟槽开挖范围内有地下水时应采取排降水措施。将水位降至槽底以下不小于 0.5m，并保持到回填土完毕。

挖槽土方应妥善安排堆存位置。一般情况堆在沟槽两侧。堆土下坡脚与槽边的距离应根据槽深、土质、槽边坡来确定。其最小距离为 1.0m。若计划在槽边运送材料，有机动车通行时，其最小距离为 3.0m，当土质松软时不得小于 5.0m。

沟槽挖方，在竖直方向，应自上而下分层，从平面上说应从下游开始分段依次进行，随时做成一定坡势，以利排水。沟槽见底后应及时施工下一道工序，以防扰动地基。

5）处治方法：沟槽已经塌方，要及时将塌方清除，按规定做支撑加固措施。

（2）槽底泡水

1）现象：沟槽开挖后槽底土基被水浸泡。

2）原因分析：

天然降水或其他客水流进沟槽。

对地下水或浅层滞水，未采取排降水措施或排降水措施不力。

危害：槽基被浸泡后，地基土质变软，会大大降低其承载力，引起管渠基础下沉，造成管渠结构折裂损坏。

3）预防措施：

雨期施工，要将沟槽四叠筑闭合的土埂，必要时要在埂外开挖排水沟，防止客水流入槽内。

下水道接通河道或接入旧雨水管渠的沟段，开槽应在枯水期先行施工，以防下游水倒灌入沟槽。

在地下水位以下或有浅层滞水地段挖槽，应使排水沟，集水井或各种井点排降水设备经常保持完好状态，保证正常运行。

沟槽见底后应随即进行下一道工序，否则，槽底以上可暂留 20cm 土层不予挖出，作为保护层。

4）治理方法：

沟槽已被泡水，应立即检查排降水设备，疏通排水沟，将水引走、排净。已经被水浸泡而受扰动的地基土，可根据具体情况处治。当土层扰动在 10cm 以内时，要将扰动土挖出，换填级配砂砾或砾石夯实；当土层扰动深度达到 30cm 但下部坚硬时，要将扰动土挖出，换填大卵石或块石，并用砾石填充空隙，将表面找平夯实。

（3）槽底超挖

1）现象：所开挖的沟槽槽底，普遍或局部或个别处低于设计高程，即槽底设计高程以下土层被挖除或受到松动或扰动。

2）原因分析：

测量放线的错误，造成超挖。采用机械挖槽时，司驾人员或指挥、操作人员控制不严格，局部多挖。

3）危害：

超挖部分要回填夯实，造成工力浪费。回填夯实的原土或其他材料的密实度，均不如原状土均匀，易造成不均匀沉降。

4）预防措施：

加强技术管理、认真落实测量复核制度，挖槽时，要设专人把关检验。使用机械挖槽时，在设计槽底高程以上，预留 20cm 土层，待人工清挖。

5）治理方法：

干槽超挖在 15cm 以内者，可用原土回填，夯实，其密实度本应低于原地基天然土的密实度。干槽超挖在 15cm 以上者；可用石灰土处理，其密度不应低于轻型击实时 95%。槽底有地下水，或地基土地含水量较大，不适于加夯时，可用天然级配砂砾回填。

（4）槽底土基受冻

1）现象：进入冬期挖槽，当日平均气温在 5℃或 5℃以下，或日最低气温在 0℃或 0℃以下时，挖至槽底未采取防护措施，槽底土基受冻。

2）原因分析：冬期挖槽见底后，没有在当日进行下道工序施工，又未采用覆盖防冻措施。

3）危害：遭受冻结的土层较原状土体积增大，在回填后，冻土层融化，产生融沉。融沉时的变形包括沉陷变形和负荷压缩变形两种。因此，槽底土层冻结，往往是形成管渠基础不均匀沉降，造成结构断裂的潜在原因。

4）预防措施：

当挖槽见底后，若不能立即进行下道工序时，应保留 30cm 挖松的土层，以作为防护层。当日最低气温在 0℃或 0℃以下时，沟槽见底，可用单层塑料布、单层或多层草帘覆盖槽底。治理方法：将槽底结冻的土层全部挖出，根据冻层厚度及扰动深度，可参照（3）的处治方法处理。

（5）沟槽断面不符合要求

1）现象：沟槽坡脚线不直顺，槽帮坡度较陡槽底宽度尺寸不够。

2）原因分析：

施工技术人员在编制施工组织设计之前没有认真学习设计图纸和规范要求，没有充分了解挖槽地段的土质、地下构筑物、地下水位以及施工环境等情况，所砌定的挖槽断面不合理。挖槽的操作人员或机械开槽的司驾人员不按要求的开槽断面施工，又管理不力，一味图省工、省力。

3）危害：大量的施工实践证明，不合理的窄槽、陡槽是人身伤亡事故的直接祸根，是影响操作造成工程质量低劣的重要原因。

4）预防措施：

施工技术人员要认真学习设计图纸和施工规范，充分了解施工环境。在研究确定挖槽断面时，既要考虑少挖土、少占地，更要考虑方便施工，确保生产安全和工程质量，做到开槽断面合理。开槽断面系由槽底宽、挖探、槽层、各层边坡坡率以及层间留台宽度等因素确定。槽底宽度，应为管道结构宽度加两侧工作宽度。每侧工作宽度数可根据表 4.2-8 的规定选用。

管道结构每侧工作宽度表   表 4.2-8

管道结构的外缘宽度 D	管道一侧的工作面宽度(mm)		
		混凝土类管道	金属管道、化工建材管道
$D \leqslant 500$	刚性接口	400	300
	柔性接口	300	
$500 < D \leqslant 1000$	刚性接口	500	400
	柔性接口	400	
$1000 < D \leqslant 1500$	刚性接口	600	500
	柔性接口	500	
$1500 < D \leqslant 3000$	刚性接口	800～1000	700
	柔性接口	600	

注：1. 有外防水的砖沟，每侧的工作宽度宜取 0.8m；

    2. 管侧还土采用机械夯实时，每侧工作宽度应能满足机械安全操作的需要；

    3. 现浇混凝土沟，每侧工作宽度在施工方案中确定；

    4. 管道结构宽度：无管座者按外皮计算，有管座者按管座外皮计算，砖沟按墙外皮计算，有卵石基础的按卵石外边计算；

    5. 有支撑时，工作宽度指结构外皮至撑板的净宽；

    6. 采用边沟排水时，视降水级别，每侧另加 0.3～0.5m。

    7. 操作人员要按照技术交底中合理的开槽断面和施工操作规程施工。

5）治理方法：

在只有槽底宽度较窄，不影响生产安全的情况下，在槽底部两侧削挖坡脚，加设短木护桩，使槽底宽度达到要求。对于危及人身安全或严重影响操作，难以保证工程质量的不符合要求的槽宽，可在慎重研究，采取安全措施后，另行劈槽，直到符合标准为止。

（6）堆土不符合规定

1）现象：土方堆放位置不妥当，槽边堆土超高，推土堵塞排水出路，堵塞施工通道；严重时在已安装的管道上、盖板方沟上超高堆土。

2）原因分析：

管渠工程土方堆放问题，在施工管理人员中是常常被忽视的。施工管理人员、操作人员对堆土的有关规定不熟悉，或虽知道，但执行、落实不坚决不彻底。

3）危害：

① 槽边堆土超高；靠近槽边堆土，加大对槽帮的土压力，易造成坍槽，危及操作人员安全和管渠结构安全。

② 堆土靠近槽边不留通道；一则影响施工材料、设备运输；二则遇风吹、雨冲或其他震动，堆土易溜入槽内，影响施工操作，影响工程质量。

③ 在已完工的管渠上超高堆土，易使管道结构压裂、渠道盖板压断。

④ 在房根、墙根超高堆土，由于土的侧压力（特别在雨水将堆土浸湿下沉，侧压力骤增时）超过墙体允许的侧压力，易压倒房墙。

4）预防措施：

① 在开槽挖土之前，施工技术人员要根据施工环境、施工季节和作业方式，制定安全、易行、经济合理的堆土、弃土、运土、存土的施土方案。并作详细的施工技术交底。

② 全面熟悉和认真执行有关堆土的规定。

③ 在回填的管道上堆土，其堆土高度与管道现有覆土深度之和不得大于该管道设计上允许的覆土深度。普通混凝土和钢筋混凝土排水管一般不超过 6m，管壁加厚加重钢筋混凝土管一般不超过 12m。

5）治理方法：对不符合规定的堆土，要根据具体情况，采取补救措施进行处理。严重违犯规定的要重新整治或装运倒除。

3. 沟槽的监测措施

（1）沟槽的监测项目

1）沟槽顶部水平位移；

2）沟槽顶部竖向位移；

3）深层水平位移；

4）地下水位；

5）周边地表竖向位移；

6）周边建筑及房屋的竖向位移、倾斜、水平位移；

7）周边建筑及房屋、地表裂缝；

8）周边管线变形。

（2）监测点布置原则

沟槽顶部水平和竖向位移监测点的布置间距为 10～20m；地下水位监测点布置间距为 15～25m；基坑周边建（构）筑物的监测点应布设在建筑物角点、中点，沿周边布置间距为 6～20m，或者每隔 2～3 个柱基设点，监测点应能充分反映建（构）筑物的布均匀沉降，每个建（构）筑物的监测点不应少于 3 个；周边管线的监测点应根据管线的重要程度进行布置。如图 4.2-11～图 4.2-15。

（3）监测项目预警值和允许值

沟槽顶最大水平位移允许值：0.01H 或 80mm 之较小者；当水平位移累计达到允许值的 80％或连续三天超过 3mm 时，应报警。

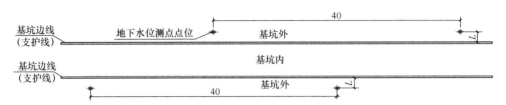

图 4.2-11 地下水位测点平面布置

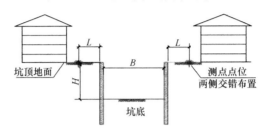

图 4.2-12 地下水位测点立面布置

B—基坑宽度；H—基坑开挖深度；L—测点距围护结构距离

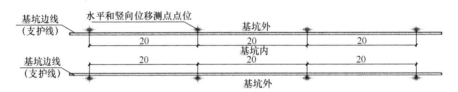

图 4.2-13 基坑顶部水平和竖向位移测点平面布置

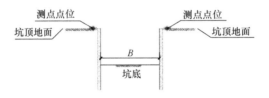

图 4.2-14 基坑顶部水平和竖向位移测点立面布置

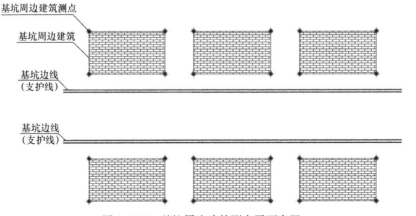

图 4.2-15 基坑周边建筑测点平面布置

周边地面沉降允许值：$0.01H$ 或 80mm 之较小者；当水平位移累计达到允许值的 80％或连续三天超过 3mm 时，应报警。

其他要求参考《建筑基坑工程监测技术标准》GB 50497—2019。

（4）沟槽的监测的方式方法

1）目测巡视法

有经验的安全员在沟槽施工的整个过程中进行巡视，主要对沟顶可能出现的裂缝。槽底土方的隆起，坡体失稳流土现象的发生和发展进行记录。检查和综合分析，根据综合分析结果迅速采取合理措施，避免事故的发生，安全员巡视每天不得少于 4 次。

2）观测桩观测法

在沟槽开挖完成后，在沟槽边每隔 10m 设一组观测桩。雨、污管道的沟槽边坡稳定观测桩分别设置。

污水沟槽开挖后，观测桩设置在污水管道的一侧。污水沟槽回填后，在进行雨水管道的沟槽开挖，其观测桩设置在雨水管道的另一侧，每组观测桩的设置根据现场实际情况而定。

观测桩设置完成后，量距并记录，安全员在每天的巡视过程中，边要对观测桩量距、记录。根据其量距结果与观测桩设置初的距离进行比对。如果达到预警值时。立即疏散槽内施工人员，并立即报告项目监理及业主，监理工程师，待采取合理措施（如减载，加大放坡、增加支护等）后，边坡稳定了，才能在进行后续工作的施工。

4.2.6　基底软基处理

砂石换填施工：

对于淤泥或未固结回填土较薄的管段，将软弱层直接全部挖除，换填中粗砂并夯实，垫层的压实系数为 0.94～0.97。具体换填深度另见各管段详图。垫层采用中粗砂，粒径小于 2mm 的部分不应超过总重量的 45％。应级配良好，不含植物残体、垃圾等杂质。如图 4.2-16、表 4.2-9 所示。

基础处理断面尺寸对照表（mm）　　　　　　　　　　　表 4.2-9

管内径 D	管壁厚 t	管基尺寸			
		a	C_1	C_2	b
200	30	400	100	130	115
300	30	400	100	180	140
400	40	400	100	240	170
500	50	400	100	300	200
600	60	500	100	360	230
700	70	500	150	420	285
800	80	500	150	480	315
900	90	500	200	540	370
1000	100	500	200	600	400
1200	120	600	250	720	485

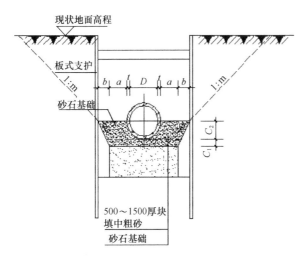

图 4.2-16 中粗砂换填断面示意图 （1：100）

软基处理主要结合管道施工情况进行处理，对于采用开挖施工的管段，对回填土层等软弱层较薄的管段采用换填处理。

1. 工艺流程

检验砂石质量→分层铺筑砂石→洒水→夯实或碾压→找平验收

2. 对级配砂石进行技术鉴定

如是人工级配砂石，应将砂石拌合均匀，其质量均应达到设计要求或规范的规定。

3. 分层铺筑砂石

铺筑砂石的每层厚度，一般为 $15\sim20cm$，不宜超过 30cm，分层厚度可用样桩控制。视不同条件，可选用夯实或压实的方法。大面积的砂石垫层，铺筑厚度可达 35cm，宜采用 $6\sim10t$ 的压路机碾压。

砂和砂石地基底面宜铺设在同一标高上，如深度不同时，基土面应挖成踏步和斜坡形，搭槎处应注意压（夯）实。施工应按先深后浅的顺序进行。

分段施工时，接槎处应做成斜坡，每层接槎处的水平距离应错开 $0.5\sim1.0m$，并应充分压（夯）实。

铺筑的砂石应级配均匀。如发现砂窝或石子成堆现象，应将该处砂子或石子挖出，分别填入级配好的砂石。

4. 洒水

铺筑级配砂石在夯实碾压前，应根据其干湿程度和气候条件，适当地洒水以保持砂石的最佳含水量，一般为 $8\%\sim12\%$。

5. 夯实或碾压

夯实或碾压的遍数，由现场试验确定。用水夯或蛙式打夯机时，应保持落距为 $400\sim500mm$，要一夯压半夯，行行相接，全面夯实，一般不少于 3 遍。采用压路机往复碾压，一般碾压不少于 4 遍，其轮距搭接不小于 50cm。边缘和转角处应用人工或蛙式打夯机补夯密实。

6. 找平和验收

施工时应分层找平，夯压密实，并应设置纯砂检查点，用 $200cm^3$ 的环刀取样；测定干砂的质量密度。下层密实度合格后，方可进行上层施工。用贯入法测定质量时，用贯入仪、钢筋或钢叉等以贯入度进行检查，小于试验所确定的贯入度为合格。

最后一层压（夯）完成后，表面应拉线找平，并且要符合设计规定的标高。

7. 质量控制要点

（1）砂、石等原材料质量、配合比应符合设计要求，砂、石应搅拌均匀。

（2）施工过程中必须检查分层厚度、分段施工时搭接部分的压实情况、加水量、压实遍数、压实系数。

（3）施工结束后，应检验砂石地基的承载力。

4.2.7　明挖排水管道施工

1. 排水管道施工程序：

测量放样→基槽开挖→基底处理→管基施工→安管→检查井安置→闭水试验→隐蔽验收→回填

2. 沟槽排水施工

（1）排水、导水的目的

1）疏排天然降水、渗入水、地下水，确保施工全过程中，基坑内不积水，为管道施工提供干而坚实的工作面。

2）稳定基坑壁，防止塌方。

3）稳定槽底，尽量减少对地基承载力的破坏。

（2）技术措施

1）施工前收集本地区水文地质资料，了解地下水位的情况。详细摸查施工现场附近现有排水管、渠的位置以及流向，并对堵塞的市政排水设施及时疏通，为施工排水找出路。

2）对于钢板桩支护段应逐块打设，桩与桩间的锁口要对准咬合，确保钢板桩形成整体共同挡水。

3）做好地表水和天然降水的疏导和排出，防止地表水流入或渗入基坑内。特别是在暴雨季节更须注意加强防范。对于低洼路面，在机械开挖完成后沿基坑顶四周用彩条布包裹砂袋筑成一堵高约 30cm 的挡水墙，将地表水及雨水拦截在基坑外。

4）基坑开挖过程中如遇坑底出现地下水及积水情况，应立即将水抽出坑外，采用基坑内明沟排水。安排好基坑开挖顺序，先人工挖排水沟、集水井，抽水见效，自井向上游挖土，明沟和集水井宜随着基坑的挖深而逐步加深。基坑挖至设计标高后，集水井的井壁宜加支护，其水深为 0.8m 左右，集水井底部用粗砂、细碎石、粗碎石作反滤层，反滤层施工一定要按规范做好，既要防止集水井井壁坍塌，又要避免泥沙堵塞管道。

具体为：集水井抽水的位置宜在上流及下流各设一个，同时集水井宜用木模板安装成 400mm×400mm×600mm，在底铺上 150～200mm 厚的碎石层，然后把潜水泵放在竹箩内放下集水井内进行抽水作业。

5）当暴雨来临时，应暂停基坑开挖作业，待雨停后抽干水再开挖。当基坑开挖完成或正在进行管道施工时，除了用沙袋筑挡水墙外还要将彩条布覆盖基坑面上，避免雨水直接落入基坑内，尽量将暴雨对基坑与管道的影响减至最低限度。同时制定应急措施，确保出现管涌或流沙等紧急情况时尽量避免或减少对基坑或已建管道的破坏。

3. 管道基础

本工程管道基础设计地基承载力不小于 110kPa，检查井基础设计地基承载力不小于 130kPa。如敷设管道下地基承载力无法满足要求时，需要对管道地基进行处理。设计采用换填碎石层 300mm 的方式进行地基处理（具体方式还需依现场情况确定）。

（1）钢筋混凝土管基础设砂石基础垫层。

（2）内肋增强聚乙烯（PE）螺旋波纹管管道基础铺设中粗砂垫层，其密实度应达到不小于 90%。

4. 下管前的检查

（1）下管前的沟槽检查

下管前应对沟槽进行检查，并作必要的处理；检查的内容与要求参照表 4.2-10。

沟槽检查表　　　　　　　　　　　表 4.2-10

检查内容	要求
槽底是否有杂物	有杂物应清理干净 槽底如遇棺木、粪污等不洁之物，应清除干净并作地基处理，必要时须消毒
槽底宽度及高程	应保证管道结构每侧工作宽度 槽底高程要符合现行的检验标准，不合格者应进行修整或按规定处理
槽帮是否有裂缝	有裂缝或坍塌危险者，用摘除或支撑加固等方法处理
槽边堆土高度	下管的一侧堆土过高、过陡者，应根据下管需要进行整理，并须符合安全要求
地基、基础	如有被扰动者，应进行处理，冬期管道不得铺设在冻土上

（2）混凝土和钢筋混凝土管的检验

1）外观质量及尺寸公差应符合国家标准《混凝土和钢筋混凝土排水管》GB/T 11836—2009 或厂标的要求。

2）管子必须有出厂合格证，质量应满足国家标准和企业标准的技术要求。

3）管承口外表面应有标记，管子应附出厂证明书，证明管子型号及出厂水压试验结果，制造及出厂日期，并须有质量检验部门签章。

4）管体内外壁应平滑，不得有露筋、空鼓、脱皮、蜂窝、开裂等缺陷，用重为 250g 的轻锤检查保护层空鼓情况。

5）管端不得有严重的碰伤和掉角，承插口不得有裂纹和缺口，承插口工作面应光滑平整，局部凹凸度用尺量不超过 2mm。

6）承插口的内、外径及其椭圆度应满足设计要求，承插口的环形间隙应能满足要求。

7）对出厂时间过长（跨季），质量有所降低的管子应试验合格，方能使用。

8）缺陷修补：钢筋混凝土管承插口工作面有局部缺陷或管端碰伤以及管壁局部有缺陷时，可采用水泥砂浆。

（3）水泥砂浆修补

对于蜂窝麻面、缺角、保护层脱皮以及小面积空鼓等缺陷，可用水泥砂浆或自应力水泥砂浆修补。

操作程序如下：

待修部位朝上→凿毛→清洗并保持湿润→刷一道素水泥浆→填入水泥砂浆→用钢抹子反复赶压平整→撒少量干水泥砂→停数分钟→用铁抹子赶压一遍→养护

进行上述操作时，在刷完素水泥浆后应立即填入水泥砂浆反复赶压，水泥砂浆的配比为水泥：细砂＝1：1～2（体积比）。

5. 下管施工方法

（1）人工下管方法人工下管多用于重量不大的小型管子，以施工安全操作方便为原则，可根据工人操作的熟练程度、管材重量、管长、施工环境、沟槽深浅及吊装设备供应情况等因素选用。人工下管方法见图 4.2-17～图 4.2-19。本方法适用于管径≤600mm 混凝土管，下管时用此法（管径≤200mm 时用木溜子）。

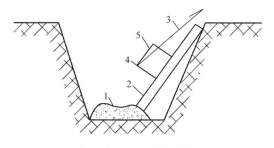

图 4.2-17　立管溜管法
1—草袋；2—杉木溜子；3—大绳；4—绳勾；5—管

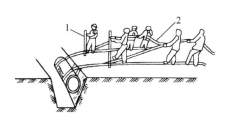

图 4.2-18　人工压绳下管法
1—撬棍；2—下管大绳

（2）机械下管法：

机械下管一般是用汽车式或履带式起重机械进行下管。下管时，起重机沿槽开行。当沟槽两侧堆土时，其一侧堆土与槽边应有足够的距离，以便起重机运行。起重机距沟边至少 1m，保证槽壁不坍塌。

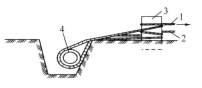

图 4.2-19　立管压绳下管法
1—放松绳；2—绳子固定；
3—立管；4—管子

1）采用吊车下管时，事先应与起重人员或员车司机一起勘察现场，根据沟槽情况。确定吊车距槽边的距离、管材存放位置及其他配合事宜。吊车进出路线应事先进行平整，清除障碍。

2）吊车不得在架空输电线路下工作，在架空线路一侧工作时，其安全距离应不小于有关的规定。

3）吊车下管应有专人指挥。指挥人员必须熟悉机械吊装有关安全操作规程及指挥信号。在吊装过程中，指挥人员应精神集中；吊车司机和槽下工作人员必须听从指挥。

4）指挥信号统一明确。吊车在进行各种动作之前，指挥人员必须检查操作环境情况，确认安全后，方可向司机发出信号。

5）绑（套）管子应找好重心，以便起吊平稳，管子起吊速度均匀、回转平稳，下落低速轻松，不得忽快忽慢和突然制动。

（3）承插口管、承口朝向的规定：

铺设方向：管子下沟时，一般从下游往上游方向铺设。

承口朝向：当承口插连接时，有如下规定：

1）承口应朝向介质流来的方向。

2）在坡度较大的斜坡区域，承口应朝上，以利施工。

3）承口方向，尽量与管道埋铺设方向一致。

6. 管道安装

管道安装应首先测定管道中线及管底标高，安装时按设计中线和纵向排水坡度在垂直和水平方向保持平顺，无竖向和水平挠曲现象。管道安装时，接口与下管应保持一定距离，防止接口振动。管道安装前应先检查管材是否破裂，承插口内外工作面是否光滑。

7. 管道管材及接口

（1）内肋增强聚乙烯（PE）螺旋波纹管道与管道间的接口采用电热熔连接。

（2）钢筋混凝土管接口采用承插橡胶圈形式，过河段混凝土包封。

（3）管道与检查井间的接口。管道与砖砌或混凝土浇制的检查井连接采用中介法，即在管材或管件与井壁相连接部位的外表面预先用聚氯乙烯胶粘剂、粗砂做成中介层，然后用水泥砂浆砌入检查井的井壁内。

8. 施工注意事项

（1）管及管件应采用专用工具起吊，装卸时应轻装轻放，运输时应稳、绑牢、不得相互撞击；管节堆放宜选择使用方便，平整、坚实的场地，堆放时应垫稳，堆放层高应符合有关规定，使用管节时必须自上而下依次搬运。

（2）管道安装前，宜将管、管件按施工设计的规定摆放，摆放的位置应便于起吊及运送，起重机下管时，起重机架设的位置不得影响沟槽边坡的稳定。

（3）管道应在沟槽地基，管基质量检验合格后安装，安装时宜自下游开始，承口朝向施工前进的方向，管节下入沟槽时，不得与槽壁支撑及槽下的管道相互碰撞，沟内运管不得扰动天然地基。

（4）管道采用天然地基时，地基不得受扰动；槽底为坚硬地基时，管身下方应铺设砂垫层，其厚度须大于200mm；与槽底地基土质局部遇有松软地基，流沙等，应与设计单位商定处理措施。

（5）管道安装时，应将管节的中心及高程逐节调整正确，安装后的管节应进行复测，合格后方可进行下一工序的施工。

（6）管道安装时，还应随时清扫管道中的杂物，管道暂时停止安装时，两端应临时封堵。

（7）雨期施工时必须采取有效措施，合理缩短开槽长度，及时砌筑检查井，暂时中断安装的管道应临时封堵，已安装的管道验收后应及时回填土；做好槽边雨水径流疏导路线的设计，槽内排水及防止漂管事故的应急措施；雨天不得进行接口施工。

（8）检查井底基础与管道基础同时浇筑，排水管检查井内的流槽，宜与井壁同时砌筑，表面采用水泥砂浆分层压实抹光，流槽应与上下游管道底部接顺。

（9）井室砌筑应同时安装踏步，位置应准确，踏步安装后，在砌筑砂浆未达到规定的强度前不得踩踏，砌筑检查井时还应同时安装预留支管，预留支管的管径、方向、高程、应符合设计要求，管与井壁衔接处应严密，预留支管的管口宜采用低强度等级的水泥砂浆砌筑封口抹平。

（10）检查井接入的管口应与井内壁平齐，当接入管径大于300mm时应砌砖圈加固，圆形检查井砌筑时，应随时检测直径尺寸，当四面收口，每层收进不应大于3mm，当偏心收口时，每层收进不应大于50mm。

（11）砌筑检查井、雨水口的内壁应采用水泥砂浆勾缝，内壁抹面应分层压实，外壁应采用水泥砂浆槎缝挤缝压密实。

（12）雨水口位置应符合设计要求，不得歪扭，井圈与井墙吻合，井圈与道路边线相邻边的距离应相等，雨水管的管口应与井墙平齐。

（13）回填土时，槽底至管顶以上50cm范围内不得含有机物、冻土及大于35mm粒径的砖、石等硬块，应分层回填，分层夯实，回填土的密实度必须满足有关要求。

9. 排水管材的质量控制要点

（1）常见质量问题管材质量差，存在裂缝或局部混凝土疏松，抗压、抗渗能力差，容易被压破或产生渗水，管径尺寸偏差大，安管容易错口。

（2）质量控制措施：

1）重视管材厂家选择及管材资料的检查。管材厂家的选定按照设计要求进行招标择优选择，管材资料在每次进场时检查出厂合格证及送检力学试验报告等资料是否齐全。

2）重视管材外观的检查。管材进场后，工地材料员应对管材外观进行检查，管材不得有破损、脱皮、蜂窝露骨、裂纹等现象，对外观检查不合格的管材不得使用。

3）加强管材的保护。应要求生产厂家在管材运输、安装过程中加强对管材的保护。

4.2.8　电熔承插排水管道安装施工

1. 安装设备

① 可调式电熔焊机（焊接使用）。

② 往复锯（切割管材使用）。

③ 洗洁精及抹布（承插口清洁使用，承插安装不能有油污及泥沙）。

④ 拉紧器及绑带各2件（紧固管道接口）。

⑤ 铁锤（承插管拉紧时敲打接头部位）。

2. 现场堆放

现场可能场地限制，但也应有平整的堆放场地，管材重叠堆放不宜超过三层，防止承插口变形后增加安装难度。

3. 现场安装

（1）承插电熔焊接工作原理

聚乙烯电熔焊接原理是用电熔焊机给镶嵌在插口上的电阻丝通电加热，其加热的能量使承插口连接界面熔融。在承插口两端的间隙封闭后，界面熔融区的 PE 料在高温作用下，其分子链段相互扩散，当界面上互相扩散的深度达到链缠结所必需的尺寸，自然冷却后界面就可以得到必要的焊接强度，形成管道可靠的焊接连接。

根据电熔焊接原理和国内外的实践经验证实，能否形成管道可靠的焊接连接，主要由电熔丝的设计，电阻的温度，电阻的特性，电熔焊机提供的电源，电压的稳定性，管材的材料性质，承插口连接界面的预处理状况，承插口连接界面的缝隙宽度和均匀性，焊接工艺参数（电压、电流、时间等），焊接时环境温度，操作人员的水平等因素决定。

（2）焊接参数（表 4.2-11）

焊接参数表　　　　　　　　　　　　　　　　　　　　　表 4.2-11

规格型号	电压（V）	电流值（A）市政用电	电流值（A）现场发电	焊接时间	冷却时间
DN200	220	12	14	500s	25min
DN300	220	14	17.5	700s	25min
DN400	220	14	17.5	800s	30min
DN500	220	15	19	800s	30min
DN600	220	16	20	900s	40min
DN800	220	16	20	1000s	40min
DN1000	220	18	22	1000s	40min

注：根据现场条件，输入电压，电流达不到规定值，可适当降低电流，延长时间，以确保焊接强度，以承插口端出胶为宜。

（3）步骤及方法

1）放管：放管下沟槽前沟槽须设计坡度，要求平整，按规定做好垫层并压实，确保沟槽无水、干燥，用机械或人工将管道放入沟槽中，并以水流方向确定为插口方向，避免因承插口内部不平整形成阻流（图4.2-20）。

2）清洁：用湿抹布清洁承插口处的泥土和杂物，并用打磨机的钢刷打磨承口端面，去掉氧化层（图4.2-21）。

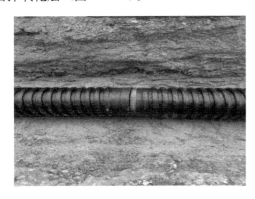

图 4.2-20　放管　　　　　　　　　　　　　　图 4.2-21　清洁

3）对口、锁紧：将管道的承插口插入另一管道的承口，用四条钢绳（或布带）套入承插口两端（图4.2-22），并拉紧绳器，使管插口完全插入承口，两条管道须在同一轴线上，禁止承插口有角度进入。在焊接完成禁止搬动管道。

4）焊接：将插口端的连接线与电熔机连接好，根据管道型号，调整参数，开始焊接。焊接时有人员看守，防止因焊接时间过长发生事故（图4.2-23）。

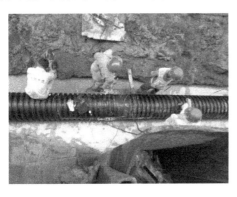

图 4.2-22　对口　　　　　　　　　　　　　　图 4.2-23　焊接

5）冷却：按规定时间冷却，冷却时间内禁止移动管道，以确保焊接强度。

4. 回填

按设计规范回填。

5. 管道安装的质量控制要点

（1）常见质量问题在圆形检查井中，管头露出井壁过长或缩进井壁；管道局部位移超标，直顺度差；管道反坡、错口。

（2）质量控制措施

1）正确计算管道铺设长度：根据规范确定两检查井间管道铺设长度、管子伸进检查井内长度及两管端头之间预留间距。在安管过程中要严格控制，防止管头露出井壁过长或缩进井壁。

2）严格控制管道的直顺度和坡度，可采取以下措施并随时检查：安管时要在管道半径处挂边线，线要拉紧，不能松弛；在调整每节管子的中心线和高程时，要用石块支垫牢固，相邻两管不得错口；在浇筑管座前，要先用与管座混凝土同强度等级的细石混凝土把管子两侧与平基相接处的三角部分填浇填实，再在两侧同时浇筑混凝土。

6. 接口的质量控制要点

（1）钢筋混凝土承插式橡胶圈接口常见的问题及质量控制措施：

1）排水管材及橡胶止水圈质量控制：

① 常见质量问题：管材及橡胶止水圈质量差，管材存在裂缝或局部混凝土疏松，抗压、抗渗能力差，容易被压破或产生渗水、管径尺寸偏差大，安管容易错口，橡胶止水圈存在缩径、气孔、裂纹，造成管道连接后，接缝处渗漏现象。

② 质量控制措施：

a. 重视管材及橡胶止水圈资料的检查。选用正规厂家生产的管材及橡胶止水圈，并且检查管材及橡胶止水圈的出厂合格证等资料是否齐全。

b. 重视管材及橡胶止水圈外观的检查。材料进场后，工程材料员应对管材及橡胶止水圈外观进行检查，管材不得有破损、脱皮、蜂窝露骨、裂纹等现象，橡胶止水圈不得有缩径、气孔、裂纹等现象。对外观检查不合格的材料不得使用。

c. 加强材料的保护。应要求生产厂家在管材运输、安装过程中加强对管材及橡胶止水圈的保护。

2）承插接口的质量控制：

① 常见质量问题：插口不安装橡胶止水圈、安装位置扭曲、不到位，承插口插入深度不足。

② 质量控制措施：

a. 清理承口内侧、插口外部凹槽等连接位置和橡胶圈。

b. 将橡胶圈套入插口的凹槽时，要保证橡胶圈在凹槽内受力均匀、没有扭曲翻转现象。

c. 在插口处做好标记，安装时将插口一次插入承口内，达到安装标记为止。

d. 严格把质量监督关。对于不安装橡胶圈的问题要及时发现，及时处理，不得使其进入下一步施工。

（2）内肋增强聚乙烯（PE）螺旋波纹管常见的问题及质量控制措施：

1）应采用纯原料高密度聚乙烯，保证管材的品质。

2）为保证波峰的高度与大小，在波峰与内肋立筋中不能减少原材料的使用量，保证管道的抗压、抗冲击。

3）管材内肋与波峰连接处容易开裂，因此原材料的好坏很重要，差的原材料连接处不容易结合为一体。

4）由于管材波纹中间有直立内肋，给管材内壁和内肋的冷却带来一定困难，因此冷却系统要设计合理。

4.2.9　预制钢筋混凝土装配式检查井施工

1. 预制钢筋混凝土装配式检查井施工流程

砂砾石垫层→井室、井筒安装→预埋连接件连接、防腐→井口吊装→1:2水泥砂浆勾缝→井室与管道连接→井室内流槽浇筑→开口圈盖板安装

2. 施工操作工艺

（1）砂砾石垫层厚度应满足设计要求，垫层长度、宽度尺寸应比预制混凝土检查井底板的长、宽尺寸大10cm。垫层夯实后用水平尺校平，垫层顶面高程符合设计要求，垫层应预留沉降量。

（2）采用专用吊具进行井室吊装，井室就位后，应对轴线及高程进行测量，底板轴线位置安装允许偏差±20mm。底板高程允许偏差±10mm。井室安装按标示的轴线进行安装时应注意使管道的承口位于检查井的进水方向；插口位于检查井的出水方向。

（3）井筒、井口吊装前应清除企口上的灰尘和杂物，企口部位湿润后，用1:2水泥砂浆坐浆约厚10mm。吊装时应使踏步的位置符合设计规定。

（4）检查井预制构件全部就位后，用1:2水泥砂浆对所有接缝里外勾平缝。

（5）检查井和管道采用刚性连接时，管节端宜与井内壁平齐，不得凸出，回缩量不得大于50mm，预制检查井与管道接口接触面均应凿毛处理，井壁预留孔与管节外壁间间隙，应按设计规定填塞；设计未规定时，应采用石棉水泥捻缝；再用水泥砂浆将管节与井内壁接顺，井外壁作45°抹角。

（6）应按设计要求施作井内流槽，将上下游管道接顺。

（7）根据路面高程及井圈顶高程，确定铸铁井盖井座下混凝土垫层的厚度，垫层混凝土采用C30混凝土，铸铁井盖安装应与四周路面相平。

（8）检查井四周回填应在井室或井筒四周同时回填，回填密实度参照管沟回填密实度。

4.2.10　排污管道闭水试验

1. 闭水试验时，水头应满足下列要求

（1）当试验段上游设计水头不超过管顶内壁时，试验水头应以试验段上游管顶内壁加2m计。

（2）当试验段上游设计水头超过管顶内壁时，试验水头应以试验段上游设计水头加2m计。

（3）当计算出的试验水头超过上游检查井井口时，试验水头应以上游检查井井口高度为准。

（4）试验中，试验管段注满水后的浸泡时间不应少于24h。

（5）当试验水头达到规定水头时开始计时，观测管道的渗水量，直到观测结束时，应不断地向试验管段内补水，保持试验水头恒定。渗水量的观测时间不得小于30min。

（6）在试验过程中应做记录。

2. 闭水试验的质量控制要点

（1）常见质量问题做闭水试验前就回填土；试验前准备不充分；闭水试验的水位和测定渗水时间不符合要求；渗水量计算错误。

（2）质量控制措施：

1）明确是否要做闭水试验。污水管道、雨、污合流管道以及设计要求闭水的其他排水管道都必须做闭水试验。闭水试验应由业主、施工单位、监理单位及有关部门联合进行，试验合格才能进行回填土。

2）对试验前的准备工作要进行检查。试验前，需将灌水的检查井内支管管口和试验管段两端的管口，用 1∶3 水泥砂浆砌 240mm 厚砖堵死，并抹面密封，待养护 3～4d 到达一定强度后，在上游井内灌水。当水头达到要求高度时，检查砖堵、管身、井身有无漏水，如有严重渗漏应进行封堵。待浸泡 24h 后，再观察渗水量，对渗水量的测定时间不应少于 30min。

3）控制闭水试验的水位。试验水位应为试验段上游管段内顶以上 2m，如上游管内顶到检查井的高度不足 2m，闭水试验的水位可到井口为止。

4）正确计算渗水量。在闭水试验过程中要真实记录各种数据，并根据规范正确计算渗水量。试验合格不合格，通过数据说话。

4.2.11　管道沟槽回填

管道安装完毕并经检验合格后，进行回填工作，管道在覆盖应进行闭水试验，合格方可覆填。

1. 工艺流程

基坑底清理→检验土质→分层铺土→分层打夯→碾压密实→检验密实度→修整找平验收

2. 操作工艺

（1）回填示意如图 4.2-24 所示。

（2）技术要求：

1）管道施工完毕并经验收合格后，沟槽应及时回填，回填前应符合下列规定：

管道在闭水试验合格后及时回填，回填材料槽底至管顶 50cm 范围内不得含有有机物及大于 50mm 的砖、石等硬块。在接口处采用细粒土回填。采用石灰土、砂、砂砾等材料回填时，其质量要求应按设计回填示意图进行。

图 4.2-24　分层铺摊回填石粉夯实

2）填土前应检验其含水量是否在控制范围内；如含水量偏高，可采用翻松、晾晒、均匀掺入干土或换土等措施；如回填土的含水量偏低，可采用预先洒水润湿等措施。含水率控制在 2% 范围。

3）填方施工过程中应检查排水措施、每层填筑厚度、含水量控制、压实程度。填筑厚度及压实遍数应根据土质、压实系数及所用机具确定。如无试验依据，应符合表 4.2-12 的规定。

填土施工时的虚铺厚度 表 4.2-12

压实机具	虚铺厚度(mm)
木夯、铁夯	<200
轻型压实设备	200~250

4）深浅两基坑（槽）相连时，应先填夯深基坑（槽）；填至浅基坑（槽）标高时，再与浅基坑（槽）一起填夯。

如必须分段填夯时，交接处应填成阶梯形。上下层错缝距离不小于1m。

5）基坑、基槽回填土，必须清理到基础底面标高，才能逐层回填。并且严禁用注水使土下沉的所谓"水夯"法。

6）基坑、基槽回填应在相应对称两侧或四周同时均匀进行，保证基础墙两侧回填标高相差不多，以免把墙挤歪；较长的管沟墙，应采取内部加支撑的措施。

7）回填土或其他回填材料运入槽内时不得损伤管节及其接口，并按下列规定施工：

根据一层虚铺厚度的用量将回填材料运至槽内，且不得在影响压实的范围内堆料。管道两侧500mm范围内回填材料应由沟两侧对称入槽内，不得直接扔在管道上；回填其他部位时，应均匀运入槽内，不得集中推入。需要拌合的回填材料，在运入槽内前拌合均匀。

8）基坑（槽）或管沟的回填应连续进行，尽快完成。施工中应防止地面水流入坑（槽）内，以免边坡塌方或基土遭破坏。现场应有防雨、排水措施。

3. 回填压实要求

（1）回填压实应逐层进行，且不得损伤管道。

（2）管道两侧和管顶以上500mm范围内，采用轻夯压实，管道两侧压实高差不超过300mm。

（3）土弧基础管道与基础三角区域应压实。压实时，管道两侧对称进行，不得使管道位移或损伤。

（4）同一沟槽有双排或多排管道基础底面高程不同时，应先回填基础较低的沟槽；当回填至较高底面高程后再按上述规定回填。

（5）分段回填压实时，相邻段的接槎应呈梯形，且不得漏夯。

（6）采用木夯、蛙夯等压实工具时，应夯夯相连。

4. 回填土试验

填土压实都应做干容重试验如图4.2-25所示。

图 4.2-25　回填石粉压实度检测

5. 施工注意事项

（1）回填前应按要求测定土的密实度。

回填土每层都应测定夯实后的干容重和密实度，检验其压实系数，符合设计要求后才能铺摊上层土。试验报告要注明土料种类、试验日期、试验范围和结论、试验人员。未达到设计要求部位应有处理方法和交验结果。

（2）管道下部应按要求认真填夯回填土，不得漏夯或不实造成管道下方空虚，造成管道折断、渗漏。

（3）严格控制每层回填厚度，禁止汽车直接卸土入槽。

（4）严格选用回填土料质量，控制含水量、夯实遍数等是防止回填土下沉的重要环节。

（5）雨天不应进行填方的施工。如必须施工时，应分段尽快完成，且宜采用碎石类土和砂土、石屑等填料。现场应有防雨和排水措施，防止地面水流入坑（槽）内。

（6）路基、室内地台等填土后应有一段自然沉实的时间，测定沉降变化，稳定后才进行下一工序的施工。

6. 石粉回填质量控制要点

（1）常见质量问题：回填石粉下沉，回填石粉末夯实，回填石粉末预留沉降量。

（2）质量控制措施：

1）回填时，每层回填厚度保持在200～250mm，用平板振动器每层压实3～4遍，待检测达到设计密实度后，方可开始上一层回填，如图4.2-26、图4.2-27所示。

2）回填石粉应分层铺摊，每层铺砂的厚度应为200～250mm，振实时振迹应相互搭接，防止漏振，分段回填时，每层接缝处应做成斜坡形，上下层错缝距离不应小于1m。

图4.2-26 分层摊铺回填石粉夯实

图4.2-27 分层回填石粉

3）回填石粉每层压实后测出石粉的质量密度，达到要求后，再进行上一层的铺摊。

4）回填全部完成后，表面应进行拉线找平，超出标准高程的地方，及时依线铲平，低于标准高程的地方，应补石粉找平夯实。

5）回填石粉密实度按设计要求，管沟胸腔部位密实度不小于90％；管顶50cm范围内密实度应在85％～88％之间，以防压坏管材和盖板，管顶50cm以上密实度要求同路基密实度一样。

排水管道工程是隐蔽工程，只有加强对施工过程中各个环节的质量控制，才能防止各种质量通病的发生，确保整体工程施工质量达到优良。

4.2.12 管道驳接施工

1. 施工前的准备

（1）当排水管道与现状管道连接时，应先测量现状管道高程、水流方向、位置、长度，并请排管处有关部门协助断水。支、干管接入检查井、收水井时，应插入井壁内，且不得突出井壁。

（2）对施工人员进行安全技术交底，让作业人员懂得个人防护和救护的基本方法，增强自我保护意识。

（3）将检查井上、下游的窨井盖打开三只以上，打开时间 4h 以上，井周围用护栏围好，夜间设置警示灯。

（4）如淤泥太厚，可用木棒搅动，井太深时也可用空压机扦管送气或抽水扰动，使其积存的有毒气体及早散发。

（5）采用机械强迫通风对流来稀释、驱散各种有毒气体。

（6）下井设备准备充分，包括安全帽、防毒面具、抢救时用的深氧面具、安全帽、竹梯等。

（7）井上、井下人员通话联络必须落实，可采用口头、手势、对讲机、电话等。

（8）拆封前明确责任到人，分工明确，安全措施要落实到位，防止人被水冲走及其他潜在危险因素发生。

2. 下井前必须做以下试验

醋酸铅定性纸试验，将试纸贴近水面试验每次 30s 以上然后观察纸颜色，确定 H_2S 含量，当试纸所显与标准色板相比，呈黄绿时（20mg/m³ 以下），才可采取相应安全技术措施的前提下，下井操作。

小白鼠试验：将小白鼠一组三只用铁丝笼吊入井内贴近水面试验 1h 以上，观察其活动动态，以测定其有毒气体含量，如发现异常应判明情况，加强通风排毒措施，方可决定能否下井操作。

作业过程中，试纸和小白鼠试验工作不得中断。

3. 拆封应注意以下事项

（1）严禁酒后操作，下井时，精神状态良好，戴好防毒面具、系好悬托式安全带，进入管道工作上下左右监护，加强通讯联络，地面监护人员不得少于 2 人，思想集中，密切注视井下人员的动态，地面配备深氧面具，以备随时下井抢救使用。

（2）下井作业时间不宜过长，一般不超过半小时，作业时加强井内通风、换气，井下操作人员如发现有特殊情况，如头晕，胸闷，应立即上井，不得冒险连续作业，照明可用矿灯，严禁明火，不得吸烟。

（3）封塞较大管道头子时，必须预先埋入直径 300～450 塞头，封塞必须牢固，安全可靠，拆除时打开预埋的塞头，进行放水，操作人员应离开窨井，不得在井内逗留、休息，待水流缓慢静止后才下井敲拆砖墙。

（4）封拆头子时严格按照先后程序，封头子得先封上游后封下游，拆头子要先拆下游，后拆上游，并要拆除干净，碎砖等要清理干净。

4.2.13 管道交叉处理

地下管线和构筑物种类繁多，在埋设给水排水管道时，经常出现互相交叉的情况，排水管埋设一般比其他管道深。给水排水管道有时与其他几种管道同时施工，有时是在已建管道的上面或下面穿过。为了保证各类管道交叉时下面的管道不受影响和便于检修，上面管道不致下沉破坏，必须对交叉管道进行必要的处理。管道交叉的情况比较复杂，在考虑处理方法时必须摸清各类管道对交叉的要求，无论采用什么处理方法，都应与有关管道的主管部门进行联系并取得同意。

1. 圆形排水管道与上方给水管道交叉且同时施工

混凝土或钢筋混凝土预制圆形管道与其上方钢管或铸铁管交叉且同时施工，若钢管或铸铁管的内径不大于400mm时，宜在混凝土管道两侧砌筑砖墩支撑，如图4.2-28所示。砖墩的砌筑应符合下列规定：

（1）应采用灰砂砖和水泥砂浆，砖的强度等级不应低于MU7.5；砂浆不应低于M7.5。

（2）砖墩基础的压力不应超过地基的允许承载力。

（3）砖墩的尺寸应采用下列数值：

1）宽度：砖墩高度在2m以内时，用240mm，高度每增加1m，宽度增加125mm。

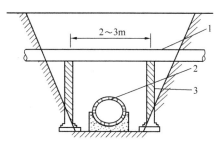

图 4.2-28 圆形管道两侧砖墩支撑图
1—钢管道；2—混凝土圆形管道；3—砖砌支墩

2）长度：不小于钢管或铸铁管道的外径加300mm。

3）砖墩顶部砌筑管座，其支撑角不小于90°。

（4）当覆土高度不大于2m时，砖墩间距宜为2~3m。

（5）对铸铁管道，每一管节不少于2个砖墩。

当钢管或铸铁管道为已建时，应在开挖沟槽时加以要善保护并及时通知有关单位处理后再砌筑砖支撑。

2. 矩形排水管道与上方给水管道交叉

混合结构或钢筋混凝土矩形管道与其上方钢管或铸铁管道交叉时，顶板与其上方管道底部的空间宜采用下列措施：

1）净空不小于70mm时，可在侧墙上砌筑砖墩支撑管道；在顶板上砌筑砖墩时，应不超过顶板的允许承载力。

2）净空小于70mm时可在顶板与管道之间采用低强度等级的水泥砂浆或细石混凝土填实，其支撑角不应小于90。

3. 排水管道与下方给水管道交叉

圆形或矩形管道与下方的给水管道或铸铁管道交叉且同时施工时，宜对下方的管道加设套管或管廊，并符合下列规定：

（1）套管、管廊的内径不应小于被套管道外径加300mm。

（2）套管或管廊的长度不宜小于上方排水管道基础宽度加管道交叉高差的3倍，且不小于基础宽度加1m。

（3）套管可采用钢管、铸铁管或钢筋混凝土管；管廊可采用砖砌或其他材料砌筑的混合结构。

（4）套管或管廊两端与管道之间的孔隙应封堵严密。

4. 排水管道与上方电缆管块交叉

排水管道与其上方的电缆管块交叉时，宜在电缆管块基础以下的沟槽中回填低强度等级的混凝土、石灰土或砌砖。其沿管道方向的长度不应小于管块基础宽度加300mm，并应符合下列规定：

排水管道与电缆管块同时施工时可在回填材料上铺一层中成中砂或粗秒，其厚度不宜小于 100mm（见图）当电缆管块已建时，应合下列规定：

1）当采用混凝土回填时，混凝土应达电缆管块基础底部，其间不得有空隙。

2）当采用砌砖回填时，砖砌体的顶面宜在电缆管块基础低面以下不小于 200mm，再用低强度等规的混凝土填至电缆管块基础底部，其间不得有空隙。

5. 给水管道与交叉管道高程一致时的处理

地下的各种管道交叉时，若管道高程一致，应主动和有关单位联系，取得对方的配合，协商处理。处理的原则如下：

1）软埋电缆线让刚性管道（沟）。

2）压力流管道让重力流管道。

3）小口径管道让大口径管道。

4）后敷设管道让已敷设管道。

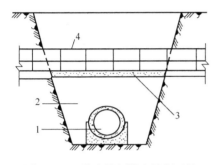

图 4.2-29　给水管同排水管断面的上部交叉

1—给水管；2—混凝土管座；3—砂夹石；4—雨水方沟

上述原则应灵活掌握，通过技术经济比较确定具体的处理方案。给水管道和其他管道高程一致时的处理方法通常有以下几种：

（1）输水干管同雨水干管和污水干管的过水断面上方交叉。这种情况可以采用将相交部位的雨水干管、污水干管保持坡底及过水断面积不变的前提下，压缩其高度，改为方沟。输水管设置在盖板上，管底和盖板间留 50mm 间隙，填以黏土，在雨、污水管的侧旁沟底至输水管间用砂夹石回填夯实，如图 4.2-29 所示。

（2）输水干管从通信电缆沟的下方交叉。处理时，可将电缆沟的宽度增加，高度压缩，但在输水管的两侧设电缆井，交叉的电缆沟底做钢筋混凝土垫板，从输水管沟底至电缆沟底板间填砂，如图 4.2-30～4.2-31 所示。

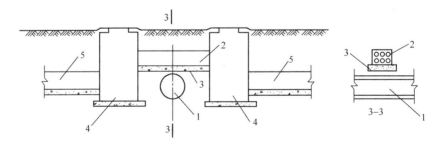

图 4.2-30　输水干管从电缆沟的下方交叉图

1—给水管；2—改位的通信电缆沟；3—钢筋混凝土垫板；4—电缆沟检查井；5—原位的通信电缆沟

（3）输水干管和大型涵洞交叉。输水干管若从涵洞下方穿越，管道埋深过深，此时可采用变更管材，将水泥压力管、铸铁管改为钢管，从涵洞上方翻越，对埋深过浅的钢管采取管沟加盖板及加混凝土面层成套管加混凝土面层的两种处理方法。若从涵洞上方难以翻

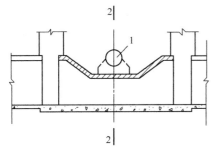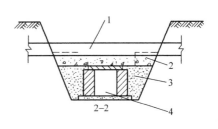

图 4.2-31　电缆管块下方回填图

1—排水管道；2—回填材料；3—细沙；4—电缆管块

越时，亦可从涵洞基础以下穿越，并设钢筋混凝土套管，穿越管道两端宜设柔性接口。

4.2.14　地下管线保护施工

为确保施工安全，施工时对现状较浅的地下管线进行就地加固保护，消除安全隐患。现状地下管线就地加固方法是用钢筋混凝土及预制盖板进行加固，管周围回填砂，沟槽基坑回填石粉渣。

1. 地下燃气管道保护

（1）安全保护及控制范围

燃气管道设施的安全保护范围及安全控制范围：

1）安全保护范围：低压、中压管道管壁及设施外缘两侧 1m 范围内区域；次高压管道管壁及设施外缘两侧 2m 范围内区域；高压、超高压管道管壁及设施外缘两侧 5m 范围内区域。

2）安全控制范围：低压、中压管道的管壁及设施外缘两侧 1～6m 范围内的区域；次高压管壁及设施外缘两侧 2～10m 范围内的区域；高压、超高压管道管壁及设施外缘两侧 5～50m 范围内的区域。

（2）燃气管道保护规定

1）在施工过程中应严格遵守以下规定：

在燃气管道设施的安全保护范围内，禁止下列行为：建造建筑物或者构筑物；堆放物品或者排放腐蚀性液体、气体；进行机械开挖、起重吊装等作业。

不得擅自移动、覆盖、涂改、拆除、破坏燃气设施及安全警示标志；道路施工完成时必须埋设相应的标志桩；禁止其他严重危害燃气管网安全运行的行为。

在没有采取有效的保护措施前，不得在燃气管道及设施上方开设临时道路，不得在燃气管道及设施上方停留、行走载重车辆、推土机等重型车辆。

2）禁止在燃气管道设施上及其安全保护范围内从事下列危及燃气管道设施安全的活动：进行机械开挖；修筑建筑物、构筑物；堆放物品；倾倒、排放腐蚀性物质；种植深根植物。

（3）燃气管道及设施损坏处理方式

施工过程中如造成燃气管道及设施损坏，应立即采用如下方式进行及时处理：

1）防腐层损坏

现场施工人员应立即停止施工，立即通知项目部，由项目部立即通知甲方及燃气公司联系人。立即组织修复作业并现场取证，修复完工后，应责成事故人及时支付修复费用。

267

2）燃气设施损坏供气中断（未漏气）

现场施工人员应立即停止施工，保护现场，立即通知项目部，由项目部立即通知甲方及燃气公司联系人，并根据影响用户范围立即组织抢修，责成事故责任人及时支付修复费用。项目部根据影响范围按照有关规定对责任人进行相应的处罚。

3）燃气管道破裂泄漏或爆炸

现场施工人员应立即停止施工，保护现场，组织附近人员疏散，救治受伤人员，立即通知项目部，由项目部立即通知甲方及燃气公司联系人，或向110报警。项目部接警后立即启动应急预案，组织开展应急抢险工作。

有关部门按照规定组织对事故进行调查，并对事故责任单位和责任人进行处罚。

2. 其他管线保护

地下管线基坑开挖后，暴露或接近暴露的管线，应提前做好准备，及时予以防护。根据管线的种类，材质走向和位置，可分别选用以下几种方法防护。

（1）托板绑吊法地下管线保护

在管坑上部顺管线方向横放［22号槽钢，横杆的长度应架放在基坑边外各1m，并加垫4cm厚木板分散对沟壁的压力；管或底部垫上一块大于管线底，宽不少于30cm、厚4cm的木板，管线若为圆形的则加设木材楔边垫平，以防管线移位，绑吊用8号铁丝缠绕4～6圈，并调整至适合的紧度。

在沟槽开挖时应顺管线方向分段开挖，开挖深度应以可放入垫板的厚度为宜，严禁超挖，并马上进行绑扎，特别是接头处应加强保护，以免造成管道沉陷，管线斜穿时，应分段托板绑吊，并在适当位置加设横梁。

（2）悬吊法地下管线保护

先用人工开挖至管线底，然后再一小段一小段挖除管底的土，厚度应为刚可放入垫板的厚度为宜，严禁超挖，并用悬吊法临时保护管线。开挖一定长度后，将支撑体系的横撑托住管线，托住管线后，注意管口接头处的悬吊横杆不可拆除，若管线处为矩形时可考虑拆除，但仍需间隔悬吊。悬吊法固定管线时注意吊索的变形伸长及吊索固定点位置不受土体的影响。悬吊法管线受力、位移明确，并可以通过吊索不断调整管线的位移和受力点。

（3）支撑法地下管线保护

如对于土体可能发生较大沉降而造成管道悬空的，可沿线设置若干支撑点支撑管线。支撑体可考虑是临时的，如打设支撑桩、砖支墩、沙袋支撑等；也可以是永久性的，对于前者，设置时要考虑拆除时的方便和安全，对于后者一般结合永久性建筑物进行。

（4）选择合理施工工艺对地下管线保护

基坑开挖施工可采用分段开挖、分段施工的方法。使管线每次暴露局部长度，施工完一段后再进行另一段，或分段间隔施工。

（5）对管线进行搬迁、加固处理

对方便于改道搬迁，且费用不大的管线，可以在基础工程施工之前先行临时搬迁改道，或者通过改善、加固原管线材料、接头方式，设置伸缩节等措施，加大管线的抗变形能力，确保土体位移时也不失去使用功能。

（6）管线事故的处理

1）电缆、光缆挖断及通信线路故障等事故的处理：

由项目部主管施工员、电工和安全工程师组成管线应急抢修组，一旦发生电缆、光缆挖断，通信线路故障等事故，项目部区域当班施工员在 5min 之内电话通知给安全工程师、监理工程师、管线所属单位。组织人员按管线所属单位专业工程师的要求进行抢修恢复，将损失减小到最低程度。抢修组成员应保持通信畅通。

2）雨水、污水管线挖断事故的处理：

当施工过程中发生雨水、污水管挖断等事故，项目部区域当班施工员应及时联系安全工程师、监理工程师、管线所属单位。联系管线权属单位专业抢修队立即赶赴施工现场进行抢修恢复，将损失减小到最低程度，抢修组成员应保持通信畅通。

现场配备足够的防水和堵漏应急物资和设备，施工人员及时进行抽水和水流疏解，防止污水流出施工场地污染周边环境。

3）给水管线挖断事故的处理：

如果施工现场发生自来水管挖断或涌水等事故，现场当班施工员在 5min 之内电话通知给安全工程师、监理工程师、管线所属单位。联系自来水公司专业抢修队立即赶赴施工现场进行抢修恢复，将损失减小到最低程度。抢修组成员应保持通信畅通。现场配备足够的防水和堵漏应急物资，项目部应急小组应启动应急预案，项目部应急抢险队人员及时到现场进行抢险堵漏，确保紧急情况时能降低险情。

4.2.15　水管道严密性试验

污水、雨污水分流及湿陷土、膨胀土地区的雨水管道，回填土前应采用闭水法进行严密性试验。

1. 闭水试验应具备的条件

管道闭水试验时，试验管段应具备下列条件：

1）管道及检查井外观质量已检查合格。

2）管道未填土且沟槽内无积水。

3）全部预留孔洞应封堵不得漏水。

4）管道两端堵板承载力经核算并大于水压力的合力；除留进出水管外、应封堵坚固不得漏水。

5）顶管施工，其注浆孔封堵且管口按设计要求处理完毕，地下水位低于管底以下。

2. 闭水试验的方法

排水管道作闭水试验，宜从上游往下游进行分段，上游段试验完毕，可往下游段倒水，以节约用水。排水管道闭水试验装置参见图 4.2-32。

（1）试验分段

试验管段应按井距分离，长度不应大于 1km，带井试验。

（2）试验水头

1）试验段上游设计水头不超过管顶内壁时，试验水头从试验段上游管顶内壁加 2m 计。

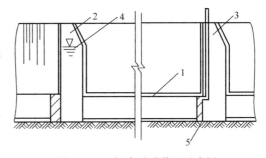

图 4.2-32　闭水试验装置示意图

1—试验管段；2—下游检查井；3—上游检查井；
4—规定闭水水位；5—砖堵

2）试验段上游设计水头超过管顶内壁时，试验水头以试验段上游设计水头加 2m 计。

3）当计算出的试验水头小于 10m，但已超过上游检查井井口时，试验水头以上游检查井井口高度为准。

（3）试验步骤

1）将试验段管道两端的管口封堵，管堵如用砖翻，必须养护 3~4d 达到一定强度后，再向闭水段的检查井内注水。

2）试验管段灌满水后浸泡时间不少于 24h，使管道充分浸透。

3）当试验水头达规定水头开始计时，观察管道的渗水量，直至观测结束时、应不断向试验管段内补水，保持试验水头恒定。滤水量的观测时间不得小于 30min。

4）渗水器的计算。实测渗水量按下式计算：

$$q = \frac{W}{TL} \tag{4.2-1}$$

式中：q 为实测渗水量，$L/(min \cdot m)$；W 为补水量，L；T 为实测渗水量观测时间，min；L 为试验管段长度，m。

3. 闭水试验标准

（1）排水管道闭水试验允许渗水量应符合表 4.2-13 的规定。

无压管道闭水试验允许渗水量 表 4.2-13

管材	管道内径 D_1 (mm)	允许渗水量 [$m^3/(24h \cdot km)$]	管材	管道内径 D_1 (mm)	允许渗水量 [$m^3/(24h \cdot km)$]
钢筋混凝土管	200	17.60	钢筋混凝土管	1200	43.30
	300	21.62		1300	45.00
	400	25.00		1400	46.70
	500	27.95		1500	48.40
	600	30.60		1600	50.00
	700	30.00		1700	51.50
	800	35.35		1800	53.00
	900	37.50		1900	54.48
	1000	39.52		2000	55.90
	1100	41.45			

（2）管道内径大于表中的规定时，实测渗水量应小于或等于按下式计算的渗水量：

$$Q = 1.25D^{1/2} \tag{4.2-2}$$

式中：Q 为允许渗水量，$m^3(24h \cdot km)$；D 为管道内径，mm。

（注：化学建材管道的实测渗水量应小于或等于按下式计算的允许渗水量。$Q = 0.0046D$）

（3）异形截面管道的允许渗水量可按周长折算为圆形管道计算。

（4）在水源缺乏的地区，当管径大于 700mm 时，按井段抽验 1/3。

4.2.16　给水排水管道工程监理要点

1. 市政给水排水工程管道安装监理要点

（1）铸铁管安装

1）安装前，应对管材的外观进行检查，查看有无裂纹、毛刺等，不合格的不能使用。

2）插口装入承口前，应将承口内部和插口外部清理干净，用气焊烤掉承口内及承口外的沥青。如采用橡胶圈接口时，应先将橡胶圈套在管子的插口上，插口插入承口后调整好管子的中心位置。

3）铸铁管全部放稳后，暂将接口间隙内填塞干净的麻绳等，防止泥土及杂物进入。

4）接口前挖好操作坑。

5）如口内填麻丝时，将堵塞物拿掉，填麻的深度为承口总深的 1/3，填麻应密实均匀，应保证接口环形间隙均匀。

6）打麻时，应先打油麻后打干麻。应把每圈麻拧成麻辫，麻辫直径等于承插口环形间隙的 1.5 倍，长度为周长的 1.3 倍左右为宜。打锤要用力，凿凿相压，一直到铁锤打击时发出金属声为止。采用胶圈接口时，填打胶圈应逐渐滚入承口内，防止出现"闷鼻"现象。

7）将配置好的石棉水泥填入口内（不能将拌好的石棉水泥用料超过 0.5h 再打口），应分几次填入，每填一次应用力打实，应凿凿相压；第一遍贴里口打，第二遍贴外口打，第三遍朝中间打，打至呈油黑色为止，最后轻打找平。如果采用膨胀水泥接口时，也应分层填入并捣实，最后捣实至表层面返浆，且比承口边缘凹进 1～2mm 为宜。

8）接口完毕，应速用湿泥或用湿草袋将接口处周围覆盖好，并用虚土埋好进行养护。天气炎热时，还应铺上湿麻袋等物进行保护，防止热胀冷缩损坏管口。在太阳曝晒时，应随时洒水养护。

（2）镀锌钢管安装

1）镀锌钢管安装要全部采用镀锌配件变径和变向，不能用加热的方法制成管件，加热会使镀锌层破坏而影响防腐能力。也不能以黑铁管零件代替。

2）铸铁管承口与镀锌钢管连接时，镀锌钢管插入的一端要翻边防止水压试验或运行时脱出。另一端要将螺纹套好。简单的翻边方法可将管端等分锯几个口，用钳子逐个将它翻成相同的角度即可。

3）管道接口法兰应安装在检查井和地区内，不得埋在土壤中；如必须将法兰埋在土壤中，应采取防腐蚀措施。

给水检查井内的管道安装，如设计无要求，井壁距法兰或承口的距离为：

管径 $DN \leqslant 450mm$ 时，应不小于 250mm；

管径 $DN > 450mm$ 时，应不小于 350mm。

（3）钢筋混凝土管安装

1）预应力钢筋混凝土管安装

当地基处理好后，为了使胶圈达到预定的工作位置，必须要有产生推力和拉力的安装工具，一般采用拉杆千斤顶，即预先于横跨在已安装好的 1～2 节管子的管沟两侧安装一截横木，作为锚点，横木上拴一钢丝绳扣，钢丝绳扣套入一根钢筋拉杆，每根拉杆长度等于一节管长，安装一根管，加接一根拉杆，拉杆与拉杆间用 S 形扣连接。这样一个固定点，可以安装数十根管后再移动到新的横木固定点。然后用一根钢丝绳兜扣住千斤顶头连接到钢筋拉杆上。为了使两边钢丝绳在顶装过程中拉力保持平衡，中间应连接一个滑轮。

2）拉杆千斤顶法监理要点

① 套橡胶圈在清理干净管端承插口后，即可将胶圈从管端两侧同时由管下部向上套，套好后的胶圈应平直，不允许有扭曲现象。

② 初步对口：利用斜挂在跨沟架子横杆上的倒链把承口吊起，并使管段慢慢移到承

口，然后用撬棍进行调整，若管位很低时，用倒链把管提起，下面填砂捣实；若管高时，沿管轴线左右晃动管子，使管下沉。为了使插口和胶圈能够均匀顺利地进入承口、达到预定位置，初步对口后，承插口间的承插间隙和距离务必均匀一致。否则，橡胶圈受压不均，进入速度不一致，将造成橡胶圈扭曲而大幅度地回弹。

③ 顶装初步对口正确后，即可装上千斤顶进行顶装。顶装过程中，要随时沿管四周观察橡胶圈和插口进入情况。当管下部进入较少时，可用倒链把承口端稍稍抬起；当管左部进入较少或较慢时，可用撬棍在承口右侧将管向左侧拨动。进行矫正时则应停止顶进。

④ 找正找平把管子顶到设计位置时，经找正找平后方可松放千斤顶。相邻两管的高度偏差不超过±2cm。中心线左右偏差一般在 3cm 以内。

（4）利用钢筋混凝土套管连接

1）填充砂浆配合比：水泥∶砂＝1∶1～1∶2，加水 14％～17％。

2）接口步骤：先把管的一端插入套管，插入深度为套管长的一半，使管和套管之间的间隙均匀，再用砂浆充填密实，这就是上套管，做成承口。上套管做好后，放置两天左右再运到现场，把另一管插入这个承口内，再用砂浆填实，凝固后连接即告完毕。

（5）直线铺管质量要求

预应力钢筋混凝土管沿直线铺设时，其对口间隙应符合表 4.2-14 中的规定。

预应力钢筋混凝土管对口间隙（单位：mm）　　　　　　　　表 4.2-14

接口形式	管径	沿直线铺设间隙
柔性接口	300～900	15～20
	1000～1400	20～25
刚性接口	300～900	6～8
	1000～1400	8～10

2. 管沟及井室施工质量监理

给水排水管道基础施工监理要点：

1）管沟坐标、标高、槽宽应按照设计图纸施工，误差应在允许偏差值内。

2）管沟的沟底层应是原土层，或是夯实的回填土，不得有坚硬的物体、块石等。严禁敷设在冻土和未经处理的松土上，以防管道局部下沉。

3）管沟回填土应分层夯实，虚铺厚度在机械夯实时不得大 300mm；人工夯实时不得大于 200mm。管道接口坑的回填土必须均匀夯实。

4）井室的砌筑应按设计或给定的标准图施工。井室的底标高在地下水上时，基层应为素土夯实，在地下水位以下时，基层应打 100mm 的混凝土底板。

5）在地基灌注混凝土前，监理必须严格控制基础面高程，允许偏差为低于设计高程不超过 10mm，但不高于设计高程，必须按设计标高和轴线进行复核。

6）旁站基础的施工，且在混凝土浇筑完毕后 12h 内不得浸水，以防基础不实而引起管道变形。

7）检查在已硬化混凝土表面上继续浇筑混凝土前是否已凿毛处理，是否清除表面松动的石子及覆土层。

8）在灌筑管座混凝土时，如管径大于 700mm 以上时，要求施工人员必须进入管内，勾抹管座部分的内缝。

3. 给水排水管道安装及接口监理要点

1）管道安装

① 施工前监理要审查施工单位的安管方案。

② 检查采用的管节是否符合设计要求，检查管节的质量合格证。

③ 抽检轴线位置、线形，标高，与设计标高是否吻合。对管道中线的控制，可采用边线法或中线法。采用边线法时，边线的高度与管子中心高度一致，其位置距管外皮 10mm 为宜。

④ 管节安装前是否清除了基础表面的杂物和积水。

⑤ 抽检高程样板。

⑥ 抽检橡胶圈。

2）接口

① 监理必须检查管节是否清洗干净，是否需要凿毛，接缝处是否浇水湿润。

② 督促施工单位对施工完毕的接缝湿治养护。

③ 监理应检查橡胶圈质量保证单，必要时督促施工单位对其物理性能送检，监理也应抽取橡胶圈送市政质检部门认可的检测单位检测。

④ 监理应抽检橡胶圈的展开长度及其外形尺寸，其偏差应符合规范或设计要求。

⑤ 监理应检查橡胶圈密封圈的外观，表面光洁，质地紧密，不得有空隙气泡，不得有油漆，不得堆放在阳光下曝晒。

4. 检查井施工监理要点

1）监测材质、砂浆配合比是否满足设计要求。

2）监测检查井形状、尺寸及相对位置的准确性，预留管及支管的设置位置、井口、井盖的安装高程。

3）砖砌检查井应检查现场施工砂浆配合比，砌体灰缝、勾缝质量，具体要求可参阅建筑工程中的砖砌工程。

4）块石检查井应检查现场施工砂浆配合比，石料强度等级，新鲜程度，应符合设计要求。应检查砌石工艺、平面尺寸是否符合规范要求。

5）检查雨期、冬期施工是否按施工组织设计进行。

5. 沟槽开挖监理要点

（1）放坡沟槽施工质量监理要点

1）监理工程师应严格审查施工单位提交沟槽开挖施工组织设计，包括材料、机具、设备进场情况及人员配备情况等。

2）监理工程师应复查沟槽开挖的中线位置和沟槽高程。

3）检查排水、雨期及冬期施工措施落实情况。

4）遇地质情况不良、施工超挖、槽底土层受扰等情况时，应会同设计、业主、承包人共同研究制定地基处理方案、办理变更设计或洽商手续。

（2）列板支护沟槽施工质量监理要点

1）检查承包人的进场人员、机具、材料进场情况、现场施工条件、审批开工申请单。

2）检测开挖断面、槽底高程、槽底坡度、槽底预留保护层厚度，检查边坡支护设施。

3）开挖过程中，对每道支撑不断检查，是否充分绞紧，防止脱落。

4）撑柱的水平间距、垂直间距、头档撑柱、末道撑柱等位置要合理、规范。

（3）板桩支护沟槽施工质量监理要点

1）施打钢板桩首先要保证入土深度，并施打垂直咬口紧密，达到横列板水平放置，上下两组竖列板应交错搭接。

2）在粉砂土或淤泥质黏土层，沟槽附近的河道等特殊地带，在开槽前，可采用人工降低地下水位的措施来提高槽底以下土层的黏聚力和内摩阻力。

3）在沟槽挖土时必须与支撑配合好。

4）拆除支撑前要检查沟槽两边建筑物、电杆是否安全。

5）立板密撑或板桩，一般先填土至下层撑木底面再拆除下撑，在填土到半槽时再拆除上撑，拔出木板或板桩。

6）横板密撑或稀撑，一次拆撑危险时，必须进行倒撑，用撑木把上半槽撑好后，再拆原有撑木及下半槽撑板，下半槽填土后，再拆上半槽的支撑。

6. 沟槽回填监理要点

1）不得带水回填，不得回填淤泥、腐殖土及有机物质。

2）检查穿越沟槽的地下管线，是否根据有关规定认真处理。要求地下管线的支墩不得设在管节上。

3）检查施工单位每层回填土的密实度，是否认真做试验进行控制。

4）检查管座混凝土及接口抹带水泥砂浆强度是否满足设计要求，方可进行回填。

4.2.17　给水排水工程质量标准

1. 给水管道安装质量标准（表 4.2-15～表 4.2-19）

给水管道安装质量标准 表 4.2-15

	项目内容	质量标准	检验方法
主控项目	埋地管道覆土深度	给水管道在埋地敷设时，应在当地的冰冻线以下，如必须在冰冻线以上铺设时，应做可靠的保温防潮措施。在无冰冻地区，埋地敷设时，管顶的覆土埋深不得小于 500mm，穿越道路部位的埋深不得小于 700mm	现场观察检查
	给水管道不得直接穿越污染源	给水管道不得直接穿越污水井、化粪池、公共厕所等污染源	观察检查
	管道上可拆和易腐件，不埋在土中	管道接口法兰、卡扣、卡箍等应安装在检查井或地沟内，不应埋在土壤中	观察检查
	管井内安装与井壁的距离	给水系统各种井室内的管道安装，如设计无要求，井壁距法兰或承口的距离：管径小于或等于 450mm 时，不得小于 250mm；管径大于 450mm 时，不得小于 350mm	尺量检查
	管道的水压试验	管网必须进行水压试验，试验压力为工作压力的 1.5 倍，但不得小于 0.6MPa	管材为钢管、铸铁管时，试验压力下 10min 内压力降不应大于 0.05MPa，然后降至工作压力进行检查，压力应保持不变，不渗不漏；管材为塑料管时，试验压力下，稳压 1h 压力降不大于 0.05MPa，然后降至工作压力进行检查，压力应保持不变，不渗不漏

续表

	项目内容	质量标准	检验方法
主控项目	埋地管道的防腐	镀锌钢管、钢管的埋地防腐必须符合设计要求。卷材与管材间应粘贴牢固，无空鼓、滑移、接口不严等	观察和切开防腐层检查
	管道冲洗和消毒	给水管道在竣工后，必须对管道进行冲洗，饮用水管道还要在冲洗后进行消毒，满足饮用水卫生要求	观察冲洗水的浊度，查看有关部门提供的检验报告
一般项目	管道和支架的涂漆	管道和金属支架的涂漆应附着良好，无脱皮、起泡、流淌和漏涂等缺陷	现场观察检查
	阀门、水表安装位置	管道连接应符合工艺要求，阀门、水表等安装位置应正确。塑料给水管道上的水表、阀门等设施其重量或启闭装置的扭矩不得作用于管道上，当管径≥50mm时必须设独立的支承装置	现场观察检查
	给水与污水管平行铺设的最小间距	给水管道与污水管道在不同标高平行敷设，其垂直间距在500mm以内时，给水管管径小于或等于200mm的，管壁水平间距不得小于1.5m；管径大于200mm的，不得小于3m	观察和尺量检查
	管道连接接口	捻口用的油麻填料必须清洁，填塞后应捻实，其深度应占整个环型间隙深度的1/3	观察和尺量检查
		捻口用水泥强度应不低于32.5MPa，接口水泥应密实饱满，其接口水泥面凹入承口边缘的深度不得大于2mm	观察和尺量检查
		采用水泥捻口的给水铸铁管，在安装地点有侵蚀性的地下水时，应在接口处涂抹沥青防腐层	观察检查
		采用橡胶圈接口的埋地给水管道，在土壤或地下水对橡胶圈有腐蚀的地段，在回填土前应用沥青胶泥、沥青麻丝或沥青锯末等材料封闭橡胶圈接口	观察和尺量检查

给水管道安装的允许偏差和检验方法　　　　　　表 4.2-16

项次	项目			允许偏差/mm	检验方法
1	坐标	铸铁管	埋地	100	拉线和尺量检查
			敷设在沟槽内	50	
		钢管、塑料管、复合管	埋地	100	
			敷设在沟槽内或架空	40	

续表

项次	项目			允许偏差/mm	检验方法
2	标高	铸铁管	埋地	±50	拉线和尺量检查
			敷设在地沟内	±30	
		钢管、塑料管、复合管	埋地	±50	
			敷设在地沟内或架空	±30	
3	水平管纵横向弯曲	铸铁管	直段(25m以上)起点~终点	40	拉线和尺量检查
		钢管、塑料管、复合管	直段(25m以上)起点~终点	30	

铸铁管承插捻口的对口最大间隙（单位：mm）　　　　表 4.2-17

管径	沿直线敷设	沿曲线敷设
75	4	5
100~250	5	7~13
300~500	6	14~22

注：铸铁管承插捻口连接的对口间隙应不小于 3mm，最大间隙不得大于本表的规定。

铸铁管承插捻口的环型间隙（单位：mm）　　　　表 4.2-18

管径	标准环型间隙	允许偏差
75~200	10	+3-2
250~450	11	+4-2
500	12	+4-2

注：铸铁管沿直线敷设，承插捻口连接的环型间隙应符合本表的规定；沿曲线敷设，每个接口允许有 2°转角。

橡胶圈接口最大允许偏转角　　　　表 4.2-19

公称直径/mm	100	125	150	200	250	300	350	400
允许偏转角度	5°	5°	5°	5°	4°	4°	4°	3°

2. 排水工程质量标准

（1）排水管道基础施工质量标准（表 4.2-20）

平基、管座允许偏差　　　　表 4.2-20

序号	项目		允许偏差/mm	检验频率		检验方法
				范围	点数	
1	混凝土抗压强度		必须符合设计规定	100mm	1组	必须符合设计规定
2	垫层	中线每侧宽度	不小于设计规定	10mm	2	挂中心线用尺量每侧计1点
		高程	0 -15mm	10mm	1	用水准仪测做
3	平基	中线每侧宽度	+10mm -0	10mm	2	挂中心线用尺量每侧计1点
		高程	0 -15mm	10mm	1	用水准仪测量
		厚度	不小于设计规定	10mm	1	用尺量
4	蜂窝面积		1%	两井之间（每侧面）	1	用尺量蜂窝总面积

（2）排水管道安装及接口质量标准（表4.2-21）

1）管道安装

管道安装质量标准及检查 表4.2-21

序号		量测项目	检查频率		允许偏差/mm	检查方法
			范围	点数		
1		中线位移	两井间2点	15		挂中心线用尺量取最大值
2	管内底高程	D≤1000mm	两井间2点		±10	用水准仪测
		D>1000mm	两井间2点		+20 −10	
		倒虹吸管	每道直管4点		±30	
3	相邻管内底错口	D≤1000mm	两井间3点	3		用钢尺量
		D>1000mm	两井间3点	5		
4		承插口之间的间隙量	每节2点	<9		用钢尺量

注：D为管道内径

2）管道接口质量标准（表4.2-22～表4.2-24）。

橡胶圈展开长度及允许偏差（单位：mm） 表4.2-22

管节内径 φ600	φ800	φ1000	φ1200
展开长度 1800	2350	2910	3450
允许偏差±8	±8	±12	±12

橡胶圈物理性能 表4.2-23

邵氏硬度(HS)	伸长率(%)	拉伸强度(MPa)	拉伸永久变形(%)	拉伸强度降低率(%)	最大压墙变形率(%)	吸水率(%)	耐酸、碱系数	老化实验	防霉要求
45±5	≥425	≥6	≤15	≤15	≤25	≤5	≥0.8	70℃×96h	一般

橡胶圈密封展开长度及允许偏差 表4.2-24

管节内径(mm)	φ1350	φ1500	φ1650	φ1800	φ2000	φ2200	φ2400
展开长度(mm)	4120	4580	5040	5480	6085	6590	7155
允许偏差(mm)	±6				±10		
橡胶圈选用高度	H20				H24		

3. 管沟及井室施工质量标准（表4.2-25）

管沟及井室施工质量标准 表4.2-25

	项目内容	质量标准	检验方法
主控项目	管沟的基层处理和井室的地基	管沟的基层处理和井室的地基必须符合设计要求	现场观察检查
	各类井盖的标识应清楚，使用正确	各类井室的井盖应符合设计要求，应有明显的文字标识，各种井盖不得混用	现场观察检查

	项目内容	质量标准	检验方法
主控项目	通车路面上的各类井盖安装	设在通车路面下或小区道路下的各种井室，必须使用重型井圈和井盖，井盖上表面应与路面相平，允许偏差为±5mm，绿化带上和不通车的地方可采用轻型井圈和井盖，井盖的上表面应高出地坪50mm，并在井口周围以2%的坡度向外做水泥砂浆护坡	观察和尺量检查
	重型井圈与墙体结合部处理	重型铸铁或混凝土井圈，不得直接放在井室的砖墙上，砖墙上应做不少于80mm厚的细石混凝土垫层	观察和尺量检查
一般项目	管沟及各类井室的坐标，沟底标高	管沟的坐标、位置、沟底标高应符合设计要求	观察、尺量检查
	管沟的回填要求	管沟的沟底层应是原土层，或是夯实的回填土，沟底应平整，坡度应顺畅，不得有尖硬的物体、块石等	观察检查
	管沟岩石基底要求	如沟基为岩石、不易清除的块石或为砾石层时，沟底应下挖100~200mm，填铺细砂或粒径不大于5mm的细土，夯实到沟底标高后，方可进行管道敷设	观察和尺量检查
	管沟回填的要求	管沟回填土，管顶上部200mm以内应用砂子或无块石及冻土块的土，并不得用机械回填；管顶上部500mm以内不得回填直径大于100mm的块石和冻土块；500mm以上部分回填土中的块石或冻土块不得集中。上部用机械回填时，机械不得在管沟上行走	观察和尺量检查
	井室内施工要求	井室的砌筑应按设计或给定的标准图施工。井室的底标高在地下水位以上时，基层应为素土夯实；在地下水位以下时，基层应打100mm厚的混凝土底板。砌筑应采用水泥砂浆，内表面抹灰后应严密不透水	观察和尺量检查
	井室内应严密，不透水	管线穿过井壁处，应用水泥砂浆分两次填塞严密、抹平，不得渗漏	观察检查

4. 检查井施工质量标准

（1）基本要求

1）砌筑用砖和砂浆等级必须符合设计要求，配比准确，不得使用过期砂浆。

砖的抽检数量：按照检验批抽检试验。

砌筑用砂浆应由中心试验室出具试验配合比报告单。检查井砌筑，每工作班可制取一组试块，同一验收批试块的平均强度不低于设计强度等级，同一验收批试块抗压强度的最小一组平均值最低值不低于设计强度等级的75%。

2）铸铁井盖、井圈应符合设计要求，选择有资质的生产厂家，进场材料应具有产品合格证及检验报告。

3）对于污水管线及检查井应做闭水试验（一般情况下，管线闭水试验与检查井闭水试验同步进行，以检测其密闭性）。

4）井内踏步应安装牢固，位置正确。

5）井室盖板尺寸及留孔位置要正确，压墙缝应整齐。

6）井圈、井盖安装平稳，位置要正确。

（2）实测项目

1）井墙体的水平灰缝厚度和竖向灰缝宽度宜为 10mm，且不应大于 12mm，也不应小于 8mm。

2）雨水、污水检查井实测项目应符合表 4.2-26 的规定。

检查井实测项目表　　　　　　　　　表 4.2-26

项目		允许偏差/mm			检验频率		检验方法
					范围	点数	
井室尺寸	长、宽	±20	±20	±15	每座	2	尺量长、宽各计一点
	直径						
井筒直径		±20	±20	±15	每座	2	用尺量
井口高程	非路面	±20	±20	±15	每座	1	用水准仪测量
	路面	同道路规定一致	同道路规定一致	同道路规定一致	每座	1	用水准仪测量
井底高程	D≤1000mm	±10	±10	±10	每座	1	用水准仪测量
	D>1000mm	±15	±15				
踏步安装	水平及垂直间距、外露长	—	±10	±10	每座	1	尺量，计偏差最大者
脚窝高、宽、深		—	±10	±10	每座	1	尺量，计偏差最大者
流槽宽度		—	±10，0	+10，0	每座	1	用尺量

（3）外观鉴定

1）墙角方正互相垂直，没有通缝、瞎缝，灰缝饱满、平整。抹面压光，不得有空鼓、裂纹等现象。内壁勾缝直顺坚实，不得漏勾、脱落。

2）井内流槽应平顺、圆滑，不得有建筑垃圾等杂物。

3）井圈、井盖必须完整无损。

5. 沟槽开挖质量标准

1）槽底高程允许偏差不得超过下列规定：

① 设基础的重力流管道沟槽，允许偏差为 ±10mm。

② 非重力流无管道基础的沟槽，允许偏差为 ±20mm。

③ 槽底宽度不应小于施工规定。

④ 沟槽边坡不得陡于施工规定。

2）质量标准及检验见表 4.2-27。

沟槽开挖允许偏差及检验　　　　　　　　　表 4.2-27

序号	量测项目	检查频率		允许偏差（mm）	检验方法
		范围	点数		
1	槽底高程	两井间 3 点		−30	水准仪测量
2	槽底中线每侧宽度	两井间 6 点		不小于规定	挂中心线用尺量，每侧计 3 点
3	沟槽边坡	两井间 6 点		不陡于规定	用坡度尺检验，每侧计 3 点
4	槽底土壤不得扰动，严禁有超挖后用土回填；槽底应清理干净且不浸水				

6. 沟槽回填质量标准

1) 回填土时，槽内无积水。

2) 不得回填淤泥、腐殖土、冻土及有机物质。

3) 管顶 500mm 内不得回填大于 100mm 的石块、砖块等杂物。

4) 沟槽内不同部位的回填土的不同压实要求见表 4.2-28。

沟槽回填土质量标准 表 4.2-28

序号	项目				压实度(%)(轻型击实试验法)	检验频率		检验方法
						范围	点数	
1	胸腔部分				>90	两井之间	每层一组(3点)	用环刀法检验
2	管顶以上 500mm				>85			
3	管顶(500mm以上至地面)	当年修路(按路槽以下深度计)	0~800mm	高级路面	>98			
				次高级路面	>95			
				过渡式路面	>92			
			800~1500mm	高级路面	>95			
				次高级路面	>90			
				过渡式路面	>90			
			>1500mm	高级路面	>95			
				次高级路面	>90			
				过渡式路面	>85			
		当年不修路或农田			>85			

注：1. 本表系按道路结构形式分类确定回填土的压实度标准。

2. 高级路面为水泥混凝土路面、沥青混凝土路面、水泥混凝土预制块等。次高级路面为沥青表面处理路面、沥青贯入式路面、黑色碎石路面等。过渡式路面为泥结碎石路面、级配砾石路面等。

3. 如遇到当年修路的快速路和主干路时，不论采用何种结构形式，均执行上列高级路面的回填土压实度标准。

4.3 给水排水管道不开槽施工

4.3.1 顶管施工

1. 顶管工作井（沉井）施工工艺流程

施工准备→路面破除及场地平整→铺垫→拼装刃脚模板→安装支撑排架及底模板→立内模板→绑扎钢筋→立外模板→浇筑混凝土、养护、拆模、等强→初挖、抽垫→不排水开挖、下沉、监测、纠偏、到位→基底清理→封底、等强→底板混凝土浇筑

2. 工作井、接收井施工（图 4.3-1、图 4.3-2）

顶管工作井及接收井采用沉井施工工艺，一次制作，分段下沉的施工方法，并根据实际情况分别采用排水下沉或不排水下沉，采取有效的措施防止沉井下沉带来的地表沉陷以及对邻近建筑物的影响。若沉井下沉困难时，可利用外壁四周灌泥浆或砂，上部增加配重等措施助沉，沉井穿越不稳定地层或涌水量大时，应用不排水下沉法。

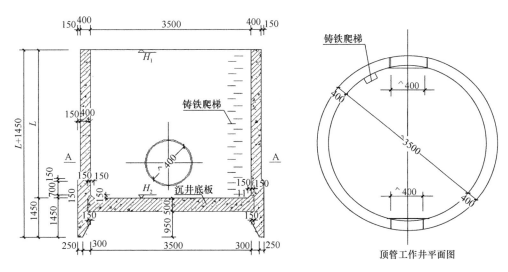

图 4.3-1　圆形工作井施工图

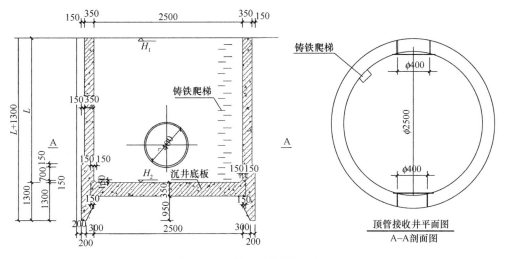

图 4.3-2　圆形接收井施工图

（1）沉井制作

1）基坑开挖及场地排水

沉井采用在基坑中制作，以减小下沉深度，降低施工作业面，开挖深度为 2.5m。基坑上地面进行使之有定向排水坡度的工作面，并开挖排水沟、集水井，以防地面水、雨水流进基坑内，减小井内土壤的含水量。

2）刃脚支设

沉井制作时，为解决地基承载力的不足，采用垫层法。即在刃脚下设垫木垫层，垫木下再设砂垫层，逐层扩大，类似扩大基础。沉井刃脚铺设标准方木（100mm×100mm×2000mm）作支承垫架的垫木，然后在其上支设刃脚及井壁模板，浇筑混凝土。地基上铺设砂垫层，将沉井的重量扩散到更大的面积上，避免制作中发生不均匀沉降，同时易于找平，便于铺设垫木和抽除。选用中砂用平板振动器振捣并洒水，控制干密度≥1.56t/m³，地基整平后，铺设垫木，使顶面保持在同一水平面上，用水准仪控制其标高差在 10mm 以内，并在其孔隙中垫砂夯实，垫木埋深为其厚度一半。

3）模板支立

井壁模板采用钢模板或木模板。钢模板采取竖向分节支设，每节高 1.5～2.0m，模板循环倒置使用。先支壁体内模，后支外模，内外模竖缝用木方及 $\phi12mm$ 拉紧螺栓紧固，间距 500mm，在螺栓中间设 100mm×100mm×3mm 钢板止水片 1 道，止水片与螺栓接触的 1 圈满焊。每隔 1.8m 设 1 道 $\phi20mm$ 钢丝绳和拉紧器箍紧，以防外胀，再设斜支撑支顶于基坑壁及外部脚手架上。木模板均采用 15mm 厚胶合板模，所有模板表面平整度符合规范要求。围檩立筋采用 $\phi48$ 钢管，拉杆螺栓采用 $\phi14mm$ 圆钢，拉杆螺栓设置水平间距 50cm，垂直间距 60cm。为防止浇混凝土时爆模，在水平加固模板用的 $2×\phi25$ 钢筋两端接头处上点焊，所有拼缝及模板接缝处要逐个检查嵌实，防止漏浆。

4）钢筋绑扎

钢筋规格、种类繁多，对进场钢筋要进行验收，按规格分批挂牌堆放在有衬垫的钢筋堆场上，防止底层钢筋锈蚀。对进场钢筋应按批按规格抽样试验，严格遵守"先试验、后使用"的原则。制作成型钢筋，按其规格，绑扎先后，分别挂牌堆放，对其成型的具体尺寸、规格有工地质量员抽样检验把关，同一截面的钢筋接头要求严格按施工操作规程要求执行。钢筋绑扎要结实，井壁的内外层钢筋之间要设定位撑。在钢筋绑扎后，采用同级配砂浆垫块，控制保护层，保证钢筋在混凝土中有效截面。

5）混凝土浇筑

a. 沉井对称均匀分层浇筑，每层厚 300mm，均衡下料，以免造成地基不均匀下沉，使沉井倾斜。

b. 混凝土采用软轴振捣器人工振捣密实。

c. 混凝土一次连续浇筑完成。

d. 井壁混凝土浇筑完成后，及时进行养护、拆模。待井壁混凝土强度达到 70％，刃脚混凝土强度达到 100％时进行下沉施工。

（2）沉井下沉

沉井下沉采用不排水下沉。不排水下沉挖土方法：采用机械挖土，分层、对称、均匀的开挖，一般从中间开始挖向四周，每层高约 0.5m，沿刃脚周围保留宽 1m 左右的土堤，然后沿沉井井壁每 2～3m 一段向刃脚方向逐层全面、对称均匀的削薄土层，每次削 5～10cm，当土层经不住刃脚的挤压而破裂，沉井便在自重作用下均匀挤土下沉，而不产生过大倾斜。

1）沉井下沉措施

提前做好下沉前的各项准备工作，在混凝土达到设计强度的 70％后拆模，拆除模板时，对混凝土表面进行外观检查，同时将井筒内外的脚手架全部拆除，各项检查无误后进行沉井下沉。

各项准备工作就绪，混凝土强度达到 100％后进行挖土下沉

初沉是沉井下沉最关键的工序。此时四壁无约束无摩擦力，全部重量靠砂层承担，下沉系数很大。沉井重心又高，开挖若不均匀，就可能倾斜位移，刃脚下的砂垫层要分层均匀开挖，每层厚度 25cm，在刃脚沿线全面进行。沉井入土后，挖土采用人工挖土，应分层、均匀、对称的进行，分层厚以 30cm 左右一层为宜。井内土面高差一般应控制在 0.5m 以内，

为防止突沉，靠近刃脚处尽可能不掏土，发现沉井倾斜，应及时纠偏，如出现突沉，应分析原因，及时采取措施。沉井下沉过程中，在做好观测、分析刃脚压力变化、分析挖土深度与沉井下沉量的关系的基础上，确定合理的开挖深度，让沉井缓缓"穿刺"下沉，防止因开挖过深形成突沉，特别是沉井最终接近设计标高时，尽量控制好井底开挖量。

2）沉井下沉中的纠偏

在沉井下沉过程做到，刃脚标高每 2h 至少测量一次，轴线位移每天测一次，当沉井每次下沉稳定后进行高差和中心位移测量。沉井初沉阶段每小时至少测量一次，必要时连续观测，及时纠偏，终沉阶段每小时至少测量一次，当沉井下沉接近设计标高时增加观测密度。沉井开始时的下沉系数较大，在施工时必须慎重，特别要控制好初沉，尽量在深度不深的情况下纠偏，符合要求后方可继续下沉。下沉初始阶段是沉井易发生偏差的时候，同时也较易纠正，这时应以纠偏为主，次数可增多，以使沉井形成一个良好的下沉趋势。下沉过程中，应做到均匀，对称出土，严格控制泥面高差，当出现平面位置和四角高差出现偏差时应及时纠正，纠偏时不可大起大落，避免沉井偏离轴线，同时应注意纠偏幅度不宜过大，频率不宜过高。

3）沉井纠偏措施

a. 除土纠偏

沉井在入土较浅时，容易产生倾斜，但也比较容易纠正。纠正倾斜时，一般可在刃脚高的一侧除土。随着沉井的下沉，在沉井高的一侧减少刃脚下正面阻力，在沉井低的一侧增加刃脚下的正面阻力，使沉井的偏差在下沉过程逐渐纠正，这种方法简单，效果较好。纠偏位移时，可以预先使沉井向偏位方向倾斜。然后沿倾斜方向下沉，直至沉井底面中轴线与设计中轴线的位置相重合或接近时，再将倾斜纠正或纠至稍微向相反方向倾斜一些，最后调正至使倾斜和位移都在容许范围以内为止。

b. 压重纠偏

在沉井高的一侧压重，这时沉井高的一侧刃脚下土的应力大于低的一侧刃脚下土的应力，使沉井高的一侧下沉量大些，亦可起到纠正沉井倾斜的作用。

这种纠偏方法可根据现场条件进行选用。

c. 沉井位置扭转时的纠正

沉井位置如发生扭转，可在沉井偏位的二角偏出土，另外二角偏填土，借助于刃脚下不相等的土压力所形成的扭矩，使下沉过程中逐步纠正其位。

4）沉井终沉

在沉井将沉至设计标高时，周边开挖要均匀，避免发生倾斜，尤其在开始下沉 5m 以内时，其平面位置与垂直度要特别注意保持正确，否则继续下沉不易调整，在离设计深度 20cm 停止取土，依靠自重下沉至设计标高。

（3）沉井封底

沉井下沉至设计标高，再经过 2～3d 下沉稳定，或经过 8h 内累计下沉量不大于 10mm 即可封底。封底前，先将刃脚处新旧混凝土接触面冲洗干净和打毛，对井底进行修整使之为锅底形，由刃脚向中心挖放射形排水沟填以石子做暗沟，中间井深 1～2m，插入直径 0.6～0.8m 周围有孔的钢套管，四周填以卵石，使井底的水都汇集至集水井中，用潜水泵排除，使地下水位保持低于井地面 30～50cm。封底混凝土强度达到设计强度，沉井能满足抗浮要求时，进行井内抽水，并凿除表面松散混凝土，清理（冲洗）干净后进行钢筋混凝土施工。

（4）沉井下沉测量监控及质量控制

在沉井制作完成后，在井顶及外壁混凝土表面用油漆标出纵横中线，在沉井四角用油漆在测点垂直线上画出四个相同的标尺，标尺的零点从刃脚底算起。四个零点不在同一平面上时，取最低点为零，其余各点的标尺计入相应的高差。在沉井纵横中线及四角处挂垂球，以随时监视沉井是否倾斜，以便采取措施纠偏。在沉井下沉过程做到刃脚标高每4h测量一次，轴线位移每8h测量一次。沉井初沉阶段每小时至少测量一次，必要时连续观测，及时纠偏，终沉阶段每小时至少测量一次，当沉井下沉接近设计标高时增加观测密度。由于沉井开始时的下沉系数较大，在施工时必须慎重，特别要控制好初沉，尽量在深度不深的情况下纠偏，符合要求后方可继续下沉。下沉初始阶段是沉井易发生偏差的时候，同时也是较易纠正，这时以纠偏为主，次数可增多，以使沉井形成一个良好的下沉轨道。下沉过程中，做到均匀，对称出土，严格控制泥面高差，当出现平面位置和四角出现偏差时及时纠正，纠偏时不可大起大落，避免沉井偏离轴线，同时注意纠偏幅度不宜过大，频率不宜过高。沉井在终沉阶段以纠偏为主。在沉井下沉至距设计标高1m以上时基本纠正好，纠正后谨慎下沉，在沉井刃脚接近设计标高30cm以内时，确保不再有超出容许范围的标高和轴线偏差，否则难于纠正。如在下沉过程中发生下沉困难，采用在沉井底梁、斜面部分掏空的方法助沉。测量人员必须将测量数据及时交当班施工负责人和技术主管，以便及时纠偏或掌握下沉情况。施工时要做好沉井下沉施工记录。

（5）沉井施工常见问题防治办法

1）沉井纠偏

沉井下沉过程中，当四周土质软硬不均或没有均匀抓土，使井内土面高低差悬殊；或刃脚一侧被障碍物拦住；或沉井上负荷不均就易造成沉井下沉不均，形成井室倾斜，纠正倾斜可采取以下方法：

如果由于四周土质不均及抓土不当造成的倾斜，可采取在下沉较慢一侧用高压水枪冲土，使刃脚悬空20cm，掏空长度为井边长的1/2促使该侧下沉，同时在下沉较快一侧采取多保留1/2井边长的土台，减缓此侧下沉速度，纠正偏斜，一次不能全部纠正时，可按此方法重复进行，直至符合规定误差为止。

可采取在下沉较慢一侧井壁外侧注射压力水，冲击泥土造成泥浆减阻加快较高一侧沉井下沉来纠偏。当纠偏接近正常位置时应停止射水，并将沉井外壁与土之间的空隙用细土或砂填实。

2）沉井下沉过慢或不下沉

当沉井下沉速度很慢，甚至出现不下沉的情况。如因沉井侧面摩阻力过大造成，在沉井外侧用0.2~0.4MPa压力水流动水针（或胶皮水管）沿沉井外壁空隙射水冲刷助沉。下沉后，射水孔用砂子填满。如因刃脚被砂砾挤实，造成刃脚下正面阻力过大，可将刃脚下的土分段均匀用高压水枪冲掉，减少正面阻力；或继续进行第二层（深40~50cm）碗形破土，促使刃脚下土失稳下沉。还可以增加配重来助沉。

3）沉井下沉过快

为防止沉井下沉过快，采取如下措施：

a. 严格控制抓土深度。

b. 当出现突沉或急剧下沉时，可采取在沉井外壁空隙填粗糙材料（碎石、炉渣等）或填土夯实的方法，增大摩阻力，阻止沉井下沉。

c. 当发现沉井有涌砂产生流塑情况时，可采取向井内灌水，平衡动水压力，阻止流砂发生从而防止沉井急沉。

4）瞬间突沉

沉井在瞬时间内失去控制，下沉量很大，或很快，出现突沉或急剧下沉，严重时往往使沉井产生较大的倾斜或使周围地面塌陷。出现这种情况，往往有如下原因造成：

在软黏土层中，沉井侧面摩阻力很小，当沉井内抓土较深，或刃脚下土层掏空过多，使沉井失去支撑，常导致突然大量下沉，或急剧下沉。

当黏土层中抓土超过刃脚太深，形成较深锅底，刃脚下的黏土一旦被水浸泡而造成失稳，会引起突然塌陷，使沉井突沉。

遇到此种情况采取的预防措施有：

抓土时，在刃脚部位保留约0.5～1.0m宽的土堤，控制均匀切土，使沉井挤土缓慢下沉。

在黏土层中严格控制抓土深度（20cm），不能太多，不使挖土超过刃脚，避免出现深的锅底将刃脚掏空。

5）位移或扭位

沉井下沉过程中，筒体轴线位置发生一个方向偏移（称为位移），或两个方向的偏移（称为扭位）。

沉井位移多半是由于倾斜引起的，位移纠正方法是控制沉井不再向位移方向倾斜，同时有意识地使沉井向位移相反方向倾斜，纠正倾斜后，使其伴随向位移相反方向产生一定位移纠正，当几次倾斜纠正后，即可恢复至正确位置。如位移较大，有意使沉井偏位的一方倾斜，然后沿倾斜方向下沉，直到刃脚处中心线与设计中心线位置吻合或接近时，再纠正倾斜，位移相应得到纠正。

3. 顶管工程施工

（1）测量放线

1）测量控制目标

a. 测量放线合格率100%，确保达到施工精度和进度要求。

b. 平面的控制线测量精度不低于1/10000，其测角精度不低于20″。

c. 标高控制：每施工段层间测量偏差≤±3mm，全高≤±10mm。

2）定位及轴线尺寸控制（如图4.3-3）

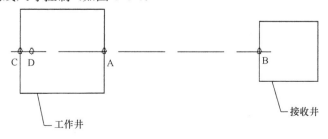

图4.3-3 定位及轴线尺寸控制

通视条件下的测量：使用交汇法引工作井及接收井预留洞口中心至各自的井壁。置经纬仪至 A 点，后视 B 点，作 BA 直线的延长线，并在工作井后部定出一点 C。保证 C、A、B 在一条轴线上，置经纬仪在 C 点上，后视 A 点，在工作井井壁上定出一点 A，置激光经纬仪基座于井下 D 点，并抄平固定激光经纬仪架，置经纬仪于 A 点，后视 B 点，在激光经纬仪器架上定出 D 点，D 点同 A，A，B 点在竖直方向上成一直线，安装激光经纬仪于仪器架上，对中 D 点，后视 A，点，依设计轴线打好角度，既可定出轴线。

不通视条件下的测量：引出 A、B 两点后可根据导线法以及平移法定出 C、D、A，其余步骤同通视条件下测量定位。

（2）顶进

顶管机初始顶进是顶管施工的关键环节之一，其主要内容包括：出洞口前地层降水和土体加固、设置顶管机始发基座、顶管机机组装就位调试、安装密封胀圈、顶管机试运转，拆除洞临时墙、顶管机贯入作业面加压和顶进等。

1）准备工作

a. 洞门止水设施安装完毕；

b. 轨道、基座安装完毕；

c. 主顶、后背设施的定位及调试验收合格；

d. 顶管机吊装就位、调试验收合格。

2）顶管机出洞

在顶管机出洞前，需重点对洞圈外部土体的加固效果进行检查，只有在确认出洞口土体达到止水效果后，方可进行顶管出洞施工。

对顶管机、主顶进装置等主要设备进行一次全面的检查、调试工作，对存在问题及时解决；同时，充分准备好顶管出洞施工所需材料，并在各相关位置就位。

仔细检查好洞口第二道橡胶衬压密效果，以确保顶管机正常出洞。

工作井洞口止水装置应确保良好的止水效果。施工时应在设计预留的法兰上安装两道工作井洞口止水装置。该装置必须与导轨上的管道保持同心，误差应小于 2mm。

洞口围护墙凿除完成后，顶管机迅速靠上开挖面，并调整洞口止水装置，贯入工作面进行加压顶进，尽量缩短开挖面暴露的时间。

3）试顶进

顶管机在出洞后顶进的前 20m 作为顶进试验段。通过试验段顶进熟练掌握顶管机在施工区域地层中的操作方法、顶管机推进各项参数的调节控制方法；熟练掌握触变泥浆注浆工艺；测试地表隆陷、地中位移等，并据此及时详细分析在不同地层中各种推进参数条件下的地层位移规律，以及施工对地面环境的影响，并及时反馈调整施工参数，确保全段顶管安全顺利施工。

4）出洞施工注意事项

顶管机出洞前要根据地层情况，设定顶进参数。开始顶进后要加强监测，及时分析、反馈监测数据，动态地调整顶管机顶进参数，同时还应注意以下事项：

a. 出洞前在基座轨道上涂抹油，减少顶管机推进阻力。

b. 出洞前在刀头和密封装置上涂抹油脂，同时包好周边刀盘，避免刀盘上刀头损坏洞门密封装置，划伤止水橡胶。

c. 出洞基座要有足够的抗偏压强度，导轨必须顺直，严格控制其标高、间距及中心轴线。

d. 及时封堵洞圈，以防洞口漏浆。

e. 瑞头混凝土墙拆除前的确认：出洞前确认墙拆除后的形状是否有碍于顶管机的通过，另外，检查衬垫的安装状况，设置延伸导轨，防止顶管机前倾。

f. 防止顶管机旋转、上飘。顶管机出洞时，正面加固土体强度较高，由于顶管机与地层间无摩擦力，顶管机易旋转，宜加强顶管机姿态测量，如发现顶管机有较大转角，可以采用刀盘正反转的措施进行调整。顶管机刚出洞时，顶进速度宜缓慢，刀盘切削土体中可加水降低顶管机正面压力，防止顶管机上飘，同时加强后背支撑观测，尽快完善后背支撑。

g. 在顶管机靠上正面土体后，需立即开启刀盘切削系统进行土体切削，以防顶管机对正面土体产生过量挤压，使切削刀盘扭矩过大。

h. 由于顶管初出洞处于加固区域，为控制顶进轴线。顶进速度不宜过快。

i. 在顶管初出洞段顶进施工过程中，对顶管机姿态要勤测勤纠，力争将出洞段顶管轴线控制到最好，为后阶段顶管施工形成一个良好的导向。

j. 顶管机完全贯入地层，管外注浆还未实施之前，顶管机以及出发的各设备均处于极不稳定状态，顶进中要经常检查，发现异常，立刻停止顶进进行妥善的处理。

k. 内衬墙施工时，在洞门位置预埋钢板，初始顶进时，将机头与预埋钢板焊接，防止机头后退。

5）顶进操作及注意事项

出洞工作结束后，即可进行正常的顶进施工。正常顶进时，开挖面土体经大刀盘切削，通过螺旋机输送入倾土水槽，通过搅拌后通过输送管道采用泥水方式输送至地面沉淀水槽，泥水经过沉淀后排出，清水通过回流管道输送至倾土水槽重复利用。

一节管节顶进结束后，缩回主千斤顶，吊放下一节管，安装完成并检验合格后再继续顶进。

顶进施工期间，管道内的动力、照明、控制电缆等均应结合中继间的布置分段接入，接头要可靠。管道内的各种管线应分门别类的布置，并固定好，防止松动滑落。

在工具管处应放置应急照明灯，保证断电或停电时管道内的工作人员能顺利撤出。

顶进中还需注意地层扰动，顶进引起的地层形变的主要因素有：工具管开挖面引起的地层损失；工具管纠偏引起的地层损失；工具管后面管道外周空隙因注浆填充不足引起的地面损失；管道在顶进中与地面摩擦而引起的地层扰动；管道接缝及中继间缝中泥水流失而引起的地层损失。所以在顶管施工中要根据不同土质、覆土厚度及地面建筑物等，配合监测信息的分析，及时调整土压平衡值，同时要求坡度保持相对的平稳，控制纠偏量，减少对土体的扰动。根据顶进速度，控制出土量和地层变形的信息数据，从而将轴线和地层变形控制在最佳状态。

（3）顶管机姿态控制

1）顶进偏差产生的原因

形成滚动偏差的原因：刀盘切削土体的扭矩主要是由顶管机壳体与土层之间的摩擦力矩来平衡。当摩擦力矩无法平衡刀盘切削土体产生的扭矩时顶管机将形成滚动偏差。过大的滚动会影响钢管的测量板、纠偏油缸、螺旋出土机偏离正常位置，造成测量、纠偏及出土困难，对顶管轴线偏斜也有一定影响。

2）引起方向偏差的因素

① 在顶管机顶进过程中因为不同部位顶进千斤顶参数的设定偏差，使顶进方向产生偏差。

② 由于顶管机表面与地层间的摩擦阻力不均匀、开挖面上的土压力的差异以及切削刀口切削欠挖时引起的地层阻力不同，也会引起一定的偏差。

③ 开挖面土层性质差异容易引起方向偏差。即使在开挖土体力学性质十分均匀的情况下，受顶管机刀盘自重的影响，顶管机也有下扎的趋势。因此，在顶进的过程中，须对竖直方向的误差进行严密监测控制，随时修正各项偏差值，把顶进方向偏差控制在允许范围内。

（4）顶管机的姿态监测

1）人工监测

采用水准仪等测量仪器测量顶管机的轴线偏差，监测顶管机的姿态。

① 滚动角的监测

用电子水准仪测量高差，推算顶管机的滚动圆心角，监测顶管机的滚动偏差。方法是在切削舱隔墙后方对称设置两个测量点，二点处于同一水平线上，且距离为一定值。测量两点的高程差，即可算出滚动角。

② 竖直偏角的监测

电子水准仪可直接测量顶管机的俯仰角变化，上仰或下俯其角度增量的变化方向相反。

2）激光导向监测

顶管机上安装的激光导向系统，是从一固定基准点向顶管机测量板发射激光束，然后计算出顶管机相对设计线路的偏差位置。顶管机相对设计轴线的偏差值显示在监控显示器上。操作人员在控制室内，通过控制系统修正顶管机的偏差。

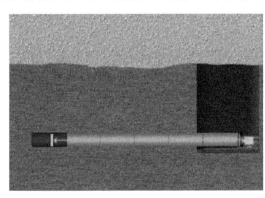

图 4.3-4　激光导向监测示意图

测量时自动监测与人工监测相互纠正，以进一步提高顶管机姿态监测的精度。如图 4.3-4 所示。

（5）顶管机姿态调整

1）滚动纠偏

由于刀盘正反向均可以出土，因此通过反转顶管机刀盘，就可以纠正滚动偏差。允许滚动偏差不大于 1.5℃，当超过 1.5℃时顶管机自动控制系统会报警，提示操作者切换刀盘旋转方向，进行反转纠偏。

2）竖直方向纠偏

控制顶进方向的主要方法是改变单侧千斤顶的顶力。但它与顶管机姿态变化量间的关系没有固定规律，需要靠人的经验灵活掌握。

当顶管机出现下俯时，可加大下侧千斤顶的顶力，当顶管机出现上仰时，可加大千斤顶上侧的顶力，来进行纠偏。

3）水平方向纠偏与竖直方向纠偏的原理一样，左偏时加大左侧千斤顶的顶力，右偏时则加大右侧千斤顶的顶力。

4）纠偏注意事项

① 切换刀盘转动方向时，先让刀盘停止转动，间隔一段时间后，再改变转动方向，以保持开挖面的稳定。

② 要随时根据开挖面地层情况及时调整顶进参数，修正顶进方向，避免偏差越来越大。

③ 顶进时要及时进行纠偏，削除偏差后，再继续向前顶进。

（6）确保顶管机泥水压力平衡和地层稳定的技术措施

1）下管时，严防顶管机后退，确保正面土体稳定。

2）同步注浆充填环形间隙，使管节能尽早支承地层，控制地层沉陷。

3）切实做好土舱压力平衡控制，保证开挖面土体稳定。

4）利用信息化施工技术指导顶进管理，保证周围自然环境。

（7）正常施工时的主要事项

1）每一作业班次要留下一定时间做好机械设备的保养和作业面的清洁工作。

2）前后作业班组做好交接班的施工工况介绍并作文字记录。

3）出土车辆进出、钢管吊装时，施工人员要站在安全的位置。

（8）触变泥浆减摩

1）触变泥浆减摩的作用

触变泥浆有两个作用，一个是减摩作用，另一个是控制沉降作用。施工时，可以利用触变泥浆在钢管周围形成浆套减小钢管外壁与地层之间的摩擦力，这是长距离顶管施工至关重要的技术措施。

2）注浆工艺顺序

在顶进过程中，通过压浆环管向节外壁压注一定数量的减摩泥浆，采用多点对称压注使泥浆均匀的填充在管节外壁和周围土体间的空隙，来减少管节与土体间摩阻力，起到降低顶进阻力的效果。

顺序是：地面拌浆→储浆池浸泡水发→启动压浆泵→打开送浆阀→送浆（顶进开始）→管节阀门关闭（顶进停止）→总管阀门关闭→井内快速接头拆开→下管节→接长总管→循环复始

3）注浆原则

合理布置注浆孔，使所注润滑泥浆在管道外壁形成比较均匀的泥浆套。

压浆时必须坚持"先压后顶、随顶随压、及时补浆"的原则，压浆泵和输出压力控制在 0.3～0.4MPa。

4）注浆质量的控制措施

顶进施工前要做泥浆配合比实验，找出适合于施工的最佳泥浆配合比。膨润土中蒙脱石含量要求≥60%。

采用的触变泥浆基本配比见表 4.3-1。

触变泥浆配比及主要性能指标　　　　　　　表 4.3-1

膨润土 （kg）	CMC （kg）	纯碱 （kg）	水 （kg）	黏度 （s）	失水量 （ml）	触变性	状态
58	3.0	3.4	900	40.5	10.0	较好	中稠

制定合理的压浆工艺，严格按压浆操作规程进行。催化剂、化学添加剂等要搅拌均匀，使之均匀地化开，膨润土加入后要充分搅拌，使其充分水化。泥浆拌好后，应放置一定的时间才能使用。

保持管节在土中的动态平衡。在深层砂土中，静态和动态的周边阻力相差极为明显，一旦顶进中断时间较长，管节和周围土体固结，在重新启动时就会出现"楔紧"现象，顶力要比正常情况高出1.4倍，因此尽可能缩短中断顶进时间保持施工的连续性。如中断时间过长必须补压浆。

压浆过程中注意事项：

1) 压浆管与压浆孔连接处设有单向阀，防止在压浆停止时管外的泥沙会顺着注浆管流到浆管内，沉淀后会把注浆管堵住。

2) 浆液搅拌后，要有足够的浸泡时间，搅拌均匀。

3) 选择螺旋泵作为压浆泵，因为螺杆泵没有脉动现象，易于形成稳定的浆套。

4) 特殊区域的压浆管布置，在中继间处要采用2″的软管，留有一定的弯曲量，满足中继间的伸缩。在头三节钢管处多设注浆孔，注足浆液形成浆套，因为开始时浆液渗透大，后面的管节可以通过补压浆得到补足。

5) 顶进施工中，减阻泥浆的用量主要取决于管道周围空隙的大小及周围土层特性，由于泥浆的流失及地下水等的作用，泥浆的实际用量要比理论用量大得多，一般可达到理论值的4～5倍，但在施工中还要根据土质情况、顶进状况、地面沉降的要求等做适当的调整。

（9）出土方案

泥水平衡式顶管的出土采用全自动的泥水输送方式，被挖掘的土通过在机舱内的搅拌合泥水形成泥浆，然后由泥浆泵抽出，高速排土。在沉井上部砌2只沉淀池。沉淀的余土外运需按文明施工要求和渣土处理办法，运到永久堆土点，不得污染沿途道路环境。

（10）置换泥浆

管道顶进结束后，为防止管道出现滞后沉降，必须用惰性浆液将顶进过程中的触变泥浆置换掉。置换的泥浆采用纯水泥浆进行置换。利用压注触变泥浆的系统及管路进行置换。压注顺序：从第一节管依次向后进行。压注前一节管水泥浆时，应将后续管节的压浆孔开启，使原有管路中的触变泥浆在水泥浆的压力下从后续管节压浆孔内溢出，直至后续注浆孔内冒出水泥浆，并达到一定的压注压力时，方可停止前段管水泥浆的压注，确保将触变泥浆全部置换。

（11）进出洞加固、洞口止水装置及应急措施

1) 洞口止水装置安装

顶管过程中，管子与洞口之间都必须留有一定的间隙。此间隙如果不把它封住，地下水和泥沙就会从该间隙中流到井中，轻者会影响工作坑的作业，严重的会造成洞口上部地表塌陷，甚至会造成事故，殃及周围的构筑物和地下管线的安全。因此，顶管过程中洞口止水是一个不容忽视的环节，必须要认真、仔细地做好此项工作。

为保证出洞阶段和顶管顶进过程中，顶管泥浆套的形成，保证注浆效果，在洞口处四周预埋4根注浆管，当顶管进出洞阶段时如发生渗漏，可通过预埋注浆管向外压住聚氨酯或双液浆进行止水。

当顶管机机尾离开工作井壁后，调整洞圈止水装置中的压板位置，以防止土体从间隙

中流失而造成地面的塌落，并通过预留的注浆孔将水泥浆液注入洞圈间隙中。

2）顶管进出洞风险分析

① 洞口外加固土体情况不佳

洞口外加固土体的质量是保证顶管进出洞施工安全的关键因素，这是由于在进出洞过程中，凿除洞口处的钢筋混凝土需要较长时间，而在这个作业过程中，洞口外的土体将始终处于暴露状态，如果土体加固质量不理想，则将造成洞口外土体涌入工作井。其所带来的风险如下：

a. 造成井内作业环境恶劣，影响出洞施工质量。

b. 土体大量流失，引发地面沉降甚至坍方，进而影响地面交通、邻近建（构）筑物和管线的安全。

当样洞有异常情况（渗漏）时必须采取封堵措施，采取措施后应重新开样洞观察确认质量符合要求后方可凿除洞门混凝土。

② 动火、用电以及人身安全

顶管进出洞过程中，将涉及大量的动火割焊作业，需加强消防控制工作。同时顶管各类管线接头较多，在施工中应注意保护，防止线路破损或触电事故的发生。同时在出洞施工中，需要较多数量的不同工种的施工管理人员同时作业，且风险点较多，应采取措施确保人身安全，尤其应该特别注意起重范围内的作业人员和高空作业人员。

（12）顶管进出洞应急措施

1）堵漏应急措施

针对进出洞施工中可能出现的漏水漏砂情况，在洞门凿除过程中，预备木板、棉花胎、封堵及支撑槽钢、双快水泥、水泥、水玻璃、聚氨酯、草包和蛇皮袋（已装土）等材料。一旦有险情发生，首先应立即停止洞门混凝土凿除，同时用棉花胎加木材或槽钢类材料进行支护，并用双快水泥以及叠放土包等方式进行临时封堵，以控制险情，然后采取压注双液浆或聚氨酯的措施直至堵住漏点。

2）沉降（坍方）应急措施

为防止进出洞口沉降所带来的不利影响，出洞施工中对洞口前方土体进行注浆。由于出洞口位置的地面上打设一定量注浆孔，且注浆位置应在加固土体之外。预备 1 套注浆设备和足量水泥和水玻璃。一旦发生洞圈内的水土流失，或者地面（管线、建筑物）监测数据报警，应立即针对相应部位进行压浆，控制沉降速率、填充水土流失所造成的空位。

如在洞门已经完全打开的情况下，发生土体坍落现象，尽快将顶管机向土体顶进，以刀盘支住正面土体，螺旋机不得出土。同时做好洞口止水装置的补加固工作，防止水土从顶管机壳体周边流失。

4.3.2　拖拉管施工

1. 工作原理

水平导向钻进法，它的主要特点是，可根据预先设计好的牵引线路驱动装有楔形钻头的钻杆从地面钻入，地面仪器接收由地下钻头内传送器发出的信息，控制钻头按照预定的方向绕过地下障碍物直达接收井，然后卸下钻头换装适当尺寸和特殊类型的回程扩大器，使之能够在拉回钻杆的同时将钻孔扩大至所需直径，并将需要铺装的管线同时返程牵回钻孔入口处。在整个工作中，混合机组提供的钻孔混合液不断地从钻头的钻口嘴喷出，用以润滑钻头、钻杆，以提高整个工程的工作效率。

2. 工艺流程（图 4.3-5）

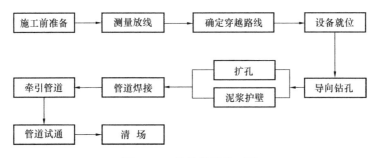

图 4.3-5　拖拉管线施工图

（1）准备前期调查：进场后调查施工范围内地下管线情况，摸查清楚后才能进行施工。

定位：根据施工图纸，进行测量放样。并根据施工范围的地质情况、埋深、管径和一次牵引的管道长度，并设计好钻杆轨迹。

（2）打导向孔

定向钻机采用钻进液辅助碎岩钻头钻压从钻杆尾部施加。钻头通常都带有一个斜面，所以钻头连续回转时则钻出一个直孔，而保持钻头朝某个方向不回转加压时，则使钻孔发生偏斜。探测器或探头可以安装在钻头内，也可安装在紧靠钻头的地方，探头发出信号，被地面接收器接收或跟踪，从而可以监测钻孔的方位、深度和其他参数。在不能稳定跟踪钻孔轨迹的地方，或因钻孔深度太大，用无线电频率方法难以保证定位精度的地方，也可采用有缆式导向系统。

首先将探测棒插入导向头内，导向头后端与钢管连接，然后用钻机给钢管施加压力，推进导向头，将导向头打入地下；导向仪可随时接收导向头的方位与深度，钻机可根据此信息及时旋转导向头，使导向头随时改变深度和方向，在地下形成一条直径为 100mm 的圆孔通道，孔道中心线即为所需敷设管道的中心线。

（3）扩孔、成孔

在孔洞形成后，将导向头卸下，装上一钻头，钻头孔径比孔洞大 1.5 倍，然后将钻头往回拖拉至初始位置，卸下该钻头，换上更大的钻头，来回数次，直到达到规范要求。为了防止塌孔，在注射的水中加入外加剂，外加剂相关指标参照规范，该外加剂有固化洞壁、润滑钻杆等作用。

（4）牵引管道

钻孔完成后，将管材按连接成规范许可的长度，将管材两端封闭，一端与钻头相连，将其一次性拖入已形成的孔洞中，即完成整个埋管工序。

（5）验收

根据设计及验收规范进行验收工作。

3. 施工设备

采用钻通 25t 牵引钻机，马克三导向仪。另配功率为 45kW 的不停钻射流循环泥浆搅拌系统，可快速制备钻进用泥浆；操纵台全功能数字仪表显示，独立的液压锚桩系统。

扩孔器大多为子弹头形状，上面安装有碳化钨合金齿和喷嘴。扩孔器的后部有一个旋转接头与工作管的拉头相连。对复杂地层条件进行了有利的特殊设计，其包括用于岩石中扩孔的扩孔头。

钻杆要求很高的物理机械性能，必须有足够的轴向强度承受钻机给进力和回拖力，足够的抗扭强度承受钻机施加的扭矩；要有足够的柔韧性以适应钻进时的方向改变；还要尽可能地轻，以方便运输和使用；同时，还要能耐磨损与擦痕。

定向钻进技术要依靠准确的钻孔定位和导向系统。随着电子技术的进步，导向仪器的性能已有明显改善，能获得相当高的精度。

导向系统有几种类型，最常用的如"手持式"系统，它以一个装在钻头后部空腔内的探测器或探头为基础。探头发出的无线电信号由地面接收器接收，除了得到地下钻头的位置和深度外，传输的信号还往往包括钻头倾角、斜面面向角、电池电量和探头温度。这些信息通常也转送到钻机附属接收器上，以使钻机操作者可直接掌握孔内信息，从而据此作出任何有必要的轨迹调整。

其他重要的辅助设备包括：聚乙烯管焊接机、管道支护滚筒和电缆牵引器。

4. 拖拉管施工

（1）地下管线测量

1）图纸校核：查阅工程施工地点的管线布置情况，并在现场进行校核，在现场放样图纸标示的管线。

2）现场探测：利用地下管线探测仪器对地下管线的分布、位置、走向、管径进行调查探测。

3）联系管线单位：主动联系各管线单位到现场确认和交底。

4）管线调查清楚以后，按照拖管的路线描绘地下管线和地下障碍物的布置图。

（2）钻杆轨迹设计

根据地下管线布置图设计钻杆的钻进轨迹。轨迹包括两个部分，造斜段和铺设段。

1）造斜段

① 造斜段距离 L：

$$L = \lfloor h(2R_1 - h) \rfloor^{0.5} \tag{4.3-1}$$

式中：h—埋深，R_1—造斜段曲率半径，取 $1200d$，代入数据即可计算出 L 值。

② 钻杆入射角 a：

$$a = 0.5 \mathrm{tg}^{-1} \{ [h(2R_1 - h)]^{0.5} / h \} \tag{4.3-2}$$

式中各字母意义同上式，求出 a 值。

③ 施工主要技术参数：

泥浆压力 $1 \sim 5$MPa，流量：$50 \sim 90$L/min，泥浆比重：$1.8 \sim 2.0$g/cm³，

钻机转速：160 转/分，扭矩：$8000 \sim 10000$N·m，推拉力：$18 \sim 20$t。

④ 施工测量

2）平面控制放线

平面控制及放线，依据图纸标示出的桩位，通过勘测方提供的控制点引测项目的定位点，为保证施工各阶段控制点网，坐标及高程的准确，首先对施工现场内各控制桩加以保

护。并把各控制点引测至现场外加以保护，以便竖向引测放线。同时要做闭合校核。

施工前通过全站仪沿地面上井位的中心线每 3m 设置一桩（有障碍物的除外），并沿拉管的中心线撒好白灰线且测出桩高程，算好桩高程与设计拉管面的关系。

3）高程控制

高程控制根据勘测方提供的水准点引测施工现场的高程控制点。根据项目的实际情况，在现场选择固定的地方做临时水准点，并做好保护。

高程控制要保持精度。为保证设计方向、位置的正确性，控制线的传递用全站仪进行引测，保证平面位置的准确。

（3）钻机就位

钻机运到现场必须先锚固稳定，钻机如果锚固不稳，将会发生功率损失或者功率作用在机器身上，造成机器和人的伤害。钻机是依靠地锚座和后支承与地基固定的，安放钻机前应先平整场地，根据预先设计的钻机倾斜角度进行调整，依靠钻机动力将锚杆打入土中，使后支承和前底座锚与地层固结稳定。

钻机就位后，调整钻机导向杆到略高于设计管位中心高程的位置，钻入土中。在导向钻头中安装发射器，通过地面接收器，测得钻头的深度、鸭嘴板的面向角、钻孔顶角、钻头温度和电池状况等参数，将测得参数与钻孔轨迹进行对比，以便及时纠正。地面接收器具有显示与发射功能，将接收到的孔底信息无线传送至钻机的接收器并显示，操作手根据信号反馈操纵钻机按正确的轨迹钻进。在导向钻孔过程中技术人员根据探测器所发回的信号，判断导向头位置与钻进路线图的偏差，随时调整。并把调整数值记录在"钻进位置"相应的表格中。

为了保证导向头能严格按照操作人员发出的指令前进，需要在管道线路初步布点后对控制点进行加密加细。间隔 3m 设中线、高程控制点，用木桩做出明显标志，并在桩点周围用混凝土砌出护墩加以保护。控制人员严格按照点位，操纵仪器。

根据以往的施工经验，管道在孔内拉动的过程中受重力的作用，会发生管道下沉现象，因此在施工作业时，导向钻进的钻进点宜选择在略高于设计管中线的地方，以减低管道自重对高程的影响。

（4）钻液的配置

钻液的好与坏对于拉管施工的成败起到了极关键的作用。钻液具有冷却钻头、润滑钻具，更重要的是可以悬浮和携带钻屑，使混合后的钻屑成为流动的泥浆顺利地排出孔外，既为回拖管线提供足够的环形空间，又可减少回拖管线的重量和阻力。残留在孔中的泥浆可以起到护壁的作用。

为改善泥浆性能，有时要加入适量化学处理剂。烧碱（或纯碱）可增粘、增静切力、调节 pH 值，投入烧碱量一般为膨润土量的 2%。

泥浆配置采用：膨润土（进口）：35%～45%，转液宝（进口）1%～2%，烧碱：0.5%～0.8%，水：65%～55%。

（5）导向钻进

采用精度为 0.1% 的导向雷达控制钻进标高，导向标高控制在管中心线位置。

钻杆轨迹的第一段是造斜段，控制钻杆的入射角度和钻头斜面的方向，缓慢给进而不旋转钻头，就能使钻头按设计的造斜段钻进。钻头到达造斜段完成处，接下来的是水平段的钻进。旋转钻头，并提供给进力，钻头就能沿水平直线钻进，由于在钻头位置安装了最先进的探测仪器，在钻进过程中通过地面精密接收仪器，通过接收仪器数据调整钻头角度，使得钻进按照标高路线前进。到达出口工作坑完成钻孔工序。

（6）回拉扩孔

回拉扩孔牵引时，泥浆作用特别重要，孔中缺少泥浆会造成塌孔等意外事故，使导向钻进失去作用并为再次钻进埋下隐患。考虑到地层泥浆较易漏失，泥浆漏失后，孔中缺少泥浆，钻杆及管线与孔壁间的摩擦力增大，导致拉力增大。因此要保持在整个钻进过程中有"返浆"，并根据地质情况的变化及时调整钻液配比以产生的不同泥浆。

如果钻头到达出口工作坑，钻进工作完成，但是孔径还没有达到铺设要求，这时可以考虑进行多次扩径，第一次扩孔为 300mm，第二次扩孔为 500mm，如此类推，扩孔到管径的 1.5 倍。

（7）管道焊接（电熔焊接）

1）管道接口质量的好坏直接影响到拉管施工的成功进行，因此要求焊工必须持证上岗，并严格按以下操作步骤执行。

① 电熔连接机具与电熔管件应正确连通，连接时，通电加热的电压和时间符合电熔连接机具和电熔管件的规定。

② 电熔连接冷却时间，不得移动连接件或连接件上不得施加任何外力。

③ 电熔承插连接管材连接端应切割垂直，连接面应清洁干净，并应表明插入深度，刮去表面的氧化层。连接前，对应连接件，使其在同一轴线上。

④ 干管连接部位下端应采用支架，并固定吻合。

⑤ 管道连接时，施工现场条件允许时，可在沟槽上进行焊接。

⑥ 焊接完毕后，检查孔内物料是否顶起，焊缝处是否有物料挤出。合格的焊口应是熔焊过程中，无冒（着）火、过早停机等现象，电熔件的观察孔有物料顶出。

2）热熔连接：

① 热熔连接前、后连接工具加热面上的无污物应用洁净棉布擦净。

② 热熔连接加热时间和加热温度应符合热熔连接工具生产厂和管材、管件生产厂的规定。

③ 热熔连接保压冷却时间，不得移动连接件或连接件上不得施加任何外力。

④ 管道连接前，管材固定在机架上，取下铣刀，闭合卡具，对管子的端面进行铣削，当形成连续的切削时，退出卡具，检查管子两端的间隙（不得大于 3mm）。电熔连接面应清洁干净，刮搓表面皮。

⑤ 热熔对接连接，两管段应各伸出卡具一定的自由长度，校对连接件，使其在同一轴线上，错边不宜大于壁厚的 10%。

⑥ 加热板温度适宜（220±10℃），当指示灯亮时，最好在等 10min 使用，以使整个加热板温度均匀。

⑦ 温度适宜的加热板置于机架上，闭合卡具，并设系统的压力。达到吸热时间后，迅速打开卡具，取下加热板。应避免与熔融的端面发生碰撞。

⑧ 迅速闭合卡具，并在规定时间内，匀速地将压力调节到工作压力，同时按下冷却时间按钮。达到冷却时间后，再按一次冷却时间按钮，将压力降为零，打开卡具，取下焊好的管子。

⑨ 卸管前一定要将压力降至为零，若移动焊机，应拆下液压软管，并做好接头防尘工作。

⑩ 合格的焊缝应有两翻边，焊道翻卷的管外圆周上，两翻边的形状、大小均匀一致，无气孔、鼓泡和裂纹，两翻边之间的缝隙的根部不低于所焊管子的表面。

⑪ 管道连接时，施工现场条件允许时，可在沟槽上进行焊接，管口应临时堵封。在大风环境下操作，采取保护措施或调整施工工艺。

（8）回拉敷设管道

焊缝和管道强度检验合格后，即可进入拉管施工。首先用现场制作的"管封套"将管头密封，然后在管头后端接上回扩头，管后接上分动器进行接管，将管子回接到工作坑后，卸下回扩头、分动器、取出剩余钻杆，堵上封堵头，进行水压试验。

扩孔成功到要求后，可以进行回拖管道工序。在回拖前要进行管线连接的工序，用热熔法将管材连接成与成孔长度相当的管道。准备好后，将管材与扩孔器相连，回拉将管道牵引进孔洞内。

施工时，钻机操作人员要根据设备数据均匀平稳的牵引管道，切不可生拉硬拽。

5. 拖拉管的质量控制方法及要求

（1）管铺设规定要求

PE管铺设满足排气要求，管道无向上的折点。水平最大偏差±0.3m。纵向垂直最大偏差±0.25m。保持管内壁干净，拉管过程中封堵内壁。

（2）拉管过程中，操作手严格按照地面预布控制桩的平面位置和高程控制钻头走向，每隔水平距离3m校核一次。

（3）管道内底高程的复测

管道拉通后，应对管道内底高程进行复合测量。用钻机将装有探测器的钻头在管道内拉动，试验人员根据探测器发出的信号来确定钻头的深度，经过换算后即计算出管内底高程。得出的结果和原始控制轨迹高程进行比较，就得到各桩位高程偏差数值。

4.3.3 给水排水管道不开槽施工监理要点

（1）对施工组织设计要全面、细致地研究并分析审查。

（2）对洞口构造、中继环的设置、压浆孔的布置、稳定土层的措施要做好审核。

（3）对工程保护措施和环境监测做好审查。

（4）检查工作坑开挖时是否按施工组织设计方案进行基坑排水和边坡支护。查工作坑平面位置及开挖高程是否符合设计要求。基础处理是否按设计要求进行处理。

（5）检查工作坑结构工程的内容可按排水泵房的监理要求进行。

（6）检查工作坑回填土夯实情况，其密实度是否符合设计要求。

（7）检查施工现场机头和工具管，必须和经过批准的所选定机头设备一致，特别是机头直径、纠偏设备、出土装置、动力等必须匹配，机头与工具的联结必须满足纠偏的技术要求，无渗漏。

（8）对顶管设备必须经维修保养，检验合格后方可进入施工现场。开顶前对顶管全套设备及各类机具进行操作，确保正常方可使用。

（9）检查顶管施工前的以下准备工作是否按施工组织设计进行。

1）顶管设备是否按施工方案配置状态是否良好。

2）顶管设备能力是否满足顶力计算的要求，千斤顶安装位置、偏差是否满足施工组织设计要求。

3）检查对降低地下水位、下管、出土、排泥等工作是否按施工方案准备。

4）当顶管段有水文地质或工程地质不良状况时，沿线附近有建（构）筑物基础时，是否按施工组织设计的要求，准备了相应的技术措施。

（10）检测第一根管的就位情况，主要内容为：管子中线管子内底前后端高程，顶进方向是否符合设计要求，当确认无误并检查穿墙措施全部落实后，方可开始顶进。

顶进过程中应勤监测、及时纠偏，在第一节管顶进 200～300mm 时，应立即对中线及高程测量进行监察，发现问题及时纠正。在以后的顶进过程中，应在每节管顶进结束后进行监测，每个接口测 1 点，有错口时测 2 点；在顶管纠偏时，应加大监测频率至 300mm 一次，控制纠偏角度，使之满足设计要求，避免顶管发生意外。

（11）机头顶进入洞后，必须按土质情况调整操作，并监控各类技术参数。监理必须按施工组织设计、技术要求进行检查，在管节出洞前，监理对顶管整个系统的安装进行全面检查，确认设备系统运转正常，才准许管节出洞，不经监理批准不准开顶。

（12）检查洞口止水圈，安装必须符合施工要求，应能完全封堵机头与洞口的空隙，洞口前方的土体要稳固，以防因拆除洞口而产生水土流失，对地下管线、地面构筑物，要采取保护措施。

（13）管节进洞前，监理必须严格监控机头的轴线和标高，并对准洞口，控制顶进速度平稳和纠偏量。检查接收坑内支撑机头和工具，管导轨必须安装稳固，轴线与标高应与机头入洞方向一致。

（14）当机头端面临近洞口时，才准拆除洞口砖和开启洞口封板。在洞口封门拆除后，应随即将机头顶入洞口，防止机头在洞口土体中长时间停滞。管节入洞后，检查管壁与洞口间隙的封堵，防止水土流失。

（15）监理人员随时掌握顶进状况，及时分析顶进中的土质、顶力、顶程、压浆、轴线偏差等情况，对发生的问题督促施工单位及时采取相应技术措施给予解决。

（16）当管道超挖或因纠偏而造成管周围空隙过大时，应组织有关人员研究处理措施并监督执行。

（17）顶进过程中应监控接口施工质量，当采用混凝土管时，应监控内胀圈、填料及接口质量，当采用钢管时，应控制焊接、错口质量。

（18）当因顶管段过长、顶力过大而采取用中继环、触变泥浆等措施时，应监控中继环安装及触变泥浆制作质量。

4.3.4 给水排水管道不开槽施工质量标准

（1）钢板桩工作坑的平面尺寸以及后背的稳定和刚度应满足施工操作和顶力的要求，基础标高应符合施工组织设计的要求，钢板桩宜采用咬口联结的方式。平面形状宜平直、整齐。允许偏差：轴线位置 100mm，顶部标高±100mm，垂直度 1/100。

（2）工作坑后背墙应结构稳定，无位移，与顶机轴线垂直后背墙的承压面积应符合设计和施工设计的要求。允许偏差：宽度 5%，高度 5%，垂直度 1%，检验方法常用钢尺丈量、测斜仪。

（3）导轨应安装稳定，轴线、坡度、标高应符合顶管设计要求。允许偏差：轴线为3mm；标高为0～＋3mm。

（4）在顶进中对直线顶管采用钢筋混凝土企口管时，其相邻管节间允许最大纠偏角度不得大于表4.3-2中的数值。

钢筋混凝土企口管允许最大偏角 　　　　表 4.3-2

管径（mm）	$\phi1350$	$\phi1500$	$\phi1650$	$\phi1800$	$\phi2000$	$\phi2200$	$\phi2400$
纠偏角度	0.76	0.69	0.62	0.57	0.52	0.47	0.43
分秒值	45′5″	41′15″	37′	34′23″	30′	28′	25′47″

当直线顶管采用钢承口钢筋混凝土管时，可参见表4.3-2控制其最大纠偏角度。

检验方法：根据允许最大纠偏角度控制纠偏千斤顶的行程差值，用钢尺、测量管接口的间隙差值反算偏角。

（5）管道顶进中，管节不偏移、不错口，管底坡度要符合设计要求，管内不得有泥土、垃圾等杂物，顶管的允许偏差应符合表4.3-3的规定。

（6）管节出洞后，管端口应露出洞口井壁20～30cm，管道与井壁的联结必须按设计规定施工，达到接口平整、不渗水。管道轴线与管底标高应符合设计要求，管节进出洞允许偏差见表4.3-4。

顶管的允许偏差 　　　　表 4.3-3

项目	允许偏差/mm		检验频率		检验方法
	≤100m	>100m	范围	点数	
中线位移	50	100	每段	1	经纬仪测量
管道内高程 D（mm） ＜$\phi1500$	+30，−40	+60～+80	每段	1	水准仪测量
≥$\phi1500$	+40，−50	+80～+100	每段	1	水准仪测量
相邻管节错口	W15		每节、管	1	钢尺量
内腰箍	不渗漏		每节、管	1	外观检查
橡胶止水圈	不脱出		每节、管	1	外观检查

管节进出洞允许偏差 　　　　表 4.3-4

项目		允许偏差（mm）	
		≤100m	>100m
中线位移		50	100
管道内底高程	＜$\phi1500$mm	+30，−40	+60，−80
	≥$\phi1500$mm	+40，−50	+80，−100

注：采用经纬仪、水准仪测量。

（7）中继间的几何尺寸及千斤顶的布设要符合设计和顶力的要求，中继间的壳体应和管道外径相等，中继间、千斤顶应与油泵并联，油压不能超过设备的设定参数，使用伸缩自如。

检验方法：据设计图，用钢尺丈量，检查油路安装，校对规格，设置油泵控制阀，用前应调试检查。

（8）顶力的配置应大于顶力的估算值并留有足够的余量，实际最大顶力应小于管材允许的顶力，中继间的设置应满足顶力的要求。

检验方法：按千斤顶的规格和技术参数计算顶力，在顶进中应对管节质量进行检查，对管节的内壁和接口进行外观裂缝及破损检查。

4.4　给水排水管道工程的验收

因管道工程大多是地下工程，施工中需要进行隐蔽工程的中间验收，施工完毕后要进行竣工验收。由于管道工程工作面分散，中间验收是分段进行的，竣工验收可分段验收，也可全工程整体验收。

管道工程验收的内容包括外观验收、断面验收、严密性验收和水质检查验收。外观验收是对管道基础、管材及接口、节点及附属构筑物进行验收；断面验收是对管道的高程、中线和坡度进行验收；严密性验收是对管道进行水密性试验或气密性试验；水质检查验收是对给水管道进行细菌等项目的检查验收。

4.4.1　中间验收

中间验收包括对管基、管接口、排管、土方回填、节点组合、井室砌筑等外观验收和严密性验收。中间验收应根据验收的内容不同，分别填写有关的验收记录。下列隐蔽工程应进行中间验收：

（1）管道及附属构筑物的地基和基础验收。

（2）管道的位置及高程验收。

（3）管道的结构和断面尺寸验收。

（4）管道的接口、变形缝及防腐层验收。

（5）管道及附属构筑物的防离层验收。

（6）地下管道的交叉处理验收。

（7）土方回填的质量验收。

4.4.2　竣工验收

（1）竣工验收时，应提供的文件及资料如下：

1）施工设计图纸及工程预算。

2）施工执照、土地征借函件及开工通知单。

3）原地面高程、地形测量记录、纵横剖面图。

4）地上、地下障碍拆迁平面图和重要记录。

5）设计变更文件。

6）竣工图、竣工说明及工程决算。

7）主要材料和制品的合格证及验收记录。

8）管道位置及高程测量记录。

9）预埋件、预留孔位置、高程。

10）各种堵头位置与做法。

11）混凝土、砂浆、防腐、防水及检验记录。

12）管道的水压试验或闭水试验记录。

13）中间验收记录及有关资料。

14）回填土压实度的检验记录。

15）预留工程观测设施实测记录。

16）工程质量检验评定记录。

17）给水管道的冲洗及消毒记录。

18）工程质量事故处理记录。

19）工程全面验收的凭证。

20）其他。

（2）竣工验收鉴定。竣工验收时，应核实竣工验收资料，并进行必要的复验和外观检查。对下列项目应作出鉴定，并填写竣工验收鉴定书。

1）管道的位置及高程。

2）管道及附属构筑物的断面尺寸。

3）给水管道配件安装的位置和数量。

4）给水管道的冲洗及消毒。

5）外观。

6）其他。

给水排水管道工程竣工验收后，建设单位应将有关设计、施工及验收的文件和技术资料立卷归档。

第 5 章　电力、通信工程

5.1　电力工程

近年来，随着我国城市建设现代化的不断加快，同时为科学有效利用有限的城市空间，越来越多地将电力、通信等电缆工程建设于地下。

5.1.1　电缆沟工程

1. 土方开挖

（1）施工准备

1）土方开挖前，应根据施工方案的要求，将施工区域内的地上障碍物清除和处理完毕，地下管线情况勘查清楚。直埋管沟槽开挖（图 5.1-1）必须以完整井段进行。

2）场地的定位控制线（桩），标准水平桩及基槽的灰线尺寸，必须经过现场监理检验合格；并办完分部报验手续。

3）夜间施工时，应有足够的照明设施；在危险地段应设置明显标志，并要合理安排开挖顺序，防止错挖或超挖。

4）开挖有地下水位的基坑槽、管沟时，应根据当地工程地质资料，采取措施降低地下水位。一般要降至开挖面以下 0.5m，然后才能开挖。

图 5.1-1　电缆沟基础开挖

5）施工机械进入现场所经过的道路、桥梁和卸车设施等，应事先经过检查，必要时要进行加固或加宽等准备工作。

6）在机械施工无法作业的部位和修整边坡坡度、清理槽底等，均应配备人工进行。

7）熟悉图纸，做好技术交底。

（2）操作工艺

1）工艺流程：

开挖顺序和坡度确定→分段分层平均下挖→修边和清底→雨期、冬期施工

2）坡度确定：

位于现状快车道下进行刨掘开挖的不允许放坡。遇到地下水位较高、土质较差地段可提前上报降水、抽水、支护方案，经现场监理、业主批准后方可实施。

挖深不超过 1.5m 的沟槽原则上不允许放坡，具体视土质、地下水位等现场实际情况确定。挖深在 1.5m 以上的沟槽根据土质情况，按照国家相关规范进行坡度确定，并由现

图 5.1-2 测量沟深度

场监理测量（图 5.1-2）现场实际工程量。

3）开挖顺序：

挖方经过不同类别土（岩）层或深度超过 10m 时，其边坡可做成折线形或台阶形。开挖基坑（槽）或管沟时，应合理确定开挖顺序、路线及开挖深度。

采用推土机开挖大型基坑（槽）时，一般应从两端或顶端开始（纵向）推土，把土堆向中部或顶端，暂时堆积，然后再横向将土推离基坑（槽）的两侧。

采用铲运机开挖大型基坑（槽）时，应纵向分行、分层按照坡度线向下铲挖，但每层的中心线地段应比两边稍高一些，以防积水。

采用反铲、拉铲挖土机开挖基坑（槽）或管沟时，其施工方法有两种：

端头挖土法：挖土机从基坑（槽）或管沟的端头以倒退行驶的方法进行开挖。自卸汽车配置在挖土机的两侧装运土。

侧向挖土法：挖土机一面沿着基坑（槽）或管沟的一侧移动，自卸汽车在另一侧装运土。

挖土机沿挖方边缘移动时，机械距离边坡上缘的宽度不得小于基坑（槽）或管沟深度的 1/2。如挖土深度超过 5m 时，应按专家论证施工方案来确定。

4）分段分层平均下挖：

土方开挖宜从上到下分层分段依次进行。随时作成一定坡势，以利泄水。

在开挖过程中，应随时检查槽壁和边坡的状态。深度大于 1.5m 时，根据土质变化情况，应做好基坑（槽）或管沟的支撑准备，以防塌陷。

开挖基坑（槽）和管沟，不得挖至设计标高以下，如不能准确地挖至设计基底标高时，可在设计标高以上暂留一层土不挖，以便在抄平后，由人工挖出。

暂留土层：一般铲运机、推土机挖土时，为 20cm 左右；挖土机用反铲正铲和拉铲挖土时，为 30cm 左右为宜。

5）修边和清底：

在机械施工挖不到的土方，应配合人工随时进行挖掘，并用手推车把土运到机械挖到的地方，以便及时用机械挖走。

修帮和清底。在距槽底设计标高 50cm 槽帮处，抄出水平线，钉上小木橛，然后用人工将暂留土层挖走。同时由两端轴线（中心线）引桩拉通线（用小线或铅丝），检查距槽边尺寸，确定槽宽标准，以此修整槽边。最后清除槽底土方。槽底修理铲平后，进行质量检查验收。

开挖基坑（槽）的土方，在场地有条件堆放时，一定留足回填需用的好土；多余的土方，应一次运走，避免二次搬运。

6）雨、冬期施工：

土方开挖一般不宜在雨期进行，否则工作面不宜过大，应逐段、逐片分期完成。雨期施工在开挖基坑（槽）或管沟时，应注意边坡稳定。必要时可适当放缓边坡坡度，或设置支撑。同时应在坑（槽）外侧围以土堤或开挖水沟，防止地面水流入。经常对边坡、支撑、土堤进行检查，发现问题要及时处理。

土方开挖不宜在冬期施工。如必须在冬期施工时，期施工方法应按冬施方案进行。采用防止冻结法开挖土方时，可在冻结以前，用保温材料覆盖或将表层土翻耕耙松，其翻耕深度应根据当地气温条件确定。一般不小于30cm。

开挖基坑（槽）或管沟时，必须防止基础下基土受冻。应在基底标高以上预留适当厚度的松土。或用其他保温材料覆盖。如遇开挖土方引起邻近建筑物或构筑物的地基和基础暴露时，应采取防冻措施，以防产生冻结破坏。

（3）质量标准

1）保证项目：

柱基、基坑、基槽、管沟和场地的基土土质必须符合设计要求，并严禁扰动。允许偏差项目，见表5.1-1。

土方工程的挖方和场地平整允许偏差值　　　　　　　表 5.1-1

序号	项目	允许偏差（mm）	检验方法
1	表面标高	+0，−50	用水准仪检查
2	长度、宽度	−0	用经纬仪、拉线和尺量检查
3	边坡偏陡	不允许	观察或用坡度尺检查

2）成品保护：

对定位标准桩、轴线引桩、标准水准点、龙门板等，挖运土时不得撞碰，也不得在龙门板上休息。并应经常测量和校核其平面位置、水平标高和边坡坡度是否符合设计要求。定位标准桩和标准水准点也应定期复测和检查是否正确。

开挖时，应防止邻近建筑物或构筑物，道路、管线等发生下沉和变形。必要时应与设计单位或建设单位协商，采取防护措施，并在施工中进行沉降或位移观测。

施工中如发现有文物或古墓等，应妥善保护，并应及时报请当地有关部门处理，方可继续施工。如发现有测量用的永久性标桩或地质、地震部门设置的长期观测点等，应加以保护。在敷设地上或地下管道、电缆的地段进行土方施工时，应事先取得有关管理部门的书面同意，施工中应采取措施，以防损坏管线，造成严重事故。

3）应注意的质量问题：

① 基底超挖：开挖基坑（槽）管沟不得超过基底标高。如个别地方超挖时，其自理方法应取得设计单位的同意，不得私自处理。

② 基底未保护：基坑（槽）开挖后应尽量减少对基土的扰动。如遇基础不能及时施工时，可在基底标高以上留出30cm土层不挖，待做基础时再挖。

③ 施工顺序不合理：应严格按施工方案规定的施工顺序进行土方开挖施工，应注意宜先从低处开挖，分层、分段依次进行，形成一定坡度，以利排水。

④ 施工机械下沉：施工时必须了解土质和地下水位情况。推土机、铲运机一般需要在地下水位0.5m以上推铲土；挖土机一般需要在地下水位0.8m以上挖土，以防机械自重下沉。正铲挖土机挖方的台阶高度，不得超过最大挖掘高度的1.2倍。

⑤ 开挖尺寸不足，边坡过陡：基坑（槽）或管沟底部的开挖宽度和坡度，除应考虑结构尺寸要求外，应根据施工需要增加工作面宽度，如排水设施、支撑结构等所需的宽度。

⑥ 雨期施工时，基槽、坑底应预留 30cm 土层，在打混凝土垫层前再挖至设计标高。

（4）质量记录

本工艺标准应具备以下质量记录：

1）工程地质勘察报告。

2）工程定位测量记录。

3）工序质量评定表。

4）监理分部验收记录。

图 5.1-3　素混凝土基础

2. 素混凝土基础施工工艺

（1）范围：本工艺标准适用电缆沟、井素混凝土基础（图 5.1-3）垫层和埋管施工的素混凝土包封。

（2）施工准备：

1）材料及主要机具：

要求全部使用商品混凝土，如个别部位特殊情况少量使用时，经现场监理同意后可以自行搅拌，材料必须满足下述要求，并提供相关试验记录。

① 水泥：宜用 325～425 号硅酸盐水泥、矿渣硅酸盐水泥和普通硅酸盐水泥。

② 砂：中砂或粗砂，含泥量不大于 5%。

③ 石子：卵石或碎石，粒径 5～32mm，含泥量不大于 2%，且无杂物。

④ 水：应用自来水或不含有害物质的洁净水。

⑤ 外加剂、掺合料：其品种及掺量，应根据需要通过试验确定。

⑥ 主要机具：搅拌机、磅秤、手推车或翻斗车、铁锹（平头和尖头）、振捣器（插入式和平板式）、刮杠、木抹子、胶皮管、串桶或溜槽等。

2）作业条件：

① 基础轴线尺寸、基底标高和地质情况均经过检查，并应办完隐检手续。

② 安装的模板已经过检查，符合设计要求，办完预检。

③ 在槽帮、墙面或模板上做好混凝土上平的标志，大面积浇筑的基础每隔 3m 左右钉上水平桩。

④ 校核混凝土配合比，检查后台磅秤，进行技术交底。准备好混凝土试模。

（3）工艺流程：

槽底或模板内清理→混凝土拌制→混凝土浇筑→混凝土养护

1）清理：在地基或基土上清除淤泥和杂物，并应有防水和排水措施。对于干燥土应用水润湿，表面不得留有积水。在支模的板内清除垃圾、泥土等杂物，并浇水润湿木模板，堵塞板缝和孔洞。

2）混凝土拌制：后台要认真按混凝土的配合比投料：每盘投料顺序为石子→水泥→

砂子（掺合料）→水（外加剂）。严格控制用水量，搅拌要均匀，最短时间不少于 90s。

3）混凝土的浇筑：

混凝土的下料口距离所浇筑的混凝土表面高度不得超过 2m。如自由倾落超过 2m 时，应采用串桶或溜槽。混凝土不能连续浇筑时，一般超过 2h，应按施工缝处理。

浇筑混凝土时，应经常注意观察模板、支架、管道和预留孔、预埋件有无走动情况。当发现有变形、位移时，应立即停止浇筑，并及时处理好，再继续浇筑。混凝土振捣密实后，表面应用木抹子搓平。

4）混凝土的养护：混凝土浇筑完毕后，应在 12h 内加以覆盖和浇水，浇水次数应能保持混凝土有足够的润湿状态。养护期一般不少于 7 昼夜。

（4）保证项目：

凝土所用的水泥、水、骨料、外加剂等必须符合施工规范和有关标准的规定。混凝土的配合比、原材料计量、搅拌、养护和施工缝处理，必须符合施工规范的规定。评定混凝土强度的试块，必须按《混凝土强度检验评定标准》GB/T 50107—2010 的规定取样、制作、养护和试验。其强度必须符合施工规范的规定。

对设计不允许有裂缝的结构，严禁出现裂缝；设计允许出现裂缝的结构，其裂缝宽度必须符合设计要求。

（5）基础项目：

1）混凝土应振捣密实，蜂窝面积一处不大于 $200cm^2$，累计不大于 $400cm^2$，无孔洞。无缝隙无夹渣层。允许偏差项目见表 5.1-2。

素混凝土基础允许偏差　　　　　　　　　　表 5.1-2

项次	项目	允许偏差（mm）	检验方法
1	标高	±10	用水准仪或拉线尺量检查
2	表面平整度	8	用 2m 靠尺和楔形塞尺检查
3	基础轴线位移	15	用经纬仪或拉线尺量检查
4	基础截面尺寸	+15，−10	尺量检查
5	预留洞中心线位移	5	尺量检查

2）在混凝土强度能保证其表面及棱角不因拆除模板而损坏时，方可拆除侧面模板。在已浇筑的混凝土强度达到 1.2MPa 以后，方可在其上来往行人和进行上部施工。在施工中，应保护好暖卫、电气暗管以及预留洞口，不得碰撞。

基础内应根据设计要求预留孔洞或安置螺栓和预埋件，以避免后凿混凝土。冬期施工混凝土表面应覆盖保温材料，防止混凝土受冻。

3）混凝土不密实，有蜂窝麻面：主要由于振捣不好、漏振、配合比不准或模板缝隙漏浆等原因造成。

4）表面不平、标高不准、尺寸增大：由于水平标志的线或木楔不准，操作时未认真找平，或模板支撑不牢等原因造成。

5）缝隙夹渣：施工缝处混凝土结合不好，有杂物。主要是未认真清理而造成。

6）不规则裂缝：基础过长而收缩，上下层混凝土结合不好，养护不够，或拆模过早而造成。

（6）质量记录：

本工艺标准应具备以下质量记录

1）水泥的出厂证明及复验证明。

2）模板的标高、轴线、尺寸的预检记录。

3）结构用混凝土应有试配申请单和试验室签发的配合比通知单。

4）混凝土试块 28d 标养抗压强度试验报告。商品混凝土应有出厂合格证。

5）监理分部验收记录。

3. 管沟砖墙砌筑工艺标准

（1）范围：

本工艺标准适用于电力管沟砖墙砌筑工程（图 5.1-4）。

图 5.1-4　砖墙砌筑

（2）施工准备：

1）材料及主要机具：

① 砖：品种、强度等级必须符合设计要求，并有出厂合格证、试验单。清水墙的砖应色泽均匀，边角整齐。

② 水泥：品种及强度等级应根据砌体部位及所处环境条件选择，一般宜采用 325 号普通硅酸盐水泥或矿渣硅酸盐水泥。

③ 砂：用中砂，配制 M5 以下砂浆所用砂的含泥量不超过 10％，M5 及其以上砂浆的砂含泥量不超过 5％，使用前用 5mm 孔径的筛子过筛。

④ 掺合料：白灰熟化时间不少于 7d，或采用粉煤灰等。

⑤ 其他材料：墙体拉结筋及预埋件、木砖应刷防腐剂等。

⑥ 主要机具；应备有大铲、刨锛、瓦刀、扇子、托线板、线坠、小白线、卷尺、铁水平尺、皮数杆、小水桶、灰槽、砖夹子、扫帚等。

2）作业条件：

① 完成室外及房心回填土，安装好沟盖板。

② 办完地基、基础工程隐检手续。

③ 按标高抹好水泥砂浆防潮层。

④ 弹好轴线墙身线，根据进场砖的实际规格尺寸，经验线符合设计要求，办完预检手续。

⑤ 按设计标高要求立好应数杆，皮数杆的间距以 15～20m 为宜。

⑥ 砂浆由试验室做好试配，准备好砂浆试模（6 块为一组）。

（3）工艺流程：

$$砂浆搅拌$$
$$\downarrow$$
作业准备→砖浇水→砌砖墙→验评

1）砖浇水：黏土砖必须在砌筑前一天浇水湿润，一般以水浸入砖四边 1.5m 为宜，含水率为 10%～15%，常温施工不得用干砖上墙；雨期不得使用含水率达饱和状态的砖砌墙；冬期浇水有困难，必须适当增大砂浆稠度。

2）砂浆搅拌：砂浆配合比应采用重量比，计量精度水泥为±2%，砂、灰膏控制在±5%以内。宜用机械搅拌，搅拌时间不少于 1.5min。

3）砌砖墙：

① 组砌方法：砌体一般采用一顺一丁（满丁、满条）、梅花丁或三顺一丁砌法。砖柱不得采用先砌四周后填心的包心砌法。

② 排砖撂底（干摆砖）：认真核对尺寸，其长度是否符合排砖模数。排砖时必须做全盘考虑。

③ 选砖：砌清水墙应选择棱角整齐，无弯曲、裂纹，颜色均匀，规格基本一致的砖。敲击时声音响亮，焙烧过火变色，变形的砖可用在基础及不影响外观的内墙上。

④ 盘角：砌砖前应先盘角，每次盘角不要超过五层，新盘的大角，及时进行吊、靠。如有偏差要及时修整。盘角时要仔细对照皮数杆的砖层和标高，控制好灰缝大小，使水平灰缝均匀一致。大角盘好后再复查一次，平整和垂直完全符合要求后，再挂线砌墙。

⑤ 挂线：砌筑一砖半墙必须双面挂线，如果砌筑长墙，几个人均使用一根通线，中间应设几个支线点，小线要拉紧，每层砖都要穿线看平，使水平缝均匀一致，平直通顺；砌一砖厚混水墙时宜采用外手挂线，可照顾砖墙两面平整，为下道工序控制抹灰厚度奠定基础。

⑥ 砌砖：砌砖宜采用一铲灰、一块砖、一挤揉的"三一"砌砖法，即满铺、满挤操作法。砌砖时砖要放平。里手高，墙面就要张；里手低，墙面就要背。砌砖一定要跟线，"上跟线，下跟棱，左右相邻要对平"。水平灰缝厚度和竖向灰缝宽度一般为 10mm，但不应小于 8mm，也不应大于 12mm。为保证清水墙面主缝垂直，不游丁走缝，当砌完一步架高时，宜每隔 2m 水平间距，在丁砖立楞位置弹两道垂直立线，可以分段控制游丁走缝。在操作过程中，要认真进行自检，如出现有偏差，应随时纠正。严禁事后砸墙。清水墙不允许有三分头，不得在上部任意变活、乱缝。砌筑砂浆应随搅拌随使用，一般水泥砂浆必须在 3h 内用完，水泥混合砂浆必须在 4h 内用完，不得使用过夜砂浆。砌清水墙应随砌、随划缝，划缝深度为 8～10mm，深浅一致，墙面清扫干净。混水墙应随砌随将舌头灰刮尽。

⑦ 留槎：外墙转角处应同时砌筑。内外墙交接处必须留斜槎，槎子长度不应小于墙体高度的 2/3，槎子必须平直、通顺。分段位置应在变形缝或门窗口角处，隔墙与墙或柱

不同时砌筑时，可留阳槎加预埋拉结筋。沿墙高按设计要求每 50cm 预埋 $\phi 6$ 钢筋 2 根，其埋入长度从墙的留槎处算起，一般每边均不小于 50cm，末端应加 90°弯钩。施工洞口也应按以上要求留水平拉结筋。隔墙顶应用立砖斜砌挤紧。

⑧ 木砖预留孔洞和墙体拉结筋：木砖预埋时应小头在外，大头在内，数量按洞口高度决定。洞口高在 1.2m 以内，每边放 2 块；高 1.2~2m，每边放 3 块；高 2~3m，每边放 4 块，预埋木砖的部位一般在洞口上边或下边四皮砖，中间均匀分布。木砖要提前做好防腐处理。墙体拉结筋的位置、规格、数量、间距均应按设计要求留置，不应错放、漏放。

⑨ 安装过梁、梁垫：安装过梁、梁垫时，其标高、位置及型号必须准确，坐灰饱满。如坐灰厚度超过 2cm 时，要用豆石混凝土铺垫，过梁安装时，两端支承点的长度应一致。

⑩ 构造柱做法（图 5.1-5）：凡设有构造柱的工程，在砌砖前，先根据设计图纸将构造柱位置进行弹线，并把构造柱插筋处理顺直。砌砖墙时，与构造柱连接处砌成马牙槎。每一个马牙槎沿高度方向的尺寸不宜超过 30cm（即五皮砖）。马牙槎应先退后进。拉结筋按设计要求放置，设计无要求时，一般沿墙高 50cm 设置 2 根 $\phi 6$ 水平拉结筋，每边深入墙内不应小于 1m。

图 5.1-5　砖墙构造柱做法

⑪ 冬期施工：在预计连续 10d 由平均气温低于 +5℃或当日最低温度低于 −3℃时即进入冬期施工。冬期使用的砖，要求在砌筑前清除冰霜。水泥宜用普通硅酸盐水泥，灰膏要防冻，如已受冻要融化后方能使用。砂中不得含有大于 1cm 的冻块，材料加热时，水加热不超过 80℃砂加热不超过 40℃。砖正温度时适当浇水，负温即应停止。可适当增大砂浆稠度。冬期不应使用无水泥的砂浆。砂浆中掺盐时，应用波美比重计检查盐溶液浓度。但对绝缘、保温或装饰有特殊要求的工程不得掺盐，砂浆使用温度不应低于 +5℃，掺盐量应符合冬施方案的规定。采用掺盐砂浆砌筑时，砌体中的钢筋应预先做防腐处理，一般涂防锈漆两道。

（4）保证项目：

砖的品种、强度等级必须符合设计要求。砂浆品种及强度应符合设计要求。同品种、同强度等级砂浆各组试块抗压强度平均值不小于设计强度值，任一组试块的强度最低值不小于设计强度的 75%。砌体砂浆必须密实饱满，实心砖砌体水平灰缝的砂浆饱满度不小于 80％。外墙转角处严禁留直槎，其他临时间断处留槎做法必须符合规定。

（5）基本项目：

砌体上下错缝，砖柱包心砌法：窗间墙及清水墙面无通缝；混水墙每间（处）无 4 皮砖的通缝（通缝指上下二皮砖搭接长度小于 25mm）。砖砌体接槎处灰浆应密实，缝、砖平直，每处接槎部位水平灰缝厚度小于 5mm 或透亮的缺陷不超过 5 个。

预埋拉筋的数量、长度均符合设计要求和施工规范的规定，留置间距偏差不超过一皮砖；构造柱留置正确，大马牙槎先退后进、上下顺直；残留砂浆清理干净。清水墙组砌正确，坚缝通顺，刮缝深度适宜、一致，棱角整齐，墙面清洁美观。允许偏差项目见表 5.1-3。

允许偏差表　　　　　　　　　　　　　　　　　　　表 5.1-3

项次	项目	允许偏差（mm）	检查方法
1	轴线位置偏移	10	用经纬仪或拉线和尺量检查
2	基础和墙砌体顶面标高	±15	用水准仪和尺量检查
3	垂直度	10	用经纬仪或吊线和尺量检查
4	水泥、灰缝厚度（10 皮砖累计数）	±8	与皮数杆比较尺量检查
5	清水墙游丁走缝	20	吊线和尺量检查，以底层第一皮砖为准

（6）成品保护：

1）墙体拉结筋、抗震构造柱钢筋、大模板混凝土墙体钢筋及各种预埋件，暖卫、电气管线等，均应注意保护，不得任意拆改或损坏。

2）砂浆稠度应适宜，砌墙时应防止砂浆溅脏墙面。

（7）应注意的质量问题：

1）基础墙与上部墙错台：基础砖撂底要正确，收退大放角两边要相等，退到墙身之前要检查轴线和边线是否正确，如偏差较小可在基础部位纠正，不得在防潮层以上退台或出沿。

2）清水墙游丁走缝：排砖时必须把立缝排匀，砌完一步架高度，每隔 2m 间距在丁砖立楞处用托线板吊直弹线，二步架往上继续吊直弹粉线，由底柱上所有七分头的长度应保持一致。

3）灰缝大小不匀：立皮数杆要保证标高一致，盘角时灰缝要掌握均匀，砌砖时小线要拉紧，防止一层线松，一层线紧。

4）砖墙鼓胀：混凝土要分层浇筑，振捣棒不可直接触及外墙。如在振捣时发现砖墙已鼓胀，则应及时拆掉重砌。

5）混水墙粗糙：舌头灰未刮尽，半头砖集中使用，造成通缝；一砖厚墙背面偏差较大；砖墙错层造成螺丝墙。半头砖应分散使用在墙体较大的面上。首层或楼层的第一皮砖要查对皮数杆的标高及层高，防止到顶砌成螺丝墙。一砖厚墙应外手挂线。

6）构造柱处砌筑不符合要求：构造柱砖墙应砌成大马牙槎，设置好拉结筋，从柱脚开始两侧都应先退后进，当凿深 12cm 时，宜上口一皮进 6cm，再上一皮进 12cm，以保证混凝土浇筑时上角密实构造柱内的落地灰、砖渣杂物必须清理干净，防止混凝土内夹渣。

（8）本工艺标准应具备以下质量记录：

1）材料（砖、水泥、砂、钢筋等）的出厂合格证及复试报告。

2）砂浆试块试验报告。

3）分项工程质量检验评定。

4）隐检、预检记录。

5）冬期施工记录。

6）设计变更及洽商记录。

7）监理分部验收记录。

4. 台帽、圈梁、板缝钢筋绑扎工艺

（1）范围：

本工艺标准适用于电缆沟、井的台帽、圈梁、板缝钢筋绑扎。

（2）施工准备：

1）材料及主要机具：

① 钢筋：应有出厂合格证，按规定作力学性能复试，当加工过程中发生脆断等特殊情况，还需作化学成分检验。钢筋应无老锈及油污。

② 铁丝：可采用20～22号铁丝（火烧丝）或镀锌铁丝（铅丝）。

③ 控制混凝土保护层用的砂浆垫块、塑料卡。

④ 工具：钢筋钩子、撬棍、钢筋扳子、绑扎架、钢丝刷子、手推车、粉笔，尺子等。

2）作业条件：

① 按施工现场平面图规定的位置，将钢筋堆放场地进行清理、平整。准备好垫木。按不同规格型号堆放并垫好垫木。

② 核对钢筋的级别、型号、形状、尺寸及数量，是否与设计图纸及加工配料单相同。

③ 弹好标高水平线及构造柱、外砖内模混凝土墙的外皮线。

④ 圈梁及板缝模板已做完预检，并将模内清理干净。

⑤ 预应力圆孔板的端孔应按标准图的要求堵好。

（3）操作工艺：

1）工艺流程：

预制构造柱钢筋骨架→修整底层伸出的构造柱搭接筋→安装构造柱钢筋骨架→绑扎搭接部位箍筋（图5.1-6）

2）预制构造柱钢筋骨架：

图5.1-6 底板钢筋

① 先将两根竖向受力钢筋平放在绑扎架上，并在钢筋上画出箍筋间距。

② 根据画线位置，将箍筋套在受力筋上逐上绑扎，要预留出搭接部位的长度。为防止骨架变形，宜采用反十字扣或套扣绑扎。箍筋应与受力钢筋保持垂直；箍筋弯钩叠合处，应沿受力钢筋方向错开放置。

③ 穿另外二根受力钢筋，并与箍筋绑扎牢固，箍筋端头平直长度不小于$10d$（d为箍筋直径），弯钩角度不小于$135°$。

④ 在柱顶、柱脚与圈梁钢筋交接的部位，应按设计要求加密柱的箍筋，加密范围一般在圈梁上、下均不应小于六分之一层高或 45cm，箍筋间距不宜大于 10cm（柱脚加密区箍筋待柱骨架立起搭接后再绑扎）。

3）修整底层伸出的构造柱搭接筋：根据已放好的构造柱位置线，检查搭接筋位置及搭接长度是否符合设计和规范的要求。底层构造柱竖筋与基础圈梁锚固；无基础圈梁时，埋设在柱根部混凝土座内；当墙体附有管沟时，构造柱埋设深度应大于沟深。

4）安装构造柱钢筋骨架：先在搭接处钢筋上套上箍筋，然后再将预制构造柱钢筋骨架立起来，对正伸出的搭接筋，搭接倍数不低于 35d，对好标高线，在竖筋搭接部位各绑 3 个扣。骨架调整后，可以绑根部加密区箍筋。

5）绑扎搭接部位钢筋：

① 构造柱钢筋必须与各层纵横墙的圈梁钢筋绑扎连接，形成一个封闭框架。

② 在砌砖墙大马牙槎时，沿墙高每 50cm 埋设两根 φ6 水平拉结筋，与构造柱钢筋绑扎连接。

③ 当构造柱设置在无横墙的外墙处时，构造柱钢筋与现浇或预制横梁梁端连接绑扎构造，要符合《约束砌体与配筋砌体结构技术规程》JGJ 13—2014 的规定。

④ 砌完砖墙后，应对构造柱钢筋进行修整，以保证钢筋位置及间距准确。

（4）圈梁钢筋的绑扎：

1）工艺流程：

画钢筋位置线→放箍筋→穿圈梁受力筋→绑扎箍筋（图 5.1-7）

2）画钢筋位置线：如在模内绑扎时，按设计图纸要求间距，在模板侧帮画箍筋位置线。

3）放箍筋：支完圈梁模板并做完预检，即可绑扎圈梁钢筋，如果采用预制骨架时，可将骨架按编号吊装就位进行组装，放箍筋后穿受力钢筋。箍筋搭接处应沿受力钢筋互相错开。

图 5.1-7 基础板钢筋绑扎

4）穿圈梁受力筋：圈梁与构造柱钢筋交叉处，圈梁钢筋宜放在构造柱受力钢筋内侧。圈梁钢筋在构造柱部位搭接时，其搭接倍数或锚入柱内长度要符合设计要求。圈梁钢筋的搭接长度要符合《混凝土结构工程施工质量验收规范》GB 50204—2015 对钢筋搭接的有关要求。圈梁钢筋应互相交圈，在内墙交接处、墙大角转角处的锚固长度，均要符合设计要求。标高不同的高低圈梁钢筋，应按设计要求搭接或连接。

5）绑扎箍筋：圈梁钢筋绑完后，应加水泥砂浆垫块，以控制受力钢筋的保护层。

（5）板缝钢筋绑扎：

1）工艺流程：

支板缝模板→预制板端头预应力锚固筋弯成 45°→放通长水平构造筋→与板端锚固筋绑扎

支完板缝模板，作完预检，将预制圆孔板外露预应力筋（即胡子筋）弯成弧形，两块板的预应力外露筋互相交叉，然后绑通长 $\phi 6$ 水平构造筋和竖向拉结筋。

长向板在中间支座上钢筋连接构造，墙两边高低不同时的钢筋构造，预制板纵向缝钢筋绑扎，构造柱、圈梁、板缝钢筋绑完之后，均要求做隐蔽工程检查，合格后方可进行下道工序。

2）质量标准：

① 保证项目：

钢筋的品种和质量必须符合设计要求和有关标准的规定，进口钢筋焊接前必须进行化学成分检验的焊接试验，符合有关规定后方可焊接。

② 检验方法：检查出厂合格证和试验报告单。

钢筋表面必须清洁，带有颗粒状或片状老锈，经除锈后仍有麻点的钢筋，严格按原规格使用。

钢筋对焊或电弧焊焊接接头，按规定取试件，其机械性能试验结果必须符合钢筋焊接及验收规范的规定。

3）基本项目：

① 钢筋的绑扎、缺扣、松扣的数量不得超过绑扣数的 10%，且不应集中。

② 弯钩朝向正确，绑扎接头应符合施工规范的规定，其中搭接长度均不少于规定值。

③ 用Ⅰ级钢或冷拔低碳钢丝制作的箍筋，其数量、弯钩角度和平直长度，均应符合设计要求和施工规范的规定。

④ 对焊接头无横向裂纹和烧伤，焊包均匀。接头弯折不大于 $4°$，轴线位移不大于 $0.1d$，且不大于 2mm。电弧焊接头，焊缝表面平整，无凹陷，无焊瘤，接头处无裂纹、气孔、夹渣及咬边。接头处弯折不大于 4，钢筋轴线位移不大于 $0.1d$，且不大于 3mm。焊缝厚度不大于 $0.05d$，宽不小于 $0.1d$，长不小于 $0.5d$。允许偏差项目见表 5.1-4。

构造柱、圈梁、板缝钢筋绑扎允许偏差   表 5.1-4

项次	项目		允许偏差（mm）	检验方法
1	骨架的宽度、高度		±5	尺量检查
2	骨架的长度		±10	尺量检查
3	受力钢筋	间距	±10	尺量两端、中间各一点，取其最大值
		排距	±5	
4	箍筋、构造筋间距		±20	尺量连续三档，取其最大值
5	焊接预埋件	中心线位移	5	尺量检查
		水平高差	+3，−0	
6	受力钢筋保护层		±5	尺量检查

4）成品保护：

① 构造柱、圈梁钢筋如采用预制骨架时，应在指定地点垫平码放整齐。

② 吊运钢筋存放时，应清理好存放地点，以免变形。

③ 不得踩踏已绑好的钢筋，绑圈梁钢筋时不得将梁底砖碰松动。

5）应注意的质量问题：

① 钢筋变形：钢筋骨架绑扎时应注意绑扣方法，宜采用十字扣或套扣绑扎。

② 箍筋间距不符合要求：多为放置砖墙拉结筋时碰动所致。应在砌完后合模前修整一次。

③ 构造柱伸出钢筋位移：除将构造柱伸出筋与圈梁钢筋绑牢外，并在伸出筋处绑一

道定位箍筋，浇筑完混凝土后，应立即修整。

④ 板缝筋外露：纵向板缝筋应绑好砂浆垫块，横向板缝要把钢筋绑在板端头外露预应力筋上。

6）质量记录：

本工艺标准应具备以下质量记录：

① 钢筋出厂质量证明书或试验报告单。

② 钢筋机械性能试验报告。

③ 进口钢筋应有化学成分检验报告和可焊性试验报告。国产钢筋在加工过程中发生脆断、焊接性能不良和机械性能显著不正常的，应有化学成分检验报告。

④ 钢筋分项工程质量检验评定资料。

⑤ 钢筋分项隐蔽工程验收记录。

⑥ 监理分部验收记录。

5. 砖混结构、构造柱、圈梁、板等混凝土施工工艺

（1）范围：

本工艺标准适用于电缆沟、井、台帽、圈梁、板等钢筋混凝土浇筑工艺。

（2）施工准备：

1）材料及主要机具：

① 水泥：用 325～425 号矿渣硅酸盐水泥或普通硅酸盐水泥。

② 砂：用粗砂或中砂，当混凝土为 C30 以下时，含泥量不大于 5%。

③ 石子：构造柱、圈梁用粒径：0.5～3.2cm 卵石或碎石；板缝用粗径 0.5～1.2cm 细石，当混凝土为 C30 以下时，含泥量不大于 2%。

④ 水：用不含杂质的洁净水。

⑤ 外加剂：根据要求选用早强剂、减水剂等，掺入量由试验室确定。

2）作业条件：

混凝土配合比经试验室确定，配合比通知单与现场使用材料相符。模板牢固、稳定、标高、尺寸等符合设计要求，模板缝隙超过规定时，要堵塞严密，并办完预检手续，钢筋办完隐检手续。构造柱、圈梁接槎处的松散混凝土和砂浆应剔除，模板内杂物要清理干净。常温时，混凝土浇筑前，砖墙、木模应提前适量浇水湿润，但不得有积水。

（3）操作工艺：

1）工艺流程：

作业准备→混凝土搅拌→混凝土运输→混凝土浇筑、振捣→混凝土养护

2）混凝土搅拌：

① 根据测定的砂、石含水率，调整配合比中的用水量，雨天应增加测定次数。

② 根据搅拌机每盘各种材料用量及车皮重量，分别固定好水泥（散装）、砂、石各个磅秤的标量。磅秤应定期检验、维护，以保证计量的准确。计量精度：水泥及掺合料为 ±2%，骨料为 ±3%，水、外加剂为 ±2%。搅拌机棚应设置混凝土配合比标牌。

③ 正式搅拌前搅拌机先空车试运转，正常后方可正式装料搅拌。

④ 砂、石、水泥（散装）必须严格按需用量分别过秤，加水也必须严格计量。

⑤ 投料顺序：一般先倒石子，再倒水泥，后倒砂子，最后加水。掺合料在倒水泥时

一并加入。掺外加剂与水同时加入。

⑥ 搅拌第一盘混凝土，可在装料时适当少装一些石子或适当增加水泥和水量。

⑦ 混凝土搅拌时间，400L自落式搅拌机一般不应少于1.5min。

⑧ 混凝土坍落度，一般控制在5～7cm，每台班应测两次。

3）混凝土运输：

① 运送混凝土时，应防止水泥浆流失。若有离析现象，应在浇筑地点进行人工二次拌合。

② 混凝土以搅拌机卸出后到浇筑完毕的延续时间，当混凝土为C30，及其以下，气温高于25℃时不得大于90min，C30以上时不得大于60min。

图5.1-8 混凝土浇筑、振捣

4）混凝土浇筑、振捣（图5.1-8）：

① 浇筑方法：构造柱根部施工缝处，在浇筑前宜先铺5cm厚与混凝土配合比相同的水泥砂浆或减石子混凝土。用塔吊吊斗供料时，应先将吊斗降至距铁盘50～60cm处，将混凝土卸在铁盘上，再用铁锹灌入模内，不应用吊斗直接将混凝土卸入模内。

浇筑混凝土构造柱时，先将振捣棒插入柱底根部，使其振动再灌入混凝土，应分层浇筑、振捣，每层厚度不超过60cm，边下料边振捣，一般浇筑高度不宜大于2m，如能确保浇筑密实，亦可每层一次浇筑。

② 混凝土振捣：振捣构造柱时，振捣棒尽量靠近内墙插入。振捣圈梁混凝土时，振捣棒与混凝土面应成斜角，斜向振捣。振捣板缝混凝土时，应选用φ30mm小型振捣棒。振捣层厚度不应超过振捣棒的1.25倍。

浇筑混凝土时，应注意保护钢筋位置及外砖墙、外墙板的防水构造，不使其损害，专人检查模板、钢筋是否变形、移位；螺栓、拉杆是否松动、脱落；发现漏浆等现象，指派专人检修。

③ 表面抹平：圈梁、板缝混凝土每振捣完一段，应随即用木抹子压实、抹平。表面不得有松散混凝土。

5）混凝土养护：混凝土浇筑完12h以内，应对混凝土加以覆盖并浇水养护。常温时每日至少浇水两次，养护时间不得少于7d。填写混凝土施工记录，制作混凝土试块。

（4）质量标准：

1）保证项目：

水泥、砂、石、外加剂必须符合施工规范及有关标准的规定，有出厂合格证、试验报告。

混凝土配合比、搅拌、养护和施工缝处理，符合规范的规定。

按标准对混凝土进行取样、制作、养护和试验，评定混凝土强度并符合设计要求。

2）基本项目：

混凝土应振捣密实，不得有蜂窝、孔洞露筋、缝隙、夹渣。

允许偏差项目见表 5.1-5。

混凝土结构允许偏差　　　　　　表 5.1-5

项次	项目			允许偏差（mm）		检验方法
				砖混	多层大模	
1	构造柱中心线位置			10	10	用经纬仪或尺量检查
2	构造柱层间错位			8	8	
3	标高（层高）			±10	±10	水准仪或尺量
4	截面尺寸			+8 −5	+5 −2	尺量检查
5	垂直度	每层		10	10	用2m托线板检查
		全高	10m以下	15	15	用经纬仪或吊线检查
			10m以上	20	20	
6	表面平整度			8	4	用2m靠尺和楔形塞尺检查

（5）成品保护：

1）浇筑混凝土时，不得污染清水砖墙面。

2）振捣混凝土时，不得碰动钢筋、埋件，防止移位。

3）钢筋有踩弯、移位或脱扣时，及时调整、补好。

4）散落在底板上的混凝土应及时清理干净。

（6）应注意的质量问题：

1）混凝土材料计量不准：影响混凝土强度，施工前要检查，校正好磅秤，车车过秤，加水量必须严格控制。

2）混凝土外观存在蜂窝、孔洞、露筋、夹渣等缺陷：混凝土振捣不实，漏振，钢筋缺少保护层垫块，尤其是板缝内加筋位置，应认真检查，发现问题及时处理。

（7）质量记录：

1）材料（水泥、砂、石、掺合料、外加剂等）出厂合格证明、试验报告。

2）混凝土试块试验报告。

3）分项工程质量检验评定表。

4）隐检、预检记录。

5）冬期施工记录。

6）设计变更及洽商记录。

7）监理分部验收记录。

6. 砖混结构构造柱、圈梁、板支模工艺标准

（1）范围：

本工艺标准适用于电缆沟、井、台帽、圈梁、板的模板工程。

（2）施工准备：

1）材料及主要机具：

木板（厚度为 20～50mm）、定型组合钢模板（长度为 600、750、900、1200、1500mm，宽度为 100、150、200、250、300mm）、阴阳角模、连接角模。

方木、木楔、支撑（木或钢），定型组合钢模板的附件（U 形卡、L 形插销、3 形扣件、碟形扣件、对拉螺栓、钩头螺栓、紧固螺栓）、铅丝（12～14 号）、隔离剂等。

打眼电钻、扳手、钳子。

2）作业条件：

弹好墙身 +50cm 水平线，检查砖墙（或混凝土墙）的位置是否符线，办理预检手续，构造柱钢筋绑扎完毕，并办好隐检手续。模板拉杆如需螺栓穿墙，砌砖时应按要求预留螺栓孔洞。检查构造柱内部是否清理干净，包括砖墙舌头灰、钢筋上挂的灰浆及柱根部的落地灰。

（3）操作工艺：

1）工艺流程：

　　　　　　　支构造柱模板

准备工作→支圈梁模板→办预检

　　　　　　　支板模板

2）支模前将构造柱、圈梁及板缝处杂物全部清理干净。

3）支模板：

① 构造柱模板：

a. 砖混结构的构造柱模板，可采用木模板或定型组合钢模板。可用一般的支模方法。为防止浇筑混凝土时模板膨胀，影响外墙平整，用木模或组合钢模板贴在外墙面上，并每隔 1m 以内设两根拉条，拉条与内墙拉结，拉条直径不应小于 $\phi16$。拉条穿过砖墙的洞要预留，留洞位置要求距地面 30cm 开始，每隔 1m 以内留一道，洞的平面位置在构造柱大马牙槎以外一丁头砖处。

b. 外砖内模结构的组合柱，用角模与大模板连接，在外墙处为防止浇筑混凝土挤胀变形，应进行加固处理，模板贴在外墙面上，然后用拉条拉牢。

c. 外板内模结构山墙处组合柱，模板采用木模板或组合钢模板，用斜撑支牢。

d. 根部应留置清扫口。

② 圈梁模板：

a. 圈梁模板可采用木模板或定型组合钢模板上口弹线找平。

b. 圈梁模板采用落地支撑时，下面应垫方木，当用木方支撑时，下面用木楔楔紧。用钢管支撑时，高度应调整合适。

c. 钢筋绑扎完以后，模板上口宽度进行校正，并用木撑进行定位，用铁钉临时固定。如采用组合钢模板，上口应用卡具卡牢，保证圈梁的尺寸。

d. 砖混、外砖内模结构的外墙圈梁，用横带扁担穿墙，平面位置距墙两端 24cm 开始留洞，间距 50cm 左右。

③ 板缝模板（图 5.1-9）：

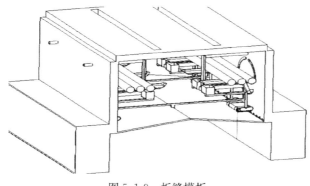

图 5.1-9　板缝模板

a. 板缝宽度为 4cm，可用 50mm×50mm 方木或角钢作底模。大于 4cm 者应当用木板做底模，宜伸入板底 5～10mm 留出凹槽，便于拆模后顶棚抹砂浆找平。

b. 板缝模板宜采用木支撑或钢管支撑，或采用吊杆方法。

c. 支撑下面应当采用木板和木楔垫牢，不准用砖垫。

（4）质量标准：

1）保证项目：模板及其支架必须具有足够的强度、刚度和稳定性，其支撑部分应有足够的支撑面积，如安装在基土上，基土必须坚实，并有排水措施。对湿陷性黄土必须有防水措施；对冻胀性土必须有防冻融措施。

2）基本项目：

模板接缝处应严密，预埋件应安置牢固，缝隙不应漏浆，应小于 1.5mm。

模板与混凝土的接触面应清理干净，模板隔离剂应涂刷均匀，不得漏刷或沾污钢筋。

砖混结构模板允许偏差项目见表 5.1-6。

砖混结构模板允许偏差   表 5.1-6

项目	允许偏差（mm）		检验方法
	单层、多层	多层大模	
轴线位移：柱、梁	5	5	尺量检查
标高	±5	±5	用水准仪或拉线和尺量检查
截面尺寸：柱、梁	+4 −5	±2	尺量检查
每层垂直度	3	3	用 2m 托线板检查
相邻两板表面高低差	2	2	用直尺和尺量检查
表面平整度	5	2	用 2m 靠尺和楔形塞尺检查
预埋钢板中心线位移	3	3	拉线和尺量检查

（5）成品保护：

在砖墙上支撑圈梁模板时，防止撞动最上一皮砖。支完模板后，应保持模内清洁，防止掉入砖头、石子、木屑等杂物。应保护钢筋不受扰动。

（6）应注意的质量问题：

1）构造柱处外墙砖挤鼓变形，支模板时应在外墙面采取加固措施。

2）圈梁模板外胀：圈梁模板支撑没卡紧，支撑不牢固，模板上口拉杆碰坏或没钉牢固。浇筑混凝土时设专人修理模板。

3）混凝土流坠：模板板缝过大，没有用纤维板、木板条等贴牢；外墙圈梁没有先支模板后浇筑圈梁混凝土，而是先包砖代替模板再浇筑混凝土，致使水泥浆顺砖缝流坠。

4）板缝模板下沉：悬吊模板时铅丝没有拧紧吊牢，采用钢木支撑时，支撑下面垫木没有楔紧钉牢。

（7）质量记录：

本工艺标准应具备以下质量记录：

1）模板分项工程预检记录。

2）模板分项工程质量评定资料。

3）监理分部验收记录

7. 抹水泥砂浆工艺

（1）范围：

本工艺标准适用于电缆沟、井内外水泥砂浆抹面。

（2）施工准备：

1）主要材料和机具：

① 水泥：325 号及其以上矿渣水泥或普通水泥，颜色一致，宜采用同一批号的产品。

② 砂：平均粒径 0.35～0.5mm 的中砂，砂颗粒要求坚硬洁净，不得含有黏土、草根、树叶、碱质及其他有机物等有害物质。砂在使用前应根据使用要求过不同孔径的筛子，筛好备用。

③ 石灰膏：应用块状生石灰淋制，淋制时使用的筛子其孔径不大于 3mm×3mm，并应贮存在沉淀池中。熟化时间，常温一般不少于 15d；用于罩面灰时，熟化时间不应少于 30d，使用时石灰膏内不应含有未熟化颗粒和其他杂质。

④ 磨细生石灰粉：其细度过 0.125mm 的方孔筛，累计筛余量不大于 13%。使用前用水泡透使其充分熟化，熟化时间不少于 3d。

⑤ 浸泡方法：应提前备好一个大容器，均匀地往容器中洒一层生石灰粉，浇一层水，然后再撒一层生石灰粉，再浇水，依此进行。直至达到容器体积的 2/3，随后，将容器内放满水，将生石灰粉全部浸泡在水中，使之熟化。

⑥ 磨细粉煤灰：细度过 0.08mm 的方孔筛，其筛余量不大于 5%，粉煤灰可取代水泥来拌制砂浆，其最多掺量不大于水泥用量的 25%，若在砂浆中取代白灰膏，最大掺料不宜大于 50%。

⑦ 其他掺合料：107 胶、外加剂，其掺入量应通过试验决定。

⑧ 主要机具：搅拌机、5mm 及 2mm 孔径的筛子、大平锹，除抹灰工一般常用的工具外，还应备有软毛刷、钢丝刷、筷子笔、粉线包、喷壶、小水壶、水桶、分格条、笤帚、锤子、錾子等。

2）作业条件：

结构工程全部完成，并经有关部门验收，达到合格标准。抹灰前应检查孔洞的位置是否正确，与墙体连接是否牢固。连接处缝隙应用 1∶3 水泥砂浆或 1∶1∶6 水泥混合砂浆分层嵌塞密实。若缝隙较大时，应在砂浆中掺少量麻刀嵌塞，使其塞缝严实。砖墙、混凝土墙、加气混凝土墙基体表面的灰尘、污垢和油渍等，应清理干净，并洒水湿润。

预埋铁件、管道等应提前安装好，结构施工时墙面上的预留孔洞应提前堵塞严实，将柱、过梁等凸出墙面的混凝土剔平，凹处提前刷净，用水洇透后，再用 1∶3 水泥砂浆或 1∶1∶6 水泥混合砂浆分层补衬平。

预制混凝土外墙板接缝处应提前处理好，并检查空腔是否畅通，勾好缝，进行淋水试验，无渗漏方可进行下道工序。

加气混凝土表面缺棱掉角需分层修补。做法是：先洇湿基体表面，刷掺水量 10% 的 107 胶水泥浆一道，紧跟抹 1∶1∶6 混合砂浆，每遍厚度应控制在 7～9mm。

抹水泥砂浆，大面积施工前应先做样板，经鉴定合格，并确定施工方法后，再组织施工。

施工时使用的外架子应提前准备好，横竖杆要离开墙面及墙角 200～250mm，以利操作。为减少抹灰接槎，保证抹灰面的平整，外架子应铺设三步板，以满足施工要求。为保证外墙抹水泥的颜色一致，严禁采用单排外架子。严禁在墙面上预留临时孔洞。

抹灰前应检查基体表面的平整（图5.1-10），以决定其抹灰厚度。抹灰前应在大角的两侧弹出抹灰层的控制线，以作为打底的依据。

图 5.1-10　抹灰完成前检查

（3）操作工艺：

1）基层为混凝土外墙板：

基层处理：若混凝土表面很光滑，应对其表面进行"毛化"处理，其方法有两种：一种有将其光滑的表面用尖钻剔毛，剔去光面，使其表面粗糙不平，用水湿润基层。另一种方法是将光滑的表面清扫干净，用10％火碱水除去混凝土表面的油污后，将碱液冲洗干净后晾干，采用机械喷涂或用笤帚甩上一层1：1稀粥状水泥细砂浆（内掺20％107胶水拌制），使其凝固在光滑的基层表面，用手掰不动为好。

吊垂直、套方找规矩：在墙面等处吊垂直，套方抹灰饼，并按灰饼充筋后，在墙面上弹出抹灰层控制线。

抹底层砂浆：刷掺水量10％的107胶水泥浆一道，（水灰比为0.4～0.5）紧跟抹1：3水泥砂浆，每遍厚度为5～7mm，应分层与所充筋抹平，并用大杠刮平、找直，木抹子搓毛。

抹面层砂浆：底层砂浆抹好后，第二天即可抹面层砂浆，首先将墙面洇湿，按图纸尺寸弹线分格，粘分格条、滴水槽，抹面层砂浆。面层砂浆配合比为1：2.5水泥砂浆或1：0.5：3.5水泥混合砂浆，厚度为5～8mm。先用水湿润，抹时先薄薄地刮一层素水泥膏，使其与底灰粘牢，紧跟着抹罩面灰与分格条抹平，并用杠横竖刮平，木抹子搓毛，铁抹子溜光、压实。待其表面无明水时，用软毛刷蘸水垂直于地面的同一方向，轻刷一遍，以保证面层灰的颜色一致，避免和减少收缩裂缝。随后，将分格条起出，待灰层干后，用素水泥膏将缝子勾好。对于难起的分格条，则不应硬起，防止棱角损坏，应待灰层干透后补起。并补勾缝。

抹灰的施工程序：从上往下打底，底层砂浆抹完后，将架子升上去，再从上往下抹面层砂浆。应注意在抹面层灰以前，应先检查底层砂浆有无空、裂现象，如有空裂，应剔凿返修后再抹面层灰；另外应注意底层砂浆上的尘土、污垢等应先清净，浇水湿润后，方可进行面层抹灰。

养护：水泥砂浆抹灰层应喷水养护。

2）基层为加气混凝土板：

基层处理：用笤帚将板面上的粉尘扫净，浇水，将板洇透，使水浸入加气板达10mm为宜。对缺棱掉角的板，或板的接缝处高差较大时，可用1：1：6水泥混合砂浆掺20％107胶水拌合均匀，分层衬平，每遍厚度5～7mm，待灰层凝固后，用水湿润，用上述同配合比的细砂浆（砂子应用纱绷筛去筛），用机械喷或用笤帚甩在加气混凝土表面，第二天浇水养护，直至砂浆疙瘩凝固，用手掰不动为止。

吊垂直、套方找规矩：同前。

抹底层砂浆：先刷掺水量10％的107胶水泥浆一道（水泥比0.4～0.5），随刷随抹水泥混合砂浆，配合比1∶1∶6，分遍抹平，大杠刮平，木抹子搓毛，终凝后开始养护。若砂浆中掺入粉煤灰，则上述配合比可以改为1∶0.5∶0.5∶6，即水泥∶石灰∶粉煤灰∶砂。

弹线、分格、粘分格条、滴水槽、抹面层砂浆：首先应按图纸上的要求弹线分格，粘分格条，注意粘竖条时应粘在所弹立线的同一侧，防止左右乱粘。条粘好后，当底灰五、六成干时，即可抹面层砂浆。先刷掺水重10％的107胶水泥素浆一道，紧跟着抹面。面层砂浆的配合比为1∶1∶5的水泥混合砂浆或为1∶0.5∶0.5∶5水泥、粉煤灰混合砂浆，一般厚度5mm左右，分两次与分格条抹平，再用杠横竖刮平，木抹子搓毛，铁抹子压实、压光，待表面无明水后，再刷子蘸水按垂直于地面方向轻刷一遍，使其面层颜色一致。做完面层后应喷水养护。

3）基层为砖墙：

基层处理：将墙面上残存的砂浆、污垢、灰尘等清理干净，用水浇墙，将砖缝中的尘土冲掉，将墙面润湿。

吊垂直、套方找规矩、抹灰饼：同前。

充筋、抹底层砂浆：常温时可采用水泥混合砂浆，配合比为1∶0.5∶4，冬期施工，底灰的配合比为1∶3水泥砂浆，应分层与所冲筋抹平，大杠横竖刮平，木抹子搓毛，终凝后浇水养护。

弹线按图纸上的尺寸分块，粘分格条后抹面层砂浆。操作方法同前。面层砂浆的配合比，常温时可采用1∶0.5∶3.5水泥混合砂浆，冬期施工应采用1∶2.5水泥砂浆。

4）冬、雨期施工：一般只在初冬期间施工，严冬阶段不宜施工。

冬期拌灰砂浆应采用热水拌合，运输时采取保温措施，涂抹时砂浆温度不宜低于5℃。

砂浆抹灰层硬化初期不得受冻。

大气温度低于5℃时，室外抹灰砂浆中可掺入能降低结温度的食盐及氯化钙等，其掺量应由试验确定。

用冻结法砌筑的墙，室外抹灰应待其完全解冻后再抹，不得用热水冲刷冻结的墙面，或用热水消除墙面的冰霜。

冬期施工为防止灰层早期受冻，保证操作，砂浆内不可掺入石灰膏，为保证灰浆的和易性，可掺入同体积的粉煤灰代替。比如1∶1∶6的水泥混合砂浆可改为水泥粉煤灰砂浆，配合比仍为1∶1∶6。

雨期抹灰工程应采取防雨措施，防止抹灰层终凝前受雨淋而损坏。

（4）质量标准：

保证项目：所用材料的品种、质量必须符合设计要求，各抹灰层之间，及抹灰层与基体之间必须粘结牢固，无脱层、空鼓，面层无爆灰和裂缝（风裂除外）等缺陷。

中级抹灰：表面光滑、洁净，接槎平整，线角顺直、清晰（毛面纹路均匀一致）。

高级抹灰：表面光滑、洁净，颜色均匀，无抹纹，线角和灰线平直、方正、清晰美观。

护角应符合装饰工程施工规范的规定，表面光滑、平顺，孔洞、槽、盒尺寸正确、方正、整齐、光滑，管道后面抹灰平整。分格条（缝）宽度、深度均匀一致，条（缝）平整光滑，棱角整齐，横平竖直、通顺。允许偏差项目见表5.1-7。

外墙抹面一般抹面允许偏差   表 5.1-7

项次	项目	允许偏差（mm）		检验方法
		中级	高级	
1	立面垂直	5	3	用2m托线板检查
2	表面平整	4	2	用2m靠尺及楔形塞尺检查
3	阴阳角垂直	4	2	用2m托线板检查
4	阴阳角垂直	4	2	用20cm方尺和楔形塞尺检查
5	阴阳角垂直	3		拉5m小线和尺量检查

注：中级抹灰本表第四项阴角方正可不检查。

砖混结构全高≤10m，垂直度允许偏差为10mm，砖混结构全高＞10m，垂直度允许偏差为20mm。用经纬仪或吊线和尺量检查。

（5）成品保护：

翻拆架子时要小心，防止损坏已抹好的水泥墙面，并应及时采取保护措施，防止因工序穿插造成污染和损坏，特别对边角处应钉木板保护。

各抹灰层在凝结前应防止快干、暴晒、水冲、撞击和振动，以保证其灰层有足够的强度。

（6）应注意的质量问题：

空鼓、开裂和烂根：由于抹灰前基层底部清理不干净或不彻底，抹灰前不浇水，每层灰抹得太厚，跟得太紧；对于预制混凝土，光滑表面不剔毛、也不甩毛，甚至混凝土表面的酥皮也不剔除就抹灰；加气混凝土表面没清扫，不浇水就抹灰。抹灰后不养护。为解决好空鼓、开裂的质量问题，应从三方面下手解决：第一施工前的基体清理和浇水；第二施工操作时分层分遍压实应认真，不马虎；第三施工后及时浇水养护，并注意操作地点的洁净，抹灰层一次抹到底，克服烂根。

分格条处起条后不整齐不美观：起条后应用素水泥浆勾缝，并将损坏的棱角及时修补好。

面层接槎不平、颜色不一致：槎子甩得不规矩，留槎不平，故接槎时难找平。注意接槎应避免在块中，应留置在分格条处，或不显眼的地方；外抹水泥一定要采用同品种、同批号进场的水泥，以保证抹灰层的颜色一致。施工前基层浇水要透，便于操作，避免压活困难将表面压黑，造成颜色不均。

（7）质量记录：

本工艺标准应具备以下质量记录：

1）水泥的出厂证明及试验报告。

2）砂、粉煤灰等产品的出厂证明。

3）磨细生石灰粉产品的出厂证明。

4）外加剂等产品的出厂合格证及产品使用说明。

5）质量检验评定记录。

6）监理分部验收记录

8. 防水混凝土施工工艺

（1）范围：

本工艺标准适用于电缆管、沟混凝土刚性防水施工工艺。

（2）施工准备：

1）材料及主要机具：

水泥：宜用 425 号硅酸盐水泥、普通硅酸盐水泥，或矿渣硅酸盐水泥，严禁使用过期，受潮、变质的水泥。

砂：宜用中砂，含泥量不得大于 3％。

石：宜用卵石，最大粒径不宜大于 40mm，含泥量不大于 1％，吸水率不大于 1.5％。

U. E. A 膨胀剂：其性能应符合国家标准《混凝土膨胀剂》GB/T 23439—2017，其掺量应符合设计要求及有关的规定，与其他外加剂混合使用时，应经试验试配后使用。

主要机具：混凝土搅拌机、翻斗车、手推车、振捣器、溜槽、串桶、铁板、吊斗，计量器具磅秤等。

2）作业条件：

钢筋、模板上道工序完成，办理隐检、预检手续。注意检查固定模板的铁丝、螺栓是否穿过混凝土墙，如必须穿过时，应采取止水措施。特别是管道或预埋件穿过处是否已做好防水处理。木模板提前浇水湿润，并将落在模板内的杂物清理干净。

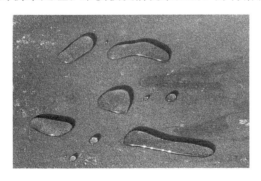

图 5.1-11 防水混凝土效果

根据施工方案，做好技术交底。材料需经检验，由试验室试配提出混凝土配合比，试配的抗渗等级应按设计要求提高 0.2MPa。如地下水位高，地下防水（图 5.1-11）工程施工期间继续做好降水，排水。

（3）操作工艺：

作业准备→混凝土搅拌→运输→混凝土浇筑→养护

① 混凝土搅拌：

投料顺序：石子→砂→水泥→U. E. A 膨胀剂→水。投料先干拌 0.5～1min 再加水。

水分三次加入，加水后搅拌 1～2min（比普通混凝土搅拌时间延长 0.5min）。混凝土搅拌前必须严格按试验室配合比通知单操作，不得擅自修改。散装水泥、砂、石车车过磅，在雨期，砂必须每天测定含水率，调整用水量。现场搅拌坍落度控制 6～8cm，泵送商品混凝土坍落度控制 14～16cm。

② 运输：混凝土运输供应保持连续均衡，间隔不应超过 1.5h，夏季或运距较远可适当掺入缓凝剂，一般掺入 2.5‰～3‰木钙为宜。运输后如出现离析，浇筑前进行二次拌合。

③ 混凝土浇筑：应连续浇筑，宜不留或少留施工缝。

底板一般按设计要求不留施工缝或留在后浇带上。墙体水平施工缝留在高出底板表面不少于 200mm 的墙体上，墙体如有孔洞，施工缝距孔洞边缘不宜少于 300mm，施工缝形式宜用凸缝（墙厚大于 30cm）或阶梯缝、平直缝加金属止水片（墙厚小于 30cm），施工缝宜做企口缝并用 B.W 止水条处理垂直施工缝宜与后浇带、变形缝相结合。

④ 养护：常温（20～25℃）浇筑后 6～10h 苫盖浇水养护，要保持混凝土表面湿润，养护不少于 14d。

⑤ 冬期施工：水和砂应根据冬施方案规定加热，应保证混凝土入模温度不低于 5℃，采用综合蓄热法保温养护，冬期施工掺入的防冻剂应选用经认证的产品。拆模时混凝土表面温度与环境温度差不大于 15℃。

（4）质量标准：

1）保证项目：

防水混凝土的原材料、外加剂及预埋件必须符合设计要求和施工规范有关标准的规定，检查出厂合格证、试验报告。

防水混凝土的抗渗等级和强度必须符合设计要求，检查配合比及试块试验报告。抗渗试块 500m³ 以下留两组，一组标养，一组同条件养护，养护期 28d，每增 250～500m³ 增留两组。

施工缝、变形缝、支模铁件设置与构造须符合设计要求和施工规范的规定，严禁有渗漏。

2）基本项目：

混凝土表面平整，无露筋、蜂窝等缺陷，预埋件位置正确。

允许偏差项目见表 5.1-8。

混凝土表面平整允许偏差

表 5.1-8

项次	项目	允许偏差（mm）	检查方法
1	轴线位置偏移	10	用经纬仪或拉线和尺量检查
2	基础和墙砌体顶面标高	±15	用水准仪和尺量检查
3	垂直度	10	用经纬仪或吊线和尺量检查
4	水泥、灰缝厚度（10 皮砖累计数）	±8	与皮数杆比较尺量检查
5	清水墙游丁走缝	20	吊线和尺量检查，以底层第一皮砖为准

（5）成品保护：

为保护钢筋、模板尺寸位置正确，不得踩踏钢筋，并不得碰撞、改动模板、钢筋。

在拆模或吊运其他物件时，不得碰坏施工缝处企口，及止水带。保护好穿墙管、电线管、电门盒及预埋件等，振捣时勿挤偏或使预埋件挤入混凝土内。

（6）应注意的质量问题：

严禁在混凝土内任意加水，严格控制水灰比，水灰比过大将影响 U.E.A 补偿收缩混凝土的膨胀率，直接影响补偿收缩及减少收缩裂缝的效果。

细部构造处理是防水的薄弱环节，施工前应审核图纸，特殊部位如变形缝、施工缝、穿墙管、预埋件等细部要精心处理。

地下防水工程必须由防水专业队施工，其技术负责人及班组长必须持有上岗证书。施工完毕，及时整理施工技术资料，交总包归档。地下室防水工程保修期三年，出现渗漏要负责返修。

穿墙管外预埋带有止水环的套管，应在浇筑混凝土前预埋固定，止水环周围混凝土要细心振捣密实，防止漏振，主管与套管按设计要求用防水密封膏封严。

结构变形缝应严格按设计要求进行处理，止水带位置要固定准确，周围混凝土要细心浇筑振捣，保证密实，止水带不得偏移，变形缝内填沥青木丝板或聚乙烯泡沫棒，缝内20mm处填防水密封膏，在迎水面上加铺一层防水卷材，并抹20mm防水砂浆保护。

后浇缝一般待混凝土浇筑六周后，应以原设计混凝土等级提高一级的 U.E.A 补偿收缩混凝土浇筑，浇筑前接槎处要清理干净，养护28d。

（7）质量记录：

本工艺标准应具备以下质量记录：

1）材料（水泥、砂、石、U.E.A，外加剂等）的出厂质量证明书、试验报告。

2）混凝土试块试验报告。（包括抗压及抗渗试块）。

3）隐检记录。

4）设计变更及洽商记录。

5）分项工程质量检验评定。

6）监理分部验收记录。

9. 铁件焊接工艺

（1）范围：

本工艺标准适用于电力工程中预埋件、支架、接地装置等铁件的制作与安装手工电弧焊焊接工程。

（2）施工准备：

1）材料及主要机具：

① 电焊条：其型号按设计要求选用，必须有质量证明书。按要求施焊前经过烘焙。严禁使用药皮脱落、焊芯生锈的焊条。设计无规定时，焊接 Q235 钢时宜选用 E43 系列碳钢结构焊条；焊接 16Mn 钢时宜选用 E50 系列低合金结构钢焊条；焊接重要结构时宜采用低氢型焊条（碱性焊条）。按说明书的要求烘焙后，放入保温桶内，随用随取。酸性焊条与碱性焊条不准混杂使用。

② 引弧板：用坡口连接时需用弧板，弧板材质和坡口型式应与焊件相同。

③ 主要机具：电焊机（交、直流）、焊把线、焊钳、面罩、小锤、焊条烘箱、焊条保温桶、钢丝刷、石棉条、测温计等。

2）作业条件：

熟悉图纸，做焊接工艺技术交底。

施焊前应检查焊工合格证有效期限，应证明焊工所能承担的焊接工作。

现场供电应符合焊接用电要求。

环境温度低于 0℃，对预热、后热温度应根据工艺试验确定。

（3）操作工艺：

1）工艺流程：

作业准备→电弧焊接（平焊、立焊、横焊、仰焊）→焊缝检查

2）钢结构电弧焊接：

平焊：选择合格的焊接工艺，焊条直径，焊接电流，焊接速度，焊接电弧长度等，通过焊接工艺试验验证。

清理焊口：焊前检查坡口、组装间隙是否符合要求，定位焊是否牢固，焊缝周围不得有油污、锈物。

烘焙焊条应符合规定的温度与时间，从烘箱中取出的焊条，放在焊条保温桶内，随用随取。

焊接电流：根据焊件厚度、焊接层次、焊条型号、直径、焊工熟练程度等因素，选择适宜的焊接电流。

引弧：角焊缝起落弧点应在焊缝端部，宜大于 10mm，不应随便打弧，打火引弧后应立即将焊条从焊缝区拉开，使焊条与构件间保持 2～4mm 间隙产生电弧。对接焊缝及丁接和角接组合焊缝，在焊缝两端设引弧板和引出板，必须在引弧板上引弧后再焊到焊缝区，中途接头则应在焊缝接头前方 15～20mm 处打火引弧，将焊件预热后再将焊条退回到焊缝起始处，把熔池填满到要求的厚度后，方可向前施焊。

焊接速度：要求等速焊接，保证焊缝厚度、宽度均匀一致，从面罩内看熔池中铁水与熔渣保持等距离（2～3mm）为宜。

焊接电弧长度：根据焊条型号不同而确定，一般要求电弧长度稳定不变，酸性焊条一般为 3～4mm，碱性焊条一般为 2～3mm 为宜。

焊接角度：根据两焊件的厚度确定，焊接角度有两个方面，一是焊条与焊接前进方向的夹角为 60°～75°；二是焊条与焊接左右夹角有两种情况，当焊件厚度相等时，焊条与焊件夹角均为 45°；当焊件厚度不等时，焊条与较厚焊件一侧夹角应大于焊条与较薄焊件一侧夹角。

收弧：每条焊缝焊到末尾，应将弧坑填满后，往焊接方向相反的方向带弧，使弧坑甩在焊道里边，以防弧坑咬肉。焊接完毕，应采用气割切除弧板，并修磨平整，不许用锤击落。

清渣：整条焊缝焊完后清除熔渣，经焊工自检（包括外观及焊缝尺寸等）确无问题后，方可转移地点继续焊接。

立焊：基本操作工艺过程与平焊相同，但应注意下述问题：在相同条件下，焊接电源比平焊电流小 10%～15%，采用短弧焊接，弧长一般为 2～3mm，焊条角度根据焊件厚度确定。两焊件厚度相等，焊条与焊条左右方向夹角均为 45°；两焊件厚度不等时，焊条与较厚焊件一侧的夹角应大于较薄一侧的夹角。焊条应与垂直面形成 60°～80°角，使角弧略向上，吹向熔池中心。

收弧：当焊到末尾，采用排弧法将弧坑填满，把电弧移至熔池中央停弧。严禁使弧坑甩在一边。为了防止咬肉，应压低电弧变换焊条角度，使焊条与焊件垂直或由弧稍向下吹。

横焊：基本与平焊相同，焊接电流比同条件平焊的电流小 10%～15%，电弧长 2～4mm。焊条的角度，横焊时焊条应向下倾斜，其角度为 70°～80°，防止铁水下坠。根据两焊件的厚度不同，可适当调整焊条角度，焊条与焊接前进方向为 70°～90°。

仰焊：基本与立焊、横焊相同，其焊条与焊件的夹角和焊件厚度有关，焊条与焊接方向成 70°～80°角，宜用小电流、短弧焊接。

3）冬期低温焊接：

在环境温度低于 0℃ 条件下进行电弧焊时，除遵守常温焊接的有关规定外，应调整焊接工艺参数，使焊缝和热影响区缓慢冷却。风力超过 4 级，应采取挡风措施；焊后未冷却的接头，应避免碰到冰雪。

钢结构为防止焊接裂纹，应预热、预热以控制层间温度。当工作地点温度在 0℃ 以下时，应进行工艺试验，以确定适当的预热，后热温度。

（4）质量标准：

1）保证项目：

焊接材料应符合设计要求和有关标准的规定，应检查质量证明书及烘焙记录。焊工必须经考试合格，检查焊工相应施焊条件的合格证及考核日期。

Ⅰ、Ⅱ级焊缝必须经探伤检验，并应符合设计要求和施工及验收规范的规定，检查焊缝探伤报告。焊缝表面Ⅰ、Ⅱ级焊缝不得有裂纹、焊瘤、烧穿、弧坑等缺陷。Ⅱ级焊缝不得有表面气孔、夹渣、弧坑、裂纹、电弧擦伤等缺陷，且Ⅰ级焊缝不得有咬边、未焊满等缺陷。

2）基本项目：

焊缝外观：焊缝外形均匀，焊道与焊道、焊道与基本金属之间过渡平滑，焊渣和飞溅物清除干净。

表面气孔：Ⅰ、Ⅱ级焊缝不允许；Ⅲ级焊缝每 50mm 长度焊缝内允许直径 ≤ 0.4t；且 ≤ 3mm 气孔 2 个；气孔间距 ≤ 6 倍孔径。

咬边：Ⅰ级焊缝不允许。

Ⅱ级焊缝：咬边深度 ≤ 0.05t，且 ≤ 0.5mm，连续长度 ≤ 100mm，且两侧咬边总长 ≤ 10％焊缝长度。

Ⅲ级焊缝：咬边深度 ≤ 0.1t，且 ≤ 1mm。

允许偏差见表 5.1-9。

允许偏差项目表　　　　表 5.1-9

项次	项目			允许偏差（mm）			检验方法
				Ⅰ级	Ⅱ级	Ⅲ级	
1	对接焊缝	焊缝余高（mm）	$B<20$	0.5～2	0.5～2.5 0.5～3.5		用焊缝量规检查
			$B≥20$	0.5～3	0.5～3.5	0～3.5	
		焊缝错边		<0.1t 且不大于 2.0	<0.1t 且不大于 2.0	<0.15t 且不大于 3.0	
2	角焊缝	焊角尺寸（mm）	$h_f≤6$	0～+1.5			
			$h_f>6$	0～+3			
		焊缝余高（mm）	$h_f≤6$	0～+1.5			
			$h_f>6$	0～+3			
3	组合焊缝焊角尺寸	T形接头、十字接头、角接头		>t/4			
		起重量≥50t、中级工作制吊车梁 T 形接头		t/2 且 ≤10			

注：t 为连接处较薄的板厚。

（5）成品保护：

焊后不准撞砸接头，不准往刚焊完的钢材上浇水，低温下应采取缓冷措施，不准随意在焊缝外母材上引弧。

各种构件校正好之后方可施焊，并不得随意移动垫铁和卡具，以防造成构件尺寸偏差。隐蔽部位的焊缝必须办理完隐蔽验收手续后，方可进行下道隐蔽工序。

低温焊接不准立即清渣，应等焊缝降温后进行。

（6）应注意的质量问题：

1）尺寸超出允许偏差：对焊缝长度、宽度、厚度不足，中心线偏移，弯折等偏差，应严格控制焊接部位的相对位置尺寸，合格后方准焊接，焊接时精心操作。

2）焊缝裂纹：为防止裂纹产生，应选择适合的焊接工艺参数和施焊程序，避免用大电流，不要突然熄火，焊缝接头应搭接 10～15mm，焊接中不允许搬动、敲击焊件。

3）表面气孔：焊条按规定的温度和时间进行烘焙，焊接区域必须清理干净，焊接过程中选择适当的焊接电流，降低焊接速度，使熔池中的气体完全逸出。

4）焊缝夹渣：多层施焊应层层将焊渣清除干净，操作中应运条正确，弧长适当。注意熔渣的流动方向，采用碱性焊条时，必须使熔渣留在熔渣后面。

（7）质量记录：

本工艺标准应具备以下质量记录：

1）焊接材料质量证明书。

2）焊工合格证及编号。

3）焊接工艺试验报告。

4）焊接质量检验报告、探伤报告。

5）设计变更、洽商记录。

6）隐蔽工程验收记录。

7）其他技术文件。

5.1.2 电力管道铺设

1. 范围

本工艺标准适用于电力工程中埋管敷设工程。

2. 施工准备

（1）材料及主要机具：

1）管材：其型号按设计要求选用，必须有出厂合格证和质检部门出具的质量证明书。

2）管材附件：其型号须与管材配套并符合设计要求。

3）主要机具：切割机、磨边机、管材连接工具等。

（2）作业条件：

熟悉图纸，做好技术交底。依照施工图纸和现场情况，确定电缆管的位置、路径，确保敷设路径上无障碍及其他管线（图 5.1-12），保证与热力、燃气、自来水管线的相交及交叉安全距离。统计其品种规格和数量，然后进行备料。实测电缆管的长度、高度、转角位置及其角度参数准备好电动切割机、磨边机。

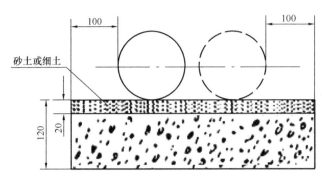

图 5.1-12　管沟沟断面图

3. 操作工艺

（1）工艺流程：

作业准备→敷设埋管→安装定位架（或管枕）→包封→回填

（2）敷设埋管及埋管连接：

1）选择电缆管敷设路径时，应考虑使管材用量少、弯曲少、穿越基础次数少，当设备位置尚未确定时，不应埋设电缆管，电缆管口应尽量与设备进线对准，排列整齐。电力管的直径应满足电力电缆规程的要求，一般为电缆外径的 1.3～1.6 倍。

2）铺设电力管的沟槽挖好后，沟底必须夯实找平。如沟槽土质不好应做 100mm 厚的混凝土基础，管外径距基础边不小于 100mm。若同其他管道交叉或遇砂石土层，应按设计意见采用配筋混凝土基础。

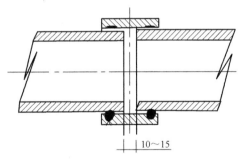

图 5.1-13　接头安装

3）下管之前，应对每根管进行检查。对有裂纹等缺陷不符合规格的均不许使用。

4）铺管时，勿使管子悬空，为此应在每根管接口处留工作小坑。若在混凝土基础上铺管，则应在基础上铺放 20mm 的砂土或过筛细土。

5）在安装接头（图 5.1-13）时，要在管箍内涂上肥皂水再往里穿，致使两根管口的距离达到 10～15mm 为准（每根管插入深度为整个管箍长度之半再减去 5～15mm 为止）。

6）人井间铺设完电力管后，应由专人进行检查找正，合格后才可回填。复土时管子两侧及"胸腔"必须捣实。在管子两侧 200mm 内，不许回填石块等硬质物体，应回填砂土或过筛细土。

7）如多根管水平排列敷设，管壁之间的距离应不少于 40mm，复土时，两管之间一定要填满砂土或细土并予以捣实。

8）两层管上下排列铺设时，要先在首层上复 40mm 细土或砂土并压实，然后铺设第二层管道，多层管道的铺设以此类推。为使管道所受应力传导均匀，上下管道中心线应互相错开。

9）不论单排或多排铺设（图 5.1-14），都要在最上层管上复过筛细土或砂土 400mm

并夯实，然后再回填，且最上层管顶距地面不得小于 700mm，否则应根据电力管的机械强度做混凝土包封处理。

10）管道和人井交接处，应于井壁接近管处外侧垫上橡胶圈，可用电缆管保护圈剪开代用。管口在井内壁需做 100mm 的水泥倒角。

11）管枕的配置方式和数量应按照环境条件、根据设计的要求来选定。管材连接时将导管的连接头内外表面清洗干净，并套好

图 5.1-14　并列敷设的电缆管

密封圈。把装好密封圈的导管与待连接承插口对齐，在导管的尾部垫以厚木板，用中型锤敲打进入。为了易于插入可以使用润滑剂，但润滑剂应使用中性洗净剂，切忌使用油和润滑脂，以免使橡胶圈老化。

12）埋入混凝土墙或基础内的管子，宜用支架固定。

13）埋设通入电缆隧道（沟道）内的电缆管时，应事先了解电缆走向，使电缆管的方向与电缆走向一致，即防止电缆在穿管时，出现小于 90°的弯曲。

14）敷设于铁路、道路下的电缆管的埋置深度应低于路基或排水沟 1m 以上；与铁路、道路平行敷设的电缆管，距路轨或路基的距离保持在 3m 以上。

15）电缆管于地下时，埋置深度不应小于 0.7m，涂塑钢管埋入地面的深度不应小于 0.1m。

16）在就地电气设备处埋管时，应按设备安装图及有关的土建图纸，确定设备接线部位的坐标及标高。引至设备的电缆管管口位置，应便于与设备连接并不妨碍设备拆装和进出，管口应排列整齐。

17）敷设电缆管应有不小于 0.1％的排水坡度，以防弯头积水；管的内表面应光滑，连接时管孔应对准，接缝要密封，防止地下水和泥浆渗入。多层电缆管敷设应分层施工，浇筑混凝土必须支模板。

18）电缆管安装完毕，应根据设计要求封堵管口，以防进入杂物影响今后施放电缆的工作。对埋入混凝土内的电缆管，应先检查管路畅通、清洁，再用管堵封堵管口，以免浇灌混凝土时浇入管内。

19）在敷设电缆前，应对已埋好的电缆管作一次修整，割去过长部分，将管口加工成喇叭形或磨光。电缆敷设后，两端管口还应用设计要求的防火堵料密封。

20）管道铺设完后，尚未复土之前，应由验收单位检查，如发现弯曲，裂纹时应予返工。整个施工完后，在验收单位到场情况下，由施工单位用外径小于电力管内径 10mm，长度不少于 1m 的拉棒在管道内拉通，方为符合质量要求。

（3）埋管加工及连接：

1）电缆管的弯曲半径应符合所穿入电缆弯曲半径的规定，在一般情况下弯曲角度不应小于 90°，每根电缆管的弯头不应超过 3 个。

2）电缆管弯制后，不得存在裂纹和显著的凹瘪现象，其弯扁程度不宜大于管子外径的 10％。加工好的电缆管管口应无毛刺和尖锐棱角，管口宜做成喇叭形（隧道、电缆沟端）。

3）涂塑钢管连接应牢固，密封应良好，两管口应对准。涂塑钢管的连接可采用大一级的短管套接，套接的短套管或带螺纹的管接头的长度，不应小于电缆管外径的 2.2 倍，短管两端可采用焊接密封。不可将管与管直接对焊，以免焊渣进入管内。硬质塑料管的连接一般采用套接和插接两种方法，在插接时，其插入深度宜为管子内径的 1.1～1.8 倍，在插接面上应涂以胶粘剂粘牢密封。采用套接时套管两端应密封。

4）混凝土包封施工应逐层敷设电缆管逐层包封，包封用混凝土施工工艺见相应章节，回填按照图纸设计回填标准回填。

（4）电力管做混凝土包封敷设：

1）当采用混凝土包封敷设工艺时，除执行电力管直埋的有关规定外，还要满足混凝土包封有关规定。当距地面覆土不足 100mm 时，应考虑加厚混凝土包封层或配筋包封。

2）铺设管道沟槽挖好后，应予找平，在沟底浇筑 100mm 厚的混凝土基础，待凝固后把电力管两端用木块固定，用水泥砂浆把电力管的"胸腔"和距基础之缝隙填满。

3）多根管水平排列，管壁间距仍为 40mm，多层排列时，应先将首层管道间隙灌满水泥砂浆后，再打一层 40mm 厚的砂石混凝土，待凝固后，将第二层管依次码上，而后在周围打上 100mm 的包封层。

4）待混凝土包封凝固、养护后，再进行复土回填工作。

5）人井与管道交接处理及验收方法均应执行直埋管线的有关规定。

6）工程竣工，施工单位应将施工平面图、纵断图、电力管做法图及有关资料转交验收运行单位。

（5）电力管的运输与保管：

1）电力管在装卸过程，要严格执行厂家要求，要轻抬轻放，严禁抛掷。

2）运输中必须设法使管子固定，减少振动，防止碰撞。

3）管子堆放场地必须平坦坚实，不同规格的管材应分别堆放，堆放时最下一层应固定好，以防塌落，堆垛高度应低于 1.5m。

（6）成品保护：

敷设好的电缆管及时采用混凝土包封，防止外力破坏，包封时禁止违章施工，野蛮施工以防止已敷设的电缆管错位及受到刚性损坏。不能及时进行包封的要安排专人进行保护，防止电缆管受损、被盗。再次进行施工前要重新检查已敷设电缆管，防止出现错位、破损等质量问题，包封后达到回填要求的及时进行回填。

（7）应注意的质量问题：

尺寸超出允许偏差：对敷设电缆管的上下高差，左右偏移应严格控制尺寸，一道工序合格后方准进入下一道工序。

涂塑钢管连接处焊缝：为防止裂纹产生，应选择适合的焊接工艺参数和施焊程序，避免用大电流，不要突然熄火，焊缝接头应搭接 10～15mm，焊接中不允许搬动、敲击焊件。

电缆管包封：为保证电缆管敷设质量，应严格按照施工工序，逐层采用混凝土包封，不得敷设完所有管材后一次性包封。

（8）质量记录：

本工艺标准应具备以下质量记录：

1）材料出厂检验报告

2）有关材料的材质报告

3）设计变更、洽商记录

4）隐蔽工程验收记录。

5）监理分部验收记录

6）其他技术文件。

4. 质量标准

（1）保证项目：

1）管材、防水混凝土的原材料、外加剂必须符合设计要求和施工规范有关标准的规定，检查出厂合格证、试验报告。

2）电缆管敷设应符合设计要求和施工及验收规范的规定。

3）防水混凝土的抗渗等级和强度必须符合设计要求，检查配合比及试块试验报告。抗渗试块 500m³ 以下留两组，一组标养，一组同条件养护，养护期28d，每增250～500m³ 增留两组。

（2）基本项目：

1）电缆管的内表面光滑、无积水及杂物，外表面无穿孔、裂缝、显著的凹凸不平及锈蚀现象，管口应光滑、无毛刺。

2）电缆管的弯曲半径与所穿电缆管的弯曲半径匹配，弯扁度不大于1/10 电缆管外径。

3）电缆管的内径应符合设计要求，且不小于1.5 倍电缆外径。

4）敷设电缆管应做到横平竖直。在标高一致的条件下，管口高度及弯曲弧度一致。与热力管道、热力设备及煤气管道平行敷设的电缆管，其平行距离不小于2m，且不宜敷设于热力管道上部，交叉时距离不得小于1m。

5）采用套接的涂塑钢管，其套管长度应为电缆管外径的1.5～3 倍，且焊接牢固，涂塑层完好；采用套丝的金属电缆管，其管端套丝长度应大于1/2 管接头长度，连接牢固，密封良好。

6）电缆管封堵，管口封堵严密，堵料凸起2～5mm。

7）如需要机械辅助敷设应注意现场施工工序，避免交叉作业。控制好吊装位置，确保敷设质量。允许偏差见表5.1-10。

电缆管敷设允许偏差 表 5.1-10

项次	项目		允许偏差（mm）		检验方法
1	轴线位移		5		尺量检查
2	埋管标高		±5	±10	用水准仪或尺量检查
3	截面尺寸		+5	+5 −2	尺量检查
4	埋管垂直度	每层	5		用2m托线板检查
		全高	H/1000		用经纬仪或吊线和尺量检查
5	埋管间距		8	4	用2m靠尺和楔形塞尺检查

5.1.3 电缆接线井施工工艺

1. 技术要求

施工过程严格按照设计图纸和验标上的相关要求组织施工，在大面积施工前，选择一段具有代表性的路基进行工艺试验，确定相关工艺参数，并报监理单位确认。

2. 工艺流程（图5.1-15）

3. 施工要求

（1）施工准备：

贯通地线、过轨管已经埋设完成，并符合设计及规范要求。并报给监理工程师进行了验收。

（2）电缆井（图5.1-16）分别为Ⅰ型通信信号电缆井、Ⅱ型通信信号电缆井、电力电缆井、路桥电缆槽电缆井及路隧电缆槽过渡电缆井五种类型，其中Ⅰ型通信信号电缆井、Ⅱ通信信号电缆井、电力电缆井现场采用钢筋混凝土浇筑，过渡电缆井现场采用素混凝土浇筑。不同电缆井的使用范围见表5.1-11。

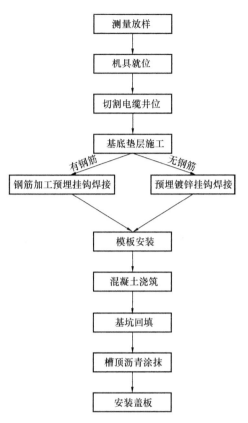

图5.1-15 电缆接线井施工工艺

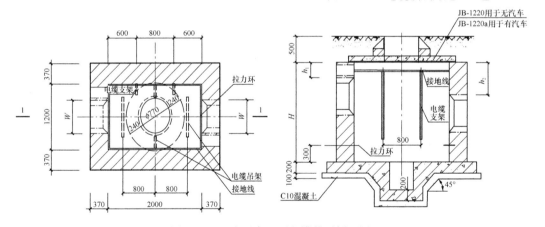

图5.1-16 小型直通型电缆井平剖面图

各种电缆井使用范围表 表5.1-11

电缆井类型	电缆井适用范围
Ⅰ型通信信号电缆井	通信、信号线缆单独过轨或敷设余长，牵引供电线缆上网及过轨，区间路基与车站路基电缆槽过渡（不大于6根过轨管）
Ⅱ型通信信号电缆井	中继站通信、信号线缆合并过轨或敷设余长，牵引供电线缆过轨，区间路基与车站路基电缆槽过渡（不大于根过轨管）

电缆井类型	电缆井适用范围
电力电缆井	电力线单独过轨或敷设余长（不大于10根过轨管）
路桥电缆槽过渡电缆井	路基与桥梁电缆槽对接过渡
路隧电缆槽过渡电缆井	路基与隧道电缆槽对接过渡

通信信号电缆井（包含过轨电缆井）一般500m左右对称设置一处，电力电缆井（包含过轨电缆井）一般250m左右对称设置一处，并应避开接触网支柱、声屏障位置、线间集水井。

4. 测量放样

测量人员将设计的每个电缆井平面位置及标高进行测量放样。放样后沿着电缆井平面结构尺寸外侧边缘灰线洒出来，并根据测量桩的标高确定开挖深度。

5. 基底垫层施工

电缆井基坑完成后，清除底部建筑垃圾，在底部以下设10cm厚C25混凝土垫层。

6. 镀锌挂钩（图5.1-17）

钢筋加工机预埋挂钩焊接/预埋镀锌挂钩按照灰线进行开挖，开挖深度为：路堤为路肩标高往下开挖1.25m，路堤式路堑开挖深度为路肩标高往下开挖 $1.25-0.28=0.97$m。机械开挖至设计深度还剩下10cm时改为人工清理。

7. 坑回填

人工清理完成之后，在电缆井底部设100mm厚C25素混凝土垫层，电缆井其周边超挖部分采用C25素混凝土回填。

图5.1-17 镀锌挂钩

8. 钢筋加工预埋挂钩焊接/预埋镀锌挂钩焊接

（1）电缆槽有钢筋：钢筋由钢筋加工厂集中加工，专业吊装设备移至施工现场，钢筋在现场绑扎。埋设Φ25的镀锌钢筋焊接在电缆槽钢筋上，并保证其稳定牢靠，且在同一水平面上的挂钩标高保持一致。

（2）电缆槽无钢筋：在垫层中钻孔预埋钢筋，将镀锌挂钩焊接固定。

图5.1-18 电缆井模板安装

9. 模板安装（图5.1-18）

钢筋绑扎完成之后，开始立电缆井的模板。为保证电缆井结构尺寸准确，棱角分明，电缆井模板采用定型钢模。立模板过程中，需要埋设直径80mm的PVC管作为泄水孔，引至路基边坡；同时还需要注意镀锌线缆挂钩的安放要准确。

10. 混凝土浇筑

电缆井的模板支立完成之后，开始浇筑

电缆井混凝土（图 5.1-19）。电缆井采用 C25 混凝土进行浇筑，浇筑过程中要加强振捣。

11. 其他注意事项

（1）过轨处两侧电缆井采用过轨管连通，线缆上下路基侧设上下路基电缆槽与电缆井外侧壁预留槽连通。为便于敷缆，上下路基电缆槽转折处转弯半径不小于 1.5m。电缆井与侧沟平面干扰时，侧沟应向侧沟平台处外移并在平面顺接过渡，顺接长度不小于 2.0m。

（2）为减少上下路基电缆槽施工对路基边坡防护工程及排水设施的干扰，上下路基电缆槽在防护栅栏范围内应在路基边坡防护工程及排水设施上浇筑，防护栅栏外可将其埋入地下。

12. 电缆井埋设时应注意要求

（1）电缆井（图 5.1-20）底部设 100mm 厚 C25 素混凝土垫层，电缆井其周边超挖部分采用 C25 素混凝土回填。

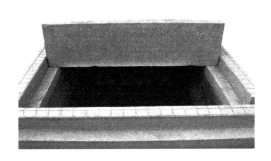

图 5.1-19　浇筑成型的电缆井模

图 5.1-20　电缆井

（2）为保证电缆井内水顺利排出，采用直径 100mmPVC 管与电缆井泄水孔（直径 80mmPVC 管）衔接将电缆井内水排至路堤边坡上或路堑侧沟内。同时于电缆井泄水孔孔口埋设一层热镀锌铁丝方眼网防鼠，镀锌网网孔尺寸为 15mm，镀锌铁丝直径不小于 1.5mm。

（3）路桥电缆槽过渡电缆井顶面与桥梁电缆槽顶面平齐。电缆井井口与电缆槽连接处内侧应采用 M10 水泥砂浆顺接抹平，以防棱角划伤电缆；连接错开处应采用 M10 水泥砂浆封堵，以防鼠类进入。

13. 质量控制及检验

（1）修筑于路基上的电缆井应按设计要求的位置、形状、尺寸与路基同步修建，不得因其施工而损坏、影响路基的稳定与安全。

（2）电缆井与基床表层级配碎石、接触网支柱及声屏障基础、测沟间等缝隙的填充质量应符合设计要求，检验数量：施工单位、监理单位全部检验。检验方法：观察填充材料与设计要求是否一致，查验材料试验报告，填充是否严密、平顺。

（3）过渡段电缆井应平顺连接，弯曲角度应符合设计要求。检验数量：施工单位、监理单位全部检验。检验方法：观察。电缆井施工的允许偏差、检验数量及检验方法应符合表 5.1-12 的规定。

电缆井施工允许偏差数量及检验方法表　　表 5.1-12

序号	检验项目	允许偏差	施工单位检验数量	检验方法
1	靠线路侧外壁距线路中心线距离	±200mm	每个电缆井抽样检验 2 点	尺量
2	底面高程	±10mm	每个电缆井抽样检验 3 点	测量仪器测
3	内径	±10mm	每个电缆井抽样检验 3 处	尺量
4	外径	±10mm	每个电缆井抽样检验 3 处	尺量
5	顶面高程（井壁及盖好盖板后）	±10mm	每个电缆井抽样检验井壁 2 点，盖板顶面 2 点	测量仪器测

14. 安全要求

（1）施工人员上岗操作一律佩戴安全帽，孔下作业人员应系保险绳，特殊工种要经过专业培训并持证上岗。

（2）机械安全管理措施：设备管理人员不得擅自离岗，同时要经常检查各种施工机械的状态，保证施工机械不带病作业，所有施工机具设备均应定期检查并有安全员的签字记录。

（3）安全用电措施：现场电工人员不准离开岗位，并经常检查用电设施是否安全，做到专人专管，无证人员不准操作，保证施工用电安全。经常检查施工临时用电 TN-S 接零保护系统。

（4）在现场周围配备、设立并维修必要的标志牌，为施工人员和公众提供安全和方便。

（5）现场施工中所有用电一律由配电箱接出，杜绝随意乱接现象，所有临时电源和移动电具要设置有效的漏电保护装置。

（6）现场操作时应穿防滑、绝缘的鞋子，进场人员必须佩戴安全帽；高空作业人员正确佩戴安全带等。

5.1.4　电力工程监理要点

1. 电缆沟工程监理要点

（1）开挖基坑（槽）或管沟施工监理要点：

1）监理工程师应严格审查施工单位提交的沟槽开挖施工组织设计，包括材料、机械、设备进场情况及人员配备情况等。

2）监理工程师应复查沟槽开挖的中线位置和沟槽高程。

3）检查排水、雨、冬期施工措施落实情况。

4）遇地质不良、施工超挖、槽底土层受扰等情况时，应会同设计、业主、承包人共同研究指定地基处理方案、办理变更设计或洽谈手续。

（2）素混凝土基础施工监理要点：

1）混凝土浇筑中，加强旁站监理，严格控制浇筑质量，严禁在已搅拌好的混凝土中注水。

2）监理人员应按审批过的见证取样方案督促施工单位试验人员随机见证取样、制作商品混凝土试件。

3）检查和督促承包单位适时做好成型压光和覆盖浇水养护、防止混凝土出现裂缝。

4）认真对已浇筑混凝土结构外观质量进行检查发现质量缺陷及时处理。

（3）砌筑施工监理要点：

1）验收进场材料、商品砂浆、砌块的品牌强度等级必须符合设计要求，并按规定批次见证取样送检。

2）检查砌块是否提前浇水湿润，蒸压加气混凝土砌块砌筑时应向砌筑面适当浇水。

3）检查复核施工现场平面尺寸和标高。

4）砌筑中检查砌体组砌方法和砌筑方法，是否符合设计规范要求。

5）检查留槎位置和方式，严禁无可靠措施的内外墙分砌施工，接槎处必须清理干净并浇水湿润。

6）砌筑中检查砌体平整度和垂直度、灰缝平直度是否符合设计规范要求。

（4）钢筋绑扎施工监理要点：

1）必须熟读设计图纸，明确各结构部位设计钢筋的品种、规格、绑扎或焊接要求。

2）钢筋进场后应由施工单位、监理单位对进场钢筋进行检查验收。

3）监理工程师应要求施工单位对钢筋的下料、加工进行详细的技术交底，要求技术人员根据图纸和规范进场钢筋翻样，且应到加工现场对成型钢筋进行检查，钢筋焊接、挤压连接均应按规定批量进行机械性能试验，并对外观进行检验。

4）钢筋绑扎过程中，监理工程师应到现场巡视，发现问题，及时通知施工单位整改。

5）施工单位质检人员自检合格的基础上，对施工单位报验部位进行隐蔽工程验收。

（5）模板施工监理要点：

1）模板安装前应编制模板设计文件和施工技术施工方案。

2）模板轴线放线时，模板安装根部及顶部应设标高标记，确保标高尺寸准确，设竖向垂直度控制线，确保横平竖直，位置正确。

3）模板与混凝土的接触面应清理干净并涂刷隔离剂，严禁隔离剂沾污钢筋和混凝土接槎处。

4）固定在模板上的预埋件、预留孔洞应按图纸逐个核对其尺寸、数量、位置，不得遗漏，并应安装牢固。

5）模板厚度应一致，格栅面应平整，格栅木料要有足够的刚度和强度，墙模板的穿墙螺杆直径、间距和垫块规格应符合设计要求。

6）模板拼缝间隙应小于 3mm，表面平整度偏差应小于 5mm，高低偏差小于 3mm，标高偏差 ±20mm，壳体几何偏差 ±3mm。

7）模板拆除时间和顺序应事先在施工技术方案中确定，拆模必须按拆模顺序进行，一般是后支的先拆、先支的后拆、先拆非承重部分，后拆承重部分。

（6）抹灰施工监理要点：

1）施工前确认各部位抹灰的做法和材料要求，抹灰遍数，每层的砂浆品种以及配合比要求。

2）抹灰工程所用材料品种、规格和质量应符合设计要求和国家现行标准的规定。

3）抹灰前基层应进行清污、修补处理，表面缺陷修整、洞眼砂浆嵌实。表面晒水湿润，结构不同墙面交接处应钉上金属网并绷紧牢固，与各类基层搭接宽度不应小于 100mm。

4）抹灰工作面划分成若干见证验收批，对每个验收批次进行报验见证验收后方可进行下一遍抹灰。

5）普通抹灰表面应光滑、洁净、接槎平整，分格缝应清晰。

6）高级抹面表面应光滑、洁净、颜色均匀、无抹纹，分格缝和灰线清晰美观（观察检查，手摸检查）。

（7）防水混凝土施工监理要点：

1）施工前监理工程师应严格审查施工单位提交的施工方案和施工人员的安全技术交底情况。

2）施工现场已完成隐蔽工程安装并验收合格，混凝土供应能满足连续浇筑不留施工缝。

3）混凝土在浇筑地点的坍落度，每个工作班至少检查两次。混凝土实测的坍落度与设计要求坍落度偏差符合设计要求。

4）防水混凝土必须采用高频机械振捣密实，振捣时间 10～30s。

5）防水混凝土终凝后，应立即进行养护，养护时间不得少于 14d。

6）应在浇筑地点制作防水混凝土抗渗性能试件，采用标准条件养护混凝土抗渗试件的实验结果评定。

（8）焊接施工监理要点：

1）监理工程师应认真审查分析施工单位提供的焊接工艺规程，评定最佳的焊接材料、方法、工艺参数、焊后处理方式等，确保焊接接头的力学性能达到设计要求。

2）焊接前检查焊接设备、焊工持证上岗和动火审批是否符合要求。

3）对焊接材料进行检查，焊接材料必须和工艺评定所选用材料一样。

4）检查坡口质量、坡口表面及边缘内外侧 30～50mm 范围内的油、漆、垢、锈、毛刺等应清除干净，不得有裂纹、夹层等缺陷。

5）焊接环境（风速、相对湿度、和最低气温）的控制。

6）焊接过程中，监理工程师以巡回检查的形式检查督促施工单位按焊接规范和工艺进行施工。

7）焊后须对焊接结构外形尺寸和焊缝外观进行检查，Ⅰ、Ⅱ级焊缝必须经探伤检验。

2. 电力管道铺设工程监理要点

（1）检查管材、内径、壁厚、品牌是否符合设计方的要求，同时检查管材表面是否有龟裂、承插口有无破损、插口皮圈是否有松动、脱落等现象，插口内应有倒角。

（2）检查管材敷设时、管材下面置放的垫块是否符合设计要求。

（3）检查管材敷设时的水平宽度，管材间距应符合设计要求。

5.2　通信工程

5.2.1　常用通信管道类型

目前常用通信管道按所用管材可分为三类，如图 5.2-1 所示。

其中 PVC-U 塑管（图 5.2-2）管道用本地网通信管道，HIPE 硅芯管（图 5.2-3）多用于长途通信光缆塑料管道工程。光缆采用气吹法敷设。

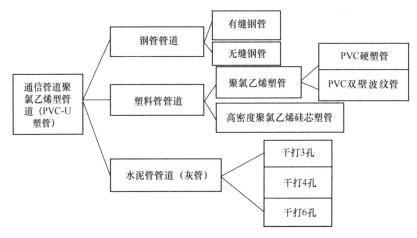

图 5.2-1　通信管道

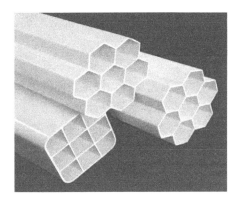

图 5.2-2　PVC-U 塑管

图 5.2-3　HIPE 硅芯管

（1）通信管道工程施工流程：

道路施工流程图如图 5.2-4 所示。

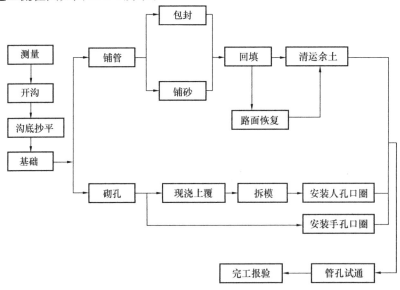

图 5.2-4　道路施工流程图

（2）水泥强度等级：通信管道工程常用水泥强度等级分两种：①P0.32.5②P0.42.5。

（3）混凝土强度等级：普通混凝土强度等级分为 C10、C15、C20、C25、C30 五种。

（4）水泥砂浆强度等级：分为 M2.5、M5、M7.5、M10 及素浆五种。

（5）标高：用水平仪测得的某点的标杆高度（相对于水准点）。

（6）高程：用水平仪测得的两点标高的差值。

（7）水准点：测量标高时选定的基准点。

（8）红线：城市道路规划所给各类地下管线的断面位置。

5.2.2　器材检验

1. 一般规定

（1）通信管道工程所用的器材规格、程式及质量应由施工单位在使用前进行严格检验。发现质量问题应及时处理。

（2）凡有出厂证明的器材，经检验发现问题时，应做质量技术鉴定后处理；凡无出厂证明的器材，禁止在工程中使用。严禁使用质量不合格或不符合设计要求的器材。

2. 通信管道工程主要器材（图 5.2-5）

（1）通信管道工程中水泥预制品主要有水泥管块、通道盖板、手孔盖板、人孔上覆等。水泥预制品生产前，须按水泥类别、强度等级及混凝土强度等级做至少一组（三块）混凝土试块。

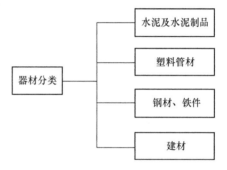

图 5.2-5　通信管道工程主要器材

（2）塑料管材：

管道工程中塑料管材的质量、规格、型号应符合设计文件的规定。常用 PVC 塑管（图 5.2-6）规格有 $\phi60$、$\phi63$、$\phi75$、$\phi100$、$\phi110$ 硬塑管。$\phi110$ 聚氯乙烯双壁波纹管(图 5.2-7)。

图 5.2-6　PVC 硬塑管

图 5.2-7　聚氯乙烯双壁波纹管

（3）钢材与铁件：

管道工程用钢管有无缝和有缝钢管两种。钢管用于桥梁或过路。人（手）孔铁件有人孔铁盖、口圈、盖板（手孔）、拉力环、电缆托架、托板、积水罐等。其中人孔铁盖、口圈及手孔盖板分灰铁铸铁和球墨铸铁两种。球墨铸铁用于车行道，灰铁铸铁用于人行道或小区内。人（手）孔铁盖装置（内外盖、口圈）的规格应符合标准圈的规定。

5.2.3 建筑材料

1. 通信管道建材：

（1）烧结砖（图5.2-8）或混凝土砌块（图5.2-9）。

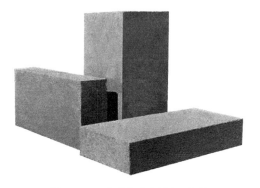

图5.2-8 烧结砖　　　　　　　图5.2-9 蒸养加气混凝土砌块

（2）砂（天然）（图5.2-10）。

（3）石料（碎石、天然砾石）（图5.2-11）。

图5.2-10 天然砂　　　　　　　图5.2-11 碎石

（4）通信管道工程中严禁使用耐水性能差、遇水后强度降低的炉渣砖或硅酸盐砖等。

（5）使用推荐标准图纸中的混凝土砌块规格、强度等要求。符合推荐标准图纸中各项要求。

2. 管道工程用的石料，应符合规定：

（1）应采用天然砾石或工碎石，不得使用风化石。

（2）石料的粒径应符合设计规范中的规定。

（3）石料中含泥量，按重量计不得超过2%。

（4）针状、片状颗粒含量，按重量计不得超过 20％。

（5）硫化物和硫酸盐类含量，按重量计不得超过 1％。

（6）石料中不得有树叶、草根、木屑等杂物。

3. 管道工程用的砂应符合规定：

（1）通信管道工程应采用天然砂。

（2）通信管道工程宜使用中砂；砂的细度模数（M_x）如下。

粗砂 M_x 为 3.7～3.1，平均粒径不小于 0.5mm；

中砂 M_x 为 3.0～2.3，平均粒径不小于 0.35mm；

细砂 M_x 为 2.2～1.6，平均粒径不小于 0.25mm；

特细砂 M_x 为 1.5～0.7，平均粒径不小于 0.15mm。

（3）砂中的云母和轻物质，按重量计不得超过 3％。

（4）砂中的泥土，按重量计不得超过 5％。

（5）砂中的硫化物和硫酸盐，按重量计不得超过 1％。

（6）砂中不得含有树叶、草根、木屑等杂物。

5.2.4 工程测量

（1）通信管道工程的测量，应按照设计文件及城市规划部门已批准的红线、坐标和高程进行。

（2）施工前复测包括基准点、中心线测量和设置高程基准点测量等。

（3）通信管道高程误差不大于 ±10mm。

（4）挖掘沟（坑）（图 5.2-12）。

图 5.2-12 基础开挖

1）通信管道施工中，遇到不稳定土壤或有腐蚀性的土壤时，施工单位应及时提出。待有关单位提出处理意见后方可施工。

2）管道沟开挖时，与其他管线的隔距应符合设计要求。同时注意地下原有管线安全，如煤气管道、自来水管、电力线等。

3）沟深及人手孔坑超过 3m 时，采用放坡法或设倒土平台，确保人身安全。

（5）回填（图 5.2-13）：

1）通信管道工程的回填土，应在管道或人（手）孔按施工顺序完成施工内容。并经

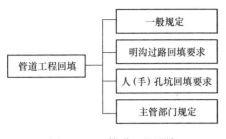

图 5.2-13　管道工程回填

24h 养护和隐蔽工程检验合格后进行。

2）管道顶部 30cm 以内及靠近管道两侧的回填土内，不应含有直径大于 5cm 的砾石、碎石等坚硬物。

3）管道两侧应同时进行回填土，每回填土 15cm 厚，应夯实。

4）管道顶部 30cm 以上，每回填土 30cm 厚，应夯实。

5）回填土前，应先清除沟（坑）内杂物。沟（坑）内如有积水和淤泥，必须排除后方可进行回填土。

5.2.5　人（手）孔、通道建筑

一般规定（图 5.2-14）：

（1）砖、混凝土模块（以下简称砌块）砌体墙面应平整、美观、不应出现竖向通缝。

（2）砖砌体砂浆饱满程度应不低于 80％，砖缝宽度应为 8～12mm，同一砖缝的宽度应一致。

（3）砌块砌体横缝应为 15～20mm，竖缝应为 10～15mm，横缝砂浆饱满程度应不低于 80％，竖缝灌浆必须饱满、严实，不得出现跑漏现象。

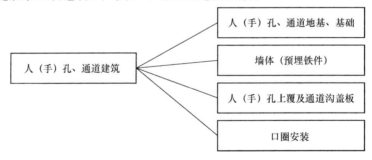

图 5.2-14　人（手）孔、通道建筑

（4）砌体必须垂直，砌体顶部四角应水平一致；砌体的形状、尺寸应符合图纸要求。

（5）设计规定抹面的砌体，应将墙面清扫干净，抹面应平整、压光、不空鼓，墙角不得歪斜。抹面厚度、砂浆配比应符合设计规定；勾缝的砌体，勾缝应整齐均匀，不得空鼓，不应脱落或遗漏。

（6）通道的建筑规格、尺寸、结构形式，通信内设置的安装铁件等，均应符合设计图纸的规定。

（7）通信管道的弯管道，当曲率半径小于 36m 时，宜改为通道。

5.2.6　模板、钢筋及混凝土砂浆

1. 装拆模板

（1）通信管道工程中混凝土基础、包封、盖板等。均应按设计图纸的规格要求支架模板（图 5.2-15）。

图 5.2-15 模板安装

（2）浇筑混凝土的模板，应符合下列各项规定：

1）模板必须有足够的强度、刚度和稳定性、无缝隙和孔洞，浇筑混凝土后不得产生变形；

2）模板的形状、规格应保证设计图纸要求所浇筑混凝土构件的规格和形状；

3）模板与混凝土的接触面应平整，边缘整齐，拼缝紧密，牢固，预留孔洞位置准确，尺寸符合规定；

4）重复使用的模板，表面不得有粘结的混凝土、水泥砂浆及泥土等附着物。

（3）模板拆除的期限，应符合表 5.2-1、表 5.2-2 要求。

非承重混凝土构件拆模时间表　　　　　　　　　　　　　　　　表 5.2-1

水泥品种	水泥强度等级	混凝土强度等级	日平均气温					
			5	10	15	20	25	30
			混凝土达到 2.45MPa 强度的拆模天数					
普通硅酸盐水泥	P0.32.5	C10 以下	5.0	4.0	3.0	2.0	1.5	1.0
		C11～C20	4.5	3.0	2.5	2.0	1.5	1.0
		C20 以上	3.0	2.5	2.0	1.5	1.0	1.0
火山灰或矿渣水泥	P0.32.5	C10 以下	8.0	6.0	4.5	3.5	2.5	2.0
		C10 以下	6.0	4.5	3.5	2.5	2.0	1.5

注：每 24h 为一天。

承重混凝土构件拆模时间表　　　　　　　　　　　　　　　　表 5.2-2

结构类别	水泥种类	水泥强度等级	拆模需要的强度（按设计强度 $X\%$ 计）	日平均气温（℃）					
				5	10	15	20	25	30
				混凝土达到 $X\%$ 强度的天数					
跨度 2.5m 以下的板及装配钢筋混凝土构件	普通硅酸盐	P0.32.5	50	12	8	7	6	5	4
	火山灰或矿渣	P0.32.5 以上	50	22	14	10	8	7	6
度 2.5～8m 的板梁的底模板	普通硅酸盐	P0.32.5	70	24	16	12	10	9	8
	火山灰或矿渣	P0.32.5 以上	70	36	22	16	14	11	9

（4）钢筋加工（图 5.2-16）：

钢筋加工应符合下列各项规定：

1）钢筋表面应洁净，应清除钢筋的浮皮、锈蚀、油渍、漆污等；

2）钢筋应按设计图纸的规定下料，并按规定的形状进行加工；

3）盘条钢筋在加工前应进行拉伸处理（图 5.1-17）；

4）加工钢筋时应检查其质量、凡有劈裂、缺损等伤痕的残段不得使用；

5）短段钢筋允许接长用作分布筋（构造钢筋），主筋（受力钢筋）严禁有接头。

钢筋排列的形状及各部位尺寸，主筋与分布筋的位置均应符合设计图纸的规定。严禁倒置。主筋间距误差不大于 5mm，分布筋间距误差应不大于 10mm。

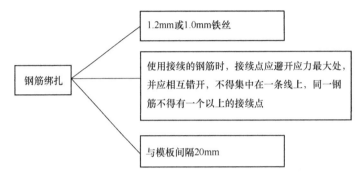

图 5.2-16　钢筋绑扎

图 5.2-17　钢筋拉伸试验

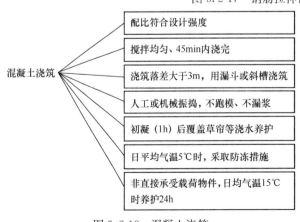

图 5.2-18　混凝土浇筑

（5）混凝土浇筑（图 5.2-18）：

混凝土所用的水泥、砂、石和水应符合使用标准。不同种类、强度等级的水泥不得混合使用；砂和石料的含泥量如超过标准，必须用水洗干净后方可使用。

水泥砂浆：

水泥砂浆的配比，必须严格按规定规定配制。

凡抹缝、抹角、抹面及管块接

缝等处的水泥砂浆，其砂料必须过筛后使用，不得有豆石等较大粒径碎石在内。

5.2.7　铺设管道

1. 地基

（1）通信管道的基地地基处理应符合设计文件的规定。凡采用天然地基而设计又没有具体证明如何处理的，遇下列情况应及时向有关单位反映。待提出处理方案后方可施工。管道铺设如图 5.2-19 所示。

1）地下水位高于管道及人（手）孔最低高程的；

2）土质松软，有腐蚀性土壤或属于回填的杂土层。

（2）天然地基

1）沟底夯实抄平。

2）高程符合设计，允许偏差±10mm。

（3）通信管道沟底宽度

1）基础宽＜63cm 时，沟底宽＝基础宽＋30cm。

2）基础宽＞63cm 时，沟底宽＝基础宽＋60cm。

3）无基础管道沟底宽＝管群宽＋40cm。

2. 基础

1）通信管道一般宜采用素混凝土基础，混凝土的强度等级、基础宽度、基础厚度应符合设计规定（图 5.2-20）。

图 5.2-19　管道铺设

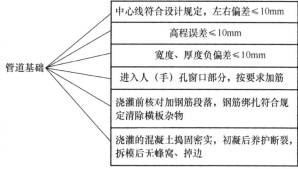

管道基础 —— 中心线符合设计规定，左右偏差≤10mm

高程误差≤10mm

宽度、厚度负偏差≤10mm

进入人（手）孔窗口部分，按要求加筋

浇灌前核对加钢筋段落，钢筋绑扎符合规定清除横板杂物

浇灌的混凝土捣固密实，初凝后养护断裂，拆模后无蜂窝、掉边

图 5.2-20　管道基础

2）管道基础进入人（手）孔窗口处配筋表见表 5.2-3。

配筋表　　　　　　　　　　表 5.2-3

管道基础宽度（mm）	钢筋直径（mm）	根数	长度（mm）	总长（m）
350	$\phi6$	8	310	2.48
	$\phi10$	4	1565	6.26
460	$\phi6$	8	420	3.36
	$\phi10$	5	1565	7.83
615	$\phi6$	8	590	4.72
	$\phi10$	7	1565	11.00

续表

管道基础宽度（mm）	钢筋直径（mm）	根数	长度（mm）	总长（m）
735	$\phi6$	8	690	5.52
	$\phi10$	8	1565	12.52
835	$\phi6$	8	800	6.4
	$\phi10$	9	1565	14.09
880	$\phi6$	8	840	6.72
	$\phi10$	9	1565	14.09
1140	$\phi6$	8	990	7.92
	$\phi10$	11	1565	17.16

3）管道铺设：

通信管道铺设前应检查管材及配件的材质、规格、程式和断面的组合必须符合设计的规定。

改、扩建管道工程，不应在原有管道两侧加扩管孔，在特殊情况下非在原有管道的一侧扩孔时，必须对原有的人（手）孔及原有电缆等做妥善的处理。

水泥管群的铺设应符合图 5.2-21 规定。

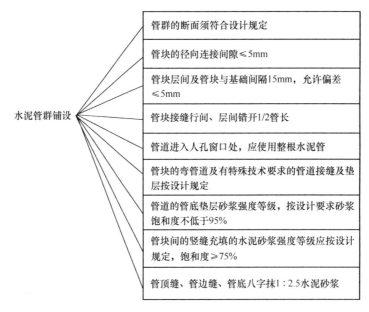

水泥管群铺设
- 管群的断面须符合设计规定
- 管块的径向连接间隙≤5mm
- 管块层间及管块与基础间隔15mm，允许偏差≤5mm
- 管块接缝行间、层间错开1/2管长
- 管道进入人孔窗口处，应使用整根水泥管
- 管块的弯管道及有特殊技术要求的管道接缝及垫层按设计规定
- 管道的管底垫层砂浆强度等级，按设计要求砂浆饱和度不低于95%
- 管块间的竖缝充填的水泥砂浆强度等级应按设计规定，饱和度≥75%
- 管顶缝、管边缝、管底八字抹1:2.5水泥砂浆

图 5.2-21　水泥管群铺设

铺设水泥管道时，应在每个管块的对角管孔用两根拉棒试通管孔；其拉棒外径应小于管孔的标准孔径 3～5cm；拉棒长度，铺直线管道宜为 1200～1500mm，铺弯管道（曲率半径大于 36m）宜为 900～1200mm。

水泥管块的接续方法宜采用抹浆法（图 5.2-22）。

各种管道引入人（手）孔，通道的位置尺寸应符合设计规定，其管顶距人（手）孔上覆和通道盖板底应不小于 300mm。管底距人（手）孔和通道基础顶面应不小于 400mm。

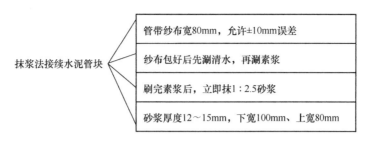

图 5.2-22　抹浆法接续水泥管块

引上管引入人（手）及通道时，应在管道引入窗口以外的墙壁上，不得与管道叠置。引上管进入人（手）孔通道，宜在上覆盖板下 200~400mm 范围内。

弯管道的曲率半径应符合设计要求，一般不宜小于 36mm。其水平或纵向弯管道各折点坐标或标高均应符合设计要求。弯管道应成圆弧形。

钢管通信管道的铺设方法、断面组合等均应符合设计规定；钢管接续宜采用管箍法（图 5.2-23）。

图 5.2-23　钢管铺设规定

通信管道采用塑管的，其铺设方法、组群方式、接续方式等均应符合设计规定（图 5.2-24）。

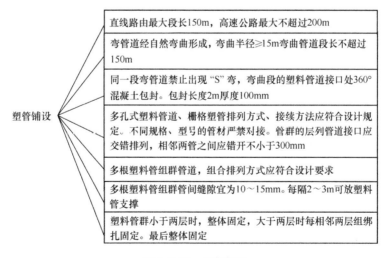

图 5.2-24　塑管铺设

通信管道的包封规格、段落、混凝土强度等级应符合设计规定，包封采用 C15 混凝土现场浇灌，要求铺管完毕随即浇灌，包封厚度为 8cm。通信管道的防水、防蚀、防强电干扰等防护措施必须按设计要求处理。

各种材质构成的通信管道，最小埋深应符合表 5.2-4 规定。

通信管道最小填埋表　　　　　　　　　表 5.2-4

管道类别	管顶距地面最小深度（m）			
	人行道	车行道	电车轨道	铁路
水泥管	0.5	0.7	1.0	1.5
钢管		0.4	0.7	1.2
塑料管	0.5	0.7	1.0	1.5

通信管道与其他各种管线平行或交越的最小净距，应符合表 5.2-5 规定。

通信管道与其他管线最小净距值　　　　　　　　　表 5.2-5

其他地下管线及建筑物名称		最小平行净距（m）	最小交越净距（m）
已有建筑物		2.0	
规划建筑物红线		1.5	
给水管		0.5	0.15
		1.0	
		1.5	
污水、排水管		1.0	0.15
热力管		1.0	0.25
燃气管	压力≤300kPa（3kg/cm²）	1.0	0.30
	300kPa＜压力≤800kPa （3kg/cm²＜压力≤3kg/cm²）	2.0	
电力电缆	35kV 以下	0.5	
	35kV 以上	2.0	
高压铁塔基础边	＞35kV	2.5	
其他通信电缆（通信管道）		0.5	
绿化	乔木	1.5	
	灌木	1.0	
地上杆柱		0.5～1.0	
马路边石		1.0	
铁路钢轨（或坡脚）		2.0	
沟渠（基础底）			0.5
涵洞（基础底）			0.25
电车轨底			1.0
铁路轨底			1.0

注：1. 主干排水管后敷设时，其施工沟边与管道间的水平净距不宜小于 1.5m。

　　2. 当管道在排水管下部穿越时，净距不宜小于 0.4m，通信管道应作包封。

　　3. 在交越处 2m 范围内，煤气管不应做接合装置和附属设备；如上述情况不能避免时，通信管道应作包封；

　　4. 如电力电缆保护管时，净距可减至 0.15m。

348

5.2.8 工程验收

检验项目及内容

（1）通信管道工程可分段进行竣工验收。可按不小于 1km 的整段管道为验收单元（图 5.2-25）。

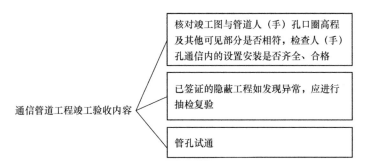

图 5.2-25 通信管道工程竣工验收内容

（2）通信管道工程试通管孔，是通信管道工程质量评定具有否决权的关键项目（图 5.2-26）。

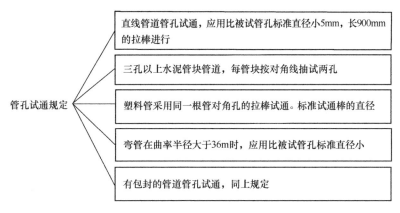

图 5.2-26 管孔试通规定

（3）通信管道工程的随工检验、隐蔽工程签证及竣工验收的内容见表 5.2-6～表 5.2-10。

随工检验、隐蔽工程签证及竣工验收内容表 表 5.2-6

工序	内　容	检查方法
管道地基	1. 沟底夯实、抄平质量； 2. 管道沟、人孔坑中心线； 3. 地基高程、坡度； 4. 土壤情况	随工检查
管道基础	1. 基础位置、高程、规格； 2. 基础混凝土强度等级及质量； 3. 设计特殊规定的处理、进入孔段加筋处理； 4. 障碍物处理情况	隐蔽工程签证

工序	内　容	检查方法
铺设管道	1. 管道位置、断面组合、高程； 2. 管道接续质量（应逐个检查）； 3. 抹顶缝、边缝、管底质量（砂浆强度等级是否符合1:2.5的规定）； 4. 填管间缝及管底垫层质量	隐蔽工程签证
回土夯实	应符合规范要求	随工检查
人（手）孔、通道掩埋部分	1. 砌体质量及墙面处理质量； 2. 混凝土浇灌质量（含基础、上覆等）； 3. 管道人口外侧填充情况、质量； 4. 结合部位质量	隐蔽工程签证
管孔试通及人（手）孔、通道等可见部分	1. 按规范试通管孔； 2. 人（手）孔、通道内可见部分的质量（四壁、基础表面、铁件安装、管道窗口处理等）； 3. 人（手）孔口圈安装质量、位置、高程	竣工验收
核对竣工图	核对图纸与实际是否相符	竣工验收

混凝土配合比表　　　　　　　　　表 5.2-7

名称	单位	普通混凝土配合比（m²）				
		C10	C15	C20	C25	C30
P.O.27.5 水泥	kg	238	289	340	401	
砂子	kg	736	658	601	548	
0.5～4.0cm 卵石	kg	1345	1372	1379	1370	
水	kg	170	170	170	170	
P.O.32.5 水泥	kg		244	283	329	368
砂子	kg		726	667	612	575
0.5～4.0cm 卵石	kg		1349	1370	1378	1376
水	kg		170	170	170	170
P.O.27.5 水泥	kg	249	304	359	425	
砂子	kg	775	693	632	576	
0.5～4.0cm 碎石	kg	1285	1313	1318	1308	
水	kg	180	180	180	180	
P.O.32.5 水泥	kg		254	296	347	389
砂子	kg		765	702	643	604
0.5～4.0cm 碎石	kg		1290	1311	1319	1316
水	kg		180	180	180	180

水泥砂浆配合比表　　　　　　　　表 5.2-8

名称	单位	水泥砂浆配合比（m²）				
		素浆	M2.5	M5.0	M7.5	M10
P.0.27.5 水泥	kg	1502	115	159	217	264
砂子	kg		1306	1306	1340	1318
水	kg	550	255	255	263	258

常用水泥用量换算表　　　　　　　表 5.2-9

水泥强度等级	P.0.27.5	P.0.32.5	P.0.42.5
P.0.27.5	1	0.86	0.76
P.0.32.5	1.16	1	0.89
P.0.42.5	1.31	1.13	1

每立方米砌体用量表　　　　　　　表 5.2-10

砌（块）	砌块（块）	砂浆（立方米）
240mm×115mm×53mm 砖砌体	520	0.25
300mm×250mm×150mm 砖块砌体	119	0.20
300mm×150mm×150mm 砖块砌体	72	0.20

5.2.9　通信工程施工监理要点

（1）排管施工监理要点：

1）管孔数宜按发展预留适当备用。

2）导体工作温度相差大的电缆，宜分别配置于适当间距的不同排管组。

3）管路顶部土壤覆盖厚度不宜小于 0.5m。

4）管路应置于经整平夯实土层且有足以保持连续平直的垫块上；纵向排水坡度不宜小于 0.2%。

5）管路纵向连接处的弯曲度，应符合牵引电缆时不致损伤的要求。

6）管孔端口应采取防止损伤电缆的处理措施。

（2）较长电缆管路中的下列部位，应设置工作井：

1）电缆牵引张力限制的间距处。电缆穿管敷设时容许最大管长的计算方法，宜符合规范的规定。

2）电缆分支、接头处。

3）管路方向较大改变或电缆从排管转入直埋处。

4）管路坡度较大且需防止电缆滑落的必要加强固定处。

（3）保护管敷设监理要点：

电缆保护管内学应光滑无毛刺。其选择，应满足使用条件所需的机械强度和耐久性，且应符合下列规定：

1）需采用穿管抑制对控制电缆的电气干扰时，应采用钢管。

2）交流单芯电缆以单根穿管时，不得采用未分隔磁路的钢管。

（4）部分或全部露出在空气中的电缆保护管施工监理要点：

1）防火或机械性要求高的场所，宜采用钢质管。并应采取涂漆或镀锌包塑等适合环境耐久要求的防腐处理。

2）满足工程条件自熄性要求时，可采用阻燃型塑料管。部分埋入混凝土中等有耐冲击的使用场所，塑料管应具备相应承压能力，且宜采用可挠性的塑料管。

（5）地中埋设的保护管，应满足埋深下的抗压要求和耐环境腐蚀性的要求。在通过不均匀沉降的回填土地段或地震活动赖发地区，管路纵向连接应采用可挠式管接头。同一通道的电缆数量较多时，宜采用排管。

（6）保护管管径与穿过电缆施工监理要点：

1）每管宜只穿1根电缆。除发电厂、变电所等重要性场所外，对一台电动机所有回路或同一设备的低压电机所有回路，可在每管合穿不多于3根电力电缆或多根控制电缆。

2）管的内径，不宜小于电缆外径或多根电缆包络外径的1.5倍。排管的管孔内径，不宜小于75mm。

（7）单根保护管施工监理要点：

1）每根电缆保护管的弯头不宜超过3个，直角弯不宜超过2个。

2）地下埋管距地面深度不宜小于0.5m；与铁路交叉处距路基不宜小于1.0m；距排水沟底不宜小于0.3m。

3）并列管相互间宜留有不小于20mm的空隙。

（8）管道疏通监理要点：

1）敷设完毕后，待混凝土强度达到设计要求强度的50%时，方可实施管道疏通。

2）150内径的管道应用 $\phi127\times600$mm 管道疏通器作双向通过。$\phi175$ 内径的管道应用 $\phi159\times600$mm 的疏通器双向通过。

3）引管道疏通器的绳索应采用 $5''$ 白棕绳。

（9）管道敷设：

1）检查管材、内径、壁厚、品牌是否符合设计方的要求，同时检查管材表面是否有龟裂、承插口有无破损、插口皮圈是否有松动、脱落等现象，插口内应有倒角。

2）检查管材敷设时、管材下面置放的垫块是否符合设计要求。

第6章 交 通 工 程

6.1 交通安全设施工程

6.1.1 交通工程监理质量控制要点

1. 交通工程标志质量监理控制要点

1）各种材料在订购前，应向监理工程师提供生产厂家的资质及产品合格证明、使用说明和规定等资料，经审查同意后方可订货。材料进场前应向监理报验，并抽样试验，合格后方可使用。

2）标志的位置应符合设计要求，安装的标志应与交通流方向成直角；在曲线路段，标志的设置角度应由交通流的行进方向来确定。

3）标志应向后旋转约5°，以消除标志表面产生的眩光。门架标志的垂直轴应向后倾成一定角度，标志板缘距上路肩边缘不得小于25cm，悬臂式标志板下缘距路面的交通净空高度不得小于5.5m。

4）标志基础的开挖及浇筑混凝土、锚固螺栓的预埋，都应经监理工程师批准后才可施工，其施工要求与混凝土工程施工的监理要点相同。

5）标志板、滑动槽钢应按照设计要求采用铝合金钢材，并符合《一般工业用铝及铝合金板、带材 第1部分：一般要求》GB/T 3880.1—2012和《一般工业用铝及铝合金板、带材 第3部分：尺寸偏差》GB/T 3880.3—2012的相关规定。

6）钢支架的制作应符合设计和规范的规定。钢支架的架设应基础混凝土强度达到设计要求之后进行，并事先报请监理工程师批准。

7）标志板的外形尺寸偏差不大于±5mm，四边互相垂直，垂直度偏差不大于±10；平面翘曲偏差不大于±3mm/m。板面应无裂纹和划痕及明显的颜色不均匀，在任何面积为0.25m² 表面上不得有一个或一个以上总面积大于10mm² 的气泡。

8）里程标、百米标、界碑、安全标、固定物标志根据《道路交通标志和标线》GB 5768.1—2009～2018规定制作和设置。

9）安装标志板时，应事先获得监理工程师的批准，标志的固定方法应符合图纸要求。标志安装完毕后，监理工程师检查所有标志，确认在白天和夜间条件下标志的外观、视认性、颜色、镜面炫光等是否符合设计要求。监督施工单位拆卸模板不得损坏结构物外的角、棱、面，并按规定养护混凝土。混凝土强度应符合设计规定。

10）立柱进场后检查焊接、涂层、防腐是否达到技术要求。

11）检查立柱的平整度和平行度是否符合要求，立柱外表面涂层是否有剥落，如有应按涂装工艺补涂。

12）安装完成后的检查：

① 检查裸露部分的相应表面油漆、喷涂是否有遗漏或损伤。

② 检查紧固连接是否牢固，防腐处理是否到位。

③ 检查现场焊接点及刀口是否已进行防锈处理。

④ 检查轴线和标高是否符合设计要求。

2. 交通工程标线质量监理控制要点

1）路面标线材料应能满足在水泥混凝土路上耐久使用的要求，承包人应向监理提供生产厂家的资质、产品合格证明资料，对每批材料在进场时进行抽样试验。

2）产品存放时应保持通风、干燥，防止日光直接照射，并应隔绝火源，夏季温度过高时应设法降温，运输过程中应防止雨淋、日晒。采用集装箱运输，产品超过贮存期的应按规定的项目进行检验，不合格的，不得使用。

3）设置标线的路面表面应清洁干燥，无松散颗粒、灰尘、沥青、油污或其他有害物质。

4）涂料在容器内加热时，温度不得超过产品使用说明中的最高限制温度，喷涂于路面时的温度亦应符合说明书的要求；喷涂施工应在白天进行，雨天、雾霾天、风天、温度低于10℃时应暂停施工；喷涂应使用自行式机械。

5）标线的宽度、虚线长及间隔、点线长及间隔、双标线的间隔、特殊标线的图案、标记如箭头及字母等的尺寸应符合设计图纸及规范规定；所有标线均应顺直、平顺、光洁、均匀，具有精美外观；湿膜厚度符合图纸要求。

6）喷涂标线作业时，应有交通安全措施，设置适当警告标志，阻止车辆及行人在作业区内通行，防止将涂料带出或形成车辙，直至标线充分干燥。

道路交通标志标线是道路交通的重要管理手段，它是通过图形、符号、颜色、文字形式传递规范化信息，为道路上行驶的交通流提供了应遵循的交通法律、将交通管理的命令和要求传递给道路使用者，是管理和疏导交通的重要设施。例如：禁令标志明确交通管理中不被允许的交通行为；部分指示标志指示道路使用者应当采取的交通行为；不同形式的交通标线设置了限制交通流的路权等。这种传递的信息具有法律强制性，是进行执法的法律依据。

交通标志和标线设置是道路设计、施工、运营和养护管理中，交通工程工作的一个重要组成部分，能否科学合理地设置交通标志标线，直接决定着向道路使用者传递信息的有效性。正确、完善地设置道路交通标志标线，不仅能体现道路交通法规和相应的控制管理措施的落实，同时能更大程度上提高道路通行率和有效增强交通安全性。

6.1.2 交通标志设置原则及基本内容

根据我国《道路交通标志和标线》GB 5768—2009 规定，使用和设置标志标线应遵循如下原则：

（1）公路和城市道路交通标志标线应传递清晰、明确、简洁的信息，以引起道路使用者的注意，并使其具有足够的发现、认读和反应的时间。

（2）公路和城市道路交通标志标线不应传递与道路交通无关的信息，如广告信息等。

（3）公路和城市道路交通标志和标线传递的信息不应相互矛盾，应互为补充。

需要说明的是原则（3），在标准的使用中，包括道路使用者和管理者有误解，认为标志和标线表达含义应完全一致，标志的设置要体现在标线上。

机动车车道和非机动车道标志如图 6.1-1 所示。

图 6.1-1　机动车车道和非机动车道标志

国家标准《道路交通标志和标线 第 1 部分：总则》GB 5768—2009（简称《总则》）明确指出：当道路临时交通组织或维护等原因，标志和标线信息含义不一致时，应以标志传递的信息为主。这一条不属于原则（3）范畴。

道路交通标志标线基本内容：

分类：道路交通标志分为主标志和辅助标志两大类。

1. 主标志

（1）警告标志：警告车辆、行人注意道路交通。

（2）禁令标志：禁止或限制车辆、行人交通行为。

（3）指示标志：指示车辆、行人应遵循。

（4）指路标志：传递道路方向、地点距离信息。

（5）旅游区标志：提供旅游区景点方向、距离。

（6）道路作业区标志：告知道路作业区通行。

（7）告示标志：告知路外设施、安全行驶信息和其他信息。

2. 辅助标志

附设在主标志下，对其进行辅助说明。

明确标志颜色的基本含义，制作标的反光膜有很多颜色，标志的颜色是标志的一个重要因素，它和标志的形状一起构成给道路使用者的第一感知。

（1）红色：表示禁止、停止、危险，用于禁令标志。

（2）黄色或荧光黄色：表示警告，用于警告标志（图 6.1-2）。

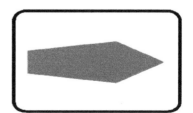

图 6.1-2　警告标志

（3）蓝色：用于指示标志、一般道路指路标志。

（4）绿色：用于高速公路或城市快速路指路标志。

（5）棕色：用于旅游区标志。

（6）黑色：用于标志的文字、图形符号和部分标志的边框。

（7）白色：用于标志的底色。

（8）橙色或荧光橙色：用于道路作业区标志。

（9）荧光黄绿色：表示警告，用于注意行人、注意儿童的警告标。

《总则》增加了荧光黄色、荧光黄绿色和荧光橙色。荧光反光膜有一种独特的耐候性荧光因子，可以提高反光膜在黄昏、黎明和一些恶劣天气（雪、雾）的反光亮度。

3. 标志形状

交通标识的视认性和显示程度是否良好与交通标志的形状有重要关系（表 6.1-1）。

我国标志形状一般规定表 表 6.1-1

颜色	一般规定
三角形	我国采用正等边三角形为警告标志的几何形状，在减速让行标志中采用倒三角形
圆形	我国将圆形用于禁令标志和指示两种标志的几何形状
方形	包括正方形和长方形，用于指路标志、指示性（部分）、旅游区及辅助标志的几何形状
八角形	用于"停车让行"禁令标志
叉形	用于"铁路平交道口叉形"标志

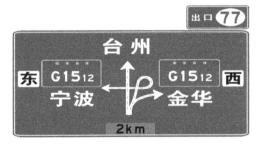

图 6.1-3 高速公路互通区标志

4. 文字

（1）交通标志（图 6.1-3）的字符应规范、正确、工整。（交通标志专用字体）按从左到右、从上到下顺序排列。一般一个地名不写成两行或两列。

（2）指路标志汉字高度一般根据设计速度选取。汉字字宽和字高一般要求相等，但因极其重要的原因经研究论证必须缩小标志板尺寸时，文字高度可适当减小或采用高宽比为 1：0.75 以内的窄字体，但不得改变版面各要素之间的相互关系。

（3）文字性警告标志的字高按表 6.1-2 确定。特殊情况下，经论证可以适当降低，但最小不应小于字高下限值的 0.6 倍。

汉字高度与速度的关系表 表 6.1-2

速度（km/h）	100～120	71～99	40～70	＜40
汉字高度（cm）	60～70	50～60	35～50	25～30

（4）指路标志（图 6.1-4）原则上仅使用汉字。当标志确定采用中、英两种文字时，英文部分中地名采用汉语拼音，首字母应为大写，其余小写；专用名词采用英文，首字母应为大写，其余小写，根据需要也可全部大写。

图 6.1-4 普通公路平面交叉指路标志

5. 图形

（1）图形也是交通标志和标线传达的信息内容之一，人眼对形象的感受往往比文字要快。

（2）图形化指示标志通过指示箭头建立了目的地指示或编号与行驶方向及路网的关系。

（3）交通标志版面由颜色、文字、箭头符号、编号、图形符号、边框等要素组成，版面尺寸规格取决于上述要素的组合。一般情况下，应根据道路的设计速度确定汉字高度，再根据版面字数是否与其他文字并用，版面美化等因素，确定最终的标志版面尺寸。

（4）圆形标志的直径最小不应小于 50cm，三角形标志的边长最小不应小于 60cm，八角形对角线长度不应小于 50cm。

（5）一般值：圆形 60～120cm，三角形 70～130cm（减速让行标志：70～90）；八角形 60～80cm。

6. 位置

（1）在选择交通标志设置地点时，首先应保证交通标志的信息有足够的可辨性，可识别性和易读性，以便顺利完整地向道路使用者传递信息。在交通标志设置时，应尽可能达到高度醒目。

（2）纵向位置设置：警告标志、禁令指示标志。纵向标志设置的间隔距离不能太密，标志间不能相互遮挡。标志的最小间隔距离应不影响第二个标志的视认距离。一般情况下，设计速度大于或等于 80km/h 的道路交通标志之间的间隔不宜小于 60m，其他道路交通标志之间的间隔不宜小于 30m。

（3）横向位置设置：一般情况下，交通标志应设在道路行进方向盘的右侧或车行道上方，也可根据具体情况设置在左侧，或左右两侧同时设置。

（4）竖向位置设置：道路交通标志的任何部分不得侵入道路建筑界限以内，悬臂、门架式等悬空标志净空高度应预留 20～50cm 的余量（表 6.1-3）。

标志板下缘距路面的高度（cm）　　　　　　　　　　　　　　　表 6.1-3

标志分类		路侧柱式、附着式	悬殊臂式、门架式、高架附着式
主标志	警告标志	150～250	应符合公路建筑限界的要求：高速、一二级公路不小于 500；三、四级公路不小于 450
	禁令标志		
主标志	警告标志	150～250	应符合公路建筑限界的要求：高速、一二级公路不小于 500；三、四级公路不小于 450
	禁令标志		
	指示标志		
	指路标志		
辅助标志			应符合道路建筑限界的要求

7. 交通标志安装角度

路侧安装时，为避免标志板面对驾驶人的眩光，标志板面的法线应与道路中心线平行或成一定的角度。禁令标志和指示标志为 0°～45°。指路标志和警告标志为 0°～10°。采用悬臂、门架或附着式支撑结构时，标志的安装角度应与道路中心线垂直。

8. 交通标志的并设

（1）为保证视认性，同一地点需要设置两个以上标志时，可以安装在一个支撑结构上，但最多不应超过 4 个。标志板在一个支撑结构上并设地，应按禁令、指示、警告的顺序，先上后下、先左后右地排列。

（2）原则上要避免不同种类的标志。并设解除限速标志、解除禁止超车标志，是对前面正在执行的禁令标志的一种否定，要结束前方标志的禁令，传递这种信息，应单独设置。

（3）设置会车先行标志，会车让行标志可以确保困难路段的车辆有序通行，也应单独设置，但受条件限制无法单独设置时，一根标志柱上最多不应超过两种。停车让行标志、减速让行标志属于平面交叉通行权分配的标志，应设置在路口醒目的位置，与平面交叉路径指引标志分开设置。

9. 交通标志的材料选择

（1）反光材料的选择，不直接推荐等级，仅给出选择的原则、应用的目标。反光膜一般选用原则：交通标志板采用反光膜材料时，高速公路、一级公路上宜采用一、二级反光膜，二、三级公路的交通标志宜采用三、四级以上反光膜，四级公路宜采用四、五级以上反光膜。

（2）在条件许可的情况下，尽可能提高反光材料的使用等级。至少在指令标志、警告标志、置顶标志上的反光膜，要使用逆反性能最好的反光膜，以增加安全提示类标志的发现机会，延长警告标志的提前设置距离，提高安全。

（3）门架、悬臂型等悬空类交通标志，宜采用比路侧交通标志等级高的反光膜。

6.1.3 交通标志设置

1. 警告标志

警告标志可以使用道路使用者注意以道路本身及沿线环境中不能预期或不易被及时发现的一些情况。警告标志的设置数量应越少越好，因为设置不必要的警告标志会降低驾驶人对所有标志的遵从程度，从而所有标志的有效性大为降低。

（1）非常设警告标志（图 6.1-5）：

图 6.1-5 非常设警告标志

以上标志属于临时应急性标志，在设置标志的同时，道路管理养护机构不得延缓路面修复工程和其他处理措施。

（2）施工标志：只有当道路施工作业时设置，道路施工作业完成后，施工警告标志应随之取消。当设置有完善的道路施工标志及诱导设施时，可不再额外设置施工标志。

（3）道路平面线形警告标志（图 6.1-6）：

（4）道路横断面变化的警告标志（图 6.1-7）：

图 6.1-6　道路平面线形警告标志

由于道路形状发生变化，交通管理或施工等方面的原因，使道路某路段的通行条件发生变化，应设置窄路、窄桥、双向交通、注意障碍物、施工等警告。

图 6.1-7　道路横断面变化警告标志

（5）路变窄标志设置：当道路两侧车道数同时减少，或当道路两侧路面宽度同时缩窄至 6m 以下时，应设两侧变窄标志。当道路右侧或左侧车道数减少或路面宽度缩窄至 6m 以下时，应设右侧或左侧变窄标志。

（6）窄桥标志设置：道路桥梁桥面净宽较两端路面宽度窄，且桥面净宽小于 6m 时，应设置窄桥标志。部分桥梁与路基段相比，车道数及车道宽度虽未减少，但将硬路肩的宽度缩窄，桥两侧增加了人行道，并高出路面。由于高出路面的人行横道伸入到硬路肩内，在桥梁两端对行车有一定的危险，也应按窄桥对待。

（7）注意障碍物标志（图 6.1-8）：道路行车道是的障碍物一般是指不能移走的古树、古迹、墩柱等建筑以及渠化的交通岛。为了引导车辆顺利绕行，应根据道路上障碍物的位置，车辆绕行情况，设置左侧（右侧）绕行、左右绕行标志（跨线桥）。

图 6.1-8　注意障碍物标志

（8）警告标志（图 6.1-9）：

表示道路平面交叉口基本形状的标志共有 10 种，其中十字交叉 2 种、Y 形交叉 4 种、T 形交叉 3 种、环开交叉 1 种，基本包括了各种交叉口类型。

图 6.1-9　与交叉路口有关的警告标志

两条相交道路间不能保证停车视距构成的通视三角区（图 6.1-10）时，应设置交叉路口标志。当一条主要道路在平曲线路段与另一条次要道路相交，且次要道路位于平曲线外侧时，主要道路上的超高可能会遮蔽路面，次要道路上的驾驶人难于发现交叉口。

已设置信号灯控制的平面交叉口，或已设置大型指路标志、减速让行标志或停车让行标志的平面交叉口，可不再设置交叉口标志。如被交道路为等外路，则可设置道口标柱。

（9）与沿线设施有关的警告标志：

注意信号灯标志（图 6.1-11）：

由于平曲线、竖曲线或其他路上设施造成信号灯控制交叉口视距不良，驾驶人在停车视距的范围内难以发现信号灯而继续以较高速度行驶。因临时交通管制或其他特殊情况设置活动信号灯的路口，宜设置注意信号灯标志作为临时性标志。

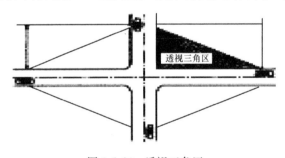

图 6.1-10　透视三角区　　　　　图 6.1-11　注意信号灯标志

（10）与沿线环境有关的警告标志：

注意行人标志（图 6.1-12）：在道路经过村镇街道化路段、行人密集、路面交通比较复杂，驾驶人又不易发现行人横道线的位置，应设置注意行人标志。人行横向联道处已设信号灯时可不再设置注意行人标志。

注意儿童标志（图 6.1-13）：设置在街道化路段的小学、幼儿园、少年宫等儿童活动场所出入口路段两端适当位置。

图 6.1-12　注意行人标志　　　　图 6.1-13　注意儿童标志

（11）其他警告标志。

（12）建议速度标志：在弯道、出口、匝道等适当位置，此标志不单独使用，宜与其他警告标志联合使用或附加辅助标志，以说明建议速度的原因、路段位置、长度。

2. 禁令标志

禁令标志表示禁止、限制及相应解除的含义，道路使用者应严格遵守。禁令标志的功能可以分为三类：

（1）与交通管理有关的禁令标志，如禁止超车标志、禁止鸣喇叭标志。

（2）与道路建筑限界及汽车荷载有关的禁令标志，如限制宽度标志、限制轴重标志。

（3）与路权有关的禁令标志，如停车让行标志和减速让行标志。

1）禁止超车和解除禁止超车标志（图 6.1-14）

① 凡在双向两车道道路或其他无中央隔离设施的道路上，超车视距不能得到满足，或车道数减少，路基宽度缩窄，进入隧道口前的路段，横向风强劲的路段等，车辆实施超越行动可能危及其他车辆安全时，应设置禁止超车标志。

图 6.1-14　禁止超车和解除禁止超车标志

② 禁止超车路段的终点，应设解除禁止超车标志。

③ 解除禁止超车标志必须与禁止超车标志联合使用，并与禁止跨越对向车行道分界线配合使用。

④ 已设有道路中心实线和车道实线的路段可不设此标志。

2）限制速度和解除限制速度标志

限制速度标志设置条件：在一般道路限速作为重要的安全处置手段。需要限速的路段有：急弯路段、视距受限制路段、路面状况差（包括路面损坏、积水、溜滑等）的路段、长距离陡坡路段、路侧险要路段、非机动车和牲畜横向联合向干扰严重路段；小学、村庄、集市等繁杂路段，受特殊天气影响较大的路段。

注意事项：

① 对于道路特征或周围环境发生重大变化的路段，应至少每隔五年对所设置的限速标志进行一个再评估。

② 限速值一般应为 10 的倍数。

③ 以另一块不同限速值的限速标志表示前一限速路段结束时，可以不设解除限速标志。

④ 限速标志可以与警告标志联合。

3）与路权有关的禁令标志

① 停车让行标志（图 6.1-15）、表示车辆必须在停止线前停车瞭望，确认安全后，方可通行。

图 6.1-15　让行标志

② 减速让行标志：表示车辆应减速让行，告示车辆驾驶人必须慢行或停车，观察干道行车情况，在确保干道车辆优先，确保安全的前提下，方可进入路口。设于交叉口次要道路路口。

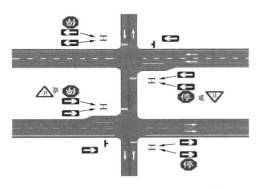

图 6.1-16　路权分配交通控制

③ 为避免道路交叉口处出交通拥堵，使一个方向的交通流能有效地与其他方向分离开，根据交通量的大小和相交道路的功能、地位，可采取两种措施：一种是有信号控制的方法，以达到有效的路权分配下的交通控制；另一种是对两个相交方向的交通量相对都比较小或其中一个方向的交通量相对比较小的情况，通过设置非信号控制的交通标志（图 6.1-16）来完成路权的分配。

注意事项：

主干道不设置停车让行标志，确保主路优先。

环行交叉口所有入口处右侧应设置减速让行标志；当进入环行交叉口的道路车道数多于 1 条且入口左侧设置有隔离时，则在驶入环行交叉口的左侧和右侧均应设置减速让行标志。

4）指示标志（图 6.1-17）

图 6.1-17　指示标志

① 指示标志表示指令车辆、行人行进的含义，道路使用者应遵循。根据所表达的内容不同分为四类：

② 与行驶方向有关的指示标志，如指示某行驶方向的标志、立体交叉行驶路线标志和环岛行驶标志。

③ 指导驾驶人驾驶行为的指示标志，如最低限速标志、鸣喇叭标志等。

④ 与车道行驶有关的标志，如车道行驶方向标志或专用车道标志。与路权有关的指示标志，如交叉口优先通行标志或会车先行标志。

5）单行路标志（图 6.1-18）

① 表示该道路为单向行驶，用来提示驾驶人前方道路只准一个方向通行。

图 6.1-18　单行路标志

② 设置条件：当前方道路或相交道路为单向行驶道路时，应设置单行路标志。单行路标志需要结合其他标志共同设置。

③ 设置位置：在无信号灯控制的交叉口处。单行路标志一般设置在与单行道相交道路的两则，可以配合禁止左转、禁止右转标志一起使用。在有信号灯控制的交叉口处，单

行道标志一般可以设置在信号灯附近。在 T 形交叉口处，单行路标志一般平行设置在单行路旁。

3. 一般道路标志

指路标志的版面信息主要由道路编号（名称）、目的地名称、地理方位和距离等四大信息组成。路线编号（名称）信息具有导向意义，应优先选用并与控制性地点（即基准地区）配合使用。在 2009 国标的修订过程中，着重对指路标志的信息选取与发布方法进行规定，补充了指路标志的设置目的，指路标志信息分级和选取原则，信息选取方法，明确了指路标志中箭头的含义和设置位置，明确了指路标志中距离的表示方法。

（1）明确了指路标志的设置目的

指路标志的服务对象定位为对路线不熟悉的驾驶者，即既不是熟悉路线的当地驾驶员也不是对路线一无所知者。

（2）指路标志信息分级和选取原则

指路标志信息依据重要程度、道路等级、服务功能等因素分为三级：

一级信息：指高速公路、国道、城市快速道路，直辖市、省会、自治区首府等控制性城市，及其他本区域内相对重要的信息；

二级信息：指省道、城市主干道路，县及县级市，及其他本区域内相对较重要的信息；

三级信息：指县道、乡道、城市次干道路、支路，乡、镇、村，及其他本区域内的一般信息。

指路标志（图 6.1-19）信息选取应遵循以下原则：

图 6.1-19　指路标志

1）连续、一致；

2）以路名为主，地名为辅；

3）便于不熟悉路网的道路使用者顺利到达目的地；

4）信息量适中：同一方向指示的信息数量不宜超过两个，整个版面的主要信息数量不应超过 6 个。同一方向须选取两个信息时，应在一行或两行内按照信息由近到远的顺序由左至右或由上至下排列。

（3）确定指路标志中箭头的含义和设置位置

国标修订版针对一直以来我国标志版面中箭头使用比较混乱，各地标准不一的情况，对于指路标志中箭头的含义及使用方法进行了特别说明。

（4）明确了指路标志中距离的表示方法

包括距离计算的基准点以及距离的表示形式。国省道一般以所指示信息的平面交叉口为计算基准点，指路标志上所指距离为标志设置点与相关信息计算基准点之间的间距。

4. 一般道路指路标志

指路标志的分类：一般道路指路标志按照标志的功能分为路径指引标志、地点指引标志、道路沿线附属设施指引标志、其他道路信息标志。其中路径指引标志设置在一般道路交叉口前后，其他类型指路标志设置在一般道路路段上。

（1）路径指引标志

1）交叉路口预告标志；

2）交叉路口告知标志；

3）确认标志。

一般道路路径指引标志见表 6.1-4。

一般道路路径指引标志　　　　　　　　　　　　　　　　表 6.1-4

主线公路 ＼ 被交公路	国道	省道	县道	乡道
国道	预、告、确	预、告、确	预、告、确	（告）
省道	预、告、确	预、告、确	（预）、告、确	（告）
县道	（预）、告、确	（预）、告、（确）	（预）、告、（确）	（告）
乡道	（预）、（告）、（确）	（预）、（告）、（确）	（预）、（告）、（确）	（预）、（告）、（确）

预告标志设在交叉路口告知标志前 150～500m 处，告知标志设在交叉路口前 30～80m 处，确认标志设在交叉路口后适当位置。

（2）其他标志

旅游区标志：风景区、文博院馆、寺庙观堂、旅游度假区、自然保护区、主题公园、森林公园、地质公园、游乐园、动物园、植物园及工业、农业、经贸、科教、军事、体育、文化艺术等各类旅游景区（点）。

国省道道路旅游标志指示的旅游景区必须为省级或 3A 以上旅游景区，旅游标志的设置不宜影响其他交通标志的正常使用，版面尺寸可参照道路指路标志，并与指路标志互为补充、互相衔接。

（3）告示标志（图 6.1-20）

在交通标志按其作用分类的主标志中增加告示标志；告示标志：告知道路设施、路外设施和安全行驶信息的标志。用以解释、指引道路设施、路外设施，或者告示有关道路交通安全法和道路交通安全管理条例的内容。告示标志的设置有助于道路设施、路外设施的使用和指引，取消其

严禁酒后驾车标志

严禁乱扔弃物标志

急弯减速标志

急弯下坡减速标志

系安全带标志

大型车靠右标志

图 6.1-20　告示标志

设置不影响现有标志的设置和使用。告示标志：白底、黑字，并明确不允许出现广告信息。

1）形状为方形，边框为黑色，衬边为白色。告示标志一般为白底、黑字、黑图形、黑边框，版面中的图形标识如果需要可以采用其他颜色。

2）设置位置：

① 告示标志的设置不得影响警告、禁令、指令和指路标志的设置和视认性。

② 告示标志和警告、禁令、指令和指路标志设置在同一位置时，禁止并设在一根立柱上，需设置在警告、禁令、指令和指路标志的外侧，如图 6.1-20 所示。

③ 增加酒后驾车危险、请勿乱扔弃物、系安全带、急弯减速和急弯下坡减速等行车安全提醒告示标志。

5. 标志板（图 6.1-21）质量控制

（1）材料控制

1）交通标志的加工、制作要符合现行国家标准《道路交通标志和标线》GB 5768，混凝土基础所用的钢筋、水泥、细集料、粗集料、拌合用水、外加剂等材料，要符合现行行业标准《公路桥涵施工技术规范》JTG/T 3650 的规定；所有进场材料必须符合设计及现行规范要求，并提供"三证"经检验合格后方可进场。

2）标志板（图 6.1-22）所用铝合金板的厚度及立柱的壁厚必须满足设计图纸要求，铝合金标志板的厚度为 3mm，铝滑槽的宽度为 100mm。标志板面应平整，表面无明显裂缝、皱纹、凹痕、变形或其他缺陷，板面每平方米范围内的平整度公差不应大于 1mm。标志板边缘应整齐、光滑。标志板的四个圆角的弧长要较大且圆滑、平顺。

图 6.1-21　道路标志板

图 6.1-22　高速公路标志板

3）除尺寸大的指路标志外，所有标志应由单块铝合金板加工制成，不允许拼接。大型指路标志最多只能分割成 4 块，并应尽可能减少分块数量，标志板的拼接应采用对接，接缝的最大间隙为 1mm。所有接缝应用背衬加强，背衬与标志板用铆钉相连，铆钉的最大间距应小于 200mm，背衬的最小宽度为 50mm，背衬的材料与板面、板材相同。

4）标志底面板应进行化学清洗和侵蚀或磨面处理，清除表面杂质。标志板背面不应涂漆，但应采用适当的化学或物理方法，使其表面变成暗灰色和不反光。标志板背面应无刻痕或其他缺陷。

5）标志架采用热镀锌＋喷塑（颜色为乳白色）的双防腐形式，标志架的镀锌层厚度为 85μm（平均镀锌层质量 600g/m），紧固件的镀锌层厚度为 50μm（平均镀锌层质量

350g/m），喷塑层厚度均为 250μm。标志金属构件镀层要均匀、颜色一致，不允许有流挂、滴瘤或多余结块，镀件表面无漏镀、漏铁等缺陷。

图 6.1-23　标志牌安装

6）标志牌、标志杆（图 6.1-23）运输时，必须用软质材料进行逐构件包装，标志杆、标志板包装时，应按公里桩号顺序分别摆放，避免现场多次挑选损坏板面反光膜、镀层。两块标志邻接面之间应用适合的衬垫材料分隔。确保运到工地的标志杆、标志板面完好、无磨损。标志杆、标志板面装卸时，要求人工配合机械装卸，轻装轻放，堆放时，底部必须用适合的衬垫材料支垫。

7）为防止地脚螺栓锈蚀，要求对地脚螺栓进行镀锌处理，要求地脚螺栓带双螺母，地脚螺栓的外露部分统一为 10cm，带 1 个垫片，2 个螺母，安装时外露 1 个螺母的长度。

（2）施工质量控制

1）所有的交通标志都应按图纸的要求准确定位和设置，安装的标志应与交通流方几乎成直角，在曲线路段，标志的设置角度由交通流的行近方向来确定。为了消除路侧标志表面产生眩光，标志应向后旋转约 5°，以避开车前灯光束的直射；门架标志的垂直轴应向前倾斜成 10°。

2）标志基础（图 6.1-24）施工前应准确放样定位，开挖基础时，不得破坏其他道路设施，基础的地基承载力应满足设计文件要求，无规定时，地基承载力不得小于 150kPa。

图 6.1-24　标志基础

3）基础混凝土模板要求采用组合钢模板支模，钢管加固，将接缝用防水胶带密封，防止浇筑混凝土时跑模、漏浆。浇筑混凝土前，应涂刷隔离剂，以保证混凝土表面光滑。

4）混凝土拌合站应设置磅秤一个，以确保混凝土能按批准配合比施工，确保混凝土的施工质量。

5）浇筑混凝土时，应对地脚螺栓和底座法兰盘准确定位。浇筑好的基础必须洒水覆盖养护，基础模板脱模后，周边要回填夯实，填到与基坑四周地平面平齐。基础混凝土强度达到设计强度的 80% 以上时方能安装立柱。

6）标志基础顶面内边缘要与边坡面持平，防止标志基础悬空或埋入边坡面以下，影响边坡美观及标志稳定性。对于紧贴排水沟的标志基础，要求标志基础顶面与排水沟顶面齐平，对于路侧标志，标志板内缘距土路肩边缘为 250mm。单柱式标志及双柱式标志的标志板内侧下缘距路肩外侧的垂直净距为 2200mm。

7）对基础表面轻微缺陷要及时进行打磨、补浆等修补，以保证基础表面平整光滑。开挖基础时产生的废料要及时清理出施工现场，标志施工完成后要将边坡整平恢复原状。

8）为了防止悬臂式标志及门架标志横梁变形下垂悬臂、门架式标志吊装横梁时，必须设置预拱度，悬臂标志预拱度为 50mm，门架标志预拱度为 100mm。

9）标志中主线反光膜、匝道上的标志反光膜底膜采用二级反光膜，字膜采用一级反光膜，连接线和被交线标志采用二级反光膜。

10）反光膜要粘贴于整个标志面，且超出边缘至少 2cm。标志用反光膜应尽可能减少拼接，任何标志的字符不允许拼接，当粘贴反光膜不可避免出现接缝时，应使用反光膜产品的最大宽度进行拼接，接缝以搭接为主。当用反光膜拼接图案时拼接处应有 3～6mm 的重叠部分，如果采用对接，则接缝间隙不得大于 0.8mm。反光膜粘贴在挤压型材板面上，并伸出上、下边缘的最小长度为 8mm，要紧密的粘贴在上、下边缘上。

11）标志板安装到位后，应进行板面平整度和安装角度的调整。立柱安装时应保证立柱竖直度应达到 ±5mm/m 之间。对小型标志安装完成后必须将标志板与立柱进行焊接，以防丢失。

12）安装成型的标志面应平整完好、无起皱、开裂、缺损或凹凸变形，标志面任一处面积为 500mm×500mm 表面上，不得存在总面积大于 10mm 的一个或一个以上气泡。标志板安装完毕后，应对所有标志板进行清扫。在清扫过程中，不得损坏标志面或产生其他缺陷。

13）里程桩、百米桩、公路界碑应按实际里程准确定位和设置。

14）标志面在夜间车灯照射下，底色和字符应清晰明亮，样色均匀，不能出现颜色明暗不均和影响认读的现象。

15）安装交通标志时，施工人员要保护好在建工程，吊机支撑下要垫较大的垫木，车头下垫防水布，以防污染路面。板面拼装时，用线毯铺在路上，注意保护好标志板面不受损坏。安装时，要作好人员的安全防护工作，不允许施工人员在门架的横梁上作业。

6.1.4 交通标志工程质量监理控制要点

（1）标志颜色以国标为准，部分指路标志按平面图要求搭配颜色，其余采用蓝底白色文字（图案）。标志板反光材料采用国标三级反光膜，标志板底板采用 3mm 厚铝板制作。

（2）标志支撑的结构形式：

悬臂式标志 L 杆采用等边分角型钢管制作；单柱式标志杆主要支撑小型标志，因支撑标志板大小的不同，单立杆的管径亦有所区别，支撑 1.5m² 以上的单立杆采用 DN89mm 钢管制作，支撑 1.5m² 以下的单立杆采用 DN76mm 的钢管制作。

（3）钢构件的防锈处理：

支撑交通标志的钢构件、螺栓、螺母均应进行热镀防腐处理后，其表面各喷涂二遍环氧富锌底漆和银色调和漆。

（4）交通标志施工要求：

标志面的制作：反光膜应尽量减少拼接，当粘贴反光膜不可避免出现接缝时，应使用反光膜产品的最大宽度进行拼接。接缝以搭接为主，当需要滚筒粘贴或丝网印刷时，可以平接，其间隙不应超过 1mm。距标志板边缘 50mm 之内，不得有拼接。反光膜应粘贴于整个标志面，且超出边缘至少 2cm。凡标志板的宽度或高度在 1.2m 以下者，贴用的反光膜不应有接缝。当生产多个相同图案的标志时应采用丝网印刷。标志基础施工时，如果遇地下构筑物难以实施，可以对基础位置进行适当偏移。

（5）标志的安装：

所有交通标志应按要求定位和设置。安装的标志应与交通流方向接近成直角，在曲线路段，标志的设置角度应由交通流的方向确定。为了消除路侧标志表面产生的眩光，标志应向后旋转约 5°，以避开车前灯光束的直射，对于路侧标志，标志板缘距离土路肩边缘不得小于 250mm。

6.1.5 交通标志质量检验评定标准

（1）交通标志应符合下列基本要求：

1）交通标志的加工、制作应符合现行国家标准《道路交通标志和标线》GB 5768 和《道路交通标志板及支撑件》GB/T 23827 的规定。

2）交通标志在运输过程中不得损伤标志面及金属构件涂层。

3）交通标志的设置及安装应满足设计要求并符合施工技术规范的规定。

4）交通标志及支撑件应安装牢固，基础混凝土强度应满足设计要求。

（2）交通标志实测项目应符合表 6.1-5 的规定。

交通标志实测项目　　　　　　　　　　表 6.1-5

项次	检查项目	规定值或允许偏差	检查方法和频率
1△	标志面反光膜逆反射系数（cd·lx^{-1}·m^2）	满足设计要求	逆反射系数测试仪：每块板每种颜色测 3 点
2	标志板下缘至路面净空高度（mm）	+100，0	经纬仪、全站仪或尺量：每块板测 2 点
3	柱式标志板、悬臂式和门架式标志立柱的内边缘距土路肩边缘线距离（mm）	满足设计要求	尺量：每处测 1 点
4	立柱竖直度（mm/m）	3	垂线法：每根柱测 2 点
5	基础顶面平整度（mm）	4	尺量：对角拉线测最大间隙，每个基础测 2 点
6	标志基础尺寸（mm）	+100，-50	尺量：每个基础长度、宽度各测 2 点

（3）交通标志外观质量应在安装后标志面及金属构件涂层应无损伤。

6.1.6　交通标线设置

道路交通标线是指施划于道路上的各种线条、箭头、文字、图案、立面标记、突起路标和轮廓标等所构成的交通设施。

1. 纵向标线

纵向交通标线指沿道路行车方向设置的标线：对向车道分界线、同向车道分界线、车行道边缘线、潮汐车道线、左转弯待转区线、路口导向线、导向车道线、禁止停车线、渐变段标线、接近障碍物标线、铁路平交道口标线。

对向车道分界线：用于分隔对向行驶的交通流，标线颜色为黄色，视交通管理需要选择不同类型（单黄虚线、单黄实线、黄虚实线和双黄实线）。

（1）单黄虚线：在保证安全的条件下，允许双向车辆越线超车或向左转弯、掉头。适用于双向双车道道路。

（2）单黄实线：在任何情况下，双向车辆不得越线超车或向左转弯、掉头。适用于双向双车道道路。

（3）黄虚实线：在保证安全的条件下，允许虚线一侧的车辆超车或向左转弯、掉头。任何情况下，实线一侧的车辆不得超车或向左转弯、掉头。适用于双向四车道以下的路基为整体式的道路。

（4）双黄实线：在任何情况下，双向车辆均不得超车或向左转弯、掉头。双向四个及四个以上车道的整体式路基未设置中央分隔带时，应设置双黄实线。

同向车道分界线：当同向为两条或两条以上车道时，均应设置同向车道分界线。

分隔同向交通流、允许车辆小心越线时，为标准的白色虚线。

分隔同向交通流、禁止车辆越线时，为标准的白色实线，如分隔左转或右转车道及专用车道等。

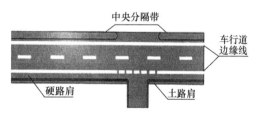

图 6.1-25　车行道边缘线

2. 车行道边缘线（图 6.1-25）

（1）车行道边缘线用以指示机动车道的边缘或用以划分机动车道和非机动车道的分界。用以划分机动车道和非机动车道的分界时，也可称作机非分界线。

（2）车行道边缘线应设置在道路两则紧靠车行道的硬路肩或非机动车道内，并不得侵入车行道内。

（3）双向四车道及以上道路除出入口、交叉路口及允许路边停车的特殊路段外，所有车行道边缘上均应设置车行道白色实线。在出入口、交叉路口及允许路边停车路段等允许机动车跨越边缘线的地方，可设置车行道边缘白色虚线。在必要的地点，如公交车站临近路段、允许路边停车路段等，可设置车行道边缘白色虚实线。虚线允许车辆越线行驶，实线不允许车辆越线行驶。

3. 接近障碍物标线（图 6.1-26）

当道路中心或车行道中有上跨桥梁的桥墩、中央分隔带端头、标志杆柱及其他可能对

图 6.1-26　接近障碍物标线

行车安全构成威胁的障碍物时，应设置接近障碍物标线以指示路面有固定性障碍物，让车辆驾驶人谨慎行车，引导交通流顺畅驶离障碍物。

4. 一般设置

（1）道路平面交叉和行人横过道路较为集中路段中无过街天桥、地下通道等过街设施时，应施画人行横道线；学校、幼儿园、医院、养老院门前的道路没有行人过街设施的，应施画人行横道线，设置指示标志。

（2）人行横道线一般与道路中心线垂直，其特殊情况下，其中心线夹角不宜小于 60°（或大于 120°），其条纹应与道路中心线平行。

（3）人行横道线的设置间距应根据实际需要确定，但路段上设置的人行横道线之间的距离宜大于 150m。

（4）在无信号灯控制的路段中设置人行横道线时，应在到达人行横道线前的路面上设置停止线和人行横道预告标志，并配合设置人行横道指示标志，视需要也可以增设人行横道警告标志。

下列情况，不应设置人行横道线：

1）在视距受限制的路段、急弯、陡坡等危险路段和车行道宽度渐变路段；

2）设有人行天桥或人行地道等供行人穿越道路的设施处，以及前后 200m 范围内。

3）公交站位前后 30m 范围内。

5. 让行线（图 6.1-27）

停车让行线、减速让行线应和停车让行标志与减速让行标志配合使用。

（1）路面文字标记：

路面文字标记是利用路面文字指示或限制车辆行驶的标记，如最高限速、车道指示（快车道、慢车道）等。

（2）当道路同向车道数大于两个或者因地形条件等的限制无法设置交通标志时，可采用设置路面文字标记的方法。文字标记所表达的信息不宜超过三行。一般情况下，路面文字在宽度上不应超过一个车道。

6. 标线施工（图 6.1-28～图 6.1-30）质量控制

图 6.1-27　让行线

图 6.1-28　标线施工 1

图 6.1-29　标线施工 2

图 6.1-30　标线施工 3

（1）材料

1）路面标线涂料的性能、质量线形应符合现行标准《路面标线涂料》JT/T 280、《道路交通标线质量要求和检测方法》GB/T 16311 的规定，所用的材料需经检验合格后方可进场。

2）标线材料的运输必须做好防雨、防潮等工作。标线材料存放时应保持通风、干燥、防止日光直接照射，并应隔绝火源，夏季温度过高时要进行降温。

3）突起路标的质量应符合现行《突起路标》GB/T 24725 的规定，突起路标反射体应反射性能均匀、完整无缺口、缺角，突起路标的壳体成型完整，外表面不得有明显的划伤，颜色应均匀一致，无飞边。底胶采用环氧树脂。

（2）施工质量控制

1）划线前应先检查路面是否清洁干燥，不得存在松散颗粒、灰尘、沥青渣、油污或其他有害材料，应及时清理干净，方能施工。

2）在清理干净现场后应按设计要求确定标线位置和宽度、长度，开始进行放线定位，放线的尺寸应符合设计图纸要求，先放水线，使线型保证顺畅，并请监理工程师检测合格后开始喷涂底油。喷底油时要求路面干燥，喷涂的底油均匀、使其干透。

3）正式施工前应进行试划，以验证划线车的行驶速度、线宽、标线厚度、玻璃珠撒布量，调试合格后方能正式施工。

4）施工时严格控制标线涂料的料温（热熔型涂料的加热温度为 $180\sim220$℃），防止冷却以后出现网状、裂缝、起泡、变色、剥落、纵向有长的起筋或拉槽等现象。涂料在容器内加热时，温度应控制在涂料生产商的使用说明规定值内，不得超过最高限制温度，烃树脂类材料，保持在熔融状态的时间不大于 6h，树胶树脂类材料，保持在熔融状态的时间不大于 4h。

5）施划标线要在晴朗干燥的气候，路面干燥，工作环境温度大于 15℃ 的条件下按规定进行标线施划，标线的喷涂厚度要符合图纸要求。标线施工时，一般路段外侧行车道边缘线每隔 14.7m 设 0.3m 的空格作为排水孔，超高路段分别在两侧行车道边缘线每隔 14.7m 设 0.3m 的空格作为排水孔。撒布玻璃珠应在涂料喷涂后立即进行。

6）施划后的标线，达到顺直、平顺、光洁、均匀、牢固、无脱皮、无裂缝、曲线顺滑，连接处过度顺滑；划线时滴洒的污料要及时清理，不得污染路面。

7）喷涂标线时，要有交通安全措施，设置适当的警告标志，阻止车辆人在作业区内通行，防止将涂料带出或形成车辙，直至标线充分干燥。

8）对施工中存在的毛边、流淌、划痕等缺陷应及时进行修补。清除路面上标线外的涂料，使标线达到边缘整齐，线面平滑，颜色清洁。对划线过程中使用的包装袋要拆好装袋，对外洒的玻璃珠要清扫干净，不得有遗弃物。

9）标线的线形必须流畅，与道路线性协调，曲线圆滑，不得出现折线，严格控制玻璃珠的撒布量，应撒布均匀，附着牢固，反光均匀。

10）突起路标的位置设置应严格按设计要求执行，反射体方向与行车方向相对，抗压荷载应大于 160kN，并不得有任何破损开裂。设置时先进行现场清理，清除砂、尘土等杂物，并用压缩机空气吹干净，此时将环氧树脂均匀涂覆于突起路标的底部，涂覆厚度约为 8mm，将突起路标压在路面正确位置上，轻微转动，直到四周出现挤浆并及时清理其溢出部分，在凝固前突起路标不得扰动。突起路标设置高度为顶部不得高出路面 25mm。在降雨、风速过大或温度过高过低时，不进行设置。

6.1.7　交通标线工程质量监理控制要点

（1）道路标线涂料采用反光热熔涂料和反光振荡型涂料涂划，其中车行道边缘线（机非分隔线实线部分）不设中心护栏的路段的中心双黄线、导向车道线、专用车道分隔线（公交专用道的实线）采用振荡型涂料涂划、其余标线使用反光热熔涂料涂划。标线涂料应符合《道路交通标志和标线》GB 5768 及《路面标线涂料》JT/T 280—2004、《道路标线涂料（热塑型）》GN 48—1989 的有关规定。

（2）各类标线、导向箭头、路面文字等路面标记的厚度为 1.8mm，各类标线的颜色按照国标执行。车行道分界线按照平面图标注铺划，路段单位出入口采用 1×1 虚线，其余标线按照国标规定执行。

（3）敷设标线的路面表面应清洁干燥，在水泥混凝土或旧沥青路面敷设标线时需要预涂底油，水泥混凝土和沥青路面的下涂不能混用。

（4）标线施工前，应对标线、图形、文字的位置进行测量放线，确定出精确位置后，再按图复核无误后才能敷设底涂，进行划线。

6.1.8　交通标线质量检验评定标准

（1）交通标线应符合下列基本要求：

1）交通标线施划前路面应清洁、干燥、无起灰。

2）交通标线用涂料产品应符合现行标准《路面标线涂料》JT/T 280 及《路面标线用玻璃珠》GB/T 24722 的规定；防滑涂料产品应符合现行标准《路面防滑涂料》JT/T 712 的规定。

3）交通标线的颜色、形状和位置应符合现行标准《道路交通标志和标线》GB 5768 的规定并满足设计要求。

4）反光标线玻璃珠应撒布均匀，施划后标线无起泡、剥落现象。

（2）交通标线实测项目应符合表 6.1-6 的规定。

交通标线实测项目   表 6.1-6

项次	检查项目		规定值或允许偏差	检查方法和频率
1	标线线段长度 （mm）	6000	±30	尺量：每 1km 测 3 处，每处测 3 个线段
		4000	±20	
		3000	±15	
		2000	±10	
		1000	±10	
2	标线宽度（mm）		+5,0	尺量：每 1km 测 3 处，每处测 3 点
3△	标线厚度 （干膜，mm）	溶剂型	不小于设计值	标线厚度测量仪或卡尺：每 1km 测 3 处，每处测 6 点
		热熔型	+0.50，−0.10	
		水性	不小于设计值	
		双组分	不小于设计值	

6.1.9 波形梁护栏

1. 材料

（1）波形梁钢护栏（图 6.1-31）产品的规格、材质均应符合设计及《结构用冷弯空心型钢》GB/T 67281 等标准规范要求，混凝土所用的水泥、细集料、粗集料、拌合用水、外加剂等材料，应符合现行标准《公路桥涵施工技术规范》JTG/T 3650 的规定，所有材料经检验合格后方可进场。

图 6.1-31 波形防撞栏

（2）护栏板、端头梁、立柱的长度和宽度方向不允许焊接，构件不能出现裂缝。护栏板、立柱、防阻块、垫板、过渡板、端头的镀锌厚度为 85μm^2（平均镀锌层质量 600g/m），紧固件的镀锌厚度为 50μm（平均镀锌层质量 350g/m），喷塑层厚度均为 250μm；喷塑颜色为绿色（RAL6029）。

（3）每批产品运抵现场后及时向监理工程师提供厂家合格证书、检验证明材料、构件尺寸、材质，得到监理工程师认可后，再进行安装施工。

（4）所有材料在装卸、运输以及施工过程中要进行包装，严禁损坏表面镀锌层及喷塑

373

层，在打桩、挂板、线形调整等施工过程中，需要设备接触材料时，应先给材料套好保护装置后再进行正常作业，以减少镀层损伤。

2. 施工要求

（1）施工前根据设计文件及图纸要求进行精确放样，以桥梁、通道、涵洞、隧道、中央分隔带开口、紧急电话开口、线路交叉等控制立柱的位置，进行测距定位。立柱放样时利用调节板调节间距，并利用分配方法处理间距零头数，必须调查立柱所在处是否存在地下管线、排水管等设施，及构筑物顶部埋设深度不足的情况。

（2）护栏安装的立柱标高应采用建设单位提供的道路中心点标高，以此标高确定每根护栏立柱的控制点，在控制点之间测距定位。同时实测立柱位置的基准点，用工字尺确定立柱平面位置，并根据实际情况加以调整，最终确定施工位置。立柱间距定位后，利用控制标高测量每根立柱的实际标高，编汇成表以确保护栏标高与道路中心线型一致。

（3）在立柱施工完一段距离后安装护栏板之前应及时对立柱进行调整，其水平方向和竖直方向应与道路线形相适应，形成平顺的线形。护栏渐变段及端部的立柱应按设计规定的坐标进行安装。

（4）立柱基础为现浇水泥混凝土的，应按图纸要求和监理工程师指示分段实施，并符合相关混凝土施工要求，基础的宽度、厚度和顶面标高符合图纸规定，经校正检查无误后方可进行浇筑，经过养护，达到混凝土强度 70% 以上方可拆模进行护栏板安装。

（5）当立柱在已压实的路基上打入时，应注意预埋管线不被破坏，立柱标高应符合设计要求，并不得损坏立柱端部；打入过深时，不得将立柱部分拔出加以矫正，必须将其全部拔出，将基础用混凝土或同等路基填料压实后再重新打入，立柱无法打入到要求深度时，严禁将立柱的地面以上部分焊割、钻孔，并不得使用锯短的立柱。当立柱埋入岩石时，应预先钻孔，埋设护栏立柱时用 15 号素混凝土填实孔隙，立柱在横面和竖面都应垂直竖立，间距必须准确。

（6）护栏立柱设置于构筑物中采用预留孔基础时，先清除孔内杂物，排除孔内积水，将液态沥青在孔底刷涂一遍，然后放入立柱，控制好标高，即可在立柱周围灌筑砂浆或混凝土。在灌筑时一定要保持立柱的正确位置和垂直度，灌筑完毕捣实后，用沥青封口，以防止雨水漏入孔中。

（7）对于难于打入的立柱，要采用先钻孔后打的方法施工，钻孔时在钻孔设备下面铺设足够大的彩条布，以对钻孔产生的废渣及设备滴漏的油料进行隔离，防止污染路面。

（8）立柱安装应与设计文件相符，并与道路线性相协调，要求圆滑、平顺、流畅、竖直度控制在 ±10mm/m 之间，立柱中距控制在 ±50mm 之间。

（9）护栏板通过拼接螺栓相互连接成纵向横梁，并由连接螺栓固定于防阻块，护栏板拼接方向与行车方向一致，拼接螺栓必须采用高强螺栓，所有螺栓必须安装齐全。立柱间距不规则的可利用调节板梁进行调节，使之形成平顺的线形，避免局部凹凸且在安装过程中不得出现任何损坏，不得利用现场切割护栏板的方法，所有的连接螺栓及拼接螺栓应在护栏板的线型达到规定要求的才能拧紧，终拧扭矩应符合规范要求，各类护栏端头应通过拼接螺栓与护栏板牢固连接。

（10）波形梁护栏与桥梁混凝土护栏要采用搭接锚固方式连接。波形梁上游护栏端头设置为外展式，外展过渡曲线段不得小于 20m。

（11）护栏安装完毕后，要对立柱及护栏板上的污染物进行清洗，不得有砂浆等污染物，对安装时破坏的路肩等构造物进行维修。

（12）所有构件不应因运输、施工造成防腐层的损伤，直线段护栏不得有明显的凹凸、起伏现象；曲线段护栏应圆滑平顺，与线形协调一致；中央分隔带开口端护栏的线形应与设计文件相符；波形梁要搭接平顺，垫圈齐备，螺栓紧固；立柱及柱帽安装牢固，其顶部应无明显塌边、变形、开裂等缺陷。

（13）防盗柱帽的防盗杆与柱帽要焊接牢固，以防柱帽丢失或损坏，防盗杆长度应以柱帽与柱顶紧密结合为宜，不宜设置太长，使柱帽轻易与柱顶分离。

6.1.10　波形梁钢护栏质量检验评定标准

（1）波形梁钢护栏应符合下列基本要求：

1）波形梁钢护栏产品应符合现行标准《波形梁钢护栏》GB/T 31439 的规定。

2）路肩和中央分隔带的土基压实度应不小于设计值。

3）石方路段和挡土墙上护栏立柱的埋深及基础处理应满足设计要求。

4）波形梁钢护栏各构件的安装应满足设计要求并符合施工技术规范的规定，波形梁板、立柱和防阻块不得现场焊割和钻孔，波形梁板搭接方向应正确。

5）护栏的端头处理及护栏过渡段的处理应满足设计要求。

（2）波形梁钢护栏实测项目应符合表 6.1-7 的规定。

波形梁钢护栏实测项目　　　　　　　　　　表 6.1-7

项次	检查项目	规定值或允许偏差	检查方法和频率
1A	波形梁板基底金属厚度（mm）	符合现行标准 GB/T 31439 规定	板厚千分尺、涂层测厚仪：抽查板块数的 5%，且不少于 10 块
2A	立柱基底金属壁厚（mm）	符合现行标准 GB/T 31439 规定	千分尺或超声波测厚仪、涂层测厚仪：抽查 2%，且不少于 10 根
3A	横梁中心高度（mm）	±20	尺量：每 1km 每侧测 5 处
4	立柱中距（mm）	±20	尺量：每 1km 每侧测 5 处
5	立柱竖直度（mm/m）	±10	垂线法：每 1km 每侧测 5 处
6	立柱外边缘距土路肩边线距离（mm）	≥250 或不小于设计要求	尺量：每 1km 每侧测 5 处
7	立柱埋置深度（mm）	不小于设计要求	尺量或埋深测鱼仪测量立柱打入后定尺长度：每 1km 每侧测 5 处
8	螺栓终拧扭矩	±10%	扭力扳手：每 1km 每侧测 5 处

（3）波形梁钢护栏外观质量应符合下列规定：

1）护栏各构件表面应无漏镀、露铁、擦痕。

2）护栏线形应无凹凸、起伏现象。

6.1.11　隔离栅、防落网

1. 材料

（1）浸塑焊接网采用 φ4mm 的低碳钢丝制造，隔离栅（图 6.1-32）、防落网所用金属材料应符合现行标准《隔离栅》GB/T 26941 及《公路交通安全设施施工技术规范》JTG F71 的规定，电焊网片、钢丝网片的材料采用低碳钢丝并符合《一般用途低碳钢丝》YB/T 5294 的要求，混凝土基础所用的水泥、细集料、粗集料、拌合用水、外加剂等材料，应符合现行标准《公路桥涵施工技术规范》JTG/T 3650 的规定，其他所用材料必须符合规范规定，不合格材料不得用于施工。

图 6.1-32　隔离墙、隔离栅

（2）隔离栅和防落网的所有金属构件均应采用镀锌处理，应按《公路交通工程钢构件防腐技术条件》GB/T 18226 及《隔离栅》GB/T 26941 对金属防腐处理的有关规定办理。

（3）隔离栅网片、刺丝、立柱、斜撑的镀锌层厚度为 $85\mu m$（平均镀锌层 22 质量 $600g/m$），紧固件的镀锌层厚度为 $50\mu m$（平均镀锌层质量 $350g/m$），浸塑层厚度均为 $250\mu m$；喷塑颜色为绿色（RLA6029）。

（4）隔离栅的网片、刺丝、立柱、斜撑加工成型后，进行热镀锌、浸塑处理前应进行表面清理，保证表面光滑、无毛刺、锈点等，平整度达到要求。

（5）网片、刺丝及立柱在运到工地之前，承包人要向监理工程师提交各构件的样品，监理工程师检查其外观质量，并进行检验；所交的样品应符合设计及规范要求，并应具有产品合格证。所有材料必须经检验合格后方可进场使用。

2. 施工质量控制

（1）隔离栅施工前应对立柱安装位置的地表进行平整，平整好后根据设计文件在规定的隔离栅设置位置确定控制立柱的位置和立柱中心线，在控制立柱之间按设计文件规定确定其他中间立柱位置，同时按照设计要求确定立柱高程并与道路界内地形相协调，在地形起伏地段时可将地面整修成一定的纵坡，刺铁丝隔离栅设施顺坡设置。每个柱位均应按设计文件中的要求确定高柱，并应按实际地形进行调整。

（2）根据测量放线定出的柱位，利用人工开挖基础，控制设计深度后清理基底并安装模板以保证基础有清晰的棱角及平整的表面，经监理工程师验收合格后方可浇混凝土。施工时可先浇筑底部混凝土，然后放入隔离栅立柱并检查立柱顶标高，利用临时支撑固定，检查其垂直度；立柱的埋设应分段进行，先埋设两端的立柱，然后埋设中间立柱，控制立柱与中间立柱的投影应在一条直线上，柱顶应平顺。立柱埋设施工时，要做到挂双线作业、准确定位，平顺过渡，线性以短折线为主。

（3）立柱纵向应在一条直线上，不能有参差不齐的现象，柱顶平顺，无高低不平的情况。当立柱的埋设深度、地面高度、垂直度检查无误后可浇混凝土基础。混凝土的制作应采用搅拌机集中拌合生产，混凝土拌合时严格按混凝土施工配合比计量并按规范要求留置混凝土试件（块），分层浇筑并振捣密实。基础混凝土施工完成后要洒水覆盖养护。

（4）混凝土基础强度达到设计强度的70％以上时，可按下列规定安装隔离栅网片：

1）安装有框架网片时，网面应平整，无明显的凹凸现象，框架与立柱应连接牢固，框架整体平顺、美观。

2）安装刺丝时，应从端头立柱开始，刺丝之间要平行、平直、绷紧后用12号钢丝与立柱上的铁钩牢固绑扎，横向与斜向刺钢丝相交处也用12号钢丝绑扎牢固。

3）隔离栅安装完毕后，立柱基础周围要进行夯实处理。

（5）电焊网网片焊接前，要求各单体平直并除锈，焊接部位要求过渡圆滑，无夹渣、虚焊、气孔等缺陷，整体焊接成型后，横向翘曲度控制在7mm以内，纵向翘曲度控制在5mm，连接板与立柱及网片边框在组焊时，其对称中心的最大偏移不得超过1mm。

（6）隔离栅立柱与基础、网片与立柱之间应连接稳固，隔离栅起止点、断开处及拐角处均要按图纸及监理工程师要求作专门加固处理（加斜撑或加大基础尺寸）。

（7）各种形式的隔离栅安装完成后应表面平整，无明显凹凸现象，整体线形顺适，最后对立柱基础要做回填压实处理。

（8）防落网（图6.1-33）安装时应以上跨桥梁与道路、铁路等设施的交叉点为控制点，向两侧对称进行防落网的施工，防落网的设置长度要符合图纸的规定。

图6.1-33 防落网

（9）防落网采取后固定的施工工艺固定立柱；桥梁护网网片应牢固的安装在立柱上，金属网片应平整、绷紧、舒适、自然美观。

（10）为了防止雷电伤人，防落施工时必须根据规范要求对桥梁护网做防雷接地处理。

6.1.12 混凝土护栏、缆索护栏质量检验评定标准

1. 混凝土护栏

（1）混凝土护栏应符合下列基本要求：

1）混凝土护栏的地基承载力应满足设计要求。

2）混凝土护栏块件标准段、混凝土护栏起终点的几何尺寸应满足设计要求。

3）混凝土护栏预制块件在吊装、运输、安装过程中，不得断裂。

4）各混凝土护栏块件之间、护栏与基础之间的连接应满足设计要求。

5）混凝土护栏的埋入深度、配筋方式及数量应满足设计要求。

6）混凝土护栏的端头处理及护栏过渡段的处理应满足设计要求。

（2）混凝土护栏实测项目应符合表 6.1-8 的规定。

混凝土护栏实测项目 表 6.1-8

项次	检查项目		规定值或允许偏差	检查方法和频率
1	护栏断面尺寸（mm）	高度	±10	尺量：每 1km 每侧测 5 处
		顶宽	±5	
		底宽	±5	
2	钢筋骨架尺寸（mm）		满足设计要求	过程检查，尺量：每 1km 每侧测 5 处
3	横向偏位（mm）		±20 或满足设计要求	尺量：每 1km 每侧测 5 处
4①	基础厚度（mm）		±10%H	过程检查，尺量：每 1km 每侧测 5 处
5△	护栏混凝土强度（MPa）		满足设计要求	
6	混凝土护栏块件之间的错位(mm)		≤5	尺量：每 1km 每侧测 5 处

注：①H 为基础的设计厚度，以 mm 计。

（3）混凝土护栏外观质量应符合下列规定：

1）混凝土护栏表面的蜂窝、麻面、裂缝、脱皮等缺陷面积不得超过该面面积的 0.5%；深度不得超过 10mm。

2）混凝土护栏块件的损边、掉角长度每处不得超过 20mm。

3）护栏线形应无凹凸、起伏现象。

2. 缆索护栏

（1）缆索护栏应符合下列基本要求：

1）缆索护栏产品应符合现行标准《缆索护栏》JT/T 895 的规定。

2）端部立柱应安装牢固。基础混凝土强度应满足设计要求。

3）护栏的端头处理及护栏过渡段的处理应满足设计要求。

（2）缆索护栏实测项目应符合表 6.1-9 的规定。

缆索护栏实测项目 表 6.1-9

项次	检查项目	规定值或允许偏差	检查方法和频率
1△	初张力	±5%	张力计：逐根检测
2	最下一根缆索的高度（mm）	±20	尺量：每 1km 每侧测 5 处
3	立柱中距（mm）	±20	尺量：每 1km 每侧测 5 处
4	立柱竖直度（mm）	±10	垂线法：每 1km 每侧测 5 处
5	立柱埋置深度（mm）	不小于设计要求	尺量或埋深测量仪测量立柱打入后定尺长度：每 1km 每侧测 5 处
6	混凝土基础尺寸	满足设计要求	尺量：每个基础长度、宽度各测 2 点

（3）缆索护栏外观质量应符合下列规定：

1）护栏各构件表面应无漏镀、露铁、擦痕。

2）护栏线形应无凹凸、起伏现象。

6.1.13 防眩设施

1. 材料

（1）防眩板（图 6.1-34）所用材料应符合现行相关标准的规定，基础混凝土所用的水泥、细集料、粗集料、拌合用水、外加剂等材料，应符合现行标准《公路桥涵施工技术规范》JTG/T 3650 的规定。

（2）钢构件应进行热镀锌＋喷塑的双防腐处理工艺，防腐处理应满足现行标准《公路交通工程钢构件防腐技术条件》GB/T 18226 的规定。

（3）防眩板支架的镀锌层厚度为 $85\mu m$（平均镀锌层质量 600g/m），紧固件的镀锌层厚度为 $50\mu m$（平均镀锌层质量 350g/m），喷塑层厚度均为 $250\mu m$；喷塑颜色为绿色（国标 RAL6029）。

图 6.1-34 防眩板

（4）所有材料必须具有产品合格证并经检验合格后方可进场使用。

（5）防眩板外观不得有划痕、颜色不均匀等缺陷，表面不得有气泡、裂纹、疤痕、端面分层、毛刺等缺陷。

2. 施工质量控制

（1）在施工前先进行控制点之间测距定位、放样，然后根据定好位置进行支架基坑开挖。

（2）根据测量放线定出的位置，利用人工开挖基础，控制设计深度后清理基底，经监理工程师验收合格后方可浇混凝土。施工时可先浇筑底部混凝土，然后放入防眩板支架并检查支架顶标高，利用临时支撑固定，检查其垂直度；支架的埋设应分段进行，可先埋设两端的支架，然后拉双线埋设中间的支架，两端控制架与中间支架的投影应在一条直线上，支架顶应平顺。

（3）防眩板支架基础混凝土应洒水覆盖养护。

（4）防眩板支架基础混凝土强度达到设计强度 70% 以上时，才能在支架上安装防眩板。

（5）安装防眩板时采用夹板及 4 个防盗螺栓固定，应注意路基段与桥梁上的防眩板的衔接，保证衔接顺适，外形上不得有高低不平和扭曲现象。

（6）防眩板顶端需开设透气孔，以防止防眩板变形。

（7）防眩板下缘与混凝土护栏顶部的间距要符合图纸规定，安装过程中，不得随意抬高防眩板调整高度及垂直度，以免下缘漏光过量影响防眩效果。

（8）立柱混凝土基础施工时，不得破坏地下管线和排水设施。混凝土基础开挖到规定深度后，要夯实基底。调整好支架立柱垂直度和高程后，基础要夯实回填。

（9）安装成型以后的防眩板必须连接牢固，不得有松动现象。防眩板整体应与道路线形协调一致，不得有明显的扭曲或凹凸不平。

6.1.14 隔离墩

（1）混凝土材料所用的钢筋、水泥、细集料、拌合用水、外加剂等材料，应符合现行标准《公路桥涵施工技术规范》JTG/T 3650 的规定，所有材料必须经检验合格后方可进场。

（2）施工质量控制：

图 6.1-35　隔离墩

1）预制隔离墩（图 6.1-35）的施工场地应平整、坚实、排水良好。

2）隔离墩预制前监理工程师应先对进场的定型钢模板进行检查、验收，不合格的钢模板必须清理出场，以保证生产出的隔离墩尺寸大小一致。

3）隔离墩预制时要求采用定型钢模板，将钢模板接缝用防水胶带密封，防止浇筑混凝土时漏浆。浇混凝土前，应涂刷隔离剂，以保证混凝土表面光滑、棱角清晰。

① 混凝土拌合站应设置配合比明示牌和磅秤一个，以确保隔离墩混凝土能按批准的配合比拌制，以确保隔离墩混凝土施工质量。

② 隔离墩混凝土浇筑时必须振捣密实，不能出现漏振、过振，以保证隔离墩表面没有蜂窝、麻面等缺陷。

③ 当混凝土强度达到设计强度的 70％以上方可进行拆模，拆模时不得损坏隔离墩的表面及边角，拆模后要及时进行洒水覆盖养护。

④ 隔离墩混凝土达到设计强度后方可进行运输、安装，在起吊、运输、安装过程中，不得损坏隔离墩的边角，否则在安装就位后，应采用高于混凝土强度的材料及时修补。

⑤ 隔离墩在刷漆前应对表面进行打磨、清洗，待表面干燥后在进行刷漆，不得在潮湿情况下刷漆。

6.1.15 轮廓标

（1）材料：

柱式轮廓标（图 6.1-36）的质量应符合现行相关标准的规定，柱式轮廓标柱体表面应平整光滑、无毛刺、裂缝或气泡等缺陷，无明显凹痕或变形。180mm×40mm 的逆反射材料应镶嵌在轮廓标的表面，使不易脱落。混凝土基础所用的水泥、细集料、拌合用水、外加剂等材料，应符合现行标准《公路桥涵施工技术规范》JTG/T 3650 的规定。

（2）施工质量控制：

1）柱式轮廓标按施工图纸设置的位置进行准确的定位放样，安装时，柱体应垂直与水平面，三角形柱体的顶角平分线应垂直于道路中心线，柱体与混凝土基础之间必须用螺栓连接。

图 6.1-36　道路轮廓标

2）附着式轮廓标的反射器的安装角度应符合设计文件规定，安装高度应统一，并连接牢固。附在波形梁护栏上的轮廓标通过波形梁护栏的连接螺栓固定在波形梁护栏。附着式轮廓标安装成型以后应与道路线性协调一致，夜间应反光明亮，线条流畅。

6.1.16　防撞桶质量控制

（1）防撞桶（图 6.1-37）桶盖、桶身、横隔板所用的材料应为塑料或橡胶，不能用玻璃钢材料。防撞桶应外贴边长为 200mm 红白相间的块状一级反光膜；

（2）配载物只能用水或砂，不能用建筑垃圾填充。若配载物为水时只能用纯净的江水或自来水；若为砂时所用砂应为普通中砂，细度模数在 3.0～2.3 之间。

图 6.1-37　道路防撞桶

6.1.17　立面标记

（1）隧道洞门、门架立柱及跨线桥中墩应设立面标记，立面标记（图 6.1-38）采用一级反光膜，颜色为黄黑相间的倾斜线条，线条倾角为 45°，线宽及间距均为 150mm，门架立柱及跨线桥中墩立面标记高度统一为 2000mm，隧道洞门立面标记高度统一为 3000mm，设置时应把向下倾斜的一边朝向行车道。

图 6.1-38　立面标记

（2）防眩板上的反光膜为宽 50mm，高 100mm 的黄色反光膜，反光膜设置在板子边缘，其下缘距支架顶面为 500mm。

（3）护栏立柱上的反光膜，路侧为一级白色反光膜，宽 100mm，高 200mm，其下缘距硬路肩顶面为 350mm；中央分隔带为一级黄色反光膜，宽 100mm，高 200mm，其下缘距硬化层顶面为 450mm。

（4）护栏上游端头应设立面标记，立面标记采用一级反光膜，颜色为黄黑相间的倾斜线条，线条倾角为 45°，线宽及间距均为 150mm，设置时应把向下倾斜的一边朝向行车道。

（5）收费岛防撞柱（图 6.1-39）应设立面标记，立面标记采用一级反光膜，颜色为黄黑相间的水平线条，线宽及间距均为 200mm。

图 6.1-39　收费岛标记

（6）收费岛及隧道两侧路缘带立面标记，采用反光标线漆，颜色为黄黑相间的倾斜线条，线条倾角为 45°，线宽及间距均为 150mm，设置时应把向下倾斜的一边朝向行车道。

6.1.18　交通信号灯组质量监理控制要点

（1）交通信号灯的一般要求

1）符合国家标准《道路交通信号灯》GB 14887—2011 全部技术要求，具有公安部交通安全产品质量监督检测中心按国家全部项目检测的检测报告。

2）信号灯生产厂家通过 ISO 9001 质量管理体系认证。

3）全屏机动灯必须采用配光镜和透镜组合的两层配光方式，其中透镜为菲尼尔透镜，起到激光作用，而配光镜根据国标要求进行配光，不能采用反光杯的方式。各种型信号灯每个灯组应根据不同颜色由各个独立发光单位组成，不能把各种颜色做成一体。

4）配光镜和透镜必须采用抗紫外线的无色透明的 PC 材料，外壳采用黑色 PC 材料。

5）紧固标准件全部采用不锈钢材料。安装支架由钢板成型并经热镀锌（350mg/m）。所有密封件采用硅橡胶材料。灯壳的背面设置中 20mm 出线孔，并有可靠的防水防尘措施。

6）灯芯电源和 LED 灯板装成一个整体，但相互之间必须隔开，以便保证 LED 灯板的密封和电源的散热。

7）前盖开启采用转轴铰簧结构，转轴和铰簧都需要使用不锈钢材料，前盖开启时不需使用螺栓，向左或向右双向打开前盖，并可实现与后壳分离，便于维修。

8）使用自耦式变压器电源，恒流供电电路。单灯功率不超过 15VA。全屏机动三灯重量不大于 12kg。

（2）信号灯组地下电缆管道

所有的交通灯电缆管道均采用 HDPE（高密度聚乙烯）管敷设，管线设施施工完毕后应进行穿透试验，以确保管道畅通。管内应穿一根 $\phi4$ 细 m 的铁丝预留，管道用管封密封。

（3）信号灯组防雷与接地

所有带电设备基础需做防雷接地设备，所有的电源引入口加装避雷器。

6.1.19　交通信号机质量监理控制要点

（1）关键技术要求交通信号控制机的硬件、软件设计应采用国际上最流行的嵌入式处理器、嵌入式实时操作系统等先进技术。具有技术领先性和成熟性。

（2）交通信号控制机，应满足如下的功能要求：

1）相位配时管理：

交通信号控制机应至少提供 16 种相位状态，每个相位状态至少可以设置 16 种配时方案。信号机至少支持 48 路信号灯输出。

须提供对配时方案进行现场编辑的能力，可以对每一步的步长进行配置，也可以只对可调节步步长进行编辑。须提供通过上位机（系统中央或外线设备）进行控制状态和控制方案编辑并下载至信号机能力。

2）绿冲突检测：

应提供所有可能发生的绿冲突进行检测的功能，可对希望检测的绿冲突项目进行编辑，并可分别启动"机动车—机动车"或："机动车—非机动车/行人"之间的绿冲突检测功能。

3）闪光控制：

交叉路口的一个方向车行黄灯和另一个方向的黄灯交替闪动，闪动频率为 1 次/秒。设备故障时，信号机将自动进入黄闪状态；机器维修时根据需要也可人为地设置机器进入此状态。也可提供黄闪控制时段表，根据设置的时间段执行路口信号黄闪控制。

4）灭灯控制：

支持所有灯色均熄灭的控制功能。可以通过灭灯时间段设置实现。也可以接受中央系统的灭灯启动/解除指令。

5）手动控制：

人工现场步进控制的模式，信号机须提供人工现场步进信号控制手柄（或开关）及相应的进入和退出手动控制模式的开关（软件或硬件的开关）进入及退出手动控制模式，信号机应可以把相应的状态信息上报系统中央；退出手动控制模式时，信号机要求可以恢复到进入退出手动控制模式前控制级的信号控制模式。

6）多时段控制支持节假日、平日两种日期类型，并启动识别周一至周五为平日，周六周日为节假日。提供假日表，可以将平日日期人为设置为节假日，至少可以设置 20 个日期单元。提供非假日表，可以将节假日日期认为设置为平日，至少可以设置 20 个日期单元分别为节假日和平日提供时段日计划表，不少于 24 个时段，每个时段可以任意选择 256 中预案之一，也可以选择"黄闪/灭灯"特殊控制模式。

7）半感应控制针对主干道与支线相交的路口，控制及应支持半感应控制功能。信号机控制策略必须可以实现单位感应绿灯延长控制效果。

8）全感应控制针对交通需求不高的小型路，控制应支持全感应控制功能。信号机控制策略必须事先实现单位感应绿灯延长控制效果。

9）行人感应控制：

针对行人过街信号路口，应支持行人按钮感应控制功能。

10）无电缆线控制：

无电缆线协调控制的功能。支持检测器数据的接入，在无电缆线控统一周期待条件下，支持绿信比的优化。

11）自适应控制：

可使用于各种复杂平交路口、复杂交通流特征的信号控制。通过对路口合理布置车辆检测器，识别交通状态，动态决策周期、绿信比参数。

12）相位差协调控制：

控制机具备运行区域协调控制的功能。在该控制模式下，当出现设备故障、通信故障及其他故障时，信号机需能够进行故障降级控制，通信回复后也能恢复到原控制模式。

13）变相位控制模式：

控制机应支持通过时段设置实现相序、相数变化的变结构控制功能。控制机还应支持根据实测的交通数据实现相序、相数变化的变结构控制功能。

14）交通拥挤度发布：

信号机应能接受中央系统下达的相邻路口、路段交通拥挤度信息，并通过可变诱导装置向交通参与者实时发布，起到均衡分布交通流的控制目的。

（3）通信接口要求：

信号机应是路口交通数据通信的信息节点。

1）接入系统：

信号机应提供 RJ—45 标准接口，支持局域网方式接入系统，提供设置 IP 地址的应用软件工具。信号机含应支持无线公网（如 GPRS、CDMA 等）接入系统的能力，以及可选的通信模块。

2）外设接口：

信号机应提供足够的数据外设接入的能力，如各入口方向的战术/战略/队列车辆检测器、倒计时器等。

3）诱导接口：

信号机应能提供路口动态诱导标志的数据接口，中央管理系统可以通过信号机线路向路口动态诱导标志发布交通状态信息。

4）I/O 接口：

信号机应能提供行人按钮等 I/O 设备。

（4）人机交互要求：

1）参数配置及操作：

控制机应提清晰的显示屏及视窗风格的中文菜单式界面，显示屏应具备自动关屏保护和自动唤醒能力。应提供人性化的操作键盘，方便操作。应提供现场外接设备（如笔记本电脑）接口及相应的接口软件。

2）工作状态指示：

信号机控制面板必须具备控制模式、联机状况、车辆检测器联机状况及设备内部故障信息指示灯，便于操作人员判断设备的工作情况。信号机的部件、每一板卡均须配备工作状态指示灯。

（5）可靠性与安全性要求：

1）总从式热跟踪备份：

信号机应当具备主控板及降级控制板（分控板）共同运行保障服务的机制，以防止当主控制板故障而导致的控制失调。主控板发生故障，或进入维修状态时，降级控制板应自动获得控制权，平滑接续主控板的控制方案，运行降级控制模式。平滑过渡应当跟踪到步伐及步伐执行时间。

2）有效的防雷措施：

信号机电源输入端及灯控信号输出必须配备避雷装置或采取避雷措施。电源输入端配置的防雷器至少满足表 6.1-10 要求。

电源输入端配置的防雷器　　　　　　　　　　　　　　表 6.1-10

标称工作电压 U_n	单项 220V
最大持续运行电压 U_c	385V
标称放电电流 I_n	20kV（8/20μs）
最大放电电流 I_{max}	40kA（8/20μs）
保护水平 U_p（8/20μs）	$\leqslant$1000V
负载能力 I_r	32A（ms）
响应时间	$\leqslant$25ns

信号机必须配备具备过载、短路保护功能的电源总开关，开关的额定电压、额定电流应满足 380V，20A 的最低容量要求，信号机还应配备控制电源开关，以对控制部件如主控板及面板的电源输入进行控制。

3）接线及安全措施：

强电接线部与弱电接线部物理分离，以提高操作的安全性。灯控信号组输出端的接线端子应符合 220V5A 的最低容量要求。接线端子排应牢固固定于信号机柜或机架上；在进行接、拆信号线等正常操作时，接线端子排不应有松动现象。信号输出端子应采用竖排结构压线式接线端子、接插件端子等可靠方式连接，在连接完毕后，导线不应有松动现象，在不借助工具的情况下不能无故松开。灯具驱动输出回路中应安装快速熔断器，以便在短路时保护灯控器件。

4）外接发电安全措施：

信号机应配置备（如：发电机）接入插座、防护装置及指示灯。公用电网有电时，发电机接入无效；公用电网停电时，发电机可接入供电，自动切断公用电网链路，避免发生反馈意外。公用电网来电时，自动切断发电机供电链路。

5）故障降级及平滑过渡功能：

控制机应提供故障检测及降级控制的功能。如高级控制模式中检测器发生故障，可以逐步降级为定时控制。

6）箱门开启报警：

信号机应提供箱门开启报警信号，并及时上报中央系统。

（6）电气性能及其他要求：

信号控制机，至少满足以下的性能要求。

1）信号机设备型式试验（检验）以及出厂检验所需要进行的试验（检验）项目、试验（检验）所采用的检验规则、试验方法以及设备性能指标等必须符合《道路信号控制机》GB 25280—2016 的相应要求。

2）整机电压输入范围：AC（220±20％）V，（5±02）Hz；整机耗电：不大于 40W（不含信号灯耗能）。

3）信号机结构性能所涉及项目的内容要求，以《道路信号控制机》GB 25280—2016 标准要求为准，信号机必须满足其相应的规范要求。

4）信号机文字、图形及标志符号要求所涉及项目内容要求，以《道路信号控制机》GB 25280—2016 标准为准，信号机必须满足其相应的规范要求。

6.2 交通监控工程

6.2.1 监控工程基础

1. 基础施工

（1）基础采用混凝土加钢筋笼浇筑，4m 以下预埋件尺寸不小于 0.3m×0.3m×0.6m，浇筑水泥尺寸不小于 0.4m×0.4m×0.6m。4～6m 立杆预埋件尺寸不小于 0.3m×0.3m×1.0m，浇筑水泥尺寸不小于 0.5m×0.5m×1.2m。6～10m 立杆预埋件尺寸不小于 0.4m×0.4m×1.2m，浇筑水泥尺寸不小于 0.6m×0.6m×1.5m。

（2）预埋走线管道，走线管道管径不小于 40mm，转弯半径不小于 200mm，用于窨井与立杆间走线。

（3）监控立杆（图 6.2-1）及其主要构件结构装配的质量应满足下列要求：

1）监控立杆及其主要构件高度允许偏差±200mm，截面尺寸允许偏差±3mm。

图 6.2-1　监控立杆基坑

2）桁架塔塔身应对灯架升降起到良好的导向、定位作用。钢结构的连接螺栓应简单统一，螺栓规格宜采用 M16，连结应有防松动措施，且牢固可靠。

3）立杆及其主要构件监控杆所有焊接处焊缝应符合标准要求，监控杆表面应光滑平顺，无气孔、焊渣、虚焊及漏焊等缺陷。

4）立杆与基础采用法兰盘加预埋螺栓连接，监控杆焊接加强板（δ10 钢板）保护，横支臂与立杆端头连接方式采用法兰盘连接，并进行焊接加强板（δ10 钢板）保护；

5）线缆埋地的沟槽尺寸：人行道为 0.2m×0.6m（宽×深），车行道为 0.2m×0.8m（宽×深）。沟底先铺 C20 混凝土垫层，线缆敷设后，用细砂回填、夯实，再根据实际情况复原路面。

6）敷设的线缆除埋在花坛的或有特别说明的用 PVC 管保护，其他部分要用镀锌钢管进行保护；裸露在外的线缆（架空的除外）全部采用镀锌钢管加以保护。

7）所配钢筋符合国标及受风要求。其中水泥为 425 号普通硅酸盐水泥。混凝土的配比和最小水泥用量应符合《混凝土强度检验评定标准》GB/T 50107—2010 的规定。

8）基础的混凝土浇筑面平整度小于 5mm/m 尽量保持立杆预埋件（图 6.2-2）水平。监控杆预埋件法兰盘低出周围地面 20～30mm，再用 C25 细石混凝土把加强肋盖住，以防止积水。

图 6.2-2　监控立杆钢筋

9）杆旁、控制箱旁、电缆拐弯处、监控杆电缆管直线长度超过 50m 时或两端电缆管不在同一平面相距 100mm 以上时，必须设置手孔井。手孔井的内围尺寸要求为 500mm（长）×500mm（宽）×600mm（深），用砾石铺层作为渗水用；手孔井四壁必须抹水泥砂浆。

2. 预埋件施工

（1）基础的钢筋笼应临时固定，同时确保钢筋笼的基础顶板平面水平，即用水平尺在基础顶板垂直两个方向测量，观察其气泡必须居中；监控立杆预埋件基础混凝土浇捣必须密实，禁止混凝土有空鼓（图 6.2-3）。

（2）施工时要在预埋管口预先用塑料纸或其他材料封口，以防止混凝土浇捣时混凝土漏入预埋管中，造成预埋管堵塞；基础浇捣后，基础面必须要高于地平面 5～10mm；混凝土必须要养护一段时间，以确保混凝土能达到一定的安装强度。

（3）预埋件地脚螺栓法兰盘以上的螺纹包扎良好以防损坏螺纹。监控杆根据预埋件安装图正确放置监控立杆预埋件，保证支臂杆的伸出方向与行车道垂直（或按工程师要求）地脚螺栓作为主筋（图 6.2-4）。

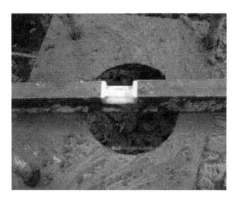

图 6.2-3　水平测量

图 6.2-4　基础预埋件

（4）每一根金属立杆都必须接地，其接地电阻小于 4Ω；各立杆基础具体数据视现场施工需要为准。

3. 监控工程基础施工监理要点

（1）认真审阅基坑开挖、基坑围护、围堰施工方案，并明确审批意见。

（2）监理工程师应认真复核施工单位提交的放样复核单的各类数据并到现场进行复核、签署复核意见。

（3）对基坑轴线、围堰轴线进行复核，并复核标高控制点。

（4）在审核施工单位提供的回填土最佳含水量、最大干密度前，监理应按要求取样做好平行试验，确认施工单位提供的数据。基坑回填前确认构筑物的混凝土强度报告，重要构筑物应旁站混凝土试压试块过程。

（5）监理工程师应对施工前准备工作情况进行认真检查，检查所有人、机、物是否都按方案要求进行准备。

（6）检查基坑内有无积水、杂物、淤泥。

（7）回填时是否同步对称进行，分层填筑。

（8）加强现场巡视，检查打入桩的长度和成桩深度，对搅拌桩和树根桩要注意水泥用量和混凝土的质量，并做好记录，确保成桩质量和计量支付。

（9）对支撑设置进行检查，要确保基坑支撑牢固。

（10）如坑边有房屋等结构物，应及时观察记录地下水位和地面下沉数据，审核施工单位的沉降记录和沉降曲线，发现问题暂停施工，及时上报建设单位，要求施工单位提出可行的技术措施，并审批后报建设单位批示。以确保措施可靠、可行。

（11）审查公用事业管线和保护措施，必要时报请建设单位组织召开协调会。

4. 预埋件施工监理要点

（1）严格审查施工单位提交的预埋件开挖施工方案，包括材料、机械、设备进场情况及人员配备情况等。

（2）复查预埋件开挖的中线位置和沟槽高程。

（3）检查排水、雨、冬期施工措施落实情况。

（4）遇地质不良、施工超挖、坑底土层受扰等情况时，应会同设计、业主、承包人共同研究指定地基处理方案、办理变更设计或洽谈手续。

6.2.2　系统设备安装

1. 前端设备安装监理要点

（1）审查进场的施工设备、仪器、仪表是否与报验的资料一致。

（2）严格检验进场的设备、电缆等材料，重点检查设备、材料和型号、规格、数量、出厂合格证、技术说明书等。

（3）要求施工单位落实施工前安全技术交底。

（4）前端设备的安装和配线按照设计要求检验。

（5）前端设备安装后的调试和验收。

2. 施工步骤

（1）施工人员应认真熟悉施工图纸及有关资料（包括工程特点），设计人员应对施工人员进行技术交底。对特殊问题应做明确的交代。

（2）设备、仪器、器材、机具、工具、辅材、机械以及有关必要的物品应准备齐全，以满足连续施工或阶段施工的需求。必要时，应备有施工中的通信联络工具。

（3）熟悉施工现场。对施工现场的有关情况进行检查，应了解施工沿途的具体情况。包括使用道路及占用道路情况（包括横跨道路）；允许用杆架设的杆路及自立杆路的情况；敷设管道电缆和直埋电缆的地质和地下其他管路情况，以及路由状况。

（4）现场验货，要和用户、施工单位共同完成该项工作，点验完成后共同签署"到货清单"，之后将设备转移到存放安全、又有利于随时取用的地点保存，指定明确的保管责任人，并请保管人在设备清单上签字。

1）对各类施工材料清点、分类，以适应施工需要。

2）进行线槽、线管、穿放线缆工作，对线缆随时测试好坏，随时用标签标注。

3）进行摄像机安装，能在地面完成的组装工作决不留到高空作业，先完成支架或吊架再安装摄像机、解码器。

4）进行车间机柜安装和采集工作站、传输设备安装（在人力允许的情况下，可与摄像机等设备的安装同期进行）。

5）以车间为单位进行加电测试，应达到图像清晰、稳定，无干扰、无异常。

6）在人力许可的情况下可以同步推进多个车间的安装，要关注和控制施工质量。

7）进行监控中心服务器等设备的安装（在人力允许的情况下，可与前端设备的安装同期进行）。

8）进行系统联调，先调通传输通道，再进行功能调试，最后进行优化整理。

3. 监控点位置选择

（1）室外监控位置的选择非常重要，在车间一般选择进出站咽喉区域，主要监视交叉区内作业和信号转折机的工作情况，需要规划确立摄像机杆位置。区间监控点一般以安全防护为主。室内监控位置则一般安装在靠近被观测目标附近的墙壁、房顶上。监控位置需要多方面因素考虑才能确定下来，主要有以下几方面考虑：

1）摄像机视角范围和视角距离。

2）监控点要求能够清晰地观察到监控范围的内容。

3）视频传输方案的实施，视频传输主要有无线和有线两种方式。

4）有线传输方式需要考虑线缆的敷设途径、长度以及施工难度，一般同轴电缆传输距离不超过 200m，双绞线传输距离不超过 300m。

5）无线传输方式需要考虑无线传输距离和可视程度，在无线与天线之间能够直视并且有一定高度的情况下，视距中考虑周围环境是否复杂，能够保证 1.5km 的可靠传输。

（2）系统电源的使用

1）视频监控点需要使用 220V 交流电源，每个监控点电流小于 0.5A。

2）咽喉位置如果采用有线传输可以从室内直接敷设电缆传输电源到监控点。

3）如采用无线传输则借用信号电缆提供电源。室内安装直接铺线。

（3）信号的干扰

1）监控设备处在供电机组、变频设备、无线功率设备等附近，或从附近穿线时要考虑对图像的影响。

2）采用无线传输时要考虑同频干扰。

（4）摄像机安装

1）落实摄像机确定的安装位置以及安装方案。

2）是否需要重新设计金工件，如需要，要求测量现场安装位置的关键尺寸。

（5）无线设备安装

1）无线网桥和天线的馈线连接不能超过 5m，尽量在 1m 以内，能就近安装就就近安装，减少馈线损耗。

2）天线要求尽可能多的看见信号楼天线。

3）落实摄像机确定的安装位置以及安装方案。

4）现场必须采用无线传输时，一般将无线设备和摄像机安装到一起，最少保证 20cm的距离，如果摄像机的位置不适合无线信号传输，在能够施工的条件下可以将无线设备安装到有利于无线传输的位置，并要求布线距离不超过 100m。

（6）防水箱的放置

1）安装位置及安装方案。

2）落实防水箱与摄像机、无线设备的距离。

（7）网络通道状况

1）现有网络通道状况。

2）视频监控能使用的网络通道情况。

（8）防雷及地线要求注意问题

1）信号干扰。

2）电源选取。

3）设计金工件。

4）安全问题。

5）输出现场调研报告、施工方案、施工设计图、设备连接图等。

4. 前端设备安装

（1）半球摄像机安装（图 6.2-5）

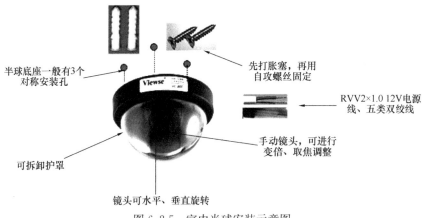

图 6.2-5　室内半球安装示意图

1) 工具：

钳子、锤子、电烙铁、万用表、电源插排、螺丝刀、电钻或电锤、记号笔、标签纸、铅笔、梯子等。

2) 材料：

绝缘胶带、热缩管、塑料胀塞、自攻螺钉、缠绕管、BNC 接头、焊锡丝、镜头纸、PVC 管/槽等。

3) 位置：

根据被监控对象确定位置，一般安装于墙壁或顶棚，高度要高于被监控对象的顶部，关注细节安装的近些，关注整体安装的远些，一般距被监控对象 2～5m 之内。

4) 施工注意事项：

① 安装前必须详细阅读摄像机说明书，检查配件是否齐全、完好；

② 摄像机电源线接头时应严格注意电源极性；

③ 在安装期间尽量不要打开镜头盖，以免弄脏镜头，弄脏了镜头，请使用专用镜头纸或棉棒沾酒精来清洗；

④ 不要使摄像机瞄准光亮物体。无论摄像机在使用或非使用中，绝对不可使瞄准太阳或其他非常光亮的物体，否则，可能造成图像模糊或产生永久光晕；

⑤ 拐弯处切不可把同轴电缆扭变成半径小于电缆直径 10 倍的曲线；

⑥ 不要挤压或压紧电缆，否则会使电缆的阻抗改变而降低图像质量；

⑦ 不要过分用力拉扯电缆，否则会使线芯全部或部分断裂，影响系统寿命、影响供电/信号质量；

(2) 枪式固定摄像机室内安装（图 6.2-6）

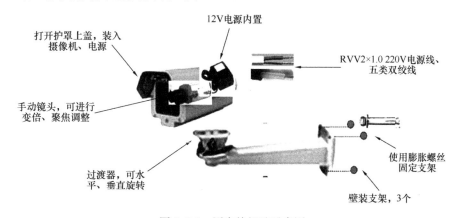

图 6.2-6　固定枪机壁示意图

1) 工具：

斜口钳、电烙铁、万用表、螺丝刀、扳手、锤、电锤、M6 或 M8 钻头、记号笔、标签纸、铅笔、梯子。

2) 材料：

绝缘胶带、热缩管、塑料胀塞、自攻螺丝、缠绕管、PVC 线槽/线管、BNC 接头、焊锡丝，镜头纸。

3）位置：

根据被监控对象确定位置，一般安装于墙壁，高度要高于被监控对象的顶部，关注细节安装的近些，关注整体安装的远些，一般距被监控对象 2～5m 之内。

4）施工步骤：

① 落实好被监控对象、安装位置、走线路径、走线方式。

② 打开包装，检查外观，检查附件是否齐全。

③ 取出摄像机和镜头，将镜头安装在摄像机上，注意 CCD 部分不能触摸、不能进入灰尘。

④ 打开护罩，装入摄像机并固定。注意摄像机镜头前端应离开护罩玻璃 5mm 左右的距离，以便于稍后调整镜头。

⑤ 找好位置，用铅笔按照固定孔画好位置，移开支架，电钻打眼，用 M6（松散墙面）或 M8（坚实墙面）钻头打孔，深度根据膨胀螺丝长度而定。塞入膨胀螺丝，固定好支架，注意安装牢固，不能和墙壁之间留空隙。

⑥ 将护罩安装在支架上，并调整过渡器角度，使摄像机大致对着被监控物体。

⑦ 钉线槽、放线；线槽布放要求横平竖直，接头处增加对接头。

⑧ 将视频线、电源线从护罩走线孔传入护罩，并做好 BNC 头，插在摄像机视频端子上；将 12V 变压器放在护罩内摄像机后部，并接好 220V 电源线，将 12V 电源线接在摄像机上。

⑨ 用缠绕管缠绕护罩至线槽之间的裸露电缆。

⑩ 将引线接入机柜，制作接头，接入相应的设备。

⑪ 加电测试，调整镜头角度，使监控目标居于图像中间位置。

⑫ 调整镜头变焦，使放大倍率和聚焦最合适。

⑬ 用镜头纸擦拭干净镜头、护罩玻璃，扣上护罩，并再次确认图像质量。

5）注意事项：

① 安装前必须详细阅读摄像机说明书，检查配件是否齐全、完好。

② 摄像机电源线接头时应严格注意电源极性。

③ 在安装期间尽量不要打开镜头盖，以免弄脏镜头；如果不小心弄脏了镜头，请使用专用镜头纸或面棒沾酒精来清洗。

④ 不要使摄像机瞄准光亮物体。无论摄像机在使用或非使用中，绝对不可使瞄准太阳或其他非常光亮的物体，否则，可能造成图像模糊或产生永久光晕。

⑤ 拐弯处切不可把同轴电缆扭变成半径小于电缆直径 10 倍的曲线。

⑥ 不要挤压或压紧电缆，否则会使电缆的阻抗改变而降低图像质量。

⑦ 不要过分用力拉扯电缆，否则会使线芯全部或部分断裂，影响系统寿命、影响供电/信号质量。

（3）快球摄像机室内安装（图 6.2-7～图 6.2-9）

1）工具：

斜口钳、电烙铁、万用表、电源插座、一字螺丝刀、十字螺丝刀、小号扳手、锤、电锤、M6 或 M8 钻头、记号笔、铅笔、梯子、手提电脑。

图 6.2-7 顶装快球

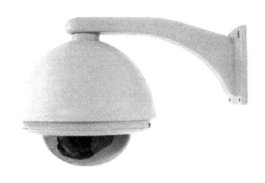

图 6.2-8 壁装快球

2）材料：

绝缘胶带、热缩管、塑料膨胀管、半圆头自攻螺丝、膨胀螺栓、缠绕管、BNC 接头、焊锡丝、镜头纸。

3）位置：

高度要高于被监控对象的顶部，覆盖尽可能大的范围。

4）施工步骤（图 6.2-10～图 6.2-15）：

① 开包装，检查摄像机外观有无异常，同时检查配件是否齐全，有无检验合格标签；

② 检查配套电源是否符合要求；通电，用监视器检查摄像机输出是否正常；

③ 根据说明书设置快球通信参数（波特率、传输方式、地址等）；

④ 打开壁装支架包装，检查外观是否正常，配件是否齐全；

图 6.2-9 快球装配示意图

⑤ 用记号笔在墙壁上标记壁装支架固定孔位置；

⑥ 用 M6（松散墙面）或 M8（坚实墙面）钻头打孔，深度根据膨胀管长度而定，将支架用自攻螺丝固定好；

⑦ 将快球固定在支架上，并装好球罩；

⑧ 做 BNC 接头并连接；

⑨ 连接控制线；

⑩ 连接电源线。

图 6.2-10 快球壁装支架　　图 6.2-11 顶棚安装架　　图 6.2-12 室内内嵌式安装

图 6.2-13　室外防护罩　　　图 6.2-14　室内防护罩　　　图 6.2-15　圆柱安装架

5）注意事项：

① 安装环境：温度：－5～50℃，湿度：0～90％。

② 安装前必须详细阅读摄像机说明书，检查配件是否齐全、完好。

③ 电源线接头应使用直冷压接端子，并严格注意电源极性。

④ 在安装期间尽量不要打开镜头盖，以免弄脏镜头，如果不小心弄脏了镜头，请使用专用镜头纸或棉棒沾酒精来清洗。

⑤ 不同的环境有不同安装方式，需要不同的安装附件。常见的安装方式（图 6.2-16）有：短臂安装、长臂安装、角装、柱装、吊装、吸顶装。

  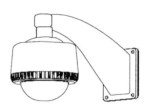

图 6.2-16　垂吊、墙壁式安装

5. 水泥杆立杆

（1）工具：

铁锹、绳索、米尺、榔头、电锤、12mm 钻头、锤子、千斤坠等。

（2）材料：8～10m 水泥杆；

（3）杆体选择：根据设备的重量，一般选择杆体顶径为 150mm，国家标准检测认证通过厂家生产的水泥预应力电线杆。

（4）位置：

根据被监控对象确定位置，选址在不影响交通、不影响正常作业的地方。关注细节安装的近些，关注整体安装的远些，一般距被监控对象 30～100m 之内。

（5）施工步骤：

① 施工考察、施工设计出具并得到批准后，立杆、挖沟埋线工作就可以单独提前进行；

② 将水泥杆运输到指定安装地点；

③ 挖坑，一般为一面竖直、一面倾斜的坑，深度为杆总高度的 20％～30％；

④ 如需杆内走线，则在水泥杆上下两头使用电锤打出穿线孔，注意下部孔应在地面

15cm 以下，顶部孔应在杆顶 30～50cm 以下；

⑤ 将水泥杆立进挖好的坑内，边填土、边砸实；

⑥ 用千斤坠观测水泥杆，应安装竖直。

（6）注意事项：

① 立杆位置选择应谨慎，不能影响交通、不能影响正常作业；

② 立杆人手一定要足够，一般 6～8 人一组；

③ 安全第一，保证人员安全；

④ 做好防护，立杆时周边不能容留闲杂人员旁观；

⑤ 相关标准规定，人工立杆只能操作 10m 以下电杆，对于 10m 以上电杆，必须选用吊机作业。

6. 金属杆立杆（图 6.2-17）

（1）工具：

电焊机、板子、钳子、台钳、铁锹、绳索、米尺、榔头、电钻、10mm 钻头、锤子、千斤坠、振动棒等。

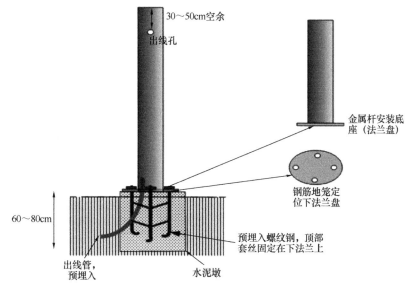

图 6.2-17　金属杆立杆

注：水泥底座的尺寸和杆体的高度相关，根据相关设计规。

（2）材料：

6～8m 钢管杆、8mm 螺纹钢、4mm 厚钢板、水泥、沙子、PVC 线管等。

（3）位置：

根据被监控对象确定位置，选址在不影响交通、不影响正常作业的地方。关注细节安装的近些，关注整体安装的远些，一般距被监控对象 30～100m 之内。

（4）施工方法：

① 采用地锚混凝土式基础。地脚螺栓上端为螺纹，下端为夹角小于 60°的折弯或其他类似防拔结构，地脚螺栓应焊接或者压接在下法兰盘上。地角螺栓加工为地笼样式，增强水泥基础强度。预埋穿线管内径应大 $\phi50mm$，弯曲角度应大于 120°。

② 在没有特殊情况所有监控立杆预埋件混凝土为 C25 混凝土，所配钢筋符合国标及受风要求。其中水泥为 425 号普通硅酸盐水泥。混凝土的配比和最小水泥用量应符合《混凝土强度检验评定标准》GB/T 50107—2010 的规定。

③ 预埋件地脚螺栓法兰盘以上的螺纹包扎良好以防损坏螺纹，监控杆根据预埋件安装图正确放置监控立杆预埋件。

④ 金属杆基础的混凝土浇筑面平整度小于 5mm/m，尽量保持立杆预埋件水平。监控杆预埋件法兰盘低出周围地面 20～30mm，再用 C25 细石混凝土把加强肋盖住，以防止积水。

⑤ 确保监控杆基础钢筋笼的基础顶板平面水平，即用水平尺在基础顶板垂直两个方向测量，观察其气泡必须居中；监控立杆预埋件基础混凝土浇捣必须密实，禁止混凝土有空鼓。

⑥ 监控杆施工时要在预埋管口预先用塑料纸或其他材料封口，以防止混凝土浇捣时混凝土漏入预埋管中，造成预埋管堵塞；基础浇捣后，基础面必须要高于地平面 5～10mm；混凝土必须要养护一段时间，以确保混凝土能达到一定的安装强度。

⑦ 在监控杆顶部打出线孔，顶部预留 30～50cm 空白距离；

（5）注意事项：

① 立杆位置选择应谨慎，不能影响交通、不能影响正常作业。

② 立杆人手一定要足够，一般 3～5 人一组。

③ 安全第一，保证人员安全。

④ 做好防护，立杆时周边不能容留闲杂人员旁观。

⑤ 水泥基础应充分凝固后再安装监控杆，一般最少凝固 48h，夏季短些；冬期施工时采取一定的防冻措施，增长养护时间。

7. 线槽、线管沿墙壁铺设（图 6.2-18）

（1）工具：

马凳、卷尺、手锯、锤子、钳子、壁纸刀、螺丝刀、电锤、6mm/8mm 钻头、锤子、打线墨斗、记号笔、铅笔、标签纸等。

（2）材料：

PVC 线槽/管、各类配套接口件、胶布、塑料胀塞、自攻螺丝等。

（3）位置：

沿墙壁走线槽，可根据用户要求走墙壁上部或地面，走上部应离房顶向下 10cm 左右，走地面应在踢脚线以上紧挨踢脚线。

（4）施工步骤：

1）根据机柜、摄像头位置确定走线路由，规划铺设线槽的路由、长度。

2）根据需要放线多少选用 2.5cm、4cm、6cm、10cm 规格宽度的线槽，选用的原则是所有的线塞进线槽后，线槽还能剩余 20% 左右的空间。

3）两人配合使用打线墨斗沿线槽路径打线，注意横平竖直。

4）用电锤每隔 1m 打一个眼，遇到转角的地方应在接头位置 10cm 内增加打眼。

5）塞入胀塞，并用锤子敲打至和墙面持平。

6）钉线槽，注意转角处锯成 45°角，拼接缝不能留痕迹。

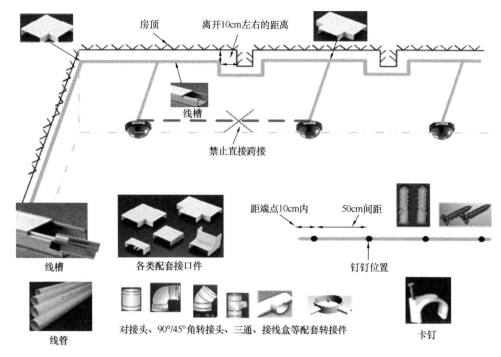

图 6.2-18　线槽、线管沿墙壁铺设

7）放线，先将线一根根按实际长度截好，在线槽下并排铺开。

8）两人配合将线布放进线槽，注意线应理顺，尽量不交叉，更不能打结。

9）边放线边盖盖，注意转角、对接、分支处使用专用配套接口件连接。

10）遇到线槽端点，应采取措施封住端口。

（5）注意事项：

1）安全第一，保证人员安全。

2）规范作业，保证横平竖直，保证接口紧密。

3）选用适当大小规格的线槽，保证所有的线塞进线槽后，线槽还能剩余 20％左右的空间，但也不宜过大。

4）横平竖直、布局合理、协调美观的原则，锯口要平滑直顺；接口处无明显缝隙；端口处要做密封处理。

5）线槽用 4×30 自攻丝，每隔 1m 固定一处；线槽小于 0.5m 时用两个自攻丝固定牢固。

6）线槽内电缆不可排放过密，影响扣盖，应留有 20％的余空量。线缆必须理顺，平整地放入线槽内。电缆从线槽引出，开孔不可过大，电缆布放松紧适当。

7）顶板上或地板下电缆须穿 PVC 管保护，同一路由电缆尽量走一根保护管。

8）线缆布放时，原则上不允许电缆有扭结、死结、续接现象，对于必须续接电缆时，续接处端头要与其他电缆困扎，增大抗拉力。

9）线管安装应横平竖直，每隔 1m 用管卡固定；不同规格管子连接，要用转接头连接，不允许大管套小管连接；向上引出电缆时，管口要接弯头。

10）对于垂直线槽应尽量走两面墙的交接地带，不要在墙的中间部分敷设线槽；对于水平线槽应尽量沿墙的顶部或底部敷设，底部的线槽距离地面保持在 10cm 左右，顶部的线槽应尽量靠近房顶。

11）在线槽拐角处如没有阴角、阳角、拐角，要制作 45°角，做到美观处理。

8. 室内设备安装（图 6.2-19）

（1）监控中心安装：

集中监控中心主要配置有以下设备：服务器、磁盘阵列柜、总控工作站、网络设备、中心机柜、电视墙等。

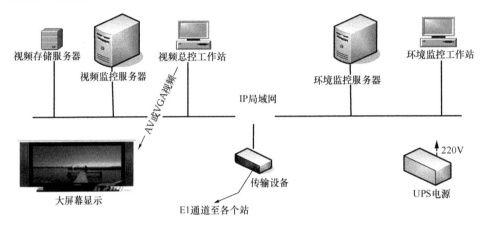

图 6.2-19　监控中心设备连接关系网

（2）监控中心的设备及计算机桌的整体布局，应征求委托方意愿进行安装。

现场要根据实际情况，充分考虑整体布局，合理摆放设备，达到用户使用方便，整体美观大方的目的。

（3）系统的服务器都可以脱离键盘鼠标、显示器免操作运行，可以安在电脑桌、机柜内，也可以直接放置在地面上（底部加 5～10cm 的支撑架）。放在电脑桌、机柜内时要求注意通风散热畅通，服务器进/出风口位置应预留 10～15cm 的通风空间。放置在地面上时应制作厚度在 10～20cm 的底座，以免受潮和积灰，相互之间距离应在 10～20cm。

（4）工作站属于经常操作设备，需要配套桌椅，主机放置时注意散热，进/出风口位置应预留 10～15cm 的通风空间。

（5）大屏幕显示设备一般选用等离子、液晶电视，最好采用挂墙方式，悬挂高度一般屏幕中心离地面 1.5～2m 为宜，安装时注意墙体支撑强度，若墙体较疏松则必须重新加固或使用穿墙螺栓固定。

（6）网络交换机、传输设备、UPS 电源系统可以安装在同一个机柜内，安装时注意层与层之间隔开 1-2U 的距离，便于散热。UPS 若配置蓄电池组应就近放置在设备机柜旁，以减少线路损耗。

（7）监控中心安装环境要求：

1）首先应该使监控中心的计算机和网络设备处于良好的运行环境之中。不应设在温度高、有灰尘、有有害气体、易爆及低压地区；应避开有震动或强噪音的地方。

2）应将监控中心设在网管中心或者设置单独的监控中心。如果设置单独的监控中心，中心最好设置在 2 楼以上，以利于防尘。

3）保证监控中心的电力照明，特别注意计算机等设备不能受太阳光等直射。

4）注意事项

① 采用机柜安装时，机柜必须与局方原有的机柜设备安放在一起，注意整体协调，如果机柜的高度不一致，应采取相应的措施，安装合适的支架，保证高度一致；

② 所有的设备必须粘贴相应的标签。

9. 监控中心计算机类设备安装

（1）计算机设备包括：服务器、总控、磁盘阵列等。

（2）在打开包装之后对照装相清单检查系统部件是否完备，如有缺省请及时与公司联系。

（3）打开主机系统外包装后通常能看到主机和资料盒。电脑随机资料，键盘，鼠标，电源线和随机软件。

（4）确认系统部件准确无误后，进行计算机系统的组装。

（5）注意：计算机的外壳必须接地。

（6）工控机的串口 1 到动力业务台必须放置 1 条备用串口线。

10. 监控中心供电要求

（1）监控中心要求采用不间断电源，根据设备的不同，通常需要两种电源系统：220V 交流供电和 48V 直流供电。

（2）监控中心供电系统如果采用局方提供的 UPS 交流供电系统，应注意下列事项：

1）从 UPS 输出配电屏引入监控中心机柜的电缆应采用 3 芯电缆，电缆的截面积不小于 6mm²，并且地线必须真正接地。

2）从监控中心机柜应该引出多路交流线，其中一路给服务器、业务台系统供电，一路给设备供电，一路专门供电视墙或显示系统。

3）监控中心供电系统如果采用逆变器供电系统，应注意下列事项：

4）根据监控中心的规模大小配备合适的逆变器容量，通常情况下不小于 2kVA。

5）从电力室直流配电屏引入监控中心机柜的电缆的截面积大小通常不小于 4mm²，截面积选用的原则是监控中心所有设备正常运行后，从直流配电屏到逆变器 48V 引入端的电压降不大于 1V。

6）保证逆变器外壳有效接地。

（3）监控中心供电系统的总体要求

1）电源线应该采用整段的线缆，不可在中间接头。

2）交流电源线必须有接地保护线。

3）直流电源线接续时应该连接牢固，接头接触良好，保证电压降指标及对地电位符合设计要求。

4）交流电源线、直流电源线、信号线分别穿管，以免相互干扰。

5）所有电源线的正负极以及地线应有明显的标志。

6）所有电源线应该做好相应的标志，方便维护。

11. 机柜安装要求

（1）配电柜安装要求

1）机柜安装在机房内时，如果机房铺设防静电地板，则机柜底部必须加装底座，底座高度与防静电地板高度一致，底座与地面之间用膨胀螺丝进行紧固。

2）机柜内引出线缆一般走防静电地板下，线缆需加线槽进行防护，同时进入机柜内空洞进行防火封堵。

3）配电柜一般安装顺序为，UPS 电池组放置在机柜的中下部，电池与 UPS 之间预留 4U 高度空间，方便电池进行检修。

4）设备柜一般安装顺序为，服务器等重量较大设备安装在机柜的中下部，键盘导轨安装在机柜中部，方便进操作。

监控机柜内主要设备安装方法及接线规则：

经常使用的机柜布置（图 6.2-20）情况，施工时根据设计院设计图纸进行安装配置。

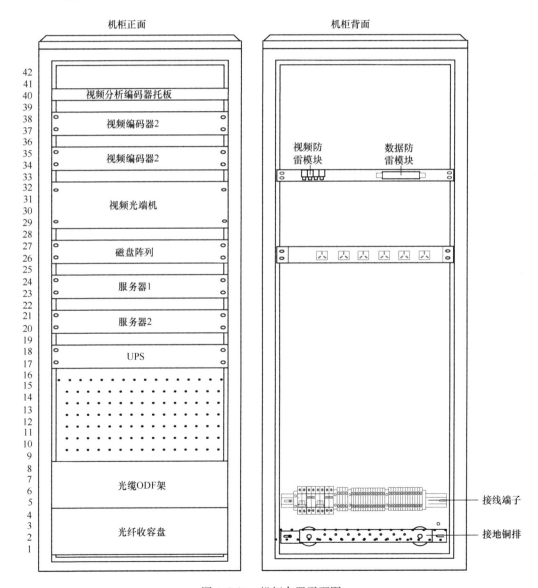

图 6.2-20　机柜布置平面图

（2）机柜内接线端子排定义（图 6.2-21、图 6.2-22）

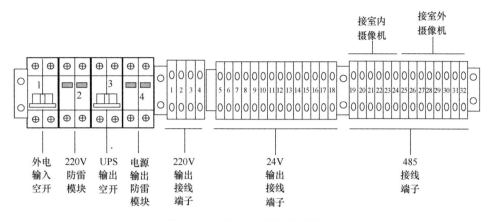

图 6.2-21　机柜内接线端子排 1

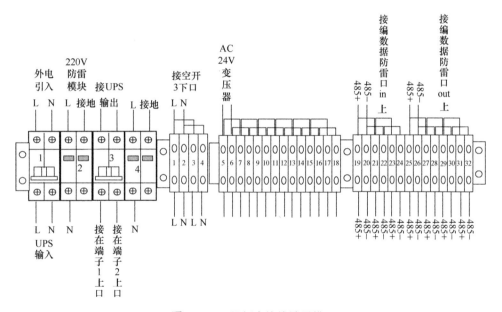

图 6.2-22　机柜内接线端子排 2

一般机柜布置规则：

1）机柜内安装长延时 UPS 时，UPS 电池安装在机柜内底部和 9U 位置的托盘上。电池位置机柜的前面板安装补空面板（现场机柜内一般只安装容量 3kVA 以下长延时机及标机）。

2）电源插板根据现场设备数量具体配置，安装位置以不影响走线为宜。

3）UPS 一般安装在 17U、18U 处，UPS 安装处增加 L 形支架。

4）服务器安装采用专用的服务器导轨安装到机柜内。

5）编码器、视频光端机、磁盘阵列等设备，如没有配置专用支架，则需要增加 L 形支架对此设备进行安装加固。

6）当具有视频分析设备时，视频分析设备安装在托盘上，同时电源适配器采用原配设备。

7）当设备有变动时，可以按照设备的数量进行适当调整，设备之间一般按照 1U 空间保留，以便设备通风散热。

（3）服务器支架安装方式（图 6.2-23、图 6.2-24）

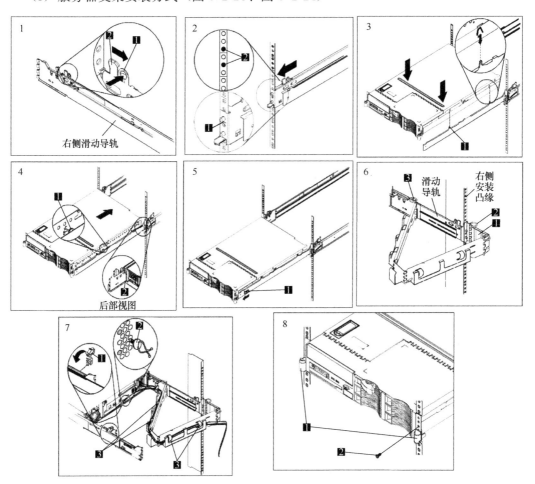

图 6.2-23　服务器支架安装方式 1

1）向外推动导轨滑锁⚊，然后将滑锁⚋拉回到滑锁⚊先前的位置以打开滑动导轨。滑锁锁定，保持打开状态。打开该滑动导轨的另一端；然后对另一个滑动导轨执行相同的操作。

2）通过将滑动导轨⚊上的标记线与上部 U 形口和下部 U 形口间导轨上的标记线对齐，来将滑动导轨与前部安装凸缘对齐，向外推动滑动导轨滑锁以合上滑锁，从而固定滑动导轨。对另一个前部滑动导轨执行相同的操作，将滑动导轨与后部安装凸缘对齐。滑动导轨与整个服务器的高度相同，合上滑锁以固定两根滑动导轨的后部。

3）将滑动导轨从机架处完全展开，直至导轨锁定。将滑动导轨⚊上的卡口与服务器上匹配的插入口对齐，然后将服务器放置在滑动导轨上。

4）将服务器沿着滑动导轨向机架处滑动大约 2.5cm，将服务器锁定在滑动导轨上。

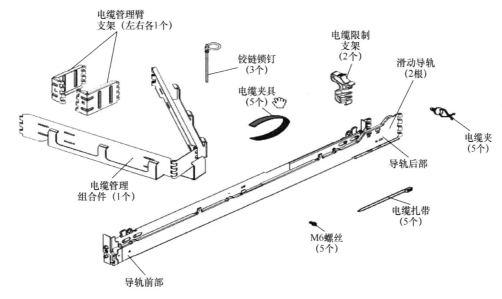

图 6.2-24　服务器支架安装方式 2

抬起滑动导轨杆①并将服务器滑入机架中，直至服务器从机架伸出 10cm 左右。

5）将电缆管理支架①连接到电缆管理组合件，然后使用铰链钉②将其连接到滑动导轨后部，使用铰链锁钉③将电缆管理组合件的活动端连接到滑动导轨。

6）将电源线和其他线缆（包括键盘电缆、显示器电缆和鼠标电缆等，如果需要）连接到服务器后部，将电缆和电源线穿过电缆限制支架①中的槽口，将电缆限制支架固定到滑动导轨上。

（4）让所有电缆保持松弛状态，以免在电缆管理臂移动时紧绷电缆线。

1）使用电缆夹②固定穿过服务器后部的电缆线。

2）使电缆穿过电缆管理臂槽，并用电缆夹具③固定电缆线。

3）将服务器滑入机架式机箱，直至释放滑锁①锁定到位，要将服务器滑出机架，请按释放滑锁。

注：在移动机架式机箱时，或者在易振动的区域安装机箱时，请在服务器前部和后部插入 M6 螺丝②备件。

12. 设备基本接线原理

（1）长延时 UPS 一般接线方式（图 6.2-25）

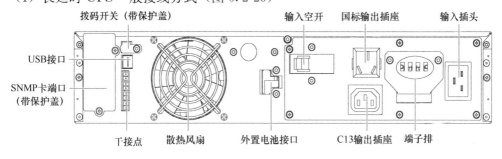

图 6.2-25　一般 UPS 背面口定义图

（2）当 UPS 需要进行远端监控时，SNMP 卡端口插入 SNMP 卡，并连接网线到交换机。

（3）UPS 接电池时如（图 6.2-26）所示，蓄电池之间要求串接，电池串接的个数与 UPS 规定要求有关，根据当时使用 UPS 技术规格选定。一般时，电池接口专用线红色线缆接电池正极，蓝色接电池负极，黄绿色线缆接地保护。电池之间连接线根据 UPS 容量选择，一般情况下线径不得小于 6mm×2。

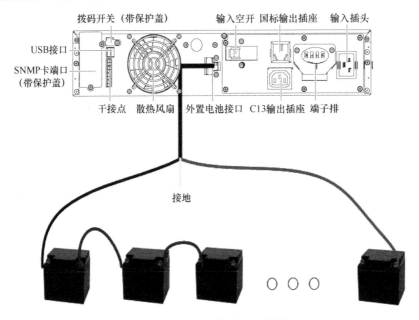

图 6.2-26　UPS 接电池示意图

（4）如图 6.2-27 所示，配置机柜一般按照下列情况 UPS 输入输出进行处理；电源输UPS 专配线缆，输入线剪去插头，破开线缆，L＼N 接在机柜配置的端子排第一个空开

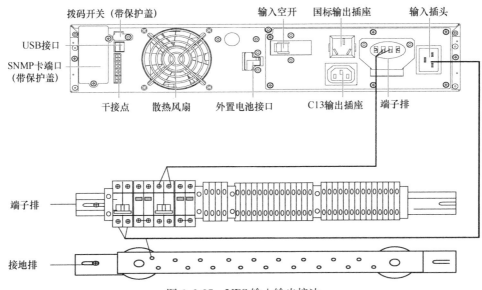

图 6.2-27　UPS 输入输出接法

（电源输入空开）上，地线接在机柜地排上，UPS 电源输出部分原则是，国标输出插座连接机柜内插座，端子排连接到端子排第二个空开（输出空开）上。

（5）站内摄像机接线原理（图 6.2-28）

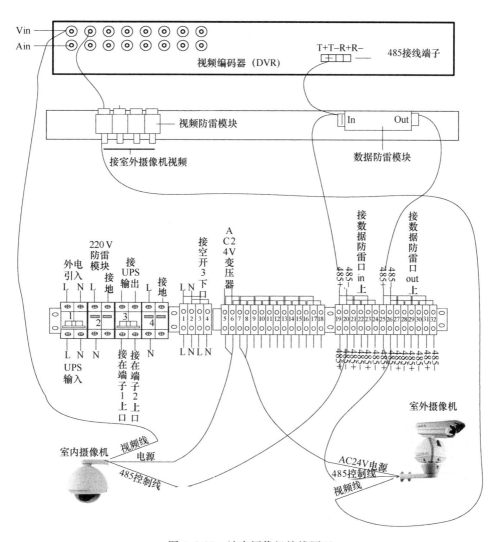

图 6.2-28　站内摄像机接线原理

注：① 数据防雷模块的 in 端接编码 485 接口 T＋ \ T－上，同时还和视频光端机的 485 接口和机柜端子排室内摄像机 485 控制线并接；② 数据防雷模块的 OUT 端和室外摄像机 485 控制线并接；③机柜内设备直接连接室外摄像机电源、视频及控制线等情况时，室外设备接入设备前必须加防雷保护。

（6）远端摄像机及接线原理（图 6.2-29）

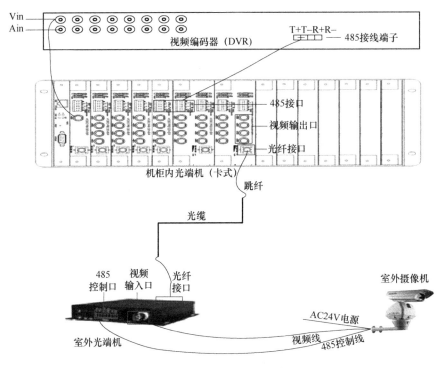

图 6.2-29　远端摄像机及接线原理

6.3　电缆铺设

6.3.1　电缆施工规范要求

1. 工具：

铁锹、卷尺、手锯、壁纸刀、记号笔、铅笔、标签纸等。

2. 材料：

线管、各类配套接口件、胶布等。

3. 位置：

选择不易遭受破坏或将来施工影响的路径和位置铺设线管（图 6.3-1），一般为地面以下 80cm，农田为地面以下 1m，短距离绕过的地方可以浅些。

4. 施工步骤：

（1）确定走线路径。

（2）根据所布线的多少确定 PVC 管径，一般线占据的总空间不能超过管径的 40%。

（3）挖沟，深度 80cm 以上，农田为地面以下 1m，短距离绕过的地方可以浅些（图 6.3-1）。

（4）穿线，先穿入细钢丝，再用钢丝拉线，注意不能用力过猛。

（5）测试所布线的质量，判断是否有中间断线现象，及时更换受损的线。

（6）使用标签对线标注。

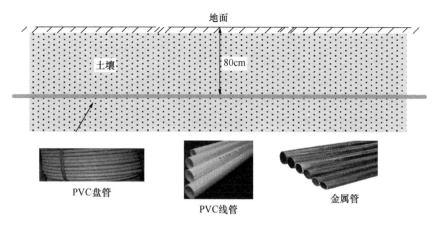

图 6.3-1 地埋线管铺设规范

（7）将线管端口使用胶泥密封。

5. 注意事项：

（1）安全第一，保证人员安全。

（2）规范作业，保证挖沟深度，保证接口紧密。

（3）选用适当大小规格的线管，保证所有线占据的总空间不能超过管径的 40%。

6.3.2 电缆的选择

视频线选用 SYV-75 系列 75Ω 同轴电缆。该系列电缆的线径选择按表 6.3-1 选择。

视频线的选用   表 6.3-1

传输距离（L）	视频线型号
L＜200m	超五类屏蔽双绞线
L＞200m	使用光纤

控制和电源线的选用参见表 6.3-2。

控制线的选用参考（仅供参考，建议根据具体工程实际计算）   表 6.3-2

传输距离（L）	控制线型号	传输距离（L）	控制线型号
L＜100m	RVV4×0.5	200m＜L＜1000m	RVV4×0.5（电源当地供电）
100m＜L＜200m	RVV4×1.0	L＞1000m	不适用

（1）音频线要根据信号源的阻抗、环境干扰源情况和传输距离因素来选择，如果是高阻输出并且传输距离较远，建议不要使用 2 芯屏蔽线，应选用 3 芯屏蔽线，屏蔽层单端（后端设备处）接地，其余 2 芯传输信号。对于有源前端拾声器，应选用 4 芯屏蔽线，1 芯用于供电。传输线的线经应根据传输距离而定。

（2）高阻信号源不适合远距离直接传输。

（3）常用电缆型号说明（表 6.3-3）：

1）RVVP-普通屏蔽铜芯聚氯乙烯绝缘型连接软电线；

2）RVSP-普通屏蔽铜芯聚氯乙烯绝缘绞型连接软电线；

3）NHRV-耐火型铜芯聚氯乙烯绝缘连接软电线；

4）HBYV-铜芯实心聚乙烯绝缘聚氯乙烯护套平行线；

5）RVSP-普通铜芯聚氯乙烯绝缘绞型连接软电线；

6）HYV-铜芯聚乙烯绝缘聚氯乙烯护套室内通信电缆；

7）SYV 同轴聚乙烯绝缘聚氯乙烯护套射频电缆；

8）S-同轴射频电缆，Y-聚乙烯，V-聚氯乙烯。SYV75-3：75 代表阻性，3 代表绝缘外径 3mm；

9）HYV-5×（2×0.8）代表电缆内有 5 对 0.8mm² 线。

10）简单地说，RVVP 是直排线，RVSP 是绞线，就是把线绞在一起。

（4）容易混淆线缆型号对比

1）RVV 与 KVV、RVVP 与 KVVP

区别：RVV 和 RVVP（带屏蔽）里面采用的线为多股细铜丝组成的软线，即 RV 线组成。

KVV 和 KVVP 里面采用的线为单股粗铜丝组成的硬线，即 BV 线组成。

2）AVVR 与 RVVP

区别：东西一样，只是内部截面小于 0.75mm² 的名称为 AVVR，大于等于 0.75mm² 的名称为 RVVP。

3）3SYV 与 SYWV

区别：SYV 是视频传输线，用聚乙烯绝缘。

SYWV 是射频传输线，物理发泡绝缘。用于有线电视。

4）RVS 与 RVV2 芯

区别：RVS 为双芯 RV 线绞合而成，没有外护套，用于广播连接。

RVV 2 芯线直放成缆，有外护套，用于电源，控制信号等方面。

线缆代号名称及含义　　　　　　　　　　　表 6.3-3

项目	代号	说明
阻燃特性	ZR	分 A、B、C 级阻燃
系列代号	DJ	计算机屏蔽电缆（包括 DCS 电缆）
绝缘材料	Y	聚乙烯
	YJ	交联聚乙烯
	YD	低烟无卤阻燃聚烯烃
	V	聚氯乙烯
	VD	低烟低卤聚氯乙烯
护套材料	YD	低烟无卤阻燃聚烯烃
	V	聚氯乙烯
	VD	低烟低卤聚氯乙烯
屏蔽材料	P	铜丝编织屏蔽
	P1	铜锡铜丝屏蔽
	P2	铜带绕包屏蔽
	P3	铝塑绕包屏蔽

续表

项目	代号	说明
铠装材料	22	钢带铠装聚氯乙烯护套
	32	钢丝铠装聚氯乙烯护套
导体材料	A	单股导体
	B	7 股绞合导体
	R	多股绞合导体

6.3.3　直埋电缆铺设规范

1. 线缆到场后检查

（1）线缆运输到现场后，进行装卸作业时，应小心装卸，严禁将线缆直接从车上推落到地。

（2）线缆进场前必须进行下列检验，合格后方可入场使用。

1）检查包装标记、端别、盘号、盘长、包装有无破损、缆身外观有无损伤和压扁等，并作记录。

2）根据光缆、电缆的出场合格证和测试记录，审核线缆的传输特性和机械物理特性是够符合要求。

3）光缆长度应根据工厂提供的等效折射率用 1310nm 波长测试；光纤衰减用 1310nm 和 1550nm 两个波长测试，并作相关记录。

4）电缆线间绝缘、对地绝缘不得小于 3000MΩ·km；电缆埋设后用 500V 兆欧表测量电缆全程对地绝缘不小于 20MΩ。接续配线前的测试数据，作为电缆隐蔽工程测试记录。

2. 电缆线路敷设

（1）音频信号设备（含维修电话线）应采用星绞组对角位置的 2 条芯线构成的回路或对绞组。

（2）电缆埋深站内埋深为 0.8m，石质地带为 0.5m。区间埋深为 1.2m，水田为 1.4m。过道深度距枕木底不小于 800mm，且距线路中心距离不小于 2600mm。过道电缆沟应选择在信号机外方第四枕木孔处，垂直钢轨，统一过道。

（3）电缆标按规定埋设：①电缆转向或分支处、过道处。②直线段 50m 设一个电缆标，100m 设一块警示牌。③电缆地下接续处。④电缆穿越障碍物（如：沟、涵、建筑物等处）的适当地点。⑤电缆标、警示牌无破损，油饰成白色，打红色字，顶部标明电缆走向。面向线路电缆标两侧标有"信号电缆"字样及埋深深度，警示牌两面标有"电缆径路，严禁取土"字样。

（4）信号电缆敷设时应满足下列要求：

1）电缆绝缘外护套应确保完整，可测试钢带对地的绝缘电阻值判断，宜为 2MΩ·km。

2）电缆径路弯曲时，非铠装电缆不小于电缆外径 10 倍；铠装电缆不小于电缆外径 15 倍；内屏蔽电缆不小于电缆外径 20 倍，不得出现背扣、小弯现象。

3）平行轨道的直埋电缆距离最近钢轨轨底边缘的距离在线路外侧时不得小于 1.7m，

在线路间时，不得小于 1.6m。为避免电缆线路和接触网柱径路重叠，电缆应埋设在距线路中心 2.44m 内（区间 3.1m 内）。

(5) 电缆每端储备长度符合下列要求：

1) 室外电缆每端储备量不小于 2m，20m 以下电缆不小于 1m。

2) 室外电缆进入室内的储备量不小于 5m。

3) 电缆过桥在桥两端的储备量为 2m。

4) 电缆地下接续时，接续点每端电缆储备量不小于 1m。

注：电缆备用量应成"Ω"状、"U"状或"∞"状，顺序摆放在坑内。

5) 电缆径路选择符合设计及电务段探沟确定位置要求。电缆径路取直，不绕行，严禁在上下行正线间敷设电缆，特殊情况需敷设，电缆距两线路中心距离不小于 2500mm。

6) 贯通地线与信号电缆同沟埋设于电缆槽下方土壤中，距电缆槽底部不小于 300mm。

7) 信号电缆不得与电力电缆同沟，新设电缆不得与既有电缆同沟，特殊情况需要交叉时，要用水泥槽隔开。

8) 平行于道路的直埋电缆距道路面、排水沟边缘不小于 1m。

9) 干线电缆与电力线路平行铺设时，距电力杆边缘不小于 0.7m，距电力防雷地线不小于 20m。

10) 电缆进入室内后，其屏蔽外层必须接地。

3. 光缆敷设

(1) 光缆敷设时，应根据环境条件，选择合适的接头位置。直埋光缆接头宜选择在地势平缓、地基稳固地段；桥上接头应避免有接头。

(2) 中应充分利用光缆的盘长，宜整盘敷设，不得任意切断光缆。一般情况靠近通信段一段不得少于 1km。

(3) 光缆敷设、接续或固定安装时的最小容许弯曲半径为：单光缆不应小于护套外经的 20 倍，光电综合缆不得小于护套外经的 15 倍。

(4) 施工中光缆、电缆的外层护套不得破损，接头处必须密封良好。

(5) 光缆敷设前应该先清沟，沟底应平坦。

(6) 使用人力敷设时，施工人员应根据光缆的重量按 5～10m 间隔排开。当人数有限时，光缆可采用 8 字形盘绕法，从中间向两端段敷设。

(7) 使用机械牵引时，光缆端头上应装专用的牵引夹具或者牵引套，牵引力应加在光缆的加强件上。牵引速度应不大于 15m/min。不得突然启动或者停止。

(8) 光缆埋深站内埋深为 0.8m，石质地带为 0.5m。区间埋深为 1.2m，水田为 1.4m。过道深度距枕木底不小于 1m，且距线路中心距离不小于 2600mm。

(9) 为保证光纤受到最大侧压力时光纤传输特性不受影响，光缆敷设过程应保证曲率半径不小于光缆外经的 20 倍。

(10) 室外光缆进入室内的储备量不小于 10m，并且加装光缆绝缘节进行防护。

4. 线缆防护

(1) 线缆穿越轨道（道路）时，防护管两端各伸出轨枕端（道路边沿）不得小于 500mm；防护管内径应大于电缆外径的 1.5 倍，防护管两端用塑料套管或橡皮防护，穿越道路电缆用钢管进行防护，钢管埋深不低于 800mm。

（2）电缆设水泥防护时，水泥槽埋深为盖顶面距地面 200～300mm。

（3）通过坚硬地段或埋深不能满足正常要求时，应采用电缆槽或钢管进行防护。

（4）过水沟、水渠时，应用水泥槽或钢管防护。

（5）在桥涵通过，采用钢管、槽进行防护，有护栏时管、槽固定在护栏上，管、槽距桥面高度大于 0.5m，固定良好，电缆无外露，两端入地处砌砂砖墙防护，管、槽在桥面时全程用砖砌槽防护。

（6）在排水沟通过，电缆距排水沟底部大于 400mm，槽钢防护。

（7）信号电缆与接触网地线的距离不小于 2m，否则应采用水泥槽，并贯注绝缘胶防护。

（8）干线电缆采用电缆槽防护，支线电缆砂砖防护。

5. 电缆接续

电缆接续应 A 端与 B 端相接，相同芯组内相同颜色的芯线相接。

（1）信号电缆地下接续

1）距道路、铁路、道口边缘 2m 内不许接续，在距地下热力，煤气及燃料管道 2m 范围内不应进行电缆地下接续。

2）接头应水平放置，接头两端各 300mm 内不得弯曲；并设电缆线槽防护，其长度不应小于 1m。

3）焊接严禁使用腐蚀性焊剂，严禁虚接、假焊、有毛刺。

4）密封良好。

5）接续完毕，应及时进行芯线导通和芯线对地、芯线间绝缘电阻值的测试。

6）区间敷设电缆的连接采用地下接续，接头处设长度不小于 1mm 防护线槽，接头两端各 300mm 内不准弯曲，电缆备用长度不小于 2m。

7）电缆敷设时，1000m 内不得超过 1 个接续点，接续点是同一规格电缆地下接续，接续处设标桩，写明编号、型号。

（2）箱盒等地面接续

1）电缆配线：电缆芯线不得有任何损伤，端子板及端子根母要紧固，芯线上的端子必须固定、拧紧，芯线之间应放垫片，线环应顺时针方向上端子。每根芯线要留有能进行 3 次接续的储备量（30mm 高的鹅头弯）。线环脖颈长短适宜，一方面垫片外铜线裸露部分不超过 1mm，另一方面芯线外皮不得夹在垫片内。线把顺直，配线美观。

2）电缆引进箱盒时应用绝缘胶灌注，灌胶深度宜为 30mm，胶面整洁光亮，胶面高度可低于电缆护套 5～10mm（内屏蔽数字电缆除外）。

3）干线电缆引入箱盒时其金属护套应与箱盒金属构件绝缘，电缆的钢带、铝护套、内屏蔽护套相连通。

6. 光缆接续

光纤接续采用熔接法，根据接续技术水平，要求终继段内每个接头损耗平均值不大于 0.08db/个，同时每一纤芯在中继段内接头的平均损耗不大于 0.08db/个，在接头处，光缆与光纤应预留一定余量，金属加强芯与接头盒底座要连接牢固。

光纤接续应该严格按照光缆色谱连接，不得接错；在引入点与原光缆接续时，对原光缆应进行检查测试，保证待接续光纤性能良好并参考纤芯分配图。

7. 线缆标桩

（1）光（电）缆标石埋设位置按有关技术规范的标准执行，一般标石放置在电缆一侧，不许放置在电缆正上方，标石表面平整无缺陷，做到尺寸、强度符合要求。标石尺寸为：140mm×140mm×1000mm。正向向铁路。

（2）距离：直线标以50m距离为宜，拐弯、过轨、沟、上下坡视地形而定，不宜过于密集。一般情况下，拐弯、过轨、沟、上下坡、过路都埋设标桩，以作方便线路查找。

（3）埋深：光（电）缆标石埋设深度为600mm，140mm×140mm×1000mm标石为450mm。（通信光缆一般要求：标石地面要有500mm×500mm混凝土卡盘，信号电缆没有此规定）。

（4）编号：光（电）缆径路标应从上行至下行方向顺序编号（为3位数），强度等级段以车站区间为单位，光缆接头标以中继段为顺序编号（为3为数），电缆接头标以无人段为单位顺序编号（无人段为3位数、编号为2位数），联通、广电、移动等以原单位编号为准；径路在同一径路的，在标石调整后统一流水编号。

（5）标志：标识两侧喷"光（电）缆标石，禁止移动"，标识正面上部喷路徽，上下坡标识喷于强度等级下端；拐弯、过轨、直通、过路、分歧、预留标识喷于标识顶部，这样比较直观。

（6）颜色：路徽及标徽均喷红色油漆，编号为黑色油漆，标体为白色油漆。

（7）光（电）缆标识标志按表6.3-4规定的符号编制。

光（电）缆标识标志 表6.3-4

序号	标志	符号	备注
1	光缆	GL	光缆径路喷于正面
2	电缆	DL	电缆径路喷于正面
3	光电缆	GD	光电缆同一径路时
4	标石两侧	光缆标石、电缆标石、禁止移动等	
5	光电缆直通	—	喷于顶部
6	光电缆预留	Ω	喷于顶部
7	光电缆过轨、拐弯	⌐	喷于顶部
8	光电缆分歧	⊥	喷于顶部
9	光电缆上、下坡	／	喷于流水号下方
10	光缆接头	Ⅱ－××	Ⅱ为中继段； ××为接头号
11	电缆接头	T02-××	T为同轴电缆； 02为无人井号； ××为接头号

6.3.4 架空光缆铺设规范

1. 光缆线路建筑的一般要求

（1）光缆敷设前应进行单盘检查测试，光缆衰耗必须符合设计要求，主要测量

1310nm、1550nm 窗口的工作衰耗，并注意光缆外护层无裂缝、断裂；核对光缆端别。

（2）根据光缆衰耗的测试数据，光缆敷设前，按地形状况进行配盘，避免任意砍断尾缆，避免在马路中心人孔或繁华闹市区操作接头。

（3）由光缆布放牵引度过长，沿线各点（尤其是拐弯处及交通要道）应有人监视，并随时保持联络，以便在意外发生时采取措施。

（4）为保证光纤受到最大侧压力时光纤传输特性不受影响，光缆敷设过程应保证曲率半径不小于光缆外经的 20 倍。

（5）光缆牵引过程中，牵引力要固定在加强芯上，其最大的牵引力不超过光缆的称张力，一般架空光缆的敷设牵引力不得超过 1500N。

（6）为保证传输质量，应尽量减少光缆接头，管道光缆引上后不得任意切断。

2. 光缆线路

（1）新力杆路架设原则：一般通信电杆选高为 7m 水泥杆，原则上间隔 8 杆设置双方拉线，32 杆设置四方拉线，两杆之间间距为 50m。中对于土质松软地带的角杆、跨越杆、终端杆等杆底必须垫底盘，以加强杆路的强度及稳定性。

1）吊线安装：一般选工程架空光缆采用吊线挂钩三眼单槽夹板与吊线抱箍固定的方式，吊线为 7/2.2 镀锌钢绞线，挂钩为 35mm 全塑挂钩，间隔 50cm＋5。一般杆路的吊线安装垂度按规范定执行。

2）光缆布放：光缆布放应通过滑轮牵引，中间不得出现过流弯曲；严禁出现扭角及打小圈现象。

3）光缆跨越电力线，接近易燃物，居民楼房易遭破坏地段采用塑料保护板保护。

4）为保证架空光缆施工质量的安全运行，在施工中对架空光缆水泥杆与其他建筑物最小净距离及架空光缆最底条跨越其他建筑物的最小垂度直距离和光缆与其他电力交叉跨越平行时的间隔距离要求均按表 6.3-5、表 6.3-6 严格执行。

电杆与其他建筑物间隔的最小净距表　　　　　表 6.3-5

序号	建筑物名称	说明	最小水平净距	备注
1	铁路	电杆间距铁路最近钢轨的水平距离	11/3H	H 为电杆在地面的杆高
2	道路	电杆间距道路情况可以增减	H	或满足道路部门的要求
3	人行道边沿	电杆与人行道边平行时的水平距离	0.5m	或根据城市建设部门的批准位置
4	通信线路	电杆与电杆的距离	H	H 为电杆在地面的杆高
5	地下管线（电信管道、煤气管等）	电杆与地下管线平行的距离	1.0m	
6	地下管线（电信管道、直埋电缆）	电杆与它们平行时的距离	0.75m	

架空线路最低线条跨越其他建筑的最少垂直距离表　　　　　表 6.3-6

序号	建筑物名称	最少垂直距离（m）	备注
1	距铁路铁轨	7.5	指最低导线最大垂直处
2	道路、市区马路（行驶大型汽车）距	7.5	在公路的

续表

序号	建筑物名称	最少垂直距离（m）	备注
3	距一般道路路面	5.5	
4	距通航河流航帆顶点	1	在最高的水位
5	距不通航河流顶点	2	在最高水位及漂浮物上
6	距房屋屋顶	2	
7	与其他通信线交越相互间的距离	0.6	
8	距树枝距离	1.5	
9	沿街坊架设距地面的距离	4	
10	高农作物地段	3.5	最低缆线与农作物和农机械的最高点间的净距
11	其他一般地形距地面的距离	3.3	

（2）为增强杆路强度，原则上规定：在杆路角杆处角深大于 1m 设 7/2.6 拉线一条，同时在直线杆上每隔 8 根杆设一处双方拉线，中继段内每 32 根杆做一处四方拉线，双方、四方拉线的侧采用 7/2.2 钢绞线，顺线拉采用 7/2.6 钢绞线。拉线地锚铁柄、水泥横木的规格尺寸请参照《电气装置安装工程　电缆线路施工及验收标准》GB 50168—2018 标准执行，特殊拉线按设计要求施工。

（3）站内光缆：

站内光缆的敷设，从基站外架空敷设至基站机房应沿走线架引至光缆配线架，要求在基站内（或进线室）预留 10～15m 光缆，盘留固定在铁架或墙壁上，光缆成端处增设光缆绝缘节，并在光缆挂上标志牌。

（4）光纤接续及光纤分配：

光纤接续采用熔接法，根据接续技术水平，要求终继段内每个接头损耗平均值不大于 0.08db/个，同时每一纤芯在中继段内接头的平均损耗不大于 0.08db/个，在接头处，光缆与光纤应预留一定余量，金属加强芯与接头盒底座要连接牢固。

光纤接续应该严格按照光缆色谱连接，不得接错；在引入点与原光缆接续时，对原光缆应进行检查测试，保证待接续光纤性能良好并参考纤芯分配图。

（5）光缆的牵引和弯曲：

光缆在敷设和安装过程，应严格控制牵引张力和曲率半径要求。在施工安装过程中，光缆弯曲半径不能小于光缆的 20 倍，其安装固定后就不小于光缆外经的 10 倍。

（6）光缆线路的保护措施：

1）防机械损伤

光缆在布放过程中受力要均匀，必须严格控制牵引力不致超过光缆的抗拉强度，对地形复杂路段可采用倒"S"字分段牵引方式敷设。对部分光缆采用埋式敷设时，应做好光缆的保护措施。

2）防强电

减少附近输电线路在故障状态时由于电磁感应，地电位升高等因素，在光缆金属构件上产生的暖意危险影响，为确保光缆塑料外护层抗压强度，采取以下措施：

光缆接头处将其于金属加强芯及金属构件断开，不作电气上的连接。

光缆全程可不作接地，但局站光缆的金属构件必须采用绝缘节与室内设备隔绝。

在接近弱点设备附近施工及检查接头时，应将金属构件临时接地并采取相应的安全技术措施。以防以外事故发生。

3）防雷

考虑防雷措施在应在各终端杆、引入杆及接近局的杆上装设采用4.0的铁线直接接地的避雷线（直埋式电杆地线）。

在吊线的卸力终结、角杆、跨越杆、分支杆、坡顶杆及12m以上的电杆处将吊线与拉线连接作防雷接地避雷线（拉线式避雷线）。

架空吊线要求每公里接地一次，可采用4.0铁丝直埋式接地线方式接地，如接地电阻达不到标准时，可采用50×50×5角钢接地及添加降阻剂措施，接地电阻可根据各地土质情况符合要求。

6.3.5　光缆成端

1. 成端原则

（1）ODF架（图6.3-2）应具有光缆引入、固定和接地保护装置。该装置将光缆引入并固定在机架上（或者机柜内），保护光缆及缆中纤芯不受损伤。

（2）应具有光纤终接装置。该装置便于光缆纤芯及尾纤接续操作、施工、安装和维护。能固定和保护接头部位平直而不位移，避免外力影响，保证盘绕的光缆纤芯、尾纤不受损伤。

（3）尾纤跳接时，应从ODF顶部的固定进线孔进入，禁止左右混进，冗余尾纤全部盘留到绕线区域，绕线要通顺流畅，禁止交叉。

（4）尾纤接入熔盘上的活动连接器时，要求尾纤进入方向与活动连接器倾斜方向一致，禁止反转和扭曲。

图6.3-2　ODF光端盒

（5）根据ODF架的型号及相应引入、固定装置结构，光缆开剥长度适宜、软管约束到位，不打折、不别劲且冗余适当。

（6）光缆标识清晰明了，要注明A、B端名称，光缆长度及相关分纤情况。

（7）光缆引入机架时，弯曲半径应不小于光缆直径的15倍。

（8）光缆光纤穿过金属板孔及沿结构件锐边转弯时，应装保护套及衬垫。纤芯、尾纤无论处于何处弯曲时，其曲率半径应不小于30mm。

（9）光缆ODF架内光缆成端顺序从下至上，从左至右，法兰托盘式的分光器从上至下布放。

2. 光缆的固定与接地

（1）将已开剥保护好的光缆用喉箍分别将光缆及铠甲层固定在光缆固定板上，并将钢芯穿过钢芯锁杆固定（图 6.3-3）。从钢芯锁杆固定处引出一接地线至保护地。

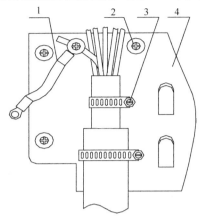

图 6.3-3　远端摄像机及接线原理
1—接地线；2—钢芯锁杆；3—喉箍；
4—光缆固定板

（2）开剥后的光纤沿机柜立柱向上敷设，套保护管，并将光纤用扎带固定在固定孔上，要求固定的整齐美观，光纤余长在箱体内应保持自然弯曲，弯曲半径应大于 37.5mm。

（3）光纤熔接：

1）将套有扁平套管的光纤（自然弯曲，弯曲半径大于 40mm）从箱体左侧的光缆绑扎板相应（和熔配模块的高度相对应）的孔中穿过自然弯曲（弯曲半径大于 40mm）进入熔配模块。

2）将单头尾纤带有光纤活动连接器的一端与适配器（适配器座可安装 FC、SC、FC-SC 转换等三种适配器）相连，将多股单头尾纤在配线盘内余长收容后进入收容盘熔接，如图 6.3-4 所示。

3）熔接完成后，将熔接套管（随机附件）滑到熔接点，并进行热缩，将熔接点保护起来。

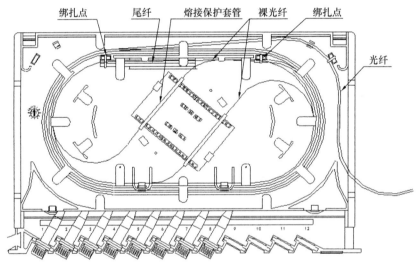

图 6.3-4　光纤在盘内收容

4）将热缩后的熔接套管依次卡入熔接槽块卡口内，并在熔接标示图上进行记录。冗余光纤在盘内收容，盖上盖板。

（4）光缆排序：

根据光缆色谱按照从左向右开始，左侧最上第一个法兰为开始排序，每层 12 芯。当熔接光缆为 8 芯时，每根光缆占据一层法兰盘。依次类推排序。

3. BNC 头（图 6.3-5）制作

（1）目前项目中选用的 BNC 头多为 SYV-75-5 接头。

（2）制作时先将 BNC 头尾部拧下，套进接头处线缆，将接头处剥开线缆外皮 0.8cm 左右，将处层屏蔽线缆顺着线向后推，在屏蔽线后端挑开几根丝，将屏蔽网分开。根据

BNC接头屏蔽线孔的大小，可将接头的屏蔽丝剪去几根并拧成股。

（3）将视频线芯线的同轴层在比外层接口长0.3cm处截掉，将芯线拧成股并保留0.2cm左右，多余部分截去。

（4）将BNC接头后的压线开口用钳子适当扳开，开口大小以使视频线轻松放入即可。

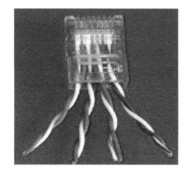

图6.3-5 BNC头

（5）将BNC头尾部穿在线上，将刚才所做线缆接头的外屏蔽层线股穿进BNC接头屏蔽线孔，并将芯线股穿入BNC接头的芯孔中，将BNC接头后的压接口压紧线缆，将穿过接线孔的屏蔽股保留0.3cm，多余部分截去，并将屏蔽股向后压下。

（6）此时开始焊接，焊接头应可靠焊接，焊点光洁、平滑，无毛刺，无虚假焊。

（7）焊接后将BNC头尾部拧紧。

4. RJ45网线（图6.3-6）制作

（1）10/100M网线制作方法

EIA/TIA的布线标准中规定了两种双绞线的线序568A与568B（图6.3-7）：

标准568A：橙白—1，橙—2，绿白—3，蓝—4，蓝白—5，绿—6，棕白—7，棕—8；

标准568B：绿白—1，绿—2，橙白—3，蓝—4，蓝白—5，橙—6，棕白—7，棕—8。

图6.3-6 RJ45网线

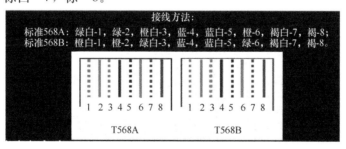

图6.3-7 网线接法

（2）千兆网线做法：

一端为：半橙、橙，半绿、蓝，半蓝、绿，半棕、棕；

另一端：半绿、绿，半橙、半棕、棕，橙，蓝，半蓝。

5. 系统接地与防雷要求（表6.3-7）

防雷常用术语及解释对照表　　　　　　　　　　　　表6.3-7

术语	解释
雷击	雷云间，或对大地及地面物体的迅速放电现象
直击雷	雷云与大地上的某一点发生的迅猛的放电现象

术语	解释
感应雷	雷云放电后产生的感应电压或感应电磁场对附近物体的破坏现象
雷电过电压	因特定的雷电放电，在系统中一定位置上出现的瞬态过电压
接地	将导体连接到"地"，使之具有近似大地（或代替大地）的电位
接闪器	包括避雷针、避雷带（线）、避雷网，以及用作接闪的金属屋面或金属构件
雷电引下线	用以连接接闪器与接地装置的金属导体
接地体	为达到与地连接的目的，一根或一组与土壤（大地）密切接触并提供与土壤（大地）之间电气连接的导体
接地网	为实现良好接地，由接地体演变而来的大面积金属栅格
接地引下线	连接接地网与总汇流排的金属导体
接地端子	设备的保护接地端（PE）
等电位连接	将互联设备的接地端子相连，以达到相同或相近电位的电气连接
PE	保护地，机箱及机箱内各种设备金属外壳的保护接地
GND	工作地，机箱中各种设备功能电路的接地，是单板及母板上的数字地和模拟地的统称
共用接地系统	将各部分防雷装置、建筑物金属构件、低压配电保护线（PE）、等电位连接带、设备保护地、屏蔽体接地、防静电接地及接地装置等连接在一起的接地系统

6. 雷击基本常识

（1）雷击的危害

雷击是严重自然灾害之一，随着现代通信技术的不断发展，日益繁忙庞杂的事务通过电脑、网络及通信设备的连接变得井然有序，而这些电子设备的工作电压却在不断降低，数量和规模不断扩大，使得它们受到过压特别是雷击的损害在逐步增加，其后果不仅是对设备造成直接损害，更为严重的是使整个系统的运行中断，造成难以估算的经济损失。因此，设备防雷已成为一项迫切需求。

（2）雷击的分类及传播

1）雷击一般分为直击雷和感应雷。

2）直击雷：雷电直接击在建筑物、构架、树木、动植物上，由于电效应、热效应等混合力的作用，直接摧毁建筑物、构架以及引起人员伤亡的现象。

3）感应雷：雷云之间或雷云对地之间的放电而在附近的架空线路、埋地线路、金属管线或类似的传导体上产生感应电压，该电压通过导体传送至设备，造成网络系统设备的大面积损坏的现象。

4）雷击对网络设备的入侵，主要有以下三个途径：

① 直击雷经接闪器而直接入地，导致地网附近地电位抬升，高电压由设备接地线引入造成地电位反击。

② 雷电流经引下线入地时，高的电流变化率在引下线周围产生强磁场，使周围设备感应过电压。

③ 进出大楼或机房的电源线或通信线在大楼外遭受直击雷或感应雷，过电压及过电流沿线窜入，入侵设备。

（3）雷电的防护

1）目前各种建筑物大楼大多数多采用避雷针等防止直击雷，保护建筑物的安全。但随着现代电子技术的不断发展，电子设备的电源线、信号线很容易受到雷电影响产生感应电流损坏设备。因此，建筑物电子信息系统应采用外部防雷和内部防雷等措施进行综合防护。如图 6.3-8 所示。

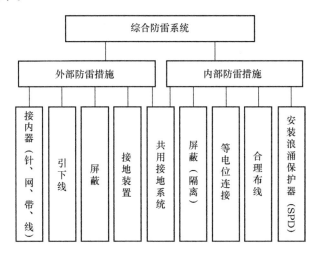

图 6.3-8　建筑物电子信息系统综合防雷系统图

2）外部防雷：由接闪器、引下线和接地等装置组成，主要用以防直击雷的防护装置。

3）内部防雷：由等电位连接系统、共用接地系统、屏蔽系统、合理布线及浪涌保护器等组成，主要用于减小和防止雷电流在需防空间内所产生的电磁效应。

7. 设备防雷安装的一般原则

设备的防雷安装属于内部防雷范畴，针对一般通信设备的应用环境，主要从以下三个方面防止感应雷击的破坏。

（1）防雷接地

良好接地是设备防止雷击、抵抗干扰的首要保证条件，应根据本安装指导手册的指导原则和实际接地方法认真检查，确保设备安装现场接地的正确性、可靠性。

（2）线缆走线

通信线缆及电源供电线的规范走线是降低设备雷击感应影响、抵抗干扰的有效途径，防止室外架空走线、飞檐走线以及控制线缆的分类可有效降低设备的雷击损坏率。

（3）等电位连接

设备等电位连接的目的，在于减少需要防雷的空间内各种金属部件和系统之间的电位差。这是防雷工程安装中的一项重要措施，可以有效避免系统由于雷击等因素引起的过电压现象。

8. 防雷接地要求及方法

（1）防雷接地的一般性要求

1）为了能够尽快泄放因雷击等原因产生的过电压和过电流，设备正常不带电的金属部件均应设置保护接地。包括：设备机壳上的接地端了；设备户外电缆的金属护套或屏蔽层；设备电缆上加装的信号防雷器；采用交流电源时，PE 线接地；采用直流供电时，

48V 直流电源的正极（或 24V 直流电源的负极）应在电源柜的直流输出口处接地等。

2）防雷接地设计应按均压、等电位的原理设计，即工作接地、保护接地（包括屏蔽接地和配线架防雷接地）共同合用一组接地体的联合接地方式。

3）接地线的选择与布线应遵循如下规则：

选用短而粗的黄绿双色相间的塑料绝缘铜芯导线，不得使用铝材；不得利用其他设备作为接地线电气连通的组成部分。

横截面积建议大于或等于 6mm²；长度不应超过 30m，否则应要求使用方就近重新设置接地排（以减小接地线的长度）。

接地线不宜与信号线平行走线或相互缠绕。

接地线上严禁接头，严禁加装开关或熔断器。

接地线两端的连接点应确保电气接触良好，并应做防腐处理（如：在线缆连接处涂上硅胶，缠上胶带，再在外层缠上防紫外线胶带；或在焊接处先涂上银漆粉，再涂上防锈漆）。

（2）防雷接地方法

1）设备防雷接地主要有以下三种情况，接地效果按照：连接接地排、埋设接地体、连接电源的 PE 线依次递减。

2）通常情况下，您可以直接通过交流电源的 PE 线进行接地。如果条件允许的话，可以通过设备后面板上的接地端子来连接接地排或埋设接地体来达到更佳的接地效果。

3）当设备处于雷击高发区或者存在线缆户外走线时，建议最好配备电源防雷器和信防雷器来确保设备电源、以太网口的安全。

（3）安装环境中提供接地排

当设备所处安装环境中存在接地排时，在确认接地排接地可靠的情况下，将设备黄绿双色的接地线一端接至接地排的接线柱上（图 6.3-9），拧紧固定螺母。接地线截面积建议不小于 6mm²，工程施工时该电缆尽量短，不能盘绕，并做防腐蚀处理。

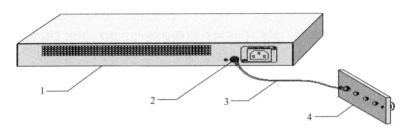

图 6.3-9　机房有接地排时接地安装示意图

1—设备（后面板）；2—设备接地端子；3—接地线；4—接地排

（4）安装环境中无接地排，附近可以埋设接地体

当设备所处安装环境中没有接地排，附近有泥地并且允许埋设接地体时，可采用长度不小于 0.5m 的角钢或钢管，直接打入地下（图 6.3-10）。角钢截面积应不小于 50mm×50mm×5mm，钢管壁厚应不小于 3.5mm，材料采用镀锌钢材。设备黄绿双色的接地线应和角钢采用电焊连接，焊接点应进行防腐处理。

机房附近允许埋设接地体时接地安装示意图：

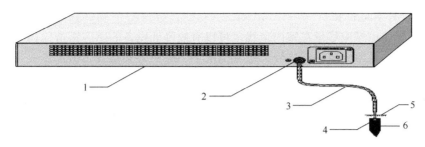

图 6.3-10　机房附近允许埋设接地体时接地安装示意图

1—设备（后面板）；2—设备接地端子；3—接地线；4—焊接点；5—大地；6—接地体

（5）安装环境中无接地排，并且条件不允许埋设接地体

当设备所处安装环境中没有接地排，并且条件不允许埋设接地体时，若设备采用交流电供电，可以通过交流电源的 PE 线进行接地（图 6.3-11）。应确认交流电源的 PE 线在配电室或交流供电变压器侧是否良好接地，并保证设备的 PE 端子和交流电源的 PE 线可靠连接，设备的电源电缆应采用带保护地线的三芯电缆。若交流电源的 PE 线在配电室或交流供电变压器侧没有接地，应及时向供电部门提出整改的要求。

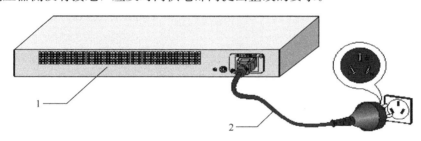

图 6.3-11　交流 PE 线接地时接地安装示意图

1—设备（后面板）；2—交流电源输入采用三芯电缆

9. 防雷接地监理控制要点

（1）接地母线采用铜质线，防雷接地装置与电气设备接地装置和埋地金属管道相连。系统的供电电源应采用 220V、50Hz 的单相交流电源，并应配置专门的配电箱。

当电压波动超出±5 范围时，设稳压电源装置。稳压装置的标称功率不得小于系统使用功率的 1.5 倍。

（2）摄像机供电应设置电源开关，熔断器、电源防雷端子和稳压等保护装置。

（3）系统的接地，宜采用一点接地方式。接地母线应采用铜质线。接地线不得形成封闭回路，不得与强电的电网零线短接或混接。

（4）光缆传输系统中，各监控点的光端机外壳应接地，且宜各分监控点统一连接接地。光缆加强芯、架空光缆接续金属护套应接地。

（5）防雷接地装置宜与电气设备接地装置和埋地金属管道相连。

（6）电源电缆应采用（穿管）直埋方式，尽量做到护管。

10. 线缆走线要求及方法

（1）线缆走线的一般性要求

设备线缆，按照连接终端的位置不同，可以分为室内线缆和室外线缆。二者在防雷设计中对于布线有不同要求。

1）通信连接电缆应尽量在室内走线，可以有效降低设备的感应雷击损坏率。

2）以太网线是室内信号互连线，正常情况下不应户外架空或飞檐走线。

室内线缆布线的一般性要求：

1）线缆安装要求分类走线，避免不同类别的线缆相互捆扎。

2）建议线缆每隔100mm捆扎一个线扣，加强梳理与固定。

3）接地线应尽可能地短而粗；地线与接地排的连接，需用螺丝拧紧或焊接并做防腐处理。

室外线缆布线的一般性要求：

1）如果实际条件无法完全满足室内走线，户外电缆应埋地铺设（从地下引入室内）。

2）如果无法实现户外电缆全部埋地铺设，架空电缆应在入室前15m穿金属管，金属管两端接地，电缆进入室内后应在设备的对应接口处加装信号防雷器。

3）若使用屏蔽电缆，确保屏蔽层在设备接口处与设备金属外壳良好接触，电缆进入室内后应在设备的对应接口处加装信号防雷器。

4）无任何防护的室外电缆连接至设备，必须在相应端口加装信号防雷器。

5）光纤走线时，要求走线平整，绑扎整齐；光纤不可拉伸或捆绑得太紧。

（2）线缆走线安装方法

1）电源线的安装方法

电源线一端接设备，一端连接电源插排或防雷插排，多余部分折成S形状固定在机箱内侧，注意与其他线缆保持20cm以上的距离。

2）电缆的安装方法

信号电缆按照室内与室外分类安装与捆扎，从不同的机箱出线孔引出至用户终端或级联设备。

3）光纤的安装方法

光纤由光口引出后，直接连接光电转换器的光纤可盘绕挂在机箱内侧；与其他设备级联的光纤应套PVC管引出，避免牵引和拉伸。

4）光纤本身不属于导体，不会感应和传递过电压。但光缆加强芯（为使的光纤免受环境事件的影响，而加装的铠装元件）却极易感应、传递雷击过电压，必须给予妥善处理。因此建议用户在光缆进户端做好接地保护，同时光缆入户必须安装光缆绝缘节。

（3）地线的安装方法

1）地线一端接设备的接地端子，另一端连接接地排，地线与其他诸如信号电缆的距离保持20cm以上的距离。

2）线缆连接之前，首先对电缆的长度进行规划。避免电缆连接过程出现电缆过长或过短的情况。在全部线缆安装完成后，要及时把出线孔的空余空间堵起来，达到防鼠的目的。

11. 等电位连接要求及方法

（1）设备等电位连接的一般性要求

1）处在同一工作范围内的互连设备需要进行等电位连接。例如：互联设备，电缆的金属护套、供电电源PE线、安装金属结构件等均应保证等电位连接。

2）等电位连接线使用黄绿双色相间线，线径建议大于等于 6mm²；等电位连接线尽量短。

3）构建一个接地排（环）作为等电位连接点。

（2）设备等电位连接方法

互联设备的等电位连接可按照图 6.3-12 进行，连接完毕后用万用表测量每个等电位连接点间是否良好接触，阻抗足够低。

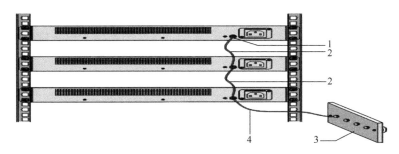

图 6.3-12 设备等电位连接示意图

1—设备接地端子；2—设备等电位连接线；3—接地排；4—接地保护电缆

12. 防雷器的安装

（1）当交流电源线从户外引入，直接接到设备电源口时，交流电源口应采用外接防雷接线排的方式来防止设备遭受雷击（图 6.3-13）。防雷接线排可用线扣和螺钉固定在机柜、工作台或机房的墙壁上。使用时，交流电先进入防雷接线排，经防雷接线排后再进入设备。

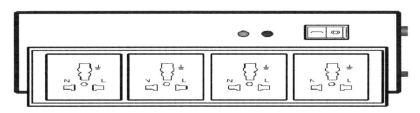

图 6.3-13 常用电源防雷插座示意图

电源防雷器使用时，一定要保证它的 PE 端子接地。

将交流电源插头插进电源防雷器（防雷接线排）插座后，电源防雷器只有代表运行的绿灯亮，而无红灯告警时，方可认为实现防雷功能。

对于电源防雷器出现的红灯告警，要给予足够的重视和处理，正确区分出到底是地线没接好还是火、零线接反。具体检测方法如下：用万用表测量防雷器电源插座处的极性，如果是左零右火（正对于插座看）就表明电源防雷器的 PE 端没有接地，如果不是左零右火就说明首先是电源防雷器所接交流插座的极性反了，需要打开电源防雷器把接线极性改过来，之后如果红灯仍然告警，就说明它的 PE 端确实没有接地，需要再落实交流电源插座处。

（2）设备使用中，若有出户网线进入设备的情况，请在该信号线进入设备接口前先串接信号防雷器，以避免设备因雷击而损坏。

需要工具：十字或一字螺丝刀、万用表、斜口剪钳。

安装步骤：

第一步：信号防雷器与设备接地端子就近放置并固定。

第二步：根据设备接地端子的距离，剪短信号防雷器的地线，并将地线牢固地拧紧在设备的接地端子上。

第三步：用万用表测量防雷器地线是否与设备接地端子及机壳接触良好。

第四步：按照信号防雷器说明书上的描述，将信号防雷器用转接电缆连接，注意方向，输入端（IN）与外部信号线相连，输出端（OUT）与被保护设备输入端相连，同时观察设备端口指示灯显示是否正常。

第五步：用尼龙线扣将电缆绑扎整齐。

在安装防雷器时，须注意区分信号防雷器的 IN、OUT 的连接要求，防雷器的 IN 及 OUT 并不一定与信号传输的方向一致。正确的连接方法是：防雷器的输入端（IN）与信号通道相连，防雷器的输出端（OUT）与被保护设备相连，不能反接。

信号防雷器（图 6.3-14）说明书中一般包含有防雷器的技术参数及防雷器维护安装说明，请在实际安装时仔细阅读相应说明书。

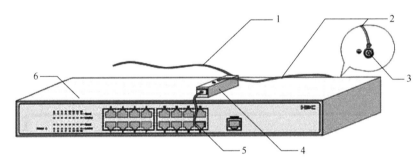

图 6.3-14　设备信号防雷器安装示意图

1—户外走线；2—等电位连接线；3—设备接地端子；4—信号防雷器；

5—以太网线；6—网络设备

（3）实际安装中的如下几种情况，会影响信号防雷器的性能，请予以重视：

1）信号防雷器安装方向接反。

2）信号防雷器接地不良。防雷器的地线安装时，地线应尽量短，以保证其与设备接地端子的良好接触，连接完成后，请用万用表确认。

3）信号防雷器安装不完全。当设备出户网口不止一个时，需要给所有出户网口安装防雷器，或使用组合防雷箱以起到整体防护作用。

13. 楼道网络设备防雷典型安装实例

（1）楼道网络设备防雷安装（图 6.3-15）

楼道机箱内放置的设备一般包括网络设备、熔纤盒、光电转换器等，建议按照数据流的走向（上行光缆—熔纤盒—光电转换器—网络设备—终端用户）对设备进行摆放，避免不同功能的线缆互相缠绕。设备防雷安装如图 6.3-15 所示。

注：安装示意图中的熔接盒与光电转换器不是必需设备。

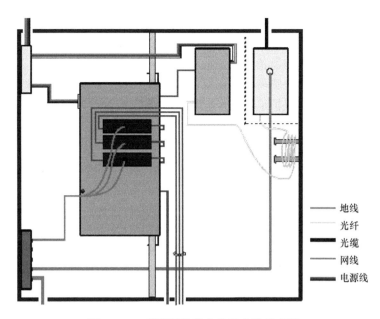

图 6.3-15　楼道网络设备防雷安装示意图

（2）楼道网络设备防雷安装注意事项

1）楼道机箱

建议安装在楼道内的底层，以降低设备的接地阻抗。

建议安装在防晒、防水、通风顺畅的地方。

不建议抱杆安装或安装在室外的墙壁上。

2）被保护设备

设备后面板的接地端子要与机箱内的接地排连接。

设备电源引自机箱内的防雷插排或普通插排，无论哪种插排，必须确保其保护地的连接。

3）光电转换器

光电转换器固定于机箱内，与交换机连接的网线避免与电源线缠绕。

光电转换器电源引自机箱内的防雷插排或普通插排，无论哪种插排，必须确保其保护地的连接。

4）光缆及光纤熔接盒

上行光缆建议埋地进入机箱，并连接光纤熔接盒。

如果必须架空走线，建议光纤熔接盒的安装要和机箱隔离（可采用 PVC 材料垫片或绝缘支架与机箱隔离并固定，距离机箱及其他设备大于等于 10cm）。如果无法做到彻底隔离，建议光缆加强芯（为使光纤免受环境事件的影响，而为光缆加装的铠甲原件）通过截面积不小于 $16mm^2$ 多股铜线地线直接连接至接地排。

5）信号防雷器

户外走线及户外级连的电缆建议增加信号防雷器。

安装信号防雷器，其地线建议直接连接至设备的接地端子，进而连接至机箱接地排；如果单口信号防雷器数量较多，所有端子无法连接到设备接地端子，建议直接连接至机箱接地排，但尽量保证设备接地线短而粗。

6）电源供给

不建议直接牵引电力线为设备供电，最好是从楼道配电箱中引入。

对于雷击高发地带或有特殊需要，建议使用防雷插排作为设备的电源引入。

电源入口一定要确保其保护地 PE 的连接。

7）机箱接地排

多数机箱内并没有接地排，建议增加。

如确实无法增加接地排，一定确保机箱内所有设备的等电位连接，并最终连接至室外大地的地线。

通常情况下，您可以直接通过交流电源的 PE 线进行接地，如果条件允许的话，可以通过设备后面板上的接地端子来连接接地排或埋设接地体来达到更佳的接地效果。

注：当设备处于雷击高发区或者存在线缆户外走线时，建议配备电源防雷器和信防雷器来确保设备电源、以太网口的安全。

6.3.6 系统接地工艺

1. 系统接地原则

（1）系统所有硬件设备必须严格接地，杜绝悬空状态。

（2）监控系统的接地应必须利用委托方原有的保护接地装置，在接入前必须向用户报告，并经用户确认。

（3）对地的要求：

1）要求防雷地都接到与接地网相连接地，接地阻值不大于 5Ω；

2）接地排应为厚度大于 3mm 的铜质金属条，表面光滑。

3）若确认局方三地（保护地、防雷地、直流地）合一，系统防雷地可接在直流排上，否则禁止将系统防雷地接在直流排上。

4）严禁将任何地线接在交流零线排上。

（4）接地的要求：

1）接地线必须是截面积为 $10mm^2$ 以上的单股铜导线，其长度不得超过 50m。

2）所有屏蔽线的屏蔽层、预留备用线、多股线缆中未用的空线，设备外壳接地点均应就近接地。

3）机柜内设备的保护地与通信线屏蔽层的接地点，用 $\geqslant 2.5mm^2$ 的黄绿双色线汇接到机柜的接地端子上，然后通过 $\geqslant 10mm^2$ 的黄绿双色线与局方接地端子相连，并且线缆两端应有去向标记。

4）设备接地端接触面上的油污、油漆、锈斑等应清除干净，以保证焊接端子的可靠接触。

（5）地线与地排的连接：

1）系统防雷地线与地排的连接时，在没有使用方专业权威人士的文字许可下，不允许断开地排上的任何地线，严禁将监控系统防雷地并接在地排上的其他地线地螺栓上。

2）用 O 形端子或用地线做成 O 形，并用焊锡封成牢固地闭环圈压接在地排上，中间不允许加垫圈或其他东西。

3）地线应在靠近地排的一边，螺母下要加弹垫，螺栓应朝向容易安装的方向（向上或向外）。

（6）室外线缆的布放和防雷要求：

1）室外线缆均应采用金属屏蔽层的线缆。

2）室外走线线缆的屏蔽层和所有设备均应按要求两端接地。

3）若架空线走线超过50m，则每50m处应有接地。

4）采取就近接地，预先在金属管上套金属卡环（必须拧紧），就近用扁钢或角铁打进地下，深度不小于0.3m，再用不小于10mm²的导线连接。

5）对多雷区地沟，应确保地沟深度大于0.3m（铁路沿线为70cm），否则必须使用金属管或金属软管。

6）非雷区室外地沟走线使用PVC管时，接头处要用PVC胶粘牢，以确保防水。

7）所有室外走线线缆屏蔽层（架空和地沟）两端接地。

8）室外线缆路由应避免走在外墙的棱角处、铁塔下或金属堆放处附近；避免与电力电缆近距离平行布放；避免与避雷器下引线近距离布线，相对距离应大于1m的间隔。

（7）室内设备及线缆的防雷要求：

1）所有设备外壳、机架、机柜均应直接接地。对外壳没有接地端子的设备，地线应接在设备外壳的固定螺丝上，该处的外壳防锈漆要清除干净，确保接地良好。

2）使用逆变器的端局，要确保逆变器220V/AC输出端保护地的接地可靠。

3）相对集中、不同楼层的设备应分组、分别接地。

4）所有通信线的屏蔽层要两端接地（包括各类变送器至采集器的通信线），智能设备端接设备外壳，在离接地点最近处拨开通信线屏蔽层接地。

5）应在智能设备与系统连接的通信线两端增加防雷模块。若只有一个防雷模块，应装在智能设备端。连接与防雷模块两接口的通信线屏蔽层必须与电平转换器的外壳可靠接地。

6）对于无电平转换器的接口，应在离接地点最近处剥开通信线将屏蔽层接地，屏蔽层剥离（接地）位置与实际接口位置的线缆长度不应超过2m。

7）图像系统中摄像设备、传输设备、显示设备必须等电位集中接地。接地线径必须满足≥10mm²。

2. 工程防雷接地参考办法

（1）室外线缆的防雷接地要求，空架线的敷设：

1）空架线穿金属管须两端接地。

2）若整个架空线路由超过50m，则每50m应有接地；

3）接地就地打接地桩：先在金属管上焊φ8mm以上的螺帽或套上金属卡（一定要卡紧），就近用1.2~1.5m长25mm×25mm的角铁，打进地下1~1.3m，再用10mm²以上的导线（或8号铁丝）连接。

4）在少雷或无雷区可使用PVC管架空，PVC管空架线安装拉撑钢丝，拉撑钢丝的接地于金属管相同。

（2）室外地沟线缆的防雷要求：

地沟穿线管的深度应大于等于0.3m（铁路沿线为70cm）。室外线缆屏蔽层（空架和地沟）两端直接接地（图6.3-16）。

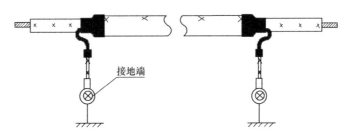

图 6.3-16　屏蔽电缆的接地

（3）室内设备及线缆防雷要求：

设备外壳、机架、机柜均直接接地，相对集中的设备分组分开接地。

不同楼层的设备分开接地。

3. 线缆屏蔽层接地图解

（1）屏蔽电缆接地（图 6.3-17）

（2）线缆屏蔽网的接地（图 6.3-18）

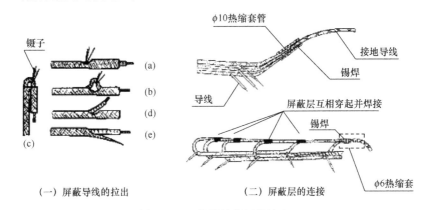

（一）屏蔽导线的拉出　　　　　（二）屏蔽层的连接

图 6.3-17　线缆屏蔽网的接地 1

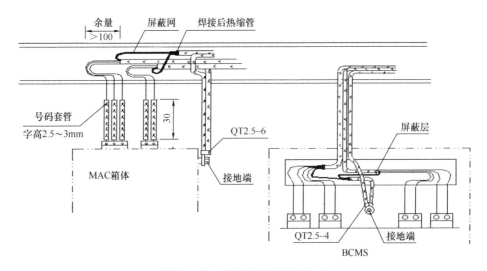

图 6.3-18　线缆屏蔽网的接地 2

4. 接地体安装规范

（1）接地体的种类及作用

接地系统是由接地体、接地汇集线和接地连接线等部分组成，接地体是接地系统的核心部分，它直接与大地结合，将通信站内各种设备的接地电流引入大地。接地体共有 3 种类型：

1）垂直接地体

垂直接地体是将接地体垂直于地面放置，一般采用 50mm×50mm×5mm 的镀锌角钢或用直径 50mm 的镀锌钢管，其长度在 2.5～3m 之间。

这种接地体的优点是占地面积小，缺点是接地电阻偏大。

2）水平接地体

水平接地体是将接地体水平于地面放置，一般采用 50mm×50mm×5mm 镀锌角钢或用 40mm×4 mm 镀锌扁钢连接形成均压带或均压网，其长度根据实际情况定，可长可短。也可用铜板或铜条构成均压带或均压网。

这种接地体的优点是适合狭长地带和不宜深挖的地区，可以顺着管道设置，缺点是需动用的土方量较大，实际使用中很少。若使用铜板或铜条工程造价太高。

3）垂直水平混合接地体

这种方法采用了上述两种接地体的优点，垂直接地体采用 50mm×50mm×5mm 镀锌角钢，水平接地体用 30mm×4mm 或 40mm×4mm 的镀锌扁钢连接后组成的均压带或均压网，平置于垂直接地体上端，与垂直接地体用电焊或火焊连接牢固。这种接地体是工程施工中，使用最多的一种。

（2）接地系统的技术标准规范

1）各种接地体装置之间的安装距离在 20m 以上。

2）接地装置与建筑物基础间的距离在 3～5m。

3）合设的接地装置接地电阻要求不大于 0.5Ω。

4）分设时，接地装置接地电阻应小于 2Ω。

5）接地装置应埋设在冻土层以下。

（3）接地体的施工及注意事项

接地体敷设前必须深入的进行调查研究，掌握通信站的设备数量。

交换设备容量，周围的地理环境及地下管线的分布情况，避免不必要的损失。在挖掘时一定注意不要损坏其他地下设施。

1）垂直接地体的施工

① 按设计图纸要求挖好接地坑，尺寸如图 6.3-19 所示；

② 将接地体垂直放置在接地坑的中心；

③ 为了提高接地效果，需加入长效防腐剂，按厂家说明配制，调制成均匀稀糊状，倒入接地坑中；

④ 过 30min 左右，回填土夯实；

⑤ 考虑到冬期对接地电阻的影响，角钢或钢管的上表面应低于地面 1.2m。

2）水平接地体的施工

① 按图 6.3-20 的要求挖好接地坑；

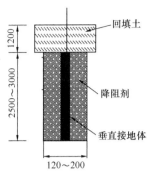

图 6.3-19　垂直接地体

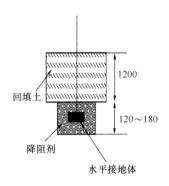

图 6.3-20　水平接地体

② 将水平接地体放到坑中心，支离沟底 50mm～100mm；

③ 沿接地体浇筑拌好的降阻剂，将其全部包裹严密；

④ 待表面初凝后，回填土夯实；

⑤ 其长度根据实际情况定，可长可短。

3）垂直水平混合接地体的施工

① 按图 6.3-20 的结构挖好接地坑；

② 将垂直接地体与水平接地体用镀锌扁钢（40mm×4mm）焊接后组成均压带；

③ 将水平接地体焊接在垂直接地体的上端，可根据不同的接地阻值，设置垂直接地体的数量。焊接完毕后，对焊点进行防腐处理，然后将接地体放入接地坑中，先向垂直接地体浇筑降阻剂，再浇筑水平接地体，回填时注意先细后粗，并充分夯实。

4）接地电阻的组成与测试

① 接地电阻是由接地体本身的电阻、接地体与土壤间的接触电阻、接地体附近土壤电阻、接地体至电器设备间连接导线的电阻这四者之和组成，其中以接地体附近土壤的电阻为主。

② 在接地体敷设之前，就应该掌握系统地线要求的接地电阻值。设备的工作接地、保护地、防雷地分别接地时，要求接地电阻一般小于 4Ω，采用合设接地方式时，接地电阻应小于 2Ω。

③ 接地电阻的测试，必须严格按接地电阻表的说明书进行，否则将产生偏差，造成不良的后果。在实践中，按垂直接地方法敷设时，单根垂直接地体的接地电阻一般为 10Ω，当增加一根接地体时接地电阻减小 2Ω 左右，随着接地体的递增接地电阻下降越来越少，当增加到第十根时，接地电阻基本无变化。

④ 一般用混合接地方式每 3m 放置一根垂直接地体，共放 5 根，当时测定每条地线接地电阻在 $1.0\sim1.8\Omega$ 之间，24h 后测定接地阻在 $1.0\sim1.5\Omega$ 之间，一周后测定接地电阻在 $0.7\sim1.2\Omega$ 之间，一年后测定在 $0.7\sim1.0$ 之间。单一采用水平接地方法时，一根 5m 长的接地体的接地电阻为 9Ω 左右，每增加一根电阻减小 1.5Ω 左右，用 5 根水平接地体接地电阻约在 $1.2\sim2.0$ 之间 24h 后测定在 $1.2\sim1.8\Omega$ 之间，一周后测定在 $0.9\sim1.5\Omega$ 之间，一年后测定接地阻值基本无变化。

⑤ 在系统地线工程中普遍采用混合式接地体。但也可根据不同情况，采用另外 2 种

接地体。实际上，无论采用哪种接地体，只要接地体与土壤接触面积足够大，并接触良好，接地电阻就会很小。

5）需要注意的问题

① 接地方式一般有两种，一种是合设接地方式，俗称联合接地方式，即用足够的良导体以最短的途径把设备连接到统一的接地体装置上，也就是把工作接地、保护接地、防雷接地以及防静电接地连接到同一个接地体上。

② 另一种则是分设接地方式，与前述相反。究竟采用那种接地方式好，需根据实际情况而定，一般应优选分设接地方式，次选合设接地方式。

③ 如果条件允许，除设置工作接地、保护接地外，还应设置一条备用接地装置。

5. 室外摄像机避雷针安装规范（图6.3-21）

野外安装的所有摄像机原则上都要做避雷针防雷，特殊位置可以适当放宽要求。

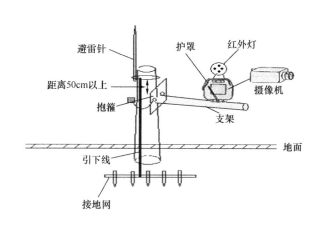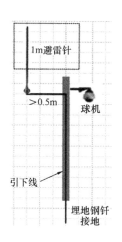

图6.3-21　室外摄像机防雷接法

（1）工具：

电焊机、梯子、脚扣、保险带、卷尺、锤子、钳子、扳手、螺丝刀、剥线钳、压线钳等。

（2）材料：

抱箍、螺栓、压线铜鼻、胶布、接地线、接地体等。

（3）位置：

在两种安装方式下有不同的位置要求，在图6.3-21第一种接法下避雷针直接用抱箍抱在电杆上端，图6.3-21第二种接法下避雷针单独使用挑臂离开电杆一定距离后安装，并且挑臂和支撑杆安装位置高度低于摄像机支架位置。

第二种安装方式更能减少遭雷击后摄像机感应的电流，更好地保护摄像机。

（4）施工步骤：

1）因地制宜选择一种安装方式，雷暴天数多、强度高的地区必须采用第二种；

2）制作接地体，方式见《电气装置安装工程　接地装置施工及验收规范》GB 50169—2016；

3）安装避雷针，注意其和摄像机离开50cm以上的距离；

4）用引下线连接避雷针和接地体，引下线须使用 10mm² 以上的铜质导体，选用其他材料时应适当增加线径；

5）测量避雷针接地电阻在 10Ω 以下。

（5）注意事项：

1）安全第一，保证人员安全；

2）避雷针高度应满足要求，摄像机在避雷针 45°扇区保护范围内；

3）引下线应在上、中、下适当的位置使用抱箍固定；

4）引下线走线应尽量远离其他连线；

5）引下线走线应走弧线，避免小角度弯折；

6）引下线穿管走线时，金属管本身也应接地。

6. 监控工程标签粘贴规范

（1）工程需要粘贴的标贴包括：

1）设备前、后面板标贴，包括设备名称、IP 地址、特殊参数等信息；

2）线缆两头标贴，包括线缆类型、用途、去向等信息；

3）警示牌，重要设备、危险场地警告标示牌，避免随意碰触或发生意外。

（2）标贴类型包括：不干胶贴、号码管、PVC 扎带号牌、铭牌等，常用的是不干胶贴和号码管。

设备标贴制作规范：粘贴在设备前、后面板适当的位置（表 6.3-8）。

设备标贴制作　　　　　　　　　　　　　表 6.3-8

项目名称：	
设备名称：	
IP 地址：	
对端局/机房名称：	
其他特殊信息：	

线缆标贴制作规范：粘贴在距离线头 5cm 处，环形粘贴（表 6.3-9）。

线缆标贴制作　　　　　　　　　　　　　表 6.3-9

该线用途：	如视频线、音频线、220V 电源、12V 电源、RS485 控制线、×××信号线、电源地线、防雷地线等
该线来/去向名称：	如×××摄像机、×××硬盘录像机、×××交换机等
其他特殊信息：	

举例如图 6.3-22 所示。

7. 监控工程配线标准（表 6.3-10）

监控工程配线标准表　　　　　　　　　　表 6.3-10

序号	项目	用线类型	线色	备注
1	220V 电源线　火线	RV 或 BV 1.0～4.0mm	红	
2	220V 电源线　零线	RV 或 BV 1.0～4.0mm	蓝或黑	

续表

序号	项目	用线类型	线色	备注
3	220V 电源线　地线	RV 或 BV 2.0~4.0mm	黄或黄/绿双色	
4	防雷地线	BV 10~16.0mm	黄/绿双色	
5	视频电缆	SYV75-5		室外 200m 内
6		SYV 75-3		室内 50m 内
7	RS485 控制线	RVVP0.5mm×2		
8	普通网线	5 类非屏蔽网线		室内
9	防水网线	5 类屏蔽网线		室外
10	六类网线	网线		传输 1000m 数据
11	超六类线	网线		传输 100m 数据
12	射频电缆	SYV50-7/50-7/50-9		
13	视频线接头	BNC-5 或 BNC-3		
14	普通网线接头	RJ45 水晶头		
15	屏蔽网线接头	RJ45 屏蔽水晶头		室外

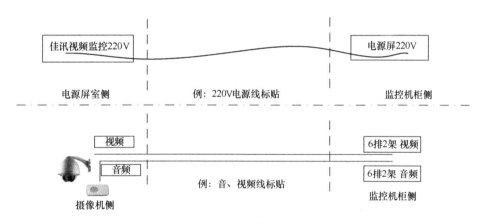

图 6.3-22　线缆标贴制作

6.3.7　电缆铺设监理要点

1. 线路的敷设的监理要点

1）缆线的规格敷设路径、位置需符合图纸要求。

2）缆线在钢管敷设前需检查管线端口的毛刺清除，配管及接线盒需正确牢固。

3）针对 6 类双绞线暂无统一的国际标准，敷设时主要按设计要求进行，一般控制水平敷设长度不超过 90m，在 10m 之间的信息点注意反射信号干扰引起技术指标下降的问题，大部分技术指标下降的问题属于护件压接工艺不完善问题，施工时应注意转弯处曲率半径按设计要求进行。

4）缆线两端应标明编号，标签应端正和正确且材料不易损坏。

5）电源线、综合布线系统缆线应分隔布放，缆线间的最小净间距应符合设计要求。

6）在暗管或线槽中缆线敷设完毕后，在通道两端出口处填充材料进行封堵。

7）敷设暗管宜采用钢管或阻燃硬质 PVC 管，布放多层屏蔽电缆、扁平电缆和大对数主干电缆或主干光纤时，直线管道的管径利用率为 50%～60%，暗管布放 4 对绞电缆或 4 芯以下光缆时，管道的截面利用率应为 25%～30%，预埋线槽的截面利用率不应超过 50%。

2. 监控设备防雷接地监理要点

1）做好防雷接地的预控工作。

2）实现见证取样，严格把控材料质量关。

3）审查专业队伍资质和施工操作人员上岗证。

4）加强对防雷接地关键部位工序的质量控制。

5）按规范要求进行防雷接地工程施工质量验收。

第7章 照 明 工 程

7.1 灯杆基础施工

施工准备→施工放样→路灯基础基槽开挖及基坑处理→下放预埋件→报验→路灯基础浇筑下层→上层立模→报验→浇筑上层→拆模→养护

7.1.1 路灯基础施工放样

根据道路中桩确定路灯基础位置中心点，路灯基础位于绿化带中间，每个间隔35m，315线例外，间隔40m。平交道口单独放样如图7.1-1所示。

7.1.2 基槽开挖及基坑处理

由于路灯基础所处位置有限必须人工开挖。路灯基础位于绿化带内，挖深深度为道路内侧路缘石向下160cm，开挖尺寸100cm×100cm。基坑底部填入10cm厚天然砂砾，并且进行泡水打夯处理。开挖过程中不得破坏路缘石和绿化带内原有管线，如有破坏由作业队照价赔偿。

7.1.3 下放预埋件

路灯基础预埋件（图7.1-2、图7.1-3）在梁厂加工完成，需通知施工员和监理验收，合格后方可进入施工现场进行施工，对于不符合设计和规范要求的预埋件严禁进入施工现场。预埋件采用两根钢管固定在路缘石上，悬挂于路灯基坑中心位置，预埋件在现场安装时需保

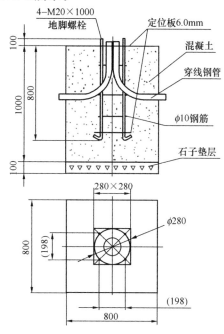

图 7.1-1　路灯基础施工大样

持水平，垂直且位于路灯基础中心位置。预埋件下方完成后通知施工员和监理报验，对于不符合要求的做返工处理，报验合格后方可进行下道工序。

7.1.4 下层浇筑

下层模板采用基坑土模，浇筑采用人工配合混凝土罐车浇筑，混凝土为C25，下层浇筑尺寸100cm×100cm。浇筑前须做好预埋件螺栓保护措施。浇筑时混凝土不得出现离析现象，小型振动棒振捣，保证基础质量；浇筑时用水平尺随测预埋件水平度和位置。浇筑

435

时必须通知施工员，实验室和监理部，并做好混凝土相关实验。

图 7.1-2　基础浇筑

图 7.1-3　基础钢筋

7.1.5　上层立模

待基础下层达到施工所需强度后进行上层支模。模板必须采用竹胶，采用对拉拉杆固定方式，模板支模前在已浇筑预埋件内固定预埋穿线管，并且和绿化带内预埋穿线管进行对接，安装。进场模板表面必须平整无污染。上层模板内尺寸为 75cm×75cm，模板固定必须稳定，方正，不得出现不规则现象。模板涂抹隔离剂。

7.1.6　浇筑上层

施工前将路灯基础下层清理干净，不得有土块、杂物并且进行洒水湿润上下层连接处。人工配合混凝土罐车进行浇筑，采用小型振动棒振捣。浇筑时做好预埋管管口封堵，不允许混凝土进入管道。混凝土初凝后进行抹光处理，混凝土表面保证平整不得出现气孔、蜂窝、麻面现象。表面处理平整后进行塑料薄膜覆盖。

7.1.7　拆模

所浇筑路灯基础覆膜洒水养护 2d 后进行拆模。拆模时注意保护好已成型基础，不得损坏，尤其边角位置。对于表面出现蜂窝、麻面的基础及时处理。

7.1.8　养护

必须采用覆膜洒水养护，养护不少于 7d。可根据天气情况适当调整，严禁用高压水枪直接喷洒。

7.1.9　基坑施工前的定位

（1）直线杆顺线路方向位移不得超过设计挡距的 3 %；直线杆横线路方向位移不得超过 50mm。

（2）转角杆、分支杆的横线路、顺线路方向的位移均不得超过 50mm。

7.1.10　电杆基坑深度

（1）对一般土质，电杆埋深应符合表 7.1-1 的规定。对特殊土质或无法保证电杆的稳固时，应采取加卡盘、围桩、打人字拉线等加固措施。

（2）电杆基坑深度的允许偏差应为＋100mm、－50mm。

（3）基坑回填土应分层夯实，每回填 500mm 夯实一次。地面上宜设不小于 300mm 的防沉土台。

电杆填埋深度（m） 表 7.1-1

杆长	8	9	10	11	12	13	15
埋深	1.5	1.6	1.7	1.8	1.9	2.0	2.3

7.2 设备安装

7.2.1 设备和材料检查要求

（1）技术文件应齐全，符合现行国家标准《建筑电气工程施工质量验收规范》GB 50303 的有关规定。

（2）城市道路照明工程的施工和验收，应符合国家现行有关强制性标准的规定。

（3）城市道路照明所采用的器材及其运输和保管，应符合现行国家标准《电气装置安装工程 66kV 及以下架空电力线路施工及验收规范》GB 50173、《电气装置安装工程 电缆线路施工及验收标准》GB 50168 和《电气装置安装工程 盘、柜及二次回路接线施工及验收规范》GB 50171 的有关规定；当产品有特殊要求时，尚应符合产品技术文件的规定。

7.2.2 变压器、箱式变电站

（1）变压器、箱式变电站安装环境宜符合下列条件：

1）环境温度：最高气温＋40℃（地下式变压器＋50℃），最高日平均气温＋30℃，最高年平均气温＋20℃，最低气温－30℃。

2）当空气温度为＋25℃时，相对湿度不应超过 90%。

3）海拔高度 1000m 及以下。

（2）道路照明专用变压器、箱式变电站的设置应考虑以下因素：

1）宜设置在道路的城市电力通道一侧，便于高、低压电缆及保护管的进出。

2）应避开具有火灾、爆炸、化学腐蚀及剧烈振动等潜在危险的环境，通风良好。

3）应设置在不易积水处。当设置在地势低洼处，应抬高基础或采取防水、排水措施。

4）设置地点四周宜有足够的维护空间，并应避让地下设施。

5）对景观要求较高、用地紧张的地段宜采用地下式变电站。

（3）设备到达现场后，应及时进行外观检查，并应符合下列规定：

1）不得有机械损伤，附件齐全，各组合部件无松动和脱落，标识、标牌准确完整。

2）油浸式变压器（图 7.2-1），密封应良好，无渗漏现象。

3）地下式变电站箱体全密封，防水良好，防腐保护层完整，无破损现象；高、低压电缆引入、引出线无磨损、折伤痕迹，电缆终端头封头完整。

4）箱式变电站内部电器部件及连接无损坏。

图 7.2-1　油浸变压器

（4）变压器、箱式变电站安装前，技术文件未规定必须进行器身检查的，可不进行器身检查；当需要进行器身检查时，应符合下列环境条件：

1）周围空气温度不宜低于 0℃，器身温度不应低于环境温度，当器身温度低于环境温度时，应将器身加热，宜使其温度高于环境温度 10℃。

2）当空气相对湿度小于 75％时，器身暴露在空气中的时间不得超过 16h。

3）空气相对湿度或暴露时间超过规定时，必须采取相应的可靠措施。

4）器身检查时，场地四周应保持清洁并有防尘措施；雨雪天或雾天不应在室外进行。

（5）器身检查的主要项目和要求应符合下列规定：

1）所有螺栓应紧固，并有防松措施，绝缘螺栓应无损坏，防松绑扎完好。

2）铁芯应无变形，无多点接地。

3）绕组绝缘层应完整，无缺损、变位现象。

4）引出线绝缘包扎牢固，无破损、拧弯现象；引出线绝缘距离应合格，引出线与套管的连接应牢靠，接线正确。

（6）干式变压器（图 7.2-2）在运输途中应有防雨和防潮措施。存放时，应置于干燥的室内。

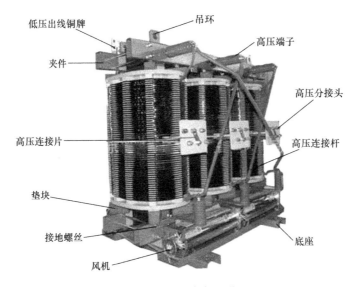

图 7.2-2　干式变压器

（7）变压器到达现场后，当超出三个月未安装时应加装吸湿器，并应进行下列检测工作：

1）检查油箱密封情况。

438

2）测量变压器内油的绝缘强度。

3）测量绕组的绝缘电阻。

（8）变压器投入运行前应按现行国家标准《电力变压器　第 1 部分：总则》GB 1094.1 要求进行试验并合格，投入运行后连续运行 24h 无异常即可视为合格。

7.2.3　变压器

（1）室外变压器安装方式宜采用柱上台架式安装，并应符合下列规定：

1）柱上台架所用铁件必须热镀锌，台架横担水平倾斜不应大于 5mm。

2）变压器在台架平稳就位后，应采用直径 4mm 镀锌铁丝在变压器油箱上法兰下面部位将变压器与两杆捆扎固定。

3）柱上变压器应在明显位置悬挂警告牌。

4）柱上变压器台架距地面宜为 3m，不得小于 2.5m。

5）变压器高压引下线、母线应采用多股绝缘线，宜采用铜线，中间不得有接头。其导线截面应按变压器额定电流选择，铜线不应小于 16mm^2，铝线不应小于 25mm^2。

6）变压器高压引下线、母线之间的距离不应小于 0.3m。

7）在带电的情况下，便于检查油枕和套管中的油位、油温、继电器等。

（2）柱上台架的混凝土杆应符合《建筑电气工程施工质量验收规范》GB 50303 中架空线路部分的相关要求，并且双杆基坑埋设深度一致，两杆中心偏差不应超过±30mm。

（3）跌落式熔断器安装应符合下列规定：

1）熔断器转轴光滑灵活，铸件和瓷件不应有裂纹、砂眼、锈蚀；熔丝管不应有吸潮膨胀或弯曲现象；操作灵活可靠，接触紧密并留一定的压缩行程。

2）安装位置距离地面应为 5m，熔管轴线与地面的垂线夹角为 15～30℃。熔断器水平相间距离不小于 0.7m。在有机动车行驶的道路上，跌落式熔断器应安装在非机动车道侧。

3）熔丝的规格应符合设计要求，无弯曲、压扁或损伤，熔体与尾线应压接牢固。

（4）柱上变压器试运行前应进行全面的检查，确认其符合运行条件时，方可投入试运行。检查项目应符合下列规定：

1）本体及所有附件应无缺陷，油浸变压器不渗油。

2）轮子的制动装置应牢固。

3）油漆应完整，相色标志正确清晰。

4）变压器顶部上应无遗留杂物。

5）消防设施齐全，事故排油设施应完好。

6）油枕管的油门应打开，且指示正确，油位正常。

7）防雷保护设备齐全，外壳接地良好，接地引下线及其与主接地网的连接应满足设计要求。

8）变压器的相位绕组的接线组别应符合并网运行要求。

9）测温装置指示应正确，整定值应符合要求。

10）保护装置整定值应符合规定，操作及联动试验正确。

（5）吊装油浸式变压器应利用油箱体吊钩，不得用变压器顶盖上盘的吊环吊装整台变压器；吊装干式变压器，可利用变压器上部钢横梁主吊环吊装。

（6）变压器附件安装应符合下列规定：

1）油枕应牢固安装在油箱顶盖上，安装前应用合格的变压器油冲洗干净，除去油污，防水孔和导油孔应畅通，油标玻璃管应完好。

2）干燥器安装前应检查硅胶是否变色失效，如已失效应在 115～120℃温度烘烤 8h，使其复原或更新。安装时必须将呼吸器盖子上橡胶垫去掉，并在下方隔离器中装适量变压器油。确保管路连接密封、管道畅通。

3）温度计安装前均应进行校验，确保信号接点动作正确，温度计座内或预留孔内应加注适量的变压器油，且密封良好，无渗漏现象。闲置的温度计座应密封，不得进水。

（7）变压器本体就位应符合下列规定：

1）变压器基础的轨道应水平，轮距与轨距应适合。

2）当使用封闭母线连接时，应使其套管中心线与封闭母线安装中心线相符。

3）装有滚轮的变压器就位后应将滚轮用能拆卸的制动装置加以固定。

（8）变压器绝缘油应按现行国家标准《电气装置安装工程 电气设备交接试验标准》GB 50150 的规定试验合格后，方可注入使用；不同型号的变压器油或同型号的新油与运行过的油不宜混合使用。需要混合时，必须做混油试验，其质量必须合格。

（9）变压器应按设计要求进行高压侧、低压侧电器连接；当采用硬母线连接时，应按硬母线制作技术要求安装；当采用电缆连接时，应按电缆终端头制作技术要求制作安装。

7.2.4　箱式变电站

（1）箱式变电站（图 7.2-3）基础应比地面高 0.2m 以上，尺寸应符合设计要求，结构宜采用现浇混凝土或砖砌结构，混凝土强度等级不应小于 C20；电缆室应采取防止小动物进入的措施；应视地下水位及周边排水设施采取适当防水、排水措施。

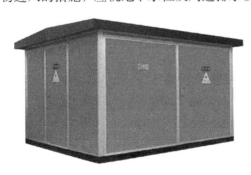

图 7.2-3　箱式变电站

（2）箱式变电站基础内的接地装置应随基础主体一同施工，箱体内应设置接地（PE）排和零（N）排。PE 排与箱内所有元件的金属外壳连接，并有明显的接地标志，N 排与变压器中性点及各输出电缆的 N 线连接。在 TN 系统中，PE 排与 N 排的连接导体不小于 16mm^2 铜线。接地端子所用螺栓直径不应小于 12mm。

（3）箱式变电站起重吊装应利用箱式变电站专用吊装机构。吊装施工应符合现行国家标准《起重机械安全规程》GB 6067 的有关规定。

（4）箱式变电站内应在明显部位张贴本变电站的一、二次回路接线图，接线图应清晰、准确。

（5）引出电缆每一回路标志牌应标明：电缆型号、回路编号、电缆走向等内容，并经久耐用、字体清晰、工整、不易褪色。

（6）引出电缆芯线排列整齐，固定牢固，使用的螺栓、螺母宜采用不锈钢材质，每个接线端子接线不应超过两根。

（7）箱体引出电缆芯线与接线端子连接处宜采用专门的电缆护套保护，引出电缆孔应采取有效的封堵措施。

（8）二次回路和控制线应配线整齐、美观，无损伤，并采用标准接线端子排，每个端子应有编号，接线不应超过两根线芯。不同型号规格的导线不得接在同一端子上。

（9）二次回路和控制线成束绑扎时，不同电压等级、交直流线路及监控控制线路应分别绑扎，且有标识；固定后不应影响各电器设备的拆装更换。

（10）箱式变电站应设置围栏，围栏应牢固、美观，宜采用耐腐蚀、机械强度高的材质。箱式变电站与设置的围栏周围应设专门的检修通道，宽度不应小于 0.8m。箱式变电站四周应设置警告或警示标牌。

7.2.5　箱式变电站安装

（1）箱内及各元件表面应清洁、干燥、无异物。

（2）操作机构、开关等可动元器件应灵活、可靠、准确。对装有温度显示、温度控制、风机、凝露控制等装置的设备，应根据电气性能要求和安装使用说明书进行检查。

（3）所有主回路、接地回路及辅助回路接点应牢固，并应符合电气原理图的要求。

（4）变压器、高（低）压开关柜及所有的电器元件设备安装螺栓应紧固。

（5）辅助回路的电器整定值应准确，仪表与互感器的变比及接线极性应正确，所有电器元件应无异常。

7.2.6　箱式变电站运行前应做的试验

（1）变压器应按现行国家标准《电力变压器》GB 1094.1 要求进行试验并合格。

（2）高压开关设备运行前应进行工频耐压试验，试验电压应为高压开关设备出厂试验电压的 80%，试验时间应为 1min。

（3）低压开关设备运行前应采用 500V 兆欧表测量绝缘电阻，阻值不应低于 0.5MΩ。

（4）低压开关设备运行前应进行通电试验。

7.2.7　地下式变电站

（1）地下式变电站（图 7.2-4）绝缘、耐热、防护性能应符合下列规定：

1）变压器绕组绝缘材料耐热等级达 B 级及以上。

2）绝缘介质、地坑内油面温升和绕组温升应符合现行国家标准《电力变压器》GB 1094.1、《地下式变压器》JB/T 10544 要求。

3）设备应为全密封防水结构，防护等级 IP68。

图 7.2-4　地下式变电站

4）高低压电缆连接采用双层密封，可浸泡在水中运行。

（2）地下式变电站应具备自动感应和手动控制排水系统，应具备自动散热系统及温度监测系统。

（3）地下式变电站地坑的开挖应符合设计要求，地坑面积大于箱体占地面积的 3 倍，地坑内混凝土基础长、宽分别大于箱体底边长、宽的 1.5 倍；承重大于箱式变电站自身重量的 5 倍。

（4）地坑施工时应对四周已有的建（构）筑物、道路、管线的安全进行监测，开挖时产生的积水，应按要求把积水抽干，确保施工质量和安全。吊装地下式变压器，应同时使用箱沿下方的四个吊拌，吊拌可以承受变压器总重量，绳与垂线的夹角不大于 30℃。

（5）地坑上盖宜采用热镀锌钢板或钢筋混凝土浇制，并留有检修门孔。

（6）地下式变电站送电前应进行检查，并应符合下列规定：

1）顶盖上无遗留杂物，分接头盖封闭紧固。

2）箱体密封良好，防腐保护层完整无损，接地可靠，无裸露金属现象。

3）高、低压电缆与所要连接电缆及电器设备连接线相位正确，接线可靠、不受力。外层护套完整、防水性能良好。

4）监测系统和电压分接头接线正确。

5）地上设施完整，井口、井盖、通风装置等安全标识明显。

7.2.8　工程交接验收

（1）变压器、箱式变电站安装工程交接验收应按下列要求进行检查：

1）变压器、箱式变电站等设备、器材应符合规定，无机械损伤。

2）变压器、箱式变电站应安装正确、牢固，防雷、接地等安全保护合格、可靠。

3）变压器、箱式变电站应在明显位置设置符合规定的安全警告标志牌。

4）地下式变电站密封、防水良好。

5）变压器各项试验合格，油漆完整，无渗漏油现象，分接头位置符合运行要求，器身无遗留物。

6）各部接线正确、整齐，安全距离和导线截面符合设计规定。

7）熔断器的熔体及自动开关整定值符合设计要求。

8）高、低压一、二次回路和电气设备等应标注清晰、正确。

（2）变压器、箱式变电站安装工程交接验收应提交下列资料和文件：

1）工程竣工资料。

2）变更设计的文件。

3）制造厂提供的产品说明书、试验记录、合格证件及安装图纸等技术文件。

4）安装记录、器身检查记录等。

5）具备国家检测资质的机构出具的变压器、避雷器、高（低）压开关等设备的检验试验报告。

6）备品备件移交清单。

7.2.9　配电装置与控制

（1）配电室：

1）配电室（图 7.2-5）的位置应接近负荷中心及电源侧，宜设在尘少、无腐蚀、无振动、干燥、进出线方便的地方，并符合现行国家标准《20kV 及以下变电所设计规范》GB 50053 的相关规定。

2）配电室的耐火等级不应小于三级，屋顶承重的构件耐火等级不应小于二级。其建筑工程质量，应符合国家现行建筑工程施工及验收规范中的有关规定。

3）配电室门应向外开启，门锁牢固可靠。相邻配电室之间有门时，应采用双向开启门。

4）配电室宜设不能开启的自然采光窗，应避免强烈日照，高压配电室窗台距室外地坪不宜低于 1.8m。

图 7.2-5　配电室

5）配电室内有采暖时，暖气管道上不应有阀门和中间接头，管道与散热的连接应采用焊接。严禁通过与其无关的管道和线路。

6）配电室应设置防雨、雪和小动物进入的防护设施。

7）配电室内空间宜留有适当数量配电装置的备用位置。

8）配电室内电缆沟深度宜为 0.6m，电缆沟盖板宜采用热镀锌花纹钢板盖板或钢筋混凝土盖板。电缆沟应有防水、排水措施。

9）配电室的架空进出线应采用绝缘导线，进户支架对地距离不应小于 2.5m，导线穿越墙体时应采用绝缘套管。

（2）配电设备安装投入运行前，建筑工程应符合下列要求：

1）建筑物、构筑物应具备设备进场安装条件，变压器、配电柜等基础、构架、预埋件、预留孔等应符合设计要求，室内所有金属构件都应热镀锌处理。

2）门窗、通风及消防设施安装完毕，屋面无渗漏现象。

3）室内外场地平整、干净，保护性网门、栏杆等安全设施齐全。

图 7.2-6　配电柜

4）油浸式变压器蓄油坑坑清理干净，排油、水管道畅通，卵石铺设完毕。

5）投运后无法进行的装饰工作，以及影响运行安全工作的施工全部完成。

7.2.10　配电柜（箱、屏）安装

（1）在同一配电室内单列布置高、低压配电装置时，高压配电柜和低压配电柜的顶面封闭外壳防护等级符合 IP2X 级时，两者可靠近布置（图 7.2-6）。高压配电柜顶为裸母线分段时，两段母线分段处宜装设绝缘隔板，其高度

不应小于 0.3m。

（2）高压配电装置在室内布置时四周通道最小宽度，应符合表 7.2-1 的规定。

高压配电装置在室内布置通道最小宽度（m） 表 7.2-1

配电柜布置方式	柜后维护通道	柜前操作通道	
		固定式	手车式
单排面对 [AI] 布置	0.8	1.5	单车长度＋1.2
双排面对（面）布置	0.8	2.0	双车长度＋0.9
双排背对（背）布置	1.0	1.5	单车长度＋1.2

固定式开关为靠墙布置时，柜后与墙净距应大于 0.05m，侧面与墙净距应大于 0.2m；通道宽度在建筑物的墙面遇有柱类局部凸出时，凸出部位的通道宽度可减少 0.2m；各种布置方式，其屏端通道不应小于 0.8m。

（3）低压配电装置在室内布置时四周通道的宽度，应符合表 7.2-2 规定：

低压配电装置在室内布置时通道最小宽度（m） 表 7.2-2

配电柜布置方式	柜前通道	柜后通道	柜左右两侧通道
单列布置时	1.5	0.8	0.8
双列布置时	2.0	0.8	0.8

（4）当电源从配电柜（屏）后进线，并在墙上设隔离开关及其手动操作机构时，柜（屏）后通道净宽不应小于 1.5m，当柜（屏）背后的防护等级为 IP2X，可减为 1.3m。

（5）配电柜（屏）的基础型钢安装允许偏差应符合表 7.2-3 的规定。基础型钢安装后，其顶部宜高出抹平地面 10mm；手车式成套柜应按产品技术要求执行。基础型钢应有明显可靠的接地。

配电柜（屏）的基础型钢安装的允许偏差 表 7.2-3

项　目	允许偏差	
	mm/m	mm/全长
直线度	＜1	＜5
水平度	＜1	＜5
位置误差及不平行度	—	＜5

（6）配电柜（箱、屏）安装在振动场所，应采取防振措施。设备与各构件间连接应牢固。主控制盘、分路控制盘、自动装置盘等不宜与基础型钢焊死。

（7）配电柜（箱、屏）单独或成列安装的允许偏差应符合表 7.2-4 的规定。

配电柜（箱、屏）安装的允许偏差 表 7.2-4

项　目		允许偏差（mm）
垂直度（m）		＜1.5
水平偏差	相邻两盘顶部	＜2
	成列盘顶部	＜5

项　　　　目		允许偏差（mm）
盘面偏差	相邻两盘边	<1
	成列盘面	<5
柜间接缝		<2

（8）配电柜（箱、屏）的柜门应向外开启，装有电器的可开启的门应以裸铜软线与接地的金属构架可靠连接。柜体内应装有供检修用的接地连接装置。

（9）配电柜（箱、屏）的安装应符合下列规定：

1）机械闭锁、电气闭锁动作应准确、可靠。

2）动、静触头的中心线应一致，触头接触紧密。

3）二次回路辅助切换接点应动作准确，接触可靠。

4）柜门和锁开启灵活，应急照明装置齐全。

5）柜体进出线孔洞应做好封堵。

6）控制回路应留有适当的备用回路。

（10）配电柜（箱、屏）的漆层应完整无损伤。安装在同一室内的配电柜（箱、屏）其盘面颜色宜一致。

（11）室外配电箱应有足够强度，箱体薄弱位置应增设加强筋，在起吊、安装中防止变形和损坏。箱顶应有一定落水斜度，通风口应按防雨型制作。

（12）落地配电箱基础应用砖砌或混凝土预制，强度等级不得低于 C20，基础尺寸应符合设计要求，基础平面应高出地面 200mm。进出电缆应穿管保护，并应留有备用管道。

（13）配电箱的接地装置应与基础同步施工，并应符合现行国家标准《建筑电气工程施工质量验收规范》GB 50303 的相关规定。

（14）配电箱体宜采用喷塑、热镀锌处理，所有箱门把手、锁、铰链等均应用防锈材料，并应具有相应的防盗功能。

（15）杆上配电箱箱底至地面高度不应低于 2.5m，横担与配电箱应保持水平，进出线孔应设在箱体侧面或底部，所有金属构件应热镀锌。

（16）配电箱应在明显位置悬挂安全警示标志牌。

7.2.11　配电柜（箱、屏）电器安装

（1）电器安装应符合下列规定（图 7.2-7）：

1）型号、规格应符合设计要求，外观完整，附件齐全，排列整齐，固定牢固。

2）各电器应能单独拆装更换，不影响其他电器和导线束的固定。

3）发热元件宜安装在散热良好的地方；两个发热元件之间的连线应采用耐热导线或裸铜线套瓷管。

4）信号灯、电铃、故障报警等信号装置工作可靠；各种仪器仪表显示准确，应急照明设施完好。

5）柜面装有电气仪表设备或其他有接地要求的电器其外壳应可靠接地；柜内应设置零（N）排、接地保护（PE）排，并应有明显标识符号。

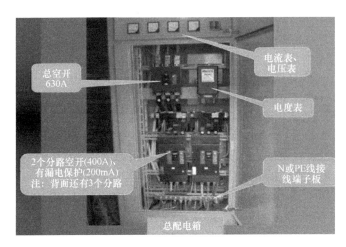

图 7.2-7　配电柜电器安装

6）熔断器的熔体规格、自动开关的整定值应符合设计要求。

（2）配电柜（箱、屏）内两导体间、导电体与裸露的不带电的导体间允许最小电器间隙及爬电距离应符合表 7.2-5 的规定。裸露载流部分与未经绝缘的金属体之间，电器间隙不得小于 12mm，爬电距离不得小于 20mm。

允许最小电气间隙及爬电距离（mm）　　　　　　表 7.2-5

额定电压（V）	带电间隙		爬电距离	
	额定工作电流		额定工作电流	
	≤63A	＞63A	≤63A	＞63A
U≤60	3.0	5.0	3.0	5.0
60＜U≤300	5.0	6.0	6.0	8.0
300＜U≤500	8.0	10.0	10.0	12.0

（3）引入柜（箱、屏）内的电缆及其芯线应符合下列规定：

1）引入柜（箱、屏）内的电缆应排列整齐、避免交叉、固定牢靠，电缆回路编号清晰。

2）铠装电缆在进入柜（箱、屏）后，应将钢带切断，切断处的端部应扎紧，并应将钢带接地。

3）橡胶绝缘芯线应采用外套绝缘管保护。

4）柜（箱、屏）内的电缆芯线应横平竖直，有规律地排列，不得任意歪斜交叉连接。备用芯线长度应有余量。

7.2.12　二次回路结线

（1）端子排的安装应符合下列规定：

1）端子排应完好无损，排列整齐、固定牢固、绝缘良好。

2）端子应有序号，并应便于更换且接线方便；离地高度宜大于 350mm。

3）强、弱电端子宜分开布置；当有困难时，应有明显标志并设空端子隔开或加设绝缘板。

4）潮湿环境宜采用防潮端子。

5）接线端子应与导线截面匹配，严禁使用小端子配大截面导线。

6）每个接线端子的每侧接线宜为1根，不得超过2根。对插接式端子，不同截面的两根导线不得接在同一端子上；对螺栓连接端子，当接两根导线时，中间应加平垫片。

（2）二次回路结线应符合下列规定：

1）应按图施工，接线正确。

2）导线与电气元件均应采用铜质制品，螺栓连接、插接、焊接或压接等均应牢固可靠，绝缘件应采用阻燃材料。

3）柜（箱、屏）内的导线不应有接头，导线绝缘良好、芯线无损伤。

4）导线的端部均应标明其回路编号，编号应正确，字迹清晰且不宜褪色。

5）配线应整齐、清晰、美观。

6）强、弱电回路不应使用同一根电缆，应分别成束分开排列。二次接地应设专用螺栓。

（3）配电柜（箱、屏）内的配线电流回路应采用铜芯绝缘导线，其耐压不应低于500V，其截面不应小于 $2.5mm^2$，其他回路截面不应小于 $1.5mm^2$；当电子元件回路、弱电回路采取锡焊连接时，在满足载流量和电压降及有足够机械强度的情况下，可采用不小于 $0.5mm^2$ 截面的绝缘导线。

（4）对连接门上的电器、控制面板等可动部位的导线应符合下列规定：

1）应采取多股软导线，敷设长度应有适当裕度。

2）线束应有外套塑料管等加强绝缘层。

3）与电器连接时，端部应加终端紧固附件绞紧，不得松散、断股。

4）在可动部位两端应用卡子固定。

7.2.13　路灯控制系统

（1）路灯控制模式宜采用具有光控和时控相结合的智能控制器和远程监控系统等。路灯控制绕路图如图 7.2-8 所示。

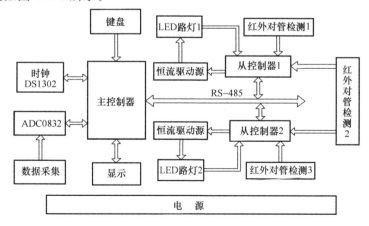

图 7.2-8　路灯控制绕路图

（2）路灯开灯时的天然光照度水平宜为 15lx；关灯时的天然光照度水平、快速路和主干路宜为 30lx，次干路和支路宜为 20lx。

（3）路灯控制器（图 7.2-9）应符合的规定：

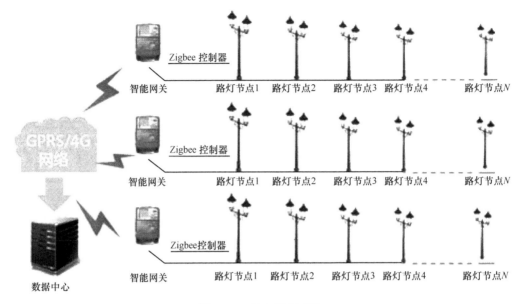

图 7.2-9　路灯控制系统

1）工作电压范围宜为 180～250V。

2）照度调试范围应为 0～50lx，在调试范围内应无死区。

3）时间精度应小于 ±1s/d。

4）应具有分时段控制开、关功能。

5）工作温度范围宜为 −35～65℃。

6）防水防尘性能应符合现行国家标准《外壳防护等级（IP 代码）》GB/T 4208 的规定。

7）性能可靠，操作简单，易于维护，具有较强的抗干扰能力，存储数据不丢失。

（4）城市道路照明监控系统应具有经济性、可靠性、兼容性和拓展性，具备系统容量大、通信质量好、数据传输速率快、精确度高、覆盖范围广等能力。宜采用无线公网通信方式。

（5）监控系统终端采用无线专网通信方式，应具有智能路由中继能力，以扩展无线通信系统的覆盖范围，路由方案可调，可以实现灵活的通信组网方案。同时，实现数/话通信的兼容设计。

（6）监控系统功能应具备：功能齐全、实用，可根据不同功能需求实现群控、组控，自动或手动巡测、选测各种电参数的功能。并能自动检测系统的各种故障，发出语音声光、防盗等相应的报警，系统误报率应小于 1％。

（7）智能终端应满足对电压、电流、用电量等电参数的采集需求，并有对采集的各种数据进行分析、运算、统计、处理、存储、显示的功能。

（8）监控系统具有软、硬件相结合的防雷、抗干扰多重保护措施，确保监控设备运行的可靠性。

（9）监控系统具有运行稳定、安装方便、调试简单、系统操作界面直观、可维护性强等特点。

（10）城市照明监控系统无线发射塔设计应符合现行国家标准《钢结构设计规范》GB 50017。

（11）发射塔应符合下列规定：

1）塔的金属构件必须全部热镀锌。

2）接地装置应符合现行国家标准《电气装置安装工程　接地装置施工及验收规范》GB 50169 要求，接地电阻不应大于 10Ω。

3）避雷装置设计应符合现行国家标准《交流电气装置的过电压保护和绝缘配合设计规范》GB/T 50064 要求，避雷针的设置应确保监控系统在其保护范围之内。

7.2.14　工程交接验收

（1）配电装置与控制工程交接验收应按下列要求进行检查：

1）配电柜（箱、屏）的固定及接地应可靠，漆层完好，清洁整齐。

2）配电柜（箱、屏）内所装电器元件应齐全完好，绝缘合格，安装位置正确、牢固。

3）所有二次回路接线应准确，连接可靠，标志清晰、齐全。

4）操作及联动试验应符合设计要求。

5）路灯控制系统操作简单、运行稳定，系统操作界面直观清晰。

（2）配电装置与控制工程交接验收应提交下列资料和文件：

1）工程竣工资料。

2）设计变更文件。

3）产品说明书、试验记录、合格证及安装图纸等技术文件。

4）备品备件清单。

5）调试试验记录。

7.2.15　路灯安装

（1）一般规定（图 7.2-10）：

1）灯杆位置应合理选择，与架空线路、地下设施以及影响路灯维护的建筑物的安全距离应符合现行国家标准《建筑电气工程施工质量验收规范》GB 50303 的规定。应避免路灯光直接射入居民窗内。

2）同一街道、广场、桥梁等的路灯安装高度（从光源到地面）、仰角、装灯方向宜保持一致。灯具安装纵向中心线和灯臂纵向中心线应一致，灯具横向水平线应与地面平行，紧固后目测应无歪斜。

3）基础顶面标高应根据标桩确定。基

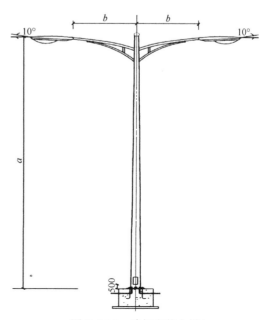

图 7.2-10　路灯安装大样

449

础开挖后应将坑底夯实。若土质等条件无法满足上部结构承载力要求时，应采取相应的防沉降措施。

4）浇制基础前，应排除坑内积水，并保证基础坑内无碎土、石、砖以及其他杂物。

5）钢筋混凝土基础宜采用 C20 等级及以上的商品混凝土，电缆保护管应从基础中心穿出，并应超过混凝土基础平面 30～50mm，保护管穿电缆之前应将管口封堵。

6）灯杆基础螺栓高于地面时，灯杆紧固校正后，根部法兰、螺栓宜做厚度不小于 100mm 的混凝土结面或其他防腐措施，表面平整光滑且不积水。

7）灯杆基础螺栓低于地面时，基础螺栓顶部宜低于地面 150mm，灯杆紧固校正后，将法兰、螺栓用混凝土包封或其他防腐措施。

（2）道路照明灯具的效率不应低于 70%，灯具光源腔的防护等级不应低于 IP55，且应符合下列规定：

1）灯具配件应齐全，无机械损伤、变形、油漆剥落、灯罩破裂等现象。

2）反光器应干净整洁、表面应无明显划痕。

3）透明罩外观应无气泡、明显的划痕和裂纹。

4）封闭灯具的灯头引线应采用耐热绝缘导线，灯具外壳与尾座连接紧密。

5）灯具的温升和光学性能应符合现行国家标准《灯具 第 1 部分—一般要求与实验》GB 7000.1 的规定，并应有具备灯具检测资质的机构出具的合格报告。

路灯安装如图 7.2-11 所示。

图 7.2-11　路灯安装

（3）LED 道路照明灯具应符合现行国家标准《建筑电气工程施工质量验收规范》GB 50303 的有关规定外，且应符合下列规定：

1）灯的额定功率分类应符合现行国家标准《道路照明用 LED 灯 性能要求》GB/T 24907 的规定。

2）灯在额定电压和额定频率下工作时，其实际消耗的功率与额定功率之差应不大于 10%，功率因数实测值不低于制造商标准值的 0.05。

3）灯的安全性能应符合现行国家标准《普通照明用 LED 模块 安全要求》GB 24819 的要求，防护等级应达到 IP65。

4）灯的无线电骚扰特性、输入电流谐波和电磁兼容要求属国家强制性标准，应符合现行国家标准《电气照明和类似设备的无线电骚扰特性的限值和测量方法》GB/T 17743、《电磁兼容 限值 谐波电流发射限值（设备每相输入电流≤16A）》GB 17625.1、《一般照明用设备电磁兼容抗扰度要求》GB/T 18595 的规定。

5）光通维持率在燃点 3000h 时应不低于 90%，在燃点 6000h 时应不低于 85%。

6）灯的光度分布应符合现行行业标准《城市道路照明设计标准》CJJ 45 规定的道路照明标准值的要求，制造商应完整提供灯的截光性能、光分布类型和光强表等照明计算资料。

7）为满足道路照明日常维护方便的原则，宜采用分体式道路照明用 LED 灯具，对于分体式 LED 灯中可替换的 LED 部件或模块光源，应符合现行国家标准《普通照明用 LED 模块 性能要求》GB/T 24823 和《普通照明用 LED 模块 安全要求》GB 24819 的规定。

（4）灯头固定牢靠，可调灯头应调整至正确位置。绝缘外壳应无损伤、开裂；高压钠灯采用中心触点伸缩式灯头，相线应接在中心触点端子上，零线应接螺口端子。

（5）灯具引至主线路的导线应使用额定电压不低于 500V 的铜芯绝缘线，最小允许线芯截面应不小于 1.5mm²，功率 400W 及以上的最小允许线芯截面应不小于 2.5mm²。

（6）在灯臂、灯杆内穿线不得有接头，穿线孔口或管口应光滑、无毛刺，并用绝缘套管或包带包扎，包扎长度不得小于 200mm。

（7）每盏灯的相线应装设熔断器，熔断器应固定牢靠，熔断器及其他电器电源进线应上进下出或左进右出。

（8）气体放电灯应将熔断器安装在镇流器的进电侧，熔丝应符合下列规定：

1）150W 及以下为 4A。

2）250W 为 6A。

3）400W 为 10A。

4）1000W 为 15A。

（9）气体放电灯应设无功补偿，宜采用单灯无功补偿。气体放电灯的灯泡、镇流器、触发器等应配套使用，严禁混用。镇流器、触发器等接线端子瓷柱不得破裂，外壳应无渗水和锈蚀现象。

（10）灯具内各种接线端子不得超过两个线头，线头弯曲方向，应按顺时针方向并压在两垫圈之间。当采用多股导线接线时，多股导线不能散股。

（11）各种螺栓紧固，宜加垫片和防松装置。紧固后螺丝露出螺母不得少于两个螺距，最多不宜超过 5 个螺距。

（12）路灯安装使用的灯杆、灯臂、抱箍、螺栓、压板等金属构件应进行热镀锌处理，防腐质量应符合现行国家标准的相关规定。

（13）灯杆、灯臂等热镀锌后，外表涂层处理时，覆盖层外观应无鼓包、针孔、粗糙、裂纹或漏喷区等缺陷，覆盖层与基体应有牢固的结合强度。

（14）玻璃钢灯杆（图 7.2-12）应符合下列规定：

1）灯杆外表面应平滑美观、无裂纹、气泡、缺损、纤维露出；并有抗紫外线保护层，具有良好的耐气候特性。

2）杆内部应无分层、阻塞及未浸渍树脂的纤维白斑。

3）检修门尺寸允许偏差宜为 ±5mm，并具备防水功能，内部固定用金属配件应采用热镀锌或不锈钢。

4）灯杆壁厚根据设计要求允许偏差

图 7.2-12　玻璃钢灯杆

451

+3mm、−0mm，并应满足本地区最大风速的抗风强度要求。

（15）路灯编号应符合下列规定：

1）半高杆灯、高杆灯、单挑灯、双挑灯、庭院灯、杆上路灯等道路照明灯都应统一编号。

2）杆号牌可采用粘贴或直接喷涂的方式，号牌高度、规格宜统一，材质防腐、牢固耐用。

3）杆号牌宜标注"路灯"、编号和报修电话等内容，字迹清晰、不易脱落。

7.2.16　半高杆灯和高杆灯

（1）基础顶面标高应高于提供的地面标桩 100mm。基础坑深度的允许偏差应为 +100mm、−50mm。当基础坑深与设计坑深偏差 +100mm 以上时，应按以下规定处理：

1）偏差在 +100mm～+300mm 时，采用铺石灌浆处理。

2）偏差超过规定值的 +300mm 以上时，超过部分可采用填土或石料夯实处理，分层夯实厚度不宜大于 100mm，夯实后的密实度不应低于原状土，然后再采用铺石灌浆处理。

（2）地脚螺栓埋入混凝土的长度应大于其直径的 20 倍，并应与主筋焊接牢固，螺纹部分应加以保护，基础法兰螺栓中心分布直径应与灯杆底座法兰孔中心分布直径一致，偏差应小于 ±1mm，螺栓紧固应加垫圈并采用双螺母，设置在振动区域应采取防振措施。

（3）浇筑混凝土的模板宜采用钢模板，其表面应平整且接缝严密，支模时应符合基础设计尺寸的规定，混凝土浇筑前，模板表面应涂隔离剂。

（4）基坑回填应符合下列规定：

1）对适于夯实的土质，每回填 300mm 厚度应夯实一次，夯实程度应达到原状土密实度的 80% 及以上；

2）对不宜夯实的水饱和黏性土，应分层填实，其回填土的密实度应达到原状土密实度的 80% 及以上。

（5）中杆灯和高杆灯的灯杆、灯盘、配线、升降电动机构等应符合现行行业标准《高杆照明设施技术条件》CJ/T 475 的规定。

（6）中杆灯和高杆灯宜采用三相供电，且三相负荷应均匀分配，每一回路必须装设保护装置。

7.2.17　杆上路灯

（1）杆上路灯、电力杆等合杆安装路灯的高度、仰角、装灯方向应符合相应规定。

（2）杆上路灯灯臂固定抱箍应紧固可靠，灯臂纵向中心线与道路纵向偏差角度应符合规范规定。

（3）引下线宜使用铜芯绝缘线和引下线支架，且松紧一致。引下线截面不应小于 2.5mm²；引下线搭接在主线路上时应在主线上背扣后缠绕 7 圈以上。当主导线为铝线时应缠上铝包带并使用铜铝过渡连接引下线。

（4）受力引下线保险台宜安装在引下线离灯臂瓷瓶 100mm 处，裸露的带电部分与灯架、灯杆的距离不应少于 50mm。非受力保险台应安装在离灯架瓷瓶 60mm 处。

（5）引下线应对称搭接在电杆两侧，搭接处离电杆中心宜为 300～400mm，引下线不应有接头。

（6）穿管敷设引下线时，搭接应在保护管同一侧，与架空线的搭接宜在保护管弯头管口两侧。保护管用抱箍固定，固定点间隔宜为 2m，上端管口应弯曲朝下。

（7）引下线严禁从高压线间穿过。

（8）在灯臂或架空线横担上安装镇流器应有衬垫支架，固定螺栓不得少于 2 只，直径不应小于 6mm。

（9）工程交接验收。

（10）路灯安装工程交接验收时应按下列要求进行检查：

1）试运行前应检查灯杆、灯具、光源、镇流器、触发器、熔断器等电器的型号、规格符合设计要求。

2）杆位合理，杆高、灯臂悬挑长度、仰角一致；各部位螺栓紧固牢靠，电源接线准确无误。

3）灯杆、灯臂、灯具、电器等安装固定牢靠。杆上安装路灯的引下线松紧一致。

4）灯具纵向中心线和灯臂中心线应一致，灯具横向中心线和地面应平行，投光灯具投射角度应调整适当。

5）灯杆、灯臂的热镀锌和涂层不应有损坏。

6）基础尺寸、标高与混凝土强度等级应符合设计要求，基础无视觉可辨识的沉降。

7）金属灯杆、灯座均应接地（接零）保护，接地线端子固定牢固。

（11）路灯安装工程交接验收时应提交下列资料和文件：

1）工程竣工资料。

2）设计变更文件。

3）灯杆、灯具、光源、镇流器等生产厂家提供的产品说明书、试验记录、合格证及安装图纸等技术文件。

4）试验记录。

路灯效果图如图 7.2-13 所示。

图 7.2-13　路灯效果图

7.3　电缆敷设

7.3.1　电缆敷设要点

（1）流程：施工准备→扫管→电缆拖放→穿带电缆→电缆沿桥架敷设→电缆头制作→电缆绝缘电阻测试→电缆相位检查→试运行

（2）电缆线铺设：

1）电缆直埋敷设时，沿电缆全长上下应铺厚度不小于 100mm 的软土细沙层，并加盖保护板，其覆盖宽度应超过电缆两侧各 50mm，保护板可采用混凝土盖板或砖块。电缆沟回填土应分层夯实。

2）直埋电缆宜采用聚氯乙烯绝缘钢带铠装电力电缆。

3）直埋敷设的电缆穿越铁路、道路、道口等机动车通行的地段时应敷设在能满足承压强度的保护管中，并留有备用管道。

4）在含有酸、碱强腐蚀或有振动、热影响、虫鼠等危害性地段，应采取保护措施，不宜采用直埋敷设。

5）电缆之间、电缆与管道、道路、建筑物之间平行和交叉时的最小净距应符合表7.3-1的规定。

电缆、管道、道路、建筑物之间平行和交叉的最小净距　　　　　表7.3-1

项目		最小净距（m）	
		平行	交叉
电力电缆间及控制电缆间	10kV 及以下	0.10	0.50
	10kV 以上	0.25	0.50
控制电缆间		—	0.50
不同使用部门的电缆间		0.50	0.50
热管道（管沟）及电力设备		2.00	0.50
油管道（管沟）		1.00	0.50
可燃气体及易燃液体管道（沟）		1.00	0.50
其他管道（管沟）		0.50	0.50
铁路轨道		3.00	1.00
电气化铁路轨道	交流	3.00	1.00
	直流	10.0	1.00
公路		1.50	1.00
城市街道路面		1.00	0.70
杆基础（边线）		1.00	—
建筑物基础（边线）		0.60	—
排水沟		1.00	0.50

6）电缆保护管不应有孔洞、裂缝和明显的凹凸不平，内壁应光滑无毛刺，金属电缆管应采用热镀锌管、铸铁管或热浸塑钢管，直线段保护管内径应不宜小于电缆外径的1.5倍，有弯曲时不应小于2倍；混凝土管、陶土管、石棉水泥管其内径不宜小于100mm。

7）电缆保护管的弯曲半径不应小于所穿入电缆的最小允许弯曲半径，弯制后不应有裂缝和明显的凹瘪现象，其弯扁程度不宜大于管子外径的10%。管口应无毛刺和尖锐棱角，管口宜做成喇叭形。

8）硬质塑料管连接在套接或插接时，其插入深度宜为管子内径的1.1～1.8倍，在插接面上应涂以胶粘剂粘牢密封；采用套接时套接两端应采用密封措施。

9）金属电缆保护管连接应牢固，密封良好；当采用套接时，套接的短套管或带螺纹的管接头长度不应小于外径的2.2倍，金属电缆保护管不宜直接对焊，宜采用套管焊接的方式。

10）敷设混凝土、陶土、石棉等电缆管时，地基应坚实、平整，不应有沉降。电缆管连接时，管孔应对准，接缝应严密，不得有地下水和泥浆渗入。

11）交流单芯电缆不得单独穿入钢管内。

12）在经常受到振动的高架路、桥梁上敷设的电缆，应采取防振措施。桥墩两端和伸缩缝处的电缆，应留有松弛部分。

13）电缆保护管在桥梁上明敷时应安装牢固，支持点间距不宜大于 3m。当电缆保护管的直线长度超过 30m 时，宜加装伸缩节。

14）当直线段钢制电缆桥架超过 30m、铝合金电缆桥架超过 15m、跨越桥墩伸缩缝处应留有伸缩缝，其连接宜采用伸缩连接板。

15）电缆桥架转弯处的转弯半径，不应小于该桥架上的电缆最小允许弯曲半径。

（3）采用电缆架空敷设时应符合下列规定：

1）架空电缆承力钢绞线截面不宜小于 $35mm^2$，钢绞线两端应有良好接地和重复接地。

2）电缆在承力钢绞线上固定应自然松弛，在每一电杆处应留一定的余量，长度不应小于 0.5m。

3）承力钢绞线上电缆固定点的间距应小于 0.75m，电缆固定件应进行热镀锌处理，并应加软垫保护。

（4）过街管道两端、直线段超过 50m 时应设工作井，灯杆处宜设置工作井，工作井应符合下列规定：

1）工作井宜采用 C10 砂浆砖砌体，内壁粉刷应用 1：2.5 防水水泥砂浆抹面，井壁光滑、平整。

2）井盖应有防盗措施，并满足车行道和人行道相应的承重要求。

3）井深大于 1m，并应有渗水孔。

4）井内壁净宽不应小于 0.7m。

5）电缆保护管伸进工作井井壁 30～50mm，有多根电缆管时，管口应排列整齐，不应有上翘下坠现象。

（5）路灯高压电缆的施工及验收参照《电气装置安装工程 电缆线路施工及验收规范》GB 50168 相关标准执行。

7.3.2 工程交接验收

（1）电缆线路工程交接验收应按下列要求进行检查：

1）电缆型号应符合设计要求，排列整齐，无机械损伤，标志牌齐全、正确、清晰。

2）电缆的固定间距、弯曲半径应符合规定。

3）电缆接头、绕包绝缘应符合规定。

4）电缆沟应符合要求沟内无杂物。

5）保护管的连接防腐应符合规定。

6）设置工作井应符合规定要求。

（2）隐蔽工程应在施工过程中进行中间验收，并做好记录。

（3）电缆线路工程交接验收应提交下列资料和文件：

1）电缆路径的批准文件。

2）工程竣工资料。

3）工程竣工图。

4）设计变更文件。

5）试验和检查记录。

（4）电缆线路：

1）电缆敷设的最小弯曲半径应符合表 7.3-2 的规定：

电缆最小弯曲半径　　　　　　　　　　　　表 7.3-2

电缆型式		多芯	单芯
聚氯乙烯电缆	无铠装	15D	20D
	有铠装	12D	15D

2）电缆直埋或在保护管中不得有接头。中间接头位置应避免设置在交叉路口、建筑物门口、与其他管线交叉处或通道狭窄处。

3）电缆敷设时，电缆应从盘的上端引出，不应使电缆在支架上及地面摩擦拖拉。电缆外观应无损伤，绝缘良好，不得有铠装压扁、电缆绞拧、护层折裂等机械损伤。电缆在敷设前应用 500V 兆欧表进行绝缘电阻测量，阻值不得小于 $4M\Omega \cdot km$。

（5）电缆敷设和电缆接头预留量宜符合下列规定：

1）由于电缆敷设的弯曲性及其余料不可用等因素，电缆的敷设长度应为电缆路径长度的 110%。

2）电缆在灯杆内对接时，每基灯杆两侧的电缆预留量不应小于 2.0m。路灯引上线与电缆 T 接时，每基灯杆电缆的预留量不应小于 1.5m。

3）三相四线制应采用四芯等截面电力电缆，不应采用三芯电缆另加一根单芯电缆或以金属护套作中性线。三相五线制应采用五芯电力电缆线，PE 线截面可小一等级。

4）直埋电缆在直线段每隔 50～100m 处、电缆接头处、转弯处、进入建筑物等处，应设置明显的方位标志或标桩。

（6）电缆埋设深度应符合下列规定：

1）绿地、车行道下不应小于 0.7m。

2）人行道下不应小于 0.5m。

3）在冻土地区，应敷设在冻土层以下。

4）在不能满足上述要求的地段应按设计要求敷设。

（7）电缆接头和终端头整个绕包过程应保持清洁和干燥；绕包绝缘前，应用汽油浸过的白布将线芯及绝缘表面擦干净，聚氯乙烯电缆宜采用自粘带、粘胶带、胶粘剂、收缩管等材料密封，塑料护套表面应打毛，粘接表面应用溶剂除去油污，粘接应良好。

（8）电缆芯线的连接宜采用压接方式，压接面应满足电气和机械强度要求。

（9）电缆标志牌的装设应符合下列规定：

1）在电缆终端、分支处，工作井内有两条及以上的电缆，应设标志牌。

2）标志牌上应注明电缆编号、型号规格、起止地点。标志牌字迹清晰，不易脱落。

3）标志牌规格宜统一，材质防腐、经久耐用，挂装应牢固。

（10）电缆从地下或电缆沟引出地面时应加保护管，保护管的长度不得小于 2.5m，沿墙敷设时采用抱箍固定，固定点不得少于 2 处；电缆上杆应加固定支架，支架间距不得大于 2m。所有支架和金属部件应热镀锌处理。

（11）电缆金属保护管和桥架、架空电缆钢绞线等金属管线应有良好的接地保护，系统接地电阻不得大于 4Ω。

7.3.3 安全保护

（1）一般规定：

1）城市道路照明电气设备的下列金属部分均应接零或接地保护。

2）变压器、配电柜（箱、屏）等的金属底座或外壳。

3）室内外配电装置的金属构架及靠近带电部位的金属遮拦和金属门。

4）电力电缆的金属铠装、接线盒和保护管。

5）路灯钢杆、金属灯座、Ⅰ类照明灯具的金属外壳。

6）其他因绝缘破坏可能使其带电的外露导体。

（2）严禁采用裸铝导体作接地极或接地线。接地线严禁兼做他用。

（3）在同一台变压器低压配电网中，严禁将一部分电气设备或路灯钢杆采用保护接地，而将另一部分采用保护接零。

（4）在市区内由公共配变供电的路灯配电系统采用的保护方式，应符合当地供电部门的统一规定。

7.3.4 接零和接地保护

（1）在保护接零系统中，用熔断器作保护装置时，单相短路电流不应小于熔断片额定熔断电流的 4 倍，用自动开关作保护装置时，单相短路电流不应小于自动开关瞬时或延时动作电流的 1.5 倍（图 7.3-1）。

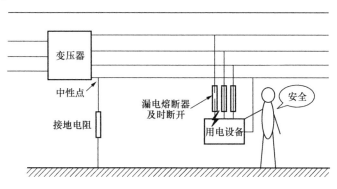

图 7.3-1　有保护接零触电演示

（2）采用接零保护时，单相开关应装在相线上，零线上严禁装设开关或熔断器。

（3）道路照明配电系统应选用 TN-S 接地制式，整个系统的中性线（N）与保护线（PE）分开，在始端 PE 线与变压器中性点（N）连接，PE 线与每根路灯钢杆接地螺栓可靠连接，在线路分支、末端及中间适当位置处作重复接地并形成联网（图 7.3-2、图 7.3-3）。

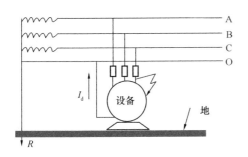
图 7.3-2　保护接零原理图

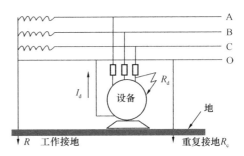
图 7.3-3　保护接零原理分析图

（4）TT 接地制式中工作接地和保护接地分开独立设置，保护接地宜采用联网 TT 系统，独立的 PE 接地线与每根路灯钢杆接地螺栓可靠连接，但配电系统必须安装漏电保护装置。

（5）道路照明配电系统中，采用 TN 或 TT 系统接零和接地保护，PE 线与灯杆、配电箱等金属设备连接成网，在任一地点的接地电阻都应小于 4Ω。

（6）在配电线路的分支、末端及中间适当位置做重复接地并形成联网，其重复接地电阻应小于 10Ω，系统接地电阻应小于 4Ω。

（7）采用 TT 系统接地保护，没有采用 PE 线连接成网的灯杆、配电箱等，其独立接地电阻应小于 4Ω。

（8）道路照明配电系统的变压器中性点（N）的接地电阻应小于 4Ω。

7.3.5　接地装置

（1）接地装置（图 7.3-4）可利用自然接地体，建筑物的金属结构（梁、柱、桩）埋设在底下的管道（易燃、易爆气体、液体管道除外）及金属构件等。

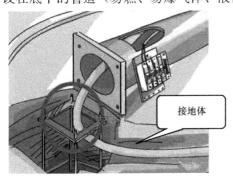
图 7.3-4　路灯接地装置

（2）人工接地装置应符合下列规定：

1）垂直接地体所用的钢管，其内径不应小于 40mm、壁厚 3.5mm；角钢采用 $\angle$50mm × 50mm×5mm 以上，圆钢直径不应小于 20mm，每根长度不小于 2.5m，极间距离不宜小于其长度的 2 倍，接地体顶端距地面不应小于 0.6m。

2）水平接地体所用的扁钢截面不小于 4mm× 30mm，圆钢直径不小于 10mm，埋深不小于 0.6m，极间距离不宜小于 5m。

（3）保护接地线必须有足够的机械强度，应满足不平衡电流及谐波电流的要求，并应符合下列规定：

1）保护接地线和相线的材质应相同，当相线截面在 35mm^2 及以下时，保护接地线的最小截面不应小于相线的截面，当相线截面在 35mm^2 以上时，保护接地线的最小截面不得小于相线截面的 50%。

2）采用扁钢时不应小于 4mm×30mm，圆钢直径不小于 10mm。

（4）接地装置敷设应符合下列规定：

1）敷设位置不应妨碍设备的拆卸和检修，接地体与构筑物的距离不应小于 1.5m。

2）接地线宜水平或垂直敷设，平行敷设直线段上不应起伏或弯曲。

3）跨越桥梁及构筑物的伸缩缝、沉降缝时，应将接地线弯成弧状。支架的距离：水平直线部分宜为 0.5～1.5m，垂直部分宜为 1.5～3.0m，转弯部分宜为 0.3～0.5m。

4）沿配电房墙壁水平敷设时，距地面宜为 0.25～0.3m，与墙壁间的距离宜为 0.1～0.15m。

（5）接地体（线）的连接应采用焊接，焊接必须牢固无虚焊。接至电气设备上的接地线，应采用热镀锌螺栓连接；对有色金属接地线不能采用焊接时，可用螺栓连接、压接、热剂焊等方式连接。

（6）接地体的焊接应采用搭接焊，其搭接长度应符合下列规定：

1）扁钢为其宽度的 2 倍（且至少 3 个棱边焊接）。

2）圆钢为其直径的 6 倍。

3）圆钢与扁钢连接时，其长度为圆钢直径的 6 倍。

4）扁钢与角钢连接时，其长度为扁钢宽度的 2 倍，并应在其接触部位两侧进行焊接。

（7）接地体（线）及接地卡子、螺栓等金属件必须热镀锌，焊接处应做防腐处理，在有腐蚀性的土壤中，应适当加大接地体（线）的截面积。

7.3.6　工程交接验收

（1）安全保护工程交接验收应按下列要求进行检查。

1）接地线规格正确，连接可靠，防腐层完好。

2）工频接地电阻值及设计的其他测试参数符合设计规定，雨后不应立即测量接地电阻。

（2）安全保护工程交接验收应提交下列文件资料：

1）工程竣工资料。

2）设计变更文件。

3）测试记录。

第8章 绿 化 工 程

8.1 植树工程

8.1.1 概述

（1）植树，就是指对植物进行种植；但从广义上说，应包括植物的掘起、搬运、种植和栽后成活管理这四个基本环节。掘起俗称起苗，是指将要移栽的植株，从所在地连根（裸根或带土球）起出的操作；搬运是指将起出的植株进行合理的包装，并运到栽植地点的过程；种植是指将移来的植株栽入适合的土内或其他栽植介质中的操作；栽后成活管理是指为保证种植后的植株能够成活而采取的一定的养护技术措施。

（2）如果种植，以后不再移动，而长久定居者，称为定植；种在某地，以后还需移植到别处的，称为移植；在掘起和搬运后，如不能及时种植，为保护根系，防止苗木脱水，将苗木根系用湿润土壤临时性填埋的措施，称为假植。

（3）城市道路绿地栽植施工，是指按照正规的施工设计和计划，完成某一条道路或场所的全部或局部的植物（包括乔灌木、花卉、草坪、水生植物和地被植物等）栽植和布置。

8.1.2 植树前的准备工作

植树工程是道路绿化工程中十分重要的部分，其施工质量的好坏，直接影响到城市道路景观及绿化的效果，因而在施工前需作以下准备。

1. 明确设计意图及施工任务量

在接受施工任务后应通过工程主管部门及设计单位明确以下问题：

（1）工程范围及任务量：其中包括栽植乔灌木的规格和质量要求以及相应的建设工程，如土方、上下水、道路两旁的一些小路、灯、椅及美化城市的小品等。

（2）工程的施工期限：包括工程总的进度和完工日期以及每种苗木要求栽植完成日期。

（3）工程投资及设计概（预）算：包括主管部门批准的投资数和设计预算的定额依据。

（4）设计意图：即绿化的目的、施工完成后所要达到的景观效果。

（5）了解施工地段的地上、地下情况：有关部门对地上物的保留和处理要求等；地下管线特别是要了解地下各种电缆及管线情况，和有关部门配合，以免施工时造成事故。

（6）定点放线的依据：一般以施工现场及附近水准点作定点放线的依据，如条件不具备，可与设计部门协商，确定一些永久性建筑物作为依据。

（7）工程材料来源：其中以苗木的出圃地点、时间、质量为主要内容。

（8）运输情况：行车道路、交通状况及车辆的安排。

2. 编制施工组织计划

在前项要求明确的基础上，还应对施工现场进行调查，主要项目有：施工现场的土质情况，以确定所需的客土量；施工现场的交通状况，各种施工车辆和吊装机械能否顺利出入；施工现场的供水、供电；是否需办理各种拆迁，施工现场附近的生活设施等。根据所了解的情况和资料编制施工组织计划，其主要内容有：

（1）施工组织领导。

（2）施工程序及进度。

（3）制订劳动定额。

（4）制订工程所需的材料、工具及提供材料工具的进度表。

（5）制订机械及运输车辆使用计划及进度表。

（6）制订栽植工程的技术措施和安全、质量要求。

（7）绘出平面图，在图上应标有苗木假植位置、运输路线和灌溉设备等的位置。

（8）制定施工预算。

3. 施工现场准备

施工现场有工业垃圾、渣土、建筑废墟垃圾等要进行清除，一些有碍施工的市政设施、房屋、树木要进行拆迁和迁移，然后可按照设计图纸进行地形整理，主要使其与四周道路、广场的标高合理衔接，使绿地排水通畅。如果用机械平整土地，则事先应了解是否有地下管线，以免机械施工时造成管线的损坏。

8.1.3 城市道路绿化栽植的原则与特点

1. 城市道路绿化栽植的施工原则

（1）栽植施工必须符合规划设计的要求。所有的园林绿化设计方案，都要通过具体的施工来实现。为了充分实现设计者的设计愿望、设计意图，施工人员应理解和弄清设计图样，了解熟悉设计意图，并严格按照设计图样进行施工。

（2）栽植技术必须符合植物的生物学特性和生态学特性。植物除有共同的生理特性外，不同品种都有其本身的特性。施工人员必须了解其共性与特性，并采取相应的技术措施，才能保证栽植成活和工程的真正完成。

（3）栽植施工必须熟悉施工现场的状况。

（4）栽植施工必须抓紧适宜的栽植季节，以提高成活率，降低施工成本。

（5）栽植施工要严格执行相应的技术规范和施工操作规程，安全施工。

2. 城市道路绿化栽植的施工特点

（1）季节性：城市道路栽植施工是以有生命的植物材料为主要对象，而植物的生长成活又受一定的季节和时令的约束，因此栽植施工有很强的季节性，只有因地制宜地掌握好适宜的栽植季节，才能保证栽植的最大成活率，方便施工，降低工程成本。

（2）科学技术性：城市道路栽植施工有严格的科学性，不能简单地把它看成栽几棵树、种几朵花。只有严格按照科学的施工工艺和操作方法来施工，才能保证植物栽植成活。同时，栽植施工同许多专业施工有密切关系，如假山砌石、道路铺设、水景工程、给水排水工程等，且栽植施工的施工工艺和操作方法又会随着施工条件（如地质水文、气候变化等）、施工对象、植物本身的不同生态习性和生理机能而经常变化，新的施工工艺和机具设备也在不断更新。因此，施工人员要有一定的科学技术基础知识，才能保证完成施工任务。

（3）艺术性：城市道路绿化工程的栽植施工，是一门具有一定专业知识的艺术。设计人员提出的指令性图样，不可能是非常详细的，如树木的姿态造型和搭配、植物的配置与组合等许多问题，常常会有不少变化，这就需要施工人员必须具有一定的艺术理论基础，才能机动灵活地体现和发挥设计者的意图。

3. 树木栽植成活原理

城市道路行道树的栽植施工，是指在道路的两旁进行乔、灌木的栽植，俗称道路的植树，也称道路植树工程。很多人把植树看成很简单的工作，认为无非是挖坑、放苗、填土、浇水等操作，其实不然。如果不了解树木栽植成活的原理，即使是用粗干插栽都易生根的某些杨、柳树，也不能正常成活。所以要了解如下知识：

（1）一株正常生长的树木，其根系与土壤保持密切结合，地下部与地上部的生理代谢（如根对水分的吸收和叶的蒸腾作用）是平衡的。

（2）树木的栽植，由于起苗挖掘，根系与土壤的密切关系被破坏，吸收根大部分断留在土壤中，根部与地上部的代谢平衡也就被破坏，而根系的再生，一般需要相当一段的时间；

（3）如何使移来的树木与新环境迅速建立正常的联系，及时恢复树木以水分代谢为主的生理平衡，是栽植成活的关键。这种新平衡建立的快慢，与树种的习性、树龄、栽植技术、物候状况及环境因素等都有密切关系。

（4）一般来说，发根能力和再生能力强的树种移栽容易成活，幼、青年期的树木及处于休眠状态的树木移栽容易成活。

4. 行道树树木栽植条件

（1）根据栽植成活的原理，只要能够保证树木地下部与地上部生理代谢（主要是水分）的平衡，一年四季栽植树木都可以，所以在园林绿化中，有时因为工程进度及绿地使用功能的需要，随时都要进行树木栽植工程的施工。

（2）但在实践当中，为了减小施工技术难度，降低工程成本，减少移植对树木正常生长的影响，提高树木栽植成活率，植树应选择在外界环境最有利于水分的供应、树木本身的生命活动最弱、养分消耗最少、水分蒸腾量最小的时期来进行。

（3）在我国大部分地区，植树最适宜的季节是在晚秋和早春，即树木落叶后开始进入休眠期至土壤冻结前，以及树木萌芽前刚开始生命活动的时候，这两个时期树木对水分和养分的需求量都不大，容易得到满足，且树体内还储存有大量的营养物质，又有一定的生命活动能力，有利于伤口的愈合和新根的发生，所以在这两个时期栽植一般成活率最高。

（4）至于秋栽好还是春栽好，历来有不少争论，没有一个明确的界定，要依据不同树种和不同地区的条件来定。同一植树季节南北方地区可能相差一月之久，这些都要在实践工作中灵活应用。

5. 城市行道树的春季栽植

（1）从树木生理活动来讲，春季是树木开始生长的大好时期，而且大多数地区春季气温回升、土壤水分较充足、空气湿度大、地温较暖，有利于树木根系的主动吸水，促使树木根系在相对较低的温度下即可开始活动。

（2）春季栽植符合树木先长根、后发枝叶的物候顺序，有利于植株水分代谢的平衡。因此，春季是我国大部分地区主要和较好的植树季节。

（3）由于我国幅员辽阔，各地气候条件相差很大，有些地区也不适合春栽，如春季干旱多风的西北、华北部分地区，春季气温回升快，水分蒸发量大，适栽时间短，容易造成根系来不及恢复，地上部就已发芽，影响成活。

（4）西南某些地区（如昆明）受印度洋干湿季风的影响，秋冬、春至初夏均为旱季，水分蒸发量大，春栽往往成活率不高。

（5）春栽具体的时间各地不一，一般应在土壤解冻至树木发芽前，即2～4月进行（南方早、北方迟）。因此时树木幼根开始活动，地上部分仍处于休眠状态，先生根后发芽，树木容易恢复生长。尤其是落叶树木，必须在新芽开始膨大或新叶开放之前栽植。

（6）在这个时期内，宜早不宜晚。早栽则树苗出芽早、扎根深、易成活。若新叶开放以后栽植，树木容易枯萎或死亡，即使能够成活也是由休眠芽再生新芽，当年生长多数不良。一般在寒冷的地区或对在当地不甚耐寒的边缘树种，春季栽植较为适宜。一些具肉质根的树木（如木兰属树木、鹅掌楸、山茱萸等）春季栽植也比秋季好。

（7）虽然早春是我国大多数地区树木栽植的适宜时期，但这一时期持续时间较短，若栽植任务不很重，比较容易把握有利时机，若栽植任务较重而劳动力又不足，就很难在适宜的时期内完成栽植任务。因此春栽与秋栽适当配合，可缓和劳动力的紧张状况。

6. 城市行道树的夏季栽植

（1）夏季栽植最不容易保证树木的成活，因为一般在夏季是树木生长旺盛，枝叶水分蒸腾量大，根系需吸收大量的水分，而土壤的蒸发作用很大，容易缺水，使新栽树木枯萎死亡。

（2）我国部分地区（如西南地区）春旱、秋冬也干旱，土壤水分不足，蒸发量大，栽植不易成活。而该地区夏季为雨季且较长，海拔较高，夏季不炎热，在此时掌握有利时机进行栽植，可获得较高的栽植成活率。

（3）夏季栽植一定要掌握当地历年雨季降雨规律和当年降雨情况，抓住连阴雨的有利时机，一般栽后下雨最为理想。

（4）常绿树尤以夏季栽植为宜，常绿树雨季栽植的时间，一般在春梢停止生长、秋梢尚未开始生长的时期为好。移栽时必须带土球，以免损伤根部。夏季虽然湿度大，但气温高，水分蒸发量也大，因此栽植必须随挖苗随运苗，要尽量缩短移植时间，以免树木失水而干枯。

（5）近年来，随着园林事业的蓬勃发展，园林绿化工程中的反季节（即在夏季）栽植有逐渐发展的趋势，甚至为了绿化、美化的需要，不论是常绿树还是落叶树都会在夏季强行栽植。此时，如果栽植技术不到位或管理措施不当，很容易使栽植的树木死亡而造成巨大的经济损失，同时达不到绿化、美化的效果。

（6）因此城市园林绿地夏季栽植树木（特别非雨季地区的夏季栽植），除要抓住最适宜的栽植时间（在下过透雨并有较多降雨天气的时期最为适宜）、掌握好不同树种的适栽特性、严格栽植技术措施外，同时还要注意适当采取修枝、剪叶、遮阴、保持树体和土壤湿润等措施。

（7）在一些高温干旱地区除一般的水分与树体管理外，还要特别采取搭棚遮阴、树冠喷水、树干保湿等技术措施，以保持空气湿润，防止树木脱水。

7. 城市行道树的秋季栽植

（1）秋季栽植适合于适应性强、耐寒性强的落叶树。秋季气温逐渐下降，蒸发量较小，土壤水分状态稳定，许多地区都可以栽植。特别是春季严重干旱和风、沙大或春季较短的地区，秋季栽植比较适宜。但在易受冻害和兽害的地区不宜在秋季栽植。

（2）从苗木生理上来说，秋季树体内储存的营养物质较丰富，有利于断根的伤口愈合，且秋季多数树木根系的生长有一次小高峰。

（3）在当地属耐寒的落叶树，秋栽后，根系在土温尚高的条件下，还能恢复生长，因为根系没有自然休眠期，只要冬季冻土层不厚，下层根系仍有一定生长活动的能力。

（4）此外，秋栽后，树木根系经过一冬与土壤的密切结合，有利于春季早发根。秋季栽植的时间较长，一般在树木大部分叶片已脱落至土壤封冻前进行。秋季栽植也应尽早，一般树木一落叶即栽最好。夏季为雨季的华北等地，常绿针叶树，此时会再次发根，故其秋栽应比落叶树早些为好。

8. 苗木选择与相应的施工措施

（1）在长期的自然选择和人工栽培过程中，不同的植物形成了不同的遗传特性。各种树木对环境条件的要求和适应能力表现出很大的差异，对于移栽的适应能力也是如此。

（2）尽管选用树种、苗木是设计人员的事，但作为施工人员在树木移栽施工过程中，也必须根据各树种不同特性而采取不同的技术措施，才能保证移栽树木的成活。

（3）树木移栽时，最忌根部失水，苗木最好能随掘、随运、随栽。如掘苗后一时无施工条件者，则应妥善假植保护，保证根系潮润才能移栽成活。但也有个别树种，如牡丹，其根为肉质根，根系含水量高，故掘苗后，最好晾晒一段时间，使根部含水量减少一些后，再栽为好，以免因水分过多使根系易断造成大量损伤，并有利于根部伤口愈合和再生新根。

（4）同一品种，同龄的苗木，由于苗木的质量不同，栽植成活率和以后的适应能力也会有所不同。一般生长健壮，没有病虫害和机械损伤的苗木，移栽成活率较高；生长过旺，以致徒长的苗木，因其抗性较差，反而不如生长一般的苗木容易成活和具有较强的适应性。

（5）苗木出圃以前，如果苗木几经移栽断根，所形成的根系就紧凑而丰满，移栽后容易成活。反之，一直没有移栽过的实生苗，因根系生长过长，掘苗时容易损伤而影响成活。

8.1.4 植树的施工技术

1. 整地

整地是城市道路绿化—行道树栽植施工的首要工序之一，整地主要包括整理地形、翻地、去除杂物、耙平、填压土壤、栽植地土壤改良与土壤管理等措施，整地是保证移栽的树木成活和健壮生长的有力措施。特别是对一些土壤条件较差的绿化区域，只有通过整地才能创造出适合树木生长的土壤环境。由于城市园林绿地的土壤条件比较复杂，因此整地工作要做到既严格细致，又要因地制宜。如果栽植地的表土层较疏松、土质较好，能够满足移栽树木的基本生长需要，则可以不进行翻地，以降低工程成本。整地应结合整个绿化工程清理施工现场及地形处理来进行，整理好的栽植地除能够满足树木生长发育对土壤的要求外，还要注意地形地貌的美观。

（1）整地的方法：在整理城市道路两旁绿化地的工作中，对不同条件的土壤栽植地，应根据情况采用不同的方法进行。

1）对道路两旁平缓绿化地的整地：对 8℃以下的平缓地，可采取全面整地的办法。根据城市行道树种植所必需的最低土层厚度要求（表 8.1-1），通常翻耕 300mm 左右，以利蓄水。对于重点布置地区或深根性树种可翻掘深 500mm，并施有机肥，借以改变土壤肥性。平地整地要有一定的倾斜度，以利地表排水。

城市行道种植最低土层厚度要求 　　　　　表 8.1-1

行道树类型	小灌木	大灌木	浅根乔木	深根乔木
土层厚度（mm）	45	60	90	150

2）对市政工程场地和建筑地区的整地：城市市政工程场地和建筑地区常会遗留大量的灰渣、沙石、砖石、碎木等建筑垃圾，这些垃圾对树木的生长很不利，所以对这些地区，在整地过程中，应将建筑垃圾等不利于树木生长的杂物全部清除，并在因清除了建筑垃圾等而缺土的地方，采用客土改良，填入肥沃的土壤，通过土壤改良来使土壤适应树木的生长。在整地时还应将夯实的土壤翻松，并根据设计要求处理地形；

3）城市低湿地区的整地：对于城市低湿的地区，应先挖排水沟，降低地下水位，防止土壤返碱。有条件的地方，一般应在栽树前一年，每隔 20m 挖出一条深 1.5～2m 的排水沟，并将掘起的表土翻至一侧培成垅台，经过一个生长季后，土壤受雨水的冲洗，盐碱减少，杂草腐烂，土质舒松，不干不湿，即可在垅台上栽树；

4）对于城市内新堆而成的土山的整地：人工新堆的土山，要让其自然沉降，至少要经过一个雨期，才能进行整地栽树。人工土山多不太大，也不太陡，又全是疏松新土，因此，可以按设计进行局部的自然块状整地。

5）对于城市郊外整地：城市郊外整地的方法，一般情况下，先进行清理地面，创出枯树根等杂物，搬除可以移走的障碍物。在坡度较平缓，土层较厚的情况下，可以采用水平带状整地。这种方法是沿低山等高线整成带状的地段，故又称环山水平线整地。在干旱石质荒山及黄土或红壤荒山的植树地段，可采用连续或断续的带状整地，称为水平阶整地。在水土流失较严重的或急需保持水土，使树木迅速成林的郊外，则应采用水平沟整地或鱼鳞坑整地。

（2）整地的季节：整地时间的早晚对完成整地任务的好坏有直接关系。在一般情况下，应提前整地，并可保证植树工作及时进行。一般整地应在栽树前一星期或一个月内进行，如果现整现栽，将会影响栽植效果。

（3）栽植地的土壤改良：

1）城市道路两旁栽植行道树的土壤改良的任务和目的，是通过对栽植地土壤的理化性质进行化验分析，找出土壤不利于或不能满足树木生长发育的方面，利用各种措施和技术手段来改善土壤的结构和理化性质，提高土壤肥力，以使土壤能够正常供应树木所需的水分和养分等，为树木的生长发育提供良好的条件。

2）由于城市道路两旁绿化条件复杂，栽植行道树的土壤多为填充土（在城市建设中改造过的土壤），受市政工程施工、建筑工程施工、人为活动等的影响，很多栽植行道树的土壤密实，含有大量生活废料、工业废料、建筑垃圾等不利于树木生长的物质。

3）因此，对这些栽植地有必要进行土壤的改良，是整地工作的一项重要内容。土壤改良多采用消毒、深翻熟化、客土改良、培土与掺沙、增施有机肥等方法。

2. 挖穴（坑）和挖槽

（1）城市道路两旁绿化树木栽植的挖穴（坑）和挖槽作虽然看起来操作比较简单，但挖穴（坑）和挖槽是否符合标准以及其质量的好坏，对定植后的树木成活与生长有很大影响。在种植穴、种植槽挖掘前，应向有关部门了解地下管线和隐蔽物的埋设情况，以防止在施工过程中出现破坏管道、管线的现象，造成不必要的损失。

（2）城市道路两旁绿化所挖穴（坑）和挖槽的大小，应根据苗木根系、土球直径和土壤情况而定，一般应略大于苗木的土球或根系的直径。具体挖穴（坑）和挖槽的规格应符合（表 8.1-2～表 8.1-6）的规定。

常绿城市行道乔木类种植规格表　　　　　　表 8.1-2

行道树高度 （cm）	土球直径 （cm）	种植穴位深度 （cm）	种植穴位直径 （cm）
150	40～50	50～60	80～90
150～250	70～80	80～90	100～110
250～400	80～100	90～100	120～130
400 以上	140 以上	120 以上	180 以上

落叶城市行道乔木类种植规格表　　　　　　表 8.1-3

行道树高度 （cm）	种植穴位深度 （cm）	种植穴位直径 （cm）	行道树高度 （cm）	种植穴位深度 （cm）	种植穴位直径 （cm）
2～3	30～40	40～60	5～6	60～70	80～90
3～4	40～50	60～70	6～8	70～80	90～100
4～5	50～60	70～80	8～10	80～90	100～110

绿篱类种植槽规格表　　　　　　表 8.1-4

苗的高度（cm）	种植方式	
	单行（深×宽）（cm×cm）	双行（深×宽）（cm×cm）
50～80	40×40	40×60
100～120	50×50	50×70
120～150	60×60	60×80

花灌木类种植穴规格　　　　　　　　　表 8.1-5

冠径（cm）	种植穴位深度（cm）	种植穴位直径（cm）
200	70～90	90～110
100	60～70	70～90

竹类种植规格　　　　　　　　　表 8.1-6

种植穴位深度（cm）	种植穴位直径（cm）
盘根或土球深 20～40	比盘根或土球大 40～60

（3）城市道路两旁绿化的行道树所种植穴、种植槽的形状，从正投影来看，一般为圆形或者方形。无论何种的形状，种植穴、种植槽都必须垂直下挖，保证上下口底相等，切忌上大下小或上小下大（图 8.1-1），以免栽树时根系不能舒展或填土不实而影响成活及根系的生长。

 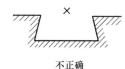

正确　　　　　　　　　　不正确　　　　　　　　　　不正确

图 8.1-1　城市道路两旁绿化种植穴、种植槽正投影图

（4）挖穴（坑）和挖槽时，必须遵循以下操作技术及规范：

1）所挖掘的穴（坑）和槽的位置要准确，规格要适当。挖穴（坑）和挖槽要严格按定点和放线的标记点来进行，穴（坑）和槽的大小、形状、深度等要依据苗木、土质情况及相关的技术规范来确定。

2）施工中所挖掘出的表土与心土应分开堆放在坑边，这是因为上层表土一般有机质含量较多，应先填入坑底养根，而底层心土可填回至坑上作开堰用。为有利于施工，在一个施工区内，表土、心土堆放的位置应固定在一个方向，堆土的位置要便于运土和换土及行人通行。例如在栽植行道树时，土应堆在与道路平行的树行两侧，不要堆在行内，以免影响栽树时瞄直的视线。

3）在斜坡上挖穴（坑）和挖槽时，应先将斜坡做成十个小平台，然后在平台上挖穴（坑）和挖槽。穴（坑）和槽的深度应以坡的下沿口开始计算。

4）在新填土方处挖穴（坑）和挖槽，应将穴（坑）和槽底适当踩实，主要是使穴（坑）底层紧密，防止因不紧密而漏水。

5）土质不好的栽植地，应加大穴（坑）和槽的规格，并将杂物筛出清走。对不利于树木生长的坏土与废土，应及时运走，换上好土。

6）在施工过程中如发现电缆、管道等时，应停止操作，及时找有关部门配合解决；绿篱等株距很近的栽植形式一般挖成沟槽种植。

7）道路两旁挖穴（坑）和挖槽后，应施入腐熟的有机肥作为基肥。在土层干燥的地区应于栽植前浸穴。

（5）手工操作挖穴（坑）和挖槽的方法：

1）手工操作的主要工具有锄、锨、铲、镐等。操作方法是：以定点标记为圆心，以规定的穴（坑）的直径在地上画圆（或以规定槽的长宽画出长方形），再沿圆（或长方形）的四周向下垂直挖到规定的深度，然后将坑底挖松、整平。

2）栽植裸根苗木的坑底，挖松后最好在中央堆一个小丘。以利树根舒展。

3）挖完后，仍将定点用的本桩放在穴（坑）内，以备散苗时核对。手工操作挖穴（坑）和槽时，人与人之间应保持一定的距离，以避免工具伤人，保证施工安全。

（6）机械操作挖穴（坑）和挖槽的方法：

1）在挖穴（坑）和挖槽工作量较大或取土量较多，以及行道树坑穴换土量大的情况下，为了加快施工进度，减轻劳动强度，有条件的可使用挖坑机进行机械操作。

2）城市道路两旁绿化采用挖坑机施工。用于挖掘树木种植穴（坑）的穴状整地机械，也可用于穴状松土、钻深孔等作业。钻深孔的挖坑机又称为深孔钻，可用于杨树等树木杆插栽植树及树木根部打洞施肥等作业。

3. 挖苗（起苗、掘苗）

挖苗是城市道路植树工程中的关键工序之一。挖苗质量的好坏直接影响移栽树木的成活和最终的整体绿化效果，所以在挖苗过程中，必须做好充分的准备工作，要严格按照相应的技术要求与规定去操作。

（1）挖苗前的准备工作：

1）挖苗前必须对苗木进行严格的选择。应依据设计所要求的苗木数量、苗木规格来进行选苗，同时，还要注意选择生长健壮、树形端正、根系发达、无病虫害等的苗木。对选好的苗木，应用系绳、挂牌、涂颜色等方法做好标记，进行号苗。

2）挖苗前要根据苗木的规格确定苗木出土应保留的根系及土球的大小（苗木根系或土球挖取规格见表 8.1-7）。

苗木根系或土球挖取规格表　　　　　　　　　　表 8.1-7

树叶灌木	树苗规格		根系规格（cm）	土球规格（cm）	打包方式
	胸径（cm）	高度（m）			
落叶乔木	3～5		50～60	—	—
	5～7	—	60～70	—	—
	7～10		70～90	—	—
落叶灌木	—	1.2～1.5	40～50	—	—
		1.5～1.8	50～60	—	—
		1.8～2.0	60～70	—	—
		2.0～2.5	70～80	—	—
常绿树	—	1.0～1.2	—	30×20	单股单轴 6 瓣
		1.2～1.5		40×30	单股单 8 瓣
		1.5～2.0		50×40	双股双轴间隙 8cm
		2.0～2.5		70×50	双股双轴间隙 8cm
		2.5～3.0		80×60	双股双轴间隙 8cm
		3.0～3.5		90×70	双股双轴间隙 8cm

3）要做好挖苗前的苗圃地土壤准备。若挖苗处过于干燥，应在挖苗前 2～3 天浇水一

次，使土壤湿润，以减少起苗时损伤根系，保证质量；反之，若土壤过湿，则应提前开沟排水，以利挖苗操作。

4）开挖前应将挖苗处的现场乱草、杂树苗、砖石堆物等不利于操作的东西加以清理。

5）准备好相关的挖掘工具和材料，如锋利的镐、铲、锹，土球所需的蒲包、草绳等包装材料等；

6）为了便于操作及保护树冠，挖掘前应将蓬散的树冠用草绳捆扎。捆扎时要注意松紧度，应防止损伤枝条，如图 8.1-2 所示。

（2）裸根挖苗方法及其质量要求：

1）大多数落叶树苗和容易成活的针叶树小苗均可采用裸根挖苗。裸根起苗一般在树苗处于休眠状态时挖掘为好。

2）挖苗时，根据苗木出土应保留根盘的大小，在规格范围之外（用铁锹、铁铲等工具挖苗更应在规格范围外围起挖），沿苗四周垂直挖掘到一定深度（深要达到根群的主要分布区并稍深一点）将侧根全部切断，翻出土，并于一侧向中心掏底且适当摇动树苗，找到深层主根将其铲断（较粗主根最好用手锯锯断），然后轻轻放倒苗木并打碎外围土块。

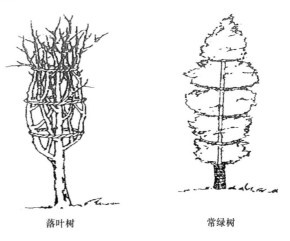

落叶树　　　　　常绿树

图 8.1-2　树冠捆扎示意图

3）挖苗时要尽量多保留须根，防止主根劈裂。

4）苗木挖出后要保持根部湿润，一般应随即运地走栽植，以防止干枯而影响成活率。如一时不能运走，可在原坑埋土假植，用湿土将根埋实。挖完后掘出的土不要乱扔，以便挖后用其将坑填平。

5）裸根挖苗还可采用起苗机进行机械操作。起苗机是苗木出圃时用于挖掘苗木的机械，有拖拉机悬挂式和牵引式两种，以拖拉机悬挂式居多。

6）悬挂式起苗机由起苗铲、碎土装置和机架三部分组成。起苗铲是起苗机的主要工作部件，它完成切土、切根、松土等作业，有固定式和振动式两种结构形式。

7）碎土装置用于抖落苗木根部的土壤，它安装在起苗铲的后部，有杆链式、振动栅式、旋转轮式等结构形式。

8）用起苗机进行机械起苗，可大大提高工作效率，减小劳动强度，而且起苗的质量较高。

（3）带土球苗木手工挖苗方法及其质量要求：

1）带土球挖苗是指将苗木的一定根系范围连土一起掘削成球状起出，用蒲包、草绳或其他软包装材料包装好的起苗方法。

2）一般针叶树、多数常绿阔叶树和少数落叶阔叶树，由于根系不够发达，或是须根少，或生长须根和吸收根的能力较弱，而蒸腾量较大，栽植较难成活，所以常带土球起苗。

3）挖掘带土球苗木要求土球规格要符合规定的大小，土球要完好，外表平整、平滑、上部大、下部略小（呈苹果形状）；包装要严密，草绳紧实不松脱，土球底部要封严不漏土。

4）带土球苗木的挖掘方法，首先将树干基部四周的浮土铲去（铲除深度以不伤树根为准），然后按土球规格的大小，围绕苗木画一圆圈（为保证起苗的土球符合规定大小，一般应稍放大范围进行圈定），再用铁锹等工具沿圈的外围垂直向下挖一上下等宽的沟（沟宽约50～80cm）；挖到规定的深度再将土球底部修成苹果形。

5）土球四周修整完好后，再慢慢由底圈向内掏底，直径小于50cm的土球，可以直接将底部掏空，将土球拿到坑外包扎，而直径大于50cm的土球，底部应留一部分不挖，以支撑土球，方便在坑内进行打包。

（4）苗木打包法：苗木挖好后，为保护土球在运输过程中不会松散，应对土球进行打包处理，具体打包的方法有扎草法、蒲包法、捆扎草绳法、木箱包装法等。

1）扎草法。对土球规格小的苗木（土球直径在30cm左右），可用扎草法进行包装。扎草法方式很简单，准备好湿润的稻草，先将稻草的一端扎紧，然后把稻草秆呈辐射状散开，将苗木的土球放于其中心，再将分散的稻秆从土球的四周外侧向上扶起，包围在土球外，并将稻秆紧紧扎在苗木的树干基部处。此法在我国江南地区起苗使用较多，其包扎方便而迅速，应用普遍。

2）蒲包法。对苗木挖掘运输较远，而苗圃地的土质又比较疏松的（如沙性土壤），对土球的包装可采用蒲包法，即用蒲包或草帘对土球进行包装。土球直径在50cm以下的，如果土球土质尚坚实，可将苗木在坑外打包。先在坑边铺好浸湿的蒲包或草帘，用手托底将土球从坑内抱出，轻放在蒲包或草帘正中，再用蒲包或草帘将土球包紧，最后再用草绳以树干为起点纵向把包捆紧；对土球直径在50cm以上或在50cm以下但土质疏松的，应在坑内打包。将两个浸湿的大小合适的蒲包从一边剪开直至蒲包底部中心，其中一个用于兜底，另一个用于盖顶，两个蒲包结合处用草绳穿插捆紧固定。包装好后，将苗木底部挖空，轻轻将苗木放倒，用草绳插入蒲包剪开处，将土球底部露土之处包严。

3）捆扎草绳法。对一些土质为黏土的土球，常采用捆扎草绳法包装。此法无论苗木大小均可使用。捆扎草绳法一般要先打腰箍，即先在土球的中部进行水平方向的围扎，以防土球外散（图8.1-3）。腰箍的宽度要看土球的大小和土质情况而定，一般要扎4～5圈以上。打腰箍时要把草绳打入土球表面土层中（一边拉紧草绳，一边用砖头、木棍敲打草绳），使草绳捆紧不松。腰箍打完后，进行纵向草绳捆扎。捆扎的方法及扎结的花纹有很多种，在我国华东地区多采用"五角形包法""井字包法"和"橘子包法"等方法（图8.1-4）。

图8.1-3　土球打腰、五角形包扎土球示意图

图 8.1-4　井字型包扎土球、橘子包包扎土球示意图

在扎纵向草绳时，先将草绳一端系在腰箍或树干基部，再进行围绕捆扎，每捆扎一圈，均应用敲打的方法，使草绳圈紧紧地砸入到土球表面的土层中。捆扎到所需的圈数后，在树干基部将草绳收尾扎牢。纵向草绳的扎圈多少，也要依据土球的大小和土质好坏而定，一般土球小一些的，围扎 4～6 圈即可，大土球则需要增加纵向草绳扎圈的圈次。最后，如果怕草绳松散，可再增加一层外围腰箍。对一些沙性较强、土质较松散的土球，可将蒲包和草绳结合使用进行包装，即先用蒲包包住土球，再用草绳捆扎。

4. 苗木运输与假植

（1）树苗挖好后，要及时运到现场进行栽植，为提高移栽成活率，最好遵循"随挖、随运、随栽"的原则。运苗常采用车辆运输，运苗装车前，押运人员要先根据施工所需苗木的品种、规格、质量、数量等认真检查核实后再装车，对不符合条件或已损伤严重的苗木应淘汰。苗木的运输量应根据种植量来确定。运苗时要注意在装车和卸车的过程中保护好苗木，要轻吊轻放，不得使苗木根、枝断裂及树皮磨损和造成散球。

（2）装运裸根苗木应按车辆行驶方向，将树根向前、树梢在后，顺序码放整齐装车，装完后要将树干捆牢（捆绳子处要用蒲包或其他物品垫上，以免勒破树皮），树梢不能拖地（必要时可用绳子收拢），在后车厢处应放垫层（用蒲包或稻草等）防止磨损树干，裸根苗木长途运输时，应用毡布、湿草袋等材料将根系覆盖，以保持根系湿润。

（3）装运带土球苗木也应按车辆行驶方向，将土球向前、树梢在后码放整齐。土球应放稳、垫平、挤严（具体装车捆扎要求与装运裸根苗木相同），土球堆放层次不能过高（一般直径在 40cm 以下的土球苗最多不得超过 3 层，40cm 以上的土球最多不得超过 2 层），押运人员不要站在土球上，遇坑洼处行车要慢，以免颠坏土球。

（4）花灌木（苗木高度在 2m 以下的）运输时可将苗木直立装车。装运竹类苗木时，不得损伤竹竿与竹鞭之间的着生点和鞭芽。

（5）运苗应有专人跟车押运。短途运输，中途最好不要停留；长途运苗，裸根根系易吹干，应注意洒水。休息时车应停在阴凉处。苗木运到工地指定位置后应立即卸苗。苗木卸车要从上往下按顺序操作，不得乱抽，更不能整车往下推。土球直径在 40cm 以下的苗木可直接搬下，但要搬动土球而不能单提树干；卸直径 50cm 以上的土球苗，可打开车厢板，放上木板，再将树苗从板上滑下（车上人拉住树干，车下人推住土球缓缓卸下）；土球较大，直径超过 80cm 的，先在土球下兜上绳子，绳子一端捆在车槽上，一端由 2～3 人拉住，使土球轻轻下滑。卸后将树苗立直放稳。

（6）苗本运到栽植地后，一般应立即栽植（裸根苗木必须当天栽植，根植苗木自起苗开始暴露时间不宜超过 8h)。对不能及时栽植的苗木，应根据离栽植时间长短分别采取假植措施或对苗木土球进行保湿处理。

(7) 裸根苗木的假植方法，先在合适的地方（一般选排水良好、湿度适置、离栽植地较近的地方）挖一条深 40~60cm、宽 150~200cm、长度根据具体情况而定的浅沟，然后将苗木一株株紧靠着呈一定的倾斜度（一般倾斜角为 30°左右）单行排在沟里（树梢最好向南倾斜）放一层苗木放一层土，将根部埋实。如假植时间过长（一般超过 7d 以上的），则应适量浇水，以保持土壤湿润。

(8) 带土球苗木，如在 1~2d 内不能栽完，应将苗木紧密码排整齐，四周培土。树冠之间用草绳围拢，并经常喷水保持土球湿润，假植时间较长的，土球之间也应填土。

(9) 同时，在假植的期间内，可根据具体的需要，还应经常给常绿苗木的叶面喷水。

5. 苗木栽植前的修剪

为保持移栽苗木水分代谢的平衡、培养良好的树形及减少苗木伤害，栽植前应进行苗木根系修剪，宜将劈裂根、病虫根、过长根等剪除，并对树冠进行修剪。

(1) 乔木类苗木修剪应符合下列规定：

1) 具有明显主干的商高大落叶乔木应保持原有树形，适当疏枝，对保留的主侧枝应在健壮芽上短截。可剪去枝条 1/5~1/3。

2) 无明显主干、枝条茂密的落叶乔木，对干径 10cm 以上树木，可疏枝保留原树形；对干径为 5~10cm 的苗木，可选留主干上的几个侧枝，保留原有树形进行短截。

3) 枝条茂密具圆头形树冠的常绿乔木可适量疏枝。枝叶集生树干顶部的苗木可不修剪。具轮生侧枝的常绿乔木用作行道树时，可剪除基部 2~3 层轮生侧枝。

4) 常绿针叶树苗木，不宜过多修剪，只剪除病虫枝、枯死枝、生长衰弱枝、过密的轮生枝和下垂枝。

5) 用作行道树的乔木苗木，定干高度应大于 3m，第一分枝点以下枝条应全部剪除，分枝点以上枝条酌情疏剪或短截，并应保留树冠原形。

6) 珍贵树种苗木的树冠宜做少量疏剪。

(2) 灌木及藤蔓类苗木修剪应符合下列规定：

1) 带土球或湿润地区带宿土裸根苗木，及上年花芽分化的开花灌木不宜修剪，当有枯枝、病虫枝时应予以剪除。枝条茂密的大灌木苗木，可适量疏枝。

2) 对嫁接灌木苗木，应将接口以下砧木萌生的枝条剪除。

3) 分枝明显、新枝着生花芽的小灌木苗木，应当顺其树势适当进行修剪，促进生长新枝，更新老枝。

4) 如若用作绿篱的乔灌木苗木，可在种植后按设计要求整形修剪。苗圃培育成型的绿管，种植后应加以修剪。

5) 攀缘类蔓性苗木可剪除过长部分，攀缘上架苗木可剪除交错枝、横向生长枝。

(3) 移栽苗木的修剪质量应符合下列规定：

1) 剪口应平滑，不得劈裂。枝条短截时应留外芽，剪口应距留芽位置 1cm 以上。

2) 修剪直径 2cm 以上大枝及粗根时，截口必须削平并涂防腐剂。

6. 苗木栽植

城市道路两旁的苗木栽植是植树工程的最主要工序，应根据树木的习性和当地的气候

条件，选择最适宜的栽植时期进行栽植。一般情况下，是以阴而无风天最佳，晴天宜上午
11 点前或下午 3 点以后进行为好。

（1）栽植的方法：树木栽植前，应按设计图样要求核对苗木品种、规格及栽植位置。
要先检查种植穴（坑）、种植槽的大小、深度等，对不符合根系要求的，应进行修整。栽
植的第一步是散苗，即将苗木按规定散放于种植穴（坑）、种植槽边。散苗要轻拿轻放，
不得损伤苗木；散苗速度应与栽苗速度同步，边散边栽，散毕栽完，尽量减少树根暴露时
间。散苗后将苗木放入穴（坑）、槽内扶直进行栽植。栽植的第二步是栽苗，包括裸根苗
的栽植和带土球苗木的栽植。

（2）裸根苗的栽植：栽植裸根树木时，首先将种植的穴（坑）底填呈半圆土堆，一人
将树苗放入穴（坑）内扶直，另一人用工具将穴（坑）边的土（先填入表土，再填心土）
填入，当填土至 1/3 时，应轻提树干使根系舒展，在填土过程中要随填土分层踏实土壤
（即做到"三埋两踩一提苗"），使根系充分接触土壤。当土填到比穴（坑）口稍高一点后
（使土能够盖到树苗的根颈部位或高于根颈部 3～5cm），再用培土法将剩下的土沿树干四
周筑起围堰，特别注意，围堰的直径要略大于种植穴的直径，高约 10～15cm，以利浇水。
对栽植密度较大的丛植地，可按片筑堰。栽植前如果发现裸根树木失水过多，应在栽前将
苗木根系放入水中浸泡 10～20h，让其根系充分吸水后再栽植。对于小规格苗木，为保护
根系，提高栽后成活，可先浆根后再栽植，具体方法是用过磷酸钙、黄泥和水按 2：18：
80 的比例混成泥浆，然后将苗木根系浸入泥浆中，使每条根均匀粘上泥浆后再栽植。浆
根时要注意泥浆不能太稠，否则容易起壳脱落，反而会损伤根系。

（3）带土球苗木的栽植。栽植带土球苗木时，土球入坑时要深浅适当，土痕应平或稍
高于穴（坑）口，先要踏实穴（坑）底土层，再将苗木置于穴（坑）内，以防栽后出现陷
落下沉。土球入坑后先在土球底部四周垫少量土，以将土球固定，同时要注意使树干直
立，填土也应先填表土，先填到靠近根群部分，每填高 20～30cm 应踏实一次；注意不要
伤根。如填土过分干燥，或种植穴（坑）、土球较大，应在填至 1/3～1/2 坑深时，用木棍
等在坑边四周夯实，防止根群下部或土球底部中空。填完土后再筑围堰。

（4）栽植注意事项和质量要求：

1）规则式栽植应保持对称平衡，行道树或行列栽植树木应在一条线上，保持横平竖
直。相邻树木规格应合理搭配，高度、干径和树形相似。栽植的树木应保持直立，不得倾
斜。应注意观赏面的合理朝向，树形好的一面要朝向主要的方向。

2）栽植绿篱的株行应均匀。树形丰满的一面应向外，按苗木高度、树干大小搭配均
匀。在苗圃修剪成型的绿篱，栽植时应按造型拼栽，深浅一致。绿篱成块栽植或群植时，
应由中心向外顺序退植。坡式栽植时应由上向下栽植。大型块植或不同彩色丛植时，适宜
分区分块进行栽植。

3）栽植带土球树木时，不易腐烂的包装物必须拆除。树苗栽完后，应将捆拢树冠的
草绳解开取下，使树木枝条舒展。

4）苗木栽植深度应与原种植深度一致，竹类可比原种植深度深 5～10cm。栽植珍贵
树种应采取树冠喷雾、树干保湿和树根喷布生根激素等措施。

5）对排水不良的种植穴（坑），可在穴（坑）底铺 10～15cm 厚的沙砾或铺设渗水
管、盲沟，以利排水。假山或岩缝间栽植，应在种植土中渗入苔藓、泥炭等保湿透气

材料。

7. 植后的养护管理

树木栽完后，为提高成活率，必须对树木进行必要的养护管理工作。养护管理主要包括立支柱、开堰浇水等内容：

（1）立支柱：

1）栽植较大的树苗时，为了防止树苗倾斜或倒伏，特别是多风地区为防止树苗被风吹倒，应对树苗立支柱支撑，支柱的多少应根据树苗的大小设 1～4 根。

2）支柱的材料有竹竿、木柱等，在台风大的地区也有用钢筋水泥柱的。立支柱时，为防止磨破树皮，支柱和树干之间应用草绳隔开，即在树干与支柱接触的部位缠上草绳。

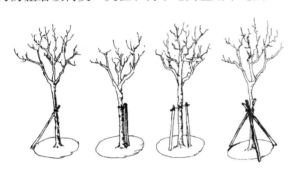

图 8.1-5　支柱直接捆绑示意图

3）立柱绑扎的方法有直接捆绑和间接加固两种。直接捆绑就是将立柱一端直接与树干捆在一起（一般捆在树干的 1/3～1/2 处），一端埋于地下（埋入 30cm 以上），一般可在下风向支一根，也可双柱加横梁及三脚架形式等，如图 8.1-5 所示。

4）如若支柱一年以后还不能撤除时，需要重新捆绑，以免影响树液流通和树干发育。而间接加固主要是用粗橡胶皮带将树干与水泥杆连接牢固，水泥杆应位于上风方向。扎后的树干应始终保持直立。

（2）开堰浇水：

1）一般在树木栽植前或栽植期间不应浇水，否则会造成栽植操作的困难，妨碍踩紧踏实，使土壤板结。因此，应在栽植完成后浇水。

2）新栽树木的浇水，以河、江、湖等处的天然水为佳。新栽树木一般要浇三次水，栽后应在当日浇透第一遍水，一般称为"定根水"，浇水时注意，水不能往围堰的外面渗水，如图 8.1-6 所示。

浇水后树木出现歪斜时应及时扶正。第二遍水要根据情况连续进行。第三遍水在两遍水后的 5～10d 内进行，秋季栽树开工较晚或雨期栽树，可少浇一遍水，但浇水量一定要足。

3）浇完第三遍水，待水渗下后，应及时进行中耕封堰，秋季浇最后一遍水后应及时封堰越冬，并在树干基部周围堆起 30cm 高的土堆，以保持土壤中的水分。中耕封堰时应将裂缝填实，并将歪斜的树木扶正。中耕封堰时要将土打碎，并要注意不得伤树根、树皮。封堰时要用细土，如土壤中有砖石，应挑出，以免给下次开堰造成困难。封

图 8.1-6　开堰浇水示意图

堰高度应较地面高一些，以防自然陷落。

4）新移栽的大树土球，可能在短时期内会迅速失水干燥，不能只靠雨水保持土球的湿润。因此，在栽植完后，应经常用胶皮管缓缓注水，使水渗透整个土壤。为做到这一点，在注水之前应用铁杆或土钻在土球上打孔，可取得良好的效果。

5）在土壤干燥、浇水困难的地区，为节省用水，可用"水植法"浇水，方法是在树木入穴填土达一半时，先灌足水，然后再填满土，并进行覆盖保墒。

6）经常向新移栽的常绿树树冠喷水，不但可以减少叶面的水分损失，而且可以冲掉叶面上的蜘蛛、蜡类和烟尘等。

7）同时，栽后还要清理施工现场，将无用杂物及多余余土处理干净。

8）对受伤枝条和栽前修剪不理想的枝条进行复剪；对现场进行必要的围护或派人进行看管、巡查等其他养护管理工作，具体根据实际的需要进行安排。

（3）树体包裹与树盘覆盖：

1）裹干：

新栽的树木，特别是树皮薄、嫩、光滑的幼树，应用粗麻布、粗帆布、特制皱纸（中间涂有沥青的双层皱纸）及其他材料（如草绳）包裹，以防树干干燥、被日灼伤及减少被蛀虫侵害的可能，冬天还可以防止动物啃食树干；从隐蔽树林中移植出来的树木，因其树皮极易遭受日灼的危害，移栽后对树干进行必要的保护性包裹，效果十分显著；在包裹树干时，其包裹物用细绳安全而牢固地捆在固定的位置上，或从地面开始，一圈一圈互相重叠向上裹至第一分枝处。树干包裹的材料应保留 2 年以上或让其自然脱落，或在不雅观时取下。

树干包裹也有其不利的方面，比如在多雨季节，由于树皮与包裹材料之间一直保持过湿状态，容易诱发真菌性溃疡病，所以在树干包裹前，在树干上涂抹一层杀菌剂，能有效减少病菌感染。

2）树盘覆盖：

在移栽树木过程中，对于特别有价值树木，尤其是在秋季栽植的常绿树，用稻草、腐叶土或充分腐熟的肥料覆盖树盘，沿街树池也可用沙覆盖，这样可提高树木移栽的成活率。因为适当的覆盖可以减少地表蒸发，保持土壤湿润和防止土温变幅过大。覆盖物的厚度以全部遮蔽覆盖区而见不到土壤为准。覆盖物一般应保留越冬到春天揭除或埋入土中，也可栽种一些地被植物覆盖树盘。

8.2　大树移植工程

8.2.1　概述

1. 大树移植的特点

（1）胸径在 20cm 以上的落叶乔木和胸径在 15cm 以上的常绿乔木，称为大树。移栽这种规格的树木，称为大树移植。

（2）大树一般都处于离心生长的稳定时期，个别树木甚至开始向心更新，其根系趋向或已达到最大根幅，骨干根基部的吸收根多离心死亡，主要分布在树冠投影外缘附近的丰壤中，带土范围内的吸收根很少，因此，大树移栽能很容易使移栽的大树，严重地失去以水分代谢为主的平衡功能。

（3）对于树冠，在移栽过程中，为了尽早发挥其绿化效果及保持其原有的优美姿态，一般都不进行过重的修剪。因此，只能在所带土球范围内，用预先促发大量新根的方法为代谢平衡打下基础，并配合其他移栽措施确保移栽树木的成活。

（4）另外，大树移栽与一般树苗移栽相比，主要表现在被移栽的对象具有庞大的树体和相当大的质量，通常移栽条件复杂，质量要求高，往往需借助一定机械力量来完成。

2. 大树移植前的调查与选择

（1）对要在某一范围按设计方案移栽大树的，首先要根据设计所要求的树种、树种规格（包括树高、冠幅、胸径等）、分枝点高度、树形及主要观赏面、树木长势等内容，到有关苗圃地进行调查、选树，对选好的树苗要进行编号挂牌（牌上要标明该树苗的种名、规格、树形、树木的主要观赏面和原有朝向等指标）。

（2）大树移植一般要尽量选择接近新栽植地生境的树木（比如选乡土树种），做到适地适树，以利提高移栽成活率。

（3）在选择大树苗时，还要考虑到树苗便于挖掘和包装运输，对要将建设用地范围内的大树移栽到别处的，大树移栽前应对移栽的大树生长情况、立地条件、周围环境、交通状况、地下管线情况等进行调查研究，对树木进行挂牌登记，并制定移栽的技术方案。

（4）应考虑到树木原生长条件应和定植地的立地条件相适应，例如土壤性质、温度、光照等条件，树种不同，其生物学特性也有所不同，移植后的环境条件就应尽量的和该树种的生物学特性和环境条件相符，如在近水的地方，柳树、乌桕等都能生长良好，而合欢则可能会很快死去；又如在背阴地方，云杉生长良好，而油松的长势非常衰弱。

（5）应该选择合乎绿化要求的树种，树种不同，形态各异，因而它们在绿化上的用途也不同。如行道树，应考虑干直冠大、分枝点高，有良好的庇荫效果的树种；而庭院观赏树就应讲究树姿造型。

（6）应选择壮龄的树木，因为移植大树需要很多人力、物力。若树龄太大，移植后不久就会衰老很不经济；而树龄太小，绿化效果又较差，所以既要考虑能马上起到良好的绿化效果，又要考虑移植后有较长时期的保留价值，故一般慢生树选 20～30 年生；速生树种则选用 10～20 年生，中生树可选 15 年生，果树、花灌木为 5～7 年生。

（7）应选择生长正常的树木以及没有感染病虫害和未受机械损伤的树木。

（8）选树时还必须考虑移植地点的自然条件和施工条件，移植地的地形应平坦或坡度不大，过陡的山坡，根系分布不正，不仅操作困难且容易伤根，不易起出完整的土球，因而应选择便于挖掘处的树木，最好使起运工具能到达树旁。

（9）如在森林内选择树木时，必须选密度不大、生长在阳光下的树，过密的树木移植到城市后不易成活，且树形不美观、装饰效果欠佳。

3. 大树移植的时间

（1）如果掘起的大树带有较大的土块，在移植过程中严格执行操作规程，移植后又注意养护，那么，在冬季时间都可以移植大树。但在实际中，因树种和地域不同，最佳移植时间也有所差异。一般情况下，最佳移植大树的时间是早春。因为这时树液开始流动并开始发芽、生长，挖掘时损伤的根系容易愈合和再生，移植后，经过从早春到晚秋的正常生以后，树木移植时受伤的部分已复原，给树木顺利越冬创造了有利条件。

（2）在春季树木开始发芽而树叶还没有全部长成以前，树木的蒸腾达未达到最旺盛时期，这时候，进行带土球的移植，缩短土球暴露在空间的时间，栽植后进行精心的养护管理也能确保大树的存活。

（3）盛夏季节，由于树木的蒸腾量大，此时移植对大树的成活不利，在必要时可采取加大土球，加强修剪、遮阴，尽量减少树木的蒸腾量，也可以成活。由于所需技术复杂，费用较高，故尽可能避免。但在北方的雨期和南方的梅雨期，由于空气中的湿度较大，因而有利于移植，可带土球移植一些针叶树种。

（4）深秋及冬季，从树木开始落叶到气温不低于−15℃这一段时间，也可移植大树，这个期间，树木虽处于休眠状态，但是地下部分尚未完全停止活动，故移植时被切断的根系能在这段时间进行愈合，给来年春季发芽生长创造良好的条件。但是在严寒的北方，必须对移植的树木进行全面保护，才能达到这一目的。

（5）南方地区尤其在一些气温不太低、湿度较大的地区，一年四季均可移植，落叶树还可裸根移植。

（6）我国幅员辽阔，南北气候相差很大，具体的移植时间应视当地的气候条件以及需移植的树种不同而有所选择。

8.2.2　大树移植前的准备工作

1. 大树预掘的方法

为了保证树木移植后能很好地成活，可在移植前采取一些措施，促进树木的须根生长，这样也可以为施工提供方便条件，常用下列方法：

（1）多次移植：此法适用于专门培养大树的苗圃中，速生树种的苗木可以在头几年每隔 1～2 年移植一次，待胸径达 6cm 以上时，可每隔 3～4 年再移植一次。而慢生树待其胸径达 3cm 以上时，每隔 3～4 年移一次，长到 6cm 时，则隔 5～8 年移植一次，这样树苗经过多次移植，大部分的须根都聚生在一定的范围，因而再移植时，可缩小土球的尺寸和减少对根部的损伤。

（2）预先断根法：预先断根法又称回根法，主要适用于一些野生大树或一些具有较高观赏价值的树木的移植，一般是在移植前 1～3 年的春季或秋季，以树干为中心，2.5～3.0 倍胸径为半径或以较小于移植时土球尺寸为半径划一个圆或方形，再在相对的两面向外挖 30～40cm 宽的沟（其深度则视根系分布而定，一般为 50～80cm），对较粗的根应用锋利的锯或剪，齐平内壁切断，然后用沃土（最好是沙壤土或壤土）填平，分层踩实，定期浇水，这样便会在沟中长出许多须根。到第二年的春季或秋季再以同样的方法挖掘另外相对的两面，到第 3 年时，在四周沟中均长满了须根，这时便可移走，如图 8.2-1 所示。挖掘时应从沟的外缘开挖，断根的时间可按各地气候条件有所不同。

（3）根部环状剥皮法：如同上法挖沟，但不切断大根，而采取坏状剥皮的方法，剥皮的宽度为 10～15cm，这样也能促进须根的生长，这种方法由于大根未断，树身稳固，可以不必增加支柱。

2. 大树的修剪

修剪是大树移植过程中，对地上部分进行处理的主要措施，至于修剪的方法各地不

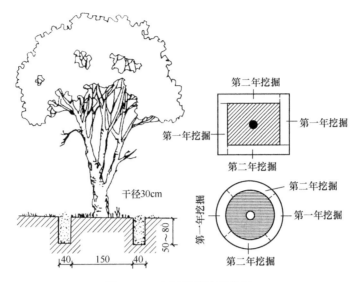

图 8.2-1 大树断根法示意图

一，一般可分为如下几种方法：

（1）修剪枝叶：这种方法是目前修剪的主要方式，凡病枯枝、过密交叉枝、徒长枝、干扰枝均应剪去。此外，修剪量也与移植季节、根系情况有关。当气温高、湿度低、带根系少时应重剪；而湿度大，根系也大时可适当轻剪。此外，还应考虑到功能要求，如果要求移植后马上起到绿化效果的应轻剪，而有把握成活的则可重剪。在修剪时，还应考虑到树木的绿化效果。如毛白杨作行道树时，就不应砍去主干，否则树梢分叉太多，改变了树木固有的形态，甚至影响其功能。

（2）摘叶：这种方法是细致费工的工作，只适用于少量名贵的树种，移前为减少蒸腾可摘去部分树叶，移后即可再萌出树叶。

（3）摘心：这种方法是为了促进侧枝生长，一般顶芽生长的如杨树、白蜡、银杏、柠檬桉等均可用此法以促进其侧枝生长，但是如木棉、针叶树种都不宜摘心处理，故应根据树木的生长习性和要求来决定。

（4）剥芽：这种方法是为抑制侧枝的生长，促进主枝的快速生长，控制树冠不致过，以防风倒。

（5）摘花摘果：为减少养分的消耗，移植前后应适当地摘去树上的一部分花、果。

（6）刻伤和环状剥皮：刻伤的伤口可以是纵向也可以是横向，环状剥皮是在芽下 2～3cm 处或在新梢基部剥去 1～2cm 宽的树皮到木质部。其目的在于控制水分、养分的上升，抑制部分枝条的生理活动。

3. 大树的编号定向

（1）编号是当移栽成批的大树时，为使施工有计划地顺利进行，可把栽植坑及要移栽的大树均编上一一对应的号码，使其移植时可对号入座，以减少现场混乱及事故。

（2）定向是在树干上标出南北方向，使其在移植时仍能保持它按原方位栽下，以满足它对庇荫及阳光的要求。

4. 清理现场及安排运输路线

在起树前，应把树干周围 2～3cm 以内的碎石、瓦砾堆、灌木丛及其他障碍物清除干净，并将地面大致整平，以为顺利移植大树创造条件。然后按树木移植的先后次序，合理安排运输路线，以使每棵树都能顺利运出。

5. 大树的支柱与捆扎

（1）为了防止在挖掘时由于树身不稳、倒伏引起工伤事故及损坏树木，因而在挖掘前应对需移植的大树支柱，一般是用 3 根直径 150mm 以上的截木。

（2）分立在树冠分支点的下方，然后再用粗绳将 3 根截木和树干一起捆紧，截木底脚应牢固支持在地面上，最好是与地面成 60°左右，支柱时应使 3 根截木受力均匀，特别是避风向的一面要支撑牢固。

（3）截木的长度不定，底脚应立在挖掘范围以外，以免妨碍挖掘工作。

6. 工具材料的准备

对大树的包装时，要根据具体的情况来决定，一般情况下，包装方法不同，所需材料也不同，下列表中列出草绳和蒲包混合包装所需材料（表 8.2-1）、木板方箱移植所需材料（表 8.2-2）、木板方箱移植所需的机具（表 8.2-3）。

草绳和蒲包混合包装所需材料   表 8.2-1

序号	移栽土球的规格（mm） （土球直径×土球高度）	蒲包	草绳
1	2000×1500	13 个	直径 20mm，长 1350m
2	1500×1000	5.5 个	直径 20mm，长 300m
3	1000×800	4 个	直径 16mm，长 175m
4	800×600	2 个	直径 13mm，长 100m

木板方箱移植所需材料   表 8.2-2

材料		木板方箱规格要求	主要用途
1	木板	大号	上板长 2m、宽 0.2m、厚 0.03m； 底板长 1.75m、宽 0.3m、厚 0.05m； 边长上缘长 1.85m、下缘长 1.85m 宽 0.7m、厚 0.05m	移植土球规格可视土球大小而定
		小号	上板长 1.65m、宽 0.3m、厚 0.05m； 底板长 1.75m、宽 0.3m、厚 0.05m； 边长上缘长 1.5m、下缘长 1.4m 宽 0.65m、厚 0.05m	
2	方木		100mm 见方	支撑
3	木墩		直径 200mm、长 250mm，要求料直而坚硬	挖底时四角支柱上球
4	铁钉		长 50mm 左右，每棵树约 400 根	固定箱板

木板方箱移植所需器具   表 8.2-3

	工具名称	工具规格要求	主要用途
1	铁锹	圆口锋利	开沟刨土
2	小平铲	短把、口宽、15cm 左右	修土球掏底
3	平铲	平口锋利	修土球掏底
4	大头尖镐	一头尖、一头平	刨硬土
5	小头尖镐	一头尖、一头平	掏底

	工具名称	工具规格要求	主要用途
6	钢丝绳机	—	收紧箱板
7	货车	大卡车	运输树木用
8	铁棍	刚性好	转动紧线器用
9	铁锤	—	钉薄钢板
10	扳手	—	维修器械
11	小锄头	短把、锋利	掏底
12	手锯	大、小各一把	断根
13	吊车	1台，起重质量视土台大小	装、卸用
14	千斤顶	1台，液压	上底板用
15	斧子	2把	钉薄钢板、砍木头
16	钢丝绳	2根，粗0.4寸。每根长为10～12m	捆扎箱板

7. 运输准备

因为大树移植所带土球较大，所以其重量和体积较大，一般情况下，人力装卸是十分难的，必须应配备一定数量的吊车与大卡车来运输大树。同时应事先查看运输路线，对低矮的架空线路应采取临时措施，防止事故发生。对需要进行病虫害检疫的树种，应事先办理检疫证明，取得通行证。

8.2.3 大树移植方法

1. 概述

当前常用的大树移植挖掘和包装方法主要有以下几种：

（1）软材包装移植法：在城市道路绿化建设中，将挖掘圆形的土球（树木的胸径在10～15cm或稍大一些的常绿乔木）移植到道路两旁的一种方法。

（2）木箱包装移植法：在城市道路绿化建设中，将挖掘方形土台（树木的胸径15～30cm的常绿乔木）移植到道路两旁的一种方法。

（3）机械移植法：在城市道路绿化建设中，由专门移植大树的移植机，将胸径在25cm以下的乔木移植到道路两旁的一种方法。

（4）冻土移植法：在城市道路绿化建设中，我国北方寒冷地区较多采用冻土移植法。

2. 软材包装移植法

（1）大树的掘苗：

1）土球大小的确定：树木选好后，可根据树木胸径的大小来确定挖土球的直径和高度，可参考表8.2-4所列。一般来说，土球直径为树木胸径的7～10倍，土球过大容易散球且会增加运输困难。土球过小又会伤害过多的根系以影响成活，所以土球的大小还应考虑树种的不同以及当地的土壤条件，最好是在现场试挖一株，观察根系分布情况，再确定土球大小。

2）土球的规格（表8.2-4）：

土球规格表   表 8.2-4

树木胸径（mm）	土球的规格		
	土球直径（mm）	土球高度（mm）	留底直径
100～120	胸径 8～10 倍	600～700	土球直径的 1/3
130～150	胸径 7～10 倍	700～800	

3）支撑：为了保证树木和操作人员的安全，挖掘前应进行支撑。一般采用木杆或竹竿于树干下部 1/3 处支撑，要绑扎牢固。

4）拢冠：遇有分枝点低的树木，为了操作方便，于挖掘前用草绳将树冠下部围拢，其松紧以不损伤树枝为度。

5）画线：以树干为中心，按规定土球直径画圆并撒白灰，作为挖掘的界限。

6）挖掘：沿灰线外线挖沟，沟宽 60～80cm，沟深为土球的高度。

7）修坨：挖掘到规定深度后，用铁锹修整土球表面，使上大下小（留底直径为土球直径的 1/3），肩部圆滑，呈苹果型。如遇粗根，应以手锯锯断，不得用铁锹硬铲而造成散坨。

8）缠腰绳：修好后的土球应及时用草绳（预先浸水湿润）将土球腰部系紧，称为"缠腰绳"。操作时，一人缠绕草绳，另一人用石块拍打草绳使其拉紧，并以略嵌入土球为度。草绳每圈要靠紧，宽度为 20cm 左右，如图 8.2-2 所示。

9）开底沟：缠好腰绳后，沿土球底部向内挖一圈底沟，宽度为 5～6cm，便于打包时兜底，防止松脱。

10）打包：用蒲包、草袋片、塑料布、草绳等材料，将土球包装起小称为"打包"。打包是掘苗的重要工序，其质量好坏直接影响大树移植的成活率，必须认真操作。操作方法如下：

首先采用包装物将土球表面全部盖严，不留缝隙，用草绳稍加围拢，使包装物固定；然后用双股湿草绳一端拴在树干上，然后放绳顺序缠绕土球，稍成倾斜状，每次均应通过底沿至树干基部转折，并用石块拍打拉紧。每道间距为 8cm，土质疏松时则应加密。草绳应排匀理顺，避免互拧；最后采用竖向草绳捆好后，在内腰绳上部，再横捆十几道草绳，并用草绳将内、外腰绳穿连起来系紧，如图 8.2-2 所示。

图 8.2-2   包装好土球示意图

11）封底：打完包之后，轻轻将树推倒，用蒲包谷底部堵严，用草绳捆牢。

我国地域辽阔，自然条件差别很大，土球的大小及包装方法应因地制宜。如南方土质较黏重，可直接用草绳包装常用橘子包、井字包和五角形包等方法。

（2）大树吊装运输：

1）准备工作：备好吊车、货运汽车。准备捆吊土球的长粗绳，要求具有一定的强度和柔软性。准备隔垫用木板、蒲包、草袋及拢冠用草绳（图 8.2-3）。

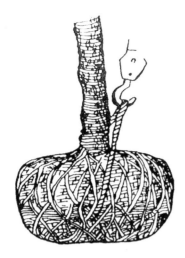

图 8.2-3　土球吊装示意图

2）吊装前，用粗绳捆在土球腰下部，并垫以木板，再挂以脖绳控制树干。先试吊一下，检查有无问题，再正式吊装。

3）装车时应将土球朝前，树梢向后，顺卧在车箱内，将土球垫稳并用粗绳将土球与车身捆牢，防止土球晃动散体。

4）树冠较大时，可用细绳拢冠，绳下塞垫蒲包、草袋等物，防止磨伤枝叶。

5）装运过程中，应有专人负责，特别注意保护主干式树木的顶枝不遭受损伤。

6）大树的卸车：卸车也应使用吊车，有利于安全和质量的保证。卸车后，如不能立即栽植，应将苗木立直，支稳，严禁苗木斜放或倒地。

（3）大树的栽植：

1）挖穴：树坑的规格应大于土球的规格，一般坑径大于土球直径 40cm，坑深大于土球高度 20cm。遇土质不好时，应加大树坑规格并进行换土。

2）施底肥：需要施用底肥时，将腐熟的有机肥与土拌匀，施入坑底和土球的周围，一般情况下，底肥是随栽随施。

3）入穴：入穴时，应按原生长时的南北向就位，在条件许可的情况下，可以取姿态最佳的一面作为主要观赏面。树木应保持直立，土球顶面应与地面平齐。可事先用卷尺分别量取土球和树坑尺寸，如不相适应，应进行调整。

4）支撑：树木直立后，立即进行支撑。为了保护树干不受磨伤，应预先在支撑部位用草绳将树干缠绕一层，防止支柱与树干直接接触，并用草绳将支柱与树干捆绑牢固，严防松动。

5）拆包与填土：将包装草绳剪断，尽量取出包装物，实在不好取时可将包装材料压入坑底。如发现土球松散，严禁松解腰绳和下部包装材料，但腰绳以上的所有包装材料应全部取出，以免影响水分渗入。然后应分层填土、分层夯实（每层厚 20cm），操作时不得损伤土球。

6）筑土堰：在坑外缘取细土筑一圈高 30cm 灌水堰，用锹拍实，以备灌水。

7）灌水：大树栽后应及时灌水，第一次灌水量不宜过大，主要起沉实土壤的作用，第二次水量要足，第三次灌水后即可封堰。

3. 木箱包装移植法

木箱包装法适用于胸径 15～30cm 的大树，可以保证吊装运输的安全而不散坨。

（1）移植：由于利用木箱包装，相对保留了较多根系，并且土壤与根系接触紧密，水分供应较为正常除新梢生长旺盛期外，一年四季均可进行移植。但为了确保成活率，还是应该选择适宜季节进行移植。

（2）机具准备：掘苗前应准备好需用的全部工具、材料、机械和运输车辆，并由专人管理。掘苗时 4 人一组，一组掘一株，挖掘上口 1.85m 见方、高 80cm 土块的大树，所需材料、工具、机械设施见表 8.2-3。

（3）大树掘苗：

1）土台（块）规格：土台越大，固然有利于成活，但给起、运带来很大困难。因此应在确保成活的前提下，尽量减小土台的大小。一般土台的上边长为树木胸径的 7～10 倍，具体见表 8.2-5 所列。

土台规格表

表 8.2-5

树木胸径（cm）	15～16	18～24	25～27	28～30
土台规格（m） 边长×厚度	1.5×0.6	1.8×0.7	2.0×0.8	2.2×0.9

2）挖土台划线：以树干为中心，以边长尺寸加大 5cm 划正方形，作为土台的范围。同时，做出南北方向的标记。

3）挖沟：施工中必须沿正方形外线挖沟，沟宽应满足操作要求，一般为 0.6～0.8m，一直挖到规定的土台厚度。

4）去表土：为了减轻质量，可将根系很少的表层土挖去，以出现较多树根处开始计算土台厚度，可使土台内含有较多的根系。

5）修平：挖掘到规定深度后，即采用铁锹修平土台四壁，使四面中间部位略为凸出。如遇粗根可用手锯将其锯断，并使锯口稍陷入土台表面，但绝不可外凸。修平后的土台尺寸应稍大于边板规格，以便续紧后使箱板与土台靠紧。其土台应呈上宽下窄的倒梯形，与边板形状一致。

（4）立边板：其主要操作内容分别如下：

1）立边板：土台修好后，应立即上箱板，以免土台坍塌。先将边板沿土台四壁放好，使每块箱板中心对准树干中心，并使箱板上边低于土台顶面 1～2cm，作为吊装时土台下沉的余量。两块箱板的端头应沿土台四角略为退回，如图 8.2-4 所示。随即用蒲包片将土台四角包严，两头压在箱板下。然后在木箱边板距上、下口 15～20cm 处各绕钢丝绳一道。

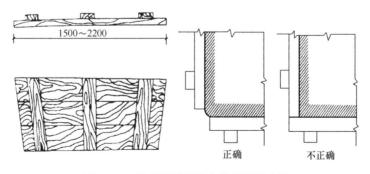

图 8.2-4 箱板及端部的安装位置示意图

2）上紧线器：在上下两道钢丝绳各自接头处装上紧线器并使其处于相对方向（东西或南北）中间板带处，如图 8.2-5 所示，同时紧线器从上向下转动应为工作行程。先松开紧线器，收紧钢丝绳，使紧线器处于有效工作状态。紧线器在收紧时，必须两个同时进行，收紧速度下绳应稍快于上绳。收紧到一定程度时，可用木棍捶打钢丝绳，如发出嘣嘣的弦声表示已经收紧，即可停止了。

3）钉箱：板箱被收紧后，即可在四角钉上铁皮（铁腰子）8～10道。每条铁皮上至少要有两对铁钉钉在带板上。钉子稍向外侧倾斜，以增加拉力，如图 8.2-5 所示。四角铁皮钉完后用小锤敲击铁皮，发出咚咚的弦音时表示铁皮紧固，即可松开紧线器，取下钢丝绳。加深边沟沿木箱四周继续将边沟下挖 30～40cm，以便掏底。

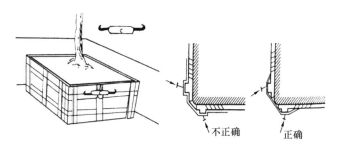

图 8.2-5　紧线器安装位置及铁皮的钉牢

4）支树干：一般情况下，采用 3 根木杆（竹竿）支撑树干并绑牢，保证树木直立。

（5）掏底与上底板：用小板镐和小平铲将箱底土台大部掏空，称为"掏底"，以便于钉封底板，如图 8.2-6 所示。

图 8.2-6　掏底作业示意图

1）掏底施工过程中，应分次地进行，每次掏底宽度应等于或稍大于欲钉底板每块木板的宽度。当掏够一块木板的宽度后，应立即钉上一块底板。底板的间距一般为 10～15cm，应排列均匀。

2）上底板之前，应按量取所需底板长度（与所对应木箱底口的外沿平齐）下料（锯取底板），并在每块底板两头钉好铁皮。

3）上底板时，先将一端贴紧边板，将薄钢板钉在木箱带板上，底面用圆木墩须牢（圆木墩下可垫以垫木）；另一头用油压千斤顶顶起与边板贴紧，用薄钢板钉牢。撤下千斤顶，支牢木墩。两边底板上完后，再继续向内掏挖。

4）支撑木箱在掏挖箱底中心部位前，为了防止箱体移动，保证操作人员安全，将箱板的上部分别用横木支撑，使其固定。支撑时，先于坑边挖穴，穴内置入垫板，将横木一端支垫，另一端顶住木箱中间带板并用钉子钉牢。

5）掏中心底时要特别注意安全，操作人员身体严禁伸入箱底，并派人在旁监视，防止事故发生。风力达到四级以上时，应停止操作。底部中心也应略凸成弧形，以利底板靠紧。粗根应锯断并稍陷入土内。掏底过程中，如发现土质松散，应及时用窄板封底；如有土脱落时，马上用草袋、蒲包填塞，再上底板。

（6）上盖板：于木箱上口钉木板拉结，称为"上盖板"。上盖板前，将土台上表面修成中间稍高于四周，并于土台表面铺一层蒲包片。树干两侧应各钉两块木板，木箱包装法如图 8.2-7 所示。

4. 吊装运输

木箱包装移植大树，因其质量较大（单株质量在 2t 以上），必须使用起重机械吊装。生产中常用汽车吊，其优点是机动灵活，行驶速度快，操作简捷。

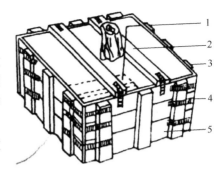

图 8.2-7　木板箱整体包装示意图
1—底板；2—上板；3—板带；4—铁皮；
5—边板

（1）装车：运输车辆一般为大型货车，树木过大时，可用大型拖车。吊装前，用草绳捆拢树冠，以减少损伤。

1）首先采用一根长度适当的钢丝绳，在木箱下部的 1/3 处将木箱拦腰紧密地围住，并将两头绳套扣在吊车的吊钩上，然后轻轻地起吊，待木箱离地前而停车。一般采用蒲包片或草袋片将树干包裹起来，并在树干上系一根粗绳，另一端扣在吊车的吊钩上，防止树冠倒地，如图 8.2-8 所示。

2）继续起吊。当树身躺倒时，在分枝处拴 1～2 根绳子，以便用人力来控制树木的位置，避免损伤树冠，便于吊装作业。

3）装车时，木箱一般应装在前面，树冠装在后面，且木箱上口与后轴相齐，木箱下面用方木垫稳。为使树冠不拖地，在车厢尾部用两根木棍绑成支架将树干支起，并在支架与树干间塞垫蒲包或草袋防止树皮被擦伤，用绳子捆牢。捆木箱的钢丝绳应用紧线器绞紧，如图 8.2-9 所示。

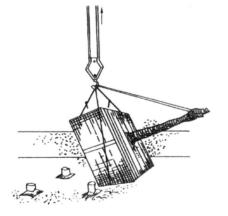

图 8.2-8　木箱的吊装示意图

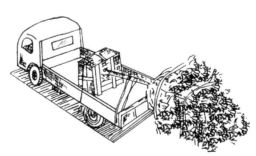

图 8.2-9　木箱包装大树装车法

（2）大树的运输：大树运输，必须有专人在车厢上押运，保护树木不受损伤。

1）开车前，押运人员必须仔细检查装车情况，如绳索是否牢固，树冠能否拖地，与树干接触的部位是否都用蒲包或草袋隔垫等。如发现问题，应及时采取措施解决。

2）对超长、超宽、超高的情况，事先应有处理措施，必要时，事先办理行车手续，对需要进行病虫害检疫的树木，应事先办理检疫证明。

3）押运人员应随车携带绝缘竹竿，以备途中支举架空电线。

4）押运人员应站在车箱内，便于随时监视树木状态，出现问题及时通知驾驶员停车处理。

（3）大树的卸车：

1）卸车前，先解开捆拢树冠的小绳，再解开大绳，将车停在预定位置，准备卸车。

2）起吊用的钢丝绳和粗绳与装车时相同。木箱吊起后，立即将车开走。

3）木箱应呈倾斜状，落地前在地面上横放一根 40cm×40cm 大方木，使木箱落地时作为枕木。木箱落地时要轻缓，以免振松土台。

用两根方木（10cm×10cm，长 2m）垫在木箱下，间距 0.8～1.0m，以便栽吊时穿绳操作，如图 8.2-10 所示。松缓吊绳，轻摆吊臂，使树木慢慢立直。

5. 大树的栽植

（1）用木箱移植大树，坑（穴）亦应挖成方形，且每边应比木箱宽出 0.5m，深度大于木箱高 0.15～0.20m。土质不好，还应加大坑穴规格。需要客土或施底肥时，应事先备好客土和有机肥料。

（2）树木起吊前，检查树干上原包装物是否严密，以防擦伤树皮。用两根钢丝绳兜底起用，注意吊钩不要擦伤树木枝与干，如图 8.2-11 所示。

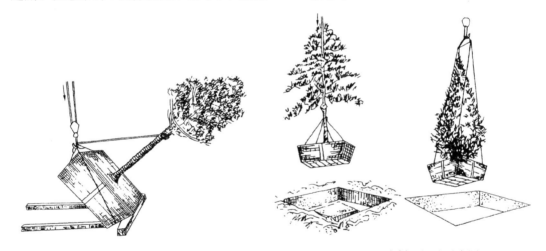

图 8.2-10　卸车垫木方法示意图　　　　图 8.2-11　大树入坑法示意图

（3）树木就位前，按原标记的南北方向找正，满足树木的生长需求。同时，在坑底中央堆起高 0.15～0.2m、宽 0.7～0.8m 的长方形土台，且使其纵向与木箱底板方向一致，便于两侧底板的拆除。

（4）拆除中心底板，如遇土质已松散时，可不必拆除。

（5）严格掌握栽植深度，应使树干地痕与地面平齐，不可过深过浅。木箱入坑后，经检查即可拆除两侧底板。

（6）树木落稳后，抽出钢丝绳，用 3 根木杆或竹竿支撑树干分枝点以上部位，绑牢。为防止磨伤树皮，木杆与树干之间应以蒲包或草绳隔垫。

（7）拆除木箱的上板及覆盖物。填土至坑深的 1/3 时，方可拆除四周边板，以防塌坨。以后每层填土 0.2～0.8m 厚即夯实一遍，确保栽植牢固，并注意保护土台不受破坏。需要施肥时，应与填土拌匀后填入。

（8）大树移植的质量要求：

1）大树移植应保持对称平衡，行道树或行列种植树木应在一条线上，相邻植株规格应合理搭配，高度、开径、树形近似，树木应保持直立，不得倾斜，应注意观赏面的合理朝向。

2）种植绿篱的株行距应均匀。在苗圃修剪成型的绿篱，种植时应按造型接栽，深浅保持一致。

3）植带土球树木时，不易腐烂的包装物必须拆除。

4）珍贵树种应采取树冠喷雾、树干保湿和树根喷布生根激素等措施。

6. 大树的支架

对栽植的常绿大树或高大的落叶乔木，应在树干周围用木棍埋 1～3 个支柱，以防倒伏，如图 8.2-12 所示。支柱要牢固，应深埋 30cm 以上，支柱与树干相接部位应垫上蒲包片，以避免磨伤树皮，见大树支架示意图 8.2-13、图 8.2-14。

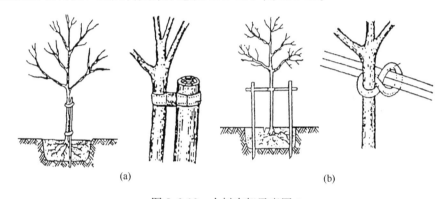

图 8.2-12　大树支架示意图 1

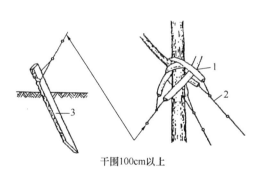

干围100cm以上

图 8.2-13　大树支架示意图 2
1—杉皮、棕毛、棕线绑扎；
2—铅丝；3—空心管

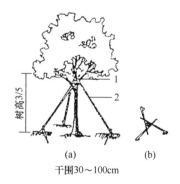

干围30～100cm

图 8.2-14　大树支架示意图 3
（a）立面图；（b）平面图
1—杉皮、棕皮、棕线绑扎；2—支柱

7. 定植后的灌水

（1）树木定植后 24h 内必须浇上第一遍水，定植后第一次灌水称为头水。水要浇透，使泥土充分吸收水分，灌头水主要目的是通过灌水将土壤缝隙填实，保证树根与土壤紧密结合以利根系发育，故亦称为压水。

（2）水灌完后应作一次检查，由于踩不实树身会倒歪，要注意扶正，树盘被冲坏时要

487

修好。之后，应连续灌水，尤其是大苗，在气候干旱时，灌水极为重要，千万不可疏忽。

（3）常规做法为定植后必须连续灌 3 次水，之后视情况适时灌水。第一次连续 3 天灌水后，要及时封堰（穴），即将灌足水的树盘撒上细面土封住，称为封堰，以免蒸发和土表开裂透风。大树定植后，每株每次浇水量可参考表 8.2-6。

树木移植后的浇水表　　　　　表 8.2-6

乔木及常绿树胸径 （cm）	灌木高度 （m）	树堰直径 （cm）	浇水量 （kg）
7～10	2～3	110	250
10～15	3～4	150	400
15～25	4～5	250	600
25 以上	6～8	350	1000

（4）定植、灌水完毕后，一定要加强围护，用围栏、绳子围好，以防人为损害，必要时派人看护。以上诸工作完成后，立即清理现场，保持清洁，使施工现场美观整洁。树木种植后浇水、支撑固定的规定如下：

1）种植后应在略大于种植穴直径的周围，筑成高 15～25cm 的灌水土堰，堰应筑实，不得漏水。坡地可采用鱼鳞穴式种植。

2）新植树木应在当日浇透第一遍水，以后应根据当地情况及时补水。北方地区种植后浇水不少于 3 遍；对于黏性的土壤，宜适量浇水；对于根系发达的树种，浇水量宜较多；肉质根系树种，浇水量宜少。

3）对人员集散较多的广场、人行道，树木种植后，种植池应铺设透气护栅。种植胸径在 5cm 以上的乔木，应在下风向设支柱固定。支柱应牢固，绑扎树木处应夹垫物，绑扎后的树干应保持直立。攀缘植物种植后，应根据植物生长需要，进行绑扎或牵引。

4）秋季种植的树木，浇足水后可封穴越冬。

5）干旱地区或遇干旱天气时，应增加浇水次数。干热风季节，应对新发芽放叶的树冠喷雾，宜在 10 时前和 15 时后进行。

6）浇水时应防止因水流过急冲刷裸露根系或冲毁围堰，造成跑漏水。浇水后出现土壤沉陷，致使树木倾斜时，应及时扶正、培土。

7）浇水渗下后，应及时用围堰土封树穴。再筑堰时，不得损伤根系。

8. 树木栽植和大树移植质量验收项目和要求（表 8.2-7）

树木栽植和大树移植质量验收项目表　　　　　表 8.2-7

序号	工程名称	主控项目	一般项目	检验方法	检查数量
1	栽植土	《园林绿化工程施工及验收规范》CJJ 82—2012 4.1.3 条第 1、2、3 款	《园林绿化工程施工及验收规范》CJJ 82—2012 4.1.1 条、4.1.3 条第 4、5 款	经有资质检测单位测试	每 500m³ 或 2000m² 为一检验批，随机取样 5 处，每处 100g 组成一组试样 500m³ 或 2000m² 以下，取样不少于 3 处
2	栽植前场地清理	4.1.4 条第 2、4 款	4.1.4 条第 5、6 款	观察、测量	1000m² 检查 3 处，不足 1000m² 检查不少于 1 处

续表

序号	工程名称	主控项目	一般项目	检验方法	检查数量
3	栽植土回填及地形造型	4.1.5 条第 2、4 款	4.1.5 条第 3、5、6 款	经纬仪、水准仪、钢尺测量	1000m² 检查 3 处，不足 1000m²检查不少于 1 处
4	栽植土施肥和表层整理	4.1.6 条第 1 款	4.1.6 条第 2 款	试验、检测报告、观察、尺量	1000m² 检查 3 处，不足 1000m²检查不少于 1 处
5	栽植穴、槽	4.2.3 条第 1 款，4.2.4 条，4.2.6 条	4.2.5 条，4.2.7 条，4.2.8 条	观察、测量	100 个穴检查 20 个，不足 20 个全数检查
6	植物材料	4.3.1 条，4.3.2 条	4.3.3 条，4.3.4 条	观察、量测	每 100 株检查 10 株，少于 20 株，全数检查。草坪、地被、花卉按面积抽查 10%，4m² 为一点，至少 5 个点，<30m² 全数检查
7	苗木运输和假植	4，4.3 条，4.4.6 条	4.4.4 条，4.4.5 条，4.4.7 条	观察	每车按 20% 的苗株进行检查
8	苗木修剪	4.5.4 条第 1、2 款	4.5.4 条第 3、4、5 款	观察、测量	100 株检查 10 株，不足 20 株的全数检查
9	树木栽植	4.6.1 条第 2、6、7、10 款	4.6.1 条第 3、4、5、8 款，4.6.4 条，4.6.5 条	观察、测量	100 株检查 10 株，少于 20 株的全数检查。成活率全数检查
10	浇灌水	4.6.2 条第 1、2、4 款	4.6.2 条第 3、5、6 款	测试及观察	100 株检查 10 株，不足 20 株的全数检查
11	支撑	4.6.3 条第 2、3 款	4.6.3 条第 4、5、6 款	晃动支撑物	每 100 株检查 10 株，不足 50 株的全数检查
12	大树挖掘包装	4.7.3 条第 2 款中的 3)、4)	4.7.3 条第 2 款中的 5)、6)、7)	观察、尺量	全数检查

8.3 道路绿化工程竣工验收

8.3.1 概述

1. 道路绿化工程竣工验收的概念和作用

（1）当道路绿化工程按设计要求完成全部施工任务并可供开放使用时，道路绿化工程的施工单位就要向建设单位办理移交手续，这种接交工作称为项目的竣工验收。

（2）竣工验收既是项目进行移交的必须手续，又是通过竣工验收对建设项目成果的工程质量、经济效益等进行全面考核评估的过程。凡是一个完整的园林建设项目，或是一个单位的道路绿化工程建成后达到正常使用条件的，都要及时组织竣工验收。

489

（3）道路绿化工程建设项目的竣工验收是道路绿化程建设全过程的一个阶段，它是由投资成果转为使用、对公众开放、服务于社会、产生效益的一个标志，因此竣工验收对促进建设项目尽快投入使用、发挥投资效益、对建设与承建双方全面总结建设过程的经验或教训都具有十分重要的意义和作用。

2. 道路绿化工程竣工验收的依据和标准

（1）竣工验收的依据：

1）上级主管部门审批的计划任务书、设计文件等。

2）道路绿化工程招投标文件和工程合同，道路绿化施工图纸和说明、图纸会审记录、设计变更签证和技术核定单。

3）国家或行业颁布的现行施工技术验收规范及工程质量检验评定标准。

4）有关施工记录及工程所用的材料、构件、设备质量合格文件及验收报告单。

5）承建施工单位提供的有关质量保证等文件，国家颁布的有关竣工验收文件。

（2）竣工验收的标准：道路绿化工程建设项目涉及多种门类、多种专业，且要求的标准也各异，加之其艺术性较强，故很难形成国家统一标准，因此对工程项目或一个单位工程的竣工验收，可采用分解成若干部分，再选用相应或相近工种的标准进行，一般道路绿化工程可分解为土建工程和绿化工程两个部分。

1）土建工程的验收标准：凡是工程、游憩、服务设施及娱乐设施等土建工程应按照设计图纸、技术说明书、验收规范及建筑工程质量检验评定标准验收，并应符合合同所规定的工程内容及合格的工程质量标准。不论是游憩性建筑还是娱乐、生活设施建筑，不仅建筑物室内工程要全部完工，而且室外工程的明沟、踏步斜道、散水以及建筑物周围场地也要完工，还要清除杂物，并达到水通、电通、道路通。

2）绿化工程的验收标准：施工项目内容、技术质量要求及验收规范和质量应达到设计要求、验收标准的规定及各工序质量的合格要求，如树木的成活率、草坪铺设的质量、花坛的品种、纹样等。

8.3.2 道路绿化工程竣工验收的准备工作

道路绿化竣工验收前的准备工作是竣工验收工作顺利进行的基础，道路绿化工程的承建施工单位、建设单位、设计单位和监理工程师均应尽早做好准备工作，其中以承建施工单位和监理工程师的准备工作最为重要。

1. 承建施工单位的准备工作

（1）道路绿化工程档案资料的汇总整理：道路绿化工程档案永久性技术资料，是道路绿化工程项目竣工验收的主要依据。因此，档案资料的准备必须符合有关规定及规范的要求，必须做到准确、齐全，能够满足道路绿化建设工程进行维修、改造和扩建的需要。一般包括以下内容：

1）部门对该工程的有关技术决定文件；竣工工程项目一览表，主要包括道路绿化工程的名称、位置、面积、特点等。

2）地质勘察资料，道路绿化工程竣工图，工程设计变更记录，施工变更洽商记录，设计图纸会审记录；永久性水准点位置坐标记录、建筑物、构筑物沉降观察记录。

3）在道路绿化工程施工中所采用的新工艺、新材料、新技术、新设备的试验、验收和鉴定记录；工程质量事故发生情况和处理记录。

4）建筑物、构筑物、设备使用注意事项文件；竣工验收申请报告、工程竣工验收报告、道路绿化工程竣工验收证明书、工程养护与保修证书等。

（2）道路绿化工程承建施工单位的自验：施工自验是承建施工单位资料准备完成后，在项目经理组织领导下，由生产、技术、质量、预算、合同和有关的工长或施工员组成预验小组。根据国家或地区主管部门规定的竣工标准、施工图和设计要求、国家或地区规定的质量标准的要求，以及合同所规定的标准和要求，对道路绿化工程的竣工项目按分段、分层、分项地逐一进行全面检查，预验小组成员按照自己所主管的内容进行自检、并做好记录，对不符合要求的部位和项目，要制定修补处理措施和标准，并限期修补好。施工单位在自验的基础上，对已查出的问题全部修补处理完毕后，项目经理应报请上级再进行复检，为正式验收做好充分准备。道路绿化工程中的竣工验收检查主要有以下内容：

1）对道路绿化工程建设用地内进行全面检查，对施工范围的场区内外进行全面检查。

2）临时设施工程，整地工程，管理设施工程，服务设施工程。

3）大型广场的铺装，大型运动设施工程；大型游戏设施工程。

4）绿化工程，主要是检查高、中树栽植作业、灌木栽植、移植工程、地被植物栽植等，包括以下具体内容：

① 对照设计图纸，是否按设计要求施工，检查植株数有无出入。

② 支柱是否牢靠，外观是否美观；有无枯死的植株；栽植地周围的整地状况是否良好；草坪的栽植是否符合规定；草和其他植物或设施的接合是否美观。

（3）编制道路绿化工程竣工图：

1）竣工图编制的依据：道路绿化工程施工中未变更的原施工图，设计变更通知书，工程联系单，施工洽商记录，施工放样资料，隐蔽工程记录和工程质量检查记录等原始资料。

2）竣工图编制的内容要求：

① 施工中未发生设计变更，按图施工的施工项目，应由施工单位负责在原施工图纸上加盖"竣工图"标志，可作为竣工使用。

② 施工过程中有一般性的设计变更，但没有较大结构性的或重要管线等方面的设计变更，而且可以在原施工图上进行修改和补充，可不再绘制新图纸，由施工单位在原施工图纸上注明修改和补充后的实际情况，并附以设计变更通知书、设计变更记录和施工说明。然后加盖"竣工图"标志，亦可作为竣工图使用。

③ 施工过程中凡有重大变更或全部修改的，如结构形式改变、标高改变、平面布置改变等，不宜在原施工图上修改补充时，应重新绘制实测改变后的竣工图，施工单位负责人在新图上加盖"竣工图"标志，并附上记录和说明作为竣工图。

④ 竣工图必须做到与竣工的工程实际情况完全吻合，不论是原施工图还是新绘制的竣工图，都必须是新图纸，必须保证绘制质量，完全符合技术档案的要求，坚持竣工图的校对、审核制度，重新绘制的竣工图，一定要经过施工单位主要技术负责人的审核签字。

（4）进行道路绿化工程与设备的试运转和试验的准备工作：该工作主要包括：安排各种设施、设备的试运转和考核计划；编制各运转系统的操作规程；对各种设备、电气、仪表和设施做全面的检查和校验；进行电气工程的全面负责试验，管网工程的试水、试压试验；喷泉工程试水等。

2. 监理工程师的准备工作

道路绿化工程监理工程师首先应提交验收计划，计划内容主要分为竣工验收的准备、竣工验收、交接与收尾三个阶段的工作。每个阶段都应明确其时间、内容及标准的具体要求。该计划应事先征得道路绿化工程建设单位、施工单位及设计等单位的意见，并应达到一致。其主要内容如下：

(1) 整理与汇集各种经济、技术资料：道路绿化工程总监理工程师于项目正式验收前，指示其所属的各专业监理工程师，按照原有的分工，对各自负责管理监理的项目的技术资料进行一次认真的清理。大型的道路绿化工程项目的施工期往往是1～2年或更长的时间，因此必须借助以往收集的资料，为监理工程师在竣工验收中提供有益的数据和情况，其中有些资料将用于对承建施工单位所编的竣工技术资料的复核、确认和办理合同责任，工程结算和工程移交；

(2) 竣工验收条件，验收依据和验收必备技术资料：这项工作是监理单位必须要做的又一重要准备工作。监理单位应将上述内容拟定好后发给道路绿化工程建设单位、施工单位、设计单位及现场的监理工程师。

1) 竣工验收条件：合同所规定的承包范围的各项工程内容均已完成；各分部、分项及单位工程均已由承接施工单位进行了自检自验，且都符合设计和国家施工及验收规范及工程质量验评标准、合同条款的规范等；电力、上下水、通信等管线等均与外线接通、联通试运行，并有相应的记录；竣工图已按有关规定如实地绘制，验收的资料已备齐，竣工技术档案按档案部门的要求进行整理。对于大型园林建设项目，为了尽快发挥园林建设成果的效益，也可分期、分批的组织验收，陆续交付使用。

2) 竣工验收的依据：列出竣工验收的依据，并进行对照检查。

3) 竣工验收必备的技术资料：大中型园林建设工程进行正式验收时，往往是由验收小组来验收。而验收小组的成员经常要先进行中间验收或隐蔽工程验收等，以全面了解工程的建设情况。为此，监理工程师与承接施工单位主动配合验收委员会（验收小组）的工作，验收委员会（验收小组）对一些问题提出的质疑，应给予解答。需要给验收小组提供的技术资料主要有：竣工图，分项、分部工程检验评定的技术资料。

4) 竣工验收的组织：一般道路绿化建设工程项目多由建设单位邀请设计单位、质量监督及上级主管部门组成验收小组进行验收，工程质量由当地工程质量监督站核定质量等级。

8.3.3 道路绿化竣工验收程序

1. 竣工项目的预验收

(1) 概述：道路绿化工程竣工项目的预验收，是在施工单位完成自检自验并认为符合正式验收条件，在申报工程验收之后和正式验收之前的这段时间内进行的。委托监理的道路绿化建设工程项目，总监理工程师即应组织其所有各专业监理工程师来完成。竣工预验收要吸收建设单位、设计，质量监督人员参加，而施工单位也必须派人配合竣工验收工作。

(2) 由于竣工预验收的时间长，又多是各方面派出的专业技术人员，因此对验收中发现的问题多在此时解决，为正式验收创造条件。为做好竣工预验收工作，总监理工程师要提出一个预验收方案，这个方案含预验收需要达到的目的和要求；预验收的重点；预验收的组织分工；预验收的主要方法和主要检测工具等，并向参加预验收的人员进行必要的培训，使其明确以上内容。

（3）竣工验收资料的审查：

1）技术资料主要审查的内容：道路绿化工程项目的开工报告；工程项目的竣工报告；图纸会审及设计交底记录；设计变更通知单；技术变更核定单；工程质量事故调查和处理资料；水准点、定位测量记录；材料、设备、构件的质量合格证书；试验、检验报告；隐蔽工程记录；施工日志；竣工图；质量检验评定资料；工程竣工验收有关资料。

2）技术资料审查方法：

①审阅：边看边查，把有不当的及遗漏或错误的地方记录下来，然后再对重点仔细审阅，作出正确判断，并与承接施工单位协商更正。

②校对：监理工程师将自己日常监理过程中所收集积累的数据、资料，与施工单位提交的资料一一校对，凡是不一致的地方都记载下来，然后再与承建施工单位商讨，如果仍然不能确定的地方，再与当地质量监督站及设计单位来佐证资料的核定。

③验证：若出现几个方面资料不一致而难以确定时，可重新测量实物予以验证。

（4）道路绿化工程竣工的预验收：在某种角度来说，道路绿化工程竣工的预验收比正式验收更为重要。因为正式验收时间短促不可能详细、全面地对工程项目一一查看，而主要依靠对工程项目的预验收来完成。因此所有参加预验收的人员均要以高度的责任感，并在可能的检查范围内，对工程数量、质量进行全面的确认，特别对那些重要部位和易于遗忘的都应分别登记造册，作为预验收的成果资料，提供给正式验收中的验收委员会参考和承接施工单位进行整改。预验收的主要工作如下：

1）组织与准备：参加预验收的监理工程师和其他人员，应按专业或区段分组，并指定负责人。验收检查前，先组织预验收人员熟悉有关验收资料，制定检查方案，并将检查项目的各子目及重点检查部位以表或图列示出来。同时准备好工具、记录、表格，以供检查中使用。

2）组织预验收：检查中可分成若干专业小组进行，划定各自工作范围，以提高效率并可避免相互干扰。上述检查之后，各专业组长应向总监理工程师报告检查验收结果。如果查出的问题较多较大，则应指令道路绿化的承建施工单位限期整改并再次进行复验，如果存在的问题仅属一般性的，除通知承建施工单位抓紧整修外，总监理工程师即应编写预验报告一式三份，一份交承建施工单位供整改用；一份备正式验收时转交验收委员会；一份由监理单位自存。这份报告除文字论述外，还应附上全部预验检查的数据。与此同时，总监理工程师应填写竣工验收申请报告送道路绿化项目建设单位。

2. 竣工项目的正式竣工验收

（1）准备工作，向各验收委员会单位发出请柬，并书面通知设计、施工及质量监督等有关单位；拟定竣工验收的工作议程，报验收委员会主任审定；选定会议地点；准备好一套完整的竣工和验收的报告及有关技术资料。

（2）正式竣工验收程序：

1）由各验收委员会主任（验收小组长）主持验收委员会会议。会议首先宣布验收委员会名单，介绍验收工作议程及时间安排，简要介绍道路绿化工程概况，说明此次竣工验收工作的目的、要求及其做法。

2）由设计单位汇报设计情况及对设计的自检情况，由施工单位汇报施工情况以及自检自验的结果情况，由监理工程师汇报工程监理的工作情况和预验收结果。

3）在实施验收中，验收人员应先后对竣工验收技术资料及工程实物进行验收检查；也可分别对竣工验收的技术资料及工程实物进行验收检查。在检查中可吸收监理单位、设计单位、质量监督人员参加。在广泛听取意见、认真讨论的基础上，统一提出竣工验收的结论意见，如无异议，则予以办理竣工验收证书和工程验收鉴定书。

4）验收委员会主任宣布验收委员会的验收意见，举行道路绿化工程竣工验收证书和鉴定书的签字仪式。

5）建设单位代表发言；会议结束。

3. 道路绿化工程质量验收方法

（1）隐蔽工程验收：隐蔽工程是指那些在施工过程中上一工序的工作结束，被下一工序所掩盖，而无法进行复查的部位。因此，对这些工程在下一工序施工以前，现场监理人员应按照设计要求、施工规范，采取必要的检查工具，对其进行检查验收。如果符合设计要求及施工规范规定，应及时签署隐蔽工程记录交承接施工单位归入技术资料；如不符合有关规定，应以书面形式告诉施工单位，令其处理，处理符合要求后再进行隐蔽工程验收与签证。

道路绿化的隐蔽工程验收通常是结合质量控制中技术复核、质量检查工作来进行，重要部位改变时可摄影以备查考。隐蔽工程验收项目及内容包括：苗木的土球规格、根系状况、种植穴规格、施基肥的数量、种植土的处理等。

（2）分项工程验收：对于重要道路绿化工程的分项工程，监理工程师应按照合同的质量要求，根据该分项工程施工的实际情况，参照质量评定标准进行验收。在分项工程验收中，必须按有关验收规范选择检查点数，然后计算出基本项目和允许偏差项目的合格或优良的百分比，最后确定出该分项工程的质量等级，从而确定能否验收。

（3）分部工程验收：根据分项工程质量验收结论，参照分部工程质量标准，可得出该工程的质量等级，以便决定能否验收。

（4）单位工程竣工验收：通过对分项、分部工程质量等级的统计推断，再结合对质保资料的核在和单位工程质量观感评分，便可系统地对整个单位工程作出全面的综合评定，从而决定是否达到合同所要求的质量等级，进而决定能否验收。

8.3.4 道路绿化工程项目的交接

1. 道路绿化的工程移交

（1）一个道路绿化工程项目虽然通过了竣工验收，并且有的工程还获得验收委员会的高度评价，但实际中往往是或多或少地还可能存在一些漏项以及工程质量方面的问题。

（2）道路绿化工程的监理工程师要与承建施工单位协商一个有关工程收尾的工作计划，以便确定正式办理移交的所有手续。

（3）由于道路绿化工程移交不能占用很长的时间，因而要求承建施工单位在办理移交工作中力求使建设单位的接管工作简便。当移交清点工作结束后，监理工程师签发工程竣工交接证书，签发的工程交接书一式三份，建设单位、承建施工单位、监理单位各一份。工程交接结束后，承建施工单位即应按照合同规定的时间抓紧完成对临建设施的拆除和施工人员及机械的撤离工作，并做到工完场地清。

2. 道路绿化工程技术资料移交

（1）道路绿化建设工程的主要"技术资料"是工程档案的重要部分。因此在正式验收时就应提供完整的工程技术档案，由于工程技术档案有严格的要求，内容又很多，往往不仅是承接施工单位一家的工作，所以常常只要求承接施工单位提供工程技术档案的核心部分，而整个工程档案的归整、装订则留在竣工验收结束后，由建设单位、承接施工单位和监理工程师共同来完成。

（2）在整理道路绿化工程技术档案时，通常是建设单位与监理工程师将保存的资料交给承接施工单位来完成，最后交给监理工程师校对审阅，确认符合要求后，再由承接施工单位档案部门按要求装订成册；统一验收保存。

（3）道路绿化工程移交"技术资料"的内容：

1）项目准备与施工准备：申请报告，批准文件；有关建设项目的决议、批示及会议记录；可行性研究、方案论证资料；征用土地、拆迁、补偿等文件；工程地质（含水文、气象）勘察报告；道路绿化工程的概预算；承包合同、协议书、招投标文件；企业执照及规划、消防、环保、劳动等部门审核文件。

2）道路绿化项目施工：开工报告；工程测量定位记录；图纸会审、技术交底；施工组织设计等；基础处理、基础工程施工文件；隐蔽工程验收记录；施工成本管理的有关资料；工程变更通知单，技术核定单及材料代用单；建筑材料、构件、设备质量保证单及进场试验单；栽植的植物材料名单、栽植地点及数量清单；各类植物材料已采取的养护措施及方法；古树名木的栽植地点、数量、已采取的保护措施；水、电、暖、气等管线及设备安装施工记录和检查记录；工程质量事故的调查报告及所采取措施的记录；分项、单项工程质量评定记录；项目工程质量检验评定及当地工程质量监督站核定的记录等；竣工验收申请报告。

3）竣工验收：道路绿化工程竣工项目的验收报告；道路绿化工程竣工决算及审核文件；竣工验收的会议文件；竣工验收质量评价；工程建设的总结报告；工程建设中的照片、录像以及领导、名人的题词等。

第9章 隧道工程（新奥法）

9.1 隧道的构造及施工要点

9.1.1 隧道的构造

隧道结构构造由主体构造物和附属构造物两大类组成。主体构造物通常指洞身衬砌和洞门构造物，附属构造物是主体构造物以外的其他建筑，是为了运营管理、维修养护、给水排水、供蓄发电、通风、照明、通信、安全等而修建的构造物。隧道洞门应适当进行美化，并注意环保要求。洞门可拦截、汇集地下水，并沿排水渠道排离洞门进入道路两侧的排水沟，防止地表水沿洞门漫流。

9.1.2 隧道的施工要点

（1）隧道多为复合式衬砌设计，主体工程采用进出口相向掘进的方式施工，或采用"多头掘进（斜井或竖井），分部开挖作业，拱顶超前，仰拱在后，衬砌紧跟"的施工方案。总体实施2个、4个等多个作业面掘进，初期支护、二次衬砌三条循环作业面。不良地质地段施工采取短台阶法或分部法施工，特别在Ⅳ、Ⅴ级围岩地段，应严格按照"短开挖、弱爆破、强支护、快封闭、适时衬砌、勤量测"的原则组织施工，确保隧道不塌方。

（2）超前支护采用超前导管注浆加固，初期支护采用锚杆注浆，岩面钢筋网片锚固并喷射混凝土，架立钢支撑。

（3）出渣运输采用装载机装渣，自卸汽车完成无轨运输施工。建立稳定的排风系统，结合有系统、智能的监控量测数据报告和超前地质预报，保障施工顺利进行。

（4）为了保护岩（土）体的稳定和使车辆不受崩塌、落石等威胁，确保行车安全，应该根据实际情况，选择恰当合理的洞门形式，修筑洞门，并对边、仰坡进行适当的护坡。

（5）优先做好地面排水系统，减少洞口、洞顶明挖数量，施工时尽量避免破坏坡积层，尽早作好洞口防护，力争早进洞。洞身施工时，应将水的治理放在首要地位充分重视，作好探水、堵水及排水工作。

（6）隧道按复合式衬砌设计，施工中，对断层、破碎带、浅埋地段等多种不良地质段，作好超前钻探、预报，采取超前管棚、超前锚杆、注浆堵水、喷混凝土、格栅拱架、钢拱架、系统锚杆等综合支护手段。

（7）为了保证隧道完工后不渗不漏，开挖时要保证开挖面圆顺，对渗水地段预先进行有效处理，衬砌施工时采取先进无钉铺设复合防水板工艺，加强环形缝施工，对施工缝的处理要按设计及规范处理，并逐个检查、落实。衬砌后有渗漏的则采取背后压注水泥浆，进行防水、治水等。

9.1.3　隧道总体应符合的基本要求

（1）隧道衬砌内轮廓及所有运营设施均不得侵入建筑限界。

（2）洞口设置应满足设计要求。

（3）洞内外的排水系统设置应满足设计要求。

（4）高速公路、一级公路和二级公路隧道拱部、边墙、路面、设备箱洞应不渗水，有冻害地段的隧道衬砌背后不积水、排水沟不冻结，车行横通道、人行横通道等服务通道拱部不滴水，边墙不淌水。

（5）三级、四级公路隧道拱部、边墙应不滴水，设备箱洞不渗水，路面不积水，有冻害地段的隧道衬砌背后不积水、排水沟不冻结。

（6）隧道总体实测项目应符合表 9.1-1 的规定。

隧道总体实测项目表 9.1-1

项次	检查项目	规定值或允许偏差	检查方法和频率
1	行车道宽度（mm）	±10	尺量或按《公路工程质量检验评定标准 第一册 土建工程》JTG F80/1—2017 附录 Q：激光断面仪检测隧道断面法检查：曲线每 20m、直线每 40m 检查 1 个断面
2	内轮廓宽度（mm）	不小于设计值	
3△	内轮廓宽度（mm）	不小于设计值	激光测尘仪或按《公路工程质量检验评定标准 第一册 土建工程》JTG F80/1—2017 附录 Q：激光断面仪检测隧道断面法检查：曲线每 20m、直线每 40m 检查 1 个断面，每个断面测拱顶和两侧拱腰共 3 点
4	隧道偏位（mm）	20	全站仪：曲线每 20m、直线每 40m 测一处
5	边坡或仰坡坡度	不大于设计值	尺量：每洞口检查 10 处

注：△为分项工程中对结构安全、耐久性和主要使用功能起决定性作用的检查项目。

9.2　隧道围岩分级

9.2.1　隧道围岩分级

隧道围岩分级是设计、施工的基础。施工方法的选择、衬砌结构类型及尺寸的确定以及隧道施工劳动定额、材料消耗标准的制订都要以围岩分级作为主要依据。隧道围岩分级见表 9.2-1。

隧道围岩分级表表 9.2-1

围岩级别	围岩或土体主要定性特征	围岩基本质量指标（BQ）
I	坚硬岩（饱和抗压极限强度 R_b>60MPa），岩体完整，巨块状或巨厚层状整体结构	>550
II	坚硬岩（R_b>30MPa）岩体较完整，块状或厚层状结构较坚硬岩，岩体完整，块状整体结构	451～550

续表

围岩级别	围岩或土体主要定性特征	围岩基本质量指标（BQ）
Ⅲ	坚硬岩，岩体较破碎，巨块（石）碎（石）状镶嵌结构较坚硬岩或较软硬质岩，岩体较完整，块状体或中厚层状结构	351～450
Ⅳ	坚硬岩，岩体破碎，碎裂（石）结构； 较坚硬岩，岩体较破碎——破碎，镶嵌碎裂结构； 较软岩或软硬岩互层，且以软岩为主，岩体较完整——较破碎、中薄层状结构	251～350
Ⅳ	（1）土体压密或成岩作用的黏性土及砂性土； （2）黄土（Q_1，Q_2）； （3）一般钙质、铁质胶结的碎、卵石土、大块石土	
Ⅴ	较软岩，岩体破碎； 软岩，岩体较破碎——破碎； 极破碎各类岩体，碎、裂状、松散结构； 一般第四系的半干硬——硬塑的黏性土及稍湿至潮湿的一般碎、卵石土、圆砾、角砾土及黄土（Q_3，Q_4）。非黏性土呈松散结构，黏性土及黄土呈松软结构	<250
Ⅵ	软塑状黏性土及潮湿、饱和粉细砂层、软土等	

注：1. 本表不适用于特殊条件的围岩分级，如膨胀性围岩、多年冻土等。

2. 在工程可行性研究和初步勘测阶段，可采用定性划分的方法或工程类比的方法进行围岩级别划分。

9.2.2 围岩级别的判定方法

（1）隧道围岩分级的综合判断方法宜采用两步分级，并按以下顺序进行：

1）根据岩石的坚硬程度和岩体完整程度两个基本因素的定性特征和定量的岩体基本质量指标（BQ），综合进行初步分级。

2）对围岩进行详细定级时，应在岩体基本质量分级基础上考虑修正因素的影响，修正岩体基本质量指标值。按修正后的基本质量指标（BQ），结合岩体的定性特征综合评判、确定围岩的详细分级。

（2）围岩分级中岩石坚硬程度、岩体完整程度两个基本因素的定性划分和定量指标及其对应关系应符合《公路隧道施工技术规范》JTG/T 3660—2020 和《公路隧道设计规范 第一册 土建工程》JTG 3370.1—2018 中的有关规定。

（3）围岩详细定级时，如遇下列情况之一，应对岩体基本质量指标（BQ）进行修正：

1）有地下水；

2）围岩稳定性受软弱结构面影响，且由一组起控制作用；

3）存在高初始应力。

9.3 隧道施工技术

9.3.1 洞口工程

施工前根据设计图及洞口的具体地质情况确定洞口加固处理方案，然后进行刷坡。

边、仰坡开挖自上而下采用人工配合挖掘机进行开挖如图 9.3-1 所示。进洞前先完成地表排水系统，采取分层开挖，分层支护，自上而下，边挖边支护的洞口加固处理方法。洞口仰坡按照设计采用锚、网喷混凝土加固技术。不能直接用机械开挖的次坚石采用定向弱爆破，人工辅助机械装运弃方。进洞采用先施作超前小导管，弱爆破，短进尺，快循环，早封闭的施工方案。

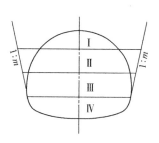

图 9.3-1　洞口明控作业示意图

9.3.2　明洞工程

1. 工艺流程

测量放线→明洞开挖→仰拱衬砌→衬砌台车就位→绑扎钢筋→浇筑混凝土

2. 施工方法

明洞开挖施工同洞口开挖，明洞基础要落在稳固地基上，如在土层上，须挖至基岩，用浆砌片石或素混凝土回填找平。明洞衬砌采用液压钢模衬砌台车全断面一次衬砌，外模及外支撑采用定制木模和钢管支撑，整体式灌注。

明洞防水层按设计要求施作，可根据实际情况在外铺一厚 3cm 的水泥砂浆保护层。防水层在明洞外模拆除后采用人工进行。墙背填充采用浆砌片石，墙背回填两侧同时进行，拱背回填对称分层夯实，由于回填量不大，采用人工配合小型机具进行回填。在回填土石上设黏土隔水层。明洞仰拱、铺底、水沟、路面施工同暗洞施工。

3. 施工技术要求

（1）灌注混凝土前复测中线和高程，衬砌不得侵入设计净空线。

（2）按断面要求制作定型挡头板、外模和骨架，并采取防止跑模的措施。

（3）浇筑混凝土达到设计强度 70% 以上时，方可拆除内外支模架。

（4）在外模拆除后立即做好防水层。

（5）明洞回填每层厚度不得大于 0.3m，其两侧回填时的土面高差不得大于 0.5m。夯实度不小于 93%，洞顶以上最大填土高度不超过 3.5m，回填至拱顶齐平后，立即分层满铺填筑至要求高度。

（6）明洞回填在衬砌强度达到 70% 后进行。

（7）拱背回填作黏土隔水层时，隔水层与边、仰坡搭接良好，封闭紧密，防止地表水下渗影响回填体的稳定。

4. 明洞质量控制要点

（1）明洞浇筑应符合下列基本要求：

1）基础的墙基载力应满足设计要求并符合施工技术规范规定，严禁超挖后回填虚土。

2）钢筋的加工及安装应满足设计要求。

3）明洞与暗洞连接应满足设计要求。

4）明洞与暗洞之间的沉降缝应满足设计要求。

（2）明洞浇筑实测项目应符合表 9.3-1 的规定。

明洞浇筑实测项目 表 9.3-1

项次	检查项目	规定值或允许偏差	检查方法和频率
1△	混凝土强度（MPa）	在合格标准内	按《公路工程质量检验评定标准 第一册 土建工程》JTG F80/1—2017 附录 D：水泥混凝土抗压强度评定检查
2△	混凝土厚度（mm）	不小于设计值	尺量或按《公路工程质量检验评定标准 第一册 土建工程》JTG F80/1—2017 附录 R：地质雷达检测隧道支护（衬砌）质量方法检查：每 10m 检查 1 个断面，每个断面测拱顶、两侧拱腰和两侧边墙共 5 点
3	墙面平整度（mm）	施工缝、变形缝处 20 其他部位 5	2m 直尺：每 10m 每侧连续检查 2 尺，测最大间隙

注：△为分项工程中对结构安全、耐久性和主要使用功能起决定性作用的检查项目。

（3）明洞防水层实测项目应符合表 9.3-2 的规定。

明洞防水层实测项目 表 9.3-2

项次	检查项目		规定值或允许偏差	检查方法和频率
1△	搭接长度（mm）		≥100	尺量：每环搭接测 3 点
2	卷材向隧道暗洞延伸长度（mm）		≥500	尺量：测 3 点
3	卷材向基底的横向延伸长度		≥500	尺量：测 3 点
4△	缝宽（mm）	焊接	焊缝宽≥10	尺量：每衬砌台车抽查 1 环，每环搭接测 5 点
		粘结	焊缝宽≥50	
5△	焊缝密实性		满足设计要求	按附录 8 检查每 10m 检查 1 处焊缝

注：△为分项工程中对结构安全、耐久性和主要使用功能起决定性作用的检查项目。

（4）明洞回填应符合下列基本要求：

1）人工回填时拱圈混凝土强度应不低于设计强度的 75%，机械回填应在拱圈混凝土强度达到设计强度且拱圈外人工夯填厚度不小于 10m 后进行。

2）墙背回填应两侧同时进行。

3）明洞黏土隔水层应与边坡、仰坡搭接良好，封闭紧密。

4）回填坡面应不积水。

5）明洞回填实测项目应符合表 9.3-3 的规定。

明洞回填实测项目 表 9.3-3

项次	检查项目	规定值或允许偏差	检查方法和频率
1	回填压实	符合设计要求	尺量：厚度及碾压遍数
2	每层回填层厚（mm）	≤300	尺量：每层每侧测 5 点
3	两侧回填高差（mm）	≤500	水准仪：每层每侧测 3 处
4	坡度	满足设计要求	尺量：检查 3 处
5	回填厚度（mm）	不小于设计值	水准仪：拱顶测 5 处

9.3.3　超前支护

1. 超前小导管施工

超前小导管支护参数根据地质条件、隧道断面大小及支护结构型式选用。

超前小导管注浆是在隧道开挖前，沿隧道开挖轮廓线外按一定角度打入直径为 32～70mm，长度 3～5m 的带孔钢管，利用钢管注浆，并与钢架连成一体进行围岩加固的超前支护方式，小导管超前支护作业如图 9.3-2 所示。

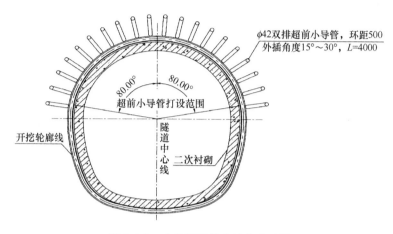

图 9.3-2　小导管超前支护作业示图

（1）施工流程：

测量放线→钻孔→清孔→顶入加工好的钢管→注浆

1）测量放线，确定小导管位置。

2）采用风钻或凿岩台车成孔，沿隧道周边布设，打孔辐射角度、间距、长度环向间距不大于设计要求，外插角控制在 10°～15°。小导管应注意两次循环之间的搭接不宜小于 1.2m。

3）钻至设计孔深后，用吹管将碎渣吹出、清孔，防止孔位坍塌。

4）顶入加工好的注浆钢花管，小导管周圈缝隙用塑胶泥封堵，并用棉纱将孔口堵塞，喷射混凝土封闭工作面，孔口露出喷射混凝土面 15cm。

5）连接注浆管路，进行压水试验，注浆压力控制在 1.0MPa 以内，观察工作面及管路漏浆情况，并及时封堵。

6）根据地质情况选用单液水泥浆、超细水泥浆、水泥（超细水泥）—水玻璃浆、改性水玻璃浆或化学浆液。

（2）小导管注浆

1）注浆前应喷射混凝土封闭作业面，防止漏浆，喷射混凝土不小于 4cm。

2）注浆材料应根据地质条件、注浆目的和注浆工艺全面考虑，但确保满足下列要求，浆液流动性好，固结后收缩好，具有良好粘结力和较高早期强度，结石体透水性低，抗渗能力强。当有水侵蚀作用时，采用耐侵蚀材料。

3）注浆过程中，注浆压力为 0.5～1.0MPa，并派专人做好记录。注浆结束后检查其效果，不合格者应补注，注浆达到效果后方可开挖。

4）注浆过程中注浆顺序应由拱脚向拱顶进行。

2. 洞口大管棚施工

管棚是利用钢管作为纵向支撑、钢格栅拱架作为横向环形支撑，构成纵、横向整体刚度较大，能阻止和限制围岩变形，并能提前承受早期围岩压力的一种超前支护形式。

管棚适用于特殊地质地段（破碎岩体、塌方体、岩堆地段、砂土质地层、强膨胀性地层、断层破碎带、浅埋大偏压等围岩）的隧道施工中采用。

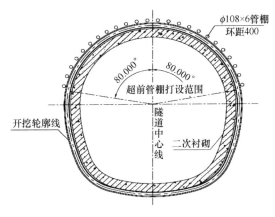

图 9.3-3　隧道管棚套拱图

隧道长大管棚施工主要工序有：安装钻机、钻孔、清孔、验孔、安装管棚钢管、注浆。

（1）管棚支护结构要点

1）洞口采用壁厚 6mm 的 ϕ108 热轧无缝钢管棚作为超前支护，环距、布置范围、单根长度、与隧道中心轴线夹角，应按设计要求或孔口位置沿隧道拱部开挖轮廓线外 10cm 布置，环向中心间距 40cm，插角约 10°，如图 9.3-3 所示。

2）6mm 的 ϕ127 热轧无缝钢管作为导向管，每根长 0.6～1m。套拱拱架采用工字钢拱架制作而成，共两榀。钻机采用履带式钻机，采用 ϕ130 岩芯钻头进行钻孔施工。

3）钢管采用外径 ϕ108、壁厚 8mm 的无缝钢管，每环钢管总长度为 30m。钢管上钻注浆孔，孔径为 ϕ10mm，孔间距 50cm，呈梅花形布置。钢管尾部 2m 不钻孔作为止浆段。

4）纵向两组管棚间，应有不小于 3.0m 的水平搭接长度。钢拱架采用钢格栅钢架。

（2）导向墙施工

洞口处施作导向墙：导向墙施工里程为 k0＋0～k0＋0.6，在此里程段处架立 2 榀 I20b 工字钢拱架，拱间距 60cm，在每榀拱架底脚施作 3 根 3m 长的 ϕ22 砂浆锁脚锚杆。拱架架设完成后用 ϕ22 连接钢筋焊接成一个整体。在钢架上焊接 ϕ127 的导向钢管，导向钢管长 0.6～1m，中间各管依次顺接。管口处钢管直接与钢拱架焊接，四周空隙采用混凝土封堵。与管棚位置方向一致，钢管焊接完成后，在钢拱架的内侧安装小钢模，然后浇筑混凝土包裹钢支撑和导向管，形成导向墙。导向墙完成后，喷射 C20 混凝土 15cm 厚封闭周围坡面，作为注浆时的止浆墙。

1）钻孔：钻机以开挖的台阶作为平台，钻孔时从中间顶部进行，采用 1 台履带式锚杆钻机作业。钻孔深度达到设计长度后，钻杆以低速退出，并往复进行扫孔，同时不间断的向孔内注入泥浆，保证不坍孔。如果地质条件复杂，钻进成孔困难，可考虑孔采用偏心钻头跟管施工工艺。

2）安管：钻杆完全退出后，立即将 ϕ108 钢管顶入孔内。如果岩层特别破碎，应考虑在钢管前端安装 ϕ110 合金钻头，利用管棚钢管直接扫孔。

① 管棚在安装前用高压风对钻孔进行扫孔、清孔，清除孔内浮渣，确保孔径、孔深

符合要求、防止堵孔。钢管可采用顶进安装，逐节接长，每节接头处要焊接严密，平顺，确保钢管顺利安装。

② 管棚管壁上钻孔，并呈梅花形布置其纵向间距为 150mm、孔径为 10mm，尾部（孔口段）为不钻孔的止浆段 2m。相邻两管棚的接头要错开，其错接长度不得小于 1.0m。管节间的连接方式采用不同管节组合方式错开，钢管连接采用 15cm 长的 $\phi95$ 连接套连接，连接套两端用电焊连接。

③ 管棚按照设计数量及长度安装完毕后，应在孔口处安装注浆注浆管，要求用 2mm 的钢板进行封堵钢管口，并在其上安装 $\phi20$ 的注浆闸阀，在钢管上安装一个 $\phi20$ 的排气闸阀。

3）注浆：为了加强管棚的刚度和强度，按设计将管棚钢管全部安装好后，进行钢管注浆。注浆机使用双液注浆机，注浆材料使用 R42.5 号普通硅酸盐水泥，水灰比为 1:1。

① 注浆前应采用喷射混凝土或其他的方式对开挖工作面进行封闭，形成止浆墙，防止浆液回流影响注浆效果。

② 注浆的顺序原则上由底向高依次进行，有水时从无水孔向有水孔进行，一般采用逐孔注浆。

③ 注浆压力根据岩层性质、地下水情况和注浆材料的不同而定，注浆初始压力为 0.5～1.0MPa，注浆终压取 1.5～2.0MPa，为了保证浆液充填满钢管内外以及渗透入围岩，在注浆结束时一般应稳压 3～5min。

④ 以单孔设计注浆量和注浆压力作为注浆结束标准，其中应以单孔注浆量控制为主，注浆压力控制为辅；注浆时要注意对地表以及四周进行观察，如压力一直不上升，应采取间隙注浆方法，以控制注浆范围。

9.3.4　隧道洞身开挖

1. 开挖方法

隧道的开挖方式主要有全断面法、台阶法、环形开挖预留核心土法、中隔壁法、双侧壁导坑法及中导洞法等。应根据隧道长度、断面大小、结构形式、工期要求、机械设备、地质条件等，选择适宜的开挖方案，并应具有较大适应性。

（1）全断面法：按设计断面一次基本开挖成形的施工方法。

（2）台阶法：先开挖上半断面，待开挖至一定距离后再同时开挖下半断面，上下半断面同时并进的施工方法。台阶法分为二台阶法、三台阶法。

（3）环形开挖预留核心土法：先开挖上台阶成环形，并进行支护，再分部开挖中部核心土、两侧边墙的施工方法。

（4）中隔壁法（CD 法）：在软弱围岩大跨隧道中，先开挖隧道的一侧，并施作中隔壁墙，然后再分部开挖隧道的另一侧的施工方法。

（5）交叉中隔壁法（CRD 法）：是一种在中隔壁法的基础上增加临时仰拱，更快地封闭初支的施工方法。

（6）双侧壁导坑法：先开挖隧道两侧的导坑，并进行初期支护，再分部开挖剩余部分的施工方法。

（7）中导洞法：在连拱隧道或单线隧道的喇叭口地段，先开挖两洞之间立柱（或中墙）部分，并完成立柱（或中墙）混凝土浇筑后，再进行左右两洞开挖的施工方法。

2. 适用范围

（1）全断面法适用于Ⅰ～Ⅲ级围岩的中小跨度隧道，Ⅳ级围岩中跨度隧道和Ⅲ级围岩大跨度隧道在采用了有效的预加固措施后，也可采用全断面法开挖。

（2）台阶法适用于Ⅲ～Ⅳ级围岩的中小跨度隧道，Ⅴ级围岩的小跨度隧道在采用了有效的预加固措施后亦可采用台阶法开挖。单车道隧道及围岩地质条件较好的双车道隧道可采用二台阶法施工，隧道断面较高、单层台阶断面尺寸较大时可采用三台阶法，台阶长度宜为隧道开挖跨度的 $1\sim1.5$ 倍。

（3）环形开挖预留核心土法适用于Ⅳ～Ⅴ级围岩或一般土质围岩的中小跨度隧道，每循环开挖长度宜为 $0.5\sim1.0m$，核心土面积不应小于整个断面的 50%。

（4）中隔壁法（CD法）或交叉中隔壁法（CRD法）适用于围岩较差、跨度大、浅埋、地表沉降需要控制的场合。

（5）双侧壁导坑法适用于浅埋大跨度隧道及地表下沉量要求严格而围岩条件很差的情况。

洞身开挖方法及开挖顺序见表 9.3-4。

洞身开挖方法及开挖顺序 表 9.3-4

围岩类别	开挖方法	示意图	开挖顺序说明
Ⅱ级	正台阶法		①上半断面开挖Ⅰ； ②下半断面开挖Ⅱ
Ⅲ级	台阶分部法		①上半断面开挖Ⅰ； ②下半断面开挖Ⅱ
Ⅳ级	单侧壁导坑法		①上半断面先行导坑开挖Ⅰ； ②设置临时支撑，与初期支护闭合； ③上半断面后行导坑开挖Ⅱ，爆破前拆除临时支护； ④下半断面左边部开挖Ⅱ； ⑤下半断面右边部开挖Ⅳ

围岩类别	开挖方法	示意图	开挖顺序说明
V级以上及大跨度隧道	双侧壁导坑法		①先行导坑上部开挖； ②先行导坑下部开挖； ③先行导坑喷锚支护、设置临时钢支撑； ④后行导坑上部开挖； ⑤后行导坑下部开挖； ⑥后行导坑锚喷支护、设临时钢支撑； ⑦中央部拱顶开挖； ⑧中央部拱顶锚喷支护； ⑨中央部中部开挖； ⑩中央部下部开挖； ⑪灌注仰拱混凝土； ⑫拆除临时支撑，铺设防水层，浇筑墙拱混凝土

3. 钻眼爆破掘进施工技术要点

钻眼爆破掘进是隧道最常采用的掘进方式，本节主要阐述该技术。

（1）钻爆设计

钻爆设计应根据工程地质、地形环境、开挖断面、开挖方法、循环进尺、转眼机具、爆破材料和出渣能力等因素综合考虑，并根据实际爆破效果及时对爆破设计参数进行调整。

钻爆设计的内容应包括：炮眼（掏槽眼、辅助眼、周边眼）的布置、数量、深度和角度、装药量和装药结构、起爆方法和爆破顺序等。设计图应包括炮眼布置图、周边眼装药结构图、钻爆参数、主要技术经济指标及必要的说明。

（2）钻眼机具

隧道工程中常使用的凿岩机有风动凿岩机和液压凿岩台车。其工作原理都是利用镶嵌在钻头体前端的凿刃反复冲击并转动破碎岩石而成孔。有的可通过调节冲击功大小和转动速度以适应不同硬度的石质，达到最佳成孔效果。

（3）炮眼布置和周边眼的控制爆破

掘进工作面的炮眼可分为掏槽眼、辅助眼和周边眼。

1）掏槽眼布置

掏槽眼的作用是将开挖面上某一部位的岩石掏出一个槽，以形成新的临空面，为其他炮眼的爆破创造有利条件。掏槽炮眼一般要比其他炮眼深10～20cm，以保证爆破后开挖深度一致。

根据坑道断面、岩石性质和地质构造等条件，掏槽眼排列形式有很多种，总的可分成斜眼掏槽和直眼掏槽两大类。斜眼掏槽和直眼掏槽。

2）辅助眼布置

辅助眼的作用是进一步扩大掏槽体积和增大爆破量，并为周边眼创造有利的爆破条件。其布置主要是解决间距和最小抵抗线问题，这可以由工地经验决定，一般最小抵抗线略大于炮眼间距。

3）周边眼布置

周边眼的作用是爆破后使坑道断面达到设计的形状和规格。周边眼原则上沿着设计轮廓均匀布置，间距和最小抵抗线应比辅助眼的小，以便爆出较为平顺的轮廓。

4）周边眼的控制爆破

在隧道爆破施工中，首要的要求是炮眼利用率高，开挖轮廓及尺寸准确，对围岩震动小。

① 光面爆破的特点

隧道光面爆破是支撑新奥法原理的重要技术之一。是指通过正确选择爆破参数和合理的施工方法，分区分段微差爆破，达到爆破后轮廓线整齐，超挖和欠挖符合设计规定要求、临空面平整规则的一种控制爆破技术，其主要标准是：

a. 开挖轮廓成型规则，岩面平整；

b. 岩面上保存 50％以上孔痕，且无明显的爆破裂缝；

c. 爆破后围岩壁上无危石。

隧道施工中采用光面爆破，对围岩的扰动比较轻微，围岩松弛带的范围只有普通爆破法的 1/9～1/2；大大地减少了超欠挖量，节约了大量的混凝土和回填片石，加快了施工进度，围岩壁面平整、危石少，减轻了应力集中现象，避免局部塌落，增进了施工安全，并为喷锚支护创造了条件。

② 光面爆破炮眼设计

炮眼布置原则：先布置掏槽眼和周边眼，再布置辅助眼、底板眼和内圈眼，最后布置普通掘进眼。

起爆顺序：首先是掏槽眼起爆，创造新的临空面，接着是辅助眼，由内向外依次起爆、层层剥离，最后起爆周边眼和底板眼。

起爆网路：所有炮孔按要求装入炸药和非电毫秒雷管，确保段数正确，做好炮孔堵塞，然后按区域将雷管脚线理顺，集中在一起用传爆雷管联结，传爆雷管尽量选用低段的非电毫秒雷管（其延时误差相对较小），并确保段数相同，最后所有传爆雷管用电雷管联结。

光面爆破掏槽眼、辅助眼、内圈眼、周边眼底板眼组成如图 9.3-4 所示。

在 1 号眼上下各打一个中空孔，孔径＝10cm，打眼深度应超过炮眼，既是中空眼也作为地质超前探孔，如图 9.3-5 所示。

a. 掏槽眼：掏槽眼采用楔形掏槽形式，可设计为梯形或菱形，为提高爆破效果。

b. 辅助眼：

辅助眼布置参数宜为：

钻孔直径 $d＝42mm$；

炮孔间距 $A＝70～90cm$；

最小抵抗线 $W＝70cm$；

孔深＝进尺长度＋10cm；

药卷直径采用 32mm。

为提高爆破效果，减少粉尘。

掏槽眼、辅助眼采用水压爆破新工艺。

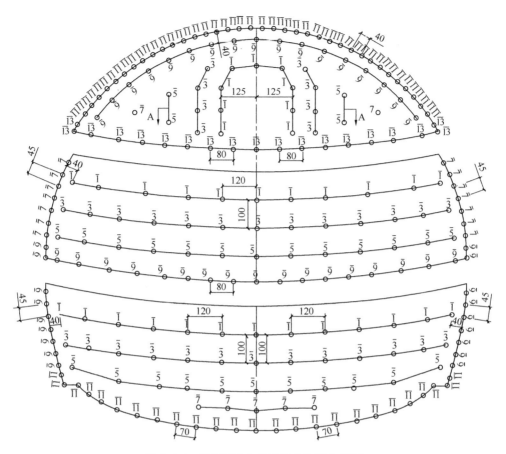

图 9.3-4　Ⅳ级围岩台阶法开挖炮眼布置图

水压爆破装药结构如图 9.3-6 所示。

c. 周边眼：

周边眼布置参数为：

炮眼直径 $d=38mm$；

间距：35～60cm；

孔深＝进尺长度＋10cm；

装药均采用小药卷间隔装药，装药结构如图 9.3-7
所示。

③ 光面爆破施工工艺

隧道围岩开挖是否能够得到控制，钻爆是最关键
的因素。钻爆过程最容易出现的就是围岩的超欠挖，

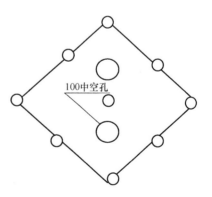

图 9.3-5　掏槽眼中空孔示意图

超欠挖现象直接造成围岩局部应力集中，对硬岩容易产生岩爆现象，对软岩则可能出现坍
塌，容易引发安全事故，不利于隧道围岩的自稳能力。在钻爆施工中，结合施工现场情况
针对不同的围岩要不断地进行优化，每一循环爆破后，对爆破效果评估，包括抛渣距离及
渣块大小、残留率、爆破深度、装药结构、药量大小、炮眼利用率等，通过统计、评估优
化爆破设计，从而提高爆破效果，减少对围岩的扰动，充分发挥爆破后围岩的自稳能力，

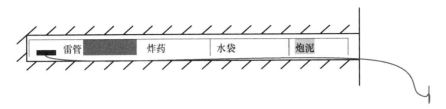

图 9.3-6　水压爆破装药结构图

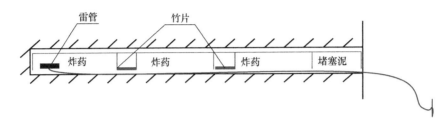

图 9.3-7　小药卷间隔装药示意图

确保施工安全，提高施工效率。为确保隧道施工过程的围岩开挖得到控制，围岩开挖应用光面爆破施工技术。具体工艺见如下步骤：

a. 放样布眼：

钻眼前，测量人员要用罐装喷漆准确绘出开挖面的中线和轮廓线，标出炮眼钻设位置，其误差不得超过 5cm。施工过程中使用全站仪控制开挖方向和开挖轮廓线。

b. 定位开眼：

人工 YT28 型风动凿岩机钻孔按炮眼布置图正确钻孔。对于掏槽眼和周边眼的钻眼精度要求比其他眼要高，开眼误差要控制在 3～5cm 以内。

c. 钻眼：

钻工要熟悉炮眼布置图，要能熟练地操练凿岩机械，特别是钻周边眼，一定要有丰富施工经验的老钻工司钻，台车下面有专人指挥，以确保周边眼有准确的外插角（眼深 3m 时，外插角小于 3°），应尽可能使两茬交界处台阶小于 15cm。同时，应根据眼口位置及掌子面岩石和凹凸程度调整炮眼深度，以保证炮眼底在同一平面上。

d. 清孔：

装药前，必须用由钢筋弯制的炮钩和小于炮眼直径的高压风管输入高压风将炮眼石屑刮出和吹净。

e. 装药：

装药需分片分组按炮眼设计图确定的装药量自上而下进行，雷管要"对号入座"。所有炮眼均以炮泥堵塞，堵塞长度不小于 20cm。

f. 联结起爆网络：

起爆网络为复式网络，以保证起爆的可靠性和准确性。联结时要注意：导爆管不能打结和拉细；各炮眼雷管连接次数应相同；引爆雷管应用黑胶布包扎在离一导爆管自由端 10cm 以上处。网络联好后，要有专人负责检查。

g. 瞎炮的处理：

发现瞎炮，应首先查明原因。如果是孔外的导爆管损坏引起的瞎炮，则切去损坏部分重新连接导爆管即可；但此时的接头应尽量靠近炮眼。如因孔内导爆管损坏或其本身存在问题造成瞎炮，则应参照《爆破安全规程》GB 6722—2014 有关条款处理。

h. 出渣：

出渣是影响进度的主要工序，合理地配备机械设备是提高效率的关键。

出渣作业流程：

爆破后进行通风排烟、排险、洒水降尘→装载机、自卸汽车就位→装渣→运渣→在专人指挥下进行卸渣

4. 洞身开挖质量检验标准

（1）爆破后的围岩面应圆顺平整无欠挖，超挖量应控制在 10～15cm。

（2）半眼痕保存率围岩为整体性好的坚硬岩石时，半眼痕保存率大于 80％，中硬岩石应大于 70％，软岩应大于 50％。

（3）对围岩的破坏爆破后围岩上无粉碎岩石和明显的裂缝，也不应有浮石（岩性不好时应无大浮石），炮眼利用率应大于 90％。

1）主控项目

① 严格实行施工测量控制，进洞后应按照规程要求进行测量复核工作。

检查数量：全数检查。

检验方法：检查测量复核记录。

② 开挖断面、尺寸必须符合设计要求，开挖轮廓线力求圆顺，严格控制局部超挖现象。

检查数量：全数检查。

检验方法：检查施工断面测量记录及监控量测记录。

③ 开挖断面应严格控制欠挖，防止出现净空不够的情况，拱脚、墙脚以上 1m 范围内严禁欠挖。

检查数量：全数检查。

检验方法：检查施工断面测量记录。

④ 外观检查：无松石、悬（危）石。

检查数量：全数检查。

检验方法：观察检查。

⑤ 钻爆法施工隧道洞身开挖允许偏差见表 9.3-5。

表 9.3-5

钻爆法施工隧道洞身开挖允许偏差

项次	检查项目		规定值或允许偏差	检查方法和频率
1	拱部超挖（mm）	破碎岩、土等（Ⅴ、Ⅵ级围岩）	平均 100，最大 150	精密水准仪或断面仪：每 20m 抽一个断面
		中硬岩、软岩（Ⅱ、Ⅲ、Ⅳ级围岩）	平均 150，最大 250	
		硬岩（Ⅰ级围岩）	平均 100，最大 200	

续表

项次	检查项目		规定值或允许偏差	检查方法和频率
2	边墙超挖 （mm）	每侧	＋100，－0	尺量：每20m检查1处
		全宽	＋200，－0	
3	仰拱、隧底超挖（mm）		平均100，最大250	精密水准仪：每20m检查3处

注：1. 最大超挖值指最大超挖处至设计开挖轮廓切线的垂直距离；

2. 表列数值不包括测量贯通误差。

2）一般项目

必须先复核隧道施工的实际工程地质与水文地质情况，才可以进行开挖。

检查数量：全数检查。

检验方法：检查施工地质记录、地勘报告，必要时可运用地质雷达等来作校核。

5. 坑道通风、降尘

爆破后，及时进行通风排烟和洒水降尘，炮响至少15min后，且掌子面的能见度达到要求时，方可安排人员进入排险。

（1）通风

实施机械通风，必须具有通风机和风道，按照风道的类型和通风安装位置，有如下几种通风方式：

1）风管式通风

风流经由管道输送，以新风流进的形式和方形，分为压入式、抽出式和混合式三种方式。

风管式通风的优点是设备简单、布置灵活、易于拆装，故为一般隧道施工采用。但由于管路的增长及管道的接头或多或少都有漏风，若不保证接头的质量就会造成因风管过长而达不到要求的风量。

2）巷道式通风

这种方法适用于有平行坑道的长隧道，其特点是：通过最前面的横洞和平行导坑组成一个风流循环系统，在平行导坑洞口附近安装通风机，将污浊空气由导坑抽出，新鲜空气由正洞流入，形成循环风流。另外对平行导坑和正洞前面的独头巷道，再辅以局部的内管式通风，这种通风方式断面大、阻力小，可提供较大的风量，是目前解决长隧道施工通风比较有效的方法。

3）风墙式通风

这种方法适用于较长隧道。当管道式通风难以解决又无平行导坑可以利用，则可利用隧道成洞部分较大的断面，用砖砌或木板隔出一条 $2\sim3m^2$ 的风道，以减小风管长度，增大风量满足通风要求。

（2）降尘

降尘采用洒水降尘的方法，在距掌子面约20m和30m各设1道水幕降尘器，当点炮后人员撤离时打开阀门，炮响15min后关闭，以清除爆破等作业所产生的粉尘和溶解部分有害气体。水幕降尘如图9.3-8所示。

当通风排烟、洒水除尘及排险结
束，安排装载机、自卸汽车、挖掘机
就位，进行出渣作业。

9.3.5　初期支护

隧道开挖后，初期支护必须及时，
以便及时形成支护作用，充分发挥围
岩的自稳能力。隧道初期支护主要有：
网喷混凝土、注浆锚喷、超前小导管、
超前锚杆、超前大管棚、型钢支撑、

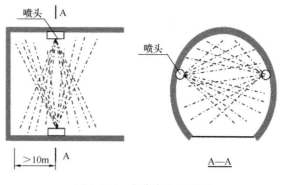

图 9.3-8　水幕降尘示意图

格栅钢架支撑，施工中可根据围岩地质情况，采用单独支护形式和复合支护形式。

采用钻爆法施工、设计为复合式衬砌的隧道，必须按照设计和施工规范要求的频率和
量测项目进行监控量测，用量测信息指导掘进、初期支护等施工，并提供系统、完整、真
实的量测数据和图表。

初期支护应能维护围岩的基本稳定、确保后续工序施工的安全。

初期支护应紧跟掘进掌子面，其距离应符合设计和规范要求。

1. 初喷混凝土

喷射混凝土是一种矿山巷道支护技术中一种快捷有效的初始围岩加固手段，具有自己
的独特优势。

（1）当出渣结束后（当地质很差，应在出渣前），立即进行初喷混凝土尽快封闭岩面，
初喷时，因岩面不平往往不易与喷射混凝土粘贴，应适当减小灰骨比，以利于粘结。喷射
混凝土作业采用分段、分片、分层依次进行，喷射时先将低洼处大致喷平，再按自下而上
顺序、分层、往复喷射，后一层应压在前一层的一半。

（2）喷射混凝土的作用是约束围岩的变形，分布围岩开挖造成的应力不均匀，在隧道
壁面形成一承载环，从而提高围岩的自稳能力。隧道工程喷射混凝土通常使用方式有干
喷、湿喷等。

1）干喷特点：喷射过程中粉尘、回弹较大，其中粗骨料回弹为多，对混凝土强度有
部分影响，由于回弹大，造成单位水泥用量也多。

2）湿喷特点：喷射过程中粉尘和回弹较小，但由于空气阻力的原因，不能长距离喷
送，混凝土拌合后的放置管理要求较高，管理不当容易浪费混凝土，而且湿喷方式对喷射
机械性能及使用的速凝剂要求相当高。而混凝土的潮喷（双喷）方式则综合了干、湿两种
方法，水泥用量及喷射混凝土附着强度达到了最大程度的节约和提高。

2. 锚杆施工

（1）中空注浆锚杆施工

锚杆打设以隧道断面呈辐射状分布，以纵向、横向呈梅花形布置。

中空注浆锚杆施工工艺流程为：测量放线→钻孔→清孔→安装锚杆→注浆。

1）测量放线，按设计要求，在岩面上标定锚杆位置。

2）采用凿岩台车打眼，打眼时，严格控制方向和辐射角度。

3）钻孔完毕，检查眼孔是否平直畅通，不合格重新钻眼，检查合格后用高压风清孔，

经现场监理工程师检验后，将锚杆送入眼孔。

4）依次安装套管、止浆塞、垫板和螺母，安装完毕后，注入水泥砂浆。注浆时应将眼孔中的气体排出，保证浆液饱满和注浆质量，注浆压力控制在0.5～1MPa之间。

5）采用锚杆拉力计作锚杆最终抗拉力试验，其抗拉力不小于设计要求的150kN。

6）作好现场施工记录包括锚杆长度、注浆压力、注浆数量、起止时间、抗拉力等。

（2）早强砂浆锚杆

凿岩台车或人工凿岩机钻孔、清孔后，使用早强锚固剂锚固。锚杆尾部设丝扣，安装钢垫板。早强砂浆锚杆施工步骤为：

1）将药卷浸入清水1min后取出（以软而不散为度）；

2）将锚固卷逐个用炮棍装入孔内捣实；

3）利用凿岩机的冲击力打入锚杆旋转直至浆液流出。装药的长度不得小于孔长的1/3。

（3）普通砂浆锚杆

施工采用先注浆后插锚杆的方法，施工工艺流程为：钻孔→清孔→注浆→安装锚杆。

1）钻孔、清孔完成后，采用压浆机注浆，水泥砂浆的浆液配制由设计并经试验确定，一般为：水泥∶砂∶水＝1∶1～1.5∶（0.45～0.5）（质量比），砂浆宜采用机械拌合均匀，随拌随用，一次拌合的砂浆应在初凝前用完，水泥砂浆的强度等级不应低于20MPa。

2）安插锚杆，注浆管应插至距孔底5～10cm处，随水泥砂浆的注入缓慢匀速拔出，随即迅速将杆体插入，锚杆杆体插入孔内的长度不得短于设计长度的95％。若孔口无砂浆流出，应将杆体拔重新注浆。

3）锚杆注浆后，在砂浆凝固前不得敲击、碰撞和拉拔锚杆，端部3d内不得悬挂重物。

（4）锚杆拉拔力检验

当锚杆注浆完成28d后，进行杆体的拉拔力检验，检验采用抽检的方式。当锚杆拉拔力达到规定值时，停止加载。当锚杆拉断或被拔出时，应分析原因，并补打锚杆。

（5）锚杆施工质量标准

主控项目：

① 锚杆的材质、类型、质量、规格、数量和性能必须符合设计和规范要求。

检查数量：全部。

检查方法：检查产品的合格证、试验报告、尺量。

② 锚杆孔径及布置形式应符合设计要求，孔内积水和岩粉（屑）应吹洗干净。

检查数量：全部。

检查方法：尺量、观察。

③ 锚杆插入孔内的长度不得短于设计长度的95％，锚杆长度不小于设计值。

检查数量：检查锚杆数的10％。

检查方法：尺量。

④ 砂浆锚杆和注浆锚杆的灌浆强度应不小于设计和规范要求，锚杆孔内灌浆密实饱满，浆液的配合比和掺加剂应符合设计和规范要求。

检查数量：每工作班 2 组。

检查方法：试验。

⑤ 锚杆 28d 抗拔力平均值不小于设计值，最小抗拔力不小于设计值的 95%。

检查数量：按锚杆数 1% 且不少于 3 根。

检查方法：抗拔力试验。

3. 挂钢筋网施工

针对开挖断面的形状，确定场外制作或现场制作网片，若断面形状较规则，平整，采用场外制作网片，然后现场拼接；若断面形状不规则，起伏较大，则采用现场制作网片，现场拼接，与岩壁紧贴安装。

施工要求：

按图纸标定的位置挂钢筋网，钢筋网使用前清除锈蚀，钢筋网按设计要求制作、绑扎固定于先期施工的锚杆上，并用混凝土块衬垫在钢筋和岩石之间，以保证钢筋和岩面之间保持 30～50mm 的间隙。

4. 钢架支撑及钢筋格栅安装

（1）施工方法

在洞外加工棚或工厂分节加工，钢架用弯轨机分节弯制，格栅拱架分节放样焊接成型。运至安装点利用简易工作平台和上台阶人工分节安装，与先期施工好的锚杆点焊连接。钢架间用纵向连接筋焊连。

（2）钢架支撑及钢筋格栅施工工艺流程如图 9.3-9 所示。

1）钢架加工制作工艺要求

① 钢架在洞外加工厂用弯轨机制作。按设计图放大样。将主钢筋、U 型钢冷弯成形，

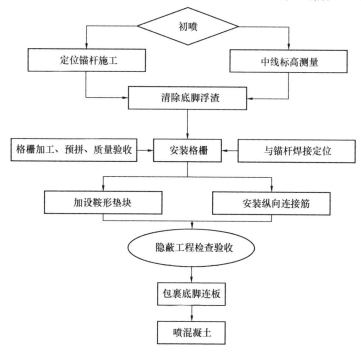

图 9.3-9　钢架支撑及钢筋格栅施工工艺流程

要求尺寸准确，弧形圆顺。格栅拱架按设计图配置加强筋与主筋焊接，焊接时，沿钢架两边对称焊接，防止变形。

② 钢架由拱部、边墙各单元钢构件拼装而成，钢架加工后要进行试拼，用专用 U 型钢连接件连接，沿隧道周边轮廓允许误差及平面翘曲，应在规范允许范围内。

2）钢架架设工艺要求

① 为保证钢架置于稳固的地基上，施工中在钢架基脚部位预留 0.15～0.2m 原地基，架立钢架时挖槽就位并在钢架基脚处进行固化以增加基底承载力。

② 为使钢架准确定位，钢架架设前均需预先打设定位系筋。系筋一端与钢架焊接在一起，另一端锚入围岩中 0.5～1.0m 并用砂浆锚固，当钢架架设处有锚杆时尽量利用锚杆定位，为增强钢架的整体稳定性，将钢架与锚杆焊接在一起。

③ 钢架按设计位置安设，钢架平面垂直于隧道中线，钢架的倾斜度、任何部位偏离铅垂面偏差应符合规范要求。在安设过程中当钢架和初喷层之间有较大间隙时，应设骑马垫块，钢架与围岩（或垫块）接触间距不大于 50cm。

④ 钢架架立后尽快施作喷混凝土，并将钢架全部覆盖，使钢架与喷混凝土共同受力。喷混凝土分层进行，每层厚度 5～6cm 左右，先从拱脚或墙脚向上喷射，以防止上部喷射掉落料虚掩拱脚（墙脚）而不密实，强度不够，造成拱脚（墙脚）失稳。

5. 喷射混凝土施工

喷射混凝土是借助喷射机械，利用压缩空气做动力，将一定比例的拌合料，通过高压管道输送并以高速喷射的同时，喷射高压水，使水泥砂石混合料在空气中与水混合，高速高压喷到受喷面上凝结硬化而成。混凝土由喷嘴喷出速度达到 60～80m/s，依靠高速喷射时水泥与集料的反复连续撞击压密混凝土，经过反复喷射最终形成完整、平顺的混凝土墙面。

喷射混凝土施工工艺措施各工序作业首先要认真遵照设计文件和施工规范要求进行。各工序作业要点如下：

（1）现场试验结合以往施工经验，通过试验优化选择出既满足施工需要，又符合设计要求的喷射混凝土生产工艺参数和配合比。

（2）准备埋设好喷厚控制标志，喷前要检查所有机械设备和管线，确保施工正常。对渗水面做好处理措施。

（3）人工清理岩面，清除开挖面的浮石、墙脚的石渣和堆积物；用高压风水枪冲洗喷面，对遇水易潮解的泥化岩层，采用压风清扫岩面；在受喷面滴水部位埋设导管排水，导水效果不好的含水层可设盲沟排水，对淋水处可设截水圈排水。

（4）喷射作业紧跟开挖工作面，混凝土终凝至下一循环放炮时间不得少于 3h。喷射作业严格执行喷射机的操作规程，应连续向喷射机供料，保持喷射机工作风压稳定，完成或因故中断喷射作业时，应将喷射机和输料管内的积料清除干净，防止管道堵塞。

（5）刚喷射完的部分要进行喷厚检查（通过埋设点、针探、高精度断面仪检测）不满足厚度要求的，及时进行复喷处理。挂网处要喷至无明显网条为止。

6. 喷射混凝土质量检验标准

（1）主控项目

1）混凝土、外掺剂等材料必须满足规范和设计要求。

检查数量：全部。

检查方法：检查产品合格证、试验报告。

2）喷射混凝土强度必须满足设计要求。

检查数量：每喷射 50～100m² 混合料或小于 50m³ 混合料的独立工程，不得少于 1 组，材料或配合比变更时需重新制取试件。

检查方法：试验。

3）采用钢纤维、聚丙烯纤维等喷射混凝土时，纤维的抗拉强度、规格等技术指标应符合设计和规范的要求，不得有油渍及明显的锈蚀。

检查数量：全部。

检查方法：检查产品合格证书、试验报告、观察。

4）喷射混凝土支护允许偏差值应符合表 9.3-6 的规定：

喷射混凝土支护允许偏差　　　　　　　表 9.3-6

序号	检查项目	允许偏差	检查方法和数量
1	喷层厚度（mm）	平均厚度≥设计厚度；检查点的 60%≥设计厚度；最小厚度≥0.6 设计厚度	凿孔法：每 10m 检查一个断面，每个断面从拱顶中线起每 3m 检查 1 点；雷达检测仪：沿隧道纵向分别在拱顶、两侧拱腰、两侧边墙连续测试共 5 条测线，每 10m 检查一个断面，每个断面测 5 点
2	空洞检测	无空洞、杂物	同上

（2）一般项目

1）喷射前要检查开挖断面的质量，用不低于喷射混凝土强度等级的混凝土处理好超挖，不允许欠挖。

检查数量：全部。

检查方法：观察。

2）喷射前，岩面必须清洁。

检查数量：全部。

检查方法：观察。

3）喷射混凝土支护应与围岩紧密粘接，结合牢固，喷层厚度应符合要求，不能有空洞，喷层内不容许添加片石和木板等杂物，必要时应进行粘结力测试。喷射混凝土严禁挂模喷射，受喷面必须是原岩面。

检查数量：全部。

检查方法：观察。

4）支护前应做好排水措施，对渗漏水孔洞、缝隙应采取引排、堵水措施，保证喷射混凝土质量。

检查数量：全部。

检查方法：观察。

9.3.6 洞身防排水工程施工

（1）隧道结构防水应遵循"以防为主、刚柔结合、排、截、堵多道防线、因地制宜、综合治理"的原则。

1)"以防为主":主要是以混凝土自防水为主,保证钢筋混凝土结构的自防水能力,采取有效的技术措施,保证防水混凝土达到规范规定的密实性、抗渗性、抗裂性、防腐性和耐久性。加强结构变形缝、施工缝、穿墙管、预埋件、预留通道、接头、桩头、拐角等细部构造的防水措施。

2)"刚柔结合":采用结构自防水和外包柔性防水层相结合的防水方式。适应结构变形,隔离地下水对混凝土的侵蚀,增加结构防水性、耐久性。

3)"多道防线":除以混凝土自防水为主、提高其抗裂和抗渗性能外,应辅以柔性外包防水层,并在围护结构的设计与施工中积极创造条件,满足防水要求,达到互补作用,才能实现整体工程防水的不渗、不漏。细部如变形缝、施工缝等同时设多道防水措施。

4)"因地制宜":根据工程地的环境和地质条件是,在潮湿多雨、气温高、地下水位高、补给来源丰富、地层渗透系数大等特点,确定采用结构自防水附加柔性防水层是有效的防水防腐措施。在城市修建隧道,根据环保、水资源保护的要求,防排水设计应侧重以"防"为主,以"排"为辅的原则。

5)"综合治理":地下工程防水是一项技术性强、部门多、涉及面广的综合性工程,因之要求结构与防水相结合,结构自防水与外包防水层相结合,主体结构防水与细部构造防水并重,主材与辅材配套,施工、设计相协调,同时做好其他辅助措施。

(2)排水设施施工:

1)隧道施工前,根据设计文件和调查资料,预计可出现地下水情况,估计水量,选择防、排水方案。施工中,再根据施工方法、机械设备等情况,选择适合于现场情况的施工防、排水方法,尽量避免与隧道作业(开挖、衬砌、运输)相互发生干扰。

2)隧道开挖前应先做好洞顶、洞口、辅助坑道口的地面排水系统,必要时还需采用地表防渗措施,防止地表水深入围岩,流入洞内,影响施工,危及安全。

3)对洞内围岩的出水部位、水量大小、涌水情况、变化规律、补给来源及水质成分等作深入细致地调查研究,做好观测、试验和记录,找出渗漏根源,为制定施工防、排水方案,为运营养护维修,提供可靠依据。

4)环向排水管、横向引水管和纵向排水管的布置间距、制作及连接方式按设计图纸施作。环向排水管沿岩面布设,采用长钢钉固定,拱部、墙部固定应牢固。

(3)防水层铺设:

采用复合防水层,为确保防水效果,二次衬砌衔接部采用铺设双层防水层。

施工要点如下:

1)施工程序:初期支护表面检查处理→材质检验→裁剪→吊带检查→地面焊接→铺挂→再焊接→焊缝自检→(补焊)→专检。

2)施工工艺:防水板的拼焊及铺挂采用热合焊接吊环铺挂工艺。

3)施工方法:采用热合焊接吊环铺设法。防水板拼接宜采用自动行走式热合机双焊缝焊接,在洞外地面上用热合机将几幅幅面较窄的防水板平铺在拼焊平台上进行拼焊,搭接宽度不小于10cm,控制好热合机的温度和速度,避免漏焊或过焊。在初支喷混凝土上钻孔楔入膨胀管,将预先焊接在防水板上的吊环用木螺钉固在膨胀管上。防水板的铺设一次到位,先从拱顶向下铺起,最后与矮边墙防水板合拢。在洞内焊接的环接缝及与矮边墙接缝均为薄弱环节，需加强检查，环接缝漏焊处用电烙铁补焊，丁字缝焊接困难，易漏焊或焊缝强度不足，采取用焊胶打补丁的方法补强处理。

4）防水板铺挂过程中的几点注意事项：

① 防水板铺设施工是一项专业性强的工作，要有专业防水班组施工，并建立专业检查制度，施工前进行详细的技术交底，并对操作人员进行严格的操作技术培训。

② 防水板铺挂前，基面应处理干净，切除初支表面外露的锚杆头，初支表面混凝土棱角打平并用砂浆抹平处理，使跨深比不大于 1/6。断面变化的阴角要圆顺过渡，以免扎破防水板。

③ 防水层施工时，基面不得有明水，若有明水，沿初期支护表面环向布设软式透水盲管引排。

④ 松弛率：防水板环向松弛率经验值一般取 10%，纵向松弛率一般取 6%。根据初期支护表面平整程度适当调整。

⑤ 工中防护：做好防水板铺挂成形地段防水板的保护，杜绝电焊作业损坏防水板，必要时，采用隔板进行有效隔离。

⑥ 衬砌台车前方沿隧道纵向防水板铺挂长度一般要超前（2 倍台车长度），形成铺挂段、检验段、二衬施工段流水作业。

5）质量保证：

① 材质检验：防水板材质必须经驻地监理和项目部试验工程师共同现场取样，送有资质的检验机构检测。

② 焊缝检查：焊缝宽度尺量检查。焊缝强度应不低于母材，通过抽样试验检测。防水板焊缝采用"气密性检验法"检查。

检查方法：用 5 号针头与压力表相接，脚踏式打气筒充气，充气时焊接检查孔会鼓起来，当压力达到 0.15MPa 并保持恒压力不少于 2min，说明焊接良好；如压力下降，证明还有未焊接好之处，用肥皂水涂在焊缝上，产生气泡的地方即为焊接欠佳之处，可用电烙铁补焊，再次充气检查，直至不漏气时为合格。

③ 固定锚固点间距的控制：尺量检查，固定点间距拱部、侧墙布置均匀，防水板吊环间距需根据其铺挂松弛率要求来确定。

④ 直观检查：铺挂后目测防水板大面平顺，固定点处防水板和初支表面密贴。

9.3.7 仰拱、填充与二次衬砌施工

待初期支护完成，形成初期支护闭合环并通过围岩监控量测初期支护变形已趋于稳定后，仰拱、填充与二次衬砌必须紧跟施工。当围岩地质条件差，岩体破碎时，应随挖随衬，确保洞内施工安全。

1. 仰拱、填充与中心排水管沟作业

为了及早封闭岩面，增强衬砌的整体受力，仰拱及填充施工超前于墙拱衬砌。仰拱采用分左右两幅先后错开浇筑的办法，以免影响洞内其他工序施工，左右幅仰拱错开距离控制在 20m 左右，便于左右换边施工时，车辆通行前混凝土达到足够的承载能力。仰拱施工时应与中心排水管沟同步进行。施工流程如下：

1）测量放线，确定底部标高，并清理底部的杂物与松石等，必要时用高压水冲洗。

2）铺设底部防水层，绑扎焊接钢筋，立挡头板，模板采用钢模。

3）拌合站集中拌制混凝土，输送车运送至工作面。

4）浇筑混凝土，插入式捣固棒捣固。

5）由于仰拱与填充混凝土强度等级设计不同，因此仰拱混凝土强度必须达 2.5kPa 后方可浇筑填充混凝土。

6）浇筑填充混凝土前，应先清除仰拱面层的泥尘、积水和浮渣等。

7）填充混凝土施工中应与中心排水管沟施工同步进行。排水管沟施工时要严格设计施作，管口接缝处理严实。

2. 墙拱二次衬砌

（1）钢筋混凝土衬砌

单层衬砌中的现浇整体式混凝土衬砌常用于Ⅱ、Ⅲ级围岩中。复合式衬砌中的二次衬砌，除了起饰面和增加安全度的作用外，也承受了在其施工后发生的外部水压，软弱围岩的蠕变压力，膨胀性地压，或者浅埋隧道受到的附加荷载等。

1）混凝土的材料和级配，应符合隧道衬砌的强度和耐久性要求，同时必须重视其抗冻、抗渗和抗侵蚀性。

2）混凝土衬砌的施工技术要点如下：

衬砌施工顺序，目前多采用由下到上、先墙后拱的顺序连续浇筑。在隧道纵向，则需分段进行，分段长度一般为 8～12m。在全断面开挖成形或大断面开挖成形的隧道衬砌施工中，则应尽量使用金属模板台车灌筑混凝土整体衬砌。

① 衬砌施工的准备工作

整体移动式模板台车采用大块曲模板、机械或液压脱模、背附式振捣设备集装成整体，并在轨道上行走，有的还设有自行设备，从而缩短立模时间，墙拱连续浇筑，加快衬砌施工速度。整体移动式模板台车的生产能力大，可配合混凝土输送泵联合作业，是较先进的模板设备。

模板台车的长度即一次灌筑段长度应根据施工进度要求，混凝土生产能力和浇筑技术要求以及曲线隧道的曲线半径等条件来确定。

② 衬砌模板施工

a. 复核隧道中线、高程和断面尺寸及净空大小。

b. 做好地下水的封堵、引排，将矮边墙顶部清理干净。

c. 拱墙部防水层铺设与钢筋绑扎作业已结束，各种预埋件、预留孔洞已设置完成。

d. 衬砌台车就位。

衬砌台车就位前，对台车进行整修、护理，除掉外模上的混凝土块，涂抹隔离剂。衬砌台车就位后，利用液压系统先调中线，使其与隧道中线重合，再调整台车各部标高至设计位置，最后调整左、右方液压系统，使其满足净空要求；台车与上一段二次衬砌搭接长度控制在 10～15cm。

③立挡头模板，设置橡胶止水带

挡头板要固定牢固，不能出现跑模现象，做到模缝严密，表面光滑平整，避免出现水泥浆漏失现象。橡胶止水带或遇水膨胀止水条设置按照设计施作。

3. 混凝土的灌筑

混凝土泵送入模时，应对称、均匀入模，混凝土振捣一般采用附着式和插入式两种振捣器。

（1）拱顶特殊部位混凝土灌筑

拱顶混凝土灌筑，往往会产生拱顶混凝土不密实、不满灌、漏振、易收缩现象。为达到拱顶混凝土满灌、密实的要求，对此部位的混凝土施工除在混凝土性能上减少其收缩率以外，还需对其灌筑工艺作特殊要求，根据以往的施工经验，拱顶混凝土的灌筑宜采用加强堵板泵送挤压混凝土施工工艺。施工如下：

1）加强固定挡头模板，采用纵向钢筋作为拉杆加固挡头板，钢筋与模板连接采用楔形螺杆支撑。

2）灌筑混凝土时先从新旧混凝土接面处开始挤压泵送灌筑，并根据挤压情况缓缓退至台车中部，再继续挤压泵送灌筑至挡头板有浆溢出，稳压持续几分钟，检查混凝土是否灌满，否则应继续挤压直至灌满为止。

3）拱顶衬砌时，可在拱顶部埋设注浆管，待衬砌后进行补偿压浆，以补偿混凝土因收缩或局部未灌满而造成的拱部空隙。

（2）防水混凝土质量控制

1）二衬防水混凝土原材料质量控制：使用反击破碎石机组生产碎石，通过调整筛孔尺寸，保证碎石的形状和级配。碎石按级配规格分仓堆放，分别进入拌合机料仓自动计量后再与其他材料一同拌合。

2）混凝土坍落度控制：一般选 14～18cm，根据混凝土灌筑部位的不同，墙部混凝土坍落宜小，拱部混凝土坍落度宜大。在保证混凝土可泵性的情况下，宜尽量减小混凝土的坍落度，并提高混凝土的和易性、保水性，避免混凝土泌水。

3）外加剂（料）的选用：适量掺加高效缓凝型减水剂，可以改善混凝土的和易性，增加其流动性；在衬砌混凝土中掺加粉煤灰也有利于提高混凝土的和易性、保水性和密实度。

4）按施工配合比准确计量：自动计量器具须具备资质的单位进行标定并定期校核，每次混凝土拌制前必须对计量器具进行检查，确保混凝土用料计量准确。

4. 隧道施工安全步距要求

隧道安全步距是指隧道仰拱或二次衬砌到掌子面的安全距离，安全步距主要由隧道围岩级别决定。根据《公路工程施工安全技术规范》JTG F90—2015，隧道施工安全步距的要求如下：

（1）仰拱与掌子面的距离，Ⅲ级围岩不得超过 90m，Ⅳ级围岩不得超过 50m，Ⅴ级及以上围岩不得超过 40m。

（2）软弱围岩及不良地质隧道的二次衬砌应及时施作，二次衬砌距掌子面的距离Ⅳ级围岩不得大于 90m，Ⅴ级及以上围岩不得大于 70m。

9.4　监控量测与地质超前预报

量测计划应根据隧道的围岩条件、支护类型和参数、施工方法以及所确定的量测目的进行编制，同时应考虑量测费用的经济性，并注意与施工的进程相适应。为科学指导施工，及时获得围岩动态和支护状态的信息数据，预报险情，修正和确定合理、经济的初期支护参数和二衬施作时间，优化施工组织设计，因此，必须认真做好地质超前预报与监控量测工作。

隧道施工监控量测应作为重要工序列入施工组织设计和工序管理。

9.4.1 监控量测

1. 监控量测的目的

监控量测是施工工艺流程中的一个重要工序，应贯穿施工的全过程。监控量测应达到下列目的：

（1）掌握围岩和支护的动态信息并及时反馈，指导施工作业。

（2）通过对围岩和支护的变形、应力量测，为修改设计提供依据。

（3）分析各项量测信息，确认或修正设计参数。

2. 量测内容

（1）量测内容分必测项目和选测项目，隧道施工时必须进行必测项目的量测，选测项目应根据设计要求、隧道断面形状、大小和埋深、围岩条件、周边环境条件、支护类型和参数、施工方法等综合选择。

隧道围岩监控量测的内容及量测方法见表 9.4-1。

隧道现场监控量测项目及量测方法表　　　　　　　　表 9.4-1

要求	项目名称	方法及工具	测点布置	量测间隔时间			
				1～15d	16d～1 个月	1～3 个月	大于 3 个月
必测项目	地质和支护状况观察	岩性、结构面产状及支护裂缝观察或描述，地质罗盘等	隧道全长度，开挖后及初期支护后进行	每次爆破后进行			
	周边位移	各种类型收敛计、全站仪或其他非接触量测仪器	每 5～100m 一个断面，每断面 2～3 对测点	1～2 次/d	1 次/2d	1～2 次/周	1～3 次/月
	拱顶下沉	水准仪、钢尺或全站仪或其他非接触量测仪器	每 5～100m 一个断面	1～2 次/d	1 次/2d	1～2 次/周	1～3 次/月
	拱脚下沉	水准仪、钢尺或全站仪	富水软弱破碎围岩、流沙、软岩大变形、含水黄土、膨胀岩土等不良地质和特殊岩土段	仰拱施工前，1～2 次/d			
	地表下沉	水平仪、水准尺	洞口段浅埋段（$h_0 \leqslant 2b$）布置不少于 2 个断面。每个断面不少于 3 个测点	开挖面距量测断面前后<2b 时，1～2 次/d。开挖面距量测断面前后<5b 时，1 次/2d。开挖面距量测断面前后>5b 时，1 次/周			

续表

要求	项目名称	方法及工具	测点布置	量测间隔时间			
				1~15d	16d~1个月	1~3个月	大于3个月
选测项目	地质超前预报	地震法，TSP地质超前预报仪，超前探孔，地质雷达等	地质雷达间隔10~20m，地质超前预报仪间隔50~100m一个断面，超前探孔，三者互相结合，相互印证				
	锚杆或锚索内力及抗拔力	各类电测锚杆、锚杆测力计及拉拔器	每代表性地段1~2个断面，每断面钢支撑内力3~7个锚杆（索）	1~2次/d	1次/2d	1~2次/周	1~3次/月
	钢支撑内力及外力	支柱压力计或其他测力计	每代表性地段1~2个断面，每断面钢支撑内力3~7个测点或一对测力计	1~2次/d	1次/2d	1~2次/周	1~3次/月

注：b—隧道开挖宽度；h_0—隧道埋深。

（2）爆破开挖后应立即进行工程地质与水文地质状况的观察和记录，并进行地质描述。地质变化处和重要地段，应有照片记录。初期支护完成后应进行喷层表面的观察和记录，并进行裂缝描述。

（3）隧道开挖后应及时进行围岩、初期支护的周边位移量测，拱顶下沉量测；安设锚杆后，应进行锚杆抗拔力试验。当围岩差、断面大或地表沉降控制严时宜进行围岩体内位移量测和其他量测。Ⅳ～Ⅵ级围岩中且覆盖层埋深厚度小于40m的隧道，应进行地表沉降量测。

（4）量测部位和测点布置，应根据地质条件、量测项目和施工方法等确定。

（5）测点应距开挖面2m的范围内尽快安设，并应保证爆破后24h内或下一次爆破前测读初次读数。

（6）测点的测试频率应根据围岩和支护的位移速度及离开挖面的距离确定。

（7）现场量测手段，应根据量测项目及国内外人工量测仪器的现状来选用。一般应尽量选择简单可靠、耐久、成本低、稳定性能好，被测量的物理概念明确，有足够大的量程，便于进行分析和反馈的测试仪具。

3. 量测方法

（1）地质及支护状态观察

1）爆破后，对开挖工作面进行地质调查（通过地质罗盘观察和语言描述），并绘出地质素描图，调查内容有岩石节理裂隙发育程度及其方向、开挖工作面的稳定状态、顶部有无坍塌现象、涌水情况（涌水的位置、涌水量、水压等）、是否有底部隆起现象。

2）对已支护地段进行观察，内容有：是否发生锚杆被拉断或垫板脱离现象，喷射混凝土是否发生裂隙和剥离或剪切破坏，锚杆和喷射混凝土的施工质量是否符合设计要求。

3）对围岩破坏形态的观察和分析：危险性不大、不会发生急剧破坏和应当引起注意的破坏、危险征兆，分别据实际情况制定出相应的加固措施。

（2）拱顶下沉和周边位移量测

① 拱顶下沉和周边位移量测布置在同一断面进行，其量测间距按照设计图纸的要求

设置。

② 拱顶下沉采用精密水平仪与水准尺进行，周边位移量测采用周边收敛计进行，周边位移量测根据围岩变形量确定量测精度。

③ 及时准确地记录量测数据，并记入量测记录格式表，对数据进行温度修正和处理，最终得到总的收敛值。

④ 绘制位移和时间关系曲线图、位移和距开挖面距离的关系曲线图，并报监理审查。

（3）地表下沉量测

地表下沉采用精密水平仪和钢尺进行，测点和拱顶下沉布置在同一断面上，对于围岩较差和特殊浅埋段应加强此项量测工作，并及时反馈信息，以便正确指导施工和调整施工方法，确保安全施工。收集整理数据，绘制位移时间关系曲线、位移和距开挖面距离的关系曲线。

（4）围岩内部位移和锚杆轴力量测

围岩内部位移量测采用位移计，锚杆轴力量测采用锚杆拉力计，其测点布置和量测频率以设计图纸为准。量测过程中随时注意分析量测结果，对位移突然增大或轴力突变的情况及时进行回归分析，并向主管工程师报告，制定对策。

数据的记录要准确完整，并据此绘制位移和时间关系曲线、同时段位移和测点深度的关系曲线、同时间锚杆轴力和深度的关系曲线、同测点的轴力和时间关系曲线。

（5）围岩钢支撑内力及外力量测

围岩压力采用 GYT145 系列压力盒进行，压力盒埋设于初期支护和二衬之间，测点布置和量测频率以设计图纸为准，并绘制围岩压力和应力与时间的关系曲线图、围岩压力和应力距开挖面距离的关系曲线图。

钢支撑内力及外力量测采用支柱压力计进行，每代表性地段 1～2 个断面每断面钢支撑内力 3～7 个测点一对测力计。测力计的放置部位应能较好地反映出钢支撑的应力变化，一般放置在拱顶、拱脚、边墙与仰拱连接处（墙脚）。其量测频率以设计图纸为准，并绘制支撑应力和时间关系曲线图、支撑应力和距开挖面距离关系图。

（6）量测数据处理、分析与应用

1）应及时对现场量测数据绘制时态曲线（或散点图）和空间关系曲线。根据所绘制的各曲线的变化情况与趋势，判定围岩的稳定性，及时预报险情，确定施工时应采取的措施，提供修改设计参数依据。

2）当位移—时间曲线趋于平缓时，应进行数据处理和回归分析，以推算最终位移和掌握位移变化规律。

3）当喷射混凝土出现大量的明显裂缝或初期支护表面的实测收敛值已达到或超过设计图纸规定值的 70%，且收敛速度无明显下降时，位移—时间曲线出现反弯点时，则表明围岩和支护已呈不稳定状态。若最终位移值接近或超过设计规定的净空允许相对位移值时，应立即报告监理工程师，采取补强初期支护措施，并修改初期支护的设计参数，以便正确指导施工。此时应密切监视围岩动态，并加强支护，必要时暂停开挖。

4）判别围岩稳定性时，应综合考虑实测位移、位移变化速率、位移和时间关系曲线等因素，给施工生产提供可靠的技术指导。当实测的净空收敛值的速度明显下降，收敛值已达总收敛值的 80%～90% 且水平收敛速度小于 0.15mm/d，或拱顶位移速度小于

0.1mm/d 时，可判别围岩已基本稳定，可以施作二次衬砌。

5）对量测数据进行整理分析，找出不同围岩类别、不同量测项目的回归方程，绘出回归曲线，并根据回归方程推算最终值，与设计图纸对比，反馈给监理工程师，作为修改初期支护参数和新工程的设计资料及依据。

9.4.2 隧道地质超前预报

隧道施工应加强施工地质工作，以达到地质预测预报的目的。常规地段应实施跟踪地质调查，不良地质地段应进行超前地质预报。地质预测预报应作为必备工序纳入施工组织管理。

地质超前预报是测定围岩变化的重要手段之一，在隧道施工中特别是在不良地质段尤为重要。隧道施工中可采用超前探孔和观察掌子面地质情况的方法综合进行地质超前预报，为施工提供可靠的技术参数。

依照设计图纸的要求，定期对隧道开挖面前方的工程地质，水文地质和围岩类别进行准确的超前预报工作，依据预测结果，制定切实可行的施工方法和施工注意事项。

分析对比开挖后的实际情况和预测结果，不断总结，逐步提高前方地质预报的准确性。

（1）隧道地质超前预报的目的

1）在施工前期地质勘察成果的基础上，进一步查明掌子面前方一定范围内围岩的地质条件，进而预测前方的不良地质以及隐伏的重大地质问题；

2）为信息化设计和施工提供可靠依据；

3）为降低地质灾害发生风险提供预警；

4）为编制竣工文件提供可靠的地质资料。

（2）隧道地质超前预报的内容

1）地层岩性，重点为软弱夹层、破碎地层、煤层及特殊岩土等。

2）地质构造，重点为断层、节理密集带、褶皱轴等影响岩体完整性的构造发育情况。

3）不良地质，特别是溶洞、暗河、人为坑洞、放射性、有害气体、高地应力、高地温、高岩温等发育情况。

4）地下水，特别是对岩溶管道水、富水断层、富水槽皱轴及富水地层。

（3）隧道地质超前预报方法

隧道地质超前预报方法主要有：地质调查法、超前钻探法、物理勘探法（TSP 法、TGP 法和 TRT 法）、超前导洞法、水力联系观测。

1）地质调查法是隧道施工超前地质预报的基础，适用于各种地质条件隧道超前地质预报，调查内容应包括隧道地表补充地质调查和隧道内地质调查。

2）物理勘探法适用于长、特长隧道或地质条件复杂隧道的超前地质预报，主要方法包括有弹性波反射法、地质雷达法、陆地声呐法、红外探测法、瞬变电磁法、高分辨直流电法。

3）TSP 法适用于各种地质条件，对断层、软硬接触面等面状结构反射信号较为明显，每次预报的距离宜为 100～150m，连续预报时，前后两次应重叠 10m 以上。

4）地质雷达法适用于岩溶、采空区探测，也可用于探测断层破碎带、软弱夹层等不均匀地质体，在岩溶不发育地段每次预报距离为 10～20m，在岩溶发育地段预报长度可根据电磁波波形确定，连续预报时，前后两次重叠不应小于 5m。

5）超前水平钻探每循环钻孔长度应不低于 30m，连续预报时，前后两循环孔应重叠 5～8m；可能发生突泥涌水的地段，超前钻探应设孔口管和出水装置，防止高压水突出；富含瓦斯的煤系地层或富含石油天然气地层应采用长短结合的钻孔方式进行探测。

6）富水构造破碎带、富水岩溶发育地段、煤系或油气地层、瓦斯发育区、采空区以及重大物探异常地段等地质复杂隧道和水下隧道必须采用超前钻探法预报、评价前方地质情况。

7）超前导洞法可采用平行超前导洞法和隧道内超前导洞法，两座并行隧道可根据先行开挖的隧道预测后开挖隧道的地质条件。

8）当隧道排水或突涌水对地下水资源或周围建（构）筑物产生重大影响时，应进行水力联系观测。

主要参考文献

[1] 李世华，陈念斯. 城市道路绿化工程手册[M]. 北京：中国建筑工业出版社，2007.

[2] 汤伟，李娟娟，王云江. 城市管廊[M]. 北京：中国建材工业出版社，2018.

[3] 闵玉辉. 图解道路与桥梁工程现场细部施工做法[M]. 北京：化学工业出版社，2015.

[4] 满广生，胡慨，李杨. 市政给排水工程施工[M]. 北京：水利水电出版社，2010.

[5] 勇纯利. 市政工程监理手册[M]. 北京：机械工业出版社，2006.

[6] 中华人民共和国行业标准. 公路桥涵施工技术规范 JTG/T F50—2011[S]. 北京：人民交通出版社，2011.

[7] 中华人民共和国行业标准. 公路路面基层施工技术细则 JTG/T F20—2015[S]. 北京：人民交通出版社，2015.

[8] 中华人民共和国国家标准. 城市综合管廊工程技术规范 GB 50838—2015[S]. 北京：中国计划出版社，2015.

[9] 中华人民共和国国家标准. 通信管道工程施工及验收标准 GB/T 50374—2018[S]. 北京：中国计划出版社，2018.

[10] 中华人民共和国行业标准. 城市人行天桥与人行地道技术规范 CJJ 69—1995[S]. 北京：中国建筑工业出版社，1996.

[11] 欧阳效勇. 公路桥梁施工系列手册：梁桥[M]. 北京：人民交通出版社，2014.

[12] 中华人民共和国行业标准. 园林绿化工程施工及验收规范 CJJ 82—2012[S]. 北京：中国建筑工业出版社，2013.

[13] 中华人民共和国国家标准. 地下防水工程质量验收规范 GB 50208—2011[S]. 北京：中国建筑工业出版社，2012.

[14] 中华人民共和国国家标准. 给水排水管道工程施工及验收规范 GB 50268—2008[S]. 北京：中国建筑工业出版社，2009.

[15] 中华人民共和国国家标准. 混凝土结构工程施工质量验收规范 GB 50204—2015[S]. 北京：中国建筑工业出版社，2015.

[16] 中华人民共和国国家标准. 沥青路面施工及验收规范 GB 50092—1996[S]. 北京：中国标准出版社，1997.

[17] 中华人民共和国行业标准. 公路工程质量检验评定标准 第一册 土建工程 JTG F80/1—2017[S]. 北京：人民交通出版社，2018.

[18] 中华人民共和国行业标准. 公路沥青路面施工技术规范 JTG F40—2004[S]. 北京：人民交通出版社，2005.

[19] 中华人民共和国行业标准. 城市桥梁工程施工与质量验收规范 CJJ 2—2008[S]. 北京：中国建筑工业出版社，2015.

[20] 中华人民共和国行业标准. 城镇道路工程施工与质量验收规范 CJJ 1—2008[S]. 北京：中国建筑工业出版社，2008.

[21] 中华人民共和国行业标准. 公路工程技术标准等 JTG B01—2014[S]. 北京：人民交通出版社，2015.